Die Bonus-Seite

Ihr Vorteil als Käufer dieses Buches

Auf der Bonus-Webseite zu diesem Buch finden Sie zusätzliche Informationen und Services. Dazu gehört auch ein kostenloser **Testzugang** zur Online-Fassung Ihres Buches. Und der besondere Vorteil: Wenn Sie Ihr **Online-Buch** auch weiterhin nutzen wollen, erhalten Sie den vollen Zugang zum **Vorzugspreis**.

So nutzen Sie Ihren Vorteil

Halten Sie den unten abgedruckten Zugangscode bereit und gehen Sie auf **www.sap-press.de**. Dort finden Sie den Kasten **Die Bonus-Seite für Buchkäufer**. Klicken Sie auf **Zur Bonus-Seite/ Buch registrieren**, und geben Sie Ihren **Zugangscode** ein. Schon stehen Ihnen die Bonus-Angebote zur Verfügung.

Ihr persönlicher **Zugangscode** rhk7-guby-xc8s-2tdj

Immobilienmanagement mit SAP®

SAP PRESS

SAP PRESS ist eine gemeinschaftliche Initiative von SAP und Galileo Press. Ziel ist es, Anwendern qualifiziertes SAP-Wissen zur Verfügung zu stellen. SAP PRESS vereint das fachliche Know-how der SAP und die verlegerische Kompetenz von Galileo Press. Die Bücher bieten Expertenwissen zu technischen wie auch zu betriebswirtschaftlichen SAP-Themen.

Andrea Hölzlwimmer
Integrierte Werteflüsse mit SAP ERP
487 S., 2009, geb.
ISBN 978-3-8362-1358-5

Renata Munzel, Martin Munzel
SAP-Finanzwesen – Customizing
557 S., 2009, geb.
ISBN 978-3-8362-1291-5

Karl Liebstückel
Instandhaltung mit SAP
555 S., 2008, geb., mit DVD-Gutschein
ISBN 978-3-8362-1041-6

Martin Munzel, Renata Munzel
Projektcontrolling mit SAP
308 S., 2009, geb.
ISBN 978-3-8362-1334-9

Aktuelle Angaben zum gesamten SAP PRESS-Programm finden Sie unter *www.sap-press.de*.

Sabine Toman, Anke Köppe, Jan Lukowsky

Immobilienmanagement mit SAP®

Galileo Press

Bonn • Boston

Liebe Leserin, lieber Leser,

vielen Dank, dass Sie sich für ein Buch von SAP PRESS entschieden haben.

Es ist immer etwas zu tun – diesen Satz wird jeder Immobilienbesitzer unterschreiben. Sei es, dass Verträge erneuert werden müssen, dass sich steuerliche Vorgaben geändert haben oder dass eine Instandhaltungsmaßnahme fällig ist. Die Verantwortung steigt natürlich, wenn man sich nicht nur um eine oder zwei, sondern um viele Immobilien kümmern muss. Für diese Fälle gibt es SAP Real Estate Management – SAPs Lösung für Unternehmen, die in größerem Umfang Immobilien verwalten und abrechnen. Aber so gut eine Software-Lösung auch ist – sie kann Sie nur unterstützen und muss letztendlich von Ihnen genutzt und gesteuert werden.

Ich freue mich, Ihnen ein Buch präsentieren zu können, das Ihnen alle Bereiche von SAP RE vorstellt und Ihnen die Implementierung sowie wichtige Informationen zu Customizing und Anwendung ausführlich und gut verständlich vermittelt. Sabine Toman, Anke Köppe und Jan Lukowsky führen Sie in die Lösung ein und erläutern Ihnen alles Wissenswerte zu jedem Aspekt – von den wichtigsten Stammdaten bis hin zu länderspezifischen Besonderheiten und individuellen Erweiterungen. Die Autoren kennen die Lösung in- und auswendig, und ich bin sicher, dass ihr Fachwissen Ihnen hilft, besser und effektiver mit SAP RE zu arbeiten.

Wir freuen uns stets über Lob, aber auch über kritische Anmerkungen, die uns helfen, unsere Bücher zu verbessern. Am Ende dieses Buches finden Sie daher eine Postkarte, mit der Sie uns Ihre Meinung mitteilen können. Als Dankeschön verlosen wir unter den Einsendern regelmäßig Gutscheine für SAP PRESS-Bücher.

Ihre Patricia Kremer
Lektorat SAP PRESS

Galileo Press
Rheinwerkallee 4
53227 Bonn

patricia.kremer@galileo-press.de
www.sap-press.de

Auf einen Blick

Der Name Galileo Press geht auf den italienischen Mathematiker und Philosophen Galileo Galilei (1564–1642) zurück. Er gilt als Gründungsfigur der neuzeitlichen Wissenschaft und wurde berühmt als Verfechter des modernen, heliozentrischen Weltbilds. Legendär ist sein Ausspruch *Eppur se muove* (Und sie bewegt sich doch). Das Emblem von Galileo Press ist der Jupiter, umkreist von den vier Galileischen Monden. Galilei entdeckte die nach ihm benannten Monde 1610.

Lektorat Patricia Kremer
Korrektorat Marlis Appel, Troisdorf
Einbandgestaltung Silke Braun
Titelbild Masterfile/Royalty Free
Typografie und Layout Vera Brauner
Herstellung Iris Warkus
Satz Typographie & Computer, Krefeld
Druck und Bindung Bercker Graphischer Betrieb, Kevelaer

Gerne stehen wir Ihnen mit Rat und Tat zur Seite:
patricia.kremer@galileo-press.de bei Fragen und Anmerkungen zum Inhalt des Buches
service@galileo-press.de für versandkostenfreie Bestellungen und Reklamationen
thomas.losch@galileo-press.de für Rezensionsexemplare

Bibliografische Information der Deutschen Nationalbibliothek
Die Deutsche Nationalbibliothek verzeichnet diese Publikation in der Deutschen Nationalbibliografie; detaillierte bibliografische Daten sind im Internet über http://dnb.d-nb.de abrufbar.

ISBN 978-3-8362-1375-2

1. Auflage 2010

Inhalt

Einleitung

Wie alles begann

Auf Anregung verschiedener Partner und in Zusammenarbeit mit diesen unternahm SAP 1991 erste zaghafte Schritte, eine Software für die Verwaltung von Immobilien zu entwickeln. Hierbei ging es zunächst nur um eine Softwarelösung für die Vermögensverwaltung von Versicherungen; es wurden relativ einfache Funktionen zur Verwaltung von Wohnungen und Mietverträgen entworfen und entwickelt. Dabei blieb es jedoch nicht lange.

Immobilien sind meist nicht der eigentliche Geschäftszweck eines Unternehmens, sondern oft nur Mittel zum Zweck. Dennoch binden sie Millionenwerte, deren effektives Management bares Geld sparen kann. So interessierten sich schon bald auch Kunden aus anderen Branchen für die Software. Die zunächst vorrangig auf die Verwaltung von Wohnungen ausgerichteten Applikationen wurden nun auch genutzt, um Einkaufszentren zu managen und um Bahnanlagen, Flughafenflächen sowie Großraumbüros zu verwalten. Funktionen der Software wurden – teilweise unter direkter Mitwirkung von Partnern und Kunden – erweitert, neue Anwendungen wurden entwickelt.

Alles »auf Anfang«

Nach fast zehn Jahren Entwicklungszeit war die SAP-Software für die Immobilienverwaltung SAP Real Estate (RE) ein großer Erfolg am Markt geworden – national und international. Aufgrund der Vielfalt der Anforderungen war die Software aber auch in einem Maße komplex geworden, dass sie mit den seinerzeit verwendeten technischen Mitteln nicht mehr gut zu beherrschen war. Im Jahr 2000 fiel daher die Entscheidung, auf Basis des Know-hows, das in den zurückliegenden Jahren aufgebaut worden war, eine komplett neue, funktional umfassende Lösung aufzusetzen, die technisch auf dem neuesten Stand der Softwarearchitektur basiert. Dies war der Startpunkt für das neue SAP Real Estate Management.

RE-FX

Wegen der für das neue Produkt angestrebten Flexibilität wurde als Arbeitstitel für das neue SAP Real Estate Management die Abkürzung *RE-FX* (FX= flexibel) verwendet; das Vorgängerprodukt wurde fortan *RE Classic* genannt.

SAP RE

Die offizielle Bezeichnung für RE-FX ist jedoch *SAP Real Estate Management*. SAP Real Estate Management – im Weiteren SAP RE genannt – ist die aktuelle Lösung von SAP zur Verwaltung von Immobilien und Gegenstand dieses Buches.

Unsere Zielgruppe

Das Buch richtet sich an Anwender oder zukünftige Anwender von SAP RE (RE-FX), die sich einen umfassenden Überblick über die Funktionen und die wesentlichen Customizing-Einstellungen verschaffen wollen. Darüber hinaus geben wir einen Einblick in die Möglichkeiten, die Anwendung modifikationsfrei zu erweitern. Sie werden Beispiele dafür finden, wie diese Erweiterungen vorzunehmen sind, und sie im System nachvollziehen können.

Inhalt und Struktur

Beginnen Sie Ihre Lektüre am besten in Kapitel 2 mit einem ersten Überblick über die Geschäftsprozesse, die SAP RE abdeckt. Voraussetzung für das weitere Verständnis ist vor allem die Beschäftigung mit den Stammdaten (Kapitel 3) und dem Vertragsmanagement (Kapitel 5). Alle übrigen Kapitel können Sie weitgehend unabhängig studieren.

SAP RE ist auf die kaufmännische Verwaltung von Immobilien ausgerichtet – die buchhalterischen Prozesse werden mit SAP ERP Financials abgewickelt. Wie auf Basis der Vertragsdaten Buchungen ausgelöst werden und buchhalterische Folgeprozesse abgebildet sind, erfahren Sie in Kapitel 7, »Rechnungswesen«.

Eine buchhalterische Spezialität, die in der Immobilienwirtschaft eine wichtige Rolle spielt, ist die Behandlung der Vorsteuer, der wir ein eigenes Kapitel – Kapitel 10, »Steuerliche Aspekte der Immobilienverwaltung« – gewidmet haben. Die Vorsteuerbehandlung kann auch in Unternehmen eingesetzt werden, die keine weiteren Funktionen von SAP RE benutzen.

In Kapitel 9, »Nebenkostenabrechnung«, erläutern wir die der Abrechnung zugrunde liegende Infrastruktur und den Ablauf der Abrechnung. Die Lektüre dieses Kapitels ist Voraussetzung für das Verständnis von Abschnitt 16.2, »WEG- und Fremdverwaltung«. Dieser Abschnitt findet sich in Kapitel 16, »Länderspezifische Themen«, da die Anwendung derzeit nur für Deutschland und Österreich freigegeben ist. Dieses Kapitel enthält auch einen Abschnitt zur Liegenschaftsverwaltung, die nur für Deutschland verfügbar ist.

In Kapitel 13, »Integration«, erfahren Sie, welche Möglichkeiten Ihnen das SAP-Controlling im Zusammenhang mit SAP RE bietet. Abschnitt 13.5, »Instandhaltung«, erläutert, wie Sie die technische Verwaltung Ihrer Immobilien auf Basis der SAP-Komponente Instandhaltung im System abbilden können.

Die Immobilienverwaltung ist ohne den Einsatz weiterer Anwendungen wie des Rechnungswesens und der Instandhaltung kaum denkbar – SAP RE ist daher eine extrem integrative Anwendung. Das Buch beschränkt sich darauf, die Funktionen der Immobilienverwaltung darzustellen, die in SAP RE abgebildet werden. Die vielfältigen Funktionen der angrenzenden Bereiche können wir nur streifen.

In Kapitel 15, »Werkzeuge und technische Integrationsaspekte«, wenden wir uns einigen Spezialthemen zu, von denen hier die Korrespondenz und das Records Management, eine elektronische Aktenverwaltung, hervorgehoben werden sollen.

Funktionen für die Verwaltung von intern genutzten Immobilien werden in Kapitel 12, »Unternehmensinterne Nutzung«, besprochen. Hier geht es um die Belegung von Büros und Meetingräumen und um das Management von Umzügen. Lesen Sie zuvor Kapitel 11, »Architektur«, das Ihnen Aufschluss darüber gibt, wie Sie die zu verwaltenden Räume im System abbilden können.

Die vollständige Übersicht über alle behandelten Themen finden Sie im Inhaltsverzeichnis.

Hinweise zur Lektüre

Wir haben uns bemüht, die Texte so übersichtlich wie möglich zu gestalten, und verwenden daher häufig Marginalien, die Ihnen beim schnellen Durchblättern und Suchen von Informationen die Orientierung erleichtern sollen. Marginalien

Neben den grau hinterlegten Infokästen, die Sie auf Zusatzinformationen hinweisen sollen, finden Sie die folgenden Symbole:

Dieses Symbol weist Sie auf häufig gemachte Fehler oder kritische Besonderheiten hin. [!]

[+] Dieses Symbol finden Sie immer dann, wenn wir Tipps für die Praxis oder Hinweise auf weiterführende Informationen geben.

[zB] Beispiele dienen der Illustration von beschriebenen Sachverhalten. Wir haben sie mit diesem Symbol gekennzeichnet.

Beschriebener Funktionsumfang

Release 6.0 EhP 4

Die Funktionsbeschreibungen beziehen sich auf den neuesten, zum Zeitpunkt der Drucklegung dieses Buches verfügbaren Stand von SAP RE: Release 6.0, Enhancement Package 4.

Das System lebt

Sie, unsere Kunden und die im Bereich SAP RE tätigen Berater, sorgen ständig für Nachschub an neuen Ideen. So kommen neue Funktionen hinzu, alte werden ergänzt, Fehler beseitigt und Anpassungen aufgrund von Gesetzesänderungen vorgenommen. Das System lebt, und so werden die gedruckten Informationen nach und nach veralten. Um sich immer auf dem Laufenden zu halten, empfiehlt sich ein regelmäßiger Besuch der Internetseite *www.sap.com/realestate*. Auch der SAP Service Marketplace ist eine Quelle für neueste Informationen – suchen Sie Hinweise zum Themenkreis RE-FX*, und Sie sind immer auf dem Laufenden.

Eine Leseprobe zu diesem Buch sowie inhaltliche Updates finden Sie unter *www.galileo.press.de*.

Danke

Wir möchten uns an dieser Stelle bei unseren Kollegen aus den RE-Beratungsteams der SAP Deutschland AG & Co. KG, den Kollegen aus dem Solution Management von SAP RE und den Entwicklern und Kollegen des Supportteams RE für ihre Unterstützung und viele hilfreiche Hinweise bedanken. Unseren Familien sagen wir Dank für ihr Verständnis und ihre Toleranz, die es uns ermöglichten, große Teile unserer Freizeit in dieses Buch zu investieren. Schließlich danken wir dem Team von Galileo Press für seine geduldige Arbeit mit uns.

Wir wünschen Ihnen viel Spaß bei der Lektüre und freuen uns sehr über Anregungen.

Sabine Toman, *Anke Köppe* und *Jan Lukowsky*

SAP RE ist in Ihrem System nicht auffindbar? Wir sagen Ihnen, wie Sie es aufspüren und welche Voraussetzungen notwendig sind, um diese Applikation nutzen zu können.

1 Systemgrundlagen

Für die Aktivierung von SAP RE sind einige Einstellungen notwendig, die teilweise technischer Natur sind, sich in anderen Teilen auf die Applikation beziehen. Wir erläutern, wo Sie die Applikation im Menü finden und wie Sie SAP RE und seine Teilfunktionen aktivieren.

1.1 Auslieferung und Releases

Extensions

Die Lösung SAP Real Estate Management ist im Auslieferungsumfang von SAP ERP bzw. SAP R/3 ab Extension Set 2.00 enthalten. Seit SAP R/3 Enterprise werden sogenannte *Extensions* ausgeliefert. Dies sind separat zu aktivierende Funktionsblöcke der Enterprise Core Component (ECC). SAP Real Estate Management liegt im sogenannten *Financials Extension Set* (EA-FIN).

Mit dem Extension Set 2.00 wurde eine erste produktiv einsetzbare Version des Produkts SAP RE zur Verfügung gestellt. Die funktionale Ausstattung in diesem Release reichte jedoch nur für einen kleineren Kundenkreis aus. Die nächsten Releases brachten weitere Funktionalitäten, vor allem für die Wohnungswirtschaft und die interne Vermietung. Mit dem aktuellen Release 6.0 Enhancement Package 4 hat SAP RE einen abgerundeten funktionalen Stand, der für Unternehmen vieler Branchen gute Anwendungsvoraussetzungen bietet.

1.2 Anwendungsmenü und Customizing

Sie finden die Lösung SAP Real Estate Management im Anwendungsmenü (SAP-Easy-Access-Menü) unter Rechnungswesen • Flexibles Immobilienmanagement (siehe Abbildung 1.1).

[+]

Menüpunkt »Immobilienmanagement« – SAP RE Classic

Im Menü enthalten ist auch ein Eintrag IMMOBILIENVERWALTUNG. Hierbei handelt es sich um das Vorgängerprodukt, das zur Abgrenzung von der aktuellen Lösung als SAP RE Classic bezeichnet wird und in der SAP Enterprise Core Component (ECC) ausgeliefert wird.

SAP RE Classic ist nicht Gegenstand dieses Buches.

Anwendungsmenü von SAP RE

Wenn wir uns im Buch auf das Anwendungsmenü von SAP RE beziehen, geht es um den Eintrag FLEXIBLES IMMOBILIENMANAGEMENT im Easy-Access-Menü, den Sie in Abbildung 1.1 sehen.

Abbildung 1.1 SAP Real Estate Management im SAP-Anwendungsmenü

SAP RE Customizing

Das Customizing von SAP RE erreichen Sie direkt über die Transaktion RECACUST (siehe Abbildung 1.2) oder im Einführungsleitfaden (Transaktion SPRO) unter FLEXIBLES IMMOBILIENMANAGEMENT (RE-FX).

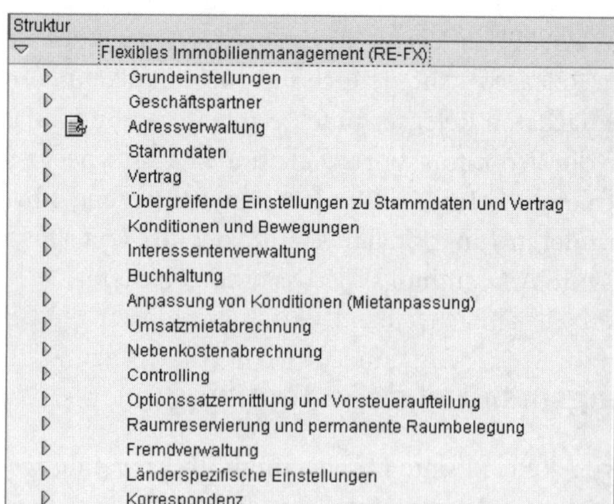

Abbildung 1.2 Customizing von SAP RE

1.3 SAP RE aktivieren

Die Aktivierung von SAP RE umfasst mehrere Teilschritte, die wir nun beschreiben wollen.

1.3.1 EA-FIN aktivieren

Erster Schritt und Voraussetzung für die Aktivierung von SAP RE ist, dass die Business Function *Financials Extension Set* (EA-FIN) aktiviert wurde. EA-FIN enthält außer SAP RE weitere Applikationen. Detaillierte Informationen hierzu entnehmen Sie dem Einführungsleitfaden.

[!]

Aktivierung von EA-FIN ist irreversibel

Bitte beachten Sie, dass diese Checkbox mandantenunabhängig ist und dass die Aktivierung nicht rückgängig gemacht werden kann.

Es empfiehlt sich eine genaue Lektüre des entsprechenden Menüpunktes im Einführungsleitfaden: TRANSAKTION SPRO • SAP REFERENZ-IMG • BUSINESS FUNCTIONS AKTIVIEREN. Bitte lesen Sie auch die Informationen, die zu jeder Business Function im Customizing-Dialog über die Informationsicons erreichbar sind.

[!]

Auswirkungen der EA-FIN-Aktivierung

Durch die Aktivierung der Business Function EA-FIN werden die dahinterliegenden Funktionen und Anwendungen, so auch SAP RE, in Ihrem System verfügbar. Das heißt, mit der Aktivierung werden die entsprechenden Menüeinträge (siehe Abbildung 1.1) und Aktivitäten im Einführungsleitfaden (siehe Abbildung 1.2) erst sichtbar.

Erst nach der Aktivierung der Business Function EA-FIN können Sie den zweiten Schritt ausführen: die Aktivierung von SAP RE.

Transaktion RECACUST

Rufen Sie im Customizing von SAP RE (Transaktion RECACUST) unter GRUNDEINSTELLUNGEN den Menüpunkt REAL ESTATE EXTENSION AKTIVIEREN auf, und lesen Sie zunächst die Dokumentation zu diesem Menüpunkt. Dort erfahren Sie, dass eine weitere Voraussetzung für die Nutzung von SAP RE die Aktivierung der BTE-Applikation RE ist.

1.3.2 BTE-Applikation

Erweiterungstechnik

BTE ist die Abkürzung für *Business Transaction Events* und bezeichnet eine Erweiterungstechnik, die es Applikationen erlaubt, in anderen Applikationen ihre eigene Business-Logik aufzurufen. SAP RE greift auf diese Weise in Prozesse der Finanzbuchhaltung ein – wie etwa in das Mahnen. Verwenden Sie den entsprechenden Menüpunkt oder direkt die Transaktion BF11, um die BTE-Applikation zu aktivieren (siehe Abbildung 1.3)

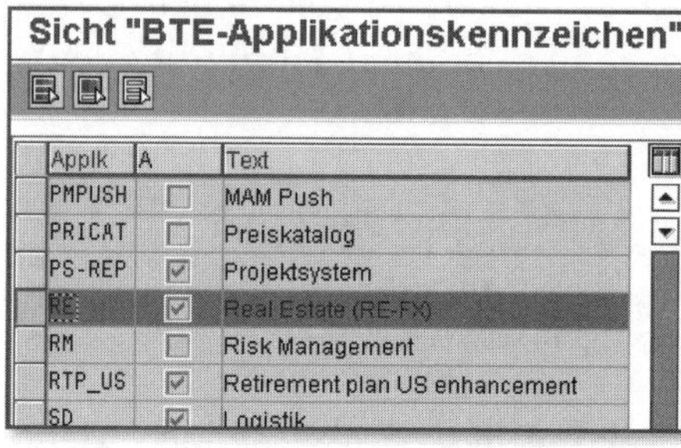

Abbildung 1.3 SAP RE als BTE-Applikation aktivieren

1.3.3 SAP RE aktivieren

Wie wir bereits erwähnt haben, steht neben der aktuellen Lösung von SAP für die Immobilienverwaltung weiterhin auch die frühere Version RE Classic zur Verfügung, die allerdings nicht weiterentwickelt wird, sondern funktional »eingefroren« ist. Die beiden Lösungen können im gleichen System betrieben werden, aber nicht nebeneinander im gleichen Mandanten.

Sie können durch einen Schalter im Customizing entscheiden, ob Sie RE Classic oder SAP RE (RE-FX) einsetzen wollen. Die Checkbox – RE-FX AKTIV – finden Sie im Customizing von SAP RE (Transaktion RECACUST) unter GRUNDEINSTELLUNGEN • REAL ESTATE EXTENSION AKTIVIEREN (siehe Abbildung 1.4).

[+]

Hinweis zur Checkbox »RE-FX aktiv«

Wenn Sie diese Checkbox anhaken, wird SAP RE (RE-FX) aktiviert. Die Checkbox bezieht sich auf den aktuellen Mandanten und darf nicht aktiviert werden, wenn schon RE Classic-Daten im Mandanten angelegt wurden – es sei denn, Sie haben zuvor eine Datenmigration mit der Transaktion REMICL durchgeführt (siehe Kapitel 15, »Werkzeuge und technische Integrationsaspekte«).

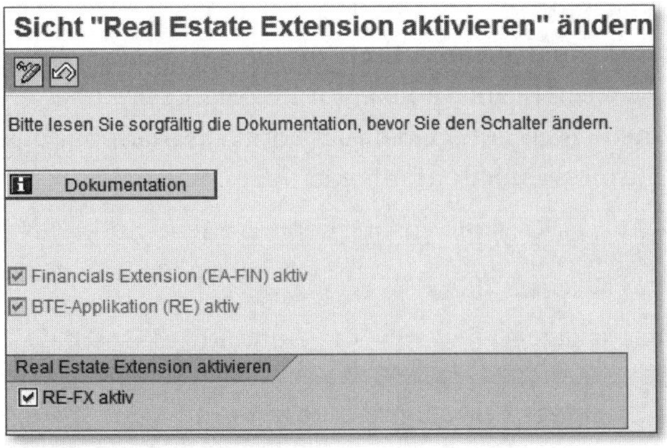

Abbildung 1.4 SAP RE aktivieren

1.3.4 Business Functions und Teilfunktionen aktivieren

Enhancement Packages

Releasewechsel bringen nicht nur technische Umstellungen mit sich, sondern häufig auch Änderungen für die Anwender der Software: neue Funktionen, geänderte Oberflächen und auch Nebeneffekte, die nicht immer erwünscht sind. Ist man jedoch auf spezielle Anwendungsfunktionen angewiesen, die nur in einem neuen Release enthalten sind, so musste man bis Release SAP ERP 6.0 die mit einem Releasewechsel verbundenen Erschwernisse in Kauf nehmen. So waren etwa auch Anwender nachzuschulen, die eigentlich keine neuen Funktionen gebraucht hätten, deren Anwendungen aber im neuen Release verändert wurden.

Mit der Auslieferungstechnologie der *Enhancement Packages* hat SAP in diesem Punkt Abhilfe geschaffen: Neuentwicklungen und Erweiterungen von Anwendungen sind zwar im Enhancement Package enthalten, aber zunächst inaktiv. Sie als Kunde können entscheiden, ob, wann und welche neuen oder ergänzten Funktionen Sie aktivieren wollen. So kann man für einen großen Teil der Anwender Stabilität in ihrer Arbeit erreichen. Nur für die wenigen Nutzer, die spezielle Anwendungen benötigen, sind entsprechende Schulungen durchzuführen. Der Schulungsaufwand beim Releasewechsel vermindert sich auf diese Weise erheblich, da für die Geschäftsprozesse, die wie bisher weitergeführt werden sollen, keine zusätzlichen Aktivitäten notwendig werden.

Die Aktivierung eines Enhancement Packages nehmen Sie über folgenden Pfad vor: SAP CUSTOMIZING EINFÜHRUNGSLEITFADEN • BUSINESS FUNCTIONS AKTIVIEREN. Die Applikation RE liefert seit Enhancement Package 602 neue Funktionen in dieser Form aus. In Abbildung 1.5 sehen Sie die Business Functions, die SAP RE anbietet:

- im Enhancement Package 2: RE_GEN_CL_1
- im Enhancement Package 3: RE_FM_EARMARKED_FUND
- im Enhancement Package 4: RE_GEN_CL_2 und RE_CRE_MISC

Abbildung 1.5 Business Functions von SAP RE im Enhancement Package

Neben der Möglichkeit, die Neuerungen bzw. Erweiterungen explizit einzuschalten, stellt SAP weitere Hilfsmittel zur Verfügung, die bei der Einführung und Konfiguration der neuen Funktionen hilfreich sind. Sie sehen diese in Abbildung 1.5:

- Für jede Business Function werden Testfallvorlagen ausgeliefert (Absprung über das Texticon in der Spalte SAP TESTKATALOG).
- Sie finden eine spezielle Dokumentation und die entsprechenden Releaseinformationen (Informationsicons in den Spalten DOKUMENTATION bzw. RELEASEINFORMATION).
- Es werden Informationen über die betroffenen Benutzeroberflächen, Rollen und Benutzer gegeben (Impact Analyzer, Absprung über rechte Maustaste).

SAP RE-Teilfunktionen

Zusätzlich zu der Standardmöglichkeit, einzelne Business Functions zu aktivieren, bietet RE noch detaillierte Einstellungen in Form von Teilfunktionen an. Sie finden diese Teilfunktionen im Customizing von SAP RE unter • GRUNDEINSTELLUNGEN • TEILFUNKTIONEN AKTIVIEREN. Die verfügbaren Teilfunktionen sehen Sie in Abbildung 1.6.

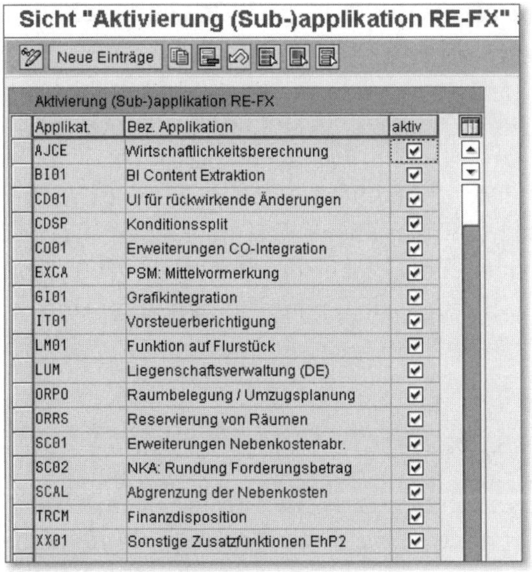

Abbildung 1.6 Teilfunktionen zu den Business Functions in SAP RE

In den folgenden Kapiteln zu den einzelnen Anwendungen werden wir jeweils darauf hinweisen, wenn für die beschriebene Funktion die Aktivierung eines Teilfunktionsschalters notwendig ist. Eine komplette Übersicht finden Sie in Anhang A.

1.3.5 Customizing von SAP RE

SAP liefert für SAP RE ein Muster-Customizing aus. Dieses finden Sie im Mandanten 000 Ihres Systems.

Üblicherweise kopiert man beim Neustart mit SAP den Mandanten 000 und richtet sein eigenes Customizing im kopierten Mandanten ein. Falls Sie schon länger andere Applikationen des SAP ERP-Systems nutzen und mit früheren Releases aktiv waren, zu denen SAP RE noch nicht oder nur mit eingeschränkten Funktionen zur Verfügung stand, kann das Auslieferungs-Customizing von SAP RE in Ihrem Customizing-Mandanten unvollständig sein. Der Inhalt Ihres Customizing-Mandanten entspricht dem Auslieferungsstand zum Zeitpunkt der Mandantenkopie.

Sie müssen daher, um das vollständige Auslieferungs-Customizing auch in Ihrem Customizing-Mandanten zu erhalten, einen Abgleich mit dem Mandanten 000 durchführen.

1.4 SAP RE im Buchungskreis und Kostenrechnungskreis aktivieren

Sie haben SAP RE im Mandanten aktiviert und können es nun – rein technisch gesehen – nutzen. Da Sie wahrscheinlich nicht in allen Ihren Organisationseinheiten Immobilien verwalten werden, sind nun weitere Einstellungen auf der Ebene der Buchungskreise und Kostenrechnungskreise notwendig. Wir setzen voraus, dass diese Organisationseinheiten in Ihrem System bereits eingerichtet sind.

1.4.1 Buchungskreis

Wenn Sie in einem *Buchungskreis* die Immobilienverwaltung einsetzen wollen, sind mindestens folgende Einstellungen zu treffen:

1. Aktivieren Sie im Buchungskreis die Vermögensverwaltung (siehe Abbildung 1.7): Einführungsleitfaden TRANSAKTION SPRO • SAP REFERENZ-IMG • FINANZWESEN • GRUNDEINSTELLUNGEN FINANZWESEN • BUCHUNGSKREIS • GLOBALE PARAMETER PRÜFEN UND ERGÄNZEN.

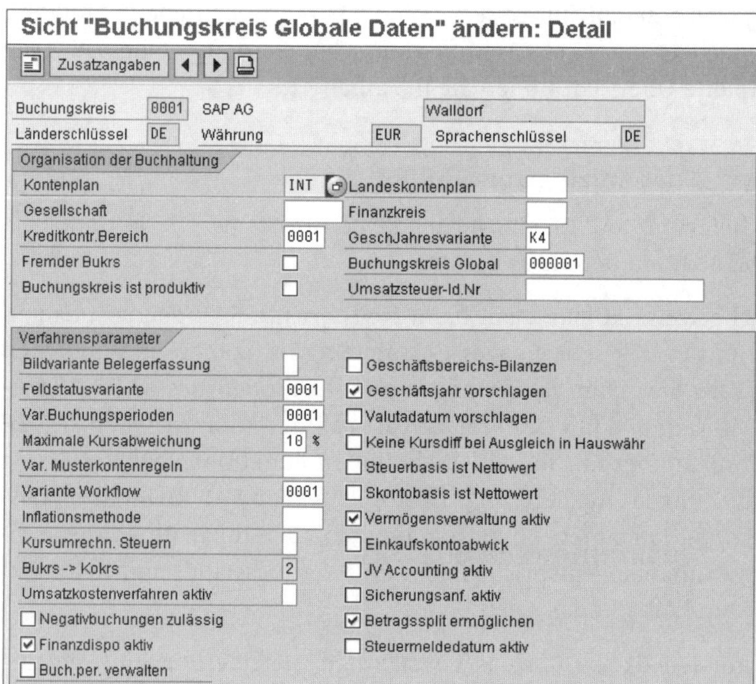

Abbildung 1.7 Buchungskreis – Vermögensverwaltung aktivieren

2. Hinterlegen Sie im Customizing von SAP RE (Transaktion RECACUST) die Grundeinstellungen für diesen Buchungskreis: GRUNDEINSTELLUNGEN • GRUNDEINSTELLUNGEN IM BUCHUNGSKREIS VORNEHMEN.

1.4.2 Kostenrechnungskreis

CO-Komponente

Eine weitere Voraussetzung für den Einsatz von SAP RE ist der Einsatz der SAP-Kostenrechnung CO, der Controlling-Komponente von SAP ERP Financials. Das entsprechende Element in der Organisationsstruktur ist der *Kostenrechnungskreis*.

Aktivieren Sie im Kostenrechnungskreis die Immobilienverwaltung wie in Abbildung 1.8 dargestellt. Setzen Sie dort das Flag IMMOBILIENVERWALTUNG (unten im Bild). Sie finden den Eintrag im Einführungsleitfaden unter TRANSAKTION SPRO • SAP REFERENZ-IMG • CONTROLLING • CONTROLLING ALLGEMEIN • KOSTENRECHNUNGSKREIS PFLEGEN.

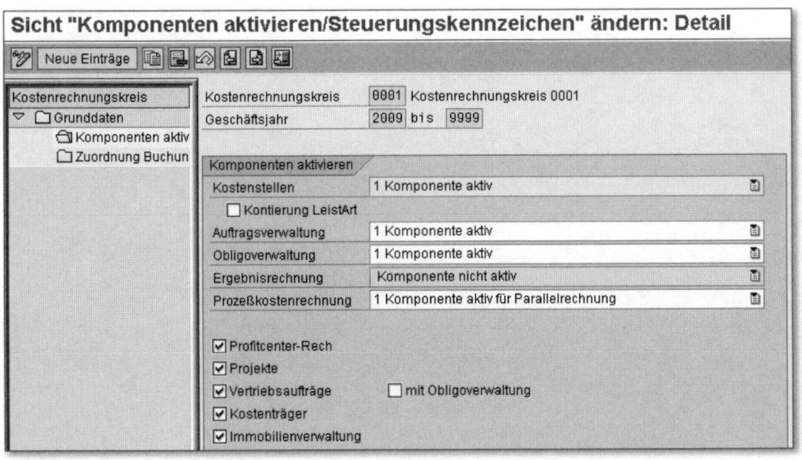

Abbildung 1.8 Kostenrechnungskreis – Immobilienverwaltung aktivieren

1.5 Zusammenfassung

Sie haben in diesem Kapitel erfahren, dass Sie das Anwendungsmenü SAP RE unter dem Menüpunkt FLEXIBLES IMMOBILIENMANAGEMENT im SAP-Easy-Access-Menü finden und das Customizing von SAP RE direkt über die Transaktion RECACUST aufrufen können. Sie haben die hierfür notwendigen Voraussetzungen kennengelernt: die Aktivierung der SAP-Extension EA-FIN sowie die von SAP RE (RE-FX). Wir haben Sie mit den Teilfunktionen und deren Aktivierung vertraut gemacht und Sie auf die Notwendigkeit der Aktivierung der Immobilienverwaltung auf der Ebene des Buchungskreises und des Kostenrechnungskreises hingewiesen.

Damit möchten wir den Streifzug durch die Systemgrundlagen abschließen. Kommen wir nun zu einem Überblick über die Geschäftsprozesse, die Sie in SAP RE abbilden können.

Eigentum verpflichtet: Der Eigentümer einer Immobilie muss sich nicht nur um den Mieteinzug oder die Instandhaltung kümmern – vom Neubau über die kaufmännische und technische Bewirtschaftung bis hin zum Verkauf oder Abriss erstreckt sich ein durchgängiger Geschäftsprozess.

2 Geschäftsprozesse der Immobilienverwaltung

In den meisten Kapiteln dieses Buches erfahren Sie, wie Sie die Komponente SAP Real Estate Management (SAP RE) bei ganz konkreten Anforderungen innerhalb der Bewirtschaftung Ihrer Immobilien nutzen können. Bevor Sie jedoch Details über Mietenbuchhaltung, Mietanpassung oder Nebenkostenabrechnung kennenlernen, möchten wir Sie mit den grundlegenden Geschäftsprozessen der Immobilienverwaltung und deren Abbildung im SAP-System vertraut machen. Dabei erhalten Sie nicht nur einen Überblick über die wichtigsten Funktionen von SAP RE, sondern lernen auch das Zusammenspiel der verschiedenen SAP-Komponenten untereinander und insbesondere mit SAP RE kennen.

2.1 Immobilien und deren Lebenszyklus

Zugang, Bewirtschaftung, Abgang

Der Lebenszyklus einer Immobilie unterteilt sich in die drei großen Phasen *Zugang*, *Bewirtschaftung* und *Abgang*. In diesen Phasen sind viele unterschiedliche Aktivitäten im Umgang mit der Immobilie erforderlich. Angefangen bei der Bereitstellung der notwendigen finanziellen Mittel für den Kauf einer Immobilie über die Vermietung und die technische Bewirtschaftung können hier verschiedene SAP-Komponenten zum Einsatz kommen.

Meist kann nicht nur eine Komponente für einen bestimmten Aufgabenbereich genutzt werden, sondern eine Kombination aus mehreren Komponenten. Zwischen den einzelnen SAP-Komponenten existieren vielfältige Integrationsmöglichkeiten, die eine durchgängige Bearbeitung der Daten ohne redundante Datenerfassung und -haltung ermöglichen.

Abbildung 2.1 zeigt einige Aufgaben, die im Rahmen des Zugangs, der Bewirtschaftung und des Abgangs einer Immobilie entstehen. Zur Abbildung dieser Geschäftsprozesse können Sie neben SAP RE auch Funktionen aus anderen SAP-Komponenten nutzen.

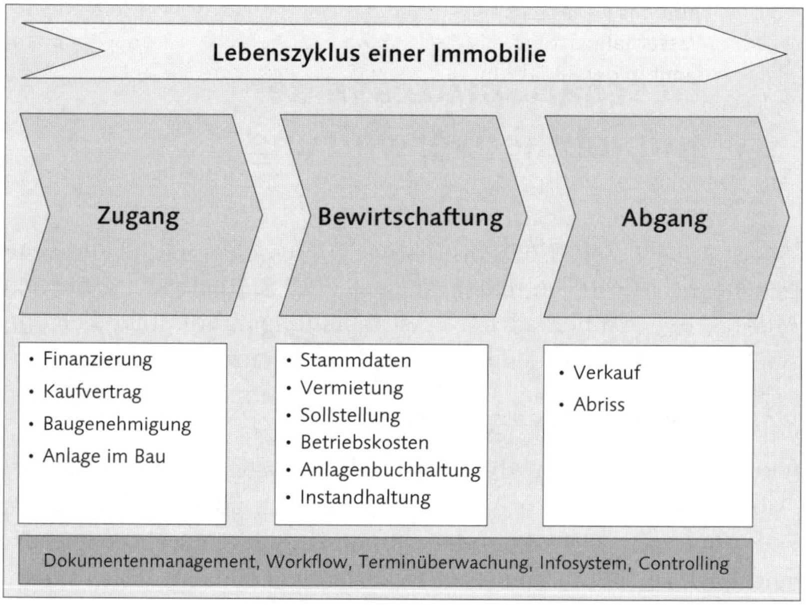

Abbildung 2.1 Lebenszyklus einer Immobilie

Oft bemerken Sie es gar nicht, wenn Sie bei der Bearbeitung eines Immobilienobjekts von einer SAP-Komponente zur anderen gewechselt haben.

Das folgende Beispiel erhebt keinen Anspruch auf Vollständigkeit. In Abhängigkeit von den konkreten kundenspezifischen Anforderungen sind auch vielfältige weitere Ausprägungen der Geschäftsprozesse möglich.

[zB]

Wechsel zwischen verschiedenen SAP-Komponenten

Ein Mieter ruft Sie an und teilt Ihnen seine neue Bankverbindung und die Änderung seiner Handynummer mit. Was tun Sie mit diesen Informationen im Verlauf des Gesprächs?

1. Sie rufen zunächst den Mietvertrag (SAP RE) im System auf, springen von da aus in die Stammdaten des Geschäftspartners (SAP Business Partner, SAP BP) und erfassen dort die Bankverbindung und die Telefonnummer.
2. Da der Mieter zudem befürchtet, dass durch die Änderung der Bankverbindung seine Miete nicht rechtzeitig eingegangen ist, gehen Sie zurück zum Mietvertrag und rufen von dort das Debitorenkonto des Mieters (Financials-Komponente in SAP ERP, FI) auf. Sie sehen, dass der Mieteingang bereits gebucht ist, und beruhigen den Mieter.
3. Am Ende des Gesprächs teilt Ihnen der Mieter mit, dass in seinem Bad der Wasserhahn tropft. Sie legen eine Störmeldung an und befinden sich damit in der SAP-Komponente PM (*Plant Maintenance*, Instandhaltung).

An diesem Beispiel erkennen Sie, dass die Funktionen von SAP RE sehr eng mit anderen SAP-Komponenten verknüpft sind. Sehen wir uns nun die Geschäftsprozesse im Zusammenhang mit dem Zugang, der Bewirtschaftung und dem Abgang bzw. Verkauf einer Immobilie genauer an.

2.1.1 Vor dem Zugang einer Immobilie

Art der Immobilie

Vor dem Zugang einer Immobilie steht zunächst die Entscheidung, welche Art von Immobilien (Wohn- oder Gewerbeimmobilien) erworben oder gebaut werden soll. Damit verbunden sind Fragen der Finanzierung und der Finanzierungsplanung.

- Bei Neubauten müssen Baugenehmigungen und Gutachten eingeholt werden.
- Bei bereits existierenden Immobilien informieren Sie sich vor dem Kauf über deren Lage und Ausstattung sowie über ihre Wirtschaftlichkeit.

Ist die Entscheidung zum Erwerb oder zum Neubau einer Immobilie gefallen, muss der Zugang der Immobilien nach dem Abschluss von rechtskräftigen Verträgen bzw. dem tatsächlichen Bau eines Hauses auch im System abgebildet werden.

2.1.2 Zugang

Eine Immobilie kann entweder durch Kauf oder durch Neubau in den Bestand Ihres Unternehmens aufgenommen werden.

Neubau einer Immobilie

Kaufvertrag

Haben Sie sich für den Neubau einer Immobilie entschieden, müssen Sie zunächst das für das Bauvorhaben passende Baugrundstück finden und erwerben. Den *Kaufvertrag* für das Grundstück können Sie in SAP RE mit den Funktionen der Liegenschaftsverwaltung (*Land Use Management*, LUM) abbilden.

Anschließend sind Baugenehmigungen einzuholen; Bauzeichnungen werden erstellt. Die genannten Geschäftsprozesse sind zumeist rechtlicher Natur, d.h., es werden Verträge geschlossen. Diese Verträge können im SAP-System mit Hilfe des *Dokumentenmanagements* bzw. in Form einer Immobilienakte im *Records Management* in elektronischer Form abgelegt und vorgehalten werden.

Finanzierung

Die *Finanzierungsplanung* umfasst zunächst das Einholen von Angeboten sowie den Schriftwechsel mit Banken. Die für die Finanzierung benötigten finanziellen Mittel müssen bereitgestellt werden.

Für den Kauf eines Grundstücks bzw. für die Errichtung eines Gebäudes auf diesem Grundstück kann die Aufnahme eines *Darlehens* erforderlich sein. Dieses können Sie mit Mitteln der SAP ERP Financials-Komponente *Finanzwesen* (FI) abbilden.

Die SAP-Komponente *Investitionsmanagement* (IM) unterstützt Sie bei der Betreuung des Bauprojekts. Es stehen Funktionen zur Planung, zur Budgetierung und zum Controlling von Projekten zur Verfügung.

Bauprojekt

Das Bauprojekt kann im SAP-System mit Hilfe der SAP-Komponente *Projektsystem* (PS) abgebildet werden. Der hierarchische Aufbau des Projekts wird mit Hilfe von PSP-Elementen (Projektstrukturplanelementen) abgebildet. Jedes PSP-Element enthält eine Aufgabe bzw. einen Projektschritt. Die einzelnen Aufgaben innerhalb eines Projekts verfügen über ein definiertes Budget. Im SAP-System erfolgt die Budgetierung auf der Ebene von PSP-Elementen.

Der Einkauf der für den Neubau notwendigen Materialien kann mit Hilfe der Funktionalität der *Materialwirtschaft* (*Materials Management*, MM) abgebildet werden. Nachdem Sie Bestellanforderungen bzw. Bestellungen angelegt haben, erfolgt die Lieferung der benötigten Materialien. Wareneingang und Rechnungseingang werden mit Bezug zum Bauprojekt gebucht.

Finanzbuchhaltung

Die Buchung von Rechnungen erfolgt in FI. Mit dem Zahllauf erfolgt anschließend die Überweisung der Rechnungsbeträge an die Lieferanten. Dabei werden beispielsweise Skonti berücksichtigt.

Die Bereitstellung der finanziellen Mittel für den Einkauf von Materialien usw. können Sie mit Funktionen des *Cash Managements* und der *Bankbuchhaltung* (*Bank Ledger*, FI-BL) unterstützen.

Im Anlagevermögen werden die noch nicht fertig gestellten Immobilien zunächst als Anlage im Bau (AiB) ausgewiesen. Dafür wird eine spezielle Bilanzposition genutzt. Ist das Gebäude fertig gestellt, werden weitere Funktionen der *Anlagenbuchhaltung* (*Asset Accounting*, FI-AA), wie zum Beispiel die Buchung von Abschreibungen für Abnutzung (AfA), genutzt.

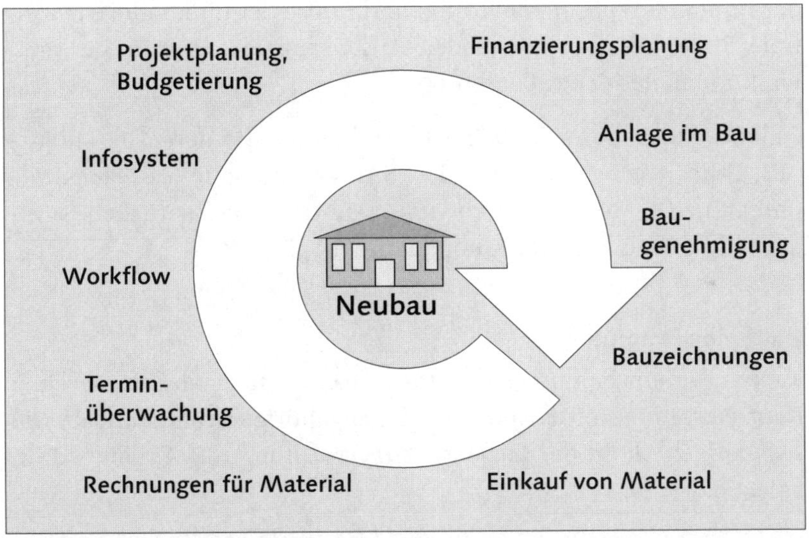

Abbildung 2.2 Neubau einer Immobilie

Personalplanung und -abrechnung

Sind an der Errichtung des Gebäudes Mitarbeiter Ihres Unternehmens beteiligt, können Sie für die Personalplanung und die Personalabrechnung Funktionen der SAP ERP-Komponente *Human Capital Management* (HCM) nutzen.

Im Zusammenhang mit einem Bauprojekt haben Sie Kontakt mit diversen Geschäftspartnern: Sie benötigen die Telefonnummern oder E-Mail-Adressen von Sachbearbeitern im Bauamt oder von Mitarbeitern der Bank. Bei Rückfragen zu Materiallieferungen müssen Sie die zuständigen Ansprechpartner bei Ihren Lieferanten kontaktieren. Für die Erfassung und Bearbeitung der Informationen zu den verschiedensten Geschäftspartnern können Sie die Funktionen des *SAP-Geschäftspartners* benutzen.

Die für einzelne Aufgaben verantwortlichen Mitarbeiter benötigen Informationen zum Baufortschritt und zu notwendigen Aktivitäten. *Workflows* unterstützen Sie bei der Überwachung des Bauprojekts.

Infosystem Zu jedem Zeitpunkt innerhalb des Projekts benötigen Sie eine Vielzahl von Informationen zu einzelnen Projektschritten, zu ausgelösten Bestellungen, eingegangenen Rechnungen usw. Die verschiedenen Bereiche des *Infosystems* stellen Ihnen die notwendigen Informationen zur Verfügung.

Controlling Für das gesamte Bauprojekt wie auch für die spätere Bewirtschaftung der Immobilie spielen die Kosten und Erlöse der Immobilie eine zentrale Rolle. Die entsprechenden Auswertungen erhalten Sie durch Funktionen des *Controllings* (CO).

Fallen beim Bauprojekt Mängel auf, können Sie deren Beseitigung mit Hilfe von Funktionen der SAP-Komponente *Instandhaltung* unterstützen. Auch die Bearbeitung von Garantieansprüchen ist mit der Funktionalität dieser Komponente möglich.

Kauf einer Immobilie

Kaufen Sie ein bereits errichtetes Gebäude, so schließen Sie einen *Kaufvertrag* für ein Gebäude und das zugehörige Grundstück ab. Diesen können Sie in der Liegenschaftsverwaltung (LUM) von SAP RE anlegen.

Viele der weiteren Schritte, die beim Bau einer Immobilie anfallen, erübrigen sich, wenn Sie eine Immobilie kaufen.

2.1.3 Bewirtschaftung

Ziel der Bewirtschaftung einer Immobilie ist deren Erhaltung und optimale Nutzung. Die Wirtschaftlichkeit der Immobilie, d.h. die Gegenüberstellung der erzielten Mieterträge mit den Kosten für Instandhaltung, Modernisierung usw., spielt dabei eine wichtige Rolle. Die Bewirtschaftung einer Immobilie hat zwei Aspekte: die *kaufmännische* und die *technische* Bewirtschaftung.

Kaufmännische Bewirtschaftung

Wichtige Bereiche der kaufmännischen Bewirtschaftung von Immobilien sind der Abschluss von Mietverträgen, die Sollstellung der Mieten und der Mieteinzug, die Überprüfung und Anpassung der Mieten sowie die Nebenkostenabrechnung. Funktionen dafür stehen in der Komponente SAP RE zur Verfügung.

Stammdaten und Verträge

Die *Stammdaten* der verwalteten Immobilienobjekte legen Sie in SAP RE an. Entscheidend für die kaufmännische Bewirtschaftung sind dabei die Stammdaten der Nutzungssicht. Sie legen Wirtschaftseinheiten, Gebäude, Grundstücke und Mietobjekte im Buchungskreis des jeweiligen Eigentümers an. Zu den Immobilienobjekten erfassen Sie verschiedene Verträge: Neben An- und Vermietverträgen können das beispielsweise auch Pacht- oder Nutzungsverträge sowie Serviceverträge sein.

Debitoren und Kreditoren

Zusammen mit den Verträgen legen Sie auch die Stammdaten der zugehörigen Geschäftspartner im SAP-System an. Handelt es sich um Mietverträge, so wird parallel zum Geschäftspartner ein Debitor im *Finanzwesen* angelegt. Auf diesem Debitorenkonto werden die Mietforderungen und die Einzahlungen der Miete gebucht. Mietet Ihr Unternehmen dagegen ein Gebäude an, so wird ein kreditorischer Anmietvertrag angelegt. Die zugehörigen Kreditorenstammdaten dienen zur Buchung der Verbindlichkeiten für die zu zahlende Miete.

Zahllauf, elektronischer Kontoauszug

Durch Soll- bzw. Habenstellungen werden offene Posten in der Debitoren- bzw. Kreditorenbuchhaltung erzeugt. Den *Zahllauf*, eine Funktionalität der Komponente *Finanzwesen*, nutzen Sie im debitorischen Bereich zum Mieteinzug und dem dazugehörenden Datenaustausch mit Ihrer Bank sowie im kreditorischen Bereich zur Bezahlung von Rechnungen. Sie erhalten von der Bank einen *elektronischen Kontoauszug*, den Sie in Ihr System einlesen und verbuchen.

Finanzdisposition und Controlling

Mit Mitteln der Finanzdisposition gewinnen Sie Informationen über die kurz- bzw. mittelfristig zu erwartenden Mieten.

Die Buchung von Kosten und Erlösen erfolgt mit Bezug zu den beteiligten Immobilienobjekten bzw. -verträgen. So können Sie für jedes Gebäude bzw. jede Wirtschaftseinheit das Verhältnis von entstandenen Kosten zu erzielten Erlösen auswerten, d.h. ermitteln, wie wirtschaftlich das Immobilienobjekt ist.

Interne Verträge

Auch für die Vermietung von Büroräumen, Lagerflächen o.Ä. an Kostenstellen oder Projekte innerhalb Ihres Unternehmens können Sie Verträge anlegen. An die Stelle des debitorischen bzw. kreditorischen Geschäftspartners tritt in diesem Fall die Kostenstelle oder das Projekt, das die Räume an- oder vermietet.

Raumbelegung und -reservierung

Um die Nutzung von Räumen durch die Mitarbeiter Ihres Unternehmens abzubilden, können Sie die Funktionen der *Permanenten Raumbelegung* in SAP RE nutzen. Konferenz- oder Meetingräume dagegen werden nicht ständig von einer Abteilung oder Kostenstelle belegt. Diese Räume können einmalig oder als Terminserie reserviert werden. Mit den Kosten für *Raumbelegung* und *Raumreservierung* werden die jeweiligen Nutzer, in der Regel Kostenstellen, Projekte oder Innenaufträge, belastet. Können auch externe Nutzer einen Meetingraum reservieren, wird eine Forderung im Finanzwesen gebucht.

Anmietung

In einigen Fällen reichen die zur Verfügung stehenden Büroflächen o.Ä. nicht aus, und Sie müssen zusätzliche Flächen anmieten. Dazu legen *Sie Anmietverträge* in SAP RE an. Die Miete, die Sie für die Anmietung der Flächen entrichten, legen Sie als kreditorische Mietkondition zum jeweiligen Anmietvertrag an.

Mietanpassung

Während der Laufzeit eines Mietvertrages überprüft der Vermieter in regelmäßigen Abständen die Mietkonditionen und passt diese gegebenenfalls den ortsüblichen Mieten an. Dazu können Sie verschiedene Mietanpassungsverfahren nutzen. Ein gängiges Anpassungsverfahren im Bereich der Gewerbevermietung ist die *Indexmiete*. Im Bereich der Wohnungsvermietung nutzen Sie beispielsweise die örtlichen *Mietspiegel* zur Berechnung der Mieten. Führen Sie Modernisierungen durch, können Sie die entstehenden Kosten im Rahmen der gesetzlichen Regelungen an die Mieter weitergeben.

Nebenkostenabrechnung

Innerhalb einer Abrechnungsperiode entstandene Betriebs- und Heizkosten werden im Rahmen der Nebenkostenabrechnung auf die Mieter umgelegt. Dabei erfolgt eine Verrechnung mit den Vorauszahlungen für Betriebs- bzw. Heizkosten, die die Mieter monatlich zahlen. Die Umlage der Nebenkosten kann nach der Wohn- bzw. Nutzfläche, aber – insbesondere bei den Heizkosten – auch nach den Verbrauchswerten der einzelnen Mieter erfolgen. Ein Datenträgeraustausch mit externen Abrechnungsunternehmen ermöglicht es Ihnen, Dienstleistungen von Abrechnungsfirmen, wie zum Beispiel das Ablesen der Heizkostenverteiler und die Erstellung der Heizkostenabrechnung, in Anspruch zu nehmen.

Anlagenbuchhaltung

In der *Anlagenbuchhaltung* berechnen Sie regelmäßig die *Abschreibung für Abnutzung (AfA)*. Die Buchung der Abschreibungen erfolgt mit Bezug zum Immobilienobjekt. Dadurch können die Abschreibungswerte bei der objektgenauen Ermittlung von Kosten und Erlösen berücksichtigt werden.

Vorsteuer

Die Vermietung von Wohnungen ist grundsätzlich steuerbefreit. Vermietet Ihr Unternehmen jedoch auch *Gewerbeimmobilien*, können Sie die Funktionen der Vorsteueroptierung in SAP RE nutzen. Dabei ermitteln Sie in regelmäßigen Abständen die gültigen Optionssätze und führen die Vorsteueraufteilung durch. Ändert sich die vorgesehene Nutzung einer Immobilie, kann eine Vorsteuerberichtigung erfolgen.

Technische Bewirtschaftung

Die technische Bewirtschaftung einer Immobilie umfasst Reparaturen, Modernisierung und Instandhaltung sowie die Wartung von technischen Anlagen.

Technische Plätze

Für die kaufmännische Bewirtschaftung von Immobilien nutzen Sie die Stammdatenobjekte Wirtschaftseinheit, Gebäude, Grundstück und Mietobjekt. Eine analoge hierarchische Struktur können Sie ebenso für die technische Bewirtschaftung von Immobilien aufbauen. Den Immobilienobjekten sind dabei sogenannte *technische Plätze* zugeordnet. Alternativ können Sie die technischen Plätze auch den Stammdaten der architektonischen Sicht zuordnen.

Reparaturen, Wartung, Modernisierung

Meldet Ihnen ein Mieter einen tropfenden Wasserhahn oder ein defektes Türschloss, so legen Sie eine *Störmeldung* in der SAP-Komponente Instandhaltung an. Aus der Störmeldung wird ein *Instandhaltungsauftrag* erzeugt. Dieser wird von einem Handwerker bearbeitet. Der Handwerker meldet die tatsächlich benötigte Arbeitszeit zurück und stellt eine Rechnung. Diese wird mit Bezug zum Mietvertrag bzw. zum Mietobjekt gebucht.

Neben der Bearbeitung von Störmeldungen und Instandhaltungsaufträgen können Sie auch die *Wartung* von Fahrstühlen und ähnlichen Anlagen in der SAP-Komponente *PM* abbilden. Dazu legen Sie Wartungspläne mit den notwendigen Wartungsterminen an.

Größere *Modernisierungs- oder Instandhaltungsprojekte* können Sie – wie auch Neubauprojekte – als Projekt mit den Mitteln des *Projektsystems* (PS) abbilden. Sie können in diesem Fall beispielsweise auch die Funktionen der Budgetierung nutzen.

Materialwirtschaft

Oft müssen für eine Reparatur oder die Wartung technischer Anlagen Materialien bestellt werden. In einem solchen Fall legen Sie eine Bestellanforderung bzw. eine Bestellung in der SAP-Komponente *MM* mit Bezug zum Instandhaltungsauftrag an.

2.1.4 Abgang

Eine Immobilie kann durch Verkauf oder aber durch Abriss aus dem Immobilienbestand eines Unternehmens abgehen.

Verkauf

Verkaufsvertrag

Verkaufen Sie eine Immobilie an einen neuen Eigentümer, können Sie den Kaufvertrag mit der Funktionalität der Liegenschaftsverwaltung (LUM) in SAP RE abbilden.

Abriss

Die technischen Arbeiten, die für den Abriss eines Gebäudes und die Beräumung des Grundstücks erforderlich sind, können Sie mit der SAP-Komponente *Instandhaltung* abbilden.

Stammdaten

Erfassen Sie in SAP RE das Ende des Gültigkeitszeitraumes für die nicht mehr im Bestand befindlichen Immobilienobjekte. Diese werden dann in aktuellen Auswertungen nicht mehr berücksichtigt.

Der Abgang einer Immobilie wird auch in der *Anlagenbuchhaltung* erfasst. Es erfolgt eine Abgangsbuchung für die entsprechende Anlage. Diese befindet sich anschließend nicht mehr im Anlagevermögen Ihres Unternehmens.

2.1.5 Begleitende Prozesse

Dokumentenmanagement

Bei der Verwaltung eines Immobilienbestandes entsteht eine große Zahl an Dokumenten. Egal, ob es sich um Bauzeichnungen, Exposés, Mietverträge oder Mietanpassungsschreiben handelt – die Dokumente müssen aufbewahrt werden und bei Bedarf schnell und einfach zu finden sein. Zur Unterstützung können Sie die Funktionen des Dokumentenmanagements oder elektronische Immobilienakten innerhalb von *SAP Records Managements* nutzen.

CAD- und GIS-Systeme

Um Lagepläne o.Ä. optisch darzustellen, können Sie CAD- bzw. GIS-Systeme (CAD = *Computer Aided Design*, GIS = *Geographic Information Systems*) mit den Immobiliendaten von SAP RE verknüpfen. Sie erhalten dadurch eine grafische Übersicht über die Aufteilung eines Gebäudes oder einer Etage.

Controlling

Funktionen des Controllings begleiten den gesamten Lebenszyklus einer Immobilie. In jeder Phase fallen *Kosten* und *Erlöse* in Verbindung mit dem Immobilienobjekt an. Dabei kann es sich beispielsweise um Betriebskosten oder um Instandhaltungskosten handeln. Auch Funktionen wie die Umlage von Kosten oder die Leistungsverrechnung können hier relevant sein.

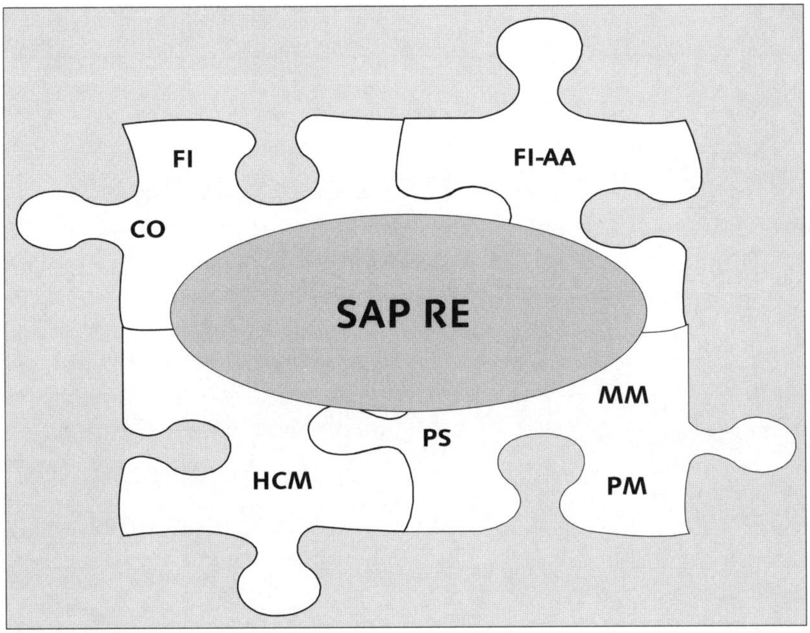

Abbildung 2.3 Immobilienverwaltung – Integration zwischen SAP RE und anderen SAP-Komponenten

Abbildung 2.3 zeigt zusammenfassend einige SAP-Komponenten, die Ihr Unternehmen bei der Verwaltung seines Immobilienbestandes nutzen kann.

2.2 Zusammenfassung

In diesem Kapitel haben Sie einen Überblick über die Geschäftsprozesse in der Immobilienverwaltung erhalten. Sie haben erfahren, welches die wichtigsten Funktionen von SAP RE sind und wie die Integrationsmöglichkeiten zu anderen SAP-Komponenten aussehen. Darauf aufbauend werden Sie nun in den folgenden Kapiteln einzelne Funktionen von SAP RE detailliert kennenlernen.

Wenn Sie aktuelle und detaillierte Informationen für die effektive Bewirtschaftung Ihres Immobilienbestandes benötigen, ist eine ordnungsgemäße Erfassung und Pflege der Stammdaten in SAP RE unabdingbar.

3 Stammdaten

Ausgangspunkt für die Abbildung der Geschäftsprozesse der Immobilienverwaltung sind zunächst die Immobilienstammdaten. Nur, wenn die Wohnungen Ihres Immobilienbestandes hinsichtlich ihrer Größe und Lage korrekt erfasst sind, können Sie die entstandenen Betriebskosten korrekt auf die einzelnen Mieter umlegen. Nur, wenn die Lage eines Gebäudes im System hinterlegt ist, können Sie für einen Wohnungsinteressenten eine Wohnung in einem von ihm bevorzugten Stadtteil finden.

In diesem Kapitel lernen Sie die in SAP RE verwendeten Immobilienstammdaten der Nutzungssicht kennen. Zudem erhalten Sie einen Überblick über die Zusammenhänge zwischen Nutzungssicht und architektonischer Sicht und lernen die wichtigsten Customizing-Einstellungen für den Bereich der Stammdaten kennen.

3.1 Nutzungssicht und architektonische Sicht

Nutzungssicht

Was ist unter dem Begriff *Nutzungssicht* zu verstehen? Im Gegensatz zur architektonischen Sicht, die Immobilienobjekte in ihrer realen Struktur unabhängig von Besitzverhältnissen betrachtet, meint der Begriff Nutzungssicht die buchhalterische bzw. betriebswirtschaftliche Betrachtung von Immobilienobjekten. Die Immobilienobjekte der Nutzungssicht werden innerhalb der Organisationsstrukturen des Finanzwesens und des Controllings abgebildet, also in einem *Buchungskreis*, der wiederum einem *Kostenrechnungskreis* zugeordnet ist.

Objekthierarchie

Während die architektonische Objekthierarchie frei definiert werden kann und sich über beliebig viele Hierarchieebenen erstrecken kann, ist die Hierarchie der Nutzungsobjekte von SAP RE fest vorgegeben. Sie besteht aus drei Ebenen:

1. **Wirtschaftseinheit**
   Die oberste Ebene bildet die *Wirtschaftseinheit*. Einer Wirtschaftseinheit können ein oder mehrere *Gebäude* sowie ein oder mehrere *Grundstücke* zugeordnet werden.
2. **Gebäude und Grundstücke**
   Gebäude und Grundstücke befinden sich somit gleichberechtigt auf der zweiten Hierarchieebene unterhalb der Wirtschaftseinheit.
3. **Mietobjekte**
   Eine dritte Ebene bilden die *Mietobjekte*. Jedes Mietobjekt ist einem Gebäude oder einem Grundstück zugeordnet.

Einen Überblick über die Stammdaten der Nutzungssicht gibt Abbildung 3.1.

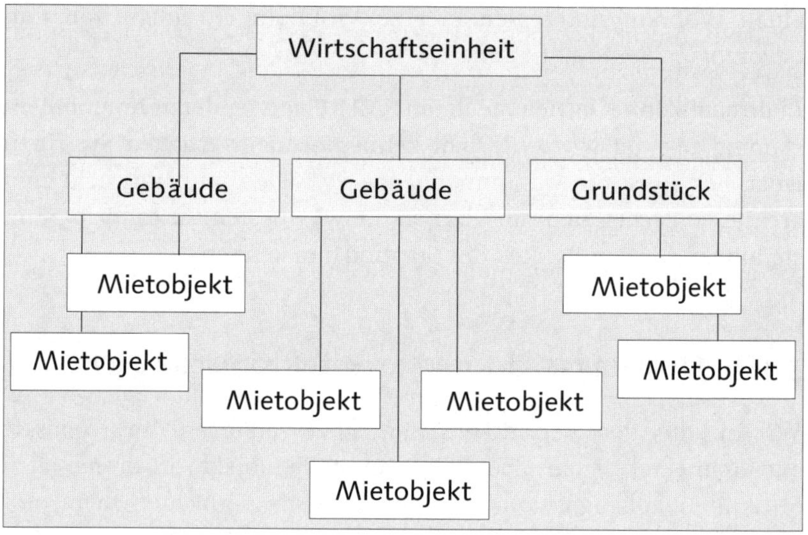

Abbildung 3.1 Hierarchieebenen der Nutzungssicht

Nutzungssicht – zwingend erforderlich

Ein weiterer Unterschied zwischen Nutzungssicht und architektonischer Sicht ist der, dass die Nutzungssicht zwingend erforderlich ist, um die Immobilienverwaltung mit SAP RE abzubilden, während die architektonische Sicht optional genutzt werden kann.

3.2 Wirtschaftseinheit, Gebäude, Grundstück

In diesem Abschnitt behandeln wir die Stammdatenobjekte Wirtschaftseinheit, Gebäude und Grundstück. Dabei werden Sie feststellen, dass die Daten dieser Immobilienobjekte oftmals einen analogen Aufbau haben und dass bestimmte Attribute von einem Immobilienobjekt an die ihm untergeordneten Objekte weitergegeben werden. Aus diesem Grund betrachten wir die genannten Objekte – also die Objekte der ersten und der zweiten Hierarchieebene – in diesem Abschnitt gemeinsam, während der dritten Hierarchieebene der Nutzungssicht – den Mietobjekten – ein eigener Abschnitt gewidmet ist.

3.2.1 Begriffsbestimmungen

Wirtschaftseinheit

Unter einer *Wirtschaftseinheit* versteht man Immobilienobjekte, die aus betriebswirtschaftlicher Sicht gemeinsam zu betrachten sind. Das sind im Allgemeinen Objekte, die ein- und demselben Eigentümer gehören, oder Objekte, die sich an einem Standort befinden. Ein weiterer Gesichtspunkt ist die Abrechnungshierarchie; das heißt, Objekte, die im Rahmen der Betriebs- und Heizkostenabrechnung gemeinsam abzurechnen sind, können zu einer Wirtschaftseinheit zusammengefasst werden.

Die Wirtschaftseinheit befindet sich im Finanzwesen hierarchisch gesehen unterhalb des Buchungskreises. Somit ist bei der Definition der Wirtschaftseinheiten zu beachten, welchem Buchungskreis diese unter buchhalterischen und steuerlichen Gesichtspunkten zuzuordnen sind.

Gebäude

Hierarchisch unterhalb der Wirtschaftseinheit können *Gebäude* angelegt werden. Die Mietobjekte innerhalb eines Gebäudes werden für die externe und interne Vermietung von Wohnungen und Gewerbeobjekten genutzt.

Grundstück

Im Gegensatz zu Gebäuden werden Mietobjekten, die sich nicht innerhalb eines Gebäudes befinden, *Grundstücke* zugeordnet. Das können zum Beispiel PKW-Stellplätze oder Lagerflächen sein. Das Grundstück im Sinne von SAP RE schließt das auf dem Grundstück errichtete Gebäude explizit aus.

3.2.2 Allgemeiner Aufbau

Wenn Sie den Aufbau der Stammdatendialoge für Wirtschaftseinheiten, Gebäude und Grundstücke betrachten, werden Sie große Ähnlichkeiten zwischen den genannten Objekten erkennen. Wir werden uns deshalb zunächst mit den Registern beschäftigen, die in allen oder mehreren Stammdatenobjekten der Nutzungssicht anzutreffen sind.

Register »Allgemeine Daten«

Identifikation

Im Register Allgemeine Daten (siehe Abbildung 3.2) finden Sie neben der Bezeichnung des Immobilienobjekts auch dessen *Identifikation*, d.h. die Nummer der Wirtschaftseinheit, des Gebäudes bzw. des Grundstücks. Die Stammdaten der Nutzungssicht sind einem Buchungskreis zugeordnet.

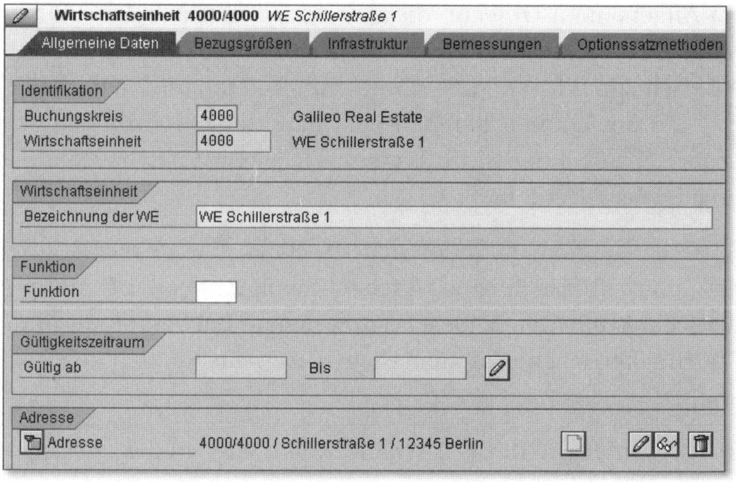

Abbildung 3.2 Wirtschaftseinheit – Register »Allgemeine Daten«

[+]

Identifikation/Nummer der Wirtschaftseinheit

Die Nummer der Wirtschaftseinheit setzt sich aus dem Buchungskreis und der Nummer der Wirtschaftseinheit in diesem Buchungskreis zusammen. Gebäude und Grundstücke befinden sich hierarchisch unterhalb der Wirtschaftseinheit, ihre Identifikation setzt sich aus dem Buchungskreis, der Nummer der Wirtschaftseinheit sowie der Nummer des Gebäudes bzw. des Grundstücks zusammen.

Nummernvergabe

Die *Nummernvergabe* für die Stammdaten der Nutzungssicht kann extern oder intern erfolgen. Die Definition des Nummernkreises erfolgt in Abhängigkeit vom Buchungskreis.

[+]

Interne Nummernvergabe

Wenn Sie für Gebäude bzw. Grundstücke die interne Nummernvergabe wählen, erfolgt die fortlaufende Nummerierung innerhalb der Wirtschaftseinheit. Es kann dann also ein Gebäude mit der laufenden Nummer 1 sowohl in der Wirtschaftseinheit 1000 als auch in der Wirtschaftseinheit 2000 geben.

Gültigkeitszeitraum

Alle Immobilienobjekte von SAP RE verfügen über einen Gültigkeitszeitraum. Außerhalb dieses Zeitraums stehen die Objekte nicht zur Verfügung und werden innerhalb der periodischen Buchungen und von anderen Prozessen nicht berücksichtigt. Die zeitliche Gültigkeit wird innerhalb der Objekthierarchie vererbt.

[zB]

Vererbung der Gültigkeit

Wenn also die Gültigkeit einer Wirtschaftseinheit zum 31.12.2008 beendet wurde, stehen auch die untergeordneten Objekte wie Gebäude und Grundstücke ab dem 01.01.2009 nicht mehr zur Verfügung.

Wenn Mietobjekte dieser Wirtschaftseinheit in Verträgen und deren Konditionen verwendet werden, müssen die Konditionen der Verträge aktualisiert werden, da nach Beendigung der Wirtschaftseinheit die zugehörigen Mietobjekte nicht mehr zur Verfügung stehen. Sehen wir uns dazu ein Beispiel an.

Abbildung 3.3 zeigt den Gültigkeitszeitraum eines Gebäudes, dessen zugehörige Wirtschaftseinheit nur bis zum 31.12.2008 gültig ist.

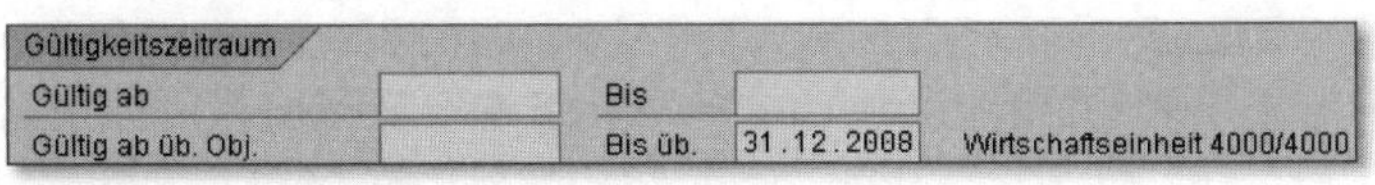

Abbildung 3.3 Gebäude – Feldgruppe »Gültigkeitszeitraum«

Für die Mietobjekte der Wirtschaftseinheit einerseits und für Verträge, denen diese Mietobjekte zugeordnet sind, andererseits, ist eine Aktualisierung der Objektgültigkeit sowie der Vertragskonditionen mit Bezug auf diese Mietobjekte erforderlich (siehe Abbildung 3.4). Diese Aktualisierung erfolgt entweder sofort oder über den Arbeitsvorrat des RE-Navigators (RE80).

Auswirkungen auf andere Objekte bzw. Folgeprozesse

Änderung an diesem Objekt	Führt zu	Art	Bei anderem Objekt	Sofort aktualisierbar	Betrifft von	Betrifft bis
Änderung der Laufzeit	Vertragskonditionen nicht aktuell	IV	4000/2000011	☑		
Änderung der Laufzeit	Vertragskonditionen nicht aktuell	IV	4000/2000012	☑		
Änderung der Laufzeit	Vertragskonditionen nicht aktuell	IV	4000/2000013	☑		
Änderung der Objektgültigkeit	Objekt wegen Gültigkeit fehlerhaft	MO	4000/4000/1	☑		31.12.2008

Abbildung 3.4 Aktualisierung der Objektgültigkeit und der Vertragskonditionen

Adresse Haben Sie bei der Erfassung der Wirtschaftseinheit eine Adresse angegeben, so wird diese Adresse beim Anlegen der untergeordneten Objekte, wie zum Beispiel der Gebäude zur Wirtschaftseinheit, auf diese vererbt (siehe Abbildung 3.5). Sie können die Adressvererbung auflösen, indem Sie den Button ADRESSVERERBUNG AUFLÖSEN ❶ betätigen.

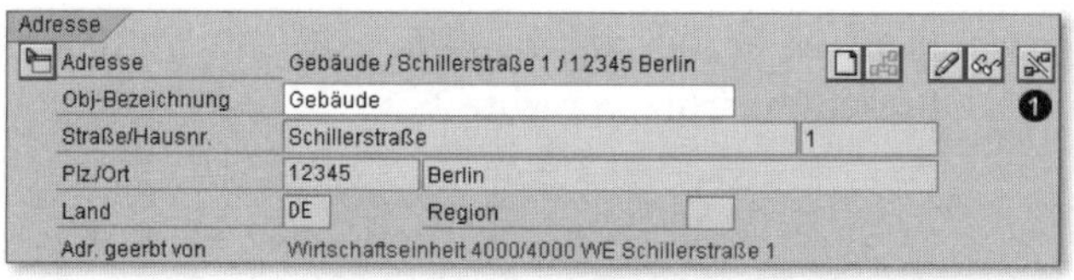

Abbildung 3.5 Gebäude – Vererbung der Adresse der übergeordneten Wirtschaftseinheit

Berechtigungsgruppe Wenn Sie die Berechtigungen zur Bearbeitung von Immobilienobjekten zusätzlich zu den Berechtigungen auf der Ebene von Buchungskreisen, Transaktionen und Aktivitäten (Anlegen, Ändern, Anzeigen) einschränken möchten, können Sie dafür die *Berechtigungsgruppe* nutzen. Der Benutzer kann alle Immobilienobjekte bearbeiten, deren Berechtigungsgruppe seinen Benutzerdaten zugeordnet wurde.

Statusanzeige Das Register ALLGEMEINE DATEN enthält darüber hinaus Statusinformationen zum Immobilienobjekt: Informationen zum Systemstatus und, falls für dieses Objekt definiert, zum Anwenderstatus. Näheres zum Status von Immobilienobjekten erfahren Sie in Abschnitt 13.1, »Controlling«.

Register »Infrastruktur«

Merkmal: Entfernung Im Register INFRASTRUKTUR können Sie *Infrastrukturmerkmale* wie zum Beispiel die Entfernung zu Bahnhöfen und Autobahnanschlüssen hinterlegen. Die Entfernung können Sie wahlweise in Metern bzw. Kilometern oder in Form der Zeit, die für die Überwindung der Entfernung benötigt wird, angeben. Dabei spielt es natürlich eine

Rolle, ob der Weg zu Fuß, mit dem Fahrrad oder mit dem Auto zurückgelegt wird (siehe Spalte ZEITGRUNDLAGE in Abbildung 3.6).

Die Infrastrukturmerkmale des hierarchisch übergeordneten Objekts werden auf die untergeordneten Objekte vererbt.

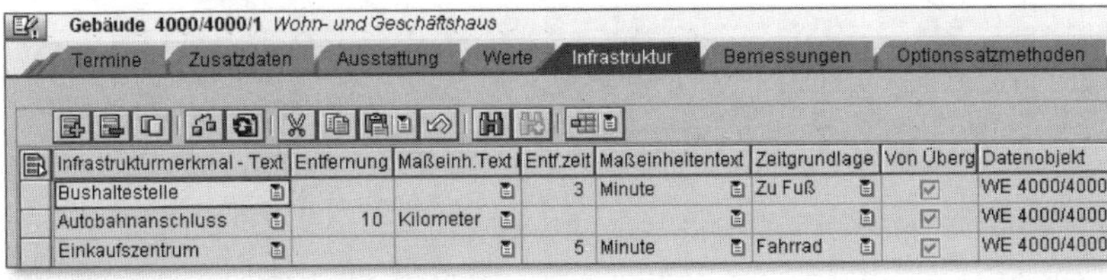

Abbildung 3.6 Gebäude – Register »Infrastruktur«

Abbildung 3.6 zeigt die Vererbung der Infrastrukturmerkmale einer Wirtschaftseinheit auf ein untergeordnetes Gebäude. Infrastrukturmerkmale werden unter anderem bei der Suche nach geeigneten Objekten für Interessenten genutzt.

Register »Bemessungen«

Unter *Bemessungen* versteht man in SAP RE alle *quantifizierbaren Eigenschaften* eines Immobilienobjekts. Das kann die Fläche einer Wohnung oder eines Grundstücks sein, die Anzahl der Zimmer einer Wohnung oder die Anzahl der Personen innerhalb eines Mietvertrags.

Bemessungsart »Flächen«

Die genannten Bemessungen unterscheiden sich hinsichtlich ihrer *Bemessungsart*. Genauere Erläuterungen zu Bemessungen finden Sie in Kapitel 6, »Übergreifende Funktionen«. Wir beschränken uns an dieser Stelle auf die Einstellungen, die zum Verständnis der Bemessungen notwendig sind und in den Stammdaten der Nutzungssicht verwendet werden.

Customizing Bemessungen

Betrachten wir zunächst die als *Flächen* gekennzeichneten Bemessungsarten. Diese werden im Customizing von SAP RE mit Hilfe der Checkbox IST FLÄCHENGRÖSSE markiert. Durch diese besondere Kennzeichnung können Auswertungen zu Flächen, wie sie beispielsweise im Bereich der Liegenschaftsverwaltung benötigt werden, gesondert gesteuert werden. Als Maßeinheit wird eine Flächeneinheit ausgewählt, in Abbildung 3.7 Quadratmeter (Feld DEFAULT EINHEIT). Für jede Bemessungsart können Sie festlegen, in welchen Objekten diese verwendet werden darf. Die Wohnfläche in Abbildung 3.7 ist unter anderem für die Wirtschaftseinheit, das Gebäude und das Mietobjekt zugelassen, nicht aber für das Grundstück.

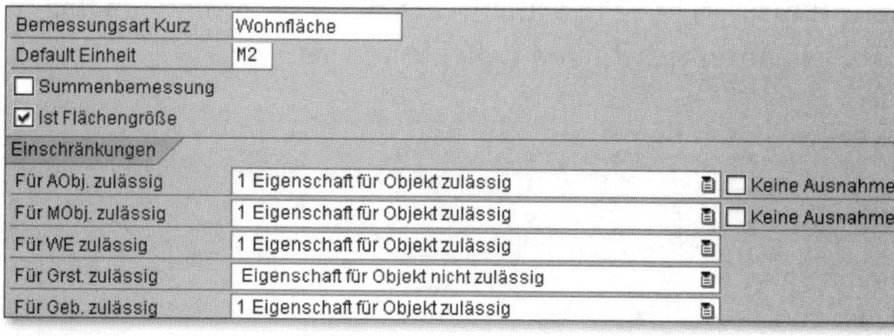

Abbildung 3.7 Customizing einer Bemessungsart (Wohnfläche)

Sehen wir uns nun die Bemessungen am Beispiel einer Wirtschaftseinheit genauer an (siehe Abbildung 3.8).

[zB]

Bemessungen einer Wirtschaftseinheit

In Abbildung 3.8 wurden die Bemessungen WOHNFLÄCHE und BÜROFLÄCHE erfasst. Bei der NUTZFLÄCHE handelt es sich um eine Summenbemessung, also eine Bemessung, die durch Summierung anderer Bemessungen gebildet wird. In unserem Fall entspricht die Nutzfläche der Bürofläche. Auch die GESAMTFLÄCHE ist eine *Summenbemessung*.

Für die Gesamtfläche wurde allerdings die Checkbox MANUELL markiert. Das bedeutet, dass die errechnete Summe manuell überschrieben wurde: Anstelle der Summe aus Bürofläche und Wohnfläche (1035 m²) wurde eine Gesamtfläche von 1050 m² erfasst.

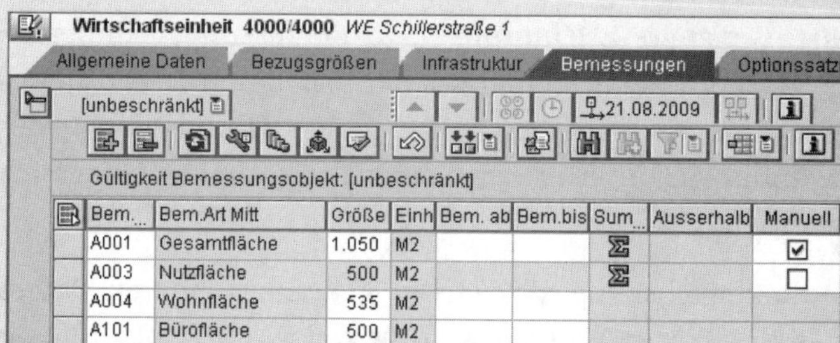

Abbildung 3.8 Wirtschaftseinheit – Register »Bemessungen«

Bemessungen – Abhängigkeiten

Bisher haben wir die Pflege der Bemessungen ausschließlich für ein einzelnes Immobilienobjekt, in unserem Fall für eine Wirtschaftseinheit, betrachtet. Da Bemessungen aber zu allen Immobilienobjekten gepflegt werden können, bestehen natürlich auch Abhängigkeiten zwischen den Bemessungen innerhalb der Objekthierarchie. Ausgehend von den Bemessungen der Wirtschaftseinheit können Sie diese mit den Bemessungen der untergeordneten Objekte vergleichen. Das können einerseits die direkt untergeordneten Objekte – also Gebäude und Grundstücke –, andererseits auch die Mietobjekte der Wirtschaftseinheit sein. Abbildung 3.9 zeigt den Vergleich zwischen den Bemessungen der Wirtschaftseinheit und der Mietobjekte.

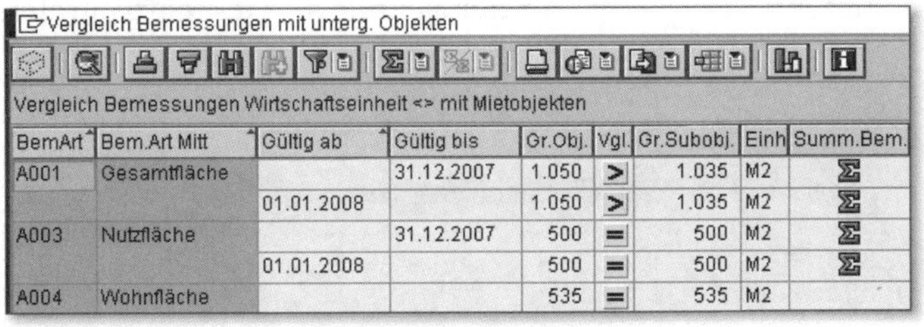
Vergleich Bemessungen mit unterg. Objekten

Vergleich Bemessungen Wirtschaftseinheit <> mit Mietobjekten

BemArt	Bem.Art Mitt	Gültig ab	Gültig bis	Gr.Obj.	Vgl.	Gr.Subobj.	Einh	Summ.Bem.
A001	Gesamtfläche		31.12.2007	1.050	>	1.035	M2	Σ
		01.01.2008		1.050	>	1.035	M2	Σ
A003	Nutzfläche		31.12.2007	500	=	500	M2	Σ
		01.01.2008		500	=	500	M2	Σ
A004	Wohnfläche			535	=	535	M2	

Abbildung 3.9 Vergleich der Bemessungen

Register »Optionssatzmethoden«

In diesem Register wird die für das Immobilienobjekt zutreffende *Optionssatzmethode* angegeben. Dabei handelt es sich um die Methode zur Berechnung des prozentualen Verhältnisses der umsatzsteuerpflichtigen Vermietung zur Gesamtvermietung. Für Wirtschaftseinheiten, Gebäude und Grundstücke können Sie hier beispielsweise die Methode *Flächenverhältnis automatisch* angeben. Weitergehende Informationen zur Optionssatzermittlung und zur Vorsteueroptierung erhalten Sie in Kapitel 10, »Steuerliche Aspekte der Immobilienverwaltung«.

Register »Buchungsparameter«

Buchungsparameter im Bereich der Stammdaten sind zum Beispiel PROFIT-CENTER und GESCHÄFTSBEREICH. Diese Daten spielen eine wichtige Rolle bei Buchungen, die mit Bezug zu Immobilienobjekten erzeugt werden. In Kapitel 7, »Rechnungswesen«, wird die Verwendung der in der Klausel gepflegten Daten detailliert beschrieben. Zwei wichtige Aspekte dieser Zuordnung sollen jedoch schon an dieser Stelle erwähnt werden: Vererbung und Zeitabhängigkeit.

Logische Vererbung

Wenn Sie einer Wirtschaftseinheit ein Profit-Center bzw. einen Geschäftsbereich zuordnen, so wird diese Zuordnung an die untergeordneten Immobilienobjekte vererbt. Dabei handelt es sich aber nicht um eine physische, sondern um eine logische Vererbung, d.h., das Profit-Center bzw. der Geschäftsbereich wird nicht in die Gebäude der Wirtschaftseinheit kopiert. Die Vererbung erfolgt stattdessen auf indirektem Wege.

In den Buchungsparametern des Gebäudes finden Sie einen Verweis auf die Buchungsparameter der Wirtschaftseinheit (siehe Abbildung 3.10). Ändern Sie den Geschäftsbereich der Wirtschaftseinheit, wird auch bei Buchungen zum Gebäude der geänderte Geschäftsbereich genutzt.

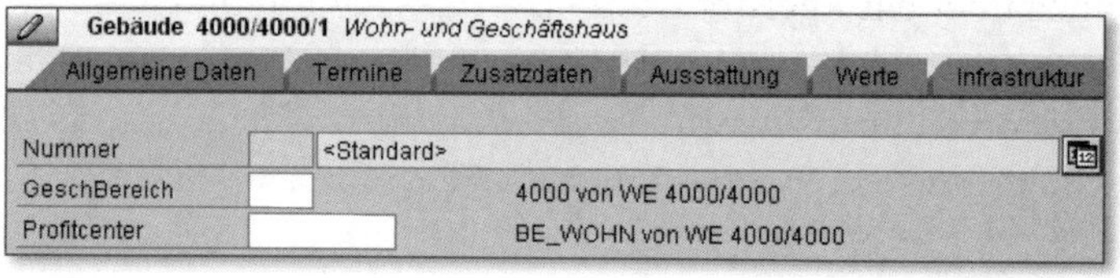

Abbildung 3.10 Buchungsparameter – logische Vererbung

Zeitabhängigkeit

Sie können die Buchungsparameter der Stammdatenobjekte zeitabhängig pflegen. Wenn bei einer Umstrukturierung Ihrer Immobilienbestände eine Wirtschaftseinheit ab einem bestimmten Zeitpunkt einem anderen Geschäftsbereich zugeordnet wird, legen Sie in den Stammdaten der Wirtschaftseinheit eine neue Zeitscheibe innerhalb der Buchungsparameter an.

Register »Partner«

Geschäftspartner, Rollen

Wie in Kapitel 4, »Geschäftspartner«, noch erläutert wird, können Sie den Immobilienobjekten Geschäftspartner in unterschiedlichen Rollen zuordnen. Beispiele für Partner zu Wirtschaftseinheiten oder Gebäuden sind Sachbearbeiter oder Hausmeister.

Register »Architektur«

Architektonische Sicht

Sie können die Stammdaten der Nutzungssicht mit denen der architektonischen Sicht verknüpfen und umgekehrt. Ebenso ist es möglich, zu einem bestehenden architektonischen Objekt ein Objekt der Nutzungssicht anzulegen. Besteht eine Verknüpfung zwischen beiden Sichten, erfolgen Plausibilitätsprüfungen z. B. bezüglich der Bemessungen beider Objekte. In Kapitel 11, »Architektur«, erfahren Sie mehr zu diesem Thema.

Register »Wiedervorlage«

Die hier erfassten Wiedervorlageregeln bilden die Grundlage für die Verfolgung von Terminen und Fristen (siehe auch Kapitel 6, »Übergreifende Funktionen von SAP RE«).

Register »Übersichten«

Spezifische Auswertungen

Zu jedem Immobilienobjekt gibt es spezifische Auswertungen. Diese können Sie einerseits im Informationssystem von SAP RE, andererseits aber auch über das Register ÜBERSICHTEN der Immobilienobjekte aufrufen. Beim Start der Auswertungen aus diesem Register entfällt allerdings die detaillierte Auswahl der Selektionskriterien, da diese durch den Absprung aus einem konkreten Immobilienobjekt bereits bekannt sind. Wenn Sie den Button ALS STANDARD-LISTE SICHERN neben der Auswahl der Auswertungen betätigen, können Sie eine ausgewählte Liste als Default-Wert speichern und gelangen beim Springen in das Register ÜBERSICHTEN sofort in diese Liste.

Register »Ausstattung«

Ausstattungsmerkmale

Ausstattungsmerkmale können Sie für Gebäude und architektonische Objekte, aber auch für Mietobjekte und Flurstücke erfassen. Die Art des Daches oder der Fassade kann z. B. als Ausstattungsmerkmal eines Gebäudes hinterlegt werden (siehe Abbildung 3.11). Die Ausstattungsmerkmale werden bei der Suche nach Mietobjekten für Interessenten und bei der Mietanpassung (z. B. nach Mietspiegel) benutzt.

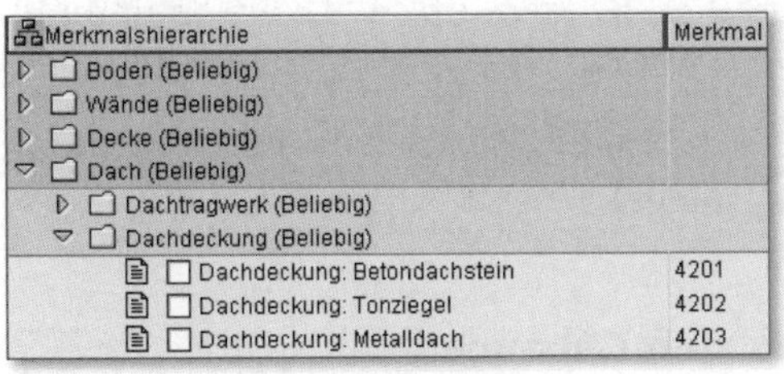

Abbildung 3.11 Ausstattungsmerkmale – Merkmalshierarchie

Register »Werte«

Für Gebäude können Sie in diesem Register Angaben zum Bauwert, zum Einheitswert oder zum Versicherungswert erfassen; für Grundstücke können Sie dagegen Angaben zum Verkehrswert bzw. zum Bodenrichtwert festhalten.

Register »Zuordnungen«

Die Funktionen von SAP RE sind sehr eng mit anderen SAP-Komponenten verbunden. Als Beispiele sollen hier die Instandhaltung für Immobilienobjekte bzw. die Buchung von Abschreibungen für Immobilien in der Anlagenbuchhaltung genannt werden. Als Voraussetzung für die Nutzung der Integrationsmöglichkeiten ist eine Zuordnung zwischen den Stammdaten der verschiedenen SAP-Komponenten erforderlich.

Zuordnungen festlegen

Dazu legen Sie im Customizing von SAP RE unter dem Pfad ÜBERGREIFENDE EINSTELLUNGEN ZU STAMMDATEN UND VERTRAG • ZUORDNUNG VON OBJEKTEN ANDERER KOMPONENTEN die möglichen Zuordnungen fest.

Als Grundlage für die Buchung von Abschreibungen in der Anlagenbuchhaltung können Sie einem Gebäude die zugehörige Anlage zuordnen.

Nachdem wir uns den allgemeinen Aufbau der Stammdaten vergegenwärtigt haben, gehen wir nun auf die speziellen Attribute von Wirtschaftseinheiten, Gebäuden und Grundstücken ein.

3.2.3 Zusätzliche Daten zur Wirtschaftseinheit

Register »Bezugsgrößen«

Zusätzlich zu den beschriebenen Daten werden in der Wirtschaftseinheit im Register BEZUGSGRÖSSEN unter anderem die folgenden Angaben hinterlegt:

- Lage der Wirtschaftseinheit (z. B. Standort, Verkehrsanbindung, Lage, Ortslage)
- Mietrecht des Landes, in dem sich die Wirtschaftseinheit befindet, sowie gegebenenfalls Mietspiegel

3.2.4 Zusätzliche Daten zum Gebäude

Register »Termine«

Im Register TERMINE können Sie in der Feldgruppe TERMINE NEUBAU Termine zur Erteilung der Baugenehmigung, zu Baubeginn und Bezugsfertigkeit des Gebäudes erfassen. Diese Daten haben rein informativen Charakter. In der Feldgruppe WEITERE TERMINE werden Angaben zum Baujahr sowie zum Datum des Wiederaufbaus oder der Modernisierung eines Gebäudes gepflegt. Diese Angaben werden im Rahmen der Mietspiegelanpassung genutzt.

Register »Zusatzdaten«

Im Register ZUSATZDATEN werden Angaben zu Gebäudeart und -zustand sowie zur Anzahl der Geschosse u.Ä. hinterlegt. Ist der Wirtschaftseinheit ein Mietspiegel zugeordnet, können Sie hier ergänzende Angaben wie zum Beispiel die Lageklasse des Gebäudes pflegen.

3.2.5 Zusätzliche Daten zum Grundstück

Baurecht und Nutzung

Als zusätzliche Daten zum Grundstück sind Angaben zum Baurecht und zur Nutzung eines Grundstücks zu machen. Hierbei handelt es sich beispielsweise um die zulässige bzw. tatsächliche Geschossflächenzahl oder Baumassenzahl.

Wirtschaftlicher Bestand

Zusätzlich zur Angabe des Gemeindeschlüssels, der aus Daten zur Gemeinde, zum Kreis und zum Bundesland gebildet wird, können Sie im Register WIRTSCHAFTLICHER BESTAND Angaben zur topographischen Lage eines Grundstücks pflegen. Wenn Sie die Funktionen der Liegenschaftsverwaltung nutzen, können Sie zusätzliche Daten zur Lage des Grundstücks innerhalb einer *ALB-Hierarchie* (ALB = Automatisiertes Liegenschaftsbuch) bzw. innerhalb einer Verwaltungshierarchie hinterlegen.

3.2.6 Wichtige Customizing-Einstellungen

Die Customizing-Einstellungen für die Stammdaten der Nutzungssicht nehmen Sie im Customizing von SAP RE unter STAMMDATEN • NUTZUNGSSICHT vor. Neben den Menüpunkten für Wirtschaftseinheit, Gebäude und Grundstück finden Sie dort auch einen Menüpunkt ALLGEMEINE EINSTELLUNGEN ZU MEHREREN OBJEKTEN DER NUTZUNGSSICHT.

Es würde den Rahmen dieses Abschnitts sprengen, an dieser Stelle alle Customizing-Einstellungen zu erläutern, daher werden wir hier nur auf ausgewählte Customizing-Einstellungen eingehen. Viele weitere, hier nicht besprochene Einstellungen betreffen Kataloge für Attribute wie Lage oder Ortslage einer Wirtschaftseinheit oder den Zustand eines Gebäudes und bedürfen deshalb keiner ausführlichen Erläuterung.

Ausstattungsmerkmale

Die Definition der *Ausstattungsmerkmale* ist eine für mehrere Objektarten gültige Einstellung. Die Ausstattungsmerkmale von SAP RE sind in eine mehrstufige Hierarchie eingebettet und werden Merkmalsklassen zugeordnet. Zusätzlich können die Merkmale innerhalb einer Merkmalsklasse nach Merkmalsgruppen gruppiert werden. Abbildung 3.12 zeigt mietspiegelunabhängige Ausstattungsmerkmale der Merkmalsklasse DACH.

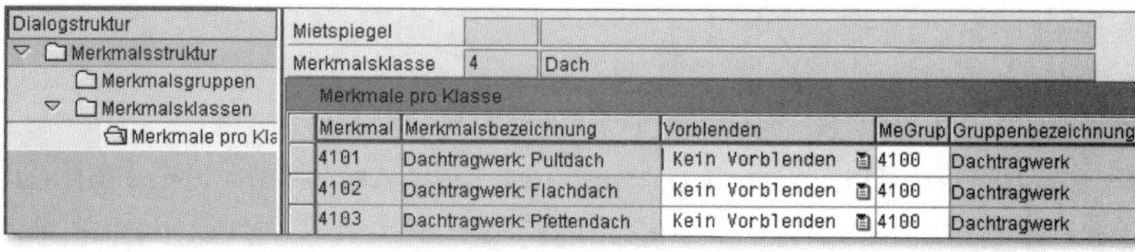

Abbildung 3.12 Customizing – Ausstattungsmerkmale

Unterdrückung führender Nullen

Die Felder für die Nummern von Wirtschaftseinheit, Gebäude und Grundstück bestehen aus jeweils acht Zeichen. Bei interner Nummernvergabe müsste man demzufolge die Nummer »00000001« angeben, um die entsprechende Wirtschaftseinheit auszuwählen. Um die Darstellung der Nummern zu vereinfachen, können Sie die Anzeige der führenden Nullen unterdrücken. Wählen Sie dazu im Customizing von SAP RE den Pfad STAMMDATEN • NUTZUNGSSICHT • ALLGEMEINE EINSTELLUNGEN ZU MEHREREN OBJEKTEN DER NUTZUNGSSICHT • UNTERDRÜCKUNG FÜHRENDER NULLEN BEI DEN OBJEKTSCHLÜSSELN, und nehmen Sie dort die gewünschten Einstellungen vor.

Nummernvergabe

Differenzierungskriterium für die Nummernvergabe der Immobilienobjekte der Nutzungssicht ist der Buchungskreis. Trotzdem erfolgt die Nummernvergabe für Gebäude und Grundstücke mit Bezug zur Wirtschaftseinheit. Abbildung 3.13 zeigt das Nummernkreisintervall für Gebäude im Buchungskreis 4000. Dieses hat den Nummernstand null, obwohl im Buchungskreis bereits diverse Gebäude angelegt wurden.

Abbildung 3.13 Customizing – Nummernvergabe zum Gebäude

[+]

Nummernkreis für SAP RE-Stammdaten

Bitte beachten Sie, dass für die Stammdaten von SAP RE ausschließlich der Nummernkreis 01 verwendet werden darf.

3.3 Mietobjekte

Mietobjekttyp

Mietobjekte sind die tatsächlich zu vermietenden Objekte, d.h., sie werden Mietverträgen zugeordnet; ihre Bemessungen bilden die Grundlage für die Berechnung von Konditionen bzw. die Umlage von Nebenkosten.

In SAP RE werden drei Mietobjekttypen unterschieden:

- Mieteinheit
- Flächenpool
- Mietfläche

Mietobjekte im RE-Navigator

Abbildung 3.14 illustriert die Darstellung der verschiedenen Mietobjekttypen im RE-Navigator (RE80). Dabei fällt neben den verschiedenen Icons für die einzelnen Mietobjekttypen insbesondere die zeitliche Begrenzung der Mietflächen auf, während Mieteinheiten und Flächenpools in diesem Beispiel zeitlich unbeschränkt gültig sind. Die Nummerierung der Mietobjekte erfolgt fortlaufend innerhalb der Wirtschaftseinheit. An der Nummer des Mietobjekts können Sie *nicht* erkennen, ob es sich dabei um eine Mieteinheit, einen Flächenpool oder eine Mietfläche handelt.

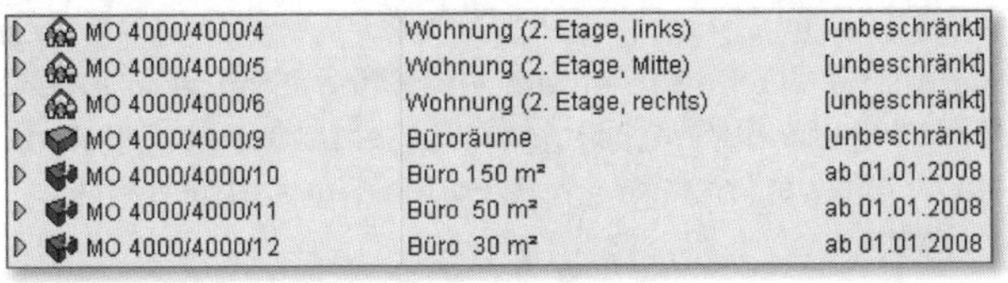

Abbildung 3.14 RE-Navigator – Darstellung von Mieteinheiten, Flächenpools und Mietflächen

Mieteinheit

Eine *Mieteinheit* ist ein fest definiertes Objekt, das im Ganzen vermietet wird. Abgeschlossene Wohnungen oder Gewerbeobjekte werden im Allgemeinen als Mieteinheiten angelegt.

[zB]

Mieteinheit

Ihr Unternehmen vermietet Wohnungen und in einigen Gebäuden auch Büros und Läden. Die Objekte sind relativ stabil, d.h., es werden nur gelegentlich Räume umgebaut, zusammengelegt oder geteilt. In diesem Fall arbeiten Sie mit Mieteinheiten. Zusammenlegungen oder Teilungen werden durch Beenden und Neuanlage von Mieteinheiten abgebildet.

Flächenpool

Ein *Flächenpool* dagegen wird nicht als Ganzes vermietet. Er bildet den für die Vermietung zur Verfügung stehenden *Flächenvorrat* ab. Dieser hat eine bestimmte Kapazität, es sollen beispielsweise 500 m^2 Bürofläche vermietet werden. Benötigt ein Mieter 100 m^2 dieser Bürofläche, so wird aus dem Flächenpool ein Bereich von 100 m^2 »herausgeschnitten«, die *Mietfläche*. Die verbleibenden 400 m^2 Bürofläche stehen für weitere Interessenten zur Verfügung. Flächenpools können auch auf der Grundlage anderer Bemessungen, wie zum Beispiel der Anzahl der Stellplätze, angelegt werden. Eine gebäude- bzw. grundstücksübergreifende Definition von Flächenpools ist allerdings nicht möglich.

Mietfläche

Mietflächen sind die Teile eines *Flächenpools*, die vermietet werden. Je nach Bedarf können sie aus den vorhandenen Flächenpools geschnitten werden. Dies geschieht meist beim Anlegen eines Mietvertrages. Alternativ ist es auch möglich, über die Funktion der *Belegungsplanung* eine bestimmte Anzahl von Mietflächen zu erstellen und diese anschließend zu vermieten. Endet ein Mietvertrag zu einer Mietfläche, fällt die Fläche wieder an den Flächenpool zurück und kann genutzt werden, um neue Mietflächen zu schneiden und zu vermieten.

[zB]

Flächenpools und Mietflächen

Ihr Unternehmen vermietet Flächen in einem Flughafen, Stände in einer Messehalle oder Büros mit ständig wechselnder Größe. In diesem Fall sind feste Mieteinheiten nicht zweckmäßig – verwenden Sie stattdessen Flächenpools und Mietflächen.

3.3.1 Schneiden von Mietflächen

Register »Flächenanteile«

Um eine Mietfläche zu schneiden, wählen Sie im Register FLÄCHENANTEILE des Flächenpools den Button NEUE MIETFLÄCHE SCHNEIDEN. Im anschließenden Dialogfenster wählen Sie Bemessungsart und Nutzungsart sowie die gewünschte Größe der Mietfläche aus und betätigen den Button SUCHE DURCHFÜHREN (siehe Abbildung 3.15).

Daten der Mietfläche

Wählen Sie dann einen Flächenpool mit der notwendigen Kapazität aus, aus dem Sie die Mietfläche schneiden möchten. Im rechten Bildteil erscheinen nun die Daten der anzulegenden Mietfläche.

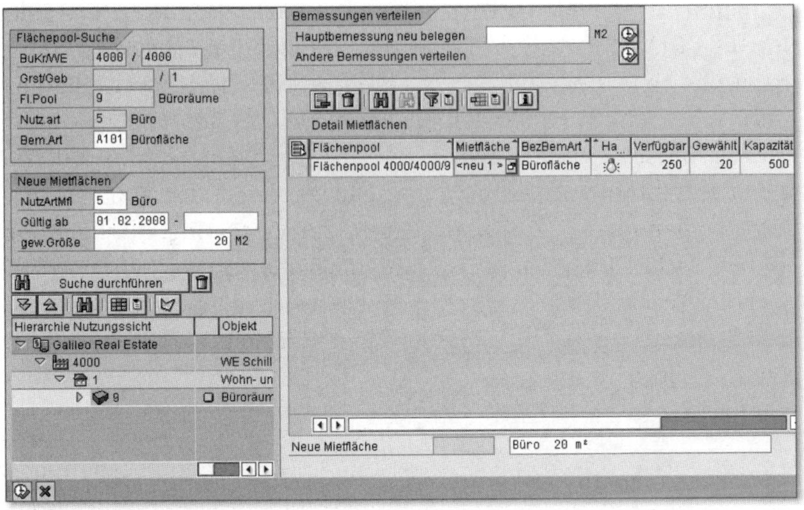

Abbildung 3.15 Schneiden von Mietflächen

Wenn Sie den Button MIETFLÄCHE(N) ÜBERNEHMEN im linken unteren Bereich des Dialogfensters anklicken, wird zunächst eine Mietfläche mit der temporären Nummer <NEU 1> erstellt. Die Mietfläche selbst wird zusammen mit dem Flächenpool gespeichert.

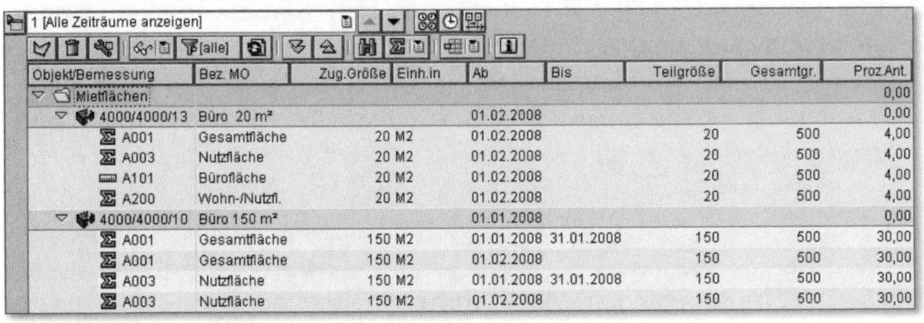

Abbildung 3.16 Flächenanteile eines Flächenpools

Im Register FLÄCHENANTEILE des Flächenpools erhalten Sie eine Übersicht über die zugehörigen Mietflächen und deren Gültigkeit (siehe Abbildung 3.16).

3.3.2 Attribute des Mietobjekts

Nutzungsart

Das wichtigste Attribut eines Mietobjekts ist seine *Nutzungsart*. Diese bestimmt neben den zur Verfügung stehenden Registern und Eingabefeldern auch die zulässigen Bemessungen und Konditionen, die

Teilnahme an der Nebenkostenabrechnung u.Ä. Sie definieren die Nutzungsarten im Customizing von SAP RE unter STAMMDATEN • NUTZUNGSSICHT • MIETOBJEKT • NUTZUNGSARTEN (siehe Abbildung 3.17).

NA	Nutzungsart Mittel Bezeichnung	Kurzbezeichnung	KzAbr	INa	Bez Int. Nutzart	Typ
3	Arztpraxis	Arztpraxis	☑	3	Gewerbl. Mietr.	2 Gewerblich
4	Laden	Laden	☑	3	Gewerbl. Mietr.	2 Gewerblich
5	Büro	Büro	☑	3	Gewerbl. Mietr.	2 Gewerblich
6	Lager	Lager	☑	3	Gewerbl. Mietr.	2 Gewerblich
7	Werbefläche	Werbefläche	☐	7	Werbefläche	2 Gewerblich
8	Automatenstandplatz	Automatenstandp	☐	8	Standfläche	2 Gewerblich
10	Garage (gewerblich genutzt)	Garage gewerbl.	☐	4	Stellplatz gew.	2 Gewerblich
11	Garage (privat genutzt)	Garage privat	☐	5	Stellplatz priv	1 Nicht gewerblich
12	Garage (gemischt genutzt)	Garage gemischt	☐	9	Stellplatz gem.	3 Gemischt genutzt

Abbildung 3.17 Customizing – Nutzungsarten

Dabei wählen Sie zu jeder externen Nutzungsart, die Sie anlegen, eine der vom System vorgegebenen internen Nutzungsarten aus.

[!]

Keine Änderung der Nutzungsart

Bitte beachten Sie, dass die Nutzungsart eines Mietobjekts nach dem Anlegen nicht mehr geändert werden kann. Da die Nutzungsart eine steuernde Wirkung in sehr vielen Bereichen hat, wären damit ansonsten Dateninkonsistenzen bzw. Datenverluste verbunden. Ist die Änderung der Nutzungsart jedoch unumgänglich, beenden Sie die zeitliche Gültigkeit des Mietobjekts und legen ein neues Mietobjekt mit der gewünschten Nutzungsart an.

[+]

Verwenden der Nutzungsart bei Änderung der Finanzierungsart

Haben Sie im Immobilienbestand Ihres Unternehmens öffentlich geförderte Wohnungen, deren Förderung zu einem bestimmten Zeitpunkt ausläuft, so sollten Sie die Finanzierungsart (öffentliche Förderung bzw. freie Finanzierung) nicht in der Nutzungsart des Mietobjekts verschlüsseln. Beim Auslaufen der Förderung würde dies die Notwendigkeit einer Änderung der Nutzungsart nach sich ziehen. Legen Sie stattdessen die Nutzungsart »Wohnung« an, und ordnen Sie dem Mietobjekt ein zeitabhängiges Ausstattungsmerkmal »Finanzierung öffentlich gefördert« zu.

Läuft die Förderung aus, beenden Sie die Gültigkeit dieses Ausstattungsmerkmals und ordnen ein weiteres Merkmal »Freie Finanzierung« zu. Analog verfahren Sie auch im Zusammenhang mit Belegungsbindungen.

Nutzungsart und Mietobjekttyp

Die definierten Nutzungsarten können Sie auf einzelne Mietobjekttypen beschränken, d.h., Sie können festlegen, dass Wohnungen ausschließlich in Form von Mieteinheiten angelegt werden, während Büroräume als Flächenpools und Mietflächen angelegt werden sollen. Die Nutzungsarten der Mietflächen entsprechen somit den Nutzungsarten der zugehörigen Flächenpools.

In der Praxis kann es jedoch notwendig sein, aus einem Flächenpool BÜRO neben Büros auch Lagerflächen, eine Teeküche, eine Arztpraxis oder einen Besprechungsraum zu erstellen. Im Customizing-Dialog ZULÄSSIGE NUTZUNGSARTEN FÜR MIETFLÄCHEN PRO FLÄCHENPOOL können Sie solche *abgeleiteten Nutzungsarten* festlegen (siehe Abbildung 3.18).

Zulässige Nutzungsarten für Mietflächen pro Flächenpool

Nutz.Art Fl.Pool	Text Flächenpool	Nutz.Art MietFl.	Text Mietfläche
5	Büro	3	Arztpraxis
5	Büro	5	Büro

Abbildung 3.18 Customizing – Nutzungsarten von Mietflächen pro Flächenpool

Bemessungen

Die zulässigen *Bemessungsarten* für einzelne Mietobjekte können Sie sowohl *pro Mietobjekttyp* (siehe Abbildung 3.19) als auch *pro Nutzungsart* einschränken. Damit erreichen Sie, dass Wohnungen nur Wohnflächen, aber keine Büroflächen zugeordnet werden können bzw. dass in Flächenpools und Mietflächen keine Wohnflächen verwendet werden dürfen.

Bemessungen zu Mietobjekten - pro Mietobjekttyp

Typ Mietobjekt	BemArt	Bemessungsart	BemArt
PS Flächenpool	A102	Parkfläche	1 Eigenschaft für Objekt zulässig
PS Flächenpool	A103	Meeting	1 Eigenschaft für Objekt zulässig
PS Flächenpool	A105	Lagerfläche	1 Eigenschaft für Objekt zulässig

Abbildung 3.19 Customizing – erlaubte Bemessungsarten pro Mietobjekttyp

Ausstattungsmerkmale

Ausstattungsmerkmale eines Mietobjekts werden bei der Anpassung der Mieten nach Mietspiegel verwendet. Für Mietobjekte unterscheiden wir somit zwischen Ausstattungsmerkmalen mit bzw. ohne Mietspiegelbezug. Als mietspiegelunabhängige Ausstattungsmerkmale können Sie beispielsweise die Finanzierungsart einer Wohnung oder eine bestehende Belegungsbindung zeitabhängig erfassen.

Leerstand Im Register BELEGUNG eines Mietobjekts erhalten Sie einen Überblick über Mietverträge zum Objekt bzw. darüber, ob das Mietobjekt leer steht (siehe Abbildung 3.20). Für solche Zeiträume können Sie *Leerstandsgründe* erfassen.

Abbildung 3.20 Mietobjekt – Register »Belegung«

Im Customizing von SAP RE können Sie unter STAMMDATEN • NUTZUNGSSICHT • MIETOBJEKT • LEERSTAND Leerstandsgründe definieren. Außerdem legen Sie hier fest, welcher Leerstandsgrund einem Mietobjekt bei bestimmten Leerstandsereignissen oder Kündigungsgründen zugewiesen wird. Abbildung 3.21 zeigt, dass beim Leerstandsereignis VERTRAGSENDE VERSCHIEBT SICH NACH VORNE automatisch der Leerstandsgrund VERTRAGSENDE vergeben wird.

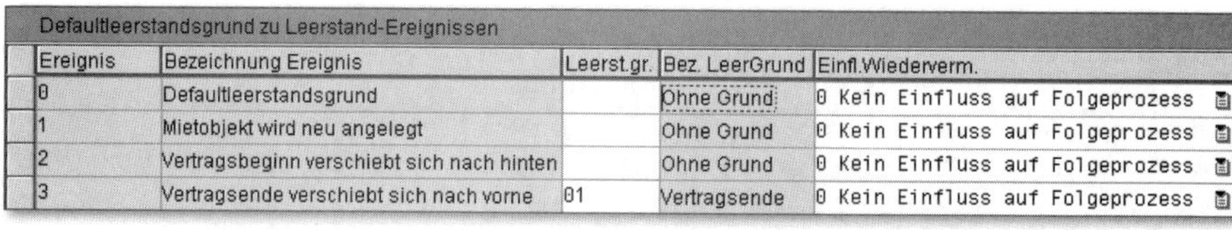
Defaultleerstandsgrund zu Leerstand-Ereignissen

Ereignis	Bezeichnung Ereignis	Leerst.gr.	Bez. LeerGrund	Einfl.Wiederverm.
0	Defaultleerstandsgrund		Ohne Grund	0 Kein Einfluss auf Folgeprozess
1	Mietobjekt wird neu angelegt		Ohne Grund	0 Kein Einfluss auf Folgeprozess
2	Vertragsbeginn verschiebt sich nach hinten		Ohne Grund	0 Kein Einfluss auf Folgeprozess
3	Vertragsende verschiebt sich nach vorne	01	Vertragsende	0 Kein Einfluss auf Folgeprozess

Abbildung 3.21 Customizing – Leerstandsgründe in Abhängigkeit vom Leerstandsereignis

Konditionen Die Konditionen eines Mietobjekts bilden die Grundlage für die Buchung der Leerstandssollstellung und die Vorlage für die Übernahme in den Mietvertrag. Zusätzlich können Sie Mietobjekten zu Informationszwecken auch statistische Konditionen wie zum Beispiel ortsübliche Mieten oder Vergleichsmieten zuordnen (siehe Abbildung 3.22).

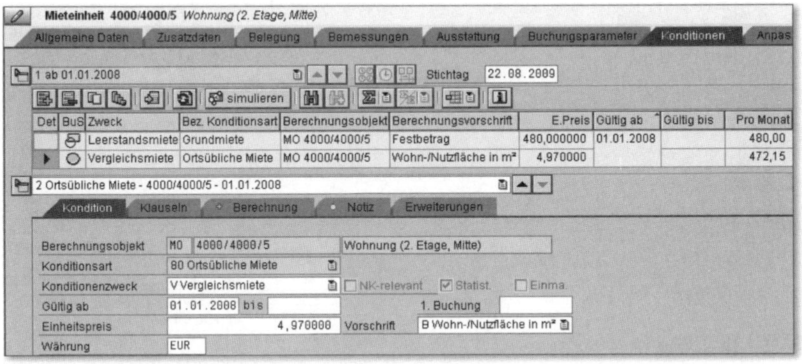

Abbildung 3.22 Mietobjekt – Register »Konditionen« und Unterregister »Kondition«

3.4 Zusammenfassung

Sie haben in diesem Kapitel die Stammdaten der Nutzungssicht – Wirtschaftseinheit, Gebäude, Grundstück und Mietobjekt – kennengelernt. Neben dem Aufbau der Stammdatendialoge dieser Immobilienobjekte haben wir uns mit ausgewählten Customizing-Einstellungen beschäftigt. In einem weiteren Abschnitt dieses Kapitels haben Sie erfahren, welche Typen von Mietobjekten in SAP RE vorhanden sind und wann bzw. wozu Sie die einzelnen Mietobjekttypen – Mieteinheiten, Mietflächen und Flächenpools – nutzen können.

Mieter, Eigentümer, Architekten, Handwerker, Sachbearbeiter, Hausmeister, Banken – ein Immobilienverwalter hat mit vielen Geschäftspartnern zu tun. Dieses Kapitel stellt die Geschäftspartnerverwaltung in SAP RE vor.

4 Geschäftspartner

Die SAP-Geschäftspartneranwendung wird in vielen Applikationen genutzt. Sie ist in diesem Sinne eine zentrale Anwendung – man spricht daher gelegentlich auch vom *zentralen SAP-Geschäftspartner* im Unterschied zum *Treasury-* oder *Immobilien-Geschäftspartner*, der im Vorgängerprodukt SAP RE Classic verwendet wurde. Da die SAP-Geschäftspartneranwendung in vielen SAP-Applikationen genutzt wird, werden Sie im Customizing nicht nur die in der Immobilienverwaltung verwendeten Geschäftspartnereinstellungen finden, sondern auch die Einstellungen anderer Komponenten, etwa die der Darlehensverwaltung.

Die zentralen Einstellungen zu Geschäftspartnern sind im Einführungsleitfaden unter ANWENDUNGSÜBERGREIFENDE KOMPONENTEN • SAP-GESCHÄFTSPARTNER hinterlegt. Die im SAP RE-Kontext wichtigsten Einstellungen können Sie im Customizing von SAP RE unter GESCHÄFTSPARTNER wiederfinden. Hier sind dann auch die für die Immobilienverwaltung spezifischen (nichtzentralen) Einstellungen vorzunehmen.

In diesem Kapitel erfahren Sie, wie die Pflege von Geschäftspartnern in Immobilienanwendungen erfolgt und welche Einstellungen im Customizing der Immobilienverwaltung von zentraler Bedeutung sind.

4.1 Geschäftspartner in Stammdatendialogen

Register »Partner«

Alle Geschäftspartner, die in Bezug auf ein Immobilienobjekt oder einen Vertrag relevant sind, finden Sie im jeweiligen Stammdatendialog des Objekts oder Vertrages über das Register Partner. Dieses Bild ist – wie auch viele andere Bilder in den Dialogen der Immobilienverwaltung – zweigeteilt: In der oberen Bildhälfte finden Sie eine Übersicht – in Abbildung 4.1 die dem Immobilienobjekt zugeordneten Partner –, in der unteren Hälfte die Detaildaten.

Die Anzeige der *Detaildaten* bezieht sich immer auf den in der oberen Bildhälfte markierten Eintrag. Die Detaildaten enthalten im Falle der Geschäftspartner u. a. die Adressart und die Debitoren- bzw. Kreditorennummer sowie die Rollenart des Partners bezogen auf das jeweilige Objekt.

Die Anzeige der Detaildaten ❷ bezieht sich immer auf den in der oberen Bildhälfte ❶ markierten Eintrag.

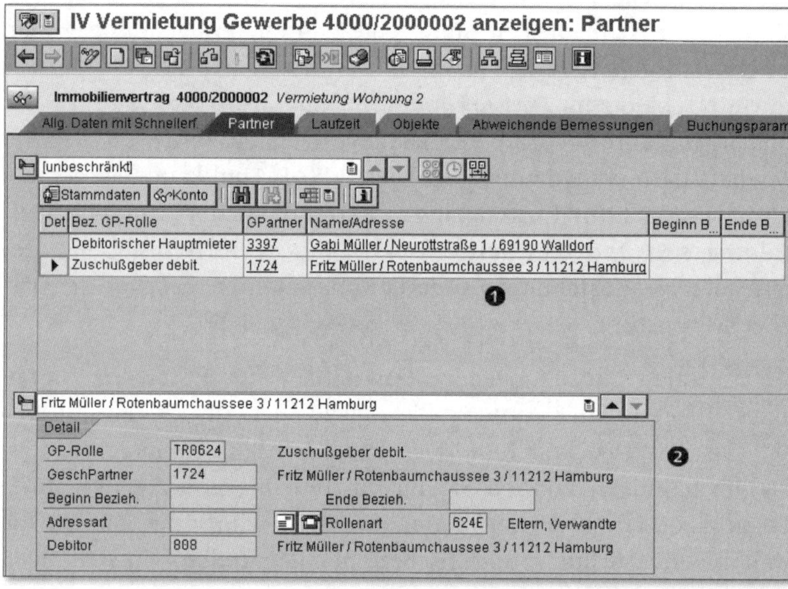

Abbildung 4.1 Register »Partner« im Vertragsdialog

Durch Doppelklick auf einen Partner in der Übersicht gelangen Sie in die kompletten Detaildaten dieses Partners; von den zentralen Daten sehen Sie in Abbildung 4.1 die Übersicht der Anschriften. Je nachdem, ob Sie den Vertrag oder das Immobilienobjekt gerade anzeigen oder ändern, kann der Geschäftspartner entweder auch nur angezeigt oder auch geändert werden. Wenn Sie den Geschäftspartner ändern, können Sie die Änderungen nur sichern, indem Sie das Immobilienobjekt sichern, aus dem heraus Sie die Pflege des Geschäftspartners aufgerufen haben.

Die Geschäftspartnerdaten enthalten zwei Arten von Informationen:

- zentrale Daten
- rollenspezifische Daten

Zentrale Daten

In den *zentralen Daten* eines Geschäftspartners finden sich die üblichen wichtigen Informationen zu einem Partner, etwa der Name, Kontaktinformationen und Anschrift.

Eine Differenzierung der Angaben ergibt sich aus dem *Typ* des Geschäftspartners: Handelt es sich um eine Person, sind Geburtsdaten und Familienstand hinterlegt, ist Ihr Geschäftspartner eine Organisation, so sind Gründungsdatum und Rechtsform angegeben. Es ist zudem möglich, die Beziehungen des Partners zu anderen Partnern (Ehepartner, Ansprechpartner in einem Unternehmen, Mitglied einer Wohngemeinschaft) zu pflegen.

Adressarten

Ein interessanter Aspekt der Partnerpflege ist die Möglichkeit, zu einem Partner mehrere Adressen, die auch gleichzeitig gültig sein können, zu hinterlegen. Die Adressen werden nach *Adressarten* unterschieden und ermöglichen es Ihnen, abhängig vom jeweiligen Geschäftsvorfall zu differenzieren, an welche Anschrift ein Schreiben an einen Mieter, Eigentümer oder Sachbearbeiter zu versenden ist.

[zB]

Verschiedene Adressarten

Nehmen Sie an, ein großes Unternehmen hat für eine Niederlassung ein Büro bei Ihnen gemietet. In diesem Fall würden Sie eine Rechnung an die Adresse der Zentrale schicken. Die Information dagegen, dass eine Reparatur an der Heizung durchgeführt werden soll, senden Sie direkt an das Büro. Sie könnten hierzu zwei Adressarten verwenden: *Rechnungsadresse* und *Standortadresse*.

Register »Adressübersicht«

Eine Übersicht über die verschiedenen Adressen, die zu einem Geschäftspartner gepflegt sind, zeigt das Register ADRESSÜBERSICHT in Abbildung 4.2 beispielhaft.

Das Rollenkonzept des Geschäftspartners – also der Aufbau der rollenspezifischen Daten – ist wesentlich, um die Beziehungen zwischen Immobilienobjekten und Geschäftspartnern zu verstehen. Daher widmen wir diesem Punkt einen eigenen Abschnitt.

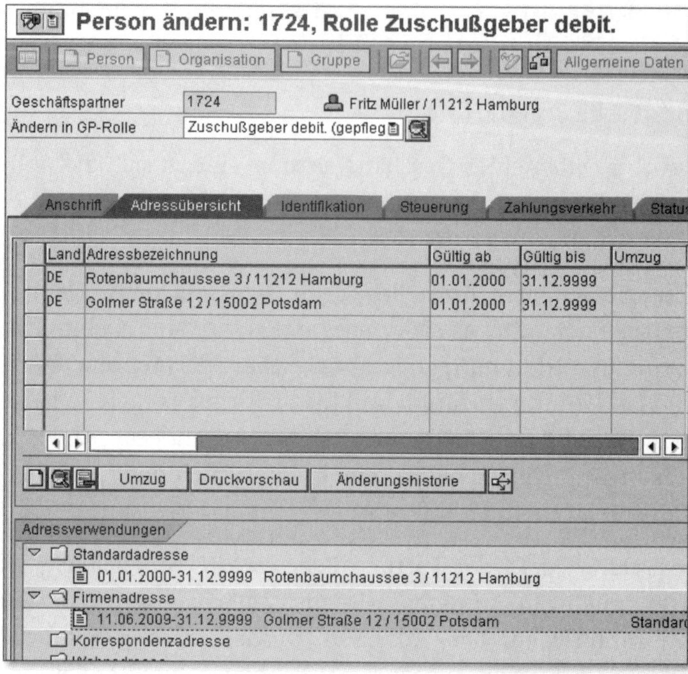

Abbildung 4.2 Zentrale Daten eines Geschäftspartners – Register »Adressübersicht«

4.2 Rollenkonzept

Die Art der Geschäftsbeziehung, die zu einem Partner besteht, bestimmt maßgeblich, welche Informationen zu diesem Geschäftspartner benötigt werden. Neben den zentralen Informationen wie der Adresse und der Telefonnummer, die für jeden Partner notwendig sind, braucht man bei einem Mieter zusätzlich die Bankverbindung, vielleicht die Nationalität und die Bonität, um die Geschäftsbeziehung effektiv zu gestalten. Letztere Daten sind für die Geschäftsbeziehung mit einem Eigentümer oder einem Architekten jedoch in der Regel nicht relevant.

Rollenspezifische Daten

Welche Informationen zu welchem Geschäftspartner gepflegt werden, hängt also von der Rolle ab, die er in den Geschäftsbeziehungen mit unserem Unternehmen spielt. Es handelt sich also um *rollenspezifische Daten*. Ein Geschäftspartner kann auch mehrere Rollen innehaben.

[zB]

Geschäftspartner mit mehreren Rollen

Der Hausmeister tritt in dieser Rolle nur in Bezug zu einem Gebäude auf, hat aber zusätzlich die Rolle eines Mieters in einem Vertrag; der Architekt ist der Architekt eines Gebäudes und gleichzeitig Eigentümer einer Wohnung.

Es wäre nicht zweckmäßig, den Hausmeister oder den Architekten doppelt im System anzulegen, nur weil er in doppelter Funktion auftritt. Stattdessen pflegt man zu einem Geschäftspartner einmal die zentralen Daten (Name, Adresse, Geburtsdatum) und zusätzlich rollenspezifische Daten. Die Rolle und die rollenspezifischen Daten des Partners werden immer dann angelegt, wenn der Geschäftspartner in dieser Rolle erstmals erscheint.

GP-Rollen und Rollenarten

Die genaue Festlegung und Differenzierung der Rollen hinsichtlich der speziellen Geschäftsanforderungen findet auf zwei Ebenen statt:

- **Geschäftspartnerrollen (GP-Rollen)**
  GP-Rollen steuern die Erfassung von Geschäftspartnerdaten (Feldstatussteuerung) und die Möglichkeiten der Zuordnung der Partner zu Immobilienobjekten.
- **Rollenarten**
  Rollenarten differenzieren die Rollen mit Bezug auf ein konkretes Immobilienobjekt für Zwecke der Korrespondenz.

4.2.1 Geschäftspartnerrollen

Die GP-Rolle stellt die betriebswirtschaftliche Sicht auf einen Partner dar. Wenn Sie eine Geschäftspartnerrolle im Customizing anlegen, sind zwei wesentliche Eigenschaften festzulegen:

- Rollentyp
- Geschäftspartnersicht

Rollentyp

Die Wahl des *Rollentyps* bestimmt grundsätzliche Eigenschaften der Partnerrolle. Die möglichen Rollentypen sind vom System fest vorgegeben, d.h. also, der Rollentyp ist ein technischer Begriff. Auf der Ebene des Rollentyps legen Sie fest, ob es sich bei dem Partner um eine Person, eine Organisation oder eine Gruppe handelt. Über den Rollentyp bestimmen Sie außerdem, ob die Rolle von buchhalterischer Relevanz ist.

Der Rollentyp steuert in einigen Fällen auch das Programmverhalten. So wird z. B. im Falle des Rollentyps Eigentümer in bestimmten Dialogen die Pflege von Eigentumsanteilen ermöglicht.

Geschäftspartnersicht

Über die *Geschäftspartnersicht* werden die Details der Bildfolge und Feldstatussteuerung zur jeweiligen Geschäftspartnerrolle festgelegt.

[!]

Vorsicht bei zu starker Differenzierung der Geschäftspartnerrollen

Vermeiden Sie eine zu starke Differenzierung bei den Geschäftspartnerrollen. Im Allgemeinen ist es ausreichend, die im Auslieferungs-Customizing vorhandenen Rollen zu verwenden oder nur geringfügig zu erweitern. Bedenken Sie, dass die Übersichtlichkeit im Dialog der Immobilienobjekte erhalten bleiben sollte und dass Folgen für das Reporting und die Korrespondenz entstehen.

4.2.2 Rollenarten

SAP RE-spezifisch

Der Begriff *Rollenarten* wird ausschließlich in der Immobilienverwaltung SAP RE verwendet. Rollenarten sind nicht zwingend notwendig, aber z. B. sehr hilfreich, wenn eine stärkere Differenzierung in der Korrespondenz notwendig ist. Rollenarten werden immer dann eingesetzt, wenn man das Verhältnis eines Geschäftspartners zu einem Objekt näher beschreiben will.

Technisch ausgedrückt bedeutet das Folgendes: Die Rollenart des Geschäftspartners ist ein Attribut der Objekt-Partner-Beziehung und kein Attribut des Partners wie die Rolle.

[zB]

Rollenarten sind Attribute der Objekt-Partner-Beziehung – ein Beispiel

In einem Mietvertrag soll ein Zuschussgeber zugeordnet werden, der die Miete ganz oder teilweise übernimmt. Im Falle eines bedürftigen Mieters kann dies ein Sozialamt sein, im Falle eines Studenten z. B. dessen Eltern. Um die Übersichtlichkeit bei der Zuordnung der Partner zum Vertrag zu wahren, reicht es, *eine* Rolle »Zuschussgeber« einzurichten.

Will man z. B. an das Sozialamt ein anderes Schreiben schicken als an die Eltern oder auch nur an das Sozialamt ein Schreiben schicken und nicht an die Eltern (oder umgekehrt), kann man dies bei gleicher GP-Rolle über unterschiedliche Rollenarten steuern.

In Abbildung 4.1 unten rechts sehen Sie ein solches Beispiel: Die Rollenart des Zuschussgebers zu diesem Vertrag ist hier mit ELTERN, VERWANDTE angegeben. Die Rollenart erlaubt die detaillierte Steuerung der Korrespondenz in Bezug auf diesen Vertrag.

4.2.3 Rollen und Immobilienobjekte

Nachdem Sie sich darüber klar geworden sind, welche Rollen grundsätzlich in Ihrem Unternehmen benötigt werden, gilt es festzulegen, welche Rollen in welchen Immobilienanwendungen verwendet werden sollen. Die entsprechenden Einstellungen finden Sie im Customizing von SAP RE über den Pfad GESCHÄFTSPARTNER • WESENTLICHE EINSTELLUNGEN ZUM GESCHÄFTSPARTNER IM RE-KONTEXT • GESCHÄFTSPARTNERROLLEN • ZUORDNUNG ROLLENTYPEN ZU DEN IMMOBILIENANWENDUNGEN • EINSTELLUNGEN ZU ROLLEN PRO OBJEKTART DEFINIEREN.

[+]

Begriff »Immobilienobjekt«

Der Begriff *Immobilienobjekt* wird in SAP RE – und hier vor allem im Customizing – nicht nur im Sinne der konkreten Immobilie (Gebäude, Wohnung, Laden, Flurstück) verwendet, sondern häufig weiter gefasst. Je nach Zusammenhang können auch Immobilienverträge oder andere Entitäten wie die Anpassungsmaßnahme (siehe Kapitel 8, »Anpassung von Konditionen«) gemeint sein.

Diese Immobilienobjekte sind im Allgemeinen in SAP RE durch entsprechende Stammdatendialoge abgebildet. Im Zusammenhang mit der Geschäftspartneranbindung sind alle Objekte gemeint, die Geschäftspartnerdaten führen können.

Differenzierungen bei bestimmten Objektarten

Für einige *Arten* von Immobilienobjekten (Objektart) sind Differenzierungen in der Zuordnung der möglichen Rollen erlaubt, wie Tabelle 4.1 darstellt. Diese Differenzierungen beziehen sich jeweils auf ein zentrales Attribut der Objektart.

Objektart	Differenzierung nach	Beispiel für zugeordnete Rollen
Grundstück	keine Differenzierung	Eigentümer, Sachbearbeiter
Immobilienvertrag	Vertragsart	*Miet*vertrag: Hauptmieter, Zuschussgeber *Anmiet*vertrag: Vermieter
architektonisches Objekt	Objektart	*Areal*: Sachbearbeiter *Gebäude*: Hausmeister
Mietobjekt	Nutzungsart	*Wohnung*: Eigentümer *Laden*: Sachbearbeiter für Umsatzabrechnung

Tabelle 4.1 Differenzierungen bei der Zuordnung von GP-Rollen zu Objektarten

Kardinalität

Ob dem Immobilienobjekt gleichzeitig ein oder mehrere Partner dieser Rolle zugeordnet werden können und ob eine Partnerrolle obligatorisch ist, bestimmen Sie in der Objekt-Partner-Zuordnung über ein Attribut, die sogenannte *Kardinalität*.

Objektadresse vererben

Eine nützliche Funktion ist die Möglichkeit, die Objektadresse an den Partner zu vererben. Hierdurch erspart man sich bei neu in ein Objekt einziehenden Mietern das Eingeben der Adresse – diese kann automatisch vom Vertragsobjekt übernommen werden.

Vertragsarten

Eine zusätzliche spezielle Steuerungsmöglichkeit für Rollen können Sie für Immobilienverträge über das Customizing der Vertragsarten nutzen. Hier können Rollen für *Hauptvertragspartner* angegeben werden. Diese Rollen werden für die jeweilige Vertragsart in jedem Fall obligatorisch.

Im Partnerdialog des Vertrages sind diese Rollen in der Auswahlliste der verfügbaren Rollen hervorgehoben (siehe Abbildung 4.3). Das Customizing wurde hier so eingestellt, dass der einzige Hauptvertragspartner ein Partner in der Rolle DEBITORISCHER HAUPTMIETER ist. Geschäftspartner in weiteren Rollen sind zulässig, aber die Rolle des Hauptvertragspartners wird im Dialog als erste angezeigt und in der Anzeige durch eine Linie optisch von den übrigen Rollen abgesetzt.

4.3 Geschäftspartner anlegen

Pflege des Geschäftspartners aufrufen

Die generische Transaktion zur Pflege von Geschäftspartnern ist die Transaktion BP (Abkürzung für *Business Partner*). Um Geschäftspartner im Zusammenhang mit Immobilienobjekten anzulegen, ist es jedoch nicht notwendig, diese Transaktion zu verwenden. Sie können die Pflege von Geschäftspartnern auch direkt aus der Pflege eines Vertrages oder Immobilienobjekts aufrufen.

Diese Vorgehensweise hat folgende Vorteile:

- Es können Vorbelegungen für spezielle Daten, die im Zusammenhang mit SAP RE verfügbar sind, benutzt werden.
- Der Partner wird immer gemeinsam mit dem Vertrag bzw. Immobilienobjekt gesichert und wird verworfen, wenn die Transaktion, ohne zu sichern, abgebrochen wird (Datenkonsistenz).

- Es werden Doppelanlagen von Partnerstammsätzen vermieden, da automatisch in die Partnersuche verzweigt wird. Ist der Partner bereits vorhanden, so wird – falls notwendig – zu seinen Daten eine zusätzliche (zur Anwendung »passende«) Geschäftspartnerrolle hinzugefügt.

Partner anlegen

In einer Immobilienanwendung, z. B. in der Vertragspflege, legen Sie im Register PARTNER einen Partner wie folgt an:

1. Wählen Sie den Button NEUEN PARTNER ZUORDNEN. Sie erhalten eine Liste der für diese Anwendung zulässigen Partnerrollen. In Abbildung 4.3 sind dies der debitorische Hauptmieter (das ist hier der Hauptvertragspartner), der debitorische Vertragspartner, der debitorische Zuschussgeber und der Sachbearbeiter. Wählen Sie die Rolle aus, in der der Partner anlegt werden soll.
2. Es erscheint ein Eingabefenster GESCHÄFTSPARTNERSUCHE. Geben Sie in die Suchfelder Namen, Vornamen und andere Ihnen bekannte Daten zum Geschäftspartner ein. Durch Drücken der [Enter]-Taste wird mit den eingegebenen Daten automatisch eine Suche nach Partnern angestoßen.

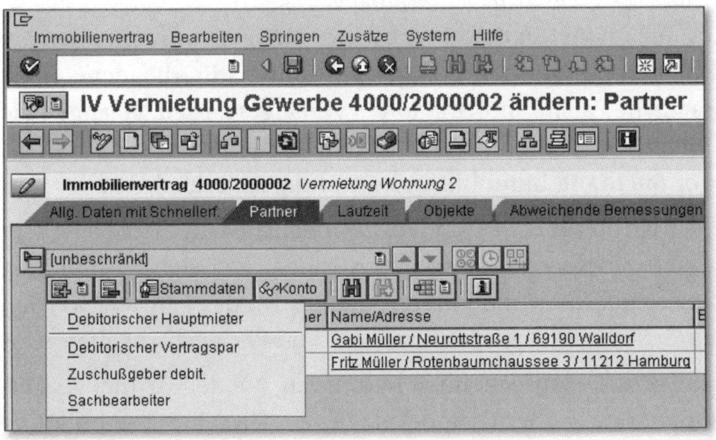

Abbildung 4.3 Partner hinzufügen zum Vertrag – Hauptvertragspartner in der Rolle »Debitorischer Hauptmieter«

[+]

Phonetische Ähnlichkeiten

Die Partnersuche berücksichtigt phonetische Ähnlichkeiten, d.h., man findet etwa »Keyser« auch dann, wenn man »Kaiser« eingegeben hat.

3. Die Suche kann zwei verschiedene Ergebnisse bringen:
   - *Es werden Partner gefunden, auf die die Suchkriterien passen*
     Hat das System einen oder mehrere Partner gefunden, auf die die von Ihnen eingegebenen Suchkriterien zutreffen, werden diese in einer Liste angezeigt.
   - *Es wird kein passender Partner gefunden*
     Befindet sich der richtige Partner nicht in der Liste, so schließen Sie das Listfenster und verfahren weiter, wie unten für den Fall beschrieben, dass die Partnersuche erfolglos war.

Partnersuche erfolgreich

Finden Sie den richtigen Partner in der Liste, so bedeutet das, dass dessen zentrale Daten bereits im System vorhanden sind und Sie diese daher nicht neu eingeben müssen. Es kann sogar sein, dass er bereits in der Rolle gepflegt ist, die Sie ausgewählt haben.

Wählen Sie nun per Doppelklick den »richtigen« Partner aus.

- *Gewünschte Rolle ist vorhanden*
  Falls der Partner bereits in der gewünschten Rolle vorhanden ist, wird er automatisch in das Register Partner der Immobilienanwendung übernommen.
- *Gewünschte Rolle ist nicht vorhanden*
  Falls der Partner in der gewünschten Rolle nicht vorhanden ist, wird er in dieser Rolle angelegt. Sollten für die neue Rolle zusätzliche Partnerinformationen verlangt werden, gelangen Sie automatisch in die entsprechenden Bilder des Partnerdialogs, bevor Sie in die Immobilienanwendung zurückkehren.

Partnersuche erfolglos

Wird der Partner nicht gefunden, gelangen Sie automatisch wieder in das Eingabefenster Geschäftspartnersuche (siehe Abbildung 4.4). Im Unterschied zum erstmaligen Aufruf des Fensters werden jetzt zusätzliche Buttons zum Anlegen von Partnern angeboten.

Klicken Sie die entsprechenden Buttons an, um den Partner als Person, Organisation oder Gruppe anzulegen. Sie sehen in Abbildung 4.4 den Button ANLEGEN PERSON ❶. In diesem Beispiel ist das Customizing so eingerichtet, dass für Partner in der Rolle SACHBEARBEITER nur Personen angelegt werden können, aber keine Organisationen oder Gruppen, daher sind die entsprechenden Tasten auch nicht sichtbar.

Sie gelangen in den Pflegedialog für Geschäftspartner. Um Ihnen das nochmalige Eingeben der Daten zu ersparen, werden die Daten aus dem Suchfenster als Vorbelegungen übernommen. Pflegen Sie die notwendigen weiteren Daten. Anschließend kehren Sie in das Register PARTNER des Immobilienobjekts zurück, um die Pflege dieses Immobilienobjekts fortzusetzen.

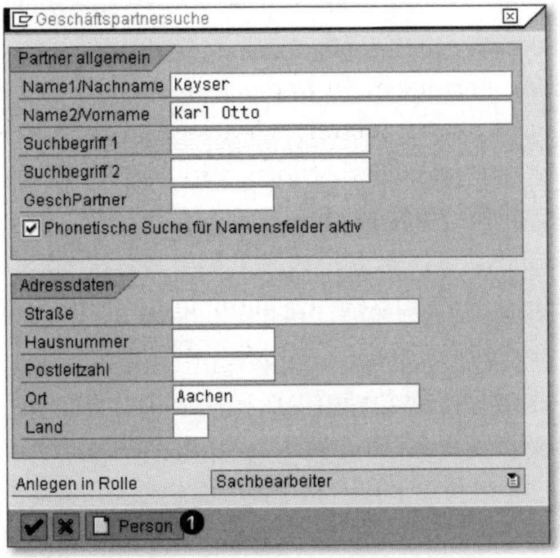

Abbildung 4.4 Eingabefenster »Geschäftspartnersuche« – nach Rückkehr aus der Suche mit Button zum Anlegen einer Person

Sie sichern die Partnerdaten automatisch mit, sobald Sie das Immobilienobjekt sichern, aus dessen Pflegedialog Sie die Partnerpflege aufgerufen haben. Sie haben dann sowohl die Daten des Immobilienobjekts als auch die des Partners gesichert. Brechen Sie dagegen die Pflege des Objekts ab, werden auch die erfassten Partnerdaten verworfen.

4.4 Geschäftspartner in der Buchhaltung

Geschäftspartner, die im System geführt werden, sind in vielen Fällen nicht nur Ansprechpartner, deren Kommunikationsdaten wir benötigen, sondern auch Geschäftspartner, mit denen finanzielle Beziehungen bestehen. So wird man von seinem Mieter eine Miete verlangen und einem Reinigungsunternehmen seine Dienstleistung bezahlen müssen. Die Abwicklung der finanziellen Beziehungen mit Geschäftspartnern obliegt der Buchhaltung. Dort werden – angestoßen aus der Immobilienverwaltung oder anderen Anwendungen – die entsprechenden Forderungen und Verbindlichkeiten gebucht. Details hierzu finden Sie in Kapitel 7, »Rechnungswesen«.

Debitoren- und Kreditorenkonten

Für die Buchungen werden daher zu diesen Geschäftspartnern *Kontokorrentkonten* in der Finanzbuchhaltung benötigt: Debitorenkonten für Mieter und Zuschussgeber, Kreditorenkonten für Lieferanten, Handwerker oder Energieversorger.

Die Geschäftspartnerrolle steuert, ob zu einem Geschäftspartner ein solches Konto angelegt werden kann. Man spricht von einer *debitorischen Rolle*, wenn ein Debitorenkonto angelegt wird, von einer *kreditorischen Rolle*, wenn ein Kreditorenkonto benötigt wird. Die Einstellung, ob eine Rolle kreditorisch oder debitorisch ist oder sein kann, hinterlegen Sie im Customizing als Attribut. Beispiele dazu finden Sie in Tabelle 4.2.

Debitorische Rollen	Kreditorische Rollen	Rollen ohne Kontokorrentkonten
Debitorischer Hauptmieter	Vermieter	Sachbearbeiter
Debitorischer Zuschussgeber	Kreditorischer Vertragspartner	Bewerber (Interessent für eine Wohnung)
Eigentümer (aus Sicht der WEG)	Verwalter (aus Sicht der WEG)	Hausmeister

Tabelle 4.2 Beispiele für debitorische und kreditorische Rollen

Automatisch erzeugtes Kontokorrentkonto

Wenn Sie einen Geschäftspartner in einer debitorischen oder kreditorischen Rolle anlegen, wird im Hintergrund automatisch ein entsprechendes Kontokorrentkonto erzeugt. Die für das Anlegen des Kontos notwendigen Daten wie etwa Name, Anschrift und Bankverbindung werden aus den Daten des Geschäftspartners automatisch übernommen.

Kontokorrentkonten können auch ohne Geschäftspartner angelegt werden, wenn man beispielsweise nur die SAP-Buchhaltung benutzt, daher sind hier zwei Entitäten – der Geschäftspartnerstammsatz und das Debitoren- bzw. Kreditorenkonto – vorhanden, die teilweise redundant sind. Für den Anwender ist diese doppelte Datenhaltung jedoch unkritisch, da Änderungen an den Geschäftspartnerdaten automatisch an die Buchhaltung weitergegeben werden und zu Änderungen der Kontokorrentkonten führen.

Die Verknüpfung mit dem Debitoren- bzw. Kreditorenkonto ist in den Detaildaten zum Partner ersichtlich (beispielsweise das Feld DEBITOR in Abbildung 4.1).

Die notwendigen Einstellungen für die Debitoren- und Kreditorenanbindung finden Sie im Customizing von SAP RE unter GESCHÄFTSPARTNER • WESENTLICHE EINSTELLUNGEN ZUM GESCHÄFTSPARTNER IM RE-KONTEXT • DEBITORISCHE BZW. KREDITORISCHE GESCHÄFTSPARTNER.

Verknüpfung zur Finanzbuchhaltung

Die Steuerung, zu welchem Geschäftspartner welche Art von Debitorenkonto bzw. Kreditorenkonto angelegt wird, erfolgt über eine Verknüpfung zu den Kontengruppen der Finanzbuchhaltung. Diese bestimmen den Nummernkreis, aus dem die Kontonummer des neu anzulegenden Debitoren- bzw. Kreditorenkontos zu erzeugen ist, und enthalten die Feldstatusinformationen hierzu.

Vorbelegungen nutzen

Um buchhalterisch eher unerfahrene Immobiliensachbearbeiter nicht mit Detailkenntnissen aus der Buchhaltung zu belasten, verwendet man bei der automatischen Anlage von Kontokorrentkonten *Vorbelegungen* aus dem Customizing. Sie können hier beispielsweise das zu verwendende Abstimmkonto, Zahlwege und Mahndaten festlegen.

[!]

Verwendbarkeit von Vorbelegungen

Diese Vorbelegungen sind nur im Zusammenhang mit Immobilienanwendungen verfügbar – nicht über die allgemeine Geschäftspartnerpflege.

[+]

Verknüpfung Finanzbuchhaltung – Geschäftspartnerverwaltung

Ist die SAP-Finanzbuchhaltung bereits produktiv im Einsatz, so sind Debitoren- oder Kreditorenkonten bereits vorhanden, aber nicht zwingend auch die zugehörigen Geschäftspartnerstammdaten. Diese können nachträglich mit Hilfe der Transaktionen FLBPD1 (Anlegen Geschäftspartner zu Debitor) bzw. FLBPC1 (Anlegen Geschäftspartner zu Kreditor) angelegt werden.

Ist es umgekehrt aus Berechtigungs- oder Organisationsgründen nicht erwünscht, automatisch Buchhaltungskonten anzulegen, können die unabhängig voneinander angelegten Stammdaten aus der Buchhaltung und der Geschäftspartnerverwaltung nachträglich miteinander verknüpft werden (Transaktionen FLBPD2 und FLBPC2).

Vertragskontokorrent

Anstelle von Debitorenkonten können im Zusammenhang mit der SAP-Lösung für öffentliche Verwaltungen (*SAP Public Sector Collection and Disbursement*, SAP PSCD), die auf der Basis der SAP-Lösung Vertragskontokorrent FI-CA arbeitet, auch Vertragskonten eingesetzt werden. Details hierzu finden Sie in Kapitel 7, »Rechnungswesen«.

4.5 Zusammenfassung

Geschäftspartner werden im SAP-System in verschiedenen Rollen angelegt. Sie entscheiden im Customizing, welche Rollen für welche Immobilienobjekte zulässig oder sogar notwendig sind. Das Anlegen der Geschäftspartner in der entsprechenden Rolle erfolgt aus dem Pflegedialog des jeweiligen Immobilienobjekts heraus. Partner, die gleichzeitig in der Buchhaltung verwendet werden, können direkt auch als Debitoren oder Kreditoren in der Buchhaltung angelegt werden.

Ein Vertrag ist eine zwischen zwei oder mehreren Seiten geschlossene Vereinbarung. Verträge im Bereich der Immobilienverwaltung können ebenso die Ver- bzw. Anmietung von Immobilien wie die Erbringung oder Nutzung von Serviceleistungen rund um die Immobilie betreffen.

5 Vertragsmanagement

Im kaufmännischen Immobilienmanagement gibt es rund um die Immobilie die verschiedensten Verträge. Angefangen bei der Anmietung einer Immobilie über die Vermietung von Wohnungen und Gewerbeimmobilien bis hin zu Dienstleistungsverträgen für Hausreinigung oder Gartenpflege unterscheiden sich Immobilienverträge hinsichtlich ihrer Vertragsnehmer und -geber oder bezüglich der Zahlungsverpflichtungen, die aus diesen Verträgen entstehen. Alle Immobilienverträge gleichen sich aber dennoch hinsichtlich der Bearbeitung des Vertrages in SAP RE.

In diesem Kapitel lernen Sie die verschiedenen Vertragsarten sowie die jeweiligen Vertragspartner und -konditionen kennen. Sie erfahren zunächst, welche Arbeitsschritte im Rahmen der Interessentenverwaltung notwendig sind, bevor ein Mietvertrag abgeschlossen werden kann.

Anschließend lernen Sie die verschiedenen Vertragsarten und -typen von Immobilienverträgen genauer kennen. Dabei geht es nicht nur um An- und Vermietverträge – die sogenannten *belegenden Verträge* – sondern auch um allgemeine kreditorische und debitorische Verträge, Kautionsvereinbarungen und Sachkontenverträge.

Den Besonderheiten von Umsatzmietverträgen, der Erfassung von Umsatzmeldungen und der Umsatzabrechnung widmen wir uns am Ende dieses Kapitels.

5.1 Verträge rund um die Immobilie

Immobilienverträge sind hinsichtlich der Arbeitsschritte und Tätigkeiten, die vor, während und nach der Vertragslaufzeit zu erledigen sind, alle gleich aufgebaut. Abbildung 5.1 zeigt den Lebenszyklus eines Immobilienvertrages. Anhand der hier gezeigten Aktivitäten lernen Sie in diesem Kapitel den Immobilienvertrag im Detail kennen.

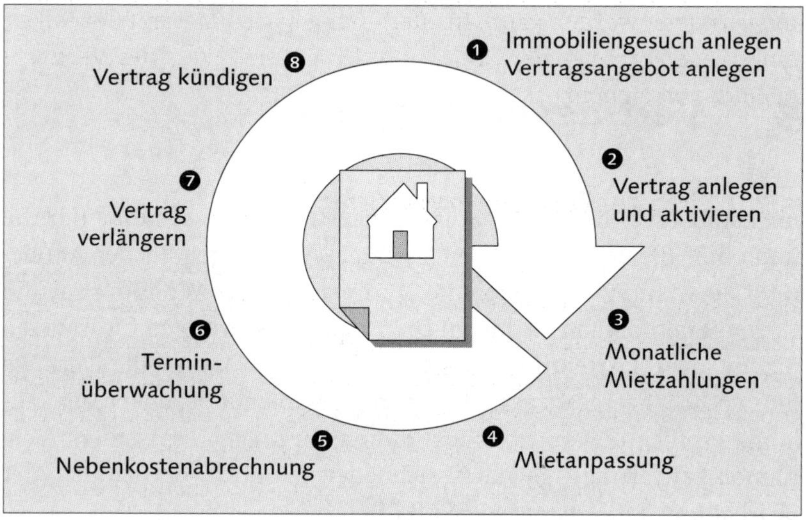

Abbildung 5.1 Lebenszyklus eines Immobilienvertrages

Lebenszyklus eines Immobilienvertrages

Betrachten wir den Lebenszyklus des Vertrages am Beispiel eines Mietvertrages. Die wichtigsten Schritte bei der Vertragsbearbeitung sind in diesem Fall:

❶ Suchen eines Interessenten für ein leer stehendes Mietobjekt und Erstellen eines Vertragsangebotes

❷ Anlegen und Aktivieren eines Vertrages, nachdem der Interessent das Vertragsangebot angenommen hat

❸ Periodische Buchungen (z. B. monatliche Sollstellungen)

❹ Anpassung von Konditionen, z. B. Mieterhöhung- oder Mietsenkung

❺ Nebenkostenabrechnung und Anpassung der Vorauszahlung für betriebs- und Heizkosten

❻ Terminüberwachung und Wiedervorlage (z. B. regelmäßige Wiedervorlage zur Überprüfung der Miethöhe)

7. gegebenenfalls Verlängerung des Vertrages, falls laut Vertrag eine Verlängerung vorgesehen ist
8. Kündigung bzw. Beendigung des Vertrages entsprechend der im Vertrag vereinbarten bzw. laut Mietrecht gültigen Kündigungsmodalitäten

Durch die Kündigung bzw. Beendigung des Vertrages existiert wiederum ein leer stehendes Mietobjekt, das an einen neuen Interessenten vermietet werden kann. Insofern schließt sich hier mit der Anlage eines Folgevertrages der Kreis, und der Lebenszyklus des Vertrages beginnt von Neuem.

5.2 Interessentenverwaltung

Mietinteressent und Immobilie

Betrachten wir zunächst ausschließlich die Vermietung von Immobilien, also den klassischen (debitorischen) *Mietvertrag*. Bevor ein Mietvertrag abgeschlossen werden kann, gilt es, für eine Immobilie den passenden Interessenten zu finden. Auch der umgekehrte Weg ist möglich: Für einen Mietinteressenten muss die passende Immobilie gefunden werden. Bei der Suche spielen Suchkriterien wie zum Beispiel die Lage einer Wohnung oder einer Gewerbeimmobilie, die Verkehrsanbindung und natürlich die Miethöhe eine wichtige Rolle. Die Suche von Immobilienobjekten für vorgemerkte Interessenten bzw. die Suche nach Interessenten für eine zu vermietende Immobilie erfolgt im Rahmen der *Interessentenverwaltung*.

Die Stammdatenobjekte der Interessentenverwaltung sind das Angebotsobjekt, das Immobiliengesuch und das Vertragsangebot. Betrachten wir diese drei Stammdatenobjekte genauer.

5.2.1 Angebotsobjekt

Angebotsobjekt

Zunächst müssen die zu vermietenden Immobilienobjekte identifiziert werden. Dazu werden aus leer stehenden bzw. in absehbarer Zeit leer stehenden Mietobjekten sogenannte *Angebotsobjekte* erzeugt (siehe Abbildung 5.2).

Aus den Mietobjekten werden Informationen, die für die Suche wichtig sind, in die Angebotsobjekte übernommen und aufbereitet. Angebotsobjekte enthalten beispielsweise Daten zur Lage der Immobilie, zur Miethöhe, zur Größe sowie zur Ausstattung der Wohnung.

Generierung von Angebotsobjekten

Sie generieren ein Angebotsobjekt mit der Transaktion REOROO-CREATE (Erstellen/Aktualisieren der Angebotsobjekte aus den Mietobjekten), die Sie im Anwendungsmenü von SAP RE unter WERKZEUGE • INTERESSENTENVERWALTUNG finden.

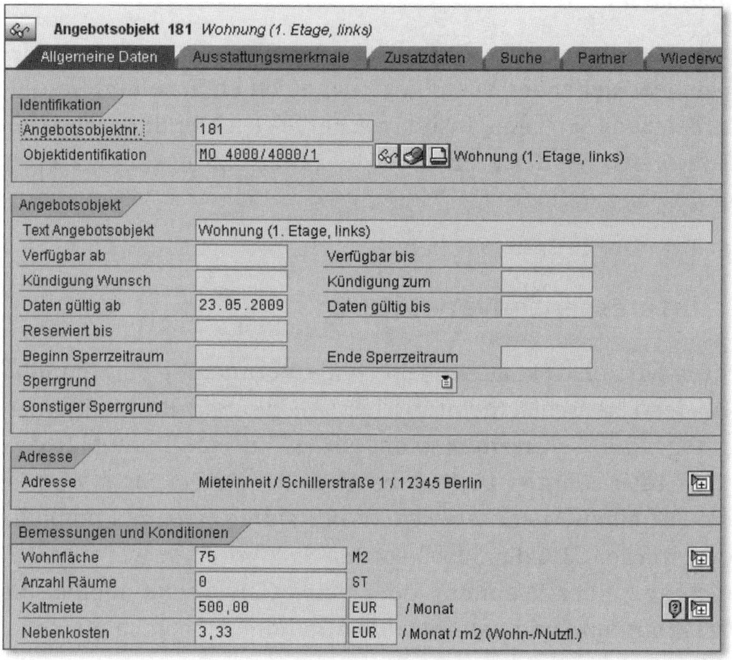

Abbildung 5.2 Angebotsobjekt – Register »Allgemeine Daten«

Betrachtungszeitraum und Leerstandstage

Im Customizing legen Sie fest, welche *Ausstattungsmerkmale* für die Interessentenverwaltung relevant sind, dabei können Sie bis zu 80 Ausstattungsmerkmale für die Interessentenverwaltung definieren. Des Weiteren definieren Sie die folgenden Fristen für die Erstellung von Angebotsobjekten:

- **Betrachtungszeitraum**
  Wie lange im Voraus wird für einen gekündigten Vertrag das Angebotsobjekt erstellt?
- **Leerstandstage**
  Wie lange muss ein Mietobjekt zwischen zwei Verträgen mindestens leer stehen, um in der Interessentenverwaltung berücksichtigt zu werden?

Diese Einstellungen erfolgen im Customizing von SAP RE unter Interessentenverwaltung • Angebotsobjekt • Steuerungsparameter für die Aktualisierung von Angebotsobjekten vornehmen. Dabei können die Fristen in Abhängigkeit vom Typ des Mietobjekts und seiner Nutzungsart variieren, d.h., für Gewerbeimmobilien können Sie andere Fristen festlegen als für Wohnungen.

Löschen von Angebotsobjekten

Mit der Erstellung eines Mietvertrages wird das zugehörige *Angebotsobjekt* gelöscht. Steht das Mietobjekt zu einem späteren Zeitpunkt wieder leer, so wird ein neues Angebotsobjekt erzeugt.

5.2.2 Immobiliengesuch

Immobiliengesuch

Zunächst erfassen Sie die Anforderungen potentieller Mieter im SAP-System. Dazu nutzen Sie das *Immobiliengesuch*. Das Immobiliengesuch enthält einerseits die vom Interessenten gewünschten Merkmale des Mietobjekts sowie andererseits Daten zum Interessenten selbst. Abbildung 5.3 zeigt die Schnellerfassung eines Immobiliengesuchs. Mit Hilfe der Schnellerfassung können Sie die wichtigsten Suchkriterien schnell und einfach im System hinterlegen.

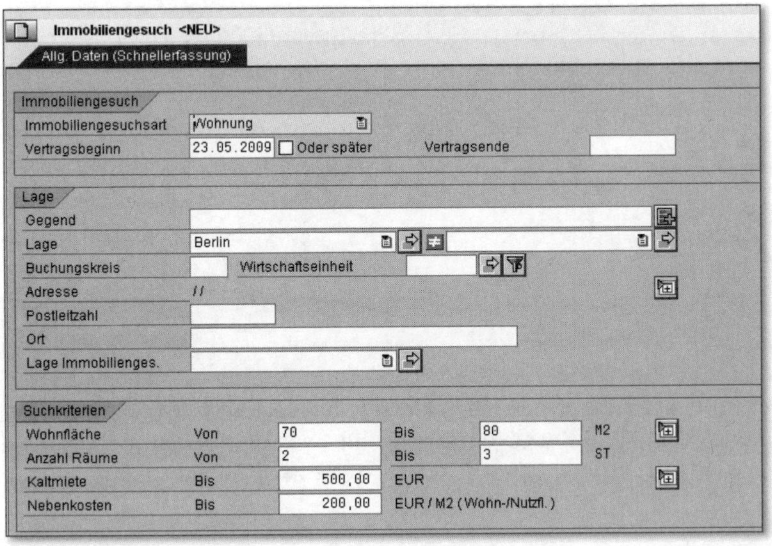

Abbildung 5.3 Immobiliengesuch – Schnellerfassung

Immobiliengesuchsart

Beim Anlegen eines Immobiliengesuchs wählen Sie zunächst eine *Immobiliengesuchsart* aus. Für Wohnungen, Gewerbeobjekte, Garagen und Stellplätze können Sie separate Immobiliengesuchsarten definieren. Im Customizing legen Sie die Verknüpfungen zwischen Immobiliengesuchsart und Nutzungsart der Mietobjekte fest. Dadurch wird erreicht, dass als Suchergebnis für die Immobiliengesuchsart »Wohnung« ausschließlich Mietobjekte der Nutzungsart »Wohnung« ermittelt werden. Die Gesuchsart bestimmt weiterhin, welche Bemessungsarten, Konditionen und Ausstattungsmerkmale bei der Suche berücksichtigt werden.

Der Bewerber wird als Geschäftspartner mit der Rolle TR0640 (Bewerber) angelegt. Sollen weitere Personen in der Bewerbung erfasst werden, so kann dazu die Rolle TR0641 (Mitbewerber) genutzt werden.

Betrachten wir einmal ein beispielhaftes Immobiliengesuch.

[zB]

Ein Immobiliengesuch

Beate Bewerberin sucht für ihre Familie eine neue Wohnung:

- Diese soll zwischen 70 und 80 m^2 groß sein und über zwei bis drei Räume verfügen.
- Die Kaltmiete darf höchstens 500 EUR betragen.
- Die Nebenkosten sollen einen Betrag von 200 EUR nicht übersteigen.

Abbildung 5.3 zeigt das Immobiliengesuch von Beate Bewerberin.

- Zusätzlich verfügt Frau Bewerberin über einen *Wohnberechtigungsschein*. Dieser Wohnberechtigungsschein wurde am 01.01.2009 ausgestellt und ist bis zum 31.12.2009 gültig (siehe Abbildung 5.4).

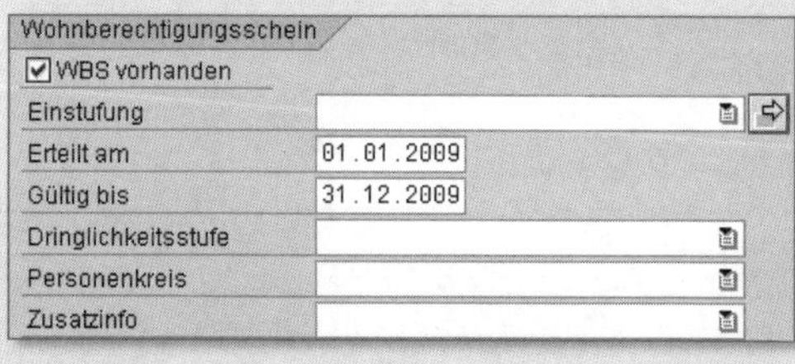

Abbildung 5.4 Immobiliengesuch – Daten zum Wohnberechtigungsschein

- Da Frau Bewerberin eine schulpflichtige Tochter hat, soll die neue Wohnung in der Nähe einer Grundschule und eines Einkaufszentrums liegen. Die entsprechenden Infrastrukturmerkmale zeigt Abbildung 5.5.

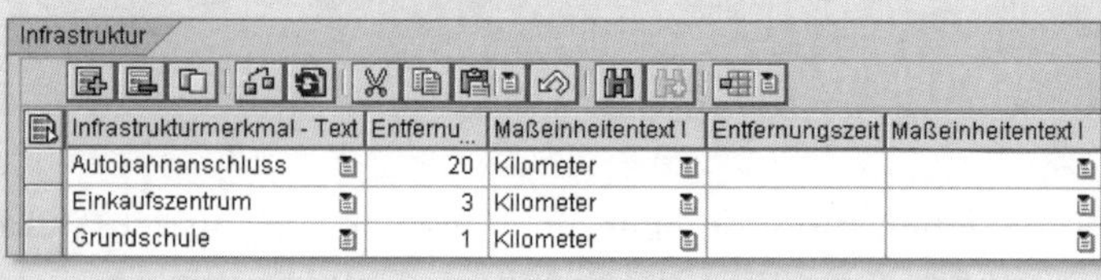

Abbildung 5.5 Immobiliengesuch – Infrastrukturmerkmale

Immobiliensuche

Die Suche nach einer passenden Wohnung kann auf verschiedene Arten erfolgen:

- Ausgehend von einem Immobiliengesuch wird ein passendes Angebotsobjekt ermittelt.
- Ausgehend von einem Angebotsobjekt, d.h. einem leer stehenden Mietobjekt, wird ein passender Interessent gesucht.

Betrachten wir zunächst die Suche, die von einem konkreten Immobiliengesuch ausgeht. Das heißt, es liegen die konkreten Anforderungen eines Interessenten vor, und die zu diesen Anforderungen bzw. Wünschen passenden Mietobjekte sollen ermittelt werden.

Die Suche nach Mietobjekten können Sie entweder als Standardsuche, als Textsuche oder als erweiterte Suche durchführen.

Standardsuche

Bei der *Standardsuche* werden alle Angebotsobjekte ermittelt, die den angegebenen Suchkriterien, wie z. B. Ausstattungsmerkmalen, Mietkonditionen und Fläche, entsprechen. Wurden zusätzlich Angaben zum Wohnberechtigungsschein erfasst, können Sie auswählen, ob die Suche ausschließlich nach den Kriterien des Wohnberechtigungsscheins oder nach der Höhe der Miete oder aber nach beiden Kriterien erfolgen soll (siehe Abbildung 5.6).

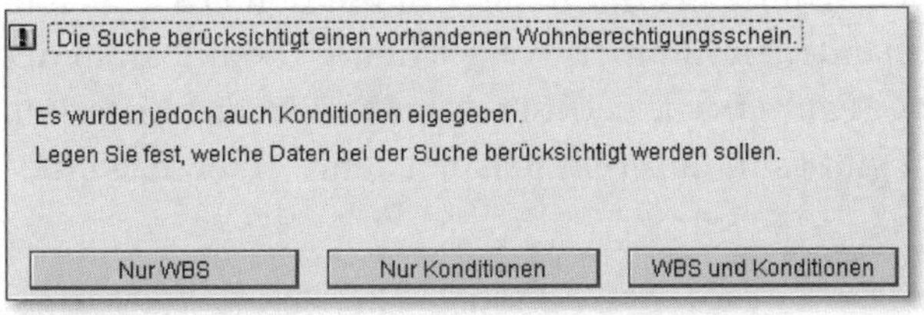

Abbildung 5.6 Suche von Angebotsobjekten zu einem Immobiliengesuch – Suchkriterien

Textsuche

Die *Textsuche* ermöglicht eine zusätzliche Suche nach einem freien Text, der im Immobiliengesuch gepflegt werden kann.

Erweiterte Suche

Wurde bei der Standardsuche kein passendes Mietobjekt gefunden, können Sie bei der *erweiterten Suche* (siehe Abbildung 5.7) auswählen, welche der angegebenen *Suchkriterien* bei der Suche berücksichtigt werden sollen. Sie können beispielsweise die Ortslage oder das Baujahr des Gebäudes als Suchkriterium ausschließen. Bezüglich der Verfügbarkeit des Angebotsobjekts kann ein zusätzlicher Toleranzzeitraum angegeben werden, um auch Angebotsobjekte zu berücksichtigen, die gegebenenfalls erst kurze Zeit nach dem gewünschten Termin verfügbar sind.

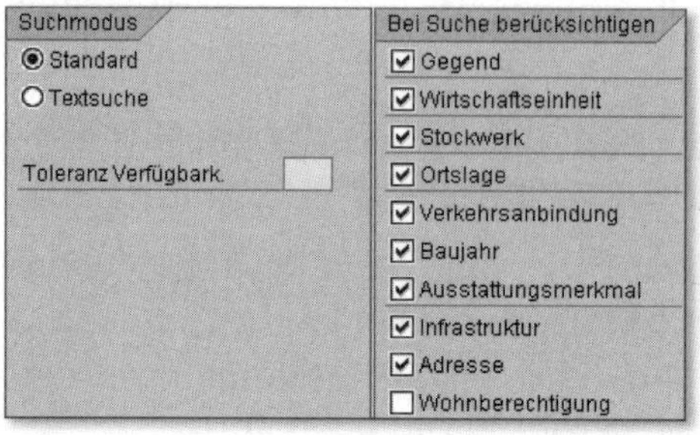

Abbildung 5.7 Suchmodi und Suchkriterien

Customizing Suchkriterien

Wie genau erfolgt nun die Suche? Die Grundlage bilden die in der Immobiliengesuchsart definierten Suchkriterien. Für jede Immobiliengesuchsart werden die zugehörigen Nutzungsarten, die möglichen Bemessungen, Konditionen und Ausstattungsmerkmale definiert.

Abbildung 5.8 zeigt beispielhaft die Suchkriterien hinsichtlich Wohnungsgröße und Anzahl von Räumen. Die Suche erfolgt auf Basis der Wohnfläche, wobei eine Abweichung von jeweils 10 % von der gewünschten Wohnungsgröße (nach oben und unten) toleriert wird. Zusätzlich wird die gewünschte Zimmeranzahl mit den tatsächlich in der Wohnung vorhandenen Zimmern verglichen – erkennbar an der UND-Verknüpfung (Feld LOG. VERKNÜPFUNG ❶). Für das Kriterium der Zimmeranzahl gibt es in unserem Beispiel keine Toleranzwerte.

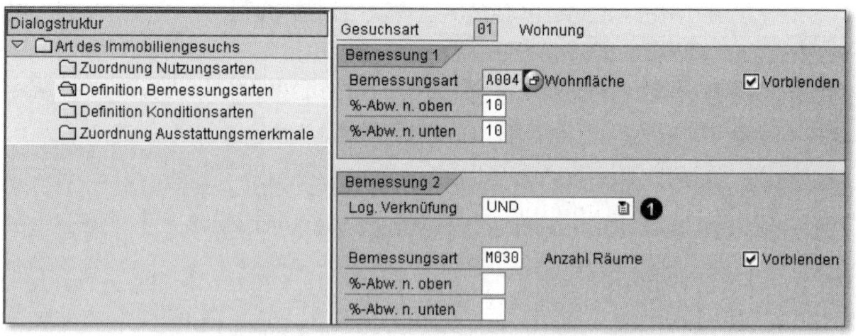

Abbildung 5.8 Immobiliengesuchsart – Definition von Bemessungsarten

Andere Suchkriterien, wie z. B. Ortslage, Gegend und Verkehrsanbindung, lassen sich im Immobiliengesuch nicht so klar definieren wie Mietpreise oder Wohnungsgröße. Sucht der Interessent eine Wohnung in der Berliner Innenstadt, so stehen verschiedene Stadtbezirke zur Auswahl. Das bedeutet, dass die Attribute der Gesuche (Ortslage, Verkehrsanbindung) in die Attribute der Immobilienobjekte »übersetzt« werden müssen. Entsprechende Customizing-Einstellungen finden Sie im Customizing von SAP RE unter INTERESSENTENVERWALTUNG • IMMOBILIENGESUCH • SUCHKRITERIEN MIT BEZUG AUF DATEN DES MIETOBJEKTS.

Suchergebnis

Im Ergebnis der Suche erhalten Sie eine Liste der »passenden« Objekte. Abbildung 5.9 zeigt eine solche Liste. Aus diesen Angebotsobjekten können die am besten passenden Objekte als Favoriten ausgewählt und zur weiteren Bearbeitung in das Immobiliengesuch übernommen werden. Neben der Suche eines passenden Angebotsobjekts zu einem Immobiliengesuch haben Sie auch die Möglichkeit, in entgegengesetzter Richtung zu suchen. Das heißt, ausgehend von einem Angebotsobjekt können Sie ein dazu passendes Immobiliengesuch ermitteln.

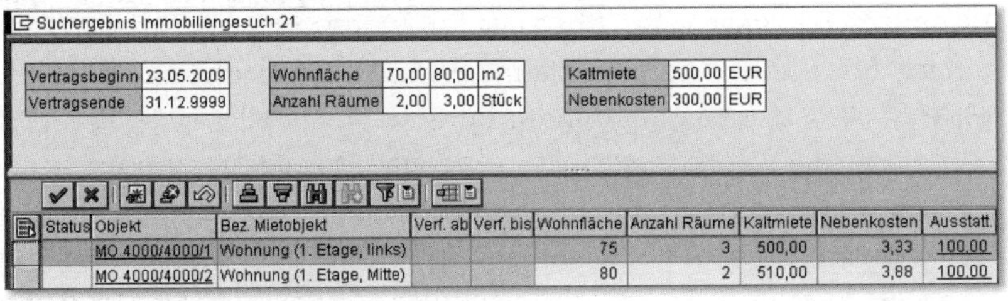

Abbildung 5.9 Suchergebnis

Wohnberechtigungsschein

Verfügt ein Interessent über den schon angesprochenen Wohnberechtigungsschein (WBS) für eine Wohnung, ist er berechtigt, eine öffentlich geförderte Wohnung zu mieten. Der Wohnberechtigungsschein ist ein weiteres Kriterium bei der Suche von Angebotsobjekten zu einem Immobiliengesuch oder umgekehrt. Abbildung 5.10 zeigt die möglichen Customizing-Einstellungen für den WBS.

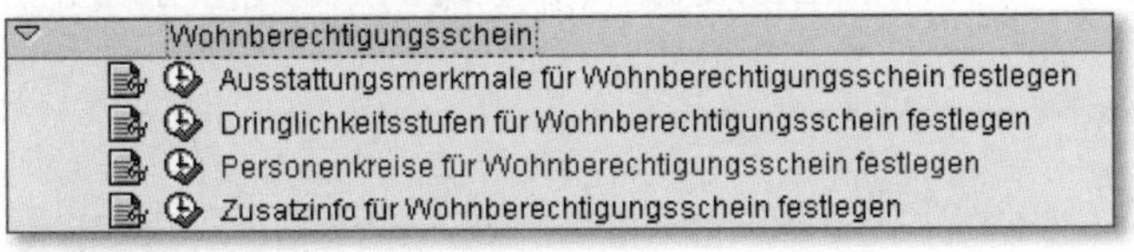

Abbildung 5.10 Customizing-Einstellungen zum Wohnberechtigungsschein

5.2.3 Vertragsangebot

Nachdem ein zu den Wünschen des Interessenten passendes Angebotsobjekt gefunden wurde, kann zu diesem Angebotsobjekt ein *Vertragsangebot* erstellt werden. Dabei können die aus dem Immobiliengesuch bzw. aus dem Angebotsobjekt übernommenen Daten ergänzt werden.

[zB]

Übernahme der Daten vom Immobiliengesuch ins Vertragsangebot

Zum Immobiliengesuch von Beate Bewerberin wurde ein Vertragsangebot angelegt. Dabei wurden der gewünschte Vertragsbeginn, die Konditionen des Angebotsobjekts sowie die Geschäftspartner des Immobiliengesuchs in das Vertragsangebot übernommen.

Da das Vertragsangebot ausgehend von einem Immobiliengesuch und einem passenden Angebotsobjekt erstellt wurde, sind neben dem Mietobjekt auch das Angebotsobjekt und das Immobiliengesuch im Register Objekte des Angebotes zu finden (siehe Abbildung 5.11).

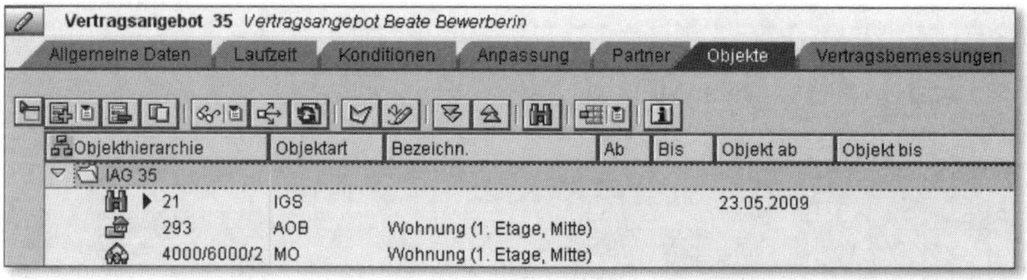

Abbildung 5.11 Vertragsangebot – Zuordnung von Immobiliengesuch, Angebotsobjekt und Mietobjekt

5.2.4 Vom Immobiliengesuch zum Mietvertrag

Immobiliengesuch, Vertragsangebot, Vertrag

Sie können also ausgehend von einem Immobiliengesuch zunächst ein Vertragsangebot und später einen Mietvertrag anlegen. Die bereits vorhandenen Daten werden dabei vom Immobiliengesuch in das Vertragsangebot bzw. vom Vertragsangebot in den Vertrag übernommen. Auf diese Weise müssen Daten wie der Vertragsbeginn und die Vertragskonditionen nicht doppelt erfasst werden, sondern sind bereits vorhanden und können gegebenenfalls ergänzt werden.

Alternativ ist es natürlich auch möglich, ein Vertragsangebot ohne zugehöriges Immobiliengesuch anzulegen bzw. einen Immobilienvertrag ohne Immobiliengesuch und Vertragsangebot anzulegen.

Um aus einem Immobiliengesuch ein Vertragsangebot bzw. einen Vertrag anlegen zu können, müssen Sie die für die Interessentenverwaltung relevanten Vertragsarten festlegen. Diese Einstellung erfolgt im Customizing von SAP RE unter INTERESSENTENVERWALTUNG • VERTRAGSANGEBOT • VERTRAGSARTEN FÜR DIE INTERESSENTENVERWALTUNG FESTLEGEN. Dabei ist – wie in Abbildung 5.12 gezeigt – darauf zu achten, dass die Objektarten IMMOBILIENGESUCH und VERTRAGSANGEBOT mit dem Kennzeichen NUR INFORMATORISCHE ZUORDNUNG versehen sind.

Vertragsarten für die Interessentenverwaltung

IS	IV	Immobilienvertrag	C002	Vermietung Wohnung	I3	Immobiliengesuch	☑	☐	☐	☐	Nur informatorisch
IS	IV	Immobilienvertrag	C002	Vermietung Wohnung	I5	Angebotsobjekt	☑	☐	☐	☐	Frei
IS	IV	Immobilienvertrag	C002	Vermietung Wohnung	I6	Vertragsangebot	☑	☐	☐	☐	Nur informatorisch
IS	IV	Immobilienvertrag	C002	Vermietung Wohnung	IB	Gebäude	☑	☐	☐	☐	Frei
IS	IV	Immobilienvertrag	C002	Vermietung Wohnung	IL	Objektgruppe	☑	☐	☑	☐	Frei
IS	IV	Immobilienvertrag	C002	Vermietung Wohnung	IM	Mietobjekt	☑	☐	☑	☑	Frei

Abbildung 5.12 Vertragsarten für die Interessentenverwaltung

Im Immobiliengesuch und im Vertragsangebot verwenden Sie die Geschäftspartnerrollen TR0640 (Bewerber) und TR0641 (Mitbewerber). Wird zu einem Vertragsangebot ein Mietvertrag erzeugt, so wird aus dem Bewerber ein debitorischer Hauptmieter (Rolle TR0600) und aus dem Mitbewerber ein Mitmieter (Rolle TR0601). Die Umwandlung der Geschäftspartnerrollen definieren Sie im Customizing von SAP RE unter INTERESSENTENVERWALTUNG • VERTRAGSANGEBOT • PARTNERÜBERNAHME BEI VERTRAGSERSTELLUNG AUS ANGEBOT DEFINIEREN.

Übernahme der Geschäftspartner

5.3 Immobilienverträge

Nachdem es im vorigen Abschnitt insbesondere um die Suche von leer stehenden Mietobjekten zu Immobiliengesuchen oder umgekehrt ging, wenden wir uns nun den Immobilienverträgen im Allgemeinen zu. Dabei werden neben dem klassischen Mietvertrag auch andere Vertragsarten eine Rolle spielen.

5.3.1 Vertragsdialog

Transaktionen zur Vertragsbearbeitung

Immobilienverträge können Sie entweder mit dem RE-Navigator (Transaktion RE80) oder mit der Transaktion RECN (Vertrag bearbeiten) erfassen. Alternativ ist es auch möglich, einen Vertrag zu einem

Mietobjekt zu erfassen, indem man aus der Bearbeitung des Mietobjekts mit der Transaktion REBDRO (Mietobjekt bearbeiten) im Menü MIETOBJEKT die Funktion ANLEGEN VERTRAG bzw. ANLEGEN FOLGEVERTRAG wählt.

Sie können diese Variante nicht nur für Mietobjekte, sondern auch für Gebäude, Grundstücke und Wirtschaftseinheiten nutzen; sie hat den Vorteil, dass die Daten des Mietobjekts bzw. des vorhergehenden Vertrages bereits in den neu anzulegenden Vertrag übernommen werden und somit die einzugebenden Daten minimiert werden.

Bildfolge

Die Bildfolge des Vertrages kann von Vertragsart zu Vertragsart variieren, so dass Sie die Daten eines Mietvertrages vielleicht in einer anderen Reihenfolge eingeben als die eines Anmietvertrages oder eines Servicevertrages. Nichtsdestoweniger ist der prinzipielle Aufbau eines Vertrages aber stets ähnlich. Der Vertragsdialog enthält im Allgemeinen die in Abbildung 5.13 gezeigten Register.

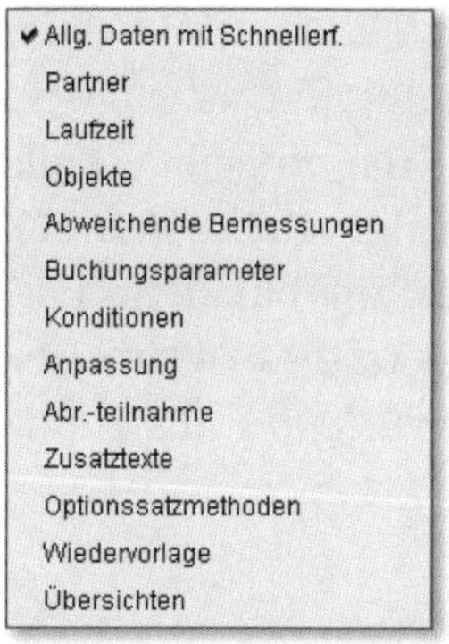

Abbildung 5.13 Vertrag – Transaktion RECN (Registerübersicht)

Schauen wir uns einige der aufgeführten Register detaillierter an.

Register »Allgemeine Daten mit Schnellerfassung«

Wichtige Daten erfassen

Das Register ALLGEMEINE DATEN MIT SCHNELLERFASSUNG spielt eine besondere Rolle bei der Vertragspflege. Sie können in diesem Register alle wichtigen Daten eines Vertrages erfassen.

Abbildung 5.14 zeigt die wichtigsten bei der Schnellerfassung einzugebenden Daten. Nachdem Sie in der Feldgruppe OBJEKT/PARTNER ❶ das Immobilienobjekt als Vertragsgegenstand angegeben haben, können Sie den Hauptvertragspartner – im Fall des Wohnungsmietvertrages den DEBITORISCHEN HAUPTMIETER – auswählen bzw. anlegen. In der Feldgruppe LAUFZEIT/ORG. ZUORDNUNG/KONDITIONEN ❷ erfassen Sie den Vertragsbeginn. PROFIT-CENTER ❸ und GESCHÄFTSBEREICH ❹ werden aus den Stammdaten des Immobilienobjekts abgeleitet, können aber auch überschrieben werden. Anschließend übernehmen Sie die Vorschlagskonditionen des Mietobjekts oder des Vorvertrages, indem Sie auf den Button VORSCHLAGSKONDITION(EN) ❺ klicken, und fügen gegebenenfalls später weitere Konditionen ein.

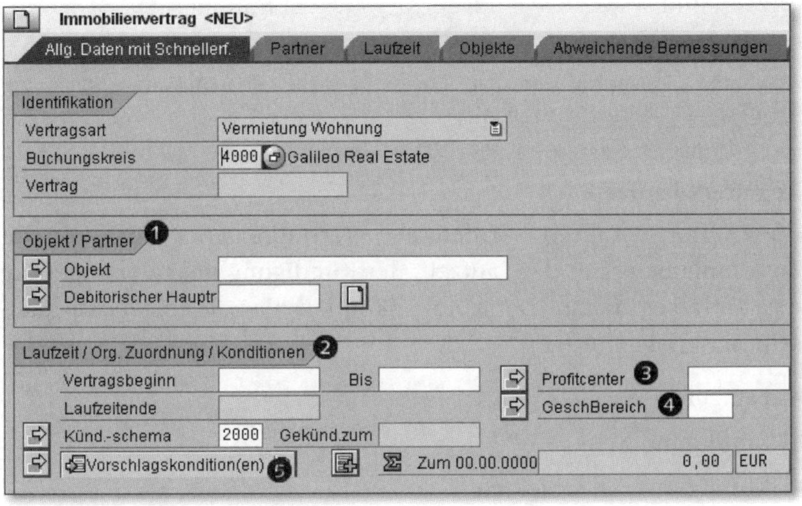

Abbildung 5.14 Vertrag bearbeiten – Schnellerfassung

Auf diese Weise haben Sie die wichtigsten Daten des Vertrages erfasst, ohne in die Register PARTNER, LAUFZEIT usw. springen zu müssen. Natürlich lassen sich mit der Schnellerfassung nicht alle Detaildaten des Vertrages bearbeiten, dies können Sie in den einzelnen Registern der Vertragspflege tun.

Register »Partner«

Rolle(n) auswählen

Jeder Vertragsart werden im Customizing die zulässigen Geschäftspartnerrollen sowie die Rollen der Hauptvertragspartner zugeordnet. Wollen Sie dem Vertrag einen Geschäftspartner hinzufügen, können Sie zwischen den möglichen Rollen auswählen. Die möglichen Hauptvertragspartner werden bei der Auswahl der Rollen oberhalb des Trennstrichs gesondert aufgeführt.

Abbildung 5.15 zeigt den debitorischen Hauptmieter als Hauptvertragspartner für einen Mietvertrag sowie den Sachbearbeiter als weiteren zulässigen Geschäftspartner.

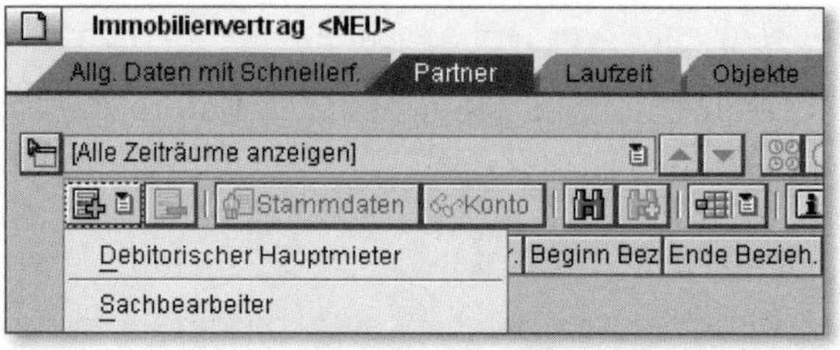

Abbildung 5.15 Vertrag bearbeiten – Register »Partner« (Hauptvertragspartner und zulässige Geschäftspartnerrollen)

Register »Laufzeit«

Klauseln hinterlegen

Im Register Laufzeit werden alle Vertragsdaten erfasst, die im Zusammenhang mit der Laufzeit, der Kündigung oder Verlängerung des Vertrages stehen. Demzufolge können hier die folgenden Klauseln hinterlegt werden:

- Laufzeit
- Kündigung
- Kündigung von Objekten
- Verlängerung

Die Laufzeit enthält neben dem Vertragsbeginn und dem bei befristeten Verträgen manuell zu erfassenden ersten Vertragsende Informationen zum aktuellen Status des Vertrages sowie zu möglichen Kündigungsdaten. Eine wichtige Rolle spielen auch die Felder Finanzstrom ab und erste Buchung ab (siehe Abbildung 5.16).

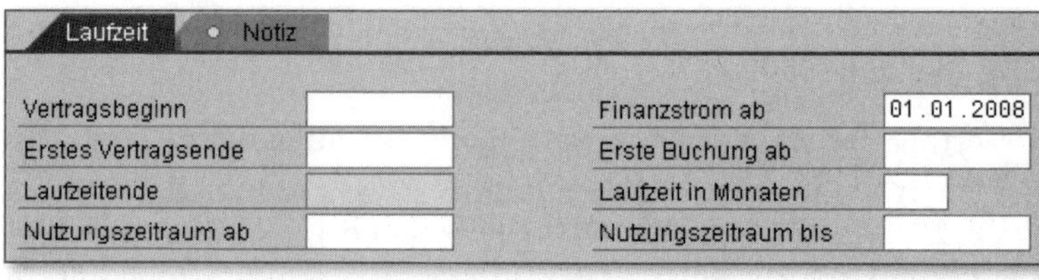

Abbildung 5.16 Vertrag bearbeiten – Register »Laufzeit«

Das Datum, das Sie in das Feld FINANZSTROM AB eintragen, definiert, ab wann für die Konditionen des Vertrages Finanzstromsätze generiert werden. Der Default-Wert für dieses Datum kann in den Grundeinstellungen zum Buchungskreis im Customizing von SAP RE festgelegt werden.

Feld »Finanzstrom ab«

Das Datum im Feld ERSTE BUCHUNG AB kann nach dem Datum im Feld FINANZSTROM AB liegen. Für den Zeitraum zwischen beiden Zeitpunkten werden zwar Finanzstromsätze erzeugt, diese werden aber als »bereits gebucht« gekennzeichnet und können somit nicht zu einer periodischen Buchung herangezogen werden. Näheres dazu erfahren Sie in Kapitel 7, »Rechnungswesen«.

Feld »Erste Buchung ab«

Der Kündigung und Verlängerung von Verträgen ist ein eigener Abschnitt dieses Kapitels gewidmet. Lesen Sie hierzu bitte in Abschnitt 5.3.5, »Kündigung eines Vertrages«, weiter.

Register »Objekte«

Mehrere zugeordnete Objekte

Betrachten wir auch bei der Objektzuordnung das Beispiel eines Mietvertrages. Der Mieter kann neben einer Wohnung auch eine Garage bzw. einen Stellplatz gemietet haben. In diesem Fall sind dem Vertrag in SAP RE mehrere Mietobjekte zugeordnet. Die rechtliche Gestaltung des Vertrages kann auf diesem Weg auch in SAP RE abgebildet werden. Der in RE Classic zur Zusammenfassung mehrerer Mietverträge genutzte *Sammelmietvertrag* wird somit in SAP RE (RE-FX) nicht mehr benötigt.

[!]

Anzahl der zugeordneten Objekte

Um eine übersichtliche und performante Vertragsbearbeitung zu gewährleisten, sollten einem Vertrag nur bis zu 20, keinesfalls aber mehr als 50 Objekte zugeordnet werden.

Beachten Sie hierzu bitte den SAP-Hinweis 915080 (Beratungshinweis Vertragsdialog: Performance).

Vertragsart und Nutzungsart

Im Customizing von SAP RE wird nicht nur festgelegt, welche Objektarten für bestimmte Vertragsarten zulässig sind. Bei der Zuordnung von Mietobjekten zu Verträgen erfolgt eine weitere Detaillierung über die Nutzungsart des Mietobjekts. Dadurch wird erreicht, dass einem Wohnungsmietvertrag zwar eine Wohnung zugeordnet werden kann, nicht aber Büroräume oder Produktionsräume.

[!]

Gewerbliche und nichtgewerbliche Vermietung

Bitte beachten Sie, dass in einem Vertrag nicht gleichzeitig gewerbliche und nichtgewerbliche Vermietung abgebildet werden darf, da dies zu Problemen in der Nebenkostenabrechnung und der Vorsteueraufteilung führt.

Schneiden von Mietflächen

Bisher sind wir davon ausgegangen, dass einem Vertrag Mietobjekte zugeordnet werden, deren Stammdaten im SAP-System bereits existieren. Bei der Vermietung von Gewerberäumen ist das jedoch nicht immer der Fall: Hier werden aus bestehenden Pools von Büro- oder Gewerbeflächen die Flächen zusammengestellt, die für den konkreten Mietvertrag benötigt werden.

In SAP RE bedeutet das, dass bei der Vertragserfassung *Mietflächen* aus bestehenden *Flächenpools* geschnitten werden. Wird der Vertrag gekündigt, so werden die Mietflächen beendet, und die Kapazität an Flächen steht über den Flächenpool wieder für eine Neuvermietung zur Verfügung.

Objektgruppen

Insbesondere Gewerbeverträge können mehrere Objekte enthalten: verschiedene Büroflächen, Lagerflächen und Stellplätze. Um die Vertragspflege übersichtlicher zu gestalten, können die einzelnen Objekte zu *Objektgruppen* zusammengefasst werden. Abbildung 5.17 zeigt die Zusammenfassung von mehreren Büroflächen zu einer Objektgruppe. Weitere Daten des Vertrages, wie beispielsweise Konditionen, können nun mit Bezug zu den definierten Objektgruppen aufgebaut werden.

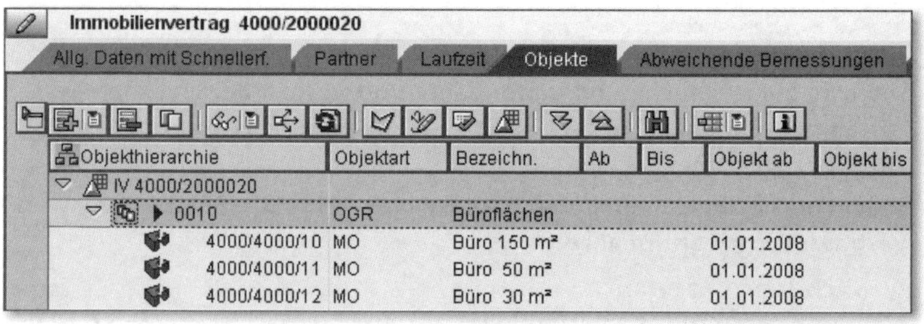

Abbildung 5.17 Vertrag bearbeiten – Zusammenfassung von Mietflächen zu einer Objektgruppe

[zB]

Reduzierung der Vertragskonditionen durch die Bildung von Objektgruppen

Sind einem Vertrag zehn gleichartige Mietobjekte zugeordnet, wobei zu jedem Mietobjekt neben der Grundmiete auch Vorauszahlungen für Betriebs- und Heizkosten erfasst werden, wären für diesen Vertrag 30 Konditionen zu pflegen.

Fasst man dagegen die Mietobjekte zu einer Objektgruppe zusammen und hinterlegt die Konditionen mit Bezug auf diese Objektgruppe, so sind lediglich drei Konditionen zu erfassen. Somit kann die Anzahl der Konditionen durch den Bezug auf eine Objektgruppe sehr stark reduziert werden.

Register »Abweichende Bemessungen«

Objektspezifische versus vertragsspezifische Bemessungen

Die Objekte eines Vertrages verfügen im Allgemeinen über eine bestimmte Wohn- oder Nutzfläche oder über andere Bemessungen. Neben diesen *objektspezifischen Bemessungen* können Sie in diesem Register auch *vertragsspezifische Bemessungen* erfassen.

Das kann zum Beispiel die Anzahl der Personen zu diesem Mietvertrag sein, die als umlagefähige Bemessung für die Nebenkostenabrechnung herangezogen wird. Ein weiteres Beispiel für abweichende Bemessungen (oder Vertragsbemessungen) ist die vertragliche Vereinbarung einer bestimmten Fläche der Wohnung oder des Gewerbeobjekts, die aber von der tatsächlichen Fläche des Objekts abweicht. *Abweichende Bemessungen* können mit oder ohne Bezug zu den Objekten des Vertrages gepflegt und unter anderem als Kriterium für die Berechnung der Miete herangezogen werden.

Register »Buchungsparameter«

Im Register BUCHUNGSPARAMETER (siehe Abbildung 5.18) werden buchungsrelevante Daten zum Vertrag erfasst. Diese Daten wirken sich direkt auf die mit Vertragsbezug erzeugten Buchungen aus. Da die Buchungsparameter einen sehr engen Bezug zum Rechnungswesen haben, werden sie im vorliegenden Abschnitt nur sehr kurz aufgeführt, dafür aber in Kapitel 7, »Rechnungswesen«, detailliert besprochen.

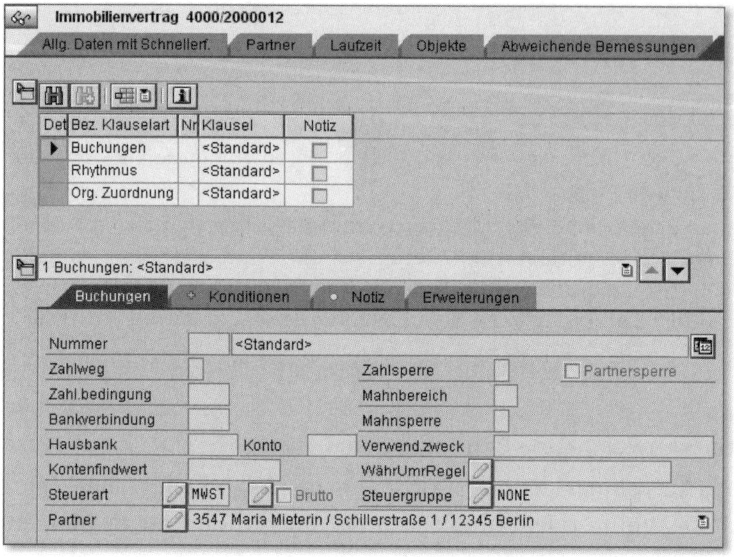

Abbildung 5.18 Vertrag – Register »Buchungsparameter«

Buchungsklausel In der Buchungsklausel können Sie zahlungsrelevante Daten angeben wie zum Beispiel Zahlwege, Zahlungsbedingungen oder eine bestimmte Bankverbindung des Mieters, über die der Mieteinzug erfolgen soll.

[!]

Ausschließlich vertragsspezifische Daten in den Buchungsklauseln

Bitte geben Sie hier ausschließlich die Daten an, die für diesen Vertrag spezifisch sind. Wenn der debitorische Hauptmieter nur eine Bankverbindung hat, über die alle Bankbewegungen erfolgen, so ist es ausreichend, diese Bankverbindung in den Stammdaten des Debitors zu hinterlegen. Das Gleiche gilt auch für Zahlwege, Zahlungsbedingungen usw.

Zeitscheibe Müssen die in der Buchungsklausel erfassten Daten zu einem bestimmten Zeitpunkt geändert werden, ist es nicht erforderlich, eine neue Buchungsklausel zu erfassen. In einem solchen Fall legen Sie – wie in Kapitel 6, »Übergreifende Funktionen« erläutert wird – eine neue Zeitscheibe für die Buchungsklausel an und erfassen dort den neuen Zahlweg oder die neue Bankverbindung.

Rhythmusklausel In der *Rhythmusklausel* geben Sie beispielsweise an, ob die Konditionen des Vertrages monatlich, quartalsweise oder jährlich berechnet (RHYTHMUS, RHYTHMUSBEGINN) oder die Miete vor-, mittel- oder nachschüssig gezahlt wird (ZAHLWEISE). Im Feld FÄLLIGKEIT (+/–) können Sie eine sogenannte *Fälligkeitsverschieberegel* auswählen, mit deren Hilfe die Fälligkeit der Vertragskonditionen zum Beispiel auf den jeweils dritten Werktag eines Monats verschoben werden kann.

Organisatorische Zuordnung

Eine dritte Klausel ist die Klausel der organisatorischen Zuordnung mit Geschäftsbereich und Profit-Center.

Register »Konditionen«

In diesem Register erfassen Sie die in der monatlichen periodischen Buchung zu berücksichtigenden Vertragskonditionen wie Grundmiete und Vorauszahlung für Betriebs- und Heizkosten für Mietverträge bzw. die kreditorischen Konditionen für Anmiet- oder Verwaltungsverträge. Sie können die Konditionen des zugeordneten Mietobjekts oder des zugehörigen Vertragsangebotes in den Vertrag übernehmen und gegebenenfalls ergänzen.

Im Customizing von SAP RE kann jeder Vertragsart eine Konditionsgruppe zugeordnet werden. Die darin enthaltenen Konditionsarten sind für Verträge dieser Vertragsart zugelassen und können im Register KONDITIONEN des Vertrages gepflegt werden.

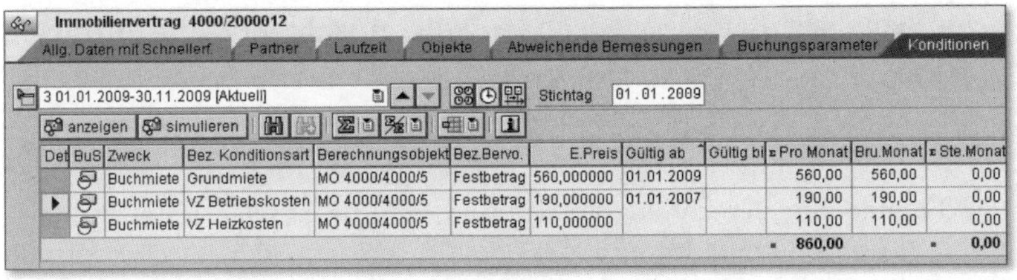

Abbildung 5.19 Vertrag bearbeiten – Register »Konditionen«

Abbildung 5.19 zeigt die *Konditionsübersicht*, die sich im oberen Teil des Registers KONDITIONEN befindet. Wählt man eine Kondition aus dieser Übersicht aus, werden im unteren Bildbereich die zugehörigen Detailinformationen angezeigt.

Detailinformationen zu Kondition

Die Anzeige der Detailinformationen erfolgt wiederum in einzelnen Registern. Das Register KONDITION (siehe Abbildung 5.20) enthält detaillierte Angaben zu einer einzelnen Kondition. Dazu gehört die Angabe des BERECHNUNGSOBJEKTS – des Objekts, dem die jeweilige Kondition zugeordnet ist und auf dessen Bemessungen sie sich bezieht. Über den Button OBJEKT TAUSCHEN ❶ können Sie ein anderes Berechnungsobjekt zuordnen.

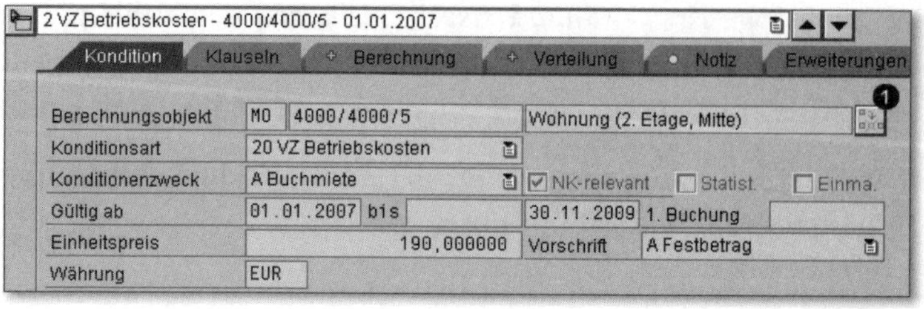

Abbildung 5.20 Vertrag bearbeiten – Detailinformationen zu Konditionen

Konditionszweck

Der *Konditionszweck* bestimmt einerseits, ob eine Kondition bei den periodischen Buchungen berücksichtigt wird oder ob es sich um eine *statistische Kondition* handelt. Andererseits wird durch den Konditionszweck definiert, ob es sich um eine einmalige Kondition oder um eine periodisch zu buchende Kondition handelt. Beim Einfügen einer neuen Kondition wird der Konditionszweck mit den Customizing-Einstellungen zu Konditionsart und Konditionsgruppe vorbelegt, kann aber im Vertrag selbst überschrieben werden.

Berechnungsvorschriften

Für die Berechnung des Konditionsbetrages können verschieden *Berechnungsvorschriften* herangezogen werden. So kann die Kondition als *Festbetrag* interpretiert werden oder als *Betrag pro Quadratmeter* bzw. als Betrag bezogen auf die Anzahl der zugeordneten Objekte.

[zB]

Berechnungsvorschriften

Sie können die Berechnungsvorschriften 5 (prozentualer Anteil Kondition), 9 (Faktor Konditionsgruppe) oder 15 (prozentualer Anteil Konditionsgruppe) beispielsweise verwenden, um die Vorauszahlungen für Betriebskosten in Abhängigkeit von der Grundmiete zu berechnen. Dabei ist es auch möglich, sich auf Konditionen eines anderen Vertrages zu beziehen, d.h. die Miete als Prozentsatz der kreditorischen Miete des Anmietvertrages oder die Kaution als Dreifaches der Grundmiete des zugehörigen Mietvertrages zu berechnen (abhängige Kondition).

Register »Klauseln«

Jeder Konditionsart können mehrere Klauseln zugeordnet werden. Sie finden diese im Register KLAUSELN der ausgewählten Kondition. Als Buchungsklausel, Rhythmusklausel und Klausel der organisatorischen Zuordnung sind automatisch die jeweiligen Standardklauseln zugeordnet.

Möchten Sie eine Kondition mit einer speziellen Klausel versehen, weil beispielsweise die Grundmiete als jährliche Kondition berechnet wird, während die anderen Konditionen des Vertrages monatlich zu zahlen sind, legen Sie eine zusätzliche Rhythmusklausel an und ordnen dieser Klausel dann manuell die Kondition Grundmiete zu.

Weiterhin kann jeder Konditionsart eine *Anpassungsklausel* zugeordnet werden. Diese bestimmt die Anpassungsverfahren, die für die betreffende Konditionsart zugelassen sind.

Register »Berechnung«

Im Register BERECHNUNG wird die Berechnungsvorschrift der Kondition angezeigt und kann dort gegebenenfalls auch geändert werden. Weiterhin wird detailliert dargestellt, wie sich der Konditionsbetrag errechnet. Bei einem Preis pro Flächeneinheit sehen Sie hier die Fläche des Berechnungsobjekts multipliziert mit dem Einheitspreis pro Quadratmeter.

Register »Verteilung«

Das Register VERTEILUNG dient der Anzeige der Verteilungsvorschrift und der daraus abgeleiteten Verteilung der Konditionsbeträge auf die einzelnen Objekte des Vertrages. Diese ist insbesondere bei Verträgen mit mehreren Objekten erforderlich, um ein objektgenaues Controlling der Kosten und Erlöse zu den einzelnen Immobilienobjekten zu ermöglichen. Näheres hierzu erfahren Sie in Kapitel 13, »Integration«.

Register »Anpassung«

Anpassungsklauseln

Die möglichen Anpassungsregeln für die Konditionen des Vertrages werden in Form von *Anpassungsklauseln* im Register ANPASSUNG hinterlegt. Dabei kann es sich sowohl um einzelne als auch um kombinierte Anpassungsregeln handeln, die die Anpassung von Konditionen nach mehreren Anpassungsverfahren ermöglichen. Um eine Anpassung von Konditionen nach dem gewünschten Anpassungsverfahren durchzuführen, muss der Anpassungsklausel die entsprechende Kondition zugeordnet werden.

Register »Abrechnungsteilnahme«

Das Register ABRECHNUNGSTEILNAHME zeigt, in welchen *Teilnahmegruppen* die Objekte des Vertrages enthalten sind und welchen *Abrechnungseinheiten* diese Teilnahmegruppen wiederum zugeordnet sind. Nähere Informationen zur Nebenkostenabrechnung erhalten Sie in Kapitel 9, »Nebenkostenabrechnung«.

Register »Zusatztexte«

Im Customizing von SAP RE können Sie verschiedene Kategorien von Zusatztexten definieren, zu denen Sie dann anschließend im Register ZUSATZTEXTE längere Texte bzw. Notizen erfassen können. Diese können beispielsweise auch in der Korrespondenz zum Vertrag herangezogen werden.

Abbildung 5.21 Vertrag – Register »Zusatztexte«

Abbildung 5.21 zeigt verschiedene Zusatztexte zu einem Vertrag. Dabei handelt es sich jedoch um Zusatztexte, die den gesamten Vertrag betreffen. Wollen Sie zum Beispiel Notizen zu einzelnen Konditionen des Vertrages erfassen, können Sie dies in den Detailinformationen zu einer Kondition im Register NOTIZEN tun.

Register »Optionssatzmethoden«

Das Register OPTIONSSATZMETHODEN entspricht dem gleichnamigen Register, das Sie noch im Zusammenhang mit der Optionssatzermittlung für Immobilienobjekte (siehe Kapitel 10, »Steuerliche Aspekte der Immobilienverwaltung«) kennenlernen werden. In Verträgen werden im Allgemeinen nur Optionssatzmethoden mit einem festen Satz von 0 % (Vermietung zu Wohnzwecken) oder 100 % (gewerbliche Vermietung) verwendet.

Weitere Register

Register »Wiedervorlage«

Das Register WIEDERVORLAGE und die darauf basierenden Möglichkeiten für die Wiedervorlage und Terminverfolgung lernen Sie in Kapitel 6, »Übergreifende Funktionen«, kennen.

Register »Übersichten«

Im Register ÜBERSICHTEN steht mit dem KONTENBLATT eine sehr wichtige Auswertung für Mietverträge und andere debitorische Verträge zur Verfügung. Näheres zum *Kontenblatt* erfahren Sie in Kapitel 7, »Rechnungswesen«.

Sie haben nun die zentralen Register im Vertragsdialog kennengelernt. Wenden wir uns nun einigen wichtigen Geschäftsprozessen im Zusammenhang mit Immobilienverträgen zu.

5.3.2 Aktivieren eines Vertrages

Möglichkeiten zur Aktivierung

Nach dem Anlegen eines Vertrages nimmt dieser noch nicht an den periodischen Buchungen teil. Dazu muss der Vertrag erst aktiviert wird. Die Aktivierung kann direkt aus dem Vertragsdialog heraus erfolgen.

Alternativ können Sie die Aktivierung von Verträgen über den Arbeitsvorrat des RE-Navigators (Transaktion RE80, Sicht ARBEITSVORRAT) vornehmen bzw. über die Transaktion RECARG (Objekte aktualisieren) im Menüpunkt WERKZEUGE • ARBEITSVORRAT innerhalb des Anwendungsmenüs von SAP RE. Wählen Sie hier den Objektzustand CNNA (Vertrag nicht aktiv) bzw. den Registrierungsgrund CNNA (Vertrag angelegt oder deaktiviert).

Nachdem die Aktivierung erfolgt ist, werden die Verträge sowohl im Rahmen der periodischen Buchungen als auch der Mietanpassung und der Nebenkostenabrechnung berücksichtigt.

5.3.3 Wechsel des debitorischen Hauptmieters

Einem Mietvertrag ist zu jedem Zeitpunkt genau ein debitorischer Hauptmieter zugeordnet. Tritt ein anderer Geschäftspartner in einen *bestehenden Vertrag* ein, ohne dass ein neues Vertragsverhältnis begründet wird, so ist der Wechsel des debitorischen Hauptmieters erforderlich. Wird mit dem neuen Vertragspartner ein *separater Vertrag* geschlossen, sollte auch in SAP RE der bestehende Vertrag beendet und ein neuer Vertrag angelegt werden.

Um den Wechsel des debitorischen Hauptmieters (bzw. des debitorischen oder kreditorischen Hauptvertragspartners) vorzunehmen, müssen folgende Schritte ausgeführt werden:

1. Zuordnen eines neuen debitorischen Hauptmieters und Beenden der Zuordnung des bisherigen Hauptmieters im Register PARTNER unter Angabe des Zeitpunkts, zu dem der Mieterwechsel erfolgt
2. Anlegen einer neuen Zeitscheibe für die Buchungsklausel im Register BUCHUNGSPARAMETER; in der neu angelegten Zeitscheibe wird als Geschäftspartner der neue Hauptvertragspartner ausgewählt

3. Anlegen einer neuen Zeitscheibe für die Rhythmusklausel im Register Buchungsparameter des Vertrages

[!]

Auswirkungen des Wechsels

Die beschriebenen Änderungen wirken sich direkt auf den Finanzstrom des Vertrages, auf die Berechnung der Steuerbeträge und auf die Nebenkostenabrechnung aus.

Beachten Sie deshalb im Zusammenhang mit dem Wechsel des debitorischen bzw. kreditorischen Hauptvertragspartners unbedingt den SAP-Hinweis 926520 (Beratungshinweis: Wechsel Vertragspartner) sowie die in diesem Hinweis aufgeführten verwandten Hinweise.

5.3.4 Verlängerung eines Vertrages

Befristete Verträge können nach Ablauf der Vertragslaufzeit automatisch verlängert werden oder aber mit einer Option auf Verlängerung von Seiten eines oder beider Vertragspartner versehen sein. Sie erfassen dazu im Register Laufzeit des Vertrages eine Verlängerungsklausel. Abbildung 5.22 zeigt eine Standard-Verlängerungsregel zu einem befristeten Vertrag.

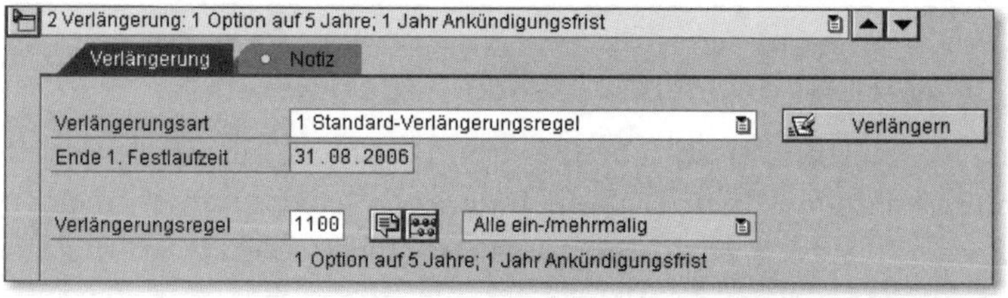

Abbildung 5.22 Vertrag – Feld »Verlängerungsregel« (Register »Laufzeit«)

Verlängerungsregel

Alternativ zu einer im Customizing definierten Standard-Verlängerungsregel können Sie auch eine individuelle Verlängerungsregel zum Vertrag erfassen und dort die speziell zu diesem Vertrag vereinbarten Verlängerungskriterien hinterlegen.

Option auf Verlängerung

Wurde eine *Option auf Verlängerung des Vertrages* vereinbart, erfolgt die Verlängerung des Vertrages nicht automatisch, sondern erst, nachdem die Verlängerungsoption durch den Vertragspartner angenommen wurde.

Innerhalb eines Vertrages können Sie mehrere Verlängerungsregeln festlegen. Dabei können Sie auch automatische Verlängerungen und Optionen auf Verlängerung miteinander kombinieren.

Die *Art der automatischen Verlängerung* kann die folgenden Werte annehmen:

Art der Verlängerung

- alle ein-/mehrmalig
- letzte wiederkehrend
- anschließend unbeschränkt

[zB]

Kombinierte Verlängerungsregeln abbilden

Damit können Sie auch Verlängerungsregeln abbilden wie beispielsweise die dreimalige Verlängerung des Vertrages um jeweils zwei Jahre mit anschließender Umwandlung in einen unbefristeten Vertrag.

[+]

Kombinierte Verlängerungsregeln in Textform erfassen

Da insbesondere kombinierte Verlängerungsregeln recht komplex aufgebaut sein können, empfiehlt es sich, die Definition der Verlängerungsregel in Textform zu erfassen.

Den entsprechenden Textbaustein ordnen Sie im Customizing von SAP RE der jeweiligen Standard-Verlängerungsregel zu. Im Vertragsdialog können Sie den Text zur ausgewählten Verlängerungsregel anzeigen lassen. Oft wird die Verlängerungsregel durch die textliche Darstellung für den Anwender verständlicher.

Die Anzeige und Bearbeitung von Vertragsverlängerungen erfolgt entweder aus dem Vertragsdialog oder mit Hilfe der Transaktionen REISCNRN (Verlängerung) bzw. REISCNRNRULE (Verlängerungsregeln).

5.3.5 Kündigung eines Vertrages

Über den Button VERTRAG KÜNDIGEN im Register LAUFZEIT gelangen Sie von der Vertragsbearbeitung in die Erfassung der Kündigungsdaten. Wenn Sie eine neue Kündigung anlegen, werden die Kündigungsmodalitäten in Abhängigkeit vom Kündigungsschema des Vertrages vorgeschlagen. So wird beispielsweise das nächstmögliche Kündigungsdatum berechnet. Die vorgeschlagenen Daten können Sie ändern bzw. ergänzen. Aktivieren Sie nun die Kündigung, wird das Kündigungsdatum in den Vertrag übernommen. Das bewirkt, dass nach dem Kündigungsdatum keine periodischen Buchungen für den Vertrag mehr vorgenommen werden (mit Ausnahme gegebenenfalls noch notwendiger Nachbuchungen oder Abrechnungen) und dass das Mietobjekt wieder für die Vermietung zur Verfügung steht.

Kündigung stornieren Sollte sich herausstellen, dass der Mieter nicht zum vereinbarten Zeitpunkt aus seiner Wohnung ausziehen kann, weil beispielsweise seine neue Wohnung noch nicht bezugsfertig ist, so kann die Kündigung auch storniert werden. Zu einem späteren Zeitpunkt können Sie dann eine weitere Kündigung anlegen und wiederum aktivieren.

Kündigungsart In der Kündigungsklausel wird im Register LAUFZEIT des Vertrages die Kündigungsart eines Vertrages hinterlegt. Die folgenden Werte sind möglich:

- keine Kündigungsfrist
- Standard-Kündigungsschema
- individuelles Kündigungsschema

Standard-Kündigungsschema Standard-Kündigungsschemata werden vollständig im Customizing definiert und können anschließend in Verträgen genutzt werden. Ein Kündigungsschema kann dabei mehrere *Kündigungsregeln* enthalten, wodurch zum Beispiel unterschiedliche Kündigungsfristen für Vermieter und Mieter ermöglicht werden.

Individuelles Kündigungsschema *Individuelle Kündigungsschemata* dagegen können direkt im Vertragsdialog erfasst werden. Dabei können Sie entweder ein bestehendes Standard-Kündigungsschema als Vorlage verwenden und ergänzen oder ein vollständig neues Kündigungsschema anlegen. Um zu testen, ob das eingegebene Kündigungsschema die gewünschten Kündigungsmodalitäten korrekt ermittelt, können Sie auch hier mögliche Kündigungstermine und -fristen im Simulationsmodus berechnen lassen.

Zunächst entscheiden Sie jedoch bei der Erfassung eines individuellen Kündigungsschemas, ob Sie eine individuelle Terminregel (siehe Abbildung 5.23) oder eine individuelle Fristenregel (siehe Abbildung 5.24) anlegen möchten.

Terminregel Bei einer *Terminregel* erfolgt die Kündigung zu einem bestimmten Termin, z. B. zum 31.12. oder zum 30.06. eines Jahres. Die Kündigung muss dabei zu einem festgelegten Termin beim Vertragspartner eingegangen sein.

Fristenregel Bei einer *Fristenregel* dagegen erfolgt die Kündigung beispielsweise mit einer Frist von zwei Wochen oder drei Monaten zum Monatsende, zum Quartalsende oder zum Jahresende.

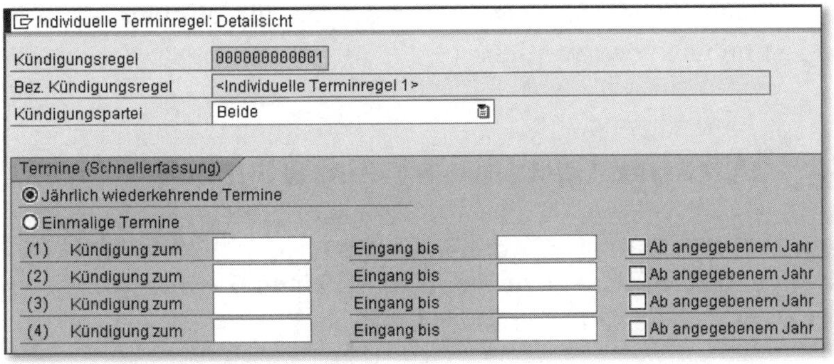

Abbildung 5.23 Individuelles Kündigungsschema – Terminregel

Dabei können *Kulanzzeiten* berücksichtigt werden, d.h., wenn die Kündigung zwar nach dem Stichtag, jedoch noch innerhalb eines Kulanzzeitraumes eingeht, wird sie genauso berücksichtigt wie eine fristgemäß eingegangene Kündigung. Auch *Mindestlaufzeiten* für Verträge können berücksichtigt werden.

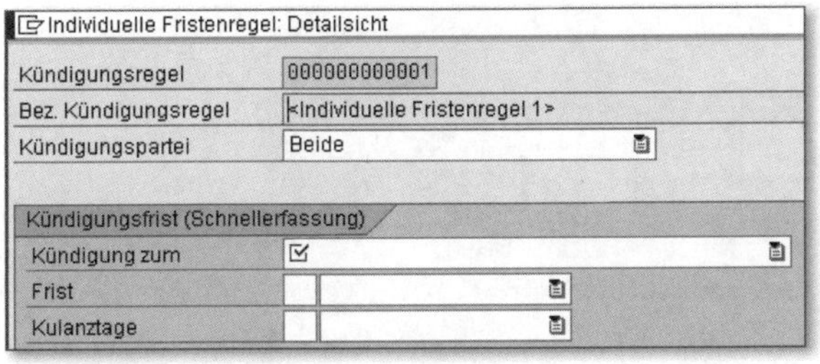

Abbildung 5.24 Individuelles Kündigungsschema – Fristenregel

Sowohl bei der Fristenregel als auch bei der Terminregel können die Kündigungsmodalitäten in Abhängigkeit von der Laufzeit des Vertrages festgelegt werden. Das heißt, ein bereits lange Zeit bestehender Vertrag kann erst zu einem späteren Termin bzw. mit einer längeren Kündigungsfrist gekündigt werden als ein Vertrag, der erst vor kurzem abgeschlossen wurde.

Kündigung von Objekten

Sind einem Vertrag mehrere Objekte zugeordnet, so muss der Vertrag nicht insgesamt gekündigt werden, sondern es können auch einzelne Objekte gekündigt werden, während der Vertrag für die restlichen Objekte weiterläuft. Im Register LAUFZEIT des Vertrages kann in solchen Fällen eine Klausel für die Kündigung von Objekten eingegeben werden. Diese kann sich entweder auf einzelne Objekte des Vertrages oder aber auf eine Objektgruppe beziehen. Im Kündigungsdialog können auf dieser Basis Kündigungen für einzelne Objekte angelegt und aktiviert werden.

5.4 Wichtige Customizing-Einstellungen

Betrachten wir nun einige wichtige Customizing-Einstellungen zum Vertrag und zu den damit verbundenen Themen. Sie finden diese im Customizing von SAP RE im Bereich VERTRAG.

Vertragsarten und -typen

Vertragsart

Beim Anlegen eines Vertrages wählen Sie zunächst die *Vertragsart* aus. Die Definition der Vertragsarten nehmen Sie im Customizing vor. Wählen Sie dazu im Customizing von SAP RE den Pfad VERTRAG • VERTRAGSART • VERTRAGSARTEN DEFINIEREN. Abbildung 5.25 zeigt die Definition der Vertragsart am Beispiel des Wohnungsmietvertrages.

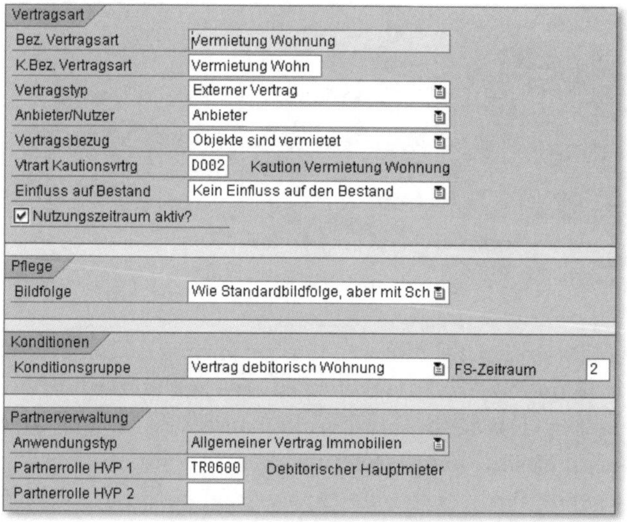

Abbildung 5.25 Vertragsart eines Immobilienvertrages

Feld »Vertragstyp«

Für jede Vertragsart wählen Sie den VERTRAGSTYP aus. Dabei kann zwischen externen und internen Verträgen sowie Sachkontenverträgen unterschieden werden.

- Der *externe Vertrag* beschreibt die Anmietung bzw. Vermietung von Immobilien an einen externen Geschäftspartner (Kreditor bzw. Debitor).
- Der *interne Vertrag* dient zur Beschreibung der Eigennutzung von Immobilien.
- Der *Sachkontenvertrag* ermöglicht wiederkehrende Buchungen auf Sachkonten unter Bezugnahme auf den Vertrag und die ihm zugeordneten Objekte.

Feld »Anbieter/Nutzer«

Im Feld ANBIETER/NUTZER legen Sie fest, ob es sich um einen debitorischen Vertrag (ANBIETER) oder um einen kreditorischen Vertrag (NUTZER) handelt. Dabei wird immer vom Buchungskreis des Vertrages ausgegangen: Wird aus Sicht des Buchungskreises ein Immobilienobjekt vermietet und somit ein Service angeboten, so wählen Sie den Wert ANBIETER.

Feld »Vertragsbezug«

Ein weiteres wichtiges Kriterium ist der VERTRAGSBEZUG. Dieser definiert, auf welche Art und Weise einem Vertrag Objekte zugeordnet werden können. Der Vertragsbezug bestimmt weiterhin, wie sich die Zuordnung eines Immobilienobjekts zu einem Vertrag auf die Belegung des Objekts und somit auf die Verfügbarkeit des Objekts auswirkt. Die möglichen Werte für den Vertragsbezug sind fest vorgegeben und können nicht durch zusätzliche Customizing-Einstellungen erweitert werden. Sie können zwischen folgenden Einträgen wählen:

- Objekte sind angemietet
- Objekte sind vermietet
- Objekte sind verwaltet
- Kautionsvereinbarungen
- Hausgeldvereinbarungen
- Sondereigentumsverwaltungsaufträge

Auch Verträge ohne Objektzuordnung können angelegt werden (VERTRAG HAT KEINE OBJEKTE). Für Service- und Dienstleistungsverträge wählen Sie SONSTIGER BEZUG.

Im Bereich der An- und Vermietung werden insbesondere die Vertragsbezüge OBJEKTE SIND ANGEMIETET bzw. OBJEKTE SIND VERMIETET genutzt. Bestimmte Vertragsbezüge (HAUSGELDVEREINBARUNG, SONDEREIGENTUMSVERWALTUNGSVERTRAG, OBJEKTE SIND VERWALTET) werden ausschließlich in der Fremd- und WEG-Verwaltung genutzt. *Kau-*

tionsvereinbarungen sind spezielle Verträge, die der Abbildung der zu zahlenden Mietkautionen im SAP-System dienen. Kautionsverträge werden stets dem jeweils abzusichernden Vertrag zugeordnet.

Belegender Vertrag

Sind die Objekte des Vertrages vermietet, handelt es sich um einen *belegenden* Vertrag. Das bedeutet, dass ein- und dasselbe Mietobjekt zu einem Zeitpunkt ausschließlich einem Vertrag zugeordnet werden kann. Mit anderen Worten: Ist ein Immobilienobjekt derzeit bereits vermietet, so kann es erst nach der Beendigung des laufenden Vertrages erneut vermietet werden. Dagegen können zum selben Mietobjekt zusätzlich weitere nicht belegende Verträge (z. B. Serviceverträge für Hausreinigung und Schneebeseitigung) abgeschlossen werden.

Steuerungsfunktion der Vertragsart

Die Vertragsart steuert weiterhin die Bildfolge des Vertrages, die möglichen Bemessungen sowie die Konditionsgruppe und somit die Konditionsarten, die dem Vertrag zugeordnet werden können. Über die Partnerrollen HVP 1 und HVP 2 (HPV = Hauptvertragspartner) kann definiert werden, welche Geschäftspartner im Vertrag zwingend hinterlegt sein müssen. So ist in Mietverträgen die Rolle TR0600 (debitorischer Hauptmieter) als Hauptvertragspartner 1 zu pflegen.

[!]

Hauptvertragspartner pro Vertragsart

Ordnen Sie nur die Rollen als *Hauptvertragspartner* zu, die tatsächlich in allen Verträgen dieser Vertragsart vorhanden sein müssen. So sollte der nichtdebitorische Mieter (Rolle TR0601) nicht als Hauptvertragspartner 2 definiert werden, wenn nicht in jedem Mietvertrag ausdrücklich ein nichtdebitorischer Mieter zugeordnet werden soll. Die hier hinterlegten Partnerrollen sind also »Muss«-Eingaben, d.h., Partner dieser Rollen müssen dem Vertrag durchgängig zugeordnet sein.

Objektarten pro Vertragsart

Objekt einer Vertragsart zuordnen

In einer weiteren Customizing-Einstellung legen Sie fest, welche Immobilienobjekte welcher Vertragsart zugeordnet werden dürfen. Sie finden diese Einstellungen im Customizing von SAP RE über den Pfad VERTRAG • OBJEKTE • ZULÄSSIGE OBJEKTARTEN PRO VERTRAGSART. Im Menüpunkt VORZUSCHLAGENDE NUTZUNGSARTEN ZUR VERTRAGSART DEFINIEREN können Sie zusätzlich die vorzuschlagenden Kombinationen von Vertragsart und Nutzungsart festlegen.

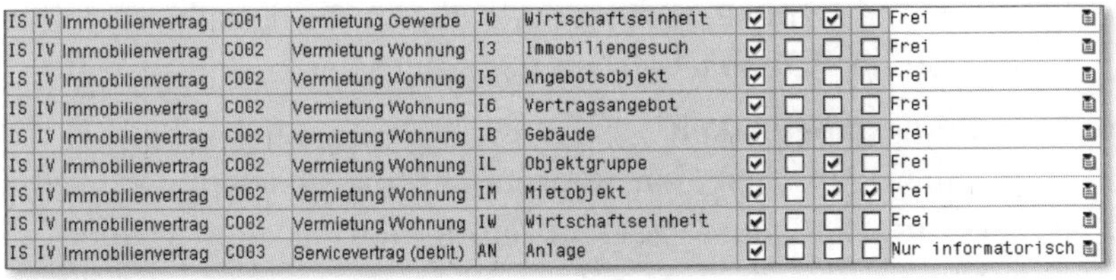

IS	IV	Immobilienvertrag	C001	Vermietung Gewerbe	IW	Wirtschaftseinheit	☑	☐	☑	☐	Frei
IS	IV	Immobilienvertrag	C002	Vermietung Wohnung	I3	Immobiliengesuch	☑	☐	☐	☐	Frei
IS	IV	Immobilienvertrag	C002	Vermietung Wohnung	I5	Angebotsobjekt	☑	☐	☐	☐	Frei
IS	IV	Immobilienvertrag	C002	Vermietung Wohnung	I6	Vertragsangebot	☑	☐	☐	☐	Frei
IS	IV	Immobilienvertrag	C002	Vermietung Wohnung	IB	Gebäude	☑	☐	☐	☐	Frei
IS	IV	Immobilienvertrag	C002	Vermietung Wohnung	IL	Objektgruppe	☑	☐	☑	☐	Frei
IS	IV	Immobilienvertrag	C002	Vermietung Wohnung	IM	Mietobjekt	☑	☐	☑	☑	Frei
IS	IV	Immobilienvertrag	C002	Vermietung Wohnung	IW	Wirtschaftseinheit	☑	☐	☐	☐	Frei
IS	IV	Immobilienvertrag	C003	Servicevertrag (debit.)	AN	Anlage	☑	☐	☐	☐	Nur informatorisch

Abbildung 5.26 Zulässige Objektarten pro Vertragsart

Abbildung 5.26 zeigt einen Ausschnitt aus der Definition der zulässigen Objektarten pro Vertragsart im Überblick. Detaillierte Angaben zur Art und Weise der Zuordnung erhalten Sie, wenn Sie auf einer Zeile der Tabelle doppelklicken. Die Zuordnung eines Mietobjekts zur Vertragsart Vermietung Wohnung illustriert Abbildung 5.27.

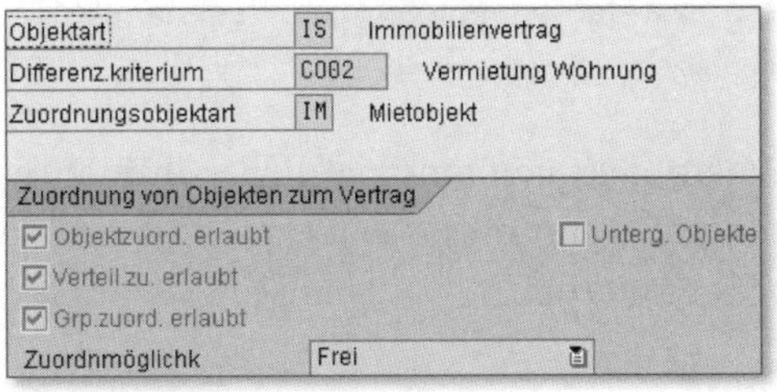

Abbildung 5.27 Zulässige Objektarten pro Vertragsart – Detailsicht

Für jede Kombination aus Vertragsart und Objektart können Sie die folgenden Festlegungen treffen:

- **Objektzuordnung erlaubt**
  Es wird festgelegt, welche Objektarten (Wirtschaftseinheit, Gebäude, Mietobjekt usw.) einem Vertrag zugeordnet werden dürfen.
- **Verteilungszuordnung erlaubt**
  Mit diesem Attribut wird festgelegt, ob das zugeordnete Objekt als Verteilungsobjekt für die Konditionen des Vertrages genutzt werden darf und somit als Kosten- bzw. Erlösempfänger dient.
- **Objektgruppenzuordnung erlaubt**
  Mit dieser Einstellung legen Sie fest, ob das Objekt Bestandteil einer OBJEKTGRUPPE sein darf.
- **Untergeordnete Objekte**
  Die Zuordnung von Immobilienobjekten zu einem Vertrag kann auch erfolgen, indem man dem Vertrag beispielsweise zunächst

die Wirtschaftseinheit zuordnet und über diese dann hierarchisch untergeordnete Objekte wie zum Beispiel Mietobjekte auswählt.

- **Zuordnungsmöglichkeit**
  Sie können zwischen den Zuordnungsmöglichkeiten FREI, NUR INFORMATORISCH oder INFORMATORISCH NICHT ERLAUBT wählen.

[!]

Zuordnungsmöglichkeit »Nur informatorisch«

Die informatorische Zuordnung ist ausschließlich für belegende Verträge relevant. Diese Zuordnungsmöglichkeit nutzen Sie, wenn ein Mietobjekt innerhalb eines Vertrages zwar zugeordnet werden darf und auch als Berechnungs- bzw. Verteilungsvorschrift genutzt werden darf, diese Zuordnung aber nicht exklusiv ist.

Ist das Kennzeichen für die informatorische Zuordnung gesetzt, wird das auf diese Weise zugeordnete Mietobjekt nicht in die Nebenkostenabrechnung, die Optionssatzermittlung und die Belegungs- bzw. Leerstandshistorie einbezogen.

Wird eine Fläche bzw. ein Mietobjekt gemeinschaftlich von mehreren belegenden Verträgen genutzt, kann dieses Mietobjekt den Verträgen informatorisch zugeordnet werden.

Kündigung

Kündigungsregeln und Kündigungsschema

Im Customizing von SAP RE (Pfad VERTRAG • KÜNDIGUNG) definieren Sie zunächst *Kündigungsregeln*. Das können sowohl Terminregeln als auch Fristenregeln sein. Die Kündigungsregeln werden dann in *Kündigungsschemata* zusammengefasst.

Abbildung 5.28 zeigt die Kündigungsregeln für Vermieter und Mieter nach § 573 c Abs. 1 BGB.

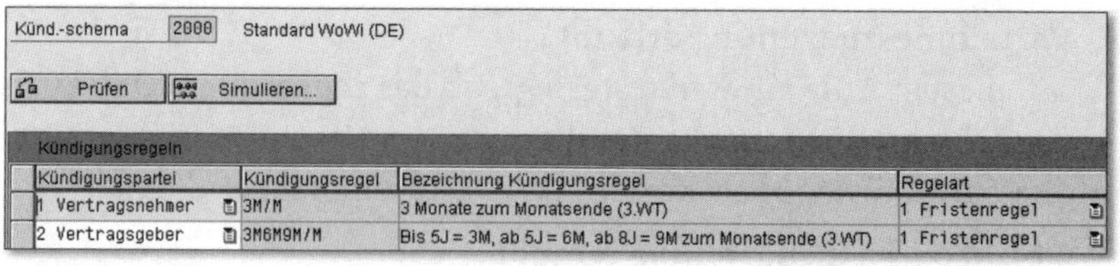

Abbildung 5.28 Kündigungsschema nach § 573 c Abs. 1 BGB

Um die Kündigungsregeln verständlich darstellen zu können, wurde ein Textbaustein erfasst (siehe Abbildung 5.29).

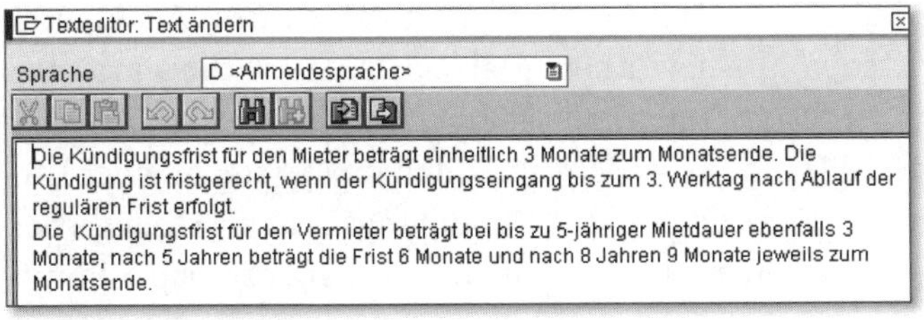

Abbildung 5.29 Erläuterung zum Kündigungsschema nach § 573 c Abs. 1 BGB

5.5 Beispiele für debitorische, kreditorische und Sachkontenverträge

Die verschiedenen Varianten des Immobilienvertrages lassen sich in drei Sichtweisen auf den Vertrag zusammenfassen:

- Handelt es sich um einen belegenden oder einen nichtbelegenden Vertrag?
- Wird ein Service erbracht (debitorischer Vertrag) oder in Anspruch genommen (kreditorischer Vertrag)?
- Handelt es sich um einen externen oder um einen internen Vertrag?

Im Folgenden stellen wir Ihnen einige in der Praxis häufig vorkommende Beispiele für debitorische, kreditorische oder Sachkontenverträge vor.

5.5.1 Anmietverträge

Kreditorische Verträge

Wird ein Objekt angemietet, so wird aus Sicht des Mieters ein kreditorischer *Anmietvertrag* geschlossen. Der Vermieter erbringt eine Dienstleistung und tritt als Kreditor auf. Einem Anmietvertrag können neben Mietobjekten auch Gebäude, Grundstücke oder Wirtschaftseinheiten zugeordnet werden. Die Konditionen des Anmietvertrages sind ebenfalls kreditorisch, d.h., sie werden als Verbindlichkeiten gebucht.

5.5.2 Mietverträge

Debitorisch belegende Verträge

Beim *Mietvertrag* handelt es sich um einen debitorischen belegenden Vertrag, d.h., die zugeordneten Mietobjekte können zu einem Zeitpunkt immer nur einem Mietvertrag zugeordnet werden. Als Mietobjekte kommen sowohl Mieteinheiten als auch Mietflächen in Frage. Mietverträge nehmen innerhalb der Immobilienverträge eine gewisse Sonderrolle ein, da sie sehr stark den im Mietrecht eines Landes hinterlegten Regelungen zu Kündigungsfristen, steuerlichen Aspekten sowie zu Mietanpassungen und Nebenkostenabrechnungen unterliegen.

5.5.3 Hausgeldvereinbarungen

Debitorische Verträge

Weitere debitorische Verträge sind die Hausgeldvereinbarungen aus dem Bereich der Wohnungseigentumsverwaltung. Auch wenn es hier viele Ähnlichkeiten zum Mietvertrag gibt, so gibt es doch auch wichtige Unterschiede.

Der Vertragsbezug *Hausgeldvereinbarung* ermöglicht einerseits spezielle Prüfungen, die ausschließlich für Hausgeldvereinbarungen durchgeführt werden, wie zum Beispiel die Prüfung der Lückenlosigkeit der Hausgeldvereinbarungen. Andererseits ermöglicht dieser Vertragsbezug auch spezielle Mechanismen der Zuordnung des Sondereigentums sowohl zu einer Hausgeldvereinbarung als auch zu einem Mietvertrag im Bereich der Sondereigentumsverwaltung. Weitere Informationen zum Thema WEG- und Fremdverwaltung erhalten Sie in Abschnitt 16.2, »WEG- und Fremdverwaltung«.

5.5.4 Bestandsändernde und bestandsnutzende Verträge

Debitorische und kreditorische Verträge

Beispiele für bestandsändernde Verträge sind Kaufverträge, stellvertretend für bestandsnutzende Verträge können Pachtverträge betrachtet werden. Sowohl bestandsändernde als auch bestandsnutzende Verträge werden im Bereich der Liegenschaftsverwaltung genutzt. Dabei können debitorische und auch kreditorische Verträge abgeschlossen werden, z. B. Verträge für den Verkauf bzw. den Ankauf von Flurstücken.

Im Customizing der Vertragsarten für bestandsändernde und bestandsnutzende Verträge wird zusätzlich zu den bisher beschriebenen Einstellungen der Einfluss auf den Bestand definiert. Dieser gibt an, wie die zum jeweiligen Vertrag zugeordneten Flurstücke die Flächenbilanz beeinflussen. Näheres hierzu erfahren Sie in Abschnitt 16.1, »Liegenschaftsverwaltung«.

5.5.5 Serviceverträge

Neben belegenden Verträgen, also beispielsweise Mietverträgen für Wohnungen oder Gewerberäume, können Sie in SAP RE auch *Service- oder Dienstleistungsverträge* anlegen. Abbildung 5.30 zeigt ein Beispiel für einen Servicevertrag.

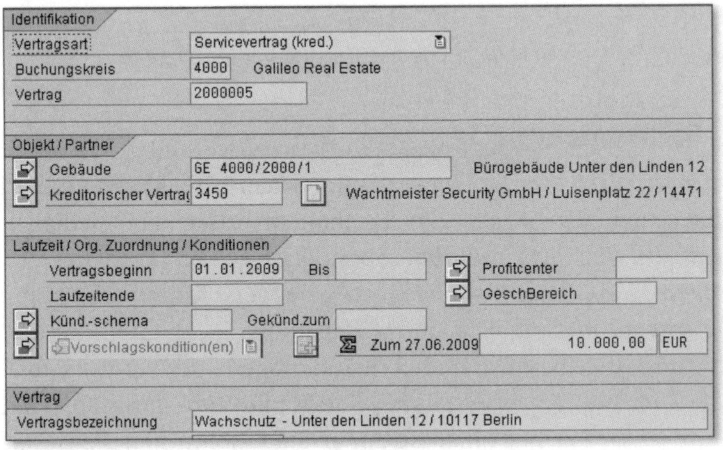

Abbildung 5.30 Servicevertrag

Debitorische und kreditorische Verträge

Bei Service- oder Dienstleistungsverträgen kann die Dienstleistung entweder erbracht oder aber entgegengenommen werden, d.h., auch bei diesen Verträgen kann die Vertragsart entweder debitorisch (ANBIETER) oder kreditorisch (NUTZER) sein. Die wesentlichen Unterschiede zu Anmiet- bzw. Vermietverträgen sind im Folgenden aufgeführt:

- Mehrere Verträge zu einem Objekt können angelegt werden, d.h., der Vertrag hat keinen belegenden Charakter.
- Nichtbelegende Verträge können neben Mieteinheiten und Mietflächen auch anderen Immobilienobjekten (Wirtschaftseinheiten, Gebäuden, Grundstücken) zugeordnet werden.

Als VERTRAGSBEZUG wählen Sie bei einem Dienstleistungs- oder Servicevertrag SONSTIGER BEZUG (siehe Abbildung 5.31). Als Hauptvertragspartner können Sie bei debitorischen Verträgen die Rolle TR0603 (debitorischer Vertragspartner) oder bei kreditorischen Verträgen die Rolle TR0604 (kreditorischer Vertragspartner) auswählen.

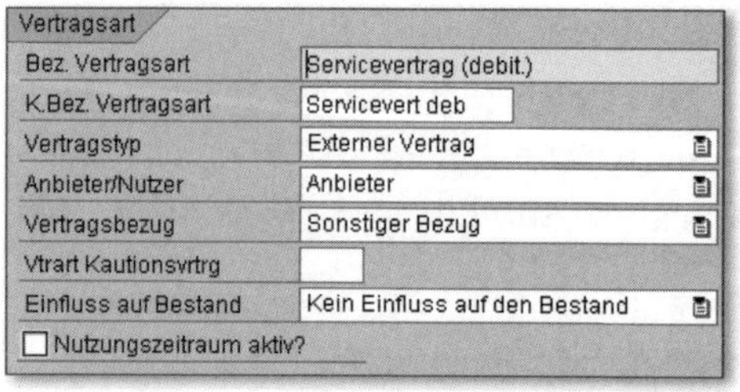

Abbildung 5.31 Servicevertrag (debitorisch) – Feldgruppe »Vertragsart«

5.5.6 Sachkontenverträge

Sachkontenverträgen werden keine debitorischen bzw. kreditorischen Geschäftspartner zugeordnet. Ein Sachkontenvertrag dient lediglich dazu, über die Vertragskonditionen periodische Buchungen mit den zugehörigen Verteilungsbuchungen zu erzeugen. Dabei erfolgt die Buchung sowohl im Soll als auch im Haben auf Sachkonten. Kontierungsobjekt ist – wie bei allen Immobilienverträgen – der Vertrag selbst. Durch die Zuordnung von Verteilungsregeln und Verteilungsobjekten wird ein objektbezogener Finanzstrom erzeugt. Somit können in der periodischen Buchung der Vertrag entlastet und die Verteilungsobjekte belastet werden.

5.5.7 Kautionsvereinbarungen

Zur Abbildung von Mietkautionen können Sie in SAP RE separate *Kautionsvereinbarungen* anlegen. Dafür werden im Customizing spezielle Vertragsarten mit dem Vertragsbezug KAUTIONSVEREINBARUNG hinterlegt (siehe Abbildung 5.32). Ordnen Sie dieser Vertragsart eine Konditionsgruppe zu, die ausschließlich die für Kautionsvereinbarungen zulässigen Konditionsarten (z. B. berechnete Kaution und vereinbarte Kaution) enthält.

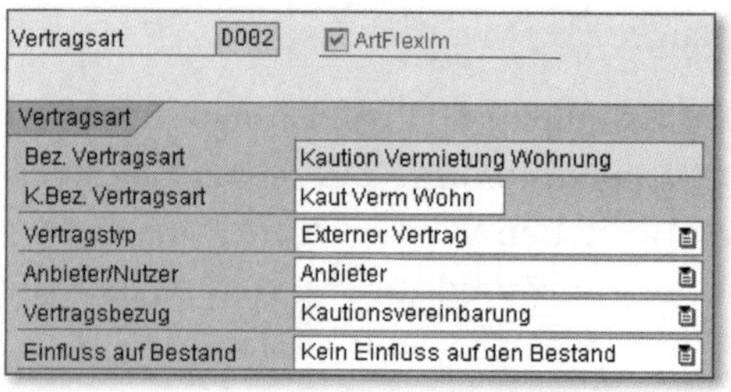

Abbildung 5.32 Kautionsvereinbarung – Definition der Vertragsart

Da sich Kautionsvereinbarungen immer auf einen weiteren Vertrag – den *abgesicherten Vertrag* – beziehen, müssen auch die Vertragsarten des abgesicherten Vertrages und der Kautionsvereinbarung miteinander verknüpft werden. Dazu ordnen Sie in den Customizing-Einstellungen für die Vertragsart des abgesicherten Vertrages, also beispielsweise des Wohnungsmietvertrages, die Vertragsart KAUTIONSVERTRAG zu.

Kautionsvereinbarung und abzusichernder Vertrag

Beim Anlegen einer Kautionsvereinbarung beziehen Sie sich auf den abgesicherten Vertrag. Die Verknüpfung zwischen Kautionsvereinbarung und abgesichertem Vertrag zeigt Abbildung 5.33. Der debitorische Hauptmieter des abgesicherten Vertrages wird als Geschäftspartner in die Kautionsvereinbarung übernommen.

Kautionsvereinbarung anlegen

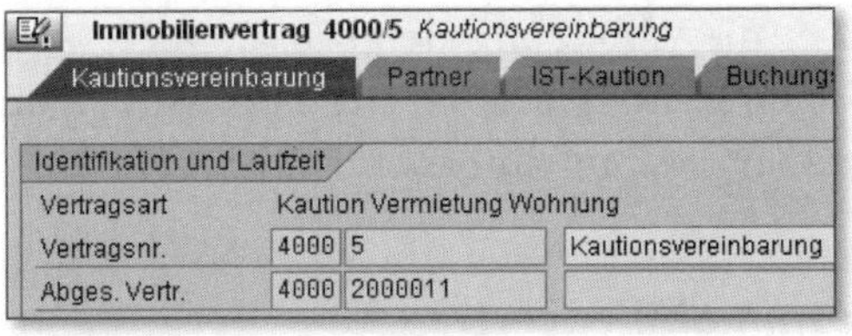

Abbildung 5.33 Verknüpfung von Kautionsvereinbarung und abgesichertem Vertrag

Die Konditionen der Kautionsvereinbarung beziehen sich im Allgemeinen auf die Konditionen des abgesicherten Vertrages, wie in Abbildung 5.34 ersichtlich ist. Die Kaution beträgt hier das Doppelte der Grundmiete des abgesicherten Vertrages.

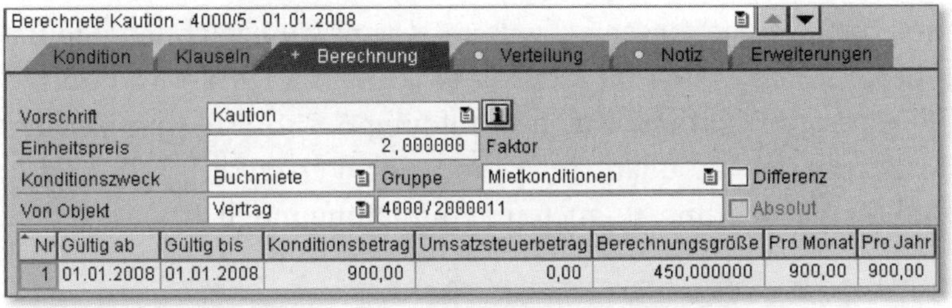

Abbildung 5.34 Kautionsvereinbarung – Berechnung der Kaution

Die Kautionsvereinbarung enthält weiterhin Angaben zur Art der Kaution (z. B. Bankbürgschaft, Sparbuch, Barkaution). Im Register IST-KAUTION können Sie Angaben zu geleisteten Kautionen hinterlegen.

Art der Kaution

5.6 Umsatzmietverträge

Insbesondere im Geschäftsfeld der gewerblichen Vermietung, zum Beispiel in der Handelsbranche, ist die *Umsatzmiete* ein gängiges Modell, die Miete wird hierbei mit dem Umsatz des Mieters gekoppelt. Die dabei gemeldeten Umsätze können zusätzlich ein wichtiges statistisches Werkzeug für Sie sein, da aus ihnen Kennzahlen, Statistiken und Prognosen abgeleitet werden können. Auf dieser Basis können Sie Wirtschaftlichkeitsanalysen und eine Umsatzmieterlösplanung durchführen.

Mit SAP RE können Sie die dazu erforderlichen Stammdaten und die debitorischen oder kreditorischen Prozesse abbilden. Bei der Darstellung dieser Möglichkeiten konzentrieren wir uns auf die praxisrelevanten Vermietungsprozesse: die Abbildung der Umsatzmiete und der dazugehörigen Konditionen in Mietverträgen, die Erfassung von Umsatzdaten und den Prozess der darauf aufbauenden Abrechnung.

5.6.1 Umsatzmiete im Immobilienvertrag

In den folgenden Abschnitten zeigen wir, wie Sie einen Immobilienvertrag so pflegen, dass er für eine Umsatzmietvereinbarung verwendet werden kann.

Umsatzrelevanz

Allgemeine Vertragsdaten

Um in einem Immobilienvertrag die Umsatzmiete verwenden zu können, müssen Sie diesen als *umsatzrelevant* kennzeichnen. Sie finden dieses Kennzeichen im Register ALLGEMEINE DATEN und dort in der Feldgruppe VERTRAG (siehe Abbildung 5.35). Das Kennzeichen UMSATZRELEVANT ist unabhängig von der Vertragsart selbst, d.h. sowohl für Vermietung als auch für Anmietung möglich.

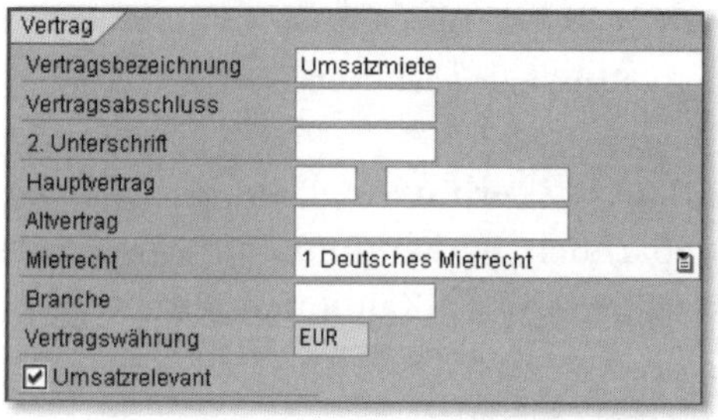

Abbildung 5.35 Checkbox »Umsatzrelevant« im Vertrag

Sobald Sie dieses Kennzeichen gesetzt haben, ist der erste Schritt zur Erstellung eines Umsatzmietvertrages geschafft. Das System blendet nun das neue Register UMSATZMIETVEREINBARUNG ein, das wir Ihnen weiter unten vorstellen werden.

Register »Umsatzmietvereinbarung«

In einer Umsatzmietvereinbarung legen Sie fest, wie Zahlungen auf Basis der vom Mieter gemeldeten Umsätze ermittelt werden und mit bereits geleisteten Vorauszahlungen verrechnet werden. Alle dazu erforderlichen Daten pflegen Sie im Register UMSATZMIETVEREINBARUNG, das durch Anhaken der Checkbox UMSATZRELEVANT sichtbar wird.

Grundsätzlich besteht eine Umsatzmietvereinbarung aus einer Melderegel und einer Umsatzregel, die jeweils als Klausel angelegt werden.

Melderegel

In der *Melderegel* legen Sie fest, in welchem zeitlichen Rhythmus Meldungen des Mieters erfolgen sollen. Wie in Abbildung 5.36 zu sehen, können Sie die Meldungen über diverse Kriterien weiter spezifizieren.

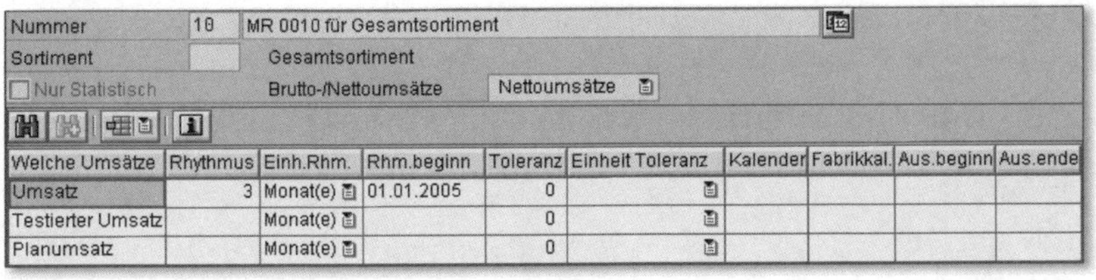

Abbildung 5.36 Melderegel in einer Umsatzmietvereinbarung

Statistische Meldung

Wenn keine tatsächliche Umsatzmietabrechnung zu den gemeldeten Daten durchgeführt werden soll, kennzeichnen Sie die Melderegel als statistisch.

[!]

Umsatz oder Absatz?

Sie können Umsatzmeldungen für bestimmte Sortimente erfassen. Diese definieren Sie im Customizing von SAP RE. Für Sortimente, denen Sie dort eine Mengeneinheit zuordnen, werden mengenbezogene statt monetärer Umsätze erfasst. Einen mengenbezogenen Umsatz bezeichnet man als Absatz.

Sie können eine Melderegel einer oder mehreren Umsatzregeln zuordnen. So können Sie einen einmal gemeldeten Umsatz in beliebig vielen Umsatzregeln eines Vertrages verwenden.

Umsatzregel

Eine *Umsatzregel* bildet den Teil einer Umsatzmietvereinbarung, in dem Sie festlegen, wie und wann auf Basis gemeldeter Umsätze der Betrag der Umsatzmiete ermittelt und das Ergebnis der Abrechnung mit dem Mieter verrechnet wird.

Berechnungsregel

Im Register BERECHNUNG legen Sie für eine Umsatzregel fest, wie sich aus den gemeldeten Umsätzen die Umsatzmiete berechnet und welche Meldungen dazu verwendet werden sollen (siehe Abbildung 5.37). Sie können zur Berechnung monetärer Umsätze einen %-Satz angeben. Bei mengenbezogenen Umsätzen geben Sie den Betrag pro Mengeneinheit an, der mit dem gemeldeten Absatz multipliziert die Umsatzmiete ergibt.

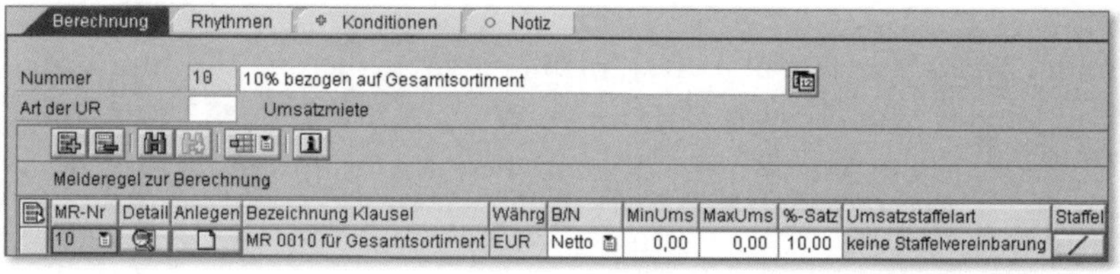

Abbildung 5.37 Berechnungsregel in einer Umsatzregel

Falls Sie die Umsatzmiete nicht linear zum Umsatz berechnen wollen, können Sie zur Berechnung eine Staffel angeben (siehe Abbildung 5.38).

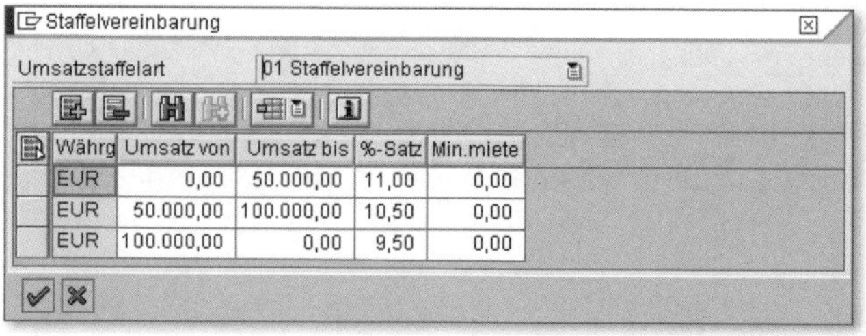

Abbildung 5.38 Staffel zur Berechnung der Umsatzmiete

Abrechnungsrhythmus

In welchen Intervallen die Abrechnung der Umsatzmiete und die Endabrechnung erfolgen sollen und ob die Abrechnung separat pro Intervall oder kumulativ für alle Perioden des Abrechnungszeitraumes erfolgen soll, legen Sie im Register RHYTHMEN fest (siehe Abbildung 5.39).

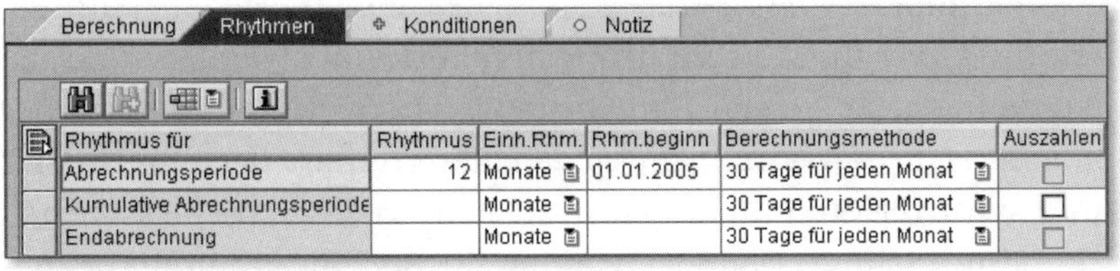

Rhythmus für	Rhythmus	Einh.Rhm.	Rhm.beginn	Berechnungsmethode	Auszahlen
Abrechnungsperiode	12	Monate	01.01.2005	30 Tage für jeden Monat	
Kumulative Abrechnungsperiode		Monate		30 Tage für jeden Monat	
Endabrechnung		Monate		30 Tage für jeden Monat	

Abbildung 5.39 Abrechnungsrhythmus in einer Umsatzregel

Zur Umsatzregel existiert zusätzlich noch das Register KONDITIONEN, auf dem Sie die für die Umsatzmiete erforderlichen Konditionen pflegen. Wegen seiner besonderen Bedeutung widmen wir diesem Unterregister anschließend einen eigenen Abschnitt.

Umsatzkonditionen

Um die finanzielle Grundlage für die Umsatzmietabrechnung zu legen, spielen bestimmte Konditionen auf dem Gebiet der Umsatzmiete eine elementare Rolle. Pflegen Sie diese Konditionen im Register KONDITIONEN innerhalb der jeweiligen Umsatzregel (siehe Abbildung 5.40).

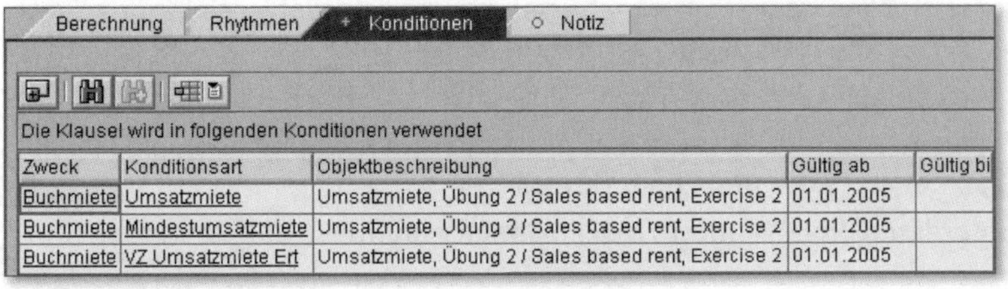

Zweck	Konditionsart	Objektbeschreibung	Gültig ab	Gültig bi
Buchmiete	Umsatzmiete	Umsatzmiete, Übung 2 / Sales based rent, Exercise 2	01.01.2005	
Buchmiete	Mindestumsatzmiete	Umsatzmiete, Übung 2 / Sales based rent, Exercise 2	01.01.2005	
Buchmiete	VZ Umsatzmiete Ert	Umsatzmiete, Übung 2 / Sales based rent, Exercise 2	01.01.2005	

Abbildung 5.40 Konditionen in einer Umsatzregel

Nachdem Sie die Konditionen zur Umsatzregel angelegt haben, können Sie diese auch wie gewohnt im Register KONDITIONEN bearbeiten. Folgende Konditionsarten sind für die Umsatzmietabrechnung relevant:

- Umsatzmiete
- Vorauszahlung Umsatzmiete
- Mindestmiete
- Maximalmiete

Betrachten wir die Funktionsweisen und Besonderheiten dieser Konditionsarten näher.

Umsatzmietkondition

Die Konditionsart *Umsatzmiete* ist für jede Umsatzregel obligatorisch, da sie als Anker für die Umsatzmietvereinbarung dient. Der Umsatzmiete können Sie keinen Einheitspreis zuordnen, da die Höhe des Betrages erst durch die Umsatzmietabrechnung bestimmt wird. Daher wird die Kondition selbst auch beim periodischen Buchen nicht berücksichtigt. Dennoch werden die Buchungsklauseln bei der Umsatzmietabrechnung und die Objekte, auf die sich die Umsatzmietvereinbarung bezieht, mit dieser Kondition verbunden.

Vorauszahlung Umsatzmiete

Die *Vorauszahlung zur Umsatzmiete* ist in ihrer Funktion und Wirkungsweise mit einer Vorauszahlungskondition bei den Nebenkosten zu vergleichen, d.h., geleistete Vorauszahlungen werden mit der aus der Umsatzmietvereinbarung resultierenden Umsatzmiete verrechnet.

Mindest- und Maximalmiete

Mit den beiden Konditionsarten *Mindest-* und *Maximalmiete* können Sie den Betrag, der als Umsatzmiete pro Abrechnungszeitraum zu zahlen ist, nach unten oder nach oben begrenzen. Im Fall der Maximalmiete spricht man auch von der *Kappungsgrenze*.

[+]

Mindest- und Maximalbedingungen

Mindest- bzw. Maximalbedingungen zur Umsatzmietvereinbarung können Sie auf drei verschiedene Arten definieren:

- Eingabe eines Mindest-/Maximalumsatzes in der Berechnungsregel
- Eingabe von Mindestbeträgen pro Staffel bzw. Begrenzung der Staffeln nach oben in der Berechnungsregel
- Zuordnung von Mindest-/Maximalmietkonditionen zur Umsatzregel

Customizing

Im Customizing von SAP RE wird für jede dieser Konditionsarten eine spezielle Eigenschaft zur Verfügung gestellt. Verwenden Sie diese Eigenschaften, wenn Sie eigene Konditionsarten für die Umsatzmiete definieren möchten. Im Fall der Umsatzmiete verwenden Sie zusätzlich die Berechnungsvorschrift Umsatzmiete.

Objektzuordnung

In gewerblichen Mietverträgen ist es nicht unüblich, mehrere Mietobjekte zuzuordnen, da diese gemeinsam vertraglich abgebildet werden. In diesen Fällen ist es für Sie wichtig zu wissen, für welche Mietobjekte die gemeldeten Umsätze relevant sind. Hierfür ausschlaggebend ist die Zuordnung der Mietobjekte zur Kondition *Umsatzmiete* einer Umsatzregel. Gemeldete Umsätze beziehen sich durch die Verknüpfung der Umsatzregel zu Melderegeln auf genau diese Objekte. Hierdurch ist es möglich, Umsätze sowohl nur für ein einzelnes Objekt als auch für eine Objektgruppe oder für alle Objekte eines Vertrages zu melden.

5.6.2 Erfassen von gemeldeten Umsätzen

Die Umsätze, die Ihnen von Ihren Mietern gemeldet werden, werden im System erfasst, um als Basis der Umsatzmietabrechnung zur Verfügung zu stehen. Dabei können Sie die Umsätze entweder einzeln pro Vertrag oder gesammelt erfassen.

Einzelerfassung

Im Vertrag erfassen Sie die gemeldeten Umsätze pro Melderegel im Register UMSATZMIETVEREINBARUNG. Wählen Sie dort die betroffene Melderegel aus, und wechseln Sie ins Register UMSATZMELDUNGEN (siehe Abbildung 5.41).

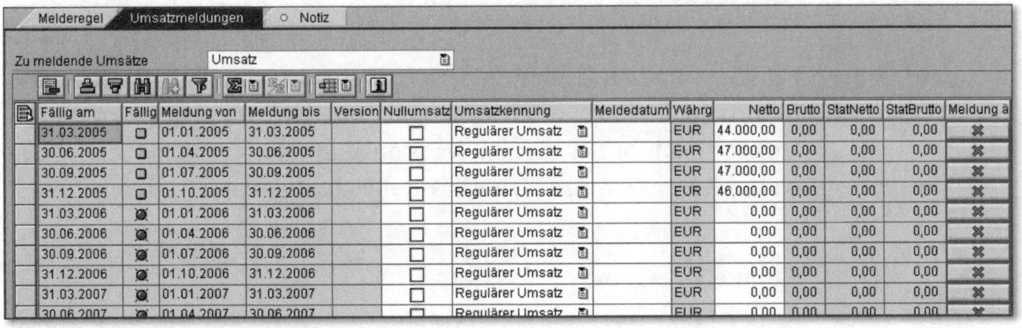

Fällig am	Fällig	Meldung von	Meldung bis	Version	Nullumsatz	Umsatzkennung	Meldedatum	Währg	Netto	Brutto	StatNetto	StatBrutto	Meldung ä
31.03.2005		01.01.2005	31.03.2005			Regulärer Umsatz		EUR	44.000,00	0,00	0,00	0,00	
30.06.2005		01.04.2005	30.06.2005			Regulärer Umsatz		EUR	47.000,00	0,00	0,00	0,00	
30.09.2005		01.07.2005	30.09.2005			Regulärer Umsatz		EUR	47.000,00	0,00	0,00	0,00	
31.12.2005		01.10.2005	31.12.2005			Regulärer Umsatz		EUR	46.000,00	0,00	0,00	0,00	
31.03.2006		01.01.2006	31.03.2006			Regulärer Umsatz		EUR	0,00	0,00	0,00	0,00	
30.06.2006		01.04.2006	30.06.2006			Regulärer Umsatz		EUR	0,00	0,00	0,00	0,00	
30.09.2006		01.07.2006	30.09.2006			Regulärer Umsatz		EUR	0,00	0,00	0,00	0,00	
31.12.2006		01.10.2006	31.12.2006			Regulärer Umsatz		EUR	0,00	0,00	0,00	0,00	
31.03.2007		01.01.2007	31.03.2007			Regulärer Umsatz		EUR	0,00	0,00	0,00	0,00	
30.06.2007		01.04.2007	30.06.2007			Regulärer Umsatz		EUR	0,00	0,00	0,00	0,00	

Abbildung 5.41 Erfassen von Umsätzen im Vertrag

Meldedatum

Bis zu dem in der Spalte FÄLLIGKEITSDATUM angegebenen Termin muss die Meldung für den über die Spalten MELDUNG VON und MELDUNG BIS definierten Zeitraum eingegangen sein. Das Datum der tatsächlichen Meldung können Sie in der Spalte MELDEDATUM eingeben.

Den monetären oder mengenbezogenen Umsatz, der der Umsatzabrechnung zugrunde liegen soll, erfassen Sie je nach Definition in der Melderegel entweder in der Spalte NETTO oder in der Spalte BRUTTO. Hat ein Mieter in einem Zeitraum keinen Umsatz gehabt, können Sie einen Nullumsatz erfassen, indem Sie statt der Umsatzwerte das entsprechende Kennzeichen setzen.

Umsatzkennung

Über eine Umsatzkennung können Sie kenntlich machen, ob es sich um einen regulären Umsatz handelt, zu dem die Umsatzmiete tatsächlich abgerechnet wird, oder ob ein Sonderfall vorliegt, bei dem die Umsatzmietberechnung beispielsweise statistisch oder gar nicht erfolgen soll. Ein weiteres Beispiel für einen solchen Sonderfall ist der Teilumsatz.

[zB]

Teilumsatz

Es kommt vor, dass der Umsatz nur für einen Teil der Abrechnungsperiode bekannt ist, zum Beispiel bei Mietverhältnissen, die innerhalb eines Melderhythmus beginnen oder enden.

In diesem Fall geben Sie den gemeldeten Teilumsatz in die statistischen Spalten ein. In die Spalten für den abzurechnenden Umsatz tragen Sie stattdessen hochgerechnete Werte ein.

Kennzeichnen Sie die Meldung zusätzlich mit einer entsprechenden Umsatzkennung, zum Beispiel »Hochrechnung« oder »Teilumsatz«.

Meldungen korrigieren

Falls Sie für einen Zeitraum bereits Umsätze erfasst haben, diese aber nachträglich korrigieren müssen, können Sie die korrigierten Umsätze mit einer neuen Versionsnummer erfassen, ohne dass dadurch Ihre ursprünglich erfassten Umsatzdaten verloren gehen.

Sammelerfassung

Transaktion RESRRP

In der Praxis werden Sie gemeldete Umsätze wahrscheinlich nicht einzeln pro Vertrag, sondern gesammelt erfassen wollen. Dazu steht Ihnen die Transaktion RESRRP (Umsatzmeldungen erfassen/ändern) zur Verfügung. Im Gegensatz zur Einzelerfassung müssen Sie zunächst anhand von diversen Kriterien festlegen, zu welchen Verträgen Sie Umsätze erfassen wollen. Zusätzlich legen Sie unter anderem fest, ob Sie zu bestimmten Sortimenten melden wollen und ob es sich bei der Meldung um monetäre oder mengenbezogene Umsätze handelt (siehe Abbildung 5.42).

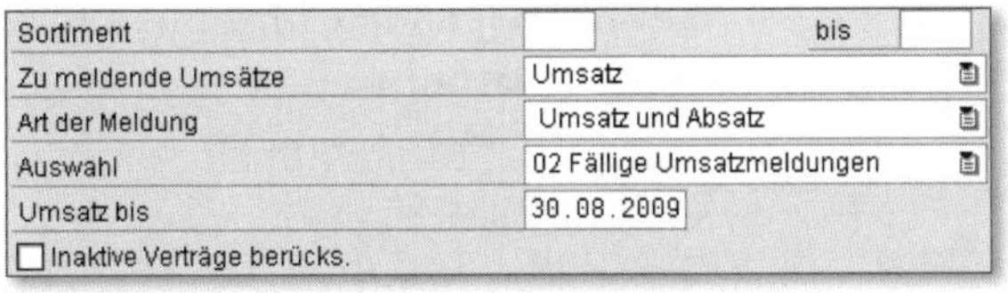

Abbildung 5.42 Selektionskriterien für die Sammelerfassung von Umsätzen

In der Ergebnisliste können Sie nun zu den selektierten Melderegeln die Umsätze erfassen. Dabei stehen Ihnen die gleichen Spalten und Möglichkeiten zur Verfügung wie bei der Einzelerfassung.

5.6.3 Umsatzmietabrechnung

Transaktion RESRSE

Nachdem Sie Immobilienverträge mit Umsatzmietvereinbarungen angelegt und Meldungen dazu erfasst haben, können Sie nun eine Umsatzmietabrechnung mit der Transaktion RESRSE (Umsatzmietenabrechnung) durchführen. Abbildung 5.43 zeigt das Einstiegsbild der Transaktion.

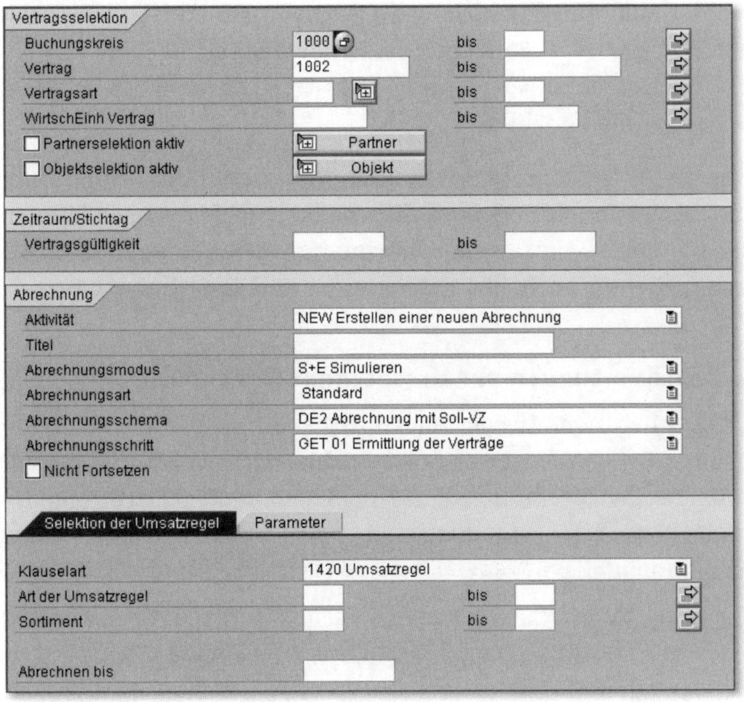

Abbildung 5.43 Einstiegsbild der Umsatzmietabrechnung

Eine vollständige Abrechnung enthält die folgenden Teilfunktionen, die schrittweise nacheinander zum Einsatz kommen:

1. Ermitteln der relevanten Verträge
2. Berechnen der Umsatzmiete pro Vertrag
3. Manuelle Bearbeitung der berechneten Umsatzmiete
4. Korrespondenz, d.h. Mitteilungen über die Ergebnisse der Umsatzmietabrechnung an den Mieter
5. Buchen der Umsatzmiete in der Finanzbuchhaltung oder Plansatz in den Finanzstrom einstellen

Simulieren

Sie können jede dieser Teilfunktionen schrittweise simulieren oder als Echtlauf durchführen. Hierbei können Sie jeden fehlerfreien Schritt sichern und die Bearbeitung ab dort später fortsetzen.

Vorauszahlungen

Zur Selektion der abzurechnenden Verträge stehen Ihnen die üblichen Kriterien zur Verfügung. Zusätzlich lässt sich über die Auswahl eines im Customizing von SAP RE definierten Abrechnungsschemas beeinflussen, wie bei der Buchung mit Vorauszahlungen umgegangen werden soll, die zum Stichtag der Abrechnung noch nicht gezahlt wurden. Die dabei in Betracht kommenden Möglichkeiten von Ist- und Soll-Vorauszahlungen werden in Kapitel 9, »Nebenkostenabrechnung«, ausführlich erläutert.

Ergebnisse der Teilfunktionen verwenden

Die Ergebnisse der einzelnen Teilfunktionen werden in Fehlerprotokollen und mehreren Berichten dargestellt. Darüber hinaus können Sie die komplette Umsatzmietabrechnung oder Teilfunktionen bei Bedarf stornieren. Auch eine Korrektur ist möglich.

5.6.4 Auswertungen zur Umsatzmietabrechnung

Es stehen Ihnen zwei Auswertungen zur Umsatzmietabrechnung zur Verfügung. Beide Auswertungen beziehen sich inhaltlich auf die Ergebnisse von Abrechnungen, nicht jedoch auf die Auswertung der zugrunde liegenden Stammdaten oder der erfassten Umsatz- bzw. Absatzmeldungen.

Auswertung über Vertrag und Abrechnung

Die beiden Auswertungen unterscheiden sich lediglich in der Art der Selektion. Bei der *Auswertung über Vertrag* können Sie die Abrechnungen anhand von Vertragskriterien wie der Vertragsnummer oder der Vertragsart selektieren. Bei der *Auswertung zur Abrechnung* können Sie nur genau eine Abrechnung auswählen. Dazu stehen Ihnen keine weiteren Kriterien zur Verfügung.

Als Ergebnis erhalten Sie je nach Auswahl entweder einen einzelnen oder alle Berichte einer Abrechnung. Werden mehrere Abrechnungen ausgewählt oder selektiert, werden die Berichte zusammengefasst, d.h., die Ergebnisse aller gefundenen Abrechnungen werden jeweils zusammen angezeigt. Sie können die Abrechnungen anhand der Spalte IDENTIFIKATION erkennen.

5.7 Zusammenfassung

In diesem Kapitel wurden Ihnen die verschiedensten Verträge vorgestellt, die Ihnen im Zusammenhang mit der Immobilienverwaltung begegnen können – angefangen beim Anmietvertrag über den klassischen Mietvertrag oder die Hausgeldvereinbarung bis hin zu Sachkontenverträgen oder Kautionsvereinbarungen. Die Verträge unterscheiden sich zwar hinsichtlich der Vertragspartner oder der zugeordneten Konditionen, werden aber in SAP RE auf gleiche Art und Weise bearbeitet. Anschließend haben wir Geschäftsprozesse wie Kündigungen, Vertragsverlängerungen oder Umsatzmietabrechnungen betrachtet, die im Zusammenhang mit Immobilienverträgen auftreten.

Dieses Kapitel erleichtert Ihnen den Einstieg in viele Basisfunktionen von SAP RE. Wir starten unseren Rundflug dabei im Cockpit der Immobilienverwaltung, werfen einen Blick auf Verantwortliche und Arbeitsvorrat und betrachten Wiedervorlage und Fehlerlisten, bevor wir schließlich bei den Zeitscheiben landen.

6 Übergreifende Funktionen

Im folgenden Kapitel zeigen wir Ihnen ausgewählte Funktionen der Immobilienverwaltung mit SAP und erklären diese ausführlich. Es handelt sich dabei um Funktionen, die übergreifend bei verschiedenen Objekten und Prozessen eingesetzt werden können. In einem weiteren Abschnitt lernen Sie übergreifende Customizing-Einstellungen kennen, die in mehreren Bereichen von SAP RE genutzt werden.

6.1 RE-Navigator (RE80)

Cockpit

Der RE-Navigator ist eine einheitliche Transaktion, um sämtliche Objektarten von SAP RE zu erfassen und zu bearbeiten, Auswertungen aufzurufen und Prozesse zu starten. Der Navigator ist somit eine Art Cockpit für die Verwaltung von Immobilienobjekten eines Unternehmens.

Barrierefreie Arbeit

Zwar gibt es in SAP RE für jede Objektart eine spezifische Pflege-Transaktion mit einem für diese Objektart spezifischen Selektionsbild, das ausgewählte Objekt wird jedoch im RE-Navigator angezeigt, in den nach der Selektion automatisch verzweigt wird. Die separaten Pflege-Transaktionen dienen vor allem der barrierefreien Bearbeitung.

6.1.1 Grundlegender Aufbau

Der RE-Navigator lässt sich zunächst in einen linken und einen rechten Bereich unterteilen. Die Breite der Bereiche kann mit der Maus angepasst werden. Über das Icon (NAVIGATIONSBEREICH EIN/AUS) kann der Navigationsbereich sogar komplett ausgeblendet werden.

Detailsicht

Der rechte Bereich (siehe ❶ in Abbildung 6.1) ist die Detailsicht. Dort wird das jeweils ausgewählte Objekt im entsprechenden Modus – Anlegen, Ändern, Anzeigen – dargestellt.

Navigationsbereich

Der linke Bereich ist der Navigationsbereich und bietet verschiedene Möglichkeiten, um zu den zu bearbeitenden Objekten zu gelangen.

Im oberen Teil des Navigationsbereiches ❷ werden die möglichen Browser angezeigt, die Anzeige im unteren Teil ❸ ist von diesen abhängig. Den unteren Bereich bezeichnen wir daher als *Ergebnisbereich*.

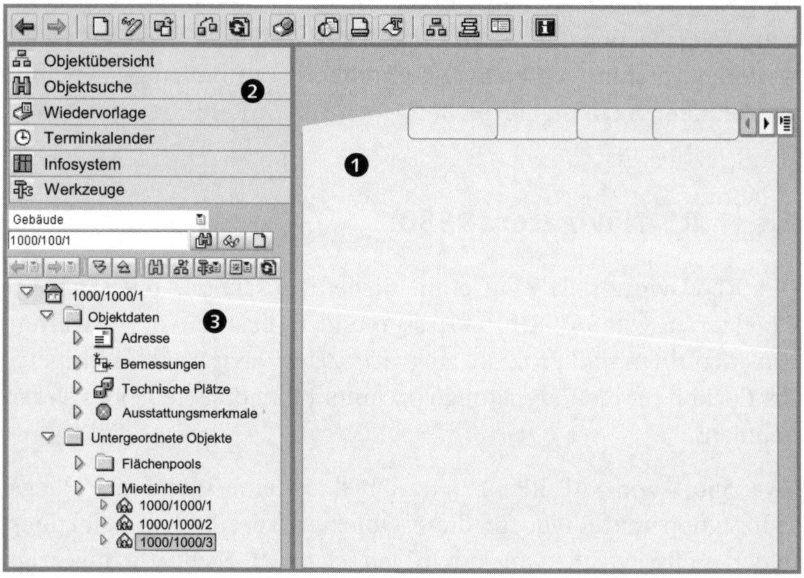

Abbildung 6.1 Aufbau des RE-Navigators

Browser im RE-Navigator

Die folgenden Browser stehen im RE-Navigator zur Verfügung:

- **Objektübersicht**
  Dies ist der zentrale Browser für einen Sachbearbeiter zur Bearbeitung von Objekten. Er bietet verschiedene Möglichkeiten, zu den zu bearbeitenden Objekten zu navigieren. Dabei werden die selek-

tierten Objekte zusammen mit Objektdaten, untergeordneten Objekten, Prozessen und Übersichten der Objekte in einer hierarchischen Baumstruktur dargestellt.

Folgende Einstiegsmöglichkeiten sind vorhanden:

- *Navigation für eine Objektart*
  Das angegebene Immobilienobjekt der ausgewählten Objektart wird im Ergebnisbereich angezeigt.
- *Meine Objekte*
  Alle Immobilienobjekte eines Systembenutzers werden im Ergebnisbereich angezeigt. Dabei wird nach dem Verantwortlichen des Objekts selektiert.
- *Buchungskreis*
  Alle Immobilienobjekte des angegebenen Buchungskreises werden im Ergebnisbereich angezeigt.
- *Arbeitsvorrat*
  Näheres zum Arbeitsvorrat erfahren Sie in Abschnitt 6.3.

- **Objektsuche**
  Innerhalb dieses Browsers kann nach Objekten einer Objektart gesucht werden. Die gefundenen Objekte werden im Ergebnisbereich angezeigt. Von dort aus können Sie in die Anzeige oder Bearbeitung des jeweiligen Objekts navigieren. Durch eine erneute Suche wird der Ergebnisbereich nicht zurückgesetzt, d.h., die vorher gefundenen Objekte werden weiter angezeigt.
- **Wiedervorlage**
  Innerhalb dieses Browsers können Sie Immobilienobjekte über Termine verwalten. Details zu diesem Browser werden in Abschnitt 6.4, »Wiedervorlage und Terminkalender«, beschrieben.
- **Terminkalender**
  Hier wird der SAP-Terminkalender aufgerufen und im Ergebnisbereich angezeigt. Sie können Termine in verschiedenen Ansichten (zum Beispiel Tages- oder Wochensicht) bearbeiten – siehe Abschnitt 6.4.
- **Infosystem**
  Über diesen Browser können die Reports des Infosystems von SAP RE direkt aufgerufen werden. Die Transaktionen werden thematisch gruppiert als Menüstruktur im Ergebnisbereich angezeigt.

- **Werkzeuge**
  Diese Funktion ermöglicht Ihnen den direkten Aufruf ausgewählter Transaktionen. Dazu gehören unter anderem die Massenbearbeitung der Wirtschaftlichkeitsberechnung sowie das Buchen und Stornieren von Rechnungen. Die Werkzeuge werden ebenfalls thematisch gruppiert als Menüstruktur im Ergebnisbereich angezeigt.

6.1.2 Navigationstechniken

Objekte aufrufen

Es gibt verschiedene Möglichkeiten, im RE-Navigator ein Objekt aufzurufen; sie sind hier kurz zusammengefasst:

- **Doppelklick**
  Mit einem Doppelklick der linken Maustaste auf ein Objekt im Ergebnisbereich wird dieses aufgerufen und in der Detailsicht dargestellt.
- **Icon (Stapel)**
  Alle Objekte, die während eines Aufrufs des RE-Navigators bearbeitet oder angezeigt wurden, können der Reihenfolge nach im Objektstapel angezeigt werden. Per Doppelklick auf die einzelnen Objekte im Stapel können Sie in die Bearbeitung des jeweiligen Objekts springen, dieses wird dann in der Detailsicht dargestellt.
- **Icons (Vorheriges Objekt) und (Nächstes Objekt)**
  Mit diesen Icons können Sie das vorherige oder das nächste Objekt des Stapels aufrufen.
- **Favoriten**
  In der Ergebnisdarstellung der Objektübersicht können über den entsprechenden Button Objekte als Favoriten angelegt, bearbeitet und aufgerufen werden.

6.1.3 Personalisierung

Die Anzeige des RE-Navigators kann auf verschiedene Arten personalisiert werden. Zwei Arten wollen wir Ihnen hier vorstellen:

- Einstellungen der Oberfläche des RE-Navigators
- Anpassen des Layouts im Ergebnisbereich der Objektübersicht

Oberfläche des RE-Navigators

Die Einstellungen der Oberfläche des RE-Navigators können über den Punkt EINSTELLUNGEN im Menü ZUSÄTZE aufgerufen werden. Folgende Möglichkeiten zur Anpassung stehen Ihnen zur Verfügung:

- Default-Modus des Navigationsbereichs beim Aufruf des RE-Navigators
  - Ausblenden
  - Einblenden als Teil des Fensters
  - Einblenden als eigenes Fenster
- Auswahl der angebotenen Browser
- Default-Anzeige der Detailsicht beim Aufruf des RE-Navigators
  - Hilfetext zum RE-Navigator
  - Hintergrundbild
  - leer
- Anzeigeverhalten von Objekten beim Aufruf
  - Das Objekt wird im Anzeigemodus aufgerufen.
  - Das Objekt wird im Änderungsmodus aufgerufen.
  - Das Objekt wird im gleichen Modus wie das vorherige aufgerufen.
- Standardverhalten nach dem Sichern eines Objekts
  - im Änderungsmodus bleiben
  - in den Anzeigemodus wechseln
- dargestellte Objektarten im Navigationsbereich einschränken

Layout der Objektübersicht

Die Anpassungen des Layouts für den Ergebnisbereich der Objektübersicht können Sie über den Button LAYOUT oberhalb des Ergebnisbereiches aufrufen. Folgende Möglichkeiten stehen zur Anpassung zur Verfügung:

- Knoten der Hierarchie ausblenden
  Nachteil: Kontextmenü des Knotens geht verloren
- maximale Anzahl von angezeigten Objekten festlegen
  Vorteil: deutliche Verbesserung der Performance
- Gruppierungsmöglichkeiten (zum Beispiel Verträge nach Vertragsart)
  Vorteil: erhöhte Transparenz der Darstellung
- Objekte mit Löschvormerkung ausblenden
- angezeigte Daten pro Objekt filtern
  Vorteil: erhöhte Transparenz und Performance
- Spaltenlayout ändern, d.h., Spalten ein- oder ausblenden und umsortieren

6.1.4 Allgemeine Funktionen

Über das Menü, die Buttonleiste und Tastaturkombinationen können im RE-Navigator eine Reihe von Funktionen aufgerufen werden. Diese sind zum Teil objektspezifisch und werden in den jeweiligen Kapiteln dieses Buches genauer vorgestellt. An dieser Stelle wird daher nur eine Übersicht ausgewählter generischer Funktionen dargestellt (siehe Tabelle 6.1).

Funktion	Information
Anzeigen/Ändern	Umschaltfunktion zwischen Ändern- und Anzeigenmodus; das aktuelle Bildschirmbild bleibt bestehen.
Anlegen	Funktion zum Anlegen eines neuen Objekts
Anderes Objekt	Wechsel in die Bearbeitung eines anderen Objekts
Prüfen	Ausführen der allgemeinen Prüfungen und Validierungen (siehe Kapitel 17, »Spezielle Kundenanforderungen«) des aktuellen Objekts Das System schreibt die Fehler in ein Protokoll und gibt dieses aus.
Übersicht aktualisieren	Auffrischen der Anzeige des aktuellen Objekts, dabei werden auch Substitutionen ausgeführt.
Änderungsbelege zum Objekt	Anzeigen der Änderungen an Stamm- und Bewegungsdaten
Dokumentenverwaltung	Absprung zur Dokumentenverwaltung oder in das SAP Records Management
Druckansicht	Druckvorschau
Drucken	Smart Forms oder Adobe Forms Korrespondenzanwendung für das aktuelle Immobilienobjekt
Drucken mit Office-Anwendung	Einzeldruck mit Microsoft Office für das aktuelle Immobilienobjekt
Objektliste im Navigationsbereich anzeigen	Anzeigen des übergeordneten Objekts des aktuellen Immobilienobjekts und von dessen Detaildaten

Tabelle 6.1 Generische Funktionen im RE-Navigator

[+]

Kontextmenü

Eine weitere Möglichkeit, Funktionen aufzurufen, bietet das Kontextmenü. Dies ist ein Popup-Fenster, das erscheint, wenn Sie mit der rechten Maustaste auf ein beliebiges Element des Bildschirms – zum Beispiel einen Knoten oder ein Objekt im Ergebnisbereich – klicken. Der Inhalt des Popups ist je nach Element unterschiedlich.

6.1.5 Spezielle Funktionen

Es gibt einige besondere Funktionen, die wir nachfolgend im Detail vorstellen wollen.

Anlegen mit Vorlage

Objekte kopieren

Wenn bereits Objekte der gleichen Objektart im System existieren, können neue Objekte mit Vorlage angelegt werden. Ein existierendes Objekt wird als Vorlage ausgewählt und kopiert. Anschließend werden die Daten entsprechend geändert.

[+]

Zeitliche Einschränkung einer Kopie

Es ist möglich, die Daten, die aus der Vorlage übernommen werden sollen, zeitlich und inhaltlich einzuschränken. Dadurch wird vermieden, dass nicht benötigte Daten kopiert bzw. später im Zielobjekt gelöscht werden.

Diese Funktion kann über das Menü des RE-Navigators oder das Kontextmenü zu einem Objekt aufgerufen werden.

Anlegen per Drag & Drop

Drag & Drop

Diese Funktion entspricht der zuvor beschriebenen Anlage mit Vorlage. Es erfolgt allerdings kein Aufruf aus einem Menü. Stattdessen wird das Objekt, das als Vorlage verwendet werden soll, direkt mit der linken Maustaste aus der Quellhierarchie in die Zielhierarchie bewegt.

Um zum Beispiel ein Mietobjekt zu kopieren, wird das Quellmietobjekt mit der linken Maustaste markiert und auf ein anderes Gebäude oder Grundstück gezogen. Nun wird in den Dialog zum Anlegen mit Vorlage verzweigt.

[+]

Mehrfachkopie per Drag & Drop

Per Drag & Drop können Sie auch mehrere Objekte gleichzeitig kopieren.

Löschen von Objekten

Echtes Löschen

In SAP RE ist es im Gegensatz zu vielen anderen Komponenten von SAP ERP möglich, neben der üblichen Archivierung Stammdatenobjekte physisch aus der Datenbank zu löschen. Da dieses Löschen nicht rückgängig gemacht werden kann, empfiehlt es sich, die Berechtigung hierzu nur ausgewählten Anwendern zu erteilen.

Bevor ein Objekt tatsächlich gelöscht wird, führt das System automatisch eine Verwendungsprüfung durch, so dass Inkonsistenzen in den Daten vermieden werden.

6.2 Verantwortlicher

In SAP RE soll mit dem Konzept des Verantwortlichen die in der Realität häufig geforderte Möglichkeit abgebildet werden, Immobilienobjekte einem zuständigen Sachbearbeiter zuzuordnen. In Abbildung 6.2 sehen Sie ein Beispiel für die Benutzerdaten zu einem Immobilienobjekt, zu denen neben dem Erfasser und dem letzten Änderer auch der Verantwortliche gehört.

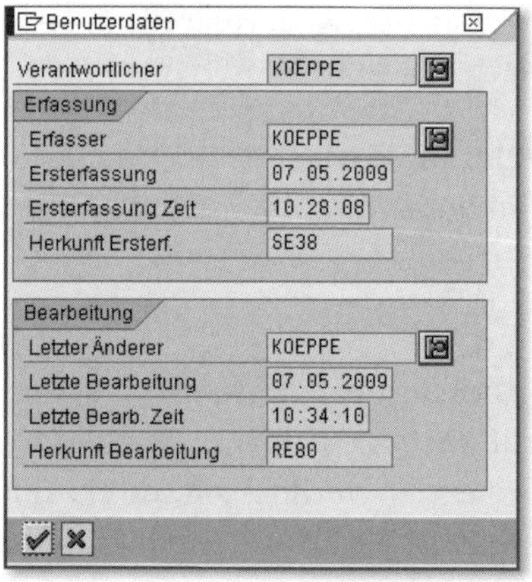

Abbildung 6.2 Verantwortlicher für ein Objekt

Zuordnung

Sie können jedem Objekt in SAP RE einen Systembenutzer als Verantwortlichen zuordnen. Diese Zuordnung ist *nicht* zeitabhängig.

Der Verantwortliche dient bei vielen Auswertungen und Transaktionen als *Selektions- bzw. Filterkriterium*, beispielsweise beim Arbeitsvorrat oder der Anzeige der »eigenen« Wiedervorlagetermine sowie der Anzeige MEINE OBJEKTE in der Objektübersicht des RE-Navigators. In all diesen Fällen wird nicht nach dem Benutzer selektiert, der das Objekt angelegt hat, sondern nach dem Verantwortlichen für das Objekt.

Pflege

Grundsätzlich erfolgt die Pflege des Verantwortlichen bei der Bearbeitung eines Objekts. Sie wird über den Eintrag BENUTZERDATEN im Menü ZUSÄTZE aufgerufen, wobei zunächst der anlegende Systembenutzer als Verantwortlicher vorgeschlagen wird. Darüber hinaus existiert für jede Objektart eine Transaktion zur Massenbearbeitung des Verantwortlichen (zum Beispiel die Transaktion REBDCARP für Nutzungsobjekte), um die Bearbeitung großer Immobilienbestände zum Beispiel beim Wechsel eines Sachbearbeiters effizient zu gestalten.

6.3 Arbeitsvorrat

Sobald für ein Immobilienobjekt eine auszuführende Aktivität entsteht, wird das Objekt für diese Aktivität im Arbeitsvorrat registriert, zum Beispiel nicht aktivierte Verträge oder nicht aktualisierte Konditionen. Ein Anwender kann sich den Arbeitsvorrat seiner Objekte im RE-Navigator anzeigen lassen oder die Registrierung direkt im Stammdatendialog des jeweiligen Objekts sehen.

Sammel-Transaktion

Zusätzlich können Immobilienobjekte im Arbeitsvorrat benutzerübergreifend mit der Transaktion RECARG (Objekte aktualisieren) bearbeitet werden.

Die Selektion verwendet in allen Fällen den Verantwortlichen des jeweiligen Immobilienobjekts als Kriterium.

6.4 Wiedervorlage und Terminkalender

Die Wiedervorlage stellt grundsätzlich für jede Objektart von SAP RE eine leistungsstarke und hochflexible Terminkontrolle zur Verfügung.

Es können beliebig viele einmalige und wiederkehrende Termine für ein Objekt kombiniert und innerhalb des RE-Navigators (siehe Abbildung 6.3), des SAP-Terminkalenders, spezieller Transaktionen von SAP RE oder im Objekt selbst verwaltet werden. Dabei unterstützt das System durch eine Statusverwaltung und die Möglichkeit von ausführlichen Beschreibungen zu jedem einzelnen Termin.

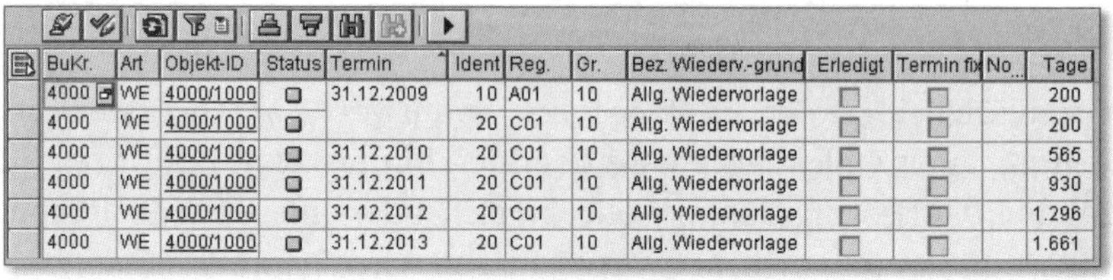

BuKr.	Art	Objekt-ID	Status	Termin	Ident	Reg.	Gr.	Bez. Wiederv.-grund	Erledigt	Termin fix	No...	Tage
4000	WE	4000/1000	▢	31.12.2009	10	A01	10	Allg. Wiedervorlage	☐	☐		200
4000	WE	4000/1000	▢		20	C01	10	Allg. Wiedervorlage	☐	☐		200
4000	WE	4000/1000	▢	31.12.2010	20	C01	10	Allg. Wiedervorlage	☐	☐		565
4000	WE	4000/1000	▢	31.12.2011	20	C01	10	Allg. Wiedervorlage	☐	☐		930
4000	WE	4000/1000	▢	31.12.2012	20	C01	10	Allg. Wiedervorlage	☐	☐		1.296
4000	WE	4000/1000	▢	31.12.2013	20	C01	10	Allg. Wiedervorlage	☐	☐		1.661

Abbildung 6.3 Terminverwaltung im RE-Navigator

Register »Wiedervorlage«

Die Wiedervorlage wird zu jedem Objekt auf einem eigenen Register mit dem Titel WIEDERVORLAGE abgebildet. Dabei werden zum einen Wiedervorlageregeln und zum anderen alle daraus resultierenden Wiedervorlagetermine dargestellt (siehe Abbildung 6.4).

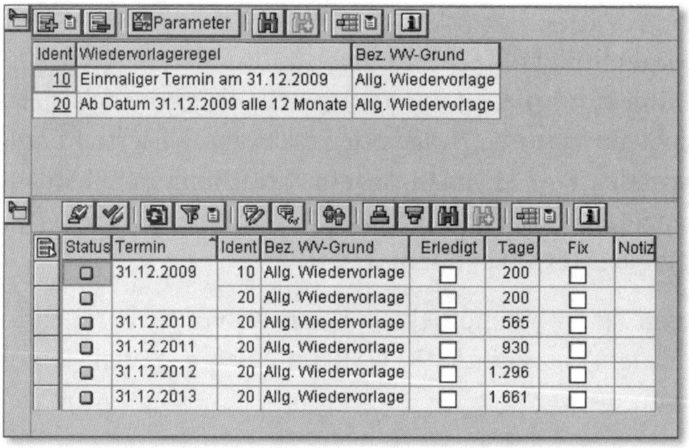

Ident	Wiedervorlageregel	Bez. WV-Grund
10	Einmaliger Termin am 31.12.2009	Allg. Wiedervorlage
20	Ab Datum 31.12.2009 alle 12 Monate	Allg. Wiedervorlage

Status	Termin	Ident	Bez. WV-Grund	Erledigt	Tage	Fix	Notiz
▢	31.12.2009	10	Allg. Wiedervorlage	☐	200	☐	
▢		20	Allg. Wiedervorlage	☐	200	☐	
▢	31.12.2010	20	Allg. Wiedervorlage	☐	565	☐	
▢	31.12.2011	20	Allg. Wiedervorlage	☐	930	☐	
▢	31.12.2012	20	Allg. Wiedervorlage	☐	1.296	☐	
▢	31.12.2013	20	Allg. Wiedervorlage	☐	1.661	☐	

Abbildung 6.4 Register »Wiedervorlage«

6.4.1 Neue Wiedervorlageregeln anlegen

Schritte zur Erstellung

Obwohl in der Auslieferung des Systems bereits einige typische Wiedervorlageregeln vorhanden sind, wird es für ein Unternehmen unumgänglich sein, neue bzw. eigene Wiedervorlageregeln anzulegen, wozu die folgenden Schritte erforderlich sind:

1. Wiedervorlagegründe anlegen (optional)
2. Wiedervorlageregeln definieren
3. Wiedervorlageregeln implementieren
4. Einstellungen pro Objektart festlegen

Die einzelnen Schritte sollen nun ausführlich betrachtet werden.

Wiedervorlagegründe anlegen

Wiedervorlagegründe

Wiedervorlagegründe dienen vor allem der Klassifizierung und damit zur Auswertung von Wiedervorlageterminen. Sie können im Customizing von SAP RE, bestehend aus einem 4-stelligen Schlüssel und einer Bezeichnung, definiert werden und werden in der Anwendung beim Einsatz einer Regel zugeordnet. Voraussetzung ist allerdings, dass der Grund für die verwendete Objektart im Customizing erlaubt wurde.

Wiedervorlageregeln definieren

Die Regeln zur Generierung von Wiedervorlageterminen stellen das Herzstück der hier beschriebenen Funktionalität dar und sollen im Folgenden genauer betrachtet werden. Wiedervorlageregeln werden im Customizing von SAP RE definiert, spezielle Wiedervorlageregeln können darüber hinaus aber auch noch in einem Business Add-In (BAdI) implementiert werden.

Regel-Customizing

Zunächst müssen die Regeln im Customizing angelegt werden. Dabei werden zwei Bezeichnungen vergeben, eine *statische* und eine *dynamische*. In Letzterer können Platzhalter verwendet werden, die erst bei der konkreten Verwendung einer Regel in einem Objekt ersetzt werden (siehe Abbildung 6.5).

Objektart IS Immobilienvertrag

Wiedervorlageregeln

Reg.	Bezeichnung Wiedervorlageregel	WVGr	WF	Kal.	Terminart
ZM01	Einmaliger Termin am Datum &1 oder Fristende &2		☐	☐	
ZM02	Ab Datum &1 alle &2 Monate / &3 Tage		☐	☐	
ZM03	Ab Datum &1 einmalig nach &2 Monaten / &3 Tagen		☐	☐	
ZM04	Ab Fristbeginn &1 alle &2 Monate / &3 Tage		☐	☐	
ZM05	Ab Fristbeginn &1 einmalig nach &2 Monaten / &3 Tagen		☐	☐	
ZM06	&1 Monate / &2 Tage vor dem Datum &3		☐	☐	
ZM07	&1 Monate / &2 Tage vor dem Fristende &3		☐	☐	

Abbildung 6.5 Wiedervorlageregeln definieren

Dazu werden die Inhalte der ebenfalls im Customizing zu definierenden *Parameter der Regel* verwendet. Die Platzhalter bestehen aus dem Zeichen »&« und der fortlaufenden Nummer des Parameters (z. B. »&1« für den ersten Parameter der Regel).

Parameter

Darüber hinaus wird über diese Parameter für die Termingenerierung eine nahezu unbegrenzte Flexibilität geschaffen, da die Werte der Parameter bei der Termingenerierung verwendet werden können. Sogar die Bezeichnung kann frei definiert werden. Dass nur drei grundlegende Typen von Parametern zur Verfügung stehen, stellt dabei lediglich eine kleine Einschränkung dar.

Diese drei Typen sind:

- Datum
- Anzahl (4-stellig numerisch)
- Ja/Nein (Checkbox)

Über das Markieren von Checkboxen können drei bereits vorgegebene Parameter für eine Regel aktiviert werden. Es handelt sich um die Parameter Startdatum, Endedatum und Periodisch. Welche Auswirkungen diese bei der Termingenerierung haben, hängt jedoch wie bei den frei definierten Parametern ausschließlich von der im Folgenden beschriebenen Implementierung ab.

Wiedervorlageregeln implementieren

Regelimplementierung

Nachdem eine Regel im Customizing angelegt wurde, muss zusätzlich eine Implementierung im BAdI `BADI_RECA_RESUBMISSION` angelegt werden. Dabei ist es erforderlich, in der Methode `CALCULATE_DATE_LIST` festzulegen, wie Termine für die verwendete Wiedervorlageregel generiert werden sollen. Welche Regel zum Zeitpunkt des Aufrufs dieser Methode verwendet wird, kann über den Importparameter `is_rule-rsrule` abgefragt werden. Zusätzlich werden die vom Anwender eingegebenen Werte für die definierten Parameter der Regel im Importparameter `is_rule-t_rsrulepar` in Form einer Tabelle geliefert, so dass diese Werte für die Termingenerierung verwendet werden können.

Konkret werden die ermittelten Termine als Datum über den Changing-Parameter `ct_date` an die Aufrufumgebung zurückgegeben.

Listing 6.1 zeigt ein Beispielcoding für eine Wiedervorlageregel mit einmaligem Termin.

```
IF_EX_RECA_RESUBMISSION~CALCULATE_DATE_LIST.
...
 CASE is_rule-rsrule.
```

```
  WHEN 'ZM01'.
   ld_rsdate = is_rule-validto.
   APPEND ld_rsdate to ct_date.
...
 ENDCASE.
```

Listing 6.1 Beispielcoding für eine Wiedervorlageregel

[!]

Obligatorische Parameter

Um sicherzustellen, dass obligatorische Parameter tatsächlich vom Anwender mit Werten gefüllt wurden, kann innerhalb der Methode `CALCULATE_DATE_LIST` eine Fehlermeldung mit dem Befehl `MESSAGE` abgesetzt werden. Außerdem sollte eine Exception ausgelöst werden.

Einstellungen pro Objektart festlegen

Die gesamte Funktionalität der Wiedervorlage kann im Customizing für jede Objektart komplett deaktiviert werden, wodurch das Register in der Anwendung ausgeblendet wird.

Zusätzlich kann pro Objektart festgelegt werden, welche Wiedervorlagegründe und -regeln verwendet werden dürfen.

6.4.2 Termine generieren und verwalten

Nachdem die grundlegenden Elemente der Wiedervorlage definiert wurden, sollen im Folgenden die Möglichkeiten der Wiedervorlage in der Anwendung unabhängig von einer bestimmten Objektart betrachtet werden.

Termine anlegen

Um Wiedervorlagetermine für ein Objekt zu generieren, sind die folgenden Schritte durchzuführen:

1. Fügen Sie über den Button  eine Regel hinzu.
2. Pflegen Sie im folgenden Popup den Wiedervorlagegrund (siehe Abbildung 6.6).
3. Pflegen Sie im Popup freie und vorgegebene Parameter.

Nun werden anhand der vom Anwender gepflegten Werte ein oder mehrere Termine zur Wiedervorlage generiert. Dabei erhalten die Wiedervorlageregel und die zugehörigen Termine einen gleichlautenden IDENT, um den Zusammenhang später transparent zu machen.

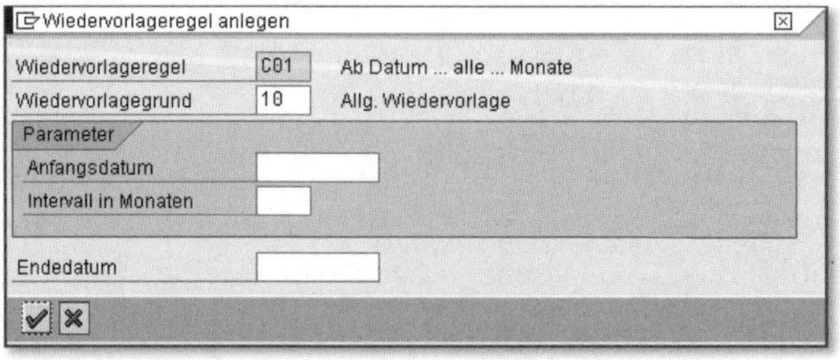

Abbildung 6.6 Popup – Wiedervorlageregel anlegen

Termine pflegen

Nachdem der Terminstrom für ein Objekt generiert wurde, können einzelne Termine separat und abweichend von den anderen Terminen der Regel manuell angepasst werden. Hierfür haben Sie die folgenden Möglichkeiten:

- **Notiz hinzufügen**
  Mit Hilfe des SAP-Zeileneditors können Sie einen Text zur Beschreibung eines Termins erfassen. In der Anzeige ist zur Vereinfachung nur ein Teil dieses Textes sichtbar. Über einen Doppelklick kann der nicht sichtbare Text im Editor angezeigt werden.
- **Kennzeichen »Fix« setzen**
  Änderungen der Parameter der Wiedervorlageregel führen in der Regel zu einer Neugenerierung des bisherigen Terminstroms. Dabei werden alle bestehenden Termine gelöscht und ebenso die vorgenommenen manuellen Anpassungen. Davon ausgenommen sind unter anderem fixe Termine. Diese bleiben auch bei einer Neugenerierung bestehen.
- **Kennzeichen »Erledigt« setzen**
  Ein Termin kann im Rahmen der Terminverwaltung als erledigt gekennzeichnet werden, um zum Beispiel anzuzeigen, dass der Grund entfallen oder die Wiedervorlage bereits erfolgt ist. Erledigte Termine werden bei einer Neugenerierung des Terminstroms nicht verändert.

[!]

Termine automatisch erledigen

Eine automatische Kennzeichnung als ERLEDIGT ist im Standard der Wiedervorlage nicht vorgesehen, kann aber theoretisch bei Bedarf mit Erweiterungstechniken kundenindividuell umgesetzt werden.

Termine verwalten

Für jeden Termin wird die Anzahl der Tage angezeigt, die bis zum Termin noch verstreichen werden, wodurch eine praxisnahe Möglichkeit besteht, Termine zur Bearbeitung zu filtern. Ist ein Termin bereits überschritten, wird eine negative Anzahl von Tagen angezeigt.

Die zusätzlich verfügbare Statusverwaltung basiert ebenfalls auf diesen Tagen, erhöht die Transparenz jedoch durch eine auffällige Ampellogik:

- **Grün**
  Der Termin liegt mehr als sieben Tage in der Zukunft.
- **Gelb**
  Der Termin liegt sieben Tage oder weniger in der Zukunft, ist aber noch nicht überschritten.
- **Rot**
  Der Termin ist bereits überschritten.
- **Zielflagge**
  Der Termin ist erledigt.

Beide Informationen – Status und Tage – können den Anwender also bei der Selektion oder Priorisierung der Wiedervorlagetermine unterstützen, um eine effiziente Bearbeitung zu ermöglichen.

Darüber hinaus können aber auch die weiteren Informationen eines Wiedervorlagetermins zum Filtern genutzt werden, wie zum Beispiel der Wiedervorlagegrund, das Kennzeichen ERLEDIGT oder die Benutzerdaten.

[!]

Benutzerdaten für Wiedervorlagetermine

Die Benutzerdaten werden nicht in einer Wiedervorlageregel oder in einem der Wiedervorlagetermine gespeichert. Stattdessen werden die Benutzerdaten des Verantwortlichen für das bearbeitete Objekt ausgewertet.

6.4.3 Besondere Funktionen der Wiedervorlage

Massenbearbeitung

Für eine Massenbearbeitung von Wiedervorlageterminen stehen Ihnen außerhalb des RE-Navigators zwei Transaktionen zur Verfügung, mit deren Hilfe Sie Termine für alle Objektarten (RECARS) oder nur für Verträge (RECARSCN) bearbeiten können. Diese beiden Funktionen ermöglichen es aufgrund spezieller Selektionskriterien, viele Wiedervorlagetermine gesammelt zu bearbeiten.

Termine nachgenerieren

Bei periodischen Wiedervorlageregeln (Eigenschaft der Regel im Customizing) werden grundsätzlich nur die Termine der nächsten fünf Jahre generiert. Wenn ein Endedatum gesetzt wurde, das vor dem letzten generierten Termin liegt (z. B. drei Jahre nach dem Anfang), werden nur die Termine bis zum Endedatum generiert.

[+]

Periodische Wiedervorlageregeln

Es wird empfohlen, die Transaktion RECARSGEN (siehe Abbildung 6.7) mindestens einmal pro Jahr auszuführen, damit stets alle Termine für die nächsten vier Jahre verfügbar sind.

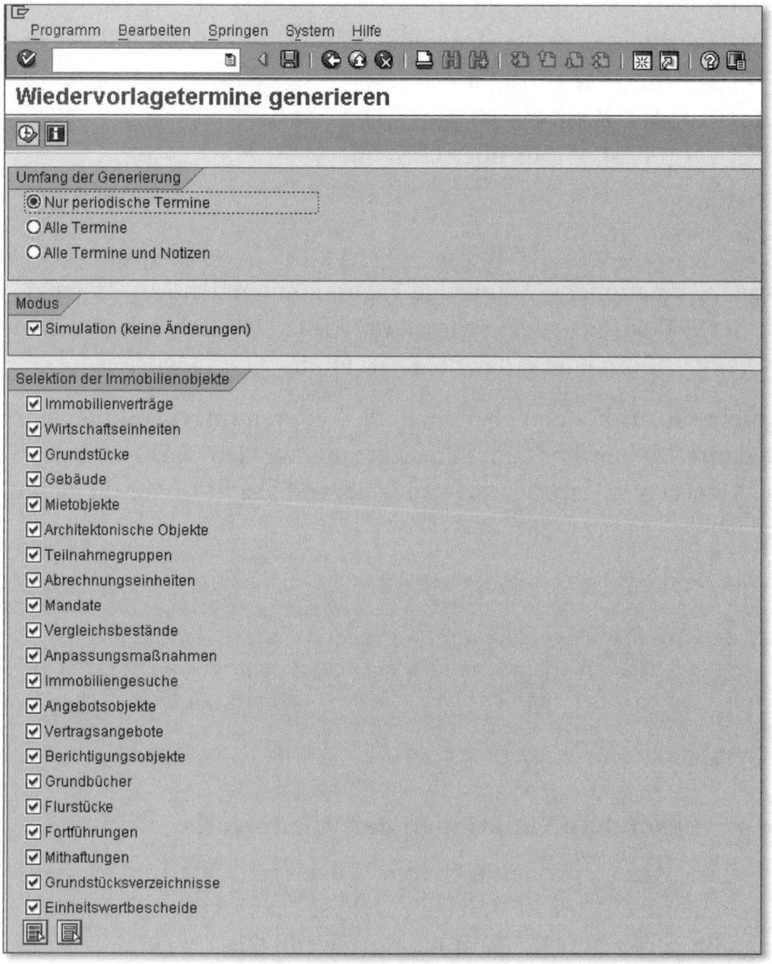

Abbildung 6.7 Transaktion RECARSGEN (Wiedervorlagetermine generieren)

Integration mit Outlook

Es ist möglich, die generierten Wiedervorlagetermine über eine Office-Integration in einen Outlook-Kalender zu übernehmen.

6.5 Fehlerliste

In Stammdatendialogen werden beim Prüfen oder Sichern eines Immobilienobjekts Meldungen nicht einzeln nacheinander ausgegeben, sondern im Protokoll – oder auch Fehlerliste genannt – gesammelt und nacheinander bzw. hierarchisch angezeigt.

Solange die Fehlerliste echte Fehler und nicht nur Informationen und Warnungen enthält, kann das Objekt nicht gespeichert werden.

6.6 Zeitscheibenverwaltung

Im Stammdatendialog spielen häufig zeitabhängige 1:n-Beziehungen eine Rolle (zum Beispiel für Bemessungen). Mit der Zeitscheibenverwaltung stehen in einer Tabelle zunächst die aktuell dem Immobilienobjekt zugeordneten Werte zur Verfügung. Wenn Sie historische oder zukünftige Daten sehen und bearbeiten möchten, können Sie über die Icons (KOMPLETTER ZEITRAUM) oder (HEUTIGE ZEITSCHEIBE) die gewünschte Zeitscheibe wählen.

[!]

Zeitscheibenverwaltung ist nicht zu sehen?

Die Zeitscheibenverwaltung kann nur im Anzeige-Modus aufgerufen werden. Der Anwender kann jedoch mit der entsprechenden Berechtigung in jeder ausgewählten Zeitscheibe in den Ändern-Modus verzweigen und Daten ändern.

6.7 Immobilienobjekte prüfen

Massenprüfungen

Im Anwendungsmenü von SAP RE finden Sie über den Menüpfad WERKZEUGE • IMMOBILIENOBJEKTE PRÜFEN Transaktionen, mit denen Sie eine Massenprüfung für Immobilienobjekte und -verträge vornehmen können. Hier erfolgen die Prüfungen, die auch bei der Bearbeitung eines Immobilienobjekts mit dem zugehörigen Pflegedialog durchgeführt werden. Somit werden neben allgemeinen Konsistenzprüfungen auch kundenspezifische Validierungen bzw. Substitutionen durchlaufen, die mit Hilfe der BAdI-Technik realisiert wurden.

6.8 Übergreifende Customizing-Einstellungen

Sie lernen in diesem Buch eine vielfältige Funktionalität kennen, die nicht nur für ein Stammdatenobjekt von SAP RE, sondern für mehrere Objektarten genutzt wird. Wie der RE-Navigator zur Bearbeitung von Stammdaten, Verträgen, Abrechnungseinheiten oder Anpassungsmaßnahmen dient, so gibt es auch eine Reihe von Customizing-Einstellungen, die Ihnen in den verschiedenen Kapiteln des Buches wiederbegegnen werden. Diese Customizing-Einstellungen werden wir in diesem Abschnitt näher betrachten. Sie erhalten natürlich auch einen Überblick darüber, wie und wofür Sie diese Einstellungen nutzen können.

Übergreifende Einstellungen

Im Customizing von SAP RE finden Sie den Menüpunkt Übergreifende Einstellungen zu Stammdaten und Vertrag. Hier können Sie unter anderem Einstellungen für die Zuordnung von Objekten anderer SAP-Komponenten zu Immobilienobjekten, für die Wiedervorlage sowie die Steuerung des Anwenderstatus vornehmen.

Über den Menüpfad Stammdaten • Nutzungssicht • Allgemeine Einstellungen zu mehreren Objektarten der Nutzungssicht definieren Sie Ausstattungsmerkmale bzw. Infrastrukturmerkmale, die für mehrere Objektarten gelten. Im Menüpunkt Konditionen und Bewegungen treffen Sie Festlegungen zu Konditionsarten und Konditionsgruppen. Diese werden sowohl für Mietobjekte als auch für Verträge sowie im Bereich der Interessentenverwaltung genutzt.

6.8.1 Allgemeine Einstellungen

Farben und Icons

Im Customizing von SAP RE können Sie unter dem Menüpunkt Sonstige Einstellungen • Systemeinstellungen Stammdatendialoge • Farben und Ikonen festlegen, mit welchen Icons die verschiedenen Immobilienstammdaten im RE-Navigator dargestellt werden (siehe Abbildung 6.8).

Icon für...	Key	Zugehörig. Icon Text	Iconname	Icon	Icontext
1 Objektart	I3	IGS - Immobiliengesuch	ICON_SEARCH		Suchen
1 Objektart	I4	TG - Teilnahmegruppe	ICON_STOCK		Bestand
1 Objektart	I5	AOB - Angebotsobjekt	ICON_REAL_ESTATE_OBJE		Immobilienverwaltungsdatenobj.
1 Objektart	I6	IAG - Vertragsangebot	ICON_BEN_OFFER		Automatisches Angebot
1 Objektart	I7	VB - Vergleichsbestand	ICON_COMPARE		Vergleichen
1 Objektart	I8	FLS - Flurstück	ICON_BORDER_OUTSIDE		Rahmenlinie außen
1 Objektart	IB	GE - Gebäude	ICON_CONNECTION_OBJEC		Anschlußobjekt

Abbildung 6.8 Customizing – Icons zu den Stammdaten von SAP RE

6.8.2 Zuordnung von Objekten

Immobilienobjekten können Sie PSP-Elemente (PSP = Projektstrukturplanelement), Anlagen oder Kostenstellen zuordnen. Mietverträgen werden Mietobjekte zugeordnet, Serviceverträge dagegen können zu Wirtschaftseinheiten oder Gebäuden angelegt werden. Die Möglichkeiten der Objektzuordnung können rein informativen Charakter haben, wie zum Beispiel die Zuordnung von Immobiliengesuch und Vertragsangebot zu einem Vertrag. Bei belegenden Verträgen wird über die Objektzuordnung gesteuert, dass für jedes Mietobjekt zu einem Zeitpunkt nur ein (Miet-)Vertrag angelegt werden darf. Ein weiterer Aspekt der Objektzuordnung ist die Definition der Verteilungsobjekte, d.h. der Objekte, die als Kosten- bzw. Erlösempfänger im Rahmen der periodischen Buchung berücksichtigt werden.

Customizing-Pfade

Die Zuordnung von Objekten anderer SAP-Komponenten bzw. die möglichen Zuordnungen zwischen Immobilienobjekten und -verträgen von SAP RE (siehe Abbildung 6.9) können Sie in verschiedenen Bereichen innerhalb des Customizings von SAP RE vornehmen:

- Vertrag • Objekte • Zulässige Objektarten pro Vertragsart
- Übergreifende Einstellungen zu Stammdaten und Vertrag • Zuordnung von Objekten anderer Komponenten
- Interessentenverwaltung • Immobiliengesuch • Vertragsart für die Interessentenverwaltung festlegen
- Interessentenverwaltung • Vertragsangebot • Vertragsart für die Interessentenverwaltung festlegen
- Länderspezifische Einstellungen • Deutschland • Vorsteuerberichtigung • Zulässige Objektarten für Berichtigungsobjekt festlegen

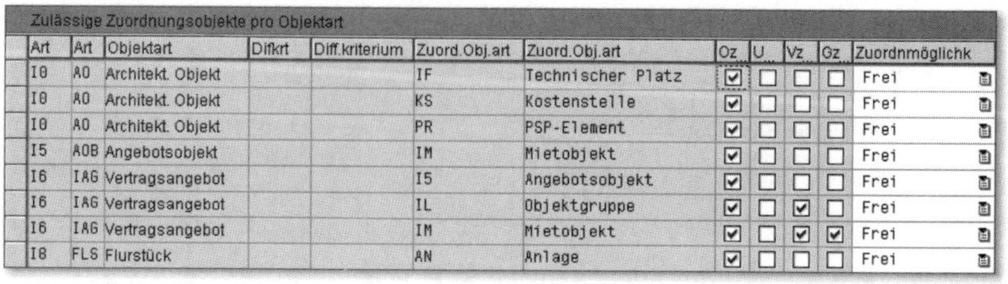

Art	Art	Objektart	Difkrt	Diff.kriterium	Zuord.Obj.art	Zuord.Obj.art	Oz	U	Vz	Gz	Zuordnmöglichk
I0	AO	Architekt. Objekt			IF	Technischer Platz	☑	☐	☐	☐	Frei
I0	AO	Architekt. Objekt			KS	Kostenstelle	☑	☐	☐	☐	Frei
I0	AO	Architekt. Objekt			PR	PSP-Element	☑	☐	☐	☐	Frei
I5	AOB	Angebotsobjekt			IM	Mietobjekt	☑	☐	☐	☐	Frei
I6	IAG	Vertragsangebot			I5	Angebotsobjekt	☑	☐	☐	☐	Frei
I6	IAG	Vertragsangebot			IL	Objektgruppe	☑	☐	☑	☐	Frei
I6	IAG	Vertragsangebot			IM	Mietobjekt	☑	☐	☑	☑	Frei
I8	FLS	Flurstück			AN	Anlage	☑	☐	☐	☐	Frei

Abbildung 6.9 Customizing – Zuordnung von Objekten

6.8.3 Konditionen

Konditionen werden in Verträgen ebenso verwendet wie in Mietobjekten. In beiden Fällen bilden sie die Grundlage für die periodischen Buchungen für Verträge bzw. Leerstand. Konditionen werden aber ebenso in der Interessentenverwaltung sowie in der Raumreservierung und der permanenten Raumbelegung genutzt. Die Begriffe *Konditionsart*, *Konditionszweck* und *Konditionsgruppe* nehmen deshalb eine wichtige Rolle im Customizing von SAP RE ein.

Konditionsart

Eine Konditionsart definiert, welcher Betrag für eine Leistung zu entrichten ist. Beispiele für Konditionsarten sind die monatliche Grundmiete für eine Wohnung oder einen Laden, die Betriebskostenvorauszahlung oder der Preis für die Nutzung eines Konferenzraumes. Abbildung 6.10 zeigt die Konditionsart GRUNDMIETE.

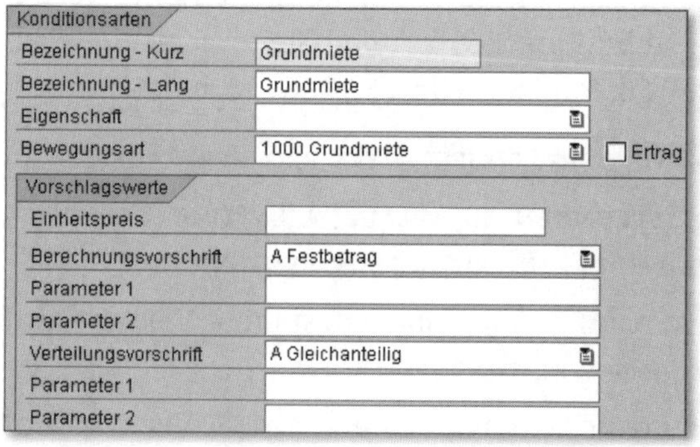

Abbildung 6.10 Customizing – Definition einer Konditionsart

Konditionszweck

Jede Konditionsart können Sie im Zusammenhang mit mehreren *Konditionszwecken* verwenden: Hat die Grundmiete den Konditionszweck BUCHMIETE, wird für diese Kondition bei der periodischen Buchung ein Beleg erstellt. Tritt die Konditionsart GRUNDMIETE dagegen im Zusammenhang mit dem Konditionszweck STATISTISCH auf, dient diese Kondition lediglich zu Informationszwecken und wird bei der periodischen Buchung nicht berücksichtigt.

Externer Konditionszweck

Die sogenannten *externen Konditionszwecke* können Sie im Customizing frei definieren. Für jeden externen Konditionszweck wählen Sie einen der fest definierten internen Konditionszwecke (WIRD GEBUCHT, WIRD EINMALIG GEBUCHT, STATISTISCH, STATISTISCH EINMALIG). Sie definieren weiterhin, ob der Konditionszweck für Verträge und/oder Mietobjekte zugelassen ist (siehe Abbildung 6.11).

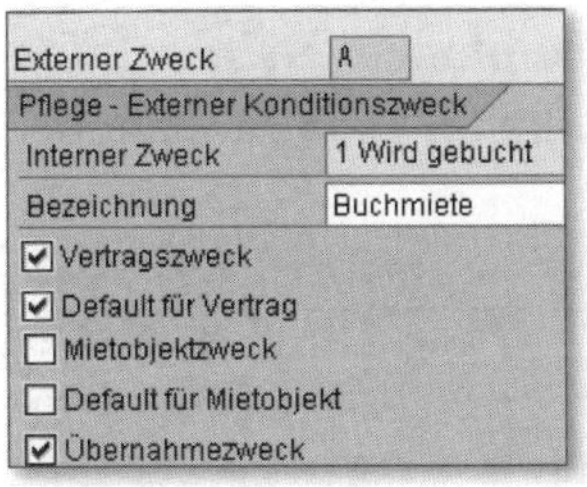

Abbildung 6.11 Customizing – Definition von Konditionszwecken

Konditionsgruppe

In einer *Konditionsgruppe* werden mehrere Konditionsarten zusammengefasst. Abbildung 6.12 zeigt die Definition der Konditionsgruppe VERTRAG DEBITORISCH ALLGEMEIN. Zu jeder Konditionsart wird festgelegt, mit welchem Konditionszweck die Konditionsart verwendet wird.

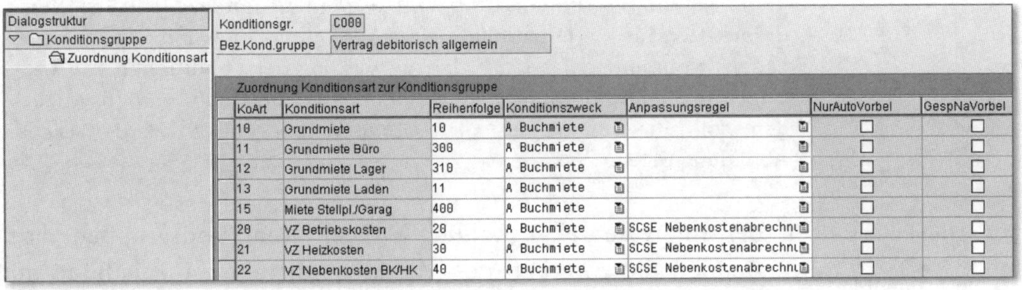

Abbildung 6.12 Customizing – Definition einer Konditionsgruppe

In welchen Anwendungen und zu welchen Zwecken können Sie Konditionsgruppen nun aber nutzen?

Konditionsgruppen – Verträge und Mietobjekte

Einerseits können Sie einer *Vertragsart* bzw. einer *Nutzungsart* eine Konditionsgruppe zuordnen. Dadurch steuern Sie, welche Konditionsarten in einem Vertrag mit einer bestimmten Vertragsart verwendet werden dürfen. Beim Einfügen einer neuen Kondition im Register KONDITIONEN des Vertrages bzw. des Mietobjekts können Sie ausschließlich aus den Konditionsarten der zugeordneten Konditionsgruppe auswählen. Die Zuordnung von Konditionsgruppen zu Vertragsarten und Nutzungsarten nehmen Sie im Customizing von SAP RE unter KONDITIONEN UND BEWEGUNGEN • KONDITIONSARTEN UND KONDITIONSGRUPPEN • KONDITIONSGRUPPEN vor.

Konditionsgruppen – Infosystem

Eine weitere Nutzungsmöglichkeit finden Sie im Bereich des Infosystems. Hier können Sie Konditionsgruppen, aber auch einzelne Konditionsarten, in sogenannte *Konditionsprofile* einbinden. Nähere Informationen zu Reportprofilen erhalten Sie in Kapitel 14, »Infosystem«.

BuKr	Vertrag	Bez. Vertragsart	Buchmiete Grundmiete	Buchmiete Nebenkosten
4000	2000000	Vermietung Gewerbe	3.900,00	
4000	2000010	Vermietung Gewerbe	594,00	
4000	2000011	Vermietung Wohnung	565,00	320,00
4000	2000012	Vermietung Wohnung	560,00	300,00
4000	2000013	Vermietung Wohnung	500,00	250,00
4000	2000015	Vermietung Wohnung	510,00	310,00
4000	2000016	Vermietung Wohnung	450,00	120,00
4000	2000017	Vermietung Wohnung	500,00	250,00
*			7.579,00	1.550,00

Abbildung 6.13 Infosystem Verträge – Grundmiete und Nebenkosten

[zB]

Nutzung von Konditionsgruppen im Infosystem

In der Konditionsgruppe GRUNDMIETE werden die unterschiedlichen Konditionsarten für die Grundmiete einer Wohnung, eines Büros oder eines Ladens zusammengefasst. Bei der Auswertung der Konditionen von Verträgen sollen alle Grundmieten in einer Spalte aufgeführt werden. Außerdem soll eine Summe aus allen Grundmieten gebildet werden (siehe Abbildung 6.13).

Konditionsgruppen – Interessentenverwaltung

In der Interessentenverwaltung werden Konditionsgruppen dazu verwendet, die Angaben des Mietinteressenten zur Miethöhe mit den Konditionen der vorhandenen Angebotsobjekte abzugleichen. Dazu werden einer Immobiliengesuchsart Konditionsgruppen bzw. einzelne Konditionsarten zugeordnet. Im Immobiliengesuch gibt der zukünftige Mieter an, welche Netto-Kaltmiete er maximal zahlen möchte. Unter Berücksichtigung von Toleranzwerten werden die Angebotsobjekte ermittelt, deren Konditionen in den gewünschten Bereich fallen.

Konditionsarten – Raumreservierung und -belegung

Der Gesuchsart für Raumreservierungen bzw. permanente Raumbelegungen können keine Konditionsgruppen, aber einzelne Konditionsarten zugeordnet werden. Diese definieren zum Beispiel die Höhe der Miete für einen Meetingraum oder für einen Arbeitsplatz in einem Großraumbüro.

6.9 Zusammenfassung

Dieses Kapitel sollte Ihnen den Einstieg in die Betrachtung und Bearbeitung der Immobilienobjekte erleichtern. Dazu haben wir Ihnen das zentrale Werkzeug, den RE-Navigator, und viele wiederkehrende Konzepte wie das Benennen von Verantwortlichen, Funktionen – zum Beispiel die Wiedervorlage und Fehlerlisten – und Instrumente wie den Arbeitsvorrat vorgestellt.

Darüber hinaus haben wir Ihnen einen Überblick über allgemeines und an mehreren Stellen wiederkehrendes Customizing gegeben – darunter die Zuordnung von Objektarten und die Einstellungen zu Konditionsarten und -gruppen.

Auf dieses Wissen können Sie in den Kapiteln zu den Stammdaten, zum Vertragsmanagement, zur Nebenkostenabrechnung und zur Architektur zurückgreifen.

Ohne eine erstklassige und zuverlässige Finanzbuchhaltung ist ein Unternehmen nicht gut zu führen. Die Integration von SAP RE mit SAP ERP Financials ist ein zentraler Bestandteil dieser Software für das Immobilienmanagement.

7 Rechnungswesen

Zahlreiche Aufgaben, die im Zusammenhang mit dem Management von Immobilien anfallen, sind dem Rechnungswesen zuzuordnen:

- Buchen von Forderungen aus Mietverträgen
- Buchen von Verbindlichkeiten aus Verträgen mit Dienstleistern
- Abwicklung von Zahlungen
- Mahnwesen
- Abgrenzung von Kosten und Erlösen
- Umsatzsteuer

Diese finanzbuchhalterischen Vorgänge sind nicht nur für das eigene Vermögen des Unternehmens, sondern auch für Fremdvermögen wie z. B. das Vermögen von Wohnungseigentümergemeinschaften abzuwickeln – siehe hierzu Kapitel 16, »Länderspezifische Themen«.

Der Behandlung der Vorsteuer haben wir aufgrund der Komplexität des Themas ein eigenes Kapitel gewidmet (siehe Kapitel 10, »Steuerliche Aspekte der Immobilienverwaltung«).

Beachten Sie bitte folgenden Hinweis, ehe Sie mit der Lektüre des Kapitels beginnen:

Voraussetzung [+]

Zum Verständnis dieses Kapitels werden Buchhaltungskenntnisse im Allgemeinen und die Kenntnis der SAP-Lösung SAP ERP Financials vorausgesetzt.

7.1 Buchen auf Immobilienobjekte

Wie kann man die Kosten einer Reparatur an einem Gebäude in der Buchhaltung auch wirklich diesem Gebäude zuordnen? Wir zeigen Ihnen in diesem Abschnitt, wie Sie in der Buchhaltung einen Bezug zu Immobilienobjekten herstellen.

7.1.1 Immobilienkontierung

FI und CO

In der SAP ERP Financials-Komponente Finanzbuchhaltung (Financial Accounting, FI) steht Ihnen eine Vielzahl von Transaktionen zur Verfügung, die der Erfassung von Buchhaltungsbelegen dienen, beispielsweise die Transaktionen FB01 (Beleg buchen), FB50 (Sachkontenbeleg erfassen) und FB60 (Kreditorenrechnung erfassen). Immer wenn hierbei Kosten- oder Erlösartenkonten betroffen sind, haben Sie grundsätzlich auch die Möglichkeit, die Buchung einem Immobilienobjekt zuzuordnen. Immobilienobjekte sind Nebenkontierungen, also Kontierungsobjekte in der SAP ERP Financials-Komponente Controlling (CO), analog zu Aufträgen oder Kostenstellen.

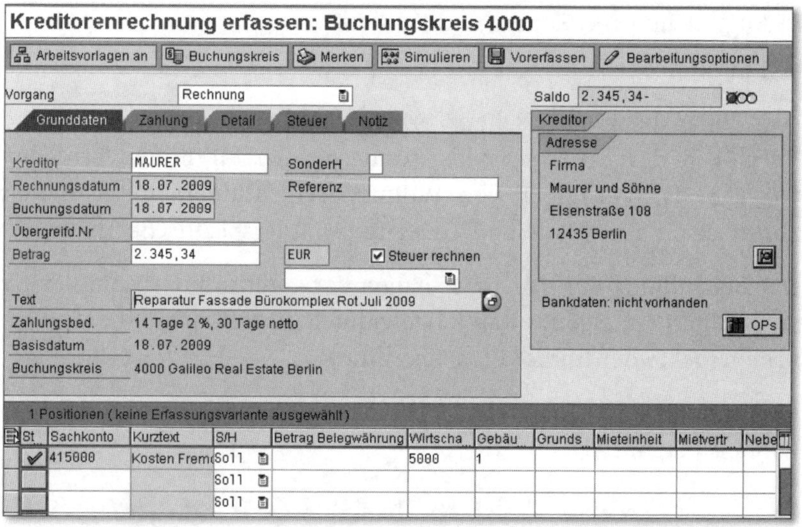

Abbildung 7.1 Kreditorenrechnung erfassen

Transaktionen FB50 und FB60

Buchen Sie beispielsweise, wie in Abbildung 7.1 gezeigt, eine Kreditorenrechnung, die ein Gebäude betrifft (im Beispiel: Kontierung auf GEBÄUDE 1 zur WIRTSCHAFTSEINHEIT 5000), können Sie dieses Gebäude in der Kostenzeile des Buchhaltungsbeleges direkt mitgeben. In einigen Fällen, wie etwa in den Transaktionen FB50 und FB60, stehen Ihnen hierfür in der tabellarischen Erfassung entsprechende Eingabefelder zur Verfügung.

Transaktion FB01

In anderen Fällen, insbesondere innerhalb der Transaktion FB01, erfolgt die Eingabe über das sogenannte *Immobilien-Popup*. Sie erreichen dieses Popup über den Button IMMOBILIENOBJ (siehe ❶ in Abbildung 7.2). Das Popup in unserem Beispiel enthält auch die Vorsteuerberichtigungsinformationen, die in Kapitel 10, »Steuerliche Aspekte der Immobilienverwaltung«, besprochen werden. Im Beispiel wurden die Kosten dem GEBÄUDE 1 in der WIRTSCHAFTSEINHEIT 2000 ❷ zugeordnet.

Transaktion FB03

In der Form des Immobilien-Popups können Sie die Immobilienkontierung auch in der Anzeige einer Belegzeile innerhalb der Transaktion FB03 aufrufen.

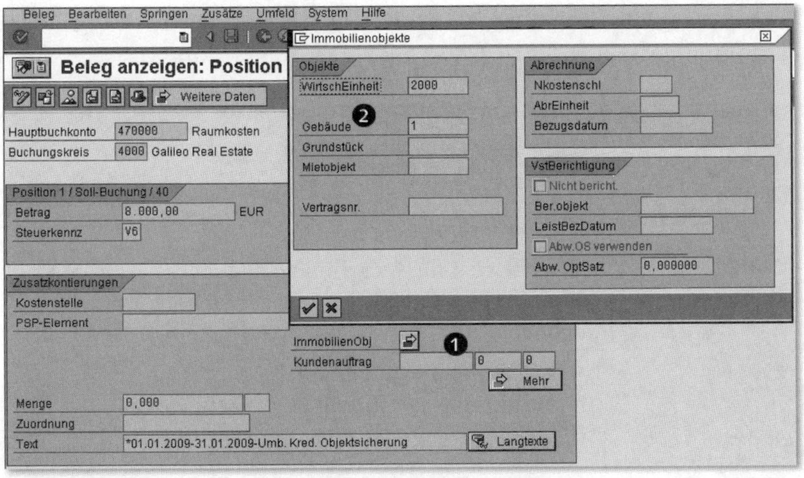

Abbildung 7.2 Immobilien-Popup mit Gebäudekontierung

Folgende Immobilienobjekte sind als Kontierungen vorgesehen:

- Wirtschaftseinheit
- Gebäude
- Grundstück
- Mietobjekt
- Vertrag
- Kostensammler (zur Abrechnungseinheit)

Buchungen auf Objekte kontieren

Sie können Buchungen nur dann auf Immobilienobjekte kontieren, wenn die Konten als Kostenarten bzw. Erlösarten angelegt sind. Das zu bebuchende Immobilienobjekt muss außerdem zum Buchen freigegeben sein (CO-Status FREI). Die Freigabe nehmen Sie über den jeweiligen Stammdatendialog vor. Im Falle von Abrechnungseinheiten müssen Sie Kostensammler generieren. Details zum CO-Status finden Sie in Abschnitt 13.1, »Controlling«. Das Generieren von Kostensammlern wird in Kapitel 9, »Nebenkostenabrechnung«, besprochen.

7.1.2 Customizing der Immobilienkontierung

Um die Buchungen auf Immobilienobjekte ausführen zu können, muss zuvor der Feldstatus der zu bebuchenden Konten und der benutzten Buchungsschlüssel entsprechend eingerichtet sein. Für die technisch Interessierten unter unseren Lesern haben wir in Tabelle 7.1 die Namen der entsprechenden Felder im Buchhaltungsbeleg zusammengestellt.

Feldname in Tabelle BSEG	Bedeutung
IMKEY	Interner Schlüssel für Immobilienobjekt: enthält die CO-Kontierung
DABRZ	Bezugsdatum für Abrechnung: enthält die Zuordnung zum Abrechnungszeitraum für die Nebenkostenabrechnung
VERTN	Vertragsnummer, gefüllt durch periodische Buchung in der Debitoren- und Kreditorenzeile
VERTT	Vertragsart (für Immobilienverträge immer 9)
VBEWA	Bewegungsart (nicht zu verwechseln mit der Bewegungsart aus der Anlagenbuchhaltung – BEWAR), Näheres dazu in Abschnitt 7.3, »Kontenfindung«

Tabelle 7.1 Felder der Immobilienverwaltung in Belegen der Finanzbuchhaltung

Feldstatus

Die genannten Felder finden Sie im Customizing von SAP ERP Financials in den Dialogen zur Feldstatusverwaltung unter den Feldgruppen IMMOBILIENVERWALTUNG und VERMÖGENSVERWALTUNG. Die Felder sollten für die betroffenen Konten als Kann-Felder eingestellt werden.

Mit den Feldstatuseinstellungen im Customizing der Finanzbuchhaltung erlauben Sie grundsätzlich, dass auf bestimmte Konten mit Immobilienkontierungen gebucht werden darf. Nun besteht aber häufig der Wunsch, die Möglichkeiten der Kontierung einzuschränken, um Fehlbuchungen zu vermeiden.

[zB]

Buchen mit Immobilienkontierungen detailliert steuern

Sie möchten sicherstellen, dass die für die Nebenkostenabrechnung relevanten Buchungen auf Abrechnungseinheiten (Kostensammler) nur auf bestimmten Konten vorgenommen werden dürfen. Außerdem sollen nur bestimmte Kombinationen von Konten und Nebenkostenschlüsseln zulässig sein. Andere Konten dürfen wiederum nur mit Kontierungen auf Gebäude versehen werden.

Konteneigenschaften

Derartige Prüfungen können Sie über ein entsprechendes Customizing in SAP RE erreichen (Buchhaltung • Belege aus der Finanzbuchhaltung mit RE-Bezug).

Nachdem wir gesehen haben, wie Buchungen mit Immobilienkontierungen direkt und manuell in der Finanzbuchhaltung erfasst werden können, wenden wir uns nun den Buchungen zu, die nicht direkt in der Finanzbuchhaltung gebucht werden, sondern aus SAP RE initiiert und maschinell in die Finanzbuchhaltung (FI) von SAP ERP Financials gebucht werden. Hierbei handelt es sich im Allgemeinen um Massenverarbeitungsprozesse wie die periodischen Buchungen.

7.2 Periodische Buchungen

In wohl jedem Vertrag, den wir schließen, geht es auch um Geld: Der Mieter hat eine Miete zu zahlen, der Energieversorger will eine Vorauszahlung haben, der Vermieter soll seine Miete bekommen.

Transaktion RERAPP

In Kapitel 5, »Vertragsmanagement«, haben wir ausführlich dargestellt, wie flexibel die Vereinbarung von Konditionen in Verträgen erfolgen kann. Die in den Verträgen vereinbarten Konditionen werden über die Transaktion RERAPP (Periodische Buchung Verträge) in der Finanzbuchhaltung gebucht. Auf diese Weise werden dort Forderungen und Verbindlichkeiten erzeugt. In SAP RE werden Sie vergeblich nach dem Begriff *Sollstellung* fahnden, der in der Wohnungswirtschaft gebräuchlich ist. Grund hierfür ist die Tatsache, dass es in SAP RE Verträge sowohl debitorischer als auch kreditorischer Natur gibt, so dass Sollstellungen (debitorische Verträge) und Habenstellungen (kreditorische Verträge) stattfinden. Diese werden einheitlich über die Transaktion RERAPP (Periodische Buchungen) gebucht.

7.2.1 Konditionen und Zahlungsfinanzstrom

Die periodischen Buchungen basieren auf Plan-Werten, die im Vertrag über den Finanzstrom dargestellt werden. Diese sogenannten Plan-Sätze werden immer auf Basis der Vertragskonditionen für einen gewissen Zeitraum im Voraus generiert und auf der Datenbank gespeichert. Für die Erzeugung von Finanzstromsätzen und die späteren Buchungen ist neben dem Konditionsbetrag eine Reihe von sogenannten Klauseln maßgeblich.

Die Möglichkeiten, einen Konditionsbetrag zu hinterlegen bzw. zu ermitteln, wurden in Kapitel 5, »Vertragsmanagement«, erläutert, wir wenden uns daher nun den Klauseln zu.

Umgang mit Klauseln

Klauseln hinzufügen

Die für den Finanzstrom maßgeblichen Klauseln werden bis auf die Laufzeit im Vertragsdialog im Register BUCHUNGSPARAMETER angelegt. Hierzu wählt man jeweils in der oberen Bildhälfte die entsprechende Klauselart aus und pflegt die Detaildaten in der unteren Bildhälfte. Benötigt man weitere Klauseln, da die Regelungen für verschiedene Konditionen differieren, so fügt man diese in der entsprechenden Klauselart hinzu.

Zeitscheiben

Außerdem können Sie Klauseln zeitraumbezogen ändern, also eine neue Zeitscheibe zu einer Klausel anlegen. Hierzu verwenden Sie das Icon mit dem Kalendersymbol, das Sie in allen Klauseln vorfinden. In Abbildung 7.3 finden Sie dieses Icon unter ❶.

Die Zuordnung der Klauseln zur Kondition nehmen Sie im Register KONDITIONEN vor, indem Sie in der oberen Bildhälfte die betroffene Kondition auswählen und im unteren Teil des Bildschirms das Register KLAUSELN nutzen.

Rhythmusklausel

Alle Steuerungsparameter, die die Häufigkeit, die Zahlungstermine und die Interpretation des Konditionsbetrages in Bezug auf die Zahlungszeiträume betreffen, sind in der Rhythmusklausel zusammengefasst.

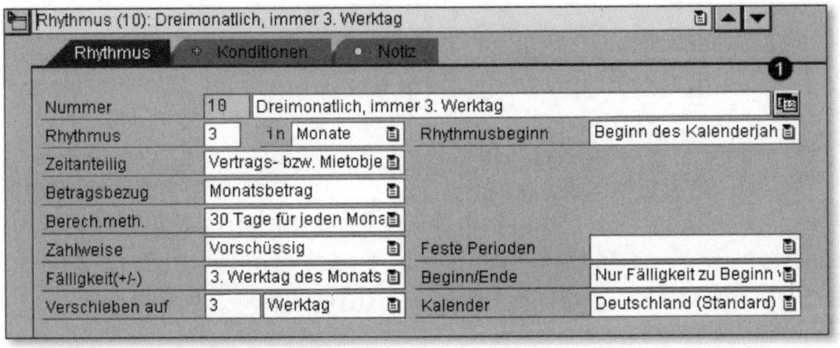

Abbildung 7.3 Rhythmusklausel

Die folgenden Felder betreffen den *Rhythmus* der Perioden und steuern die Inhalte der Felder BERECHNUNG VON und BERECHNUNG BIS im Finanzstrom):

- **Rhythmus**
  Angabe der Länge einer Periode, für die die Kondition vereinbart ist (Anzahl und Art der Periode, z. B. 3 Monate, 1 Jahr, 7 Tage)
- **Rhythmusbeginn**
  Soll der Rhythmus mit dem Beginn der Kondition oder einem anderen beliebigem Termin beginnen oder mit dem Kalenderjahr?
- **Betrag (Feld »Betragsbezug«)**
  Interpretation des Konditionsbetrages (Konditionsbetrag gilt für den über den Rhythmus definierten Zeitraum – einen Monat, ein Jahr, einen Tag)
- **Behandlung von unvollständigen Perioden**
  Nicht immer beginnen oder enden Verträge am Beginn oder am Ende einer Periode, für die eine Kondition gilt. In diesen Fällen muss geregelt werden, wie die anteilige Miete für diese Periode zu berechnen ist.
  - *Zeitanteilig*
    Wie soll die Miete berechnet werden, wenn der Vertrag vor Ablauf der Periode, für die eine Kondition gilt, ausläuft oder mitten in einer Periode beginnt: zeitanteilig oder nicht zeitanteilig?

- *Berechnungsmethode*
  Wie soll eine zeitanteilige Berechnung erfolgen: für einen Monat immer 30 Tage annehmen oder taggenau rechnen?

- **Fälligkeit**
  Diese Felder steuern, wie der Fälligkeitstermin der Zahlung für eine Periode zu berechnen ist:
  - *Zahlweise*
    Wann ist die Kondition fällig: am Beginn, in der Mitte oder am Ende einer Periode?
  - *Fälligkeit (+/–)*
    Ist die Fälligkeit in Bezug auf die Zahlweise zu verschieben, z. B. auf den 3. Werktag? Anmerkung: Es ist möglich, diese Regeln (Fälligkeitsverschieberegeln) im Customizing zu ergänzen.
  - *Beginn/Ende*
    Wie soll die Fälligkeitsverschiebung behandelt werden, wenn der Beginn des Vertrages oder dessen Ende in die Mitte einer Periode fällt?
  - *Kalender*
    Gilt für die Fälligkeit ein zugrunde zu liegender Feiertagskalender?

Wir wollen die oben aufgeführten Parameter an einem Beispiel erläutern, das in Tabelle 7.2 dargestellt ist.

Beispiel »Rhythmusklausel«	Grundmiete	Betriebskostenvorauszahlung
Konditionsbetrag	100 EUR	100 EUR
Rhythmus	3 Monate	1 Monat
Betragsbezug	Monatsbetrag	Rhythmusbetrag
Zahlweise	vorschüssig	vorschüssig
Verschieben auf	Verschieben auf 3. Werktag	Standard, nicht verschieben
Beginn/Ende	Fälligkeit nur zu Beginn verschieben	Fälligkeit nur zu Beginn verschieben
Rhythmusbeginn	Beginn des Kalenderjahres	Beginn der Kondition
zeitanteilig	immer zeitanteilig	nie zeitanteilig

Tabelle 7.2 Beispiel für eine Rhythmusklausel

In Abbildung 7.4 sehen Sie den Finanzstrom, der mit den in Tabelle 7.2 aufgeführten Parametern erzeugt wurde. Der Vertrag beginnt am 12.1. und endet am 25.10.2009.

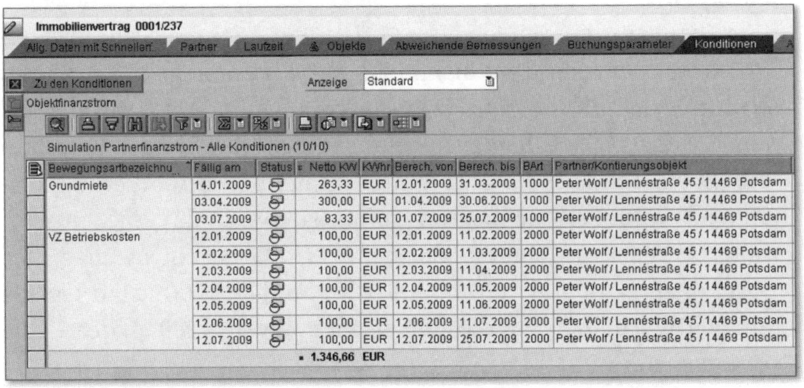

Abbildung 7.4 Beispielhafter Finanzstrom für die Rhythmusklausel aus Tabelle 7.2

Die Daten des in Abbildung 7.4 dargestellten Finanzstroms erklären sich aus den Daten in Tabelle 7.2 wie folgt:

- **Berechnung von, Berechnung bis**
  Für die Grundmiete ergibt sich ein Drei-Monats-Rhythmus, wobei die erste Periode unvollständig ist, da der Rhythmusbeginn mit dem Beginn des Kalenderjahres festgelegt wurde. Für die Betriebskostenvorauszahlung wurde Rhythmusbeginn = Konditionsbeginn gewählt, so dass die Perioden jeweils am 12. eines Monates beginnen und so nur die letzte Periode unvollständig ist.
- **Betrag (Netto KW = Nettobetrag in Konditionswährung)**
  Die Kondition für die Grundmiete wurde als Monatsmiete (Betragsbezug) angegeben, daher beträgt die Miete für drei Monate 300 EUR. Wäre als Betragsbezug RHYTHMUSBETRAG gewählt worden, so wären pro voller Periode 100 EUR fällig gewesen.

  Für die unvollständigen Perioden wurde der Konditionsbetrag anteilig bestimmt (Parameter zeitanteilig).

  - Nach der Berechnungsmethode 30 Tage pro Monat ergibt sich bei 300 EUR für drei Monate in der ersten Periode (11 Tage fehlen) Folgendes:
    300 EUR × 79/90 = 263,33 EUR
  - Unter gleichen Bedingungen ergibt sich in der letzten Periode:
    300 EUR × 25/90 = 83,33 EUR.

Im Falle der Betriebskostenvorauszahlung wird auch in der unvollständige Periode am Vertragsende ein voller Konditionsbetrag fällig (Zeitanteilig: nie).

- **Fällig am**
  Das Datum ergibt sich jeweils aus dem Periodenintervall (BERECHNUNG VON, BERECHNUNG BIS) und den Fälligkeitsregeln. Hierdurch ermittelt sich für die Betriebskostenvorauszahlung jeweils der 12. eine Monats als Fälligkeitstermin (vorschüssig, keine Verschiebung), während für die Grundmiete immer der dritte Werktag ausgehend vom Periodenbeginn gefunden wird, da VORSCHÜSSIG, DRITTER WERKTAG eingestellt ist (12.1.2009 ist ein Montag, der 3.Werktag ist der 14.1.2009; 1.4.2009 und 1.7.2009 sind jeweils ein Mittwoch, daher in diesen Perioden jeweils Freitag, der 3., als Fälligkeitstermin).

Quarterdays

Im angelsächsischen Raum ist aus historischen Gründen eine spezielle Art von Konditionen verbreitet: Man einigt sich auf eine Jahresmiete, die an fest definierten, meist regional unterschiedlich geregelten Zahlungsterminen gleichanteilig zu zahlen ist. Da es sich im Allgemeinen um vier Termine handelt, spricht man von *Quarterdays*. Die Quarterdays sind nicht ganz gleichmäßig über das Jahr verteilt. Es gibt »lange« und »kurze« Quartale, aber zu jedem Quartalstermin ist der gleiche Betrag, ein Viertel der Jahresmiete, fällig. Wegen der Ungleichheit der Perioden lässt sich diese Vereinbarung mit den bisher beschriebenen Parametern nicht abbilden. Man verwendet stattdessen in der Buchungsklausel das Feld FESTE PERIODE und hinterlegt eine entsprechende Regel für die Bestimmung der Quarterdays, die im Customizing zu definieren ist.

Buchungsklausel

Die Inhalte der Buchungsklausel sind davon abhängig, welches Buchhaltungssystem (Debitorenbuchhaltung, Accounts Receivable – FI-AR) oder Vertragskontokorrent in SAP Public Sector Collection and Disbursement (SAP PSCD) benutzt wird.

Enthaltene Informationen

Die Informationen in der Buchungsklausel sind im Folgenden aufgeführt:

- **Zahlweg, Zahlsperre**
  Die Daten werden beim periodischen Buchen in den Beleg übernommen.
- **Zahlungsbedingung**
  Die Zahlungsbedingung wird in den Beleg übernommen. Im Allgemeinen sollte dieses Feld nicht benutzt werden, da hierdurch abweichend von der im Finanzstrom berechneten Fälligkeit im Beleg eine andere Fälligkeit bestimmt werden kann.
- **Bankverbindung**
  Hier handelt es sich um die Bankverbindung des Partners, sie wird in den Beleg übernommen.
- **Hausbank/Konto**
  Dies ist die Bankverbindung des Unternehmens, auf das/von dem gezahlt werden soll, sie wird in den Beleg übernommen.
- **Verwendungszweck**
  Der Verwendungszweck wird beim periodischen Buchen in den Beleg übernommen (Referenz im Belegkopf) – dies kann z.B. für kreditorische Buchungen nützlich sein, um dem Zahlungsempfänger die Zahlungszuordnung zu erleichtern.
- **Kontenfindungswert**
  Dies ist ein zusätzlicher Parameter, der die Kontenfindung beeinflusst. Zur Kontenfindung siehe Abschnitt 7.3, »Kontenfindung«.
- **Währungsumrechnungsregel**
  Diese Regel wird für Verträge in Fremdwährung benötigt; siehe Abschnitt 7.2.4, »Fremdwährungen«.
- **Steuerart/Steuergruppe**
  Hierdurch wird bestimmt, mit welchem Steuerkennzeichen zu buchen ist. Das Steuerkennzeichen wird zeitabhängig aus dem Customizing ermittelt.
- **Brutto**
  Gelegentlich kommt es vor, dass eine Kondition brutto vereinbart ist, d.h., der angegebene Konditionsbetrag ist als Brutto-Wert zu verstehen.
- **Partner**
  Hier wird der Partner bestimmt und damit das Debitoren- oder Kreditorenkonto, auf das zu buchen ist.

- **Konditionssplit**
  Falls in Ihrem System die Teilfunktion *Konditionssplit* aktiv ist, kann man hier auch einstellen, dass die Buchung auf mehrere Partner verteilt werden soll. In diesem Fall erscheint ein weiteres Detailbild, um die Regeln für die Verteilung des Konditionsbetrages zu erfassen. Um den Konditionensplit einsetzen zu können, muss die Teilfunktion CDSP aktiviert werden.

Organisatorische Zuordnung

Die Klausel *Organisatorische Zuordnung* enthält Informationen über Nebenkontierungen wie Geschäftsbereich und Profit-Center. Je nachdem, ob und welche Teile des Haushaltsmanagements aktiv sind, sind hier auch die entsprechenden Felder Fond, Budgetperiode, Finanzstelle, Finanzposition, Funktionsbereich, Grant und Haushaltsmanagementprogramm zu pflegen.

Laufzeit

Die Laufzeit eines Vertrages wird im gleichnamigen Register gepflegt (siehe Abbildung 7.5). Beginn und Ende des Vertrages bestimmen die »Länge« des Finanzstroms. Darüber hinaus gibt es zwei äußerst bedeutsame Daten.

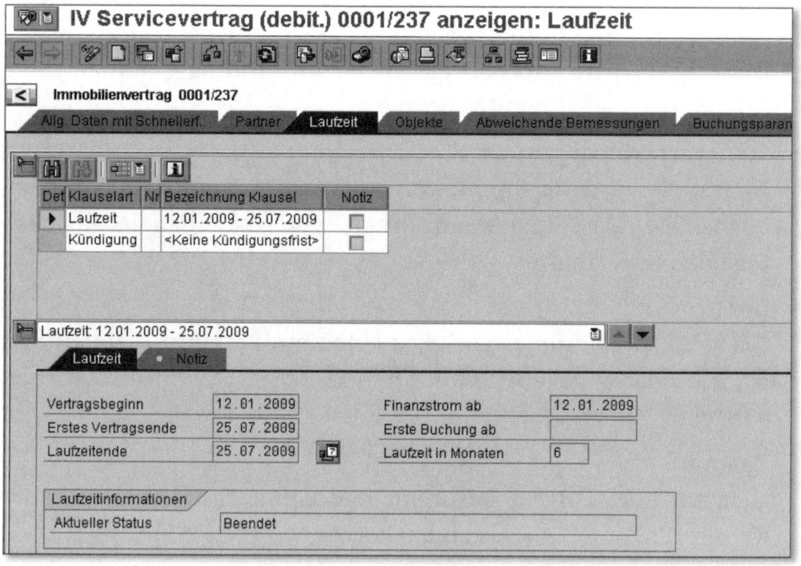

Abbildung 7.5 Laufzeit eines Vertrages

Mit dem Datum FINANZSTROM AB bestimmen Sie, ab wann ein Finanzstrom generiert werden soll. Dieser Termin kann vor dem Datum ERSTE BUCHUNG AB liegen, wie unten am Beispiel erläutert wird.

Feld »Finanzstrom ab«

Das Datum ERSTE BUCHUNG AB bestimmt, ab wann Finanzstromsätze gebucht werden.

Feld »Erste Buchung ab«

[zB]

Felder »Finanzstrom ab« und »Erste Buchung ab«

Sie haben im Zuge Ihrer Altdatenübernahme einen Vertrag übernommen, der seit 1970 läuft. Vertragsbeginn und Konditionen wurden so übernommen, wie sie im Altsystem gepflegt waren. Im Altsystem wurden bis Ende 2008 Buchungen durchgeführt. In diesem Fall würden Sie das Datum ERSTE BUCHUNG AB auf den 1.1.2009 einstellen.

Da es sein kann, dass rückwirkend Konditionen geändert werden müssen, die schon im Altsystem gebucht waren, werden Sie den Finanzstrom aber ab 1.1.2007 generieren – Sie müssen also des Feld FINANZSTROM AB auf dieses Datum einstellen. Auf diese Weise werden zunächst alle Finanzstromeinträge zwischen dem 1.1.2007 und dem 31.12.2008 als gebucht gelten (sie wurden ja im Altsystem gebucht). Wird eine Kondition rückwirkend für diesen Zeitraum geändert, werden Plan-Sätze über die Differenzbeträge erzeugt, die dann in SAP RE gebucht werden können.

[!]

Zeitraum der Finanzstromgenerierung

Der Finanzstrom muss mindestens für den Zeitraum generiert werden, für den noch Nebenkostenabrechnungen in SAP RE erstellt werden sollen.

7.2.2 Periodische Buchungen aus Verträgen

Rufen Sie die Transaktion RERAPP auf, um die periodischen Buchungen auszuführen. Da es sich um einen Massenprozess handelt, sollten Sie im Allgemeinen einen Batch-Job einplanen und die Online-Ausführung nur auf wenige Verträge einschränken. Sie können das Programm im Simulationsmodus oder im Echtlauf ausführen.

Die Transaktion RERAPP liest die Finanzstromsätze der Verträge und erzeugt hieraus Buchungen in der Finanzbuchhaltung. Über das Selektionsbild der Transaktion bestimmen Sie, welche Verträge und Konditionsarten zu buchen sind. Die wichtigsten Parameter für die Zeitraumabgrenzungen im Finanzstrom sind die Parameter FÄLLIGKEITSTAG und BERECHNUNGSDATUM BIS. Diese Parameter korrespondieren mit den entsprechenden Feldern im Finanzstrom und bestimmen die Auswahl der zu buchenden Finanzstromsätze.

Feld »Fälligkeitstag« Beim Erstaufruf des Selektionsbildes ist das Feld FÄLLIGKEITSTAG mit dem Ultimo des Folgemonats (bezogen auf das aktuelle Systemdatum) gefüllt. Sie können das Datum direkt überschreiben oder indirekt füllen, indem Sie den Monat oder das Jahr des Buchungslaufes ändern und anschließend die [Enter]-Taste betätigen, um die abhängigen Datumswerte neu zu berechnen. Der Parameter bezieht sich auf das Feld FÄLLIG AM im Finanzstrom.

Feld »Berechnungsdatum bis« Dieses Feld bezieht sich auf das Feld BERECHNUNG BIS im Finanzstrom. Es ist nützlich, nach diesem Feld abzugrenzen, wenn man nur Buchungen vornehmen will, die bestimmte Zeiträume betreffen, ohne aber die Fälligkeit in Betracht zu ziehen. Es wird häufig benutzt, um Finanzstromsätze zu buchen, die durch rückwirkende Änderungen in bereits gebuchten Perioden entstanden sind.

Führt man das Programm aus, so erhält man eine Ergebnisliste wie in Abbildung 7.6 und ein Fehlerprotokoll. Letzteres erreichen Sie durch Absprung aus der Liste über das Icon PROTOKOLL (siehe ❶ in Abbildung 7.6). Über den Button BELEGE gelangen Sie in das Buchungsprotokoll mit den simulierten Buchungen (im Simulationsmodus) bzw. den gebuchten Belegen (im Echtlauf).

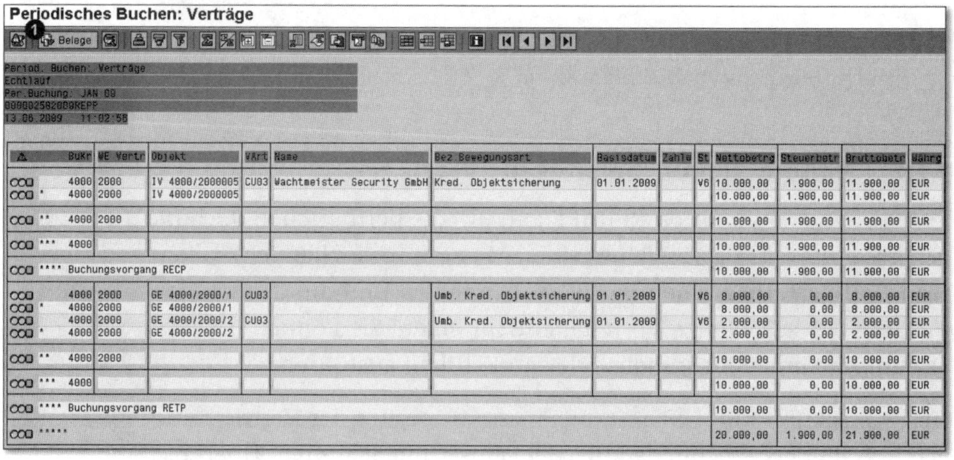

Abbildung 7.6 Ergebnisliste der Periodischen Buchungen

Referenz Buchungslauf Alle Belege, die durch Buchungsläufe in SAP RE entstehen, erhalten im Belegkopf eine entsprechende Information:

- **Feld BKPF-AWTYP »Referenzvorgang«**
  Das Feld erhält den Wert REACI, um anzuzeigen, dass es sich um einen Beleg aus SAP RE handelt.
- **Feld BKPF-AWKEY »Referenzschlüssel«**
  Das Feld erhält einen Wert, der den Buchungslauf und den Beleg eindeutig identifiziert.
- **Feld BKPF-XBLNR »Referenz«**
  Sofern dieses Feld nicht durch den Verwendungszweck im Vertrag belegt ist (siehe Überschrift »Buchungsklausel« im vorherigen Abschnitt 7.2.1, »Konditionen und Zahlungsfinanzstrom«), wird es mit einer Identifikation des Buchungslaufes gefüllt.

Feld »Referenz« [zB]

In unserem Beispiel in Abbildung 7.7 ist das Feld REFERENZ im Belegkopf mit dem Wert 000002562009REPP gefüllt. Diese Angabe ist aus drei Teilen zusammengesetzt:

- der Nummer des Buchungslaufes (00000256)
- dem Jahr (2009), in dem der Buchungslauf durchgeführt wurde
- einer Information über die Art des Buchungslaufes – REPP steht für *Real Estate Periodical Posting*

In den Belegzeilen ist die Nummer des Vertrages vermerkt, der für die Buchungen verantwortlich ist (zu sehen in der Spalte VERTRAGSNUMMER ❶, der technische Name des Feldes ist BSEG-VERTN, siehe Abbildung 7.7). In der Ertragszeile finden Sie außerdem die Immobilienkontierung, in diesem Fall den Vertrag (zu sehen in der Spalte IMMOBILIENSCHLÜSSEL ❷, der technische Name des Feldes ist BSEG-IMKEY).

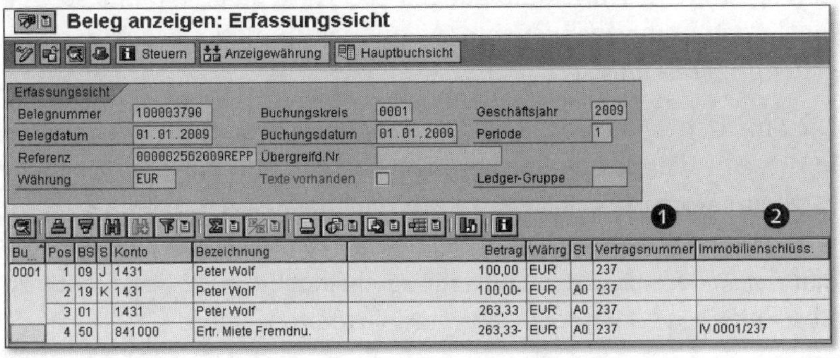

Abbildung 7.7 Finanzbuchhaltungsbeleg aus der periodischen Buchung

Finanzstrom – Status »Ist«

Die periodische Buchung kann wiederholt werden. Sie bucht dann alle noch nicht gebuchten (Plan-)Sätze aus dem Finanzstrom, da die bereits gebuchten entsprechend markiert wurden (Ist-Sätze). In Abbildung 7.8 sehen Sie, dass die mit unserem oben dargestellten Beleg gebuchten Beträge aus dem Finanzstrom den Status GEBUCHT erhalten haben (Spalte STATUS, Icon mit grün markiertem Haken). Gleichzeitig mit dem Buchhaltungsbeleg in FI wird ein sogenannter RE-Beleg erzeugt, der aber für den Anwender nicht sichtbar ist.

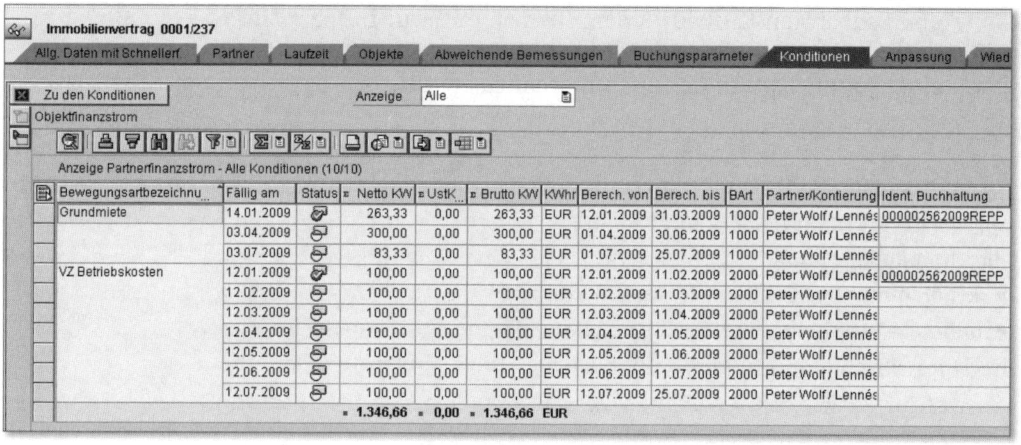

Bewegungsartbezeichnu...	Fällig am	Status	Netto KW	UstK...	Brutto KW	KWhr	Berech. von	Berech. bis	BArt	Partner/Kontierung	Ident. Buchhaltung
Grundmiete	14.01.2009		263,33	0,00	263,33	EUR	12.01.2009	31.03.2009	1000	Peter Wolf / Lennés	000002562009REPP
	03.04.2009		300,00	0,00	300,00	EUR	01.04.2009	30.06.2009	1000	Peter Wolf / Lennés	
	03.07.2009		83,33	0,00	83,33	EUR	01.07.2009	25.07.2009	1000	Peter Wolf / Lennés	
VZ Betriebskosten	12.01.2009		100,00	0,00	100,00	EUR	12.01.2009	11.02.2009	2000	Peter Wolf / Lennés	000002562009REPP
	12.02.2009		100,00	0,00	100,00	EUR	12.02.2009	11.03.2009	2000	Peter Wolf / Lennés	
	12.03.2009		100,00	0,00	100,00	EUR	12.03.2009	11.04.2009	2000	Peter Wolf / Lennés	
	12.04.2009		100,00	0,00	100,00	EUR	12.04.2009	11.05.2009	2000	Peter Wolf / Lennés	
	12.05.2009		100,00	0,00	100,00	EUR	12.05.2009	11.06.2009	2000	Peter Wolf / Lennés	
	12.06.2009		100,00	0,00	100,00	EUR	12.06.2009	11.07.2009	2000	Peter Wolf / Lennés	
	12.07.2009		100,00	0,00	100,00	EUR	12.07.2009	25.07.2009	2000	Peter Wolf / Lennés	
			1.346,66	0,00	1.346,66	EUR					

Abbildung 7.8 Ist-Sätze im Finanzstrom nach ausgeführter Buchung

Finanzstrom – Nachbuchungen

Im täglichen Geschäftsleben kommt es häufig vor, dass nachträgliche Änderungen an Verträgen vorgenommen werden müssen. Diese Änderungen betreffen oft Zeiträume, für die die periodischen Buchungen bereits durchgeführt wurden: Es werden z. B. nachträglich Mietminderungen gewährt, rückwirkende Mietanpassungen durchgeführt, Vertragskündigungen rückwirkend erfasst und so weiter. Es wäre sehr unangenehm, wenn man in diesen Fällen Buchungen stornieren müsste.

Die Finanzstromtechnik von SAP RE ist deshalb so ausgelegt, dass Sie in diesen Fällen keine Stornierungen vornehmen müssen. Vielmehr werden automatisch Plan-Sätze für Nachbuchungen in Höhe der zu buchenden Differenzen generiert. Diese Nachbuchungen können Sie dann mit der nächsten Sollstellung buchen. Ein Beispiel wird in Abschnitt 7.3.3, »Referenzbewegungsarten«, erläutert.

Besonderheiten der periodischen Buchung

Wir wollen noch auf einige Besonderheiten der periodischen Buchungen hinweisen.

Finanzstrom generieren

Es kann vorkommen, dass der Finanzstrom nicht aktuell ist, weil er nicht weit genug im Voraus generiert wurde. In diesem Fall wird der Finanzstrom während der periodischen Buchung automatisch generiert. Um den periodischen Buchungslauf, der im Allgemeinen zeitkritisch ist, nicht mit dieser Aktion zu belasten, ist es sinnvoll, periodisch einen separaten Lauf zur Finanzstromgenerierung einzuplanen (wir empfehlen Ihnen, diese Finanzstromgenerierung halbjährlich durchzuführen). Hierfür steht die Transaktion RECDCGOL (Finanzstromaktualisierung: Verträge) zur Verfügung.

Indirekte Vertragsänderungen

Es kann passieren, dass durch Änderungen an den Objekten (z. B. Änderung einer Objektbemessung, Beenden eines Objekts) Verträge oder Konditionen von Verträgen, die sich auf diese Objekte beziehen, inaktuell werden. Ist beispielsweise eine Miete pro Quadratmeter festgelegt, so ist diese unter Umständen nicht aktuell, wenn jemand die zugrunde liegende Fläche verändert hat. In diesem Fall wäre der Vertrag auf Basis eines Arbeitsvorrates zu aktualisieren. Die periodische Buchung erkennt die Notwendigkeit der Aktualisierung und nimmt sie automatisch vor, generiert den Finanzstrom neu und bucht erst dann auf Basis der aktualisierten Daten.

Die Aktualisierung kann über einen Reportparameter auf dem Selektionsbild der periodischen Buchungen unterdrückt werden.

7.2.3 Objektfinanzstrom

Zahlungsfinanzstrom

Die bisher besprochenen Buchungen, die aus einem Vertrag erzeugt wurden, betreffen den mit dem Vertragspartner abzuwickelnden Zahlungsverkehr. Daher bezeichnet man den zugrunde liegenden Finanzstrom auch als *Zahlungsfinanzstrom* (bzw. *Partnerfinanzstrom*). Handelt es sich um einen Mietvertrag, so werden wie im Beispiel in Abbildung 7.6 debitorische Buchungen abgesetzt. Die aus der Vermietung resultierenden Erlöse werden dem Vertrag zugeordnet. Im Buchungsbeleg in Abbildung 7.7 ist dies in der vierten Buchungszeile sichtbar (Spalte IMMOBILIENSCHLÜSSEL). Diese Zuordnung sorgt dafür, dass die Erlöse im Controlling als Erlöse zu diesem Vertrag erscheinen.

Nun sind Verträge im Allgemeinen temporäre Erscheinungen und für die Auswertung im Controlling nur bedingt geeignet. Man will eigentlich die Erlöse aus Sicht des Immobilienobjekts betrachten und sie den Kosten des Objekts gegenüberstellen – hierzu erfahren Sie Näheres in Abschnitt 13.1, »Controlling«.

Hat man umgekehrt kreditorische Verträge, so sollten auch die Kosten aus diesen Verträgen nicht nur automatisch den Verträgen, sondern am besten gleich den Immobilienobjekten zugeordnet werden, die die Kosten verursacht haben.

Verteilungsvorschrift

Um diese Kostenverteilung im Zuge der periodischen Buchungen abwickeln zu können, kann man in den Verträgen zu den Konditionen sogenannte Verteilungsvorschriften hinterlegen. Über diese Verteilungsvorschriften wird bestimmt, ob und wie die Konditionsbeträge auf Immobilienobjekte umzubuchen sind. Hierdurch erreicht man, dass die Erlöse bzw. Kosten vom CO-Objekt Immobilienvertrag auf andere CO-Objekte umverteilt werden.

[zB]

Eine Verteilungsvorschrift

Ein Wachdienst erhält regelmäßig Honorare für die Bewachung eines Gebäudekomplexes. Die Kosten sollen den Gebäuden nach Fläche zugeordnet werden. Hierfür kann man eine geeignete Verteilungsvorschrift zur Kondition im Mietvertrag hinterlegen (siehe ❶ in Abbildung 7.9).

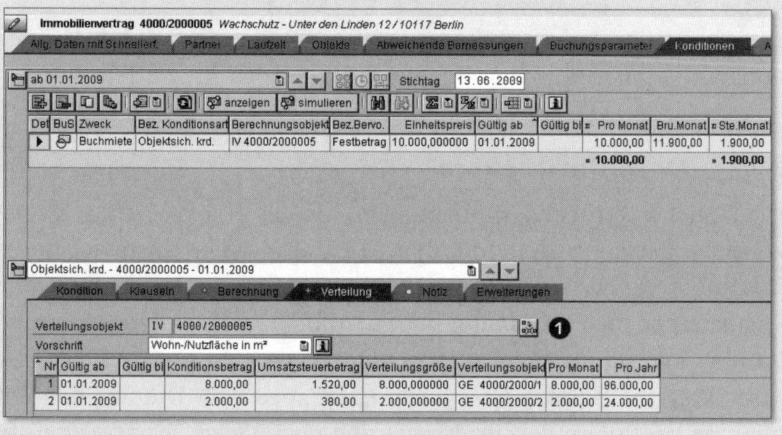

Abbildung 7.9 Verteilungsvorschrift zur Vertragskondition

Objektfinanzstrom generieren

Entsprechend der Verteilungsvorschrift zur Kondition wird ein weiterer Finanzstrom, der Objektfinanzstrom, generiert. Dieser dient als Vorlage für die periodische Buchung (siehe Abbildung 7.10).

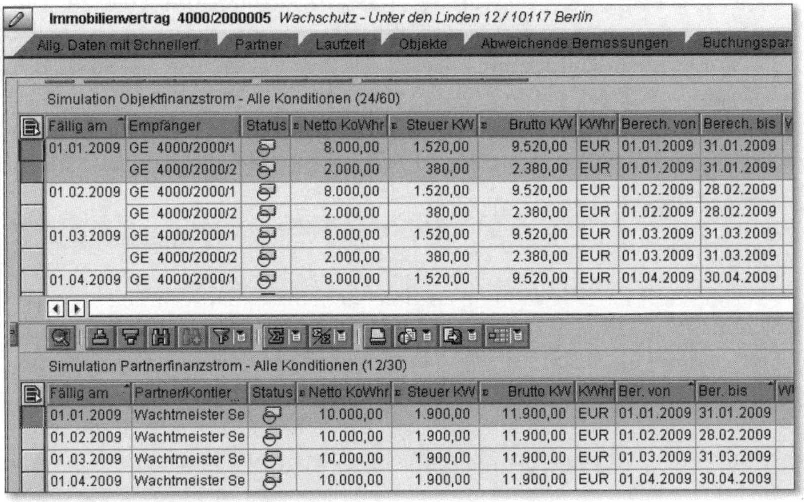

Abbildung 7.10 Zahlungsfinanzstrom und Objektfinanzstrom

[+]

Verteilungsbuchungen separat vornehmen

Die periodische Buchung kann so gesteuert werden, dass sie beide Buchungen, d.h. die Buchung aufgrund des Zahlungsfinanzstroms und die aufgrund des Objektfinanzstroms (Verteilungsbuchung), ausführt oder auch nur eine der beiden. Da die periodische Buchung als Massenlauf zeitintensiv ist, kann man auf diese Weise den zeitkritischen Teil die Buchung des zahlungsbezogenen Finanzstroms zuerst ausführen und die Verteilungsbuchungen später.

7.2.4 Fremdwährungen

Wenn Sie Konditionen für Verträge in einer Währung vereinbaren möchten, die nicht die Hauswährung des Buchungskreises ist, können Sie das in den *Grundeinstellungen des Buchungskreises* über das Kennzeichen ABWEICHENDE KONDITIONSWÄHRUNG erlauben, wenn die Teilfunktion XX01 *Sonstige Zusatzfunktionen EhP2* aktiviert ist. Alle notwendigen Einstellungen hierzu finden Sie im Customizing von SAP RE unter KONDITIONEN UND BEWEGUNGEN • KONDITIONEN IN FREMDWÄHRUNG.

[zB]

Rollen von Fremdwährungen in Verträgen

Stellen Sie sich folgende Situationen vor:

- **1. Fall**
  Sie schließen einen Mietvertrag in einem Hochinflationsland ab. Die Konditionen werden in einer harten Währung vereinbart, um die Mietzahlung gegen die Inflation abzusichern (Vertrag A).
- **2. Fall**
  Sie schließen einen zweiten Vertrag (Vertrag B) mit einem Dienstleister im Ausland, die Dienstleistung ist in der Landeswährung des Dienstleisters zu bezahlen.

Die beiden Fälle unterscheiden sich hinsichtlich ihrer Behandlung beim Buchen:

- *Vertrag A* ist in Hauswährung abzurechnen, die Fremdwährung wird nur benutzt, um zum Abrechnungstag den korrekten Hauswährungsbetrag anhand des aktuellen Kurses zu bestimmen, gebucht wird aber in Hauswährung.
- *Vertrag B* ist in der Fremdwährung abzurechnen, d.h., die Fremdwährung ist als Transaktionswährung beim Buchen zu benutzen.

Währungsumrechnungsregel

Diese unterschiedliche Behandlung der in Fremdwährung angegebenen Kondition wird über die in der Buchungsklausel zur Kondition hinterlegte *Währungsumrechnungsregel* gesteuert. Die Währungsumrechnungsregel steuert zudem den Umrechnungstermin (Umrechnungsdatumsregel). Die Umrechnungskurse selbst werden aus den Standard-Umrechnungstabellen der Finanzbuchhaltung (TCURR) ermittelt. Die Währungsumrechnungsregel kann pro Vertragsart und Konditionsart vorbelegt werden.

7.2.5 Periodische Buchungen zu Mietobjekten

Leerstandssollstellung

Für Mietobjekte können ebenfalls periodische Buchungen durchgeführt werden, die im allgemeinen Sprachgebrauch auch *Leerstandsbuchungen* bzw. *Leerstandssollstellung* genannt werden. Die Buchungen dienen dazu, im Falle von Leerständen kalkulatorische Kosten zu buchen.

Es gibt folgende Voraussetzungen für periodische Buchungen aus Mietobjekten:

- Auf den Mietobjekten müssen Konditionen gepflegt sein, die nicht statistisch sind.

- Es müssen Referenzbewegungsarten für Leerstandsbuchungen eingerichtet sein (siehe hierzu Abschnitt 7.3.3, »Referenzbewegungsarten«).
- Das Mietobjekt muss im betreffenden Zeitraum leer stehen.

Transaktion RERAVP

Die Leerstandssollstellung können Sie mit der Transaktion RERAVP (Periodisches Buchen: Leerstand Mietobjekte) ausführen.

7.2.6 Storno

Wenn Sie versuchen, einen Beleg aus einer periodischen Buchung oder einer anderen automatischen Buchung aus SAP RE mit einer Storno-Transaktion aus SAP ERP Financials zu stornieren (z. B. FB08), erhalten Sie eine Fehlermeldung wie in Abbildung 7.11.

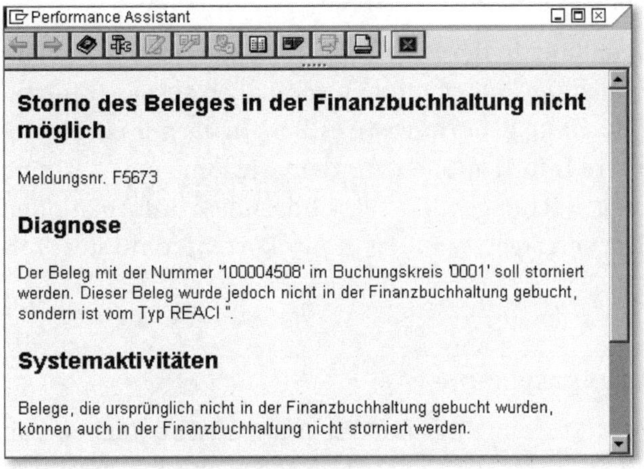

Abbildung 7.11 Fehlermeldung beim Stornoversuch mit Transaktion FB08

Grund für diese Fehlermeldung ist, dass SAP RE im Falle der Stornierung einer von ihr erzeugten Buchung gegebenenfalls auch andere Daten, die mit dem Buchhaltungsbeleg zusammenhängen, stornieren muss.

[zB]

Auswirkung der Stornierung auf den Finanzstromsatz

Will man etwa einen Beleg aus der periodischen Buchung stornieren, muss mit dem Storno des Buchhaltungsbeleges gleichzeitig der Finanzstromsatz, der für den Beleg verantwortlich war, in den Status PLAN zurückversetzt werden.

Storno-Transaktionen

Daher müssen Sie Belege aus der periodischen Buchung immer mit der entsprechenden Storno-Transaktion RERAPPRV stornieren. Auch für alle anderen buchenden Transaktionen in SAP RE finden Sie entsprechende Storno-Transaktionen im Anwendungsmenü.

7.3 Kontenfindung

In SAP RE taucht im Zusammenhang mit der Integration in das Rechnungswesen häufig das Stichwort *Kontenfindung* auf. Es bezeichnet – in extrem verkürzter Form – den Vorgang, einen Zusammenhang zwischen Vorgängen in der Immobilienverwaltung und der Finanzbuchhaltung herzustellen. Es geht hierbei um die Fragestellung, wie ein (Finanzbuchhaltungs-)Konto gefunden wird, auf das bei einem speziellen Vorgang zu buchen ist.

Customizing automatische Buchungen

Die verkürzte Darstellung in der Bezeichnung *Kontenfindung* schließt weitere wichtige Buchungsinformationen sprachlich aus, aber inhaltlich ein: Zu einer Buchung gehört in SAP ERP mehr als nur ein Konto, man benötigt weitere Informationen aus dem Customizing, z. B. eine Belegart oder einen Buchungsschlüssel, und zudem Informationen aus den Daten des Vertrages, z. B. das Kontokorrentkonto des Vertragspartners.

7.3.1 Buchhaltungssysteme

Um den Aufbau des Customizings für das automatische Buchen von Belegen zu verstehen, muss man wissen, dass SAP RE mit zwei verschiedenen Buchhaltungssystemen arbeiten kann:

- SAP ERP Financials
  - mit der Debitorenbuchhaltung FI-AR
  - mit der Kreditorenbuchhaltung (Accounts Payable, FI-AP)
  - mit der Hauptbuchhaltung (General Ledger Accounting, FI-GL)
- SAP PSCD (SAP Public Sector Collection and Disbursement) auf Basis des Vertragskontokorrents

Debitorenkonten und Vertragskonten

Bei den debitorischen Buchungen in SAP RE unterscheiden sich die Systeme darin, dass im ersten Fall auf Debitorenkonten gebucht wird, im zweiten Fall auf sogenannte Vertragskonten. Für kreditorische

Buchungen und Sachkontenbuchungen gibt es keine Unterschiede; sie werden immer in FI-AP bzw. in FI-GL gebucht.

Wir besprechen an dieser Stelle nur die Anbindung an SAP ERP Financials, die Anbindung an PSCD wird in Abschnitt 7.8, »PSCD Vertragskontokorrent«, behandelt.

Customizing

Das Customizing zum Buchen von Belegen, die aus der Immobilienverwaltung stammen, besteht aus zwei Teilen:

- Einstellungen, die *unabhängig* vom verwendeten Buchhaltungssystem sind: Es wird abstrakt anhand von Symbolen beschrieben, wie Buchungen stattfinden sollen.
- Einstellungen, die *abhängig* vom verwendeten Buchhaltungssystem sind: Die abstrakten Buchungsbeschreibungen werden mit den konkreten Entitäten (wie etwa Hauptbuchkonten) der benutzten Buchhaltung verknüpft.

Die Kontenfindung basiert auf der sogenannten *Bewegungsart*, die uns in Abschnitt 7.1, »Buchen auf Immobilienobjekte«, schon begegnet ist. Sie umfasst zwei Schritte.

7.3.2 Von der Bewegungsart zur Buchung

Beim ersten Schritt in diesem Prozess wird der Buchungssatz ermittelt, im zweiten Schritt müssen Sie die Konten zum entsprechenden Buchungssatz finden.

Schritt 1: Buchungssatz abstrakt ermitteln

Der Buchungssatz für eine Bewegungsart wird abstrakt beschrieben und ist im Customizing von SAP RE unter BUCHHALTUNG • AUTOMATISCH ERZEUGTE BUCHHALTUNGSBELEGE • KONTENFINDUNG • KONTOSYMBOL ZUR BEWEGUNGSART ZUORDNEN festzulegen. Ein Beispiel sehen Sie in Abbildung 7.12.

Kontensymbole

Die Buchung wird hier über die Bewegungsart 1000 ausgeführt. Es soll im Soll auf ein Debitorenkonto gebucht werden (Spalte S für Soll, Kürzel D für Debitorenkonto), im Haben auf ein Sachkonto (Spalte H für Haben, S für Sachkonto). Es werden als Kontensymbol das Symbol * für die Debitorenbuchung und der Wert 100 für die Sachkontenbuchung festgesetzt.

Sie können den Buchungssatz außerdem vom sogenannten *Kontenfindungswert*, einem Attribut in der Buchungsklausel des Vertrages, abhängig machen.

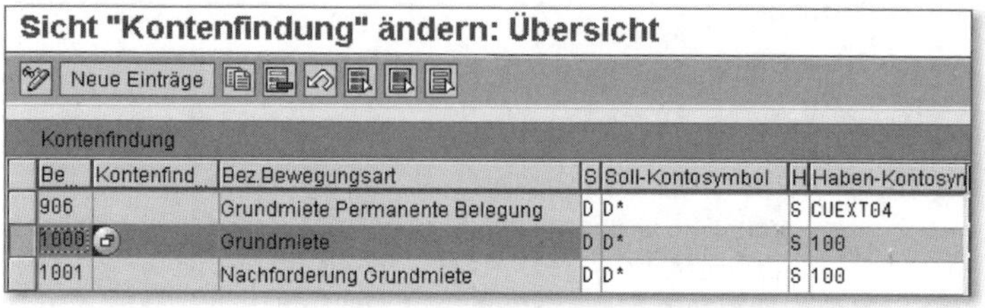

Be...	Kontenfind...	Bez.Bewegungsart	S	Soll-Kontosymbol	H	Haben-Kontosyn
906		Grundmiete Permanente Belegung	D	D*	S	CUEXT04
1000		Grundmiete	D	D*	S	100
1001		Nachforderung Grundmiete	D	D*	S	100

Abbildung 7.12 Buchungssatz mit Kontensymbolen für das Buchen der Grundmiete

Schritt 2: Konten zum Buchungssatz finden

Kontensymbole ersetzen

Im ersten Schritt wird mit abstrakten Kontensymbolen gearbeitet. Diese werden im zweiten Schritt durch »richtige« Sachkonten ersetzt. Dieses Vorgehen hat den Vorteil, dass man unabhängig vom verwendeten Buchhaltungssystem ist und innerhalb eines Buchhaltungssystems auch unabhängig vom verwendeten Kontenplan.

In Abbildung 7.13 sehen Sie, dass dem Kontensymbol 100, das wir oben im Buchungssatz verwendet haben, das Sachkonto 841000 im Kontenplan INT (erste Spalte) zugewiesen wurde. Dem Symbol * wird kein Konto zugewiesen. Da es sich um eine debitorische Buchung handelt, bedeutet dies, dass die Buchung auf das Debitorenkonto erfolgt und als Abstimmkonto das im Debitorenstammsatz hinterlegte Konto zu verwenden ist. An dieser Stelle könnten Sie durch Angabe eines Kontos das Abstimmkonto beim Buchen überschreiben.

In Abbildung 7.7 sehen Sie in den Buchungszeilen 3 und 4 die Buchungen, die aufgrund der eben erläuterten Kontenfindung entstanden sind. Die Zeilen 1 und 2 sind auf Basis einer anderen Bewegungsart gebucht (Vorauszahlungen).

Kon...	Kontosymbol	Bezeichng. Kontensym	Sond	Sachkonto
INT	100	Deb. Mieterträge		841000
INT	D*	Abstimmkonto debitorisch		

Abbildung 7.13 Konten den Kontensymbolen zuordnen

Konditionsart bestimmt Bewegungsart

Mit den beiden geschilderten Schritten haben wir zu einer Bewegungsart einen Buchungssatz ermittelt. Sie werden sich aber fragen, woher nun eigentlich die Bewegungsart kommt. Ganz einfach: Bei der Definition einer Konditionsart im Customizing wird ihr immer eine Bewegungsart zugeordnet. Diese wird herangezogen, um den Finanzstrom zu generieren, und auf ihrer Basis wird schließlich die Buchung erzeugt. In Abbildung 7.14 sehen Sie die Zuordnung der Bewegungsart zur Konditionsart, die Sie im Customizing von SAP RE unter KONDITIONEN UND BEWEGUNGEN • KONDITIONSARTEN UND KONDITIONSGRUPPEN • KONDITIONSARTEN DEFINIEREN im Detailbild finden.

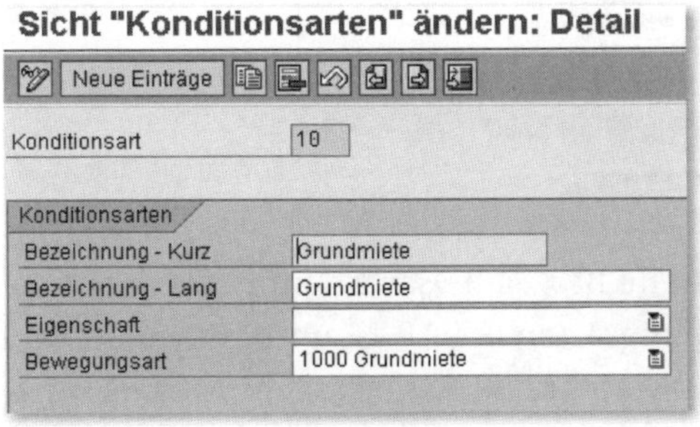

Abbildung 7.14 Bewegungsart der Konditionsart zuordnen

Wenn Sie noch einmal zurückblättern und sich unser Finanzstrombeispiel in Abbildung 7.8 ansehen, werden Sie dort die Bewegungsart 1000 wiederfinden, die aufgrund der Konditionsart 10 (Grundmiete) ermittelt wurde.

7.3.3 Referenzbewegungsarten

Nicht in allen Fällen kann die Bewegungsart direkt aus der Konditionsart ermittelt werden.

[zB]

Nachbuchungen: direkte Ermittlung der Bewegungsart aus der Konditionsart

Nehmen wir an, wir hätten im Beispiel aus Abbildung 7.8 (Ist-Sätze nach ausgeführter Buchung) nachträglich, d.h. nach erfolgter Buchung, rückwirkend die Grundmiete heruntersetzen müssen, weil sich der Mieter über den Zustand der Mietsache beschwert hat. In diesem Fall müssen wir Mietgutschriften buchen.

Der Finanzstrom nimmt uns in einem solchen Fall die Berechnung ab, wie Sie in Abbildung 7.15 sehen. Er ermittelt auch die Bewegungsart, mit der die Gutschriftbuchung erfolgen muss, im Beispiel ist dies die Bewegungsart 1002.

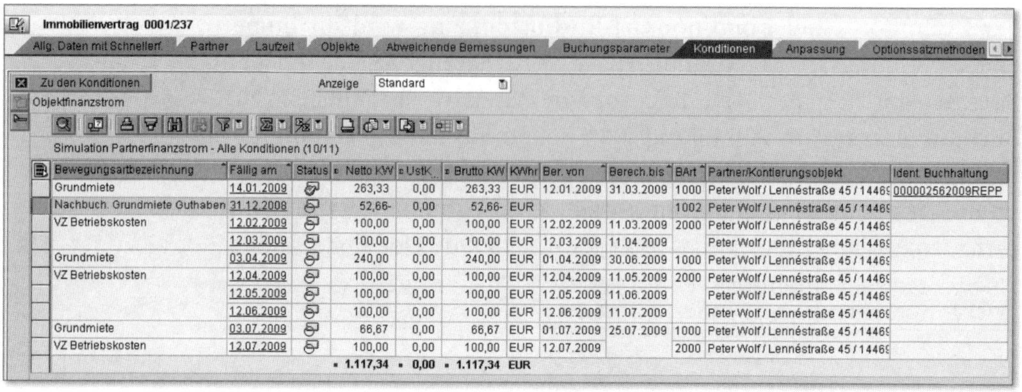

Abbildung 7.15 Nachbuchungen im Finanzstrom

Die in diesem Beispiel ermittelte Bewegungsart stammt aus dem Customizing der Referenzbewegungsarten in SAP RE unter KONDITIONEN UND BEWEGUNGEN • BEWEGUNGEN • REFERENZBEWEGUNGSARTEN ZUORDNEN (siehe Abbildung 7.16).

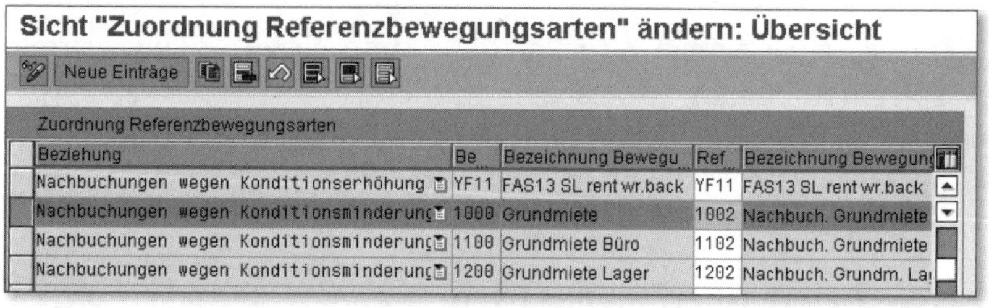

Abbildung 7.16 Customizing der Referenzbewegungsarten

Beziehungsschlüssel

Referenzbewegungsarten werden auch in anderen Fällen benutzt, um die richtigen Buchungssätze zu finden. Die Ermittlung der jeweiligen Referenzbewegungsart hängt davon ab, um welchen betriebswirtschaftlichen Zusammenhang es sich handelt. Dieser Zusammenhang wird durch den sogenannten *Beziehungsschlüssel* beschrieben.

In unserem Beispiel wurde der Beziehungsschlüssel NACHBUCHUNGEN WEGEN KONDITIONSMINDERUNG benutzt. Weitere Beziehungsschlüssel betreffen Leerstandsbuchungen, Buchungen der Objektverteilung, die Kontenpflege und Buchungen in der Nebenkostenabrechnung und in der Umsatzmietenabrechnung.

7.3.4 Weitere Customizing-Einstellungen

Wir haben oben beschrieben, wie auf Basis der Konditionsart eine Bewegungsart, hierzu ein Buchungssatz und schließlich die Konten gefunden werden. Im Folgenden ist zusammengestellt, wie weitere Parameter im Beleg über das Customizing gesteuert werden.

Zeitabhängige Steuer

Steuergruppe und Steuersatz

In den Buchungsklauseln zum Vertrag legen Sie über die Steuerart fest, ob für einen Vertrag Vorsteuer (kreditorischer Vertrag) oder Ausgangssteuer (debitorischer Vertrag) gebucht werden soll. Sie bestimmen über die *Steuergruppe*, mit welchem Steuersatz zu buchen ist.

Die Festlegung des *Steuersatzes* erfolgt symbolisch, d.h., Sie tragen beispielsweise »FULL« ein, wenn der Vertrag mit dem vollen Steuersatz belegt ist. Steuerarten und Steuergruppen werden im Customizing von SAP RE definiert unter BUCHHALTUNG • AUTOMATISCH ERZEUGTE BUCHHALTUNGSBELEGE • STEUER. Die Festlegung, welcher Steuersatz nun aber tatsächlich heranzuziehen ist, erfolgt über eine zeitabhängige Zuordnung des Steuerkennzeichens zur Steuergruppe, die Sie im Customizing von SAP RE unter BUCHHALTUNG • INTEGRATION FI-GL, FI-AR, FI-AP • STEUER finden.

Belegart

Die Belegarten werden im Customizing von SAP RE unter BUCHHALTUNG • INTEGRATION FI-GL, FI-AR, FI-AP • KONTENFINDUNG • BELEGARTENFINDUNG DEFINIEREN prozessabhängig und vorgangsabhängig festgelegt. Prozesse sind hierbei jeweils die buchenden Prozesse wie periodische Buchungen, Vorsteueraufteilungen, Umsatzabrechnung, Nebenkostenabrechnung usw.

Da es bei einigen Prozessen mehrere unterschiedliche Buchungsvorgänge gibt, wie z.B. bei den periodischen Buchungen der Verträge Zahlungsbuchungen und Verteilungsbuchungen, kann man die Belegarten pro Vorgang differenzieren.

Belegverdichtung

Die auf Bewegungsarten basierenden Buchungen enthalten immer zwei Buchungszeilen. Im Beispiel in Abbildung 7.8 sehen Sie vier Buchungszeilen, von denen je zwei auf Basis einer Bewegungsart erzeugt wurden. Im Falle von steuerpflichtigen Vorgängen können zu jedem Pärchen von Buchungszeilen eine dritte Buchungszeile für die Steuerbuchung und gegebenenfalls auch Steuerverrechnungsbuchungen hinzukommen.

[zB]

Mehrere Buchungszeilen

Sie haben mit einem Mieter einen Vertrag geschlossen, der neben der Grundmiete und den Vorauszahlungen für Nebenkosten diverse weitere Konditionen enthält, z. B. einen Modernisierungszuschlag, eine Garagenmiete und eine Gartenpacht.

Führt man die periodische Buchung durch, wird für jede der Konditionen ein zweizeiliger Buchungssatz erzeugt, so, wie in der jeweiligen Bewegungsart festgelegt. Auf dem Debitorenkonto entstehen hierdurch bei jeder periodischen Buchung fünf Buchungszeilen, eine für jede Kondition. Ist der Vertrag steuerpflichtig, entstehen zudem fünf Steuerzeilen.

In diesem Beispiel wird durch die starke Differenzierung der Konditionen ein ziemlich unübersichtlicher Zustand auf dem Mieterkonto erreicht. Es besteht der Wunsch, die Buchungen schon beim periodischen Buchen zusammenzufassen. Hierfür steht Ihnen die Funktionalität der *Verdichtung von Belegen* zur Verfügung. Sie können im Customizing festlegen, dass Buchungen auf Kontokorrentkonten bzw. Buchungen auf Steuerkonten nach bestimmten Regeln zusammengefasst werden. Die entsprechenden Einstellungen finden Sie im Customizing von SAP RE unter BUCHHALTUNG • AUTOMATISCH ERZEUGTE BUCHHALTUNGSBELEGE • VERDICHTUNG VON BELEGEN.

[!]

Verdichtung

Die Verdichtung von Buchungszeilen ist nicht immer möglich. Es bestehen insbesondere Restriktionen bei Vorauszahlungen für Nebenkosten, da hier gewährleistet werden muss, dass die Folgeprozesse (Nebenkostenabrechnung) mit diesen Buchungen umgehen können.

7.4 Einmalige Buchungen

Transaktion RERAOP

In der Immobilienwirtschaft hat man es häufig mit komplexen Buchungsvorgängen zu tun, deren korrekte Erfassung allerdings wichtig für Folgeprozesse ist. Die in SAP ERP Financials verfügbaren Buchungs-Transaktionen sind nicht gut auf diese speziellen Belange der Immobilienwirtschaft vorbereitet. Daher bietet SAP RE eine eigene Transaktion RERAOP (Einmalige Buchungen) an. Der Name macht deutlich, dass es sich hier nicht um periodische, sondern um *unregelmäßige, nicht gleichmäßig wiederkehrende* Buchungen handelt, die im Zusammenhang mit Immobilien oder Verträgen erfolgen.

Komplexe Buchungen

Die Transaktion zeichnet sich dadurch aus, dass immobilienspezifische Vorschlagsdaten benutzt werden können, zudem immobilienspezifische Prüfungen möglich sind und dass mehrere inhaltlich zusammengehörige Belege auf einmal gebucht (und gegebenenfalls auch storniert) werden können. Insbesondere im Umfeld der Wohnungseigentumsverwaltung sind häufig komplexe Buchungen notwendig, um die unterschiedlichen rechtlichen Beziehungen (Eigentümer – Mieter, Mieter – Verwalter, Verwalter – Eigentümer) in der Buchhaltung korrekt abbilden zu können. In solchen Fällen ist es wichtig, dass der Anwender mit möglichst wenigen Eingabewerten auskommt und dennoch einen korrekten Beleg erfasst.

[zB]

Kreditorenrechnung an einen Mieter weiterverrechnen

Ein Mieter hat einen Schaden in seiner Wohnungen verursacht. Sie haben einen Handwerker beauftragt, den Schaden zu beseitigen, und müssen daher zunächst den Handwerker bezahlen. Da der Mieter den Schaden aber durch Mutwilligkeit verursacht hat, ist er vertraglich verpflichtet, den Schaden zu ersetzen.

In einem solchen Fall wäre es sinnvoll, gleich zwei zusammenhängende Belege zu buchen: einen kreditorischen (Handwerkerrechnung) und einen debitorischen (Weiterverrechnung an den Mieter). Für diesen Fall haben wir einen Buchungsvorfall für die einmaligen Buchungen eingerichtet, der in Abbildung 7.17 abgebildet ist.

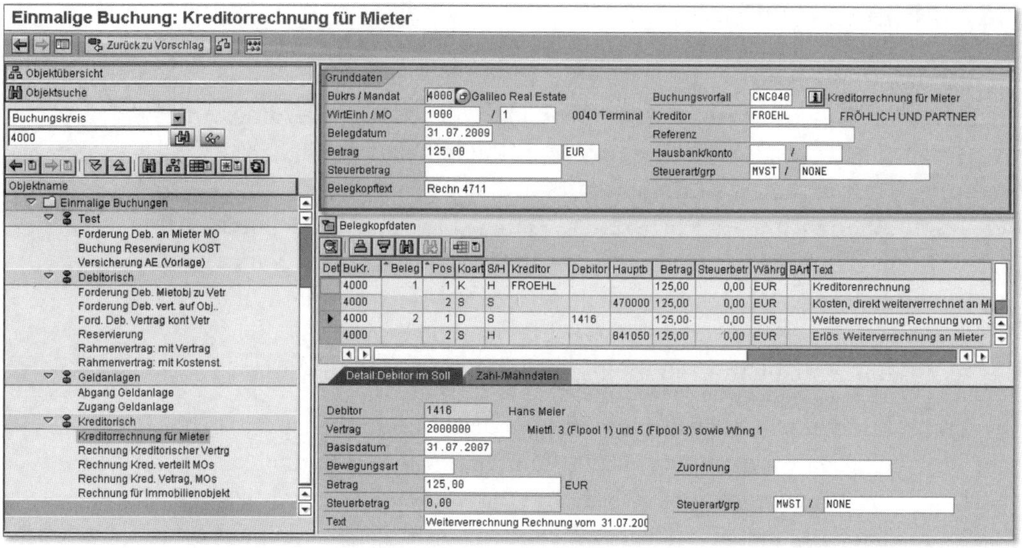

Abbildung 7.17 Beispiel für eine Einmalbuchung

Buchungsvorfallsgruppen

Die Transaktion RERAOP kann direkt oder aus der Transaktion RE80 aufgerufen werden. Beim Einsatz von RE80 (Sicht »Buchungskreis«) erscheint im Navigationsbereich des Browsers eine Baumstruktur mit den möglichen Buchungsvorfällen. Beim direkten Aufruf über RERAOP wählen Sie den Buchungsvorfall über die Werthilfe aus. Die Buchungsvorfälle können Sie zu Buchungsvorfallsgruppen zusammenfassen, um dem Anwender einen leichteren Überblick zu ermöglichen.

Unabhängig davon, ob der Anwender über RE80 oder RERAOP einsteigt, wählt er zunächst einen Buchungsvorfall aus. Der Buchungsvorfall bestimmt, welche Felder nun eingabefähig werden und mit welchen Werten sie vorbelegt sind. In der Abbildung 7.17 sehen Sie den Einstieg über RE80. Nach der Auswahl des Buchungsvorfalls baut sich das Bild auf, wie Sie es in der Abbildung sehen.

Das Bild ist in vier Bereiche aufgeteilt:

- links: Auswahl des Buchungsvorfalls (nur in RE80 sichtbar)
- rechts (RE80 und RERAOP)
  - oberer Teil: Grunddaten
  - Mitte: Liste mit den Buchungszeilen
  - unten: Detaildaten zur jeweils markierten Buchungszeile

Die Feldgruppe GRUNDDATEN dient dazu, die wesentlichen Daten des Buchungsvorfalls zu erfassen. In unserem Beispiel sind das die folgenden Daten:

- Buchungsdatum
- Kreditor
- betroffenes Mietobjekt
- Rechnungsbetrag

Vorbelegung aus dem Customizing

Alle übrigen Daten können anhand des Buchungsvorfalls, der im Customizing eingerichtet wurde, abgeleitet werden: betroffener Mietvertrag, Debitor zum Mietvertrag, Buchungssatz usw. Der Anwender hat die Möglichkeit, die Daten im mittleren und unteren Bildteil zu ändern (wenn das im Customizing erlaubt wurde) oder zu ergänzen.

Sie sehen, dass versucht wurde, es dem Anwender möglichst leicht zu machen, die Belege richtig zu erfassen. Die Komplexität wurde in das Customizing der Buchungsvorgänge verlagert. Dort können Sie entscheiden, welche Felder bei welchen Buchungsvorfällen in den Grunddaten zu füllen sind, wie der oder die zu buchenden Belege aufgebaut werden sollen und ob bestimmte Daten automatisch vorgeschlagen werden. Bucht man etwa die Kosten aus einer Versicherung, so kann man die Abrechnungseinheiten mit dem passenden Nebenkostenschlüssel vorbelegen und eine Liste von Versicherungen als Vorschläge für mögliche Kreditoren anbieten. Diese und weitere zweckmäßige Einstellungen zu den Buchungsvorfällen für die einmaligen Buchungen finden Sie im Customizing von SAP RE unter BUCHHALTUNG • EINMALIGE BUCHUNGEN.

7.5 Folgeprozesse

Die durch die Prozesse von SAP RE gebuchten Forderungen und Verbindlichkeiten werden von der SAP-Finanzbuchhaltung verwaltet. Alle Folgeprozesse, insbesondere Zahlungsvorgänge und das Mahnen, werden daher ebenfalls über FI abgewickelt. In einigen Fällen stellt SAP RE spezielle Transaktionen oder Mechanismen zur Verfügung, die im Folgenden beschrieben werden. Wir beschränken uns an dieser Stelle auf die Betrachtung debitorischer Vorgänge.

7.5.1 Mieterkontenblatt und Kontenpflege

Im Register ÜBERSICHTEN des Stammdatendialoges finden Sie für debitorische Verträge das sogenannte *Kontenblatt*. Mit diesem Kontenblatt steht Ihnen eine aus Sicht des Vertrages aufbereitete Darstellung des Mieterkontos zur Verfügung. Gibt es mehrere debitorische Partner zum Vertrag, können Sie über das Feld GESCHÄFTSPARTNER den jeweils zu betrachtenden Partner auswählen. Darüber hinaus haben Sie die Möglichkeit, über das Feld ZEITRAUM eine entsprechende Abgrenzung zu wählen.

Das Mieterkontenblatt enthält zwei Teile:

- eine Zusammenfassung
- Detaildaten mit den Registern POSTENÜBERSICHT und SALDENENTWICKLUNG

Mieterkontenblatt: Zusammenfassung

In der Zusammenfassung werden verschiedene summarische Werte dargestellt, die wir in Tabelle 7.3 erläutern.

Bezeichnung	Erläuterung
Saldovortrag	Saldo aller Posten zum Vertrag, deren Buchungsdatum vor dem gewählten Zeitraum liegt. Je nachdem, ob es sich um einen Soll-Saldo oder einen Haben-Saldo handelt, wird er in einer der beiden Spalten angezeigt.
Summe Soll-/ Haben-Umsatz	Umsätze aus dem gewählten Zeitraum, die dem aktuellen Vertrag zugeordnet wurden. Die Summierung erfolgt getrennt nach Soll und Haben, ausgeglichene Posten werden berücksichtigt.
Vertragssaldo	Summe aller Posten zum Vertrag zum Ende-Datum des gewählten Zeitraumes. Je nachdem, ob es sich um einen Soll-Saldo oder einen Haben-Saldo handelt, wird er in einer der beiden Spalten angezeigt.
Nicht zugeordnete OP	Summe aller offenen Posten auf dem Debitorenkonto, die weder dem aktuellem Vertrag noch einem anderen Vertrag des Debitors zugeordnet sind; Ausweis getrennt nach Soll und Haben
Debitorensaldo	Saldo des Debitorenkontos zum Ende-Stichtag des ausgewählten Zeitraumes. In diesem Saldo sind offene und ausgeglichene Posten enthalten. Es können auch Posten enthalten sein, die in den bisher beschriebenen Anzeigepositionen nicht vorkommen (Posten aus anderen Verträgen).

Tabelle 7.3 Mieterkontenblatt – Felder in der Zusammenfassung

Register »Saldenentwicklung«

Im Register SALDENENTWICKLUNG werden die Salden des Debitorenkontos pro Buchungsperiode aufgelistet. Über den Button NUR POSTEN MIT VERTRAGSBEZUG können Sie die Sicht auf die Posten des Vertrages einschränken.

Register »Postenübersicht«

In der Postenübersicht sehen Sie Detaildaten für alle Einzelposten für den gewählten Zeitraum. Über das Eingabefeld ANSICHT steuern Sie, ob Sie offene oder auch ausgeglichene Posten sehen wollen. Über entsprechende farbige Icons in der Liste erkennen Sie, ob die Posten offen oder ausgeglichen sind. Darüber hinaus haben Sie die Möglichkeit, das Konto des Mieters zu bearbeiten: Sie können Ratenzahlungen anlegen, Posten als uneinbringlich ausbuchen oder Posten ausgleichen.

Ratenzahlungen

Wenn Sie mit einem Mieter Ratenzahlungen vereinbaren wollen, können Sie über diese Funktion im Mieterkontenblatt die ursprünglichen Posten ausgleichen und stattdessen neue Posten mit unterschiedlichen Fälligkeiten (Raten) erzeugen. Gehen Sie hierzu folgendermaßen vor:

1. Markieren Sie zunächst die Posten, für die Raten vereinbart werden sollen, und klicken Sie anschließend auf den Button RATENZAHLUNG. Sie erhalten daraufhin ein Popup, das in der oberen Hälfte den Belegkopf des neu zu buchenden Beleges anzeigt, in der unteren Hälfte Buchungszeilen für die Summe der auszubuchenden Posten.
2. Wenn Sie auf das Icon mit dem Taschenrechnersymbol (RATEN VORSCHLAGEN) klicken, öffnet sich ein weiteres Popup, in dem Sie Bedingungen für die Ratenzahlungen (Anzahl der Raten, maximale Höhe, erste Rate am) festlegen können.
3. Durch Drücken der [Enter]-Taste erhalten Sie einen Buchungsvorschlag. Sie können die Raten noch überarbeiten und schließlich buchen.

Uneinbringliche Forderungen

Hat sich herausgestellt, dass ein Mieter seine Forderungen nicht mehr begleichen wird, so können Sie diese als *uneinbringlich* ausbuchen. Hierfür wählen Sie die Posten aus und klicken auf den Button UNEINBRINGLICHE FORDERUNGEN. Es erscheint ein entsprechender Buchungsvorschlag, den Sie sichern können.

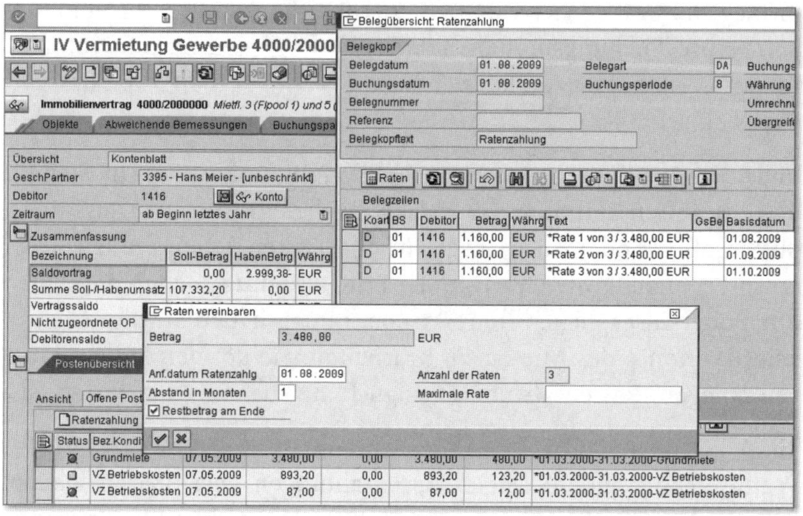

Abbildung 7.18 Mieterkontenblatt – Buchen einer Ratenvereinbarung

[!]

Nicht möglich: Zusammenfassen der Posten

Unter folgenden Bedingungen dürfen Sie Posten nicht für Ratenzahlungen oder für das Ausbuchen zusammenfassen:

- Die Posten haben unterschiedliche Sonderhauptbuchkennzeichen.
- Die Posten haben Steuerbeträge mit unterschiedlichen Steuerkennzeichen.

Ausgleich

Sind Gutschriften oder Zahlungseingänge auf dem Debitorenkonto des Mieters gebucht, können diese für den Ausgleich von Forderungen benutzt werden. Markieren Sie hierzu die entsprechenden Buchungen, und klicken Sie auf den Button AUSGLEICH. Es erscheint ein Popup mit einem Buchungsvorschlag. Der Ausgleich ist nur möglich, wenn die im Customizing der Finanzbuchhaltung hinterlegten Toleranzgrenzen nicht überschritten werden. In allen anderen Fällen verwenden Sie die Zahlungseingangs-Transaktionen.

7.5.2 Zahlungseingang

Zahlprogramm

Die Zahlung debitorischer Posten kann über das Zahlprogramm (Transaktion F110) stattfinden, wenn mit dem Mieter Einzugsermächtigung bzw. Teilnahme am Lastschrifteinzug vereinbart wurde. Der mit dem Mieter vereinbarte Zahlweg kann im Vertrag in der Buchungsklausel hinterlegt werden und wird von dort bei der periodischen Buchung in den Beleg übernommen. Findet das Zahlprogramm keinen Zahlweg im Beleg, so wird die Regulierung entsprechend den Vorgaben aus dem Debitorenkonto vorgenommen.

Hat sich der Mieter jedoch auf keines dieser Zahlverfahren eingelassen, bleibt uns nur, den Zahlungseingang auf unserem Konto abzuwarten und die Zahlung nach Eingang automatisch oder manuell den offenen Forderungen zuzuordnen.

Manueller Zahlungseingang

Für die manuelle Zuordnung von Zahlungseingängen stehen Ihnen die Transaktion REEXFB05 (Buchen mit Ausgleichen), REEXF_26 (Zahlungseingang) und REEXF_28 (Schnellerfassung Zahlungseingang) zur Verfügung.

Ähnlich wie in den entsprechenden Ausgleichs-Transaktionen in FI (z. B. FB05) erfassen Sie zunächst den eingegangenen Betrag auf dem entsprechenden Sachkonto. Anschließend wählen Sie offene Posten für den Ausgleich aus.

Im Unterschied zu den Transaktionen von FI erfolgt die Auswahl nicht über das Debitorenkonto. Sie haben hier also vielmehr die Möglichkeit, direkt über die Vertragsnummer auf das Debitorenkonto zu gelangen, wie Sie in Abbildung 7.19 sehen.

Zugrunde liegende Annahme

Man geht hier von der Annahme aus, dass der Mieter bei der Überweisung seiner Miete im Allgemeinen seine Vertragsnummer als Verwendungszweck angeben wird.

Elektronischer Kontoauszug

Die gleiche Annahme wird auch beim automatischen Ausgleichen von Posten über den elektronischen Kontoauszug zugrunde gelegt (Transaktion FF_5). Entsprechende Einstellungen im Customizing von SAP RE unter BUCHHALTUNG • INTEGRATION FI-GL, FI-AR, FI-AP • ZAHLUNGSEINGÄNGE STEUERN • KONTOAUSZUGSÜBERNAHME VORBEREITEN veranlassen das Programm, im Verwendungszweck nach Vertragsnummern zu fahnden.

Wird eine Vertragsnummer gefunden, werden die Zahlungseingänge dem entsprechenden Vertrag und damit dem entsprechenden Debitorenkonto zugeordnet. Reicht der eingegangene Betrag nicht aus, um die offenen Forderungen zu begleichen, so kann man regeln, ob und in welcher Reihenfolge Posten ausgeglichen werden sollen. Diese Einstellungen nehmen Sie im Customizing von SAP RE unter BUCHHALTUNG • INTEGRATION FI-GL, FI-AR, FI-AP • ZAHLUNGSEINGÄNGE STEUERN • ZAHLUNGSEINGANGSSTEUERUNG BESTIMMEN vor.

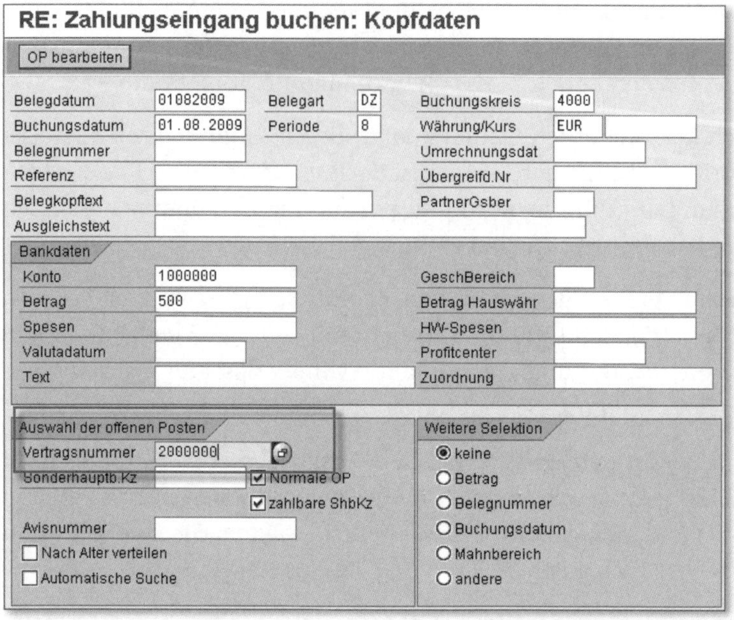

Abbildung 7.19 Zahlungseingang buchen mit Transaktion REEXF_28

7.5.3 Mahnen

Nicht alle Mieter sind zuverlässige Zahler. Daher werden Sie genötigt sein, Mahnungen zu verschicken. Hierzu verwenden Sie das Mahnprogramm (Transaktion F150) aus SAP ERP FI.

Das Mahnprogramm mahnt offene Posten auf Debitoren- und Kreditorenkonten. Hierzu werden zwei Schritte durchlaufen:

1. die Mahnselektion
2. der Mahndruck

In beiden Schritten stehen Sonderbehandlungen für SAP RE zur Verfügung. Die notwendigen Einstellungen hierfür finden Sie im SAP RE-Customizing unter Buchhaltung • Integration FI-GL, FI-AR, FI-AP • Mahnen.

Mahnselektion

Die Posten, die aus Verträgen von SAP RE stammen, können nach RE-spezifischen Regeln behandelt werden. Hierzu ist eine Gruppierung der Posten über RE-spezifische Mahnbereiche oder Vertragsnummern erforderlich.

Aufgrund dieser Gruppierung werden die Posten im Mahnbestand, der durch die Mahnselektion erzeugt wird, mit dem Applikationskennzeichen »RE« versehen, das folgende Sonderbehandlungen steuert:

- Posten werden nicht gemahnt, wenn der zugehörige Vertrag eine Mahnsperre besitzt.
- Posten mit Zahlweg werden im Unterschied zur Logik im FI-Standard gemahnt, wenn der Zahlweg als "mahnbar" gekennzeichnet ist.

Mahndruck

Das Mahnschreiben kann nicht nur an den säumigen Debitor versendet werden, sondern an alle Vertragspartner in Rollen, die im Customizing als »Mahnempfänger« oder »abweichender Mahnempfänger« angegeben sind.

[!]

Mahnschreiben für Debitoren

Beachten Sie bitte, dass auch explizit die debitorischen Rollen, die Mahnschreiben erhalten sollen, in der Tabelle hinterlegt werden müssen.

7.5.4 Rechnungsdruck

In einigen Ländern ist es üblich, trotz bestehender vertraglicher Verpflichtungen, regelmäßig Rechnungen über die jeweils anfallenden Beträge zu stellen. Für das Erstellen solcher Rechnungen (Mietrechnungen) stehen die Transaktionen RERAIV (Rechnungen über Miete erstellen) und RECPA520 (Rechnungen drucken) zur Verfügung.

Rechnungen erstellen

Rechnungen können entweder über Posten aus der Finanzbuchhaltung oder auf Basis von Planpositionen im Finanzstrom erstellt werden. Die Auswahl und Gruppierung von Posten zu einer Rechnung können Sie über verschiedene Parameter steuern, insbesondere über die folgenden:

- Auswahl: nach Fälligkeit, nach Identifikation des Buchungslaufes
- Gruppierung: nach Vertrag, nach Debitorenkonto (also für mehrere Verträge zusammen), nach eigenen Kriterien (BAdI)

Im Echtlauf werden Rechnungsnummern (nicht zu verwechseln mit Belegnummern) vergeben, die beim Druck der Rechnung mit ausgegeben werden können. Die Rechnungen können direkt aus der Rechnungserstellung oder separat über den Rechnungsdruck gedruckt werden.

7.6 Rechnungsabgrenzung

Die Rechnungsabgrenzung dient der periodengerechten Zuordnung von vor- oder nachschüssig gezahlten Konditionen in Bilanz und Gewinn- und Verlustrechnung. In diesem Abschnitt werden die Abgrenzungen zu den periodischen Buchungen besprochen. Informationen zur Abgrenzung von Nebenkosten finden Sie in Kapitel 9, »Nebenkostenabrechnung«.

Accrual Engine

Für die periodischen Abgrenzungsbuchungen wird in SAP RE die *Accrual Engine* eingesetzt. Sie führen die Abgrenzung über die Transaktion RERAALCN (Abgrenzung Verträge) aus. Die notwendigen Einstellungen nehmen Sie im Einführungsleitfaden von SAP RE unter BUCHHALTUNG • ABGRENZUNG vor.

[zB]

Quartalsmiete abgrenzen

Sie haben mit Ihrem Mieter eine Quartalsmiete von 3.000 EUR vereinbart, die vorschüssig zu zahlen ist. In diesem Fall wird der Erlös aus der Miete mit der periodischen Buchung im ersten Monat des Quartals gebucht. Die Abgrenzung sorgt dafür, dass der Erlös gleichmäßig auf die Perioden des Quartals verteilt wird.

Abgrenzungsbuchungen

In Abbildung 7.20 sehen Sie das entsprechende Ergebnis der Abgrenzungsbuchungen zum Vertrag 0001/2000265. Im Januar wurden zwei Buchungen erzeugt:

- Es wurde eine *Eröffnungsbuchung* – Markierung I in der Spalte VG. ACE (Vorgang Accrual Engine), BELEGNUMMER 100004509 – erzeugt, die die 3.000 EUR Miete in voller Höhe zunächst auf das Konto PASSIVE RECHNUNGSABGRENZUNG einstellt.
  Parallel werden Erlöskonten VORSCHÜSSIGE MIETEN bebucht, wobei die Verteilung auf das Mietobjekt berücksichtigt wird.
- Eine *periodische Abgrenzungsbuchung* – Markierung P in der Spalte VG. ACE, BELEGNUMMER 100004510 – wurde erzeugt, die dem monatlichen Anteil an der Quartalsmiete entspricht. Auch hier wird die Verteilung berücksichtigt.

Infosystem: Abgrenzungsposten [unbeschränkt]

[Alle Zeiträume anzeigen] Stichtag 01.08.2009

BuKr.	Vert.nr.	Buch.dat.	Stichtag	Belegnr	Hauptb	Bezeichnung	Objekt	Betrag H...	Vg. ACE
0001	2000265	31.01.2005	31.01.2005	100004509	99000	Pass. Rechnungsabgr.		3.000,00-	I
0001	2000265				841690	Vorschüss. Mieten	IV 0001/2000265	3.000,00	I
0001	2000265				841690	Vorschüss. Mieten	IV 0001/2000265	3.000,00-	I
0001	2000265				841690	Vorschüss. Mieten	MO 0001/8490/1	3.000,00	I
0001	2000265			100004510	99000	Pass. Rechnungsabgr.		1.000,00	P
0001	2000265				841690	Vorschüss. Mieten	IV 0001/2000265	1.000,00-	P
0001	2000265				841690	Vorschüss. Mieten	IV 0001/2000265	1.000,00	P
0001	2000265				841690	Vorschüss. Mieten	MO 0001/8490/1	1.000,00-	P
0001	2000265	28.02.2005	28.02.2005	100004511	99000	Pass. Rechnungsabgr.		1.000,00	P
0001	2000265				841690	Vorschüss. Mieten	IV 0001/2000265	1.000,00-	P
0001	2000265				841690	Vorschüss. Mieten	IV 0001/2000265	1.000,00	P
0001	2000265				841690	Vorschüss. Mieten	MO 0001/8490/1	1.000,00-	P
0001	2000265	31.03.2005	31.03.2005	100004512	99000	Pass. Rechnungsabgr.		1.000,00	P
0001	2000265				841690	Vorschüss. Mieten	IV 0001/2000265	1.000,00-	P
0001	2000265				841690	Vorschüss. Mieten	IV 0001/2000265	1.000,00	P
0001	2000265				841690	Vorschüss. Mieten	MO 0001/8490/1	1.000,00-	P

Abbildung 7.20 Abgrenzungsbuchungen über drei Monate für einen vorschüssigen debitorischen Vertrag mit Quartalsmiete

Da im Monat Januar die Miete in Höhe von 3.000 EUR als Forderung über die periodische Buchung (Sollstellung) gebucht wird, haben wir nach erfolgter Abgrenzung folgenden Zustand erreicht:

- **Bilanz**
  Forderungen: 3.000 EUR aus der periodischen Buchung, abzüglich 2.000 EUR passive Rechnungsabgrenzung
- **Gewinn- und Verlustrechnung**
  Erlöse auf dem Mietobjekt: 3.000 EUR aus der periodischen Buchung, abzüglich 2.000 EUR vorschüssige Mieten

In den Folgemonaten finden nur noch die periodischen Abgrenzungsbuchungen statt. Nach drei Monaten ist der Erlös schließlich komplett realisiert.

7.7 Finanzdisposition

In SAP Cash Management besteht die Möglichkeit, sich mit Hilfe der Finanzdisposition einen Überblick über kurz- und mittelfristige verfügbare Finanzmittel zu verschaffen. In SAP RE hat man in Form der Finanzströme bereits Plandaten für zukünftige Buchungen, die letztlich zu Geldein- bzw. -ausgängen führen. Diese Daten können in die Finanzdisposition überführt werden.

Dispositionsebenen und -gruppen

In der Finanzdisposition wird zwischen *Dispositionsebenen* und *Dispositionsgruppen* unterschieden. Die Dispositionsebenen geben über die Herkunft der Daten Auskunft, während die Dispositionsgruppen das Zahlverhalten einer Gruppe von Geschäftspartnern beschreiben. Um eine Zuordnung der Finanzstromdaten zu den Entitäten der Finanzdisposition zu ermöglichen, treffen Sie im Customizing von SAP RE unter Buchhaltung • Finanzdisposition entsprechende Festlegungen.

Die Daten in der Finanzdisposition werden automatisch bei der Finanzstromgenerierung mitversorgt, wenn für den Buchungskreis die Finanzdisposition aktiv ist. Die Finanzstromsätze werden in verdichteter Form (pro Ebene, pro Gruppe, pro Dispositionsdatum) in Summentabellen des Cash Managements geschrieben und dabei jeweils derjenigen Dispositionsgruppe zugeordnet, die im Debitoren- bzw. Kreditorenstamm des Vertragspartners hinterlegt ist.

Wird während der periodischen Buchung aus einem Plan-Satz im Finanzstrom ein Ist-Satz, so wechselt der entsprechende Posten in der Finanzdisposition die Dispositionsebene: Er verschwindet aus der RE-Ebene und wechselt in die FI-Ebene, was letztlich bedeutet, dass mit der Buchung aus einem »erwarteten« Zahlungseingang (aufgrund des Vertrages) ein »ziemlich wahrscheinlicher« Zahlungseingang (aufgrund eines Buchungsbeleges) wird.

7.8 PSCD-Vertragskontokorrent

In Abschnitt 7.3.1, »Buchhaltungssysteme«, haben Sie bereits erfahren, dass SAP RE anstelle der Debitorenbuchhaltung aus SAP ERP Financial auch das Vertragskontokorrent für die öffentliche Verwaltung PSCD für debitorische Buchungen benutzen kann. PSCD ist eine industriespezifische Ausprägung von FI-CA (Massenkontokorrent) und Bestandteil der Branchenlösung SAP Public Sector Collection and Disbursement (SAP PSCD).

Falls Sie PSCD im Zusammenhang mit SAP RE einsetzen wollen, müssen Sie folgendermaßen vorgehen:

1. Aktivieren Sie das Business Function Set *Public Services*.
2. Im nächsten Schritt müssen Sie im Customizing von SAP RE unter Grundeinstellungen • Grundeinstellungen im Buchungskreis

VORNEHMEN für die entsprechenden Buchungskreise das Buchhaltungssystem auf »FC« für PSCD (FI-CA) einstellen.

3. Für die debitorischen Verträge müssen Sie im Customizing der Vertragsarten als Rolle für den Hauptvertragspartner eine Rolle vom Rollentyp »MKK« einstellen (Massenkontokorrent).

Im Folgenden werden weitere wichtige Customizing-Einstellungen besprochen.

Vertragskonten

Im Customizing von SAP RE finden Sie unter VERTRAG • INTEGRATION FI-CA den Punkt ART DES VERTRAGSKONTOS DEFINIEREN.

Um den Hintergrund dieser Customizing-Einstellung zu verstehen, müssen wir uns das Kontenmodell im FI-CA genauer ansehen. Im Unterschied zum debitorischen Geschäftspartner, der genau ein Konto besitzt, kann ein MKK-Geschäftspartner (MKK = *Massenkontokorrent*) mehrere Konten, sogenannte *Vertragskonten*, besitzen. Im Immobilienvertrag legen Sie fest, auf welches der Vertragskonten eines Geschäftspartners aus dem Immobilienvertrag heraus gebucht wird.

Abbildung 7.21 zeigt das Partnerbild eines Immobilienvertrages, dem ein MMK-Partner und eines seiner Vertragskonten zugeordnet sind.

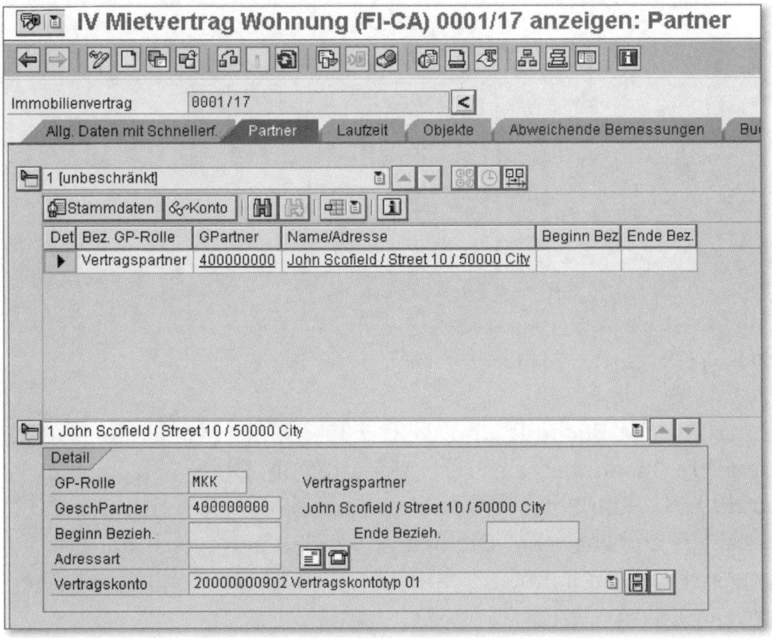

Abbildung 7.21 Vertrag mit MKK-Partner und Vertragskonto

Die Customizing-Einstellung ART DES VERTRAGSKONTOS DEFINIEREN erlaubt Ihnen, pro Vertragsart und Partnerrolle festzulegen, ob bei der Verwendung eines bereits im System vorhandenen Partners ein neues Vertragskonto angelegt werden soll oder ein bestehendes genutzt werden kann.

Unterhalb der Vertragskonten werden die Posten nach Verträgen gruppiert, der Immobilienvertrag wird in PSCD als solch ein Vertrag behandelt. Die Unterscheidung zwischen den einzelnen Verträgen (PSCD-Vertrag bzw. Vertrag aus SAP RE) erfolgt über ein Sub-Applikationskennzeichen. In Abbildung 7.22 sehen Sie eine Kontenübersicht für einen Geschäftspartner mit mehreren Vertragskonten, zu denen jeweils mehrere Verträge gehören. Die Zuordnung zu einem Vertrag wird aus einem entsprechenden Feld im Buchungsbeleg abgeleitet.

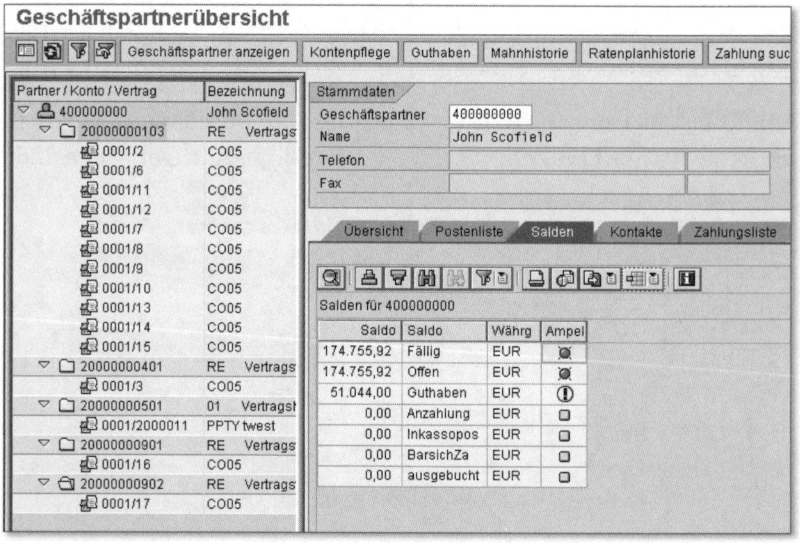

Abbildung 7.22 Geschäftspartner mit mehreren Vertragskonten

Die periodische Buchung und weitere Geschäftsvorfälle aus SAP RE setzen ihre Buchungen auf Vertragskonten ab. Diese Belege sind die Grundlage für die Folgeprozesse im Kontokorrentbereich des PSCD wie Zahlen und Mahnen. Die Belege werden periodisch im Rahmen von Massenläufen summarisch in die SAP-Hauptbuchhaltung überführt.

Kontenfindung

Die Kontenfindung in PSCD und die Folgeprozesse in der Anwendung basieren auf den sogenannten *Haupt- und Teilvorgängen*, die in den Belegen fortgeschrieben werden. Die Haupt- und Teilvorgänge werden in SAP RE aus den schon in Abschnitt 7.3.2, »Von der Bewegungsart zur Buchung«, erwähnten Bewegungsarten abgeleitet. Zu diesem Zweck ist im Customizing von SAP RE unter BUCHHALTUNG • INTEGRATION FI-CA eine entsprechende Einstellung vorzunehmen.

7.9 Zusammenfassung

Wir haben in diesem Kapitel aufgezeigt, wie eng SAP RE mit SAP FI verwoben ist. Buchungen in SAP FI können auf Objekte von SAP RE kontiert werden, Folgeprozesse wie Zahlen und Mahnen laufen direkt in SAP FI ab und können über spezielle, auf die Immobilienanwendung zugeschnittene Verfahren beeinflusst werden. Wir haben das zentrale Konstrukt zur Erzeugung von Buchhaltungsbelegen aus SAP RE kennengelernt, den Finanzstrom, und erfahren, wie er auf Basis differenzierter Klauseln generiert wird. Schließlich haben wir uns klargemacht, wie die Regeln für die Buchungen basierend auf den Vertragskonditionen über die zugeordneten Bewegungsarten gefunden werden.

Sie werden in weiteren Kapiteln mit der Buchhaltung in Berührung kommen, so z. B. in Kapitel 9, »Nebenkostenabrechnung«. Die Besonderheiten der Vorsteuerbehandlung werden in Kapitel 10, »Steuerliche Aspekte der Immobilienverwaltung«, vorgestellt.

Steigende Lebenshaltungskosten, steigende Reparaturkosten, steigende Verwaltungskosten – die Mieten müssen den Unterhalt der Immobilienobjekte decken, und auch der Immobilienverwalter muss sein Auskommen haben. So müssen auch die Mieten im Laufe der Zeit angepasst werden.

8 Anpassung von Konditionen

Während der Laufzeit eines Mietvertrages kann die durch den Mieter zu zahlende Miete angepasst werden. Damit erhält der Vermieter die Möglichkeit, die Mieten für Wohnungen und Gewerbeimmobilien unter Berücksichtigung der allgemeinen Preisentwicklung, der Entwicklung der Lebenshaltungskosten usw. zu überprüfen und gegebenenfalls anzupassen. Mietanpassungen müssen stets unter Beachtung der geltenden gesetzlichen Bestimmungen erfolgen.

8.1 Übersicht über unterstützte Anpassungsverfahren

Anpassungsverfahren

Die folgenden *Anpassungsverfahren* können in SAP RE genutzt werden:

- freie Anpassung
- Staffelmiete
- Indexmietanpassung
- Mietanpassung mit Vergleichswohnungen
- Anpassung auf der Grundlage von Anpassungsmaßnahmen (Modernisierung, Gutachten, Sonderumlage für die WEG-Verwaltung)
- Anpassung der Vorauszahlungen im Rahmen der Nebenkostenabrechnung
- Wirtschaftlichkeitsberechnung

Daneben werden die folgenden länderspezifischen Anpassungsverfahren für Österreich und die Schweiz unterstützt:

- Fünfzehntelanpassung (Österreich)
- Anpassung nach Schweizer Recht (Hypothekarzins, allgemeine Betriebs- und Unterhaltskosten)

Ehe wir uns genauer mit den Arten der Mietanpassung beschäftigen, betrachten wir zunächst den Ablauf, die Voraussetzungen und die Einflussfaktoren der Konditionsanpassung.

8.2 Ablauf einer Anpassung

Zwar unterscheiden sich die genannten Anpassungsverfahren hinsichtlich ihrer jeweiligen verfahrensspezifischen Parameter recht stark, dennoch ist der grundsätzliche Ablauf einer Mietanpassung stets gleich – unabhängig davon, welches der vorhandenen Anpassungsverfahren Sie verwenden. Mietanpassungen können nicht nur für Vermietverträge, sondern auch für Anmietverträge durchgeführt werden.

Ablauf der Anpassung

Die Anpassung von Konditionen erfolgt in mehreren Schritten:

1. **Anpassung bestimmen**
   Sie führen die Anpassung von Konditionen zunächst im Simulationsmodus durch. Das Ergebnis einer solchen Simulation kann anschließend gesichert werden und entspricht dann einer im Echtlauf durchgeführten Anpassung. Alternativ können Sie die Anpassung auch direkt als Echtlauf starten.
2. **Anpassung bearbeiten**
   Die Anpassungsergebnisse können anschließend manuell bearbeitet werden. Mögliche Arbeitsschritte sind die Änderung der Anpassungsergebnisse für einzelne Verträge bzw. Mietobjekte oder die Erfassung der Zustimmung der anderen Vertragspartei zur Anpassung.
3. **Anpassung aktivieren**
   Um die neu berechneten Konditionen bei den periodischen Buchungen für Verträge und Mietobjekte berücksichtigen zu können, ist die Aktivierung der Anpassung erforderlich. Durch die Aktivierung werden die Konditionen von Verträgen und Mietobjekten

zum jeweiligen Anpassungsdatum aktualisiert. Die aktualisierten Konditionen werden bei der Generierung des Finanzstroms und somit bei der nächsten periodischen Buchung berücksichtigt.

4. **Anpassung stornieren**
   Ein fehlerhafter Anpassungslauf bzw. ein Anpassungslauf, der nicht die gewünschten Ergebnisse geliefert hat, kann komplett storniert werden. Dabei werden die Konditionsänderungen in Verträgen und Mietobjekten sowie die weiteren Schritte der Anpassung zurückgenommen.

Betrachten wir nun detailliert die einzelnen Schritte einer Anpassung.

8.2.1 Anpassung bestimmen

Sie führen zunächst einen Anpassungslauf im *Simulationsmodus* durch. Dazu starten Sie die Transaktion REAJPR im Anwendungsmenü von SAP RE unter ANPASSUNG VON KONDITIONEN • ANPASSUNGEN BESTIMMEN. Das Einstiegsbild der Mietanpassung zeigt Abbildung 8.1.

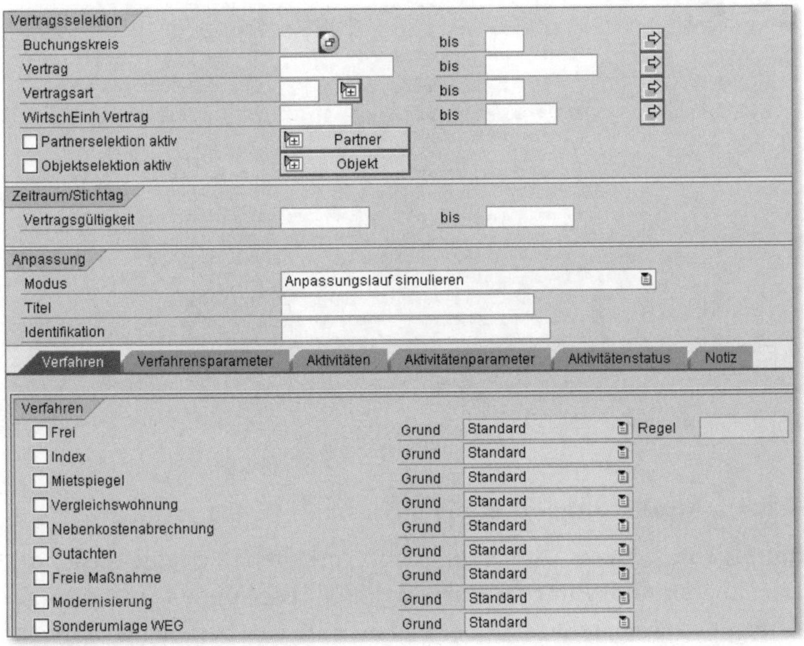

Abbildung 8.1 Anpassung bestimmen

Anpassungs-ID

Wählen Sie hier zunächst das Anpassungsverfahren aus, nach dem Sie die Mietanpassung durchführen möchten. Ob und welche Daten in den weiteren Registern zu erfassen sind, hängt vom ausgewählten Anpassungsverfahren ab. Für jede Anpassung wird eine Anpassungs-Id (Identifikation) erzeugt. Diese setzt sich aus dem Benutzernamen des angemeldeten Benutzers sowie dem Datum und der Uhrzeit des Anpassungslaufs zusammen. Sie können diese Anpassungs-Id überschreiben und einen sprechenden Namen wie zum Beispiel »Index WE 4711 August 2009« wählen.

Protokoll des Anpassungslaufs

Die einzelnen Schritte der Anpassung sowie deren Ergebnisse werden protokolliert. Sollte die Anpassung insgesamt oder für einzelne Verträge bzw. Mietobjekte nicht das erwartete Ergebnis geliefert haben, können Sie die Ursachen dafür dem Protokoll des Anpassungslaufs entnehmen. Ein solches ausführliches Protokoll zeigt Abbildung 8.2. Sie können sich das Protokoll eines Anpassungslaufs ansehen, indem Sie die Transaktion REAJSH (Anpassungen anzeigen) aufrufen, die gewünschte Anpassungs-Id auswählen und anschließend den Button PROTOKOLL wählen.

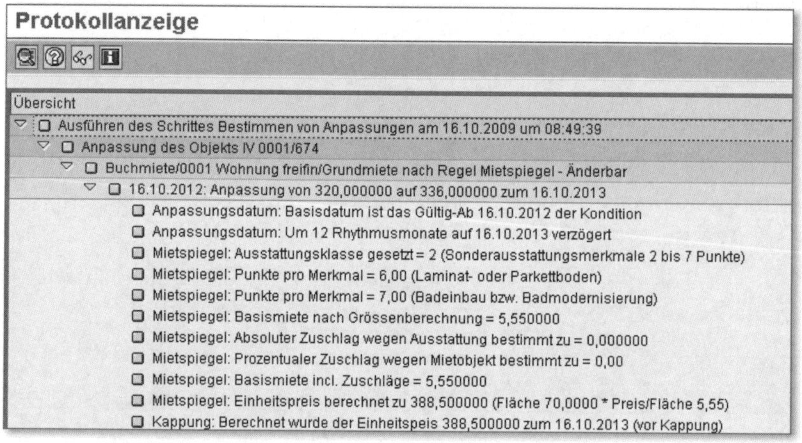

Abbildung 8.2 Protokoll eines Anpassungslaufs

8.2.2 Anpassungsergebnis sichern

Ergebnisliste

Im Ergebnis dieses Anpassungslaufs erhalten Sie eine Liste der errechneten Anpassungen. Anhand dieser Liste können Sie die vorgeschlagenen Anpassungen überprüfen und gegebenenfalls notwendige Änderungen vornehmen. Anschließend wechseln Sie von der

Simulation in den Echtlauf und sichern die Ergebnisse der Mietanpassung, indem Sie den Button SICHERN betätigen.

Bei der in Abbildung 8.3 gezeigten Mietanpassung wurde eine neue Miete in Höhe von 565 EUR errechnet. Die Miethöhe wurde manuell auf einen Betrag von 560 EUR korrigiert.

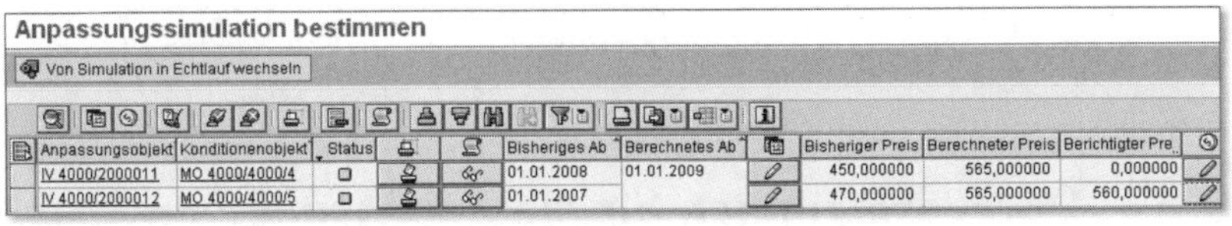

Abbildung 8.3 Ergebnis des Anpassungslaufs

Zustimmung der Mieter erfassen

Zur weiteren Bearbeitung eines Anpassungslaufs starten Sie die Transaktion REAJCH im Anwendungsmenü von SAP RE unter dem Menüpunkt ANPASSUNG VON KONDITIONEN • ANPASSUNGEN BEARBEITEN. Handelt es sich um eine *zustimmungspflichtige Mietanpassung*, informieren Sie die Mieter über die Anpassungsergebnisse und bitten um die Zustimmung zu den neuen Mietkonditionen. Ist die Zustimmung durch die Mieter erfolgt, können Sie diese unter Angabe des Zustimmungsdatums im System erfassen.

8.2.3 Anpassung aktivieren

Anschließend *aktivieren* Sie die neuen Mietkonditionen. Durch die Aktivierung werden die neuen Konditionen in den Verträgen bzw. in den Mietobjekten fortgeschrieben. Die nächste periodische Buchung erfolgt dann bereits auf Grundlage der neuen Konditionen. Im Register ANPASSUNG des Vertrages erhalten Sie einen Überblick über die durchgeführten Mietanpassungen. Detailinformationen zu erfolgten und geplanten Anpassungen zeigt Abbildung 8.4.

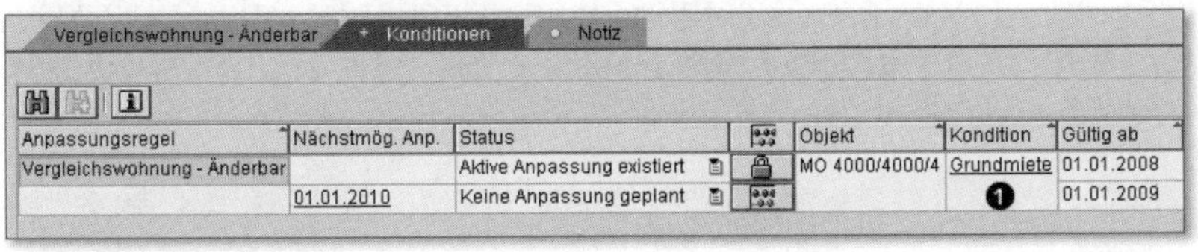

Abbildung 8.4 Mietanpassungen zu einem Immobilienvertrag

[+]

Aktualisierung und Anpassung von weiteren Konditionen

Neben der Anpassung von Vertragskonditionen können Sie auch die auf Mietobjekten hinterlegten Konditionen – wie zum Beispiel die GRUNDMIETE (siehe ❶ in Abbildung 8.4) für Wohnungen oder Gewerbeobjekte – mit Hilfe von Anpassungsverfahren aktualisieren. Dadurch stehen Ihnen auch auf der Ebene der Mietobjekte die aktuellen Konditionen zur Verfügung. Sie können diese zu Auswertungszwecken nutzen und sich auf diese Weise sehr schnell einen Überblick über ortsübliche Mieten o.Ä. verschaffen.

8.3 Voraussetzungen für die Anpassung von Konditionen

Um Konditionen von Verträgen bzw. Mietobjekten anpassen zu können, muss im Vertrag bzw. im Mietobjekt definiert werden, welche Kondition bei welchem Anpassungsverfahren berücksichtigt werden soll. Dazu werden im Vertrag sowie im Mietobjekt die sogenannten Anpassungsklauseln gepflegt.

Anpassungsklausel

Anpassungsklauseln repräsentieren die Anpassungsverfahren, die für die Konditionen eines konkreten Vertrages bzw. eines konkreten Mietobjekts verwendet werden können. Im Rahmen einer Mietanpassung werden die anzupassenden Konditionspositionen mit der für das jeweilige Anpassungsverfahren relevanten Anpassungsklausel ermittelt. Das Vorhandensein einer Anpassungsklausel für ein bestimmtes Anpassungsverfahren ist somit die Grundlage für die Durchführung einer Mietanpassung.

[!]

Ausnahme: Anpassung ohne Anpassungsklausel

Die freie Anpassung kann auch ohne Vorhandensein einer Anpassungsklausel durchgeführt werden.

Pro Vertrag bzw. pro Mietobjekt können mehrere Anpassungsklauseln hinterlegt werden. Einer Anpassungsklausel können wiederum eine oder mehrere Konditionsarten zugeordnet werden.

[zB]

Mehrere Konditionsarten mit Anpassungsklausel

Ist sowohl der Konditionsart VORAUSZAHLUNG BETRIEBSKOSTEN als auch der Konditionsart VORAUSZAHLUNG HEIZKOSTEN die Anpassungsklausel NEBENKOSTENABRECHNUNG zugeordnet, bedeutet dies, dass beide Konditionen an der Anpassung der Vorauszahlungen im Rahmen der Nebenkostenabrechnung teilnehmen.

Abbildung 8.5 zeigt einen Wohnungsmietvertrag mit drei Anpassungsklauseln (Wohnwirtschaft, Mietspiegel und Nebenkostenabrechnung). Der Anpassungsregel Nebenkostenabrechnung sind zwei Vorauszahlungskonditionen – VZ Betriebskosten und VZ Heizkosten – zugeordnet.

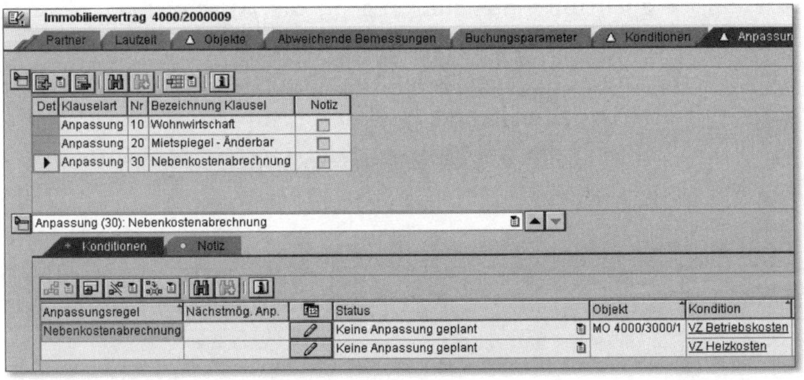

Abbildung 8.5 Anpassungsklauseln im Immobilienvertrag

Anpassungsregel

Die in SAP RE verwendeten Anpassungsverfahren sind fest vorgegeben. Für jedes Anpassungsverfahren werden im Customizing eine oder mehrere Anpassungsregeln definiert. Sie finden die Einstellungen dazu im Customizing von SAP RE unter Anpassung von Konditionen (Mietanpassung) • Anpassungsregeln – Verfahrensübergreifend • Anpassungsregeln definieren.

Jede Anpassungsregel enthält Parameter für die Berechnung des Anpassungsbetrages sowie für die Berechnung des Anpassungstermins und weitere Parameter, die beispielsweise die Erstellung der Korrespondenz zur Anpassung und die Zustimmungspflicht des Mieters steuern.

[+]

Anpassungsregeln im Auslieferungs-Customizing

Für oft verwendete Anpassungsverfahren sind die zugehörigen Anpassungsregeln im Auslieferungs-Customizing von SAP RE enthalten. Sie können diese Anpassungsregeln kopieren und an die kundenspezifischen Anforderungen anpassen.

Kombinierte Anpassungsregel

Sollen für eine Konditionsart mehrere Anpassungsverfahren genutzt werden, so können Sie dafür im Customizing *kombinierte Anpassungsregeln* definieren. Die zugehörige Anpassungsklausel des Vertrages oder des Mietobjekts bezieht sich dann auf die kombinierte Anpassungsregel, die ihrerseits mehrere Anpassungsregeln (und somit -verfahren) beinhaltet.

Bei den in einer kombinierten Anpassungsregel enthaltenen Anpassungsregeln kann es sich sowohl um eigenständige Anpassungsregeln handeln als auch um Anpassungsregeln, die ausschließlich als Teil einer kombinierten Anpassungsregel genutzt werden dürfen. Eine kombinierte Anpassungsregel zeigt Abbildung 8.6. Diese im Auslieferungs-Customizing enthaltene kombinierte Anpassungsregel Wohnwirtschaft enthält die Anpassungsregeln Mietspiegel, Gutachten und Modernisierung.

Regel	Bezeichnung	Kombini...	Bezeichnung
RESIDRENT	Wohnwirtschaft	RLRACN	Mietspiegel - Änderbar
RESIDRENT	Wohnwirtschaft	TASKEO	Gutachten
RESIDRENT	Wohnwirtschaft	TASKMO	Modernisierung

Abbildung 8.6 Kombinierte Anpassungsregel für die Wohnungswirtschaft

Die Anpassungsregel TASKEO (Gutachten) wird nur als Teil einer kombinierten Anpassungsregel verwendet (siehe Abbildung 8.7), während die Anpassungsregel RLRACN (Mietspiegel – Änderbar) auch separat genutzt werden kann.

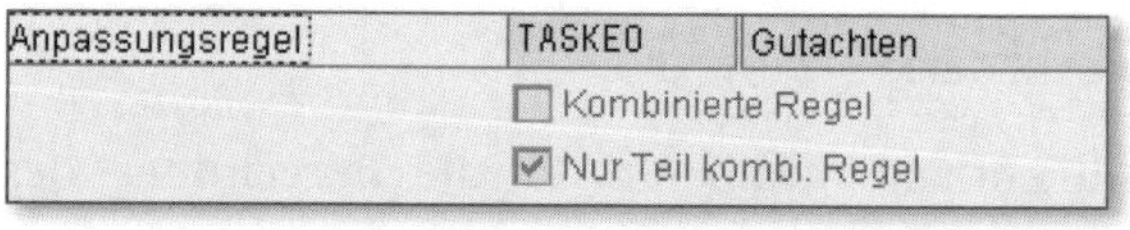

Abbildung 8.7 Anpassungsregel als Teil einer kombinierten Regel

Grunddaten der Anpassungsregel

Für jede Anpassungsregel wird zunächst Folgendes festgelegt:

- ob die Daten der Anpassungsregel im Vertrag bzw. im Mietobjekt angezeigt werden
- ob sie durch den Anwender geändert werden dürfen
- ob sie von der Anzeige ausgeschlossen sind

Des Weiteren kann entschieden werden, ob die Daten der Anpassungsregel im Vertrag im ein- oder ausgeklappten Zustand angezeigt werden. Die zugehörige Customizing-Einstellung zeigt Abbildung 8.8.

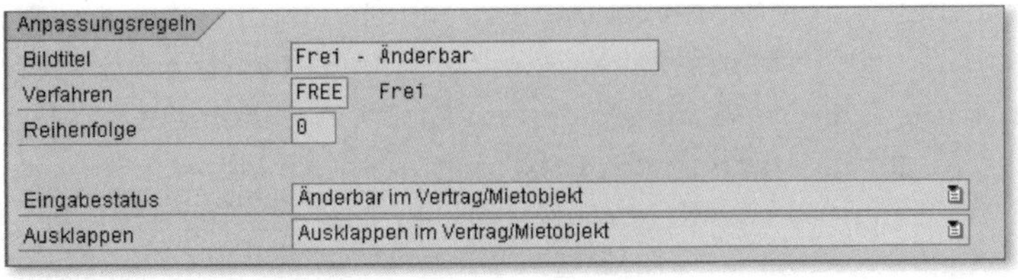

Abbildung 8.8 Anpassungsregel – Grunddaten

Verlassen wir nun die Customizing-Einstellungen zur Anpassung, und wenden wir uns der Vertragspflege (Transaktion RECN bzw. RE80) zu.

Detailanzeige ein- und ausklappen

Im Register ANPASSUNG befinden sich die Anpassungsklauseln für die im Vertrag zugelassenen Anpassungsverfahren. Abbildung 8.9 zeigt einen Vertrag mit vier Anpassungsklauseln. Für die *freie Anpassung* wird die Detailanzeige im eingeklappten Zustand angezeigt. Wenn Sie in der Vertragspflege das Icon  betätigen, können Sie die Daten zur Anpassungsregel ausklappen, um die Detailinformationen zur Anpassungsregel anzeigen zu lassen. Das Ein- und Ausklappen der Detailinformationen in der Vertragspflege ist nur möglich, sofern dies im Customizing der Anpassungsregel vorgesehen ist.

Verbindung zum Customizing lösen

Sofern für die Parameter der Anpassungsklausel im Customizing der Eingabestatus ÄNDERBAR IM VERTRAG/MIETOBJEKT definiert wurde (siehe Abbildung 8.8), können Sie im Register ANPASSUNG des Vertrages bzw. des Mietobjekts die Verbindung zum Customizing lösen und die Vorschlagswerte der Anpassungsregel für den konkreten Vertrag (siehe Abbildung 8.9) bzw. das konkrete Mietobjekt ergänzen.

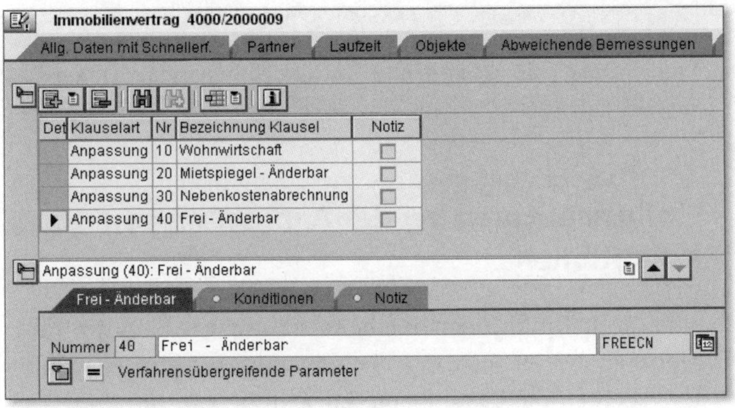

Abbildung 8.9 Anpassungsregeln eines Immobilienvertrages

Anpassungsdaten ändern

Sie lösen die Customizing-Verbindung, indem Sie den Button betätigen. Die änderbaren Felder sind anschließend eingabebereit, und Sie können die Anpassungsdaten ergänzen. Abbildung 8.10 zeigt mögliche Änderungen an den Anpassungsdaten. So können Sie zum Beispiel für einen Vertrag den Weitergabe-Prozentsatz für das Ergebnis der Mietanpassung auf einen von 100 % abweichenden Wert setzen.

Indem Sie den Button ≠ betätigen, können Sie die Verbindung zum Customizing wiederherstellen und so die manuellen Änderungen verwerfen.

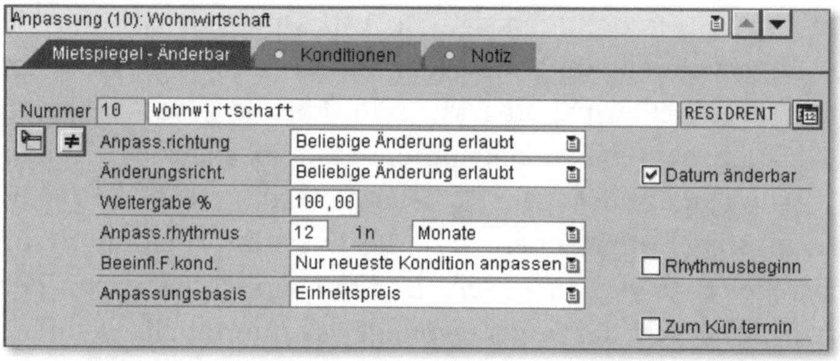

Abbildung 8.10 Customizing-Verbindung lösen und Anpassungsdaten im Immobilienvertrag ergänzen

[!]

Anpassungsverfahren exakt definieren

Wenn Sie die Änderung von Anpassungsdaten im Vertrag bzw. Mietobjekt durch das Lösen der Customizing-Verbindung erlauben, können prinzipiell in jedem Vertrag bzw. in jedem Mietobjekt unterschiedliche Anpassungsdaten hinterlegt werden. Dies erschwert den Überblick über die Ergebnisse einer Mietanpassung sowie gegebenenfalls auch die Fehlersuche. Definieren Sie deshalb im Customizing die zu verwendenden Anpassungsverfahren möglichst genau, und erlauben Sie eine Änderung der Daten nur für die Felder, deren Inhalt nicht allgemeingültig vorbelegt werden kann.

8.4 Einflussfaktoren bei der Anpassung von Konditionen

Die Anpassung von Konditionen ist eine sehr komplexe Funktionalität, deren Ergebnis von vielen Faktoren beeinflusst wird. Einerseits beruht die Anpassung auf den Customizing-Einstellungen zum jeweiligen Anpassungsverfahren, andererseits auf den konkreten Anpassungsdaten eines Vertrages bzw. eines Mietobjekts. Weiterhin spielt der Anpassungstermin eine wichtige Rolle. Beschäftigen wir uns deshalb in den folgenden Abschnitten mit den Einflussfaktoren einer Mietanpassung. Dabei betrachten wir zunächst noch kein konkretes Anpassungsverfahren, sondern den allgemeinen Ablauf einer Anpassung.

Auch die in den folgenden Abschnitten erläuterten Customizing-Einstellungen für den Bereich der Mietanpassung finden Sie im Customizing von SAP RE unter Anpassung von Konditionen (Mietanpassung) • Anpassungsregeln – Verfahrensübergreifend • Anpassungsregeln definieren.

Berechnung des Anpassungsbetrages

Bei der Berechnung des Anpassungsbetrages (siehe Abbildung 8.11) muss insbesondere bekannt sein, ob der Konditionsbetrag durch die Anpassung ausschließlich erhöht oder auch vermindert werden darf (Anpassungsrichtung) bzw. ob die berechneten Konditionen manuell erhöht oder vermindert werden dürfen (Änderungsrichtung). Auch für die einzelnen Daten zur Berechnung des Anpassungsbetrages wird festgelegt, ob diese im Vertrag bzw. Mietobjekt durch den Anwender geändert werden dürfen. Der Weitergabe-Prozentsatz hat im Allgemeinen den Wert 100, d.h., 100 % des berechneten Anpassungsbetrages werden an die Konditionen des Vertrages bzw. des Mietobjekts weitergegeben.

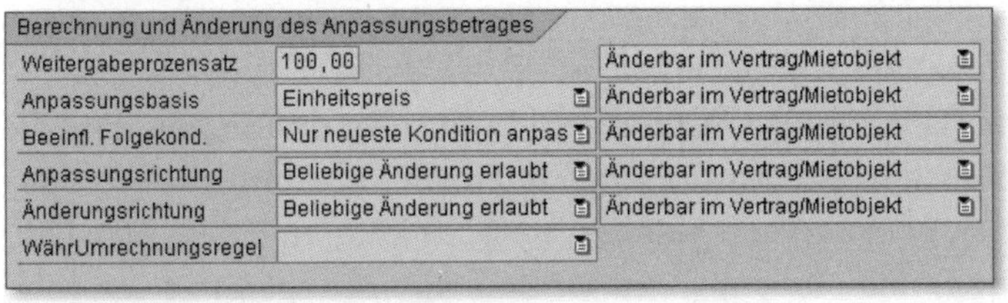

Abbildung 8.11 Berechnung des Anpassungsbetrages

Bestimmung des Anpassungstermins

Eine weitere wichtige Rolle spielt der Anpassungsrhythmus. Dieser wird in vielen Anpassungsverfahren durch die gesetzlichen Bestimmungen vorgegeben. Mit Hilfe der Checkbox Rhythmusbeginn kann definiert werden, ob der Abstand zwischen zwei Mietanpassungen tagesgenau berechnet wird oder ob der erste Tag der Folgeperiode als Datum der letzten Anpassung interpretiert wird und anschließend der Mindestabstand zwischen zwei Mietanpassungen hinzuaddiert wird. Die möglichen Customizing-Einstellungen zur Bestimmung des Anpassungstermins zeigt Abbildung 8.12.

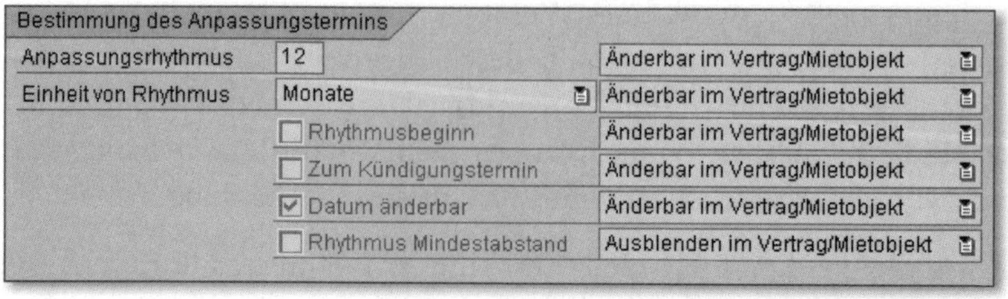

Abbildung 8.12 Anpassungsverfahren – Bestimmung des Anpassungstermins

Steuerung des Anpassungsprozesses

Der Ablauf einer Mietanpassung kann durch die in Abbildung 8.13 gezeigten Customizing-Einstellungen beeinflusst werden.

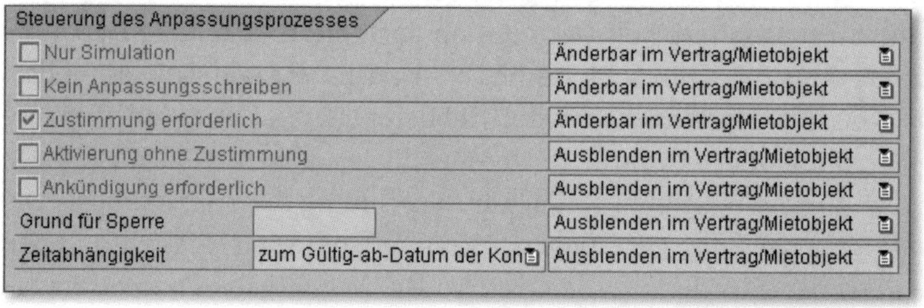

Abbildung 8.13 Anpassungsverfahren – Steuerung des Anpassungsprozesses

Die Möglichkeiten, die Sie hier zur Auswahl haben, möchten wir etwas näher betrachten:

- **Checkbox »Nur Simulation«**
  Es ist möglich, ein Anpassungsverfahren so zu definieren, dass die Ergebnisse der Anpassung ausschließlich im Simulationsmodus berechnet, aber niemals aktiviert werden können. Diese Möglichkeit können Sie nutzen, wenn Sie Mietanpassungen mit verschiedenen Anpassungsverfahren durchführen und die Ergebnisse der verschiedenen Anpassungsverfahren miteinander vergleichen möchten.
- **Checkbox »Kein Anpassungsschreiben«**
  Diese Einstellung ermöglicht es Ihnen, auf den Druck von Anpassungsschreiben zu einer Mietanpassung zu verzichten. Sie können diese Möglichkeit einerseits für interne Verträge nutzen, andererseits aber auch für solche Verträge, bei denen vereinbart wurde, dass die Zahlung der neuen Miete die Zustimmung zur Mietanpassung ersetzt.

- **Checkbox »Zustimmung erforderlich«**
  Sie definieren hier, ob es sich um ein zustimmungspflichtiges Anpassungsverfahren handelt. Wenn dies der Fall ist, kann eine Mietanpassung nur dann aktiviert werden, wenn die Zustimmung zur Anpassung im System erfasst wurde.
- **Checkbox »Aktivierung ohne Zustimmung«**
  Ist dieses Kennzeichen gesetzt, können Sie eine zustimmungspflichtige Anpassung auch dann aktivieren, wenn keine Zustimmung erfasst wurde.
- **Checkbox »Ankündigung erforderlich«**
  Mit dieser Einstellung kennzeichnen Sie ankündigungspflichtige Anpassungsverfahren. Eine Anpassung ist nur dann möglich, wenn sie der anderen Vertragspartei vorher angekündigt wurde. Die Aktivierung der neu berechneten Mietkonditionen ist an die Ankündigung gekoppelt, d.h., ohne Ankündigung können die Konditionen nicht aktiviert werden.

[+]

Betrifft nicht die Anpassung von Konditionen der Mietobjekte

Die beschriebenen Kennzeichen wirken sich nur auf die Anpassung von Vertragskonditionen aus. Bei der Anpassung der Konditionen von Mietobjekten sind diese Einstellungen gegenstandslos.

Steuerung von Anpassungen im Vertrags- bzw. Mietobjektdialog

Zusätzlich kann pro Anpassungsverfahren festgelegt werden, wie sich die Anpassungsergebnisse in Bezug auf den zugehörigen Vertrag bzw. das Mietobjekt verhalten. Sie haben die Möglichkeit, Anpassungen direkt aus dem Vertragsdialog bzw. aus der Pflege des Mietobjekts heraus zu simulieren bzw. durchzuführen, sofern dies laut Customizing vorgesehen ist (siehe Abbildung 8.14).

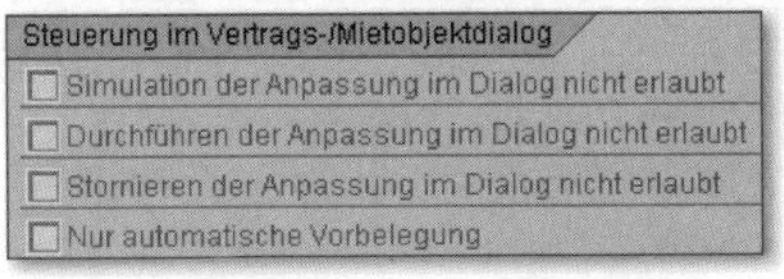

Abbildung 8.14 Anpassungsverfahren – Steuerung im Vertrags-/Mietobjektdialog

Gehen Sie dazu ins Register Anpassung, und wählen Sie die gewünschte Anpassungsklausel aus. In der Detailansicht zur Anpassungsklausel finden Sie Informationen zu bereits durchgeführten Anpassungen und deren Status.

8.5 Anpassungsverfahren

Spezifische Customizing-Einstellungen

Neben dem beschriebenen allgemeingültigen Ablauf einer Mietanpassung gibt es für jedes Mietanpassungsverfahren spezifische Anforderungen. Somit müssen Sie für einige Anpassungsverfahren zusätzliche verfahrensabhängige Customizing-Einstellungen vornehmen.

Außerdem beeinflussen auch die in den Immobilienstammdaten und -verträgen gepflegten Attribute die Ergebnisse der Mietanpassung. So sind zum Beispiel für die Mietanpassung nach Mietspiegel das Baujahr und die Lage des Gebäudes von Bedeutung. Für andere Anpassungsverfahren, wie zum Beispiel die Anpassung nach Vergleichsmieten oder Modernisierung, werden separate Stammdatenobjekte – Vergleichswohnungen und Anpassungsmaßnahmen – angelegt.

Die folgenden Abschnitte erläutern die Spezifika einzelner Mietanpassungsverfahren von SAP RE.

[+]

Anpassungsverfahren »Anpassung von Vorauszahlungskonditionen«

Die Anpassung von Vorauszahlungskonditionen wird im Rahmen der Nebenkostenabrechnung durchgeführt. Dieses Anpassungsverfahren beschreiben wir daher nicht hier, sondern in Kapitel 9, »Nebenkostenabrechnung«.

8.5.1 Staffelmieten

Mietanpassungen im Vertrag festgelegt

Ausnahmen bestätigen die Regel – und so weicht gleich das erste Anpassungsverfahren vom oben beschriebenen grundsätzlichen Ablauf einer Mietanpassung ab. Bei der Staffelmiete wird bereits beim Abschluss eines Mietvertrages festgelegt, zu welchen Zeitpunkten die Miete um welchen Betrag erhöht wird. Die gesetzlichen Regelungen dafür finden Sie im BGB § 557 a. Es handelt sich somit nicht um ein »richtiges« Mietanpassungsverfahren, das dem beschriebenen Ablauf einer Mietanpassung folgt und über einen speziellen Anpassungslauf gestartet wird.

Die Staffelmiete kann direkt in den Konditionen eines Vertrages erfasst werden. Dazu wählen Sie im Register KONDITIONEN des Vertrages (bzw. eines Mietobjekts) den Button STAFFEL GENERIEREN. Sie erhalten dann die in Abbildung 8.15 gezeigte Eingabemaske. Hier haben Sie die Möglichkeit, die Laufzeit der Staffelmiete sowie den zeitlichen Abstand zwischen zwei Staffelbeträgen zu definieren. Weiterhin legen Sie fest, ob die Miete jeweils um einen absoluten Betrag oder um einen bestimmten Prozentsatz erhöht werden soll. Basierend auf diesen Daten werden die Konditionsbeträge der Staffelmiete durch das System automatisch errechnet.

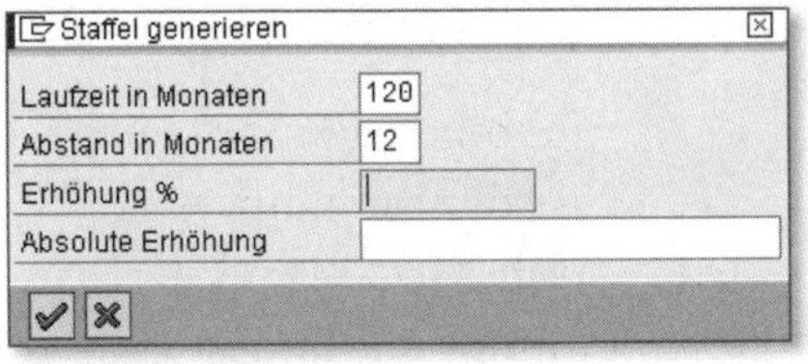

Abbildung 8.15 Generierung einer Staffelmiete

[zB]

Staffelmiete mit prozentualer Erhöhung

Nehmen wir an, dass sich der Betrag der Grundmiete alljährlich um 3 % erhöht. Ausgehend von einer Grundmiete in Höhe von 800 EUR (siehe Abbildung 8.16) erfolgt im Folgejahr eine Anpassung um 3 % auf 824 EUR. Im darauffolgenden Jahr stellen diese 824 EUR den Basisbetrag dar. Es erfolgt wiederum eine Erhöhung um 3 %. Die neue Grundmiete beträgt 848,72 EUR.

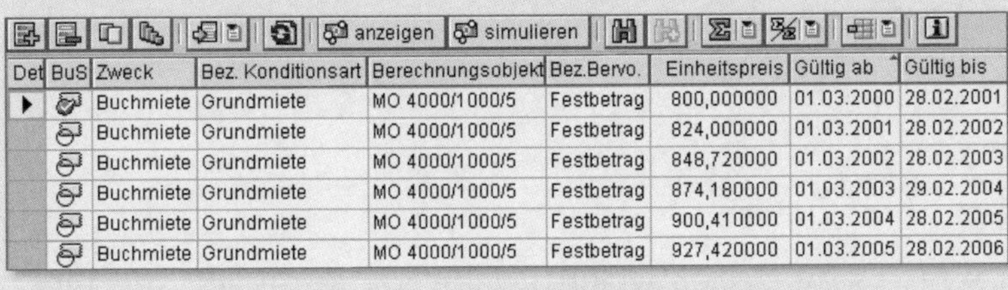

Det	BuS	Zweck	Bez. Konditionsart	Berechnungsobjekt	Bez.Bervo.	Einheitspreis	Gültig ab	Gültig bis
		Buchmiete	Grundmiete	MO 4000/1000/5	Festbetrag	800,000000	01.03.2000	28.02.2001
		Buchmiete	Grundmiete	MO 4000/1000/5	Festbetrag	824,000000	01.03.2001	28.02.2002
		Buchmiete	Grundmiete	MO 4000/1000/5	Festbetrag	848,720000	01.03.2002	28.02.2003
		Buchmiete	Grundmiete	MO 4000/1000/5	Festbetrag	874,180000	01.03.2003	29.02.2004
		Buchmiete	Grundmiete	MO 4000/1000/5	Festbetrag	900,410000	01.03.2004	28.02.2005
		Buchmiete	Grundmiete	MO 4000/1000/5	Festbetrag	927,420000	01.03.2005	28.02.2006

Abbildung 8.16 Mietkonditionen einer Staffelmiete

8.5.2 Freie Anpassung

Die freie Anpassung ermöglicht sowohl die *prozentuale Anpassung* von Konditionen als auch die Änderung der Konditionen um einen *absoluten Betrag*. Eine dritte Variante ist die *Wertübernahme*, d.h., es können Werte einer Kondition übernommen werden. Durch eine freie Anpassung können im Vertrag bzw. Mietobjekt auch neue Konditionen erzeugt werden.

Konditionen splitten

Sie können die freie Anpassung auch nutzen, um Konditionen zu splitten. Ein Beispiel dafür ist die Aufteilung einer Bruttomiete in die Bestandteile Grundmiete und Vorauszahlungen für Betriebs- und

Heizkosten. Nutzen Sie dafür das Feld KONDITIONSART ÜBERTRAG bei prozentualer oder absoluter Anpassung.

[zB]

Freie Anpassung

Für die Mietverträge und Mietobjekte einer Wirtschaftseinheit soll die Grundmiete prozentual um 10 % erhöht werden.

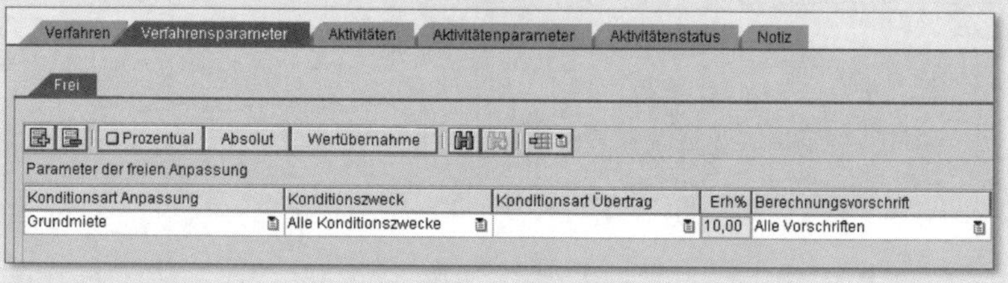

Abbildung 8.17 Verfahrensparameter der freien Anpassung

Die Verfahrensparameter sowie das Anpassungsergebnis für diese Anpassung zeigen Abbildung 8.17 und Abbildung 8.18.

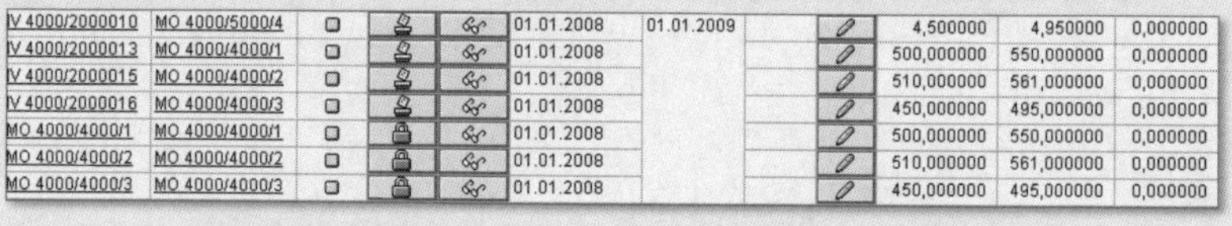

IV 4000/2000010	MO 4000/5000/4	01.01.2008	01.01.2009	4,500000	4,950000	0,000000
IV 4000/2000013	MO 4000/4000/1	01.01.2008		500,000000	550,000000	0,000000
IV 4000/2000015	MO 4000/4000/2	01.01.2008		510,000000	561,000000	0,000000
IV 4000/2000016	MO 4000/4000/3	01.01.2008		450,000000	495,000000	0,000000
MO 4000/4000/1	MO 4000/4000/1	01.01.2008		500,000000	550,000000	0,000000
MO 4000/4000/2	MO 4000/4000/2	01.01.2008		510,000000	561,000000	0,000000
MO 4000/4000/3	MO 4000/4000/3	01.01.2008		450,000000	495,000000	0,000000

Abbildung 8.18 Anpassungsergebnis der freien Anpassung

8.5.3 Indexmiete

Ein weiteres gängiges Mietanpassungsverfahren ist die *Indexanpassung*. Hier ist die Entwicklung des Mietpreises an einen Index wie zum Beispiel den *Verbraucherpreisindex (VPI)* gekoppelt. Die Daten zum VPI werden regelmäßig durch das Statistische Bundesamt veröffentlicht.

Parameter zur Indexregel

Für alle Anpassungsregeln des Anpassungsverfahrens Indexmiete sind neben den verfahrensübergreifenden Customizing-Einstellungen auch indexspezifische Einstellungen vorzunehmen. Dazu gehört insbesondere die Auswahl des Index, auf dessen Basis die Anpassung durchgeführt wird. Dabei kann entweder in jedem Fall das aktuelle Basisjahr für diesen Index genutzt werden oder aber das Basisjahr, das explizit in den Einstellungen zur Anpassungsregel festgelegt wurde. Abbildung 8.19 zeigt das Customizing für die Indexanpassung auf Basis des Verbraucherpreisindex.

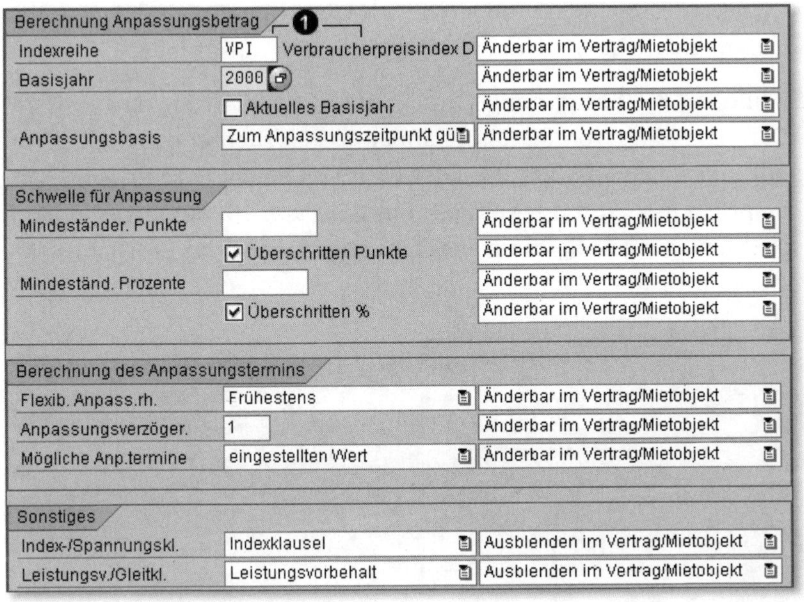

Abbildung 8.19 Verfahrensspezifische Parameterder Indexanpassung

Indexstände definieren

Die Definition der Indexstände erfolgt mehrstufig (siehe Abbildung 8.20).

1. **Indexklassen**
   Zunächst werden *Indexklassen* definiert. Für die Immobilienverwaltung sind die Indexklassen 5 (Unterhaltungs-/Betriebskosten für die Schweiz) und 6 (Immobilienverwaltung: Mietanpassung) vorgesehen.
2. **Indexreihen**
   Im zweiten Schritt werden zu den genannten Indexklassen *Indexreihen* definiert. Wir betrachten hier eine Indexreihe zur Indexklasse 6, nämlich den *Verbraucherpreisindex*. Der VERBRAUCHERPREISINDEX (VPI, siehe ❶ in Abbildung 8.19) bildet die durchschnittliche Preisentwicklung für Waren und Dienstleistungen ab, die in Privathaushalten erworben werden, und charakterisiert somit die Geldwertentwicklung eines Landes.
3. **Indexpunkte**
   Zu Indexreihen werden in einem dritten Schritt *Indexpunkte* erfasst. Die Indexpunkte einer Indexreihe können dabei entweder mit oder ohne Bezug auf ein Basisjahr gepflegt werden. Beim Verbraucherpreisindex handelt es sich um eine Indexreihe mit Basis-

jahren. Die Indexpunkte des Verbraucherpreisindex werden monatlich vom Statistischen Bundesamt herausgegeben.

Abbildung 8.20 zeigt einige Indexpunkte zum VPI für das Basisjahr 2000. Der Wert von 80 % für Januar 1991 bedeutet dabei eine Veränderungsrate von 80 %, d. h., der Preis von einem Euro im Jahr 2000 entspricht 80 Cent im Jahr 1991. Ein Wert von 102 % würde dementsprechend eine Steigerung von 2 % gegenüber dem Basisjahr 2000 bedeuten.

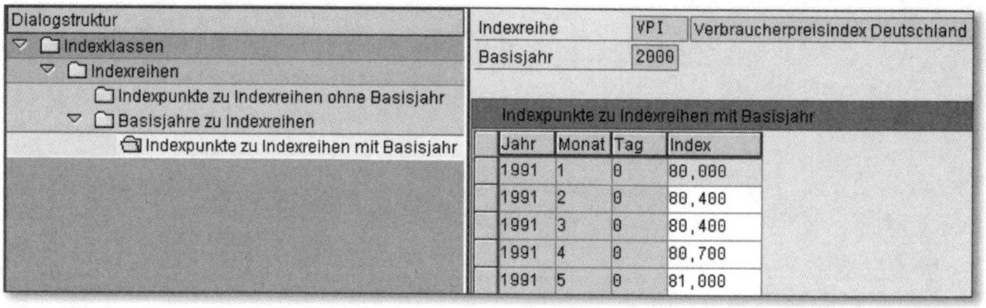

Abbildung 8.20 Verbraucherpreisindex – Indexstände

Schwelle für Anpassung

Für die Indexanpassung kann festgelegt werden, bei welcher *Punktdifferenz* zwischen dem Punktestand der letzten Anpassung und dem aktuellen Punktestand eine Anpassung erfolgt. Eine solche Schwelle für die Anpassung kann alternativ auch in Prozentwerten festgelegt werden.

Rhythmus und Verzögerung

Die aktuellen Indexstände werden jeweils mit einer gewissen zeitlichen Verzögerung veröffentlicht. Dagegen erfolgt die Indexanpassung in der Regel zu einem Zeitpunkt in der Zukunft. Um auch hier die Verzögerung bei der Veröffentlichung der Indexstände zu berücksichtigen, kann das Feld Anpassungsverzögerung im Zusammenhang mit dem Feld Flexibler Anpassungsrhythmus genutzt werden. Wenn ein fester Anpassungsrhythmus im Zusammenhang mit einer Anpassungsverzögerung gewählt wird, steht Folgendes zur Auswahl:

- Die Anpassung erfolgt mit veraltetem Indexstand (bei positiver Anpassungsverzögerung; siehe Abbildung 8.21).
- Es erfolgt eine rückwirkende Anpassung unter Berücksichtigung des aktuellen Indexstandes (bei negativer Anpassungsverzögerung).

Index- und Spannungsklausel

In der Feldgruppe Sonstiges kann entweder eine *Indexklausel* oder eine *Spannungsklausel* vereinbart werden. Die Spannungsklausel betrifft die Vermietung von Gewerberäumen und besagt, dass die Gewerbemiete an die Entwicklung vergleichbarer Gewerberäume gekoppelt ist, wobei die Anpassung der Gewerbemiete in diesem Fall nicht zustimmungspflichtig ist.

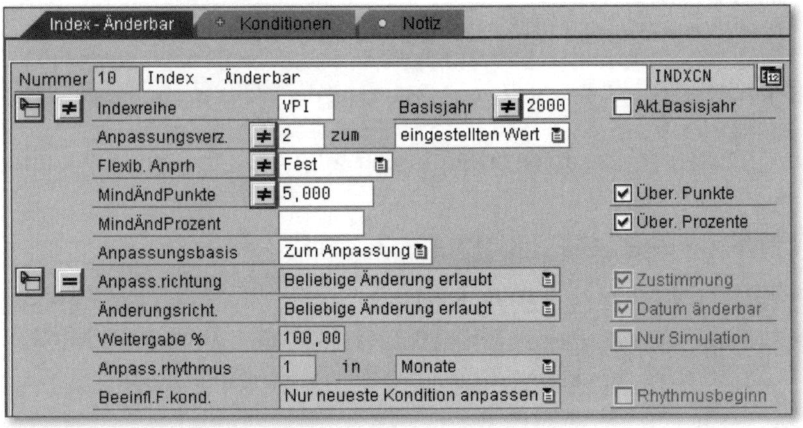

Abbildung 8.21 Indexklausel im Immobilienvertrag

Leistungsvorbehalt und Gleitklausel

Sie können außerdem *Leistungsvorbehalt* oder *Gleitklausel* vereinbaren, also festlegen, ob eine Zustimmung des Geschäftspartners erforderlich ist oder die Miete gleitend geändert wird.

Umbasierung

Sollten Sie bisher einen nicht mehr weitergeführten Index wie zum Beispiel den Preisindex für die Lebenshaltung aller privaten Haushalte in Deutschland verwendet haben, können Sie dafür die Funktion der *Umbasierung* nutzen, um die Umstellung auf den einheitlichen Verbraucherpreisindex vorzunehmen. Dabei werden nicht mehr gültige Indexwerte über eine *Umrechnungstabelle* in neue Indexwerte umgerechnet.

8.5.4 Mietspiegel

In einem Mietspiegel werden die ortsüblichen Vergleichsmieten einer Stadt zusammengefasst. Der Mietspiegel gilt für den Bereich des frei finanzierten Wohnungsbaus. Die Mietspiegel einzelner Städte unterscheiden sich hinsichtlich der verwendeten Vergleichskriterien. Wichtige Merkmale, die in vielen Mietspiegeln verwendet werden, sind die Lage und Ausstattung einer Wohnung, das Baujahr des Hauses sowie die Größe der Wohnung.

[zB]

Merkmal »Baujahr«

Im Berliner Mietspiegel werden die Wohnungen nach Wohnlage (einfache, mittlere, gute Wohnlage), nach dem Baujahr des Gebäudes (bis 1918, 1919 bis 1949, 1950 bis 1955, 1956 bis 1964, 1965 bis 1972, 1973 bis 1983 sowie 1984 bis 1990 (West) bzw. 1973 bis 1990 (Ost) und 1991 bis 2007), nach der Größe und der Ausstattung der Wohnung unterschieden.

In SAP RE werden diese Daten in den folgenden Immobilienstammdaten hinterlegt:

- Wirtschaftseinheit (Angabe des Mietspiegels)
- Gebäude (Baujahr und Lageklasse)
- Mietobjekt (Bemessungen für die Größe der Wohnung, Ausstattungsklasse, mietspiegelrelevante Ausstattungsmerkmale)

Der Feldstatus von Gebäuden und Mietobjekten hängt für Felder, die für den Mietspiegel relevant sind, vom Mietspiegel der Wirtschaftseinheit ab: Ist der Wirtschaftseinheit ein Mietspiegel zugeordnet, in dem Lageklassen berücksichtigt werden, ist das Feld LAGEKLASSE des Gebäudes sichtbar bzw. eingabebereit.

Mietspiegel

Für jeden Mietspiegel legen Sie zunächst im Customizing von SAP RE über den Menüpfad ANPASSUNG VON KONDITIONEN (MIETANPASSUNG) • MIETSPIEGEL • MIETSPIEGEL DEFINIEREN die Grunddaten des Mietspiegels an. In den Grunddaten wählen Sie beispielsweise aus, ob es sich um einen Mietspiegel mit Mietspiegelfächern handelt.

Bei einem Mietspiegel mit Mietspiegelfächern werden alle relevanten Kombinationen aus den für die Charakterisierung der Immobilien herangezogenen Merkmalen (wie zum Beispiel Baualtersklasse, Lageklasse, Größenklasse und Ausstattungsklasse) gebildet. Jede dieser Kombinationen entspricht einem Mietspiegelfach.

Basismiete

Jedes Mietspiegelfach enthält eine *Untergrenze*, einen *Mittelwert* und eine *Obergrenze* für den Mietpreis. Jeder der genannten drei Beträge kann als *Basismiete*, also als Grundlage und Vergleichswert für Mietanpassungen, verwendet werden. Weiterhin wählen Sie die im Mietspiegel verwendeten Kriterien (Feldgruppe DIMENSIONEN FÜR DIE BERECHNUNG DER BASISMIETE) aus.

[zB]

Mietspiegel

Abbildung 8.22 zeigt das Beispiel des Berliner Mietspiegels 2009. Es handelt sich hierbei um einen Mietspiegel mit Mietspiegelfächern. Die Wohnungen werden nach Baualtersklasse, Lageklasse, Größenklasse und Ausstattungsklasse in das jeweils zutreffende Mietspiegelfach eingeordnet.

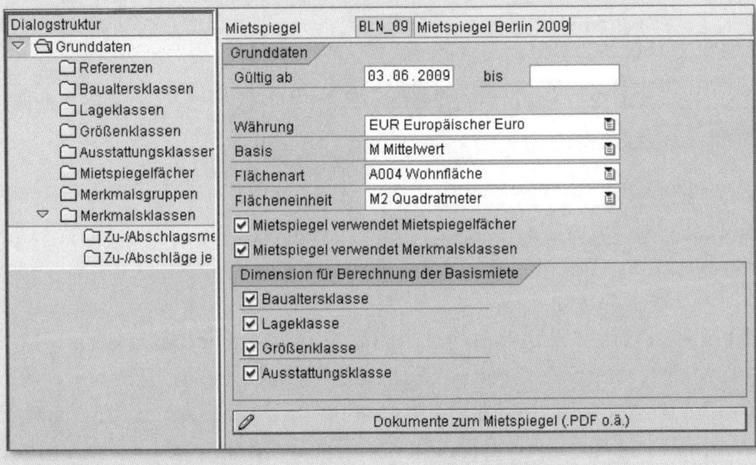

Abbildung 8.22 Mietspiegel – Feldgruppe »Grunddaten«

Für jedes Mietspiegelfach werden Untergrenze, Mittelwert und Obergrenze als Möglichkeiten zur Berechnung der Basismiete angegeben (siehe Abbildung 8.23).

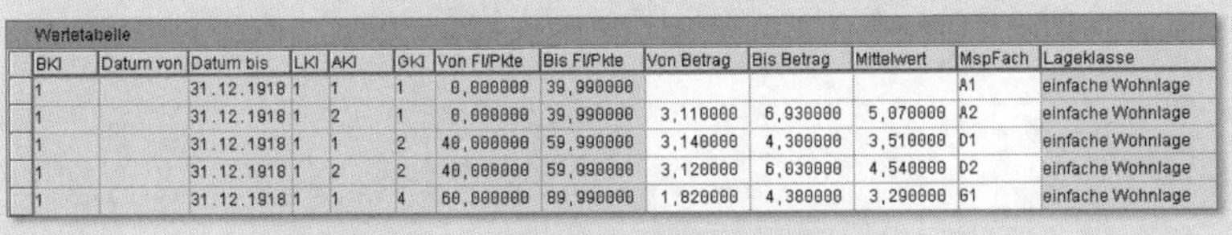

Wertetabelle

BKl	Datum von	Datum bis	LKl	AKl	GKl	Von Fl/Pkte	Bis Fl/Pkte	Von Betrag	Bis Betrag	Mittelwert	MspFach	Lageklasse
1		31.12.1918	1	1	1	0,000000	39,990000				A1	einfache Wohnlage
1		31.12.1918	1	2	1	0,000000	39,990000	3,110000	6,930000	5,070000	A2	einfache Wohnlage
1		31.12.1918	1	1	2	40,000000	59,990000	3,140000	4,300000	3,510000	D1	einfache Wohnlage
1		31.12.1918	1	2	2	40,000000	59,990000	3,120000	6,030000	4,540000	D2	einfache Wohnlage
1		31.12.1918	1	1	4	60,000000	89,990000	1,820000	4,380000	3,290000	G1	einfache Wohnlage

Abbildung 8.23 Mietspiegel – Grundwerte festlegen

Zu- und Abschlagsklassen

Neben der Einordnung der Wohnungen nach Lage oder Größe können auch besondere *Zu- und Abschlagsmerkmale* die Ermittlung der Basismiete beeinflussen.

Bei den Zu- und Abschlagsmerkmalen handelt es sich um Ausstattungsmerkmale, die zu sogenannten *Zu- und Abschlagsklassen* zusammengefasst werden. Voraussetzung dafür ist die Aktivierung der Checkbox MIETSPIEGEL VERWENDET MERKMALSKLASSEN in den Grunddaten des Mietspiegels. Für Zuschlagsmerkmale kann die im Rahmen der Anpassung berechnete Miete erhöht werden, während Abschlagsmerkmale eine Senkung der Miete bewirken.

Mietspiegel-relevante Ausstattungsmerkmale

Die Pflege der Ausstattungsmerkmale erfolgt auf der Ebene der Mietobjekte. Im Register AUSSTATTUNG können Sie sowohl allgemeingültige als auch mietspiegelabhängige Ausstattungsmerkmale pflegen. Beachten Sie dabei bitte den Button für die Auswahl der mietspiegelunabhängigen Merkmale bzw. der Merkmale, die sich auf den Mietspiegel der Wirtschaftseinheit beziehen (Button OHNE MIETSPIEGELBEZUG in Abbildung 8.24).

Abbildung 8.24 Ausstattungsmerkmale des Mietobjekts mit bzw. ohne Bezug zum Mietspiegel

Anpassungssteuerungsregeln

Nicht alle in einem Mietspiegel enthaltenen Vergleichskriterien können mit Kriterien wie Größe, Lage und Baujahr beschrieben werden. Deshalb können für spezielle Vergleiche und Berechnungen zusätzliche Anpassungssteuerungsregeln genutzt werden. Dabei werden vordefinierte Variablen mit einem Formeleditor zu Berechnungen zusammengefasst. Einige der möglichen Variablen zeigt Abbildung 8.25.

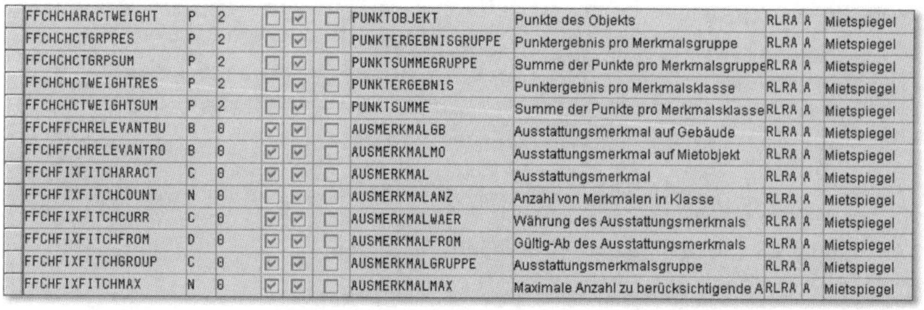

FFCHCHARACTWEIGHT	P	2	[ ]	[x]	[ ]	PUNKTOBJEKT	Punkte des Objekts	RLRA	A	Mietspiegel
FFCHCHCTGRPRES	P	2	[ ]	[x]	[ ]	PUNKTERGEBNISGRUPPE	Punktergebnis pro Merkmalsgruppe	RLRA	A	Mietspiegel
FFCHCHCTGRPSUM	P	2	[ ]	[x]	[ ]	PUNKTSUMMEGRUPPE	Summe der Punkte pro Merkmalsgruppe	RLRA	A	Mietspiegel
FFCHCHCTWEIGHTRES	P	2	[ ]	[x]	[ ]	PUNKTERGEBNIS	Punktergebnis pro Merkmalsklasse	RLRA	A	Mietspiegel
FFCHCHCTWEIGHTSUM	P	2	[ ]	[x]	[ ]	PUNKTSUMME	Summe der Punkte pro Merkmalsklasse	RLRA	A	Mietspiegel
FFCHFFCHRELEVANTBU	B	0	[x]	[x]	[ ]	AUSMERKMALGB	Ausstattungsmerkmal auf Gebäude	RLRA	A	Mietspiegel
FFCHFFCHRELEVANTRO	B	0	[x]	[x]	[ ]	AUSMERKMALMO	Ausstattungsmerkmal auf Mietobjekt	RLRA	A	Mietspiegel
FFCHFIXFITCHARACT	C	0	[x]	[x]	[ ]	AUSMERKMAL	Ausstattungsmerkmal	RLRA	A	Mietspiegel
FFCHFIXFITCHCOUNT	N	0	[ ]	[x]	[ ]	AUSMERKMALANZ	Anzahl von Merkmalen in Klasse	RLRA	A	Mietspiegel
FFCHFIXFITCHCURR	C	0	[x]	[x]	[ ]	AUSMERKMALWAER	Währung des Ausstattungsmerkmals	RLRA	A	Mietspiegel
FFCHFIXFITCHFROM	D	0	[x]	[x]	[ ]	AUSMERKMALFROM	Gültig-Ab des Ausstattungsmerkmals	RLRA	A	Mietspiegel
FFCHFIXFITCHGROUP	C	0	[x]	[x]	[ ]	AUSMERKMALGRUPPE	Ausstattungsmerkmalsgruppe	RLRA	A	Mietspiegel
FFCHFIXFITCHMAX	N	0	[x]	[x]	[ ]	AUSMERKMALMAX	Maximale Anzahl zu berücksichtigende A	RLRA	A	Mietspiegel

Abbildung 8.25 Anpassungssteuerungsregeln – Variablen

[zB]

Variable

Eine Variable hat neben ihrem technischen Namen auch eine Variablenbezeichnung, unter der sie in Formeln verwendet werden kann. So wird die Variable mit dem technischen Namen FFCHFIXFITCHARACT unter der Variablenbezeichnung AUSMERKMAL in Formeln eingefügt.

Bedingungen, Aktionen, Kommentare

Im Formeleditor (siehe Abbildung 8.26) können die Variablen für die Definition von *Bedingungen* genutzt werden. Ist die Bedingung erfüllt, so können bestimmte *Aktionen* durchgeführt werden. Um die Lesbarkeit der Formeln zu erhöhen, können *Kommentare* eingefügt werden. Ausführliche Informationen zu den Variablen, die Sie zur Anpassungssteuerung verwenden können, und zur Nutzung des Formeleditors finden Sie in den Erläuterungen zu den Customizing-Einstellungen von SAP RE unter ANPASSUNG VON KONDITIONEN (MIETANPASSUNG) • STANDARDBERECHNUNGSREGELN ZUR ANPASSUNG MODIFIZIEREN.

Block	Zeile	Kommentar	DefAus	Speichern	Variable	Formel	Text für &2
500	20	☐	☑	☐	AUSSTAKLA	'3'	
500	21	☐	☑	☐	XB01	TRUE	
600	9	☑			***************	********************************	
600	10	☐	☑			XB01 = FALSE AND BAUJAHR <= 1965	
600	20	☐	☑	☐	AUSSTAKLA	'4'	
600	21	☐	☑	☐	XB01	TRUE	
610	9	☑			***************	********************************	
610	10	☐	☑			XB01 = FALSE AND BAUJAHR <= 1953	
610	20	☐	☑	☐	AUSSTAKLA	'5'	
610	21	☐	☑	☐	XB01	TRUE	
620	9	☑			***************	********************************	
620	10	☐	☑			XB01 = TRUE	
620	20	☐	☐	☐	AUSSTAKLA	AUSSTAKLA	Ausstattungsklasse gesetzt

Abbildung 8.26 Anpassungssteuerung – Formeleditor

[+]

Weitere Informationen

Nähere Informationen zur Abbildung des Berliner Mietspiegels erhalten Sie im SAP-Hinweis 911340 (Mietspiegelspanne und Merkmale [Berliner Mietspiegel]).

Sollten die mit Hilfe des Formeleditors erfassten Anpassungssteuerungsregeln nicht ausreichen, um besondere Regelungen eines Mietspiegels abzubilden, so können Sie die Anpassung zusätzlich durch die Nutzung eines Business Add-In (BAdI) beeinflussen, siehe hierzu auch Kapitel 17, »Spezielle Kundenanforderungen«.

8.5.5 Anpassungsmaßnahme

Anwendungsfelder

Die Anpassung mit Hilfe einer Anpassungsmaßnahme wird insbesondere für Mietanpassungen auf Basis von *Gutachten* eines Sachverständigen sowie für die Anpassung nach *Modernisierung* genutzt. Weitere Nutzungsmöglichkeiten sind *freie Maßnahmen*, *Wirtschaftlichkeitsberechnung* sowie im WEG-Bereich die Berechnung von *Sonderumlagen*. Im Unterschied zu einigen bisher beschriebenen Anpassungsverfahren wird für dieses Anpassungsverfahren ein weiteres Stammdatenobjekt benötigt – die *Anpassungsmaßnahme*. In der Anpassungsmaßnahme werden die für die Anpassung benötigten Daten – also beispielsweise die beteiligten Mietobjekte und die Kosten- und Finanzierungspositionen – gespeichert. Sie dient als Berechnungsgrundlage für die Anpassung.

Anpassungsverfahren, Anpassungsregel und Maßnahmetyp

Betrachten wir jedoch zunächst die für die Anpassungsmaßnahme vorzunehmenden Customizing-Einstellungen. Die Anpassung von Konditionen auf Grundlage einer Anpassungsmaßnahme basiert auf dem *Anpassungsverfahren TASK* (Anpassungsmaßnahme). Für dieses Anpassungsverfahren existieren mehrere Anpassungsregeln (Modernisierung, Gutachten, freie Maßnahme, Wirtschaftlichkeitsberechnung). Den Anpassungsverfahren wiederum werden *Maßnahmetypen* zugeordnet, auf deren Ebene die weiteren Customizing-Einstellungen durchgeführt werden.

Customizing pro Maßnahmetyp

Für ein Gutachten werden andere Informationen benötigt als für eine Modernisierungsmaßnahme. Daher können Sie pro Maßnahmetyp eine eigene Feldstatusvariante anlegen. Darüber hinaus wird definiert, welche Bemessungsart die Basis für die Kostenverteilung bildet. Auch die Gliederung der Kosten-, Finanzierungs- und Aufwandspositionen sowie die Definition von Zweckbindungen erfolgen auf der Ebene der Maßnahmetypen. Die Customizing-Einstellungen für eine Modernisierungsmaßnahme zeigt Abbildung 8.27.

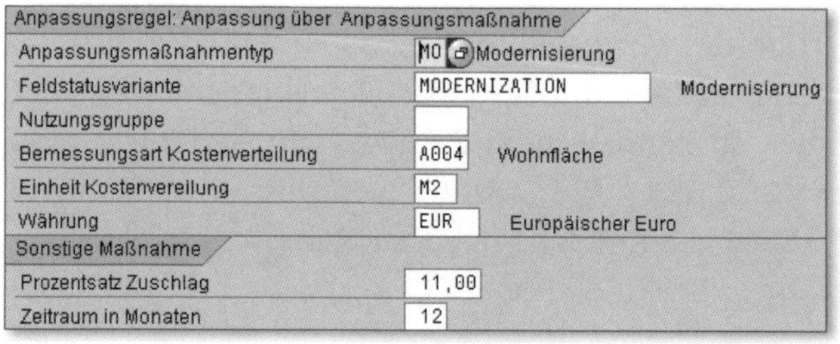

Abbildung 8.27 Anpassungsmaßnahme – Modernisierung

Im unteren Bereich der Abbildung können Sie in der Feldgruppe Sonstige Massnahme die gesetzlichen Bedingungen für die Umlage der Modernisierungskosten erkennen: Elf Prozent der Modernisierungskosten dürfen innerhalb eines Jahres, also im Zeitraum von zwölf Monaten, auf die Miete umgelegt werden.

Gliederung der Kosten

Um die Kosten einer Modernisierung klar und nachvollziehbar darstellen zu können, werden die Kosten in einzelne *Kostenpositionen* unterteilt, die wiederum zu *Kostenpositionsgruppen* zusammengefasst werden. Diese Kostenpositionen können einerseits bei der Erfassung der Kosten und andererseits für die Erstellung der Korrespondenz an die Mieter genutzt werden. Das gilt ebenso für die Darstellung der Finanzierungs- und Aufwandspositionen.

[zB]

Kostenpositionsgruppe

Die Kostenpositionen ERWERBSKOSTEN, ÖFFENTLICHE ERSCHLIESSUNG und WERT BAUGRUNDSTÜCK können in der Kostenpositionsgruppe KOSTEN BAUGRUNDSTÜCK zusammengefasst werden.

Weitere Gruppierungen zeigt Abbildung 8.28.

KoPo	Kostenposition	KoGr	RF	Be...	Ei...	Kostenpositionsgruppe
CEACST01	Wert Baugrundstück	CEACST01	3			Kosten Baugrundstück
CEACST02	Erwerbskosten	CEACST01	2			Kosten Baugrundstück
CEACST03	Freimachen	CEACST01	1			Kosten Baugrundstück
CEACST04	Öffentliche Erschließung	CEACST02	3			Erschliessungskosten
CEACST05	Nichtöffentliche Erschließung	CEACST02	1			Erschliessungskosten
CEACST06	Andere einmalige Ausgaben	CEACST02	2			Erschliessungskosten
CEACST07	Kosten umbauter Raum	CEACST03	2			Kosten Bauwerk

Abbildung 8.28 Anpassungsmaßnahme – Kostenpositionen und -gruppen

Anpassungsmaßnahme bearbeiten

Um eine Mietanpassung für Modernisierung, nach Gutachten oder über eine freie Maßnahme durchzuführen, muss zunächst eine Anpassungsmaßnahme angelegt werden. Diese können Sie entweder mit dem RE-Navigator (Transaktion RE80) oder mit der Transaktion REAJAT (Anpassungsmaßnahme bearbeiten) pflegen.

1. Erfassen Sie zunächst die Grunddaten der Anpassungsmaßnahme. Dabei geben Sie neben dem Beginn und dem Ende der Anpassungsmaßnahme auch das Datum der Aktivierung an, also das Datum, ab dem die neu berechneten Mietkonditionen gelten werden.
2. Wenn Sie nun in das Register KOSTEN wechseln, können Sie die geplanten Kosten in Form der in Abbildung 8.28 beschriebenen Kostenpositionen und Kostenpositionsgruppen erfassen. Zur Aktivierung dieser Funktion betätigen Sie das Icon .

Sie können dann die für die Anpassungsmaßnahme relevanten Kostenpositionen auswählen. Ein Beispiel dafür zeigt Abbildung 8.29.

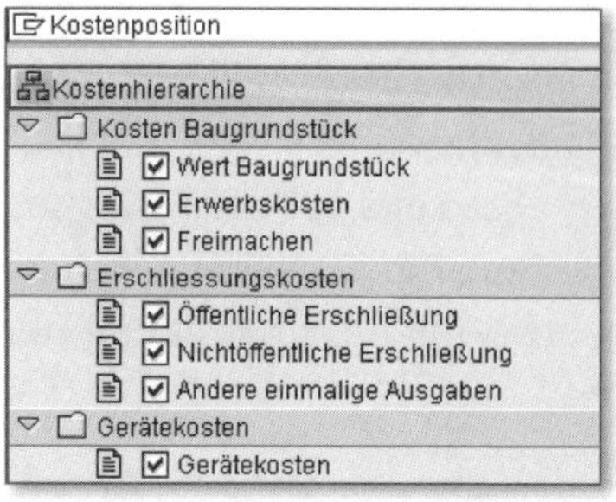

Abbildung 8.29 Anpassungsmaßnahme – Auswahl der Kostenpositionen

Eine Übersicht über die Kosten erhalten Sie im Register KOSTEN.

[zB]

Kostenübersicht

In den Wohnungen der Schillerstraße 5 soll eine Modernisierungsmaßnahme durchgeführt werden. Dazu werden – wie in Abbildung 8.30 dargestellt – Kostenpositionen für die Gruppen GERÄTEKOSTEN, KOSTEN AUSSENANLAGEN sowie allgemeine BAUNEBENKOSTEN erfasst.

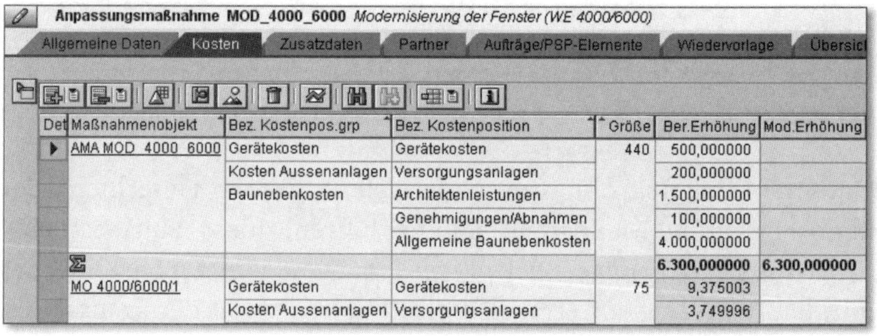

Abbildung 8.30 Anpassungsmaßnahme – Kostenübersicht

8.5.6 Wirtschaftlichkeitsberechnung

Teilfunktion AJCE

Um Mietanpassungen auf Basis von Wirtschaftlichkeitsberechnungen durchführen zu können, müssen Sie zunächst die Teilfunktion AJCE (Wirtschaftlichkeitsberechnung) aktivieren.

Bei der Wirtschaftlichkeitsberechnung handelt es sich um ein Anpassungsverfahren, das im öffentlich geförderten Wohnungsbau verwendet wird. Die gesetzlichen Grundlagen für die Wirtschaftlichkeitsberechnung sind in der Zweiten Berechnungsverordnung (II. BV) enthalten.

Kostenmiete berechnen

Hauptinhalt der Wirtschaftlichkeitsberechnung ist die Berechnung einer Kostenmiete, d.h. der Miete, bei deren Höhe die Kosten des Bauvorhabens gedeckt sind, so dass die Wirtschaftlichkeit des Bauvorhabens gegeben ist. In der Wirtschaftlichkeitsberechnung werden die folgenden Aufwendungen berücksichtigt:

- Kosten des Bauvorhabens und Kosten für den Erwerb des Baugrundstücks
- Finanzierungskosten
- Kapitalkosten (z. B. Zinsen für Fremd- und Eigenkapital)
- Bewirtschaftungskosten (z. B. Pauschale für Verwaltungs- und Instandhaltungskosten, Betriebskosten)

Maßnahmetyp

Aus technischer Sicht nutzt die Wirtschaftlichkeitsberechnung die Anpassung von Konditionen über eine Anpassungsmaßnahme. Als Maßnahmetypen stehen die WB-Hauptberechnung, die WB-Teilberechnung und die WB-Zusatzberechnung zur Verfügung (WB = Wirtschaftlichkeitsberechnung).

WB-Haupt-, -Teil- und -Zusatzberechnung

In einer *WB-Hauptberechnung* werden verschiedene *WB-Teilberechnungen* zusammengefasst. Eine WB-Hauptberechnung wird im Allgemeinen auf der Ebene einer Wirtschaftseinheit angelegt. Jede WB-Teilberechnung innerhalb der WB-Hauptberechnung kann dabei für die Abbildung eines Förderungsprogramms o.Ä. genutzt werden. Ändern sich die Kostenstrukturen bzw. entstehen zu einer WB-Teilberechnung zusätzliche Kosten, können Sie diese mit Hilfe einer *WB-Zusatzberechnung* darstellen.

Ähnlich wie bei den bereits betrachteten Anpassungsmaßnahmen werden auch bei der Wirtschaftlichkeitsberechnung die Aufwands- und Finanzierungspositionen erfasst, zu Gruppen zusammengefasst und den zugeordneten Mietobjekten und deren Bemessungen gegenübergestellt.

Berechnungsvorschrift

Für die einzelnen Aufwandspositionen werden *Berechnungsvorschriften* hinterlegt. Mit Hilfe der Berechnungsvorschriften definieren Sie beispielsweise, ob die Beträge der Aufwandspositionen der Wirtschaftlichkeitsberechnung als Jahreswert pro Bemessung, als Monatswert pro Bemessung oder in Abhängigkeit von der Anzahl der Objekte innerhalb der Wirtschaftlichkeitsberechnung ermittelt werden sollen.

Um insbesondere die Höhe der Verwaltungs- und Instandhaltungs-Kostenpauschale in regelmäßigen Abständen überprüfen und anpassen zu können, können Sie eine *zeitabhängige Zuordnung* der Berechnungsvorschriften zu den jeweiligen Aufwandspositionen vornehmen.

Alle Customizing-Einstellungen für die Wirtschaftlichkeitsberechnung nehmen Sie im Customizing von SAP RE über den Pfad ANPASSUNG VON KONDITIONEN (MIETANPASSUNG) • ANPASSUNGSMASSNAHME • STAMMDATEN • WIRTSCHAFTLICHKEITSBERECHNUNG vor.

Massenänderungen

Für *Massenänderungen*, wie sie z. B. bei der Anpassung der Instandhaltungspauschalen notwendig werden, steht Ihnen ab Enhancement Package 4 die Transaktion REAJCEAEXPMC (Massenänderung laufende Aufwendungen) zur Verfügung.

8.5.7 Vergleichswohnungen

Die Mietanpassung auf der Basis von Vergleichswohnungen ist in Deutschland in § 558 BGB geregelt. Dabei werden zur Berechnung der Miete vergleichbare Wohnungen herangezogen. Die Vergleichswohnungen können aus dem Wohnungsbestand des Vermieters stammen; es können aber auch externe Vergleichswohnungen berücksichtigt werden. Die Wohnungen müssen insbesondere hinsichtlich Größe, Lage und Ausstattung vergleichbar sein.

Customizing-Einstellungen

Einstellungen für die Anpassung auf Basis von Vergleichswohnungen definieren Sie im Customizing von SAP RE unter ANPASSUNG VON KONDITIONEN (MIETANPASSUNG) • VERGLEICHSWOHNUNGEN. Hier legen Sie die Mindestanzahl der Vergleichswohnungen pro Vergleichsbestand fest. Weiterhin definieren Sie die Art die Ermittlung der durchschnittlichen Miete, hierfür stehen Ihnen die folgenden Möglichkeiten zur Verfügung:

- Die durchschnittliche Miete wird als arithmetisches Mittel der Quadratmetermieten aller Vergleichswohnungen berechnet.
- Die gewichtete Durchschnittsmiete wird berechnet (Summe der Gesamtmieten aller Vergleichswohnungen/Gesamtfläche aller Vergleichswohnungen).
- Es wird die niedrigste Quadratmetermiete, bezogen auf die Mindestanzahl der Vergleichswohnungen, herangezogen.

Diese Optionen zeigt Ihnen Abbildung 8.31.

Vergleichswohnung und Vergleichsbestand

Vergleichswohnungen werden in SAP RE in Form von Mietobjekten mit dem Mietobjekttyp VERGLEICHSWOHNUNG angelegt. Für Vergleichswohnungen kann eine separate Bildfolge angelegt werden, die nur die tatsächlich benötigten Eingabefelder enthält. Hier werden insbesondere Bemessungen, Ausstattungsmerkmale und Konditionen gepflegt.

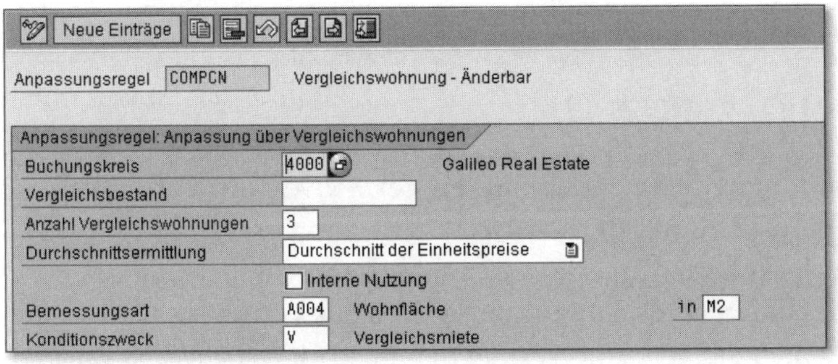

Abbildung 8.31 Anpassung über Vergleichswohnungen – Customizing

Die auf diese Weise erfassten Vergleichswohnungen werden anschließend zu *Vergleichsbeständen* zusammengefasst. Zusätzlich können Mietobjekte aus dem Eigenbestand des Vermieters, also im System vorhandene Mietobjekte, den Vergleichsbeständen zugeordnet werden.

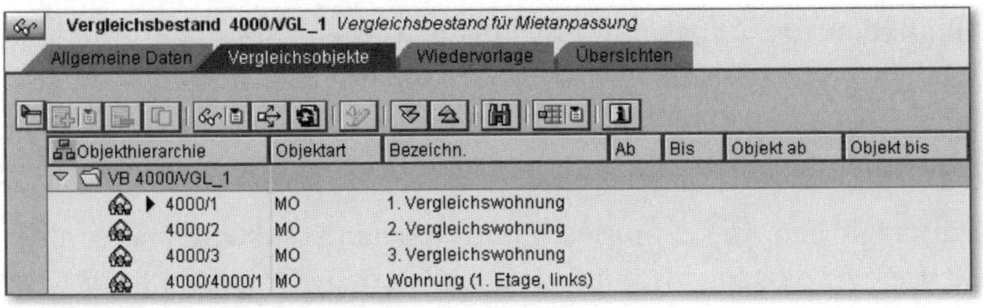

Abbildung 8.32 Vergleichsbestand

Der in Abbildung 8.32 gezeigte Vergleichsbestand mit externen Vergleichswohnungen und Wohnungen aus dem Eigenbestand kann nun in den Anpassungsklauseln von Verträgen verwendet werden.

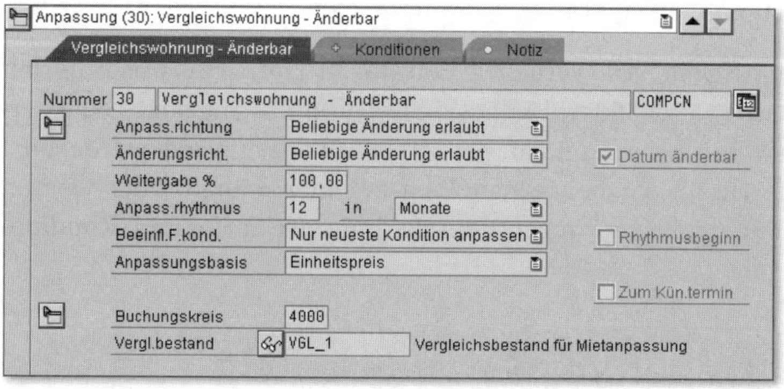

Abbildung 8.33 Mietvertrag mit Anpassungsklausel für Vergleichswohnung

Die Zuordnung nehmen Sie im Register ANPASSUNG vor, indem Sie zunächst eine Anpassungsklausel für die Anpassung auf Basis von Vergleichswohnungen erfassen. Im unteren Bildbereich erscheint dann das untergeordnete Register VERGLEICHSWOHNUNG – ÄNDERBAR. Hier können Sie dem Mietvertrag den im vorigen Schritt angelegten Vergleichsbestand zuordnen (siehe Abbildung 8.33).

8.6 Zusammenfassung

Sie haben in diesem Kapitel zunächst den allgemeinen Ablauf bei der Anpassung von Mietkonditionen in SAP RE kennengelernt. Nach der Simulation der Anpassungsergebnisse werden diese überprüft und können gegebenenfalls ergänzt werden. Die neu berechnete Miethöhe wird durch die Aktivierung des Anpassungslaufs in die Verträge bzw. Mietobjekte übertragen.

Die möglichen Anpassungsverfahren reichen von Staffelmieten über die freie Anpassung bis hin zu Indexmieten, der Anpassung auf Basis eines Mietspiegels oder der Wirtschaftlichkeitsberechnung. Zu den einzelnen Anpassungsverfahren haben wir die wichtigsten Merkmale und Customizing-Einstellungen aufgezeigt.

Die von den Mietern zu leistenden Vorauszahlungen für Betriebs- und Heizkosten werden oft als »zweite Miete« bezeichnet. Diese steht häufig im Visier der Kritik von Mieterverbänden und bedarf daher besonderer Beachtung.

9 Nebenkostenabrechnung

Auch im Bereich der Nebenkostenabrechnung spielen die Stammdaten eine wichtige Rolle. Um die Betriebs- und Heizkosten korrekt umzulegen, muss bekannt sein, wie groß die einzelnen Wohnungen bzw. Gewerbeobjekte sind oder wie hoch der Wasserverbrauch der einzelnen Mieter im Abrechnungszeitraum war. Sie lernen deshalb in diesem Kapitel zunächst die für die Nebenkostenabrechnung benötigten Stammdaten kennen. Anschließend betrachten wir den Abrechnungsprozess und beschäftigen uns mit den Tätigkeiten, die vor, während und nach der Abrechnung erforderlich sind. Ein Abschnitt zur Abgrenzung von umlagefähigen Kosten vervollständigt das Kapitel. Die Transaktionen für die Vorbereitung und Durchführung der Nebenkostenabrechnung finden Sie im Anwendungsmenü von SAP RE unter dem Menüpunkt NEBENKOSTENABRECHNUNG.

9.1 Stammdaten

In der Nebenkostenabrechnung werden neben den bereits bekannten Stammdatenobjekten – wie Wirtschaftseinheit oder Mietobjekt – die Stammdatenobjekte *Teilnahmegruppe* und *Abrechnungseinheit* genutzt. Zur Abbildung von Zählern und Zählerständen für den Verbrauch von Wasser oder Heizenergie werden Messpunkte und Messbelege aus der SAP-Komponente Instandhaltung (PM) genutzt.

9.1.1 Teilnahmegruppe

Teilnahmegruppe

Eine *Teilnahmegruppe* fasst alle Mietobjekte zusammen, die an der Abrechnung einer oder mehrerer Nebenkostenarten innerhalb der

Nebenkostenabrechnung teilnehmen. Teilnahmegruppen können Sie mit dem RE-Navigator (RE80) oder mit der Transaktion RESCPG (Teilnahmegruppe) bearbeiten. Im Register ALLGEMEINE DATEN erfassen Sie zunächst die Identifikation, die Bezeichnung sowie die zeitliche Gültigkeit einer Teilnahmegruppe.

Identifikation

Die *Identifikation* einer Teilnahmegruppe setzt sich aus Buchungskreis, Wirtschaftseinheit und einem Schlüssel für die Teilnahmegruppe zusammen. Wenn Sie hier keine Wirtschaftseinheit eingeben, können Sie der Teilnahmegruppe Objekte aus verschiedenen Wirtschaftseinheiten zuordnen und somit eine *wirtschaftseinheitenübergreifende Teilnahmegruppe* anlegen.

[+]

Teilnahmegruppen ohne Zuordnung zur Wirtschaftseinheit anlegen

Wenn Sie Teilnahmegruppen ohne Zuordnung zu einer Wirtschaftseinheit anlegen, sollten Sie beachten, dass alle in der Teilnahmegruppe enthaltenen Objekte gemeinsam abgerechnet werden müssen. Die Komplexität der Abrechnung erhöht sich damit also.

Enthält die Teilnahmegruppe beispielsweise Objekte aus fünf verschiedenen Wirtschaftseinheiten, müssen Sie mit der Abrechnung für alle Wirtschaftseinheiten warten, bis auch die letzte noch fehlende Rechnung zu einer Wirtschaftseinheit eingegangen ist. Selbst wenn für die restlichen vier Wirtschaftseinheiten alle Daten für die Nebenkostenabrechnung vollständig vorhanden sind und überprüft wurden, können Sie die Abrechnung noch nicht durchführen.

Objektzuordnung

Im Register ZUGEORDNETE OBJEKTE ordnen Sie der Teilnahmegruppe Mietobjekte, Wirtschaftseinheiten, Gebäude oder Grundstücke zu. Die Objektzuordnung erfolgt zeitabhängig. Wenn Sie der Teilnahmegruppe eine Wirtschaftseinheit – wie in Abbildung 9.1 zuordnen, sind alle Mietobjekte der Wirtschaftseinheit in der Teilnahmegruppe enthalten.

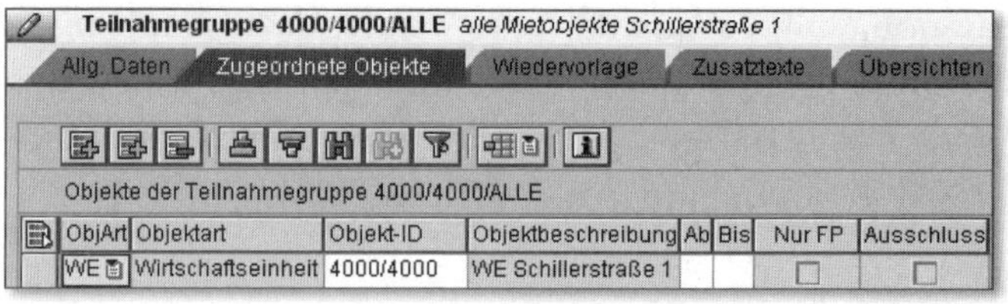

Abbildung 9.1 Teilnahmegruppe – Zuordnung einer Wirtschaftseinheit

Sie können einer Teilnahmegruppe neben den bereits genannten Objektarten auch weitere Teilnahmegruppen zuordnen.

Ausschluss von Objekten

Möchten Sie zum Beispiel eine Teilnahmegruppe anlegen, die alle Mietobjekte einer anderen Teilnahmegruppe mit Ausnahme eines einzigen Mietobjekts enthält. Ordnen Sie der Teilnahmegruppe zunächst die bereits definierte Teilnahmegruppe zu. Anschließend erfassen Sie in einer weiteren Zeile das auszuschließende Mietobjekt und markieren die Checkbox AUSSCHLUSS (siehe Abbildung 9.2).

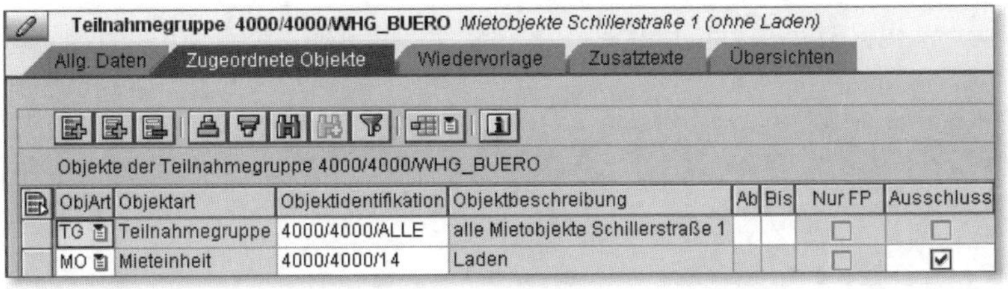

Abbildung 9.2 Teilnahmegruppe – Zuordnung einer weiteren Teilnahmegruppe und Ausschluss eines Mietobjekts

Nur Flächenpool zuordnen

Wenn Sie der Teilnahmegruppe einen *Flächenpool* zuordnen möchten, können Sie entscheiden, ob die Mietflächen des Flächenpools ebenfalls der Teilnahmegruppe zugeordnet sind oder nicht. Sie steuern diese Einstellung über die Checkbox NUR FP (FP = Flächenpool).

- Ist diese Checkbox nicht markiert, werden auch die Mietflächen des Flächenpools zugeordnet.
- Ist die Checkbox dagegen markiert, wird nur die Restfläche des Flächenpools in der Teilnahmegruppe berücksichtigt.

9.1.2 Abrechnungseinheit

Abrechnungseinheit

Die Identifikation einer *Abrechnungseinheit* umfasst den Buchungskreis, die Wirtschaftseinheit, einen *Nebenkostenschlüssel* sowie einen Schlüssel für die Abrechnungseinheit (siehe Abbildung 9.3). Wie Teilnahmegruppen können auch Abrechnungseinheiten wirtschaftseinheitenübergreifend angelegt werden.

Betrachten wir zunächst die Register, die Ihnen bei der Abrechnungseinheit zur Verfügung stehen.

Register »Allgemeine Daten«

Nebenkostenschlüssel

Nebenkostenschlüssel definieren innerhalb der Nebenkostenabrechnung Nebenkostenarten wie zum Beispiel Müllbeseitigungskosten, Kosten für Straßenreinigung und Gartenpflege, Kosten für Heizung und Warmwasser.

Für das deutsche Mietrecht sind die abzurechnenden Nebenkostenarten in der *Betriebskostenverordnung* (BetrKV) definiert. Sie definieren die Nebenkostenschlüssel im Customizing von SAP RE unter NEBENKOSTENABRECHNUNG • STAMMDATEN ABRECHNUNGSEINHEIT • NEBENKOSTENSCHLÜSSEL DEFINIEREN.

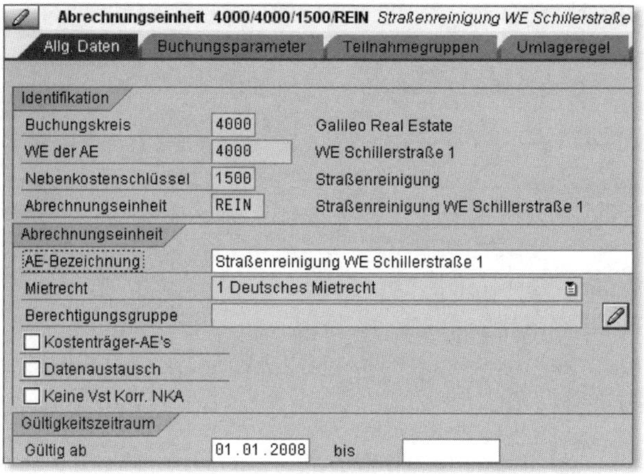

Abbildung 9.3 Abrechnungseinheit – Register »Allgemeine Daten«

Für jeden Nebenkostenschlüssel (siehe Abbildung 9.4) legen Sie fest, ob es sich um einen *umlagefähigen* Nebenkostenschlüssel handelt oder nicht. Unter umlagefähig versteht man in SAP RE die Umlagefähigkeit auf die Mietverträge und Mietobjekte.

[+]

Umlagefähige Nebenkostenschlüssel

Nebenkostenschlüssel für die Betriebs- und Heizkostenabrechnung nach der Betriebskostenverordnung werden als umlagefähig gekennzeichnet. Nebenkostenschlüssel, die ausschließlich für die Eigentümerabrechnung im Bereich der WEG-Verwaltung genutzt werden, werden dagegen nicht als umlagefähig gekennzeichnet.

Betriebs- und Heizkosten

Ist für einen Nebenkostenschlüssel die Checkbox BETRIEBSKOSTEN markiert, ist dieser Nebenkostenschlüssel für die *Betriebskostenab-*

rechnung relevant. Ist die Checkbox nicht markiert, wird dieser Nebenkostenschlüssel in der *Heizkostenabrechnung* berücksichtigt.

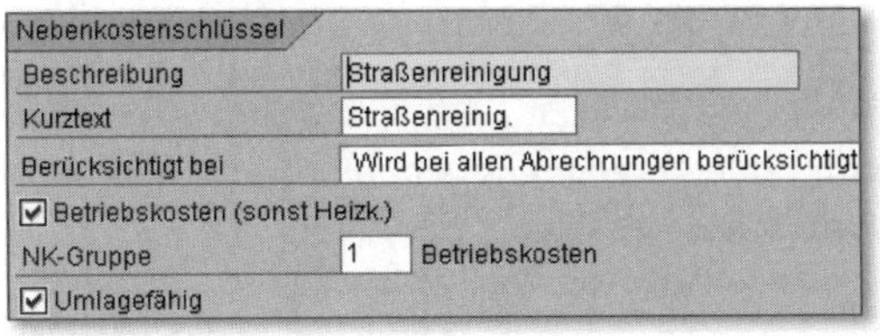

Abbildung 9.4 Definition eines Nebenkostenschlüssels – Customizing

Nebenkostengruppe

Zusätzlich kann jeder Nebenkostenschlüssel einer *Nebenkostengruppe* zugeordnet werden. Nebenkostengruppen können bei der Abgrenzung umlagefähiger Kosten sowie bei der Generierung der Abrechnungsteilnahme für Mietverträge verwendet werden.

Register »Buchungsparameter«

Profit-Center und Geschäftsbereich

Die Ermittlung des Profit-Centers und des Geschäftsbereiches zur Abrechnungseinheit erfolgt so, wie in Kapitel 3, »Stammdaten«, beschrieben wurde: Wenn sich die Daten für die Klausel der organisatorischen Zuordnung aus der Objektzuordnung zur Abrechnungseinheit eindeutig ermitteln lassen, werden sie im Register BUCHUNGSPARAMETER angezeigt und können überschrieben werden. Bei wirtschaftseinheitenübergreifenden Abrechnungseinheiten müssen Profit-Center und Geschäftsbereich direkt auf Ebene der Abrechnungseinheit gepflegt werden.

Register »Teilnahmegruppe«

In diesem Register können Sie der Abrechnungseinheit eine bereits angelegte Teilnahmegruppe zuordnen. Ist die benötigte Teilnahmegruppe noch nicht im System vorhanden, können Sie aus der Pflege der Abrechnung heraus eine neue Teilnahmegruppe anlegen.

Register »Umlageregel«

Abrechnungszeitraum

Im Register UMLAGEREGEL legen Sie zunächst die *Abrechnungszeiträume* fest. Diese ergeben sich aus dem im Register ALLGEMEINE DATEN gepflegten Beginn des Gültigkeitszeitraumes der Abrechnungseinheit sowie der gewählten *Abrechnungsvariante*. Die am häufigsten genutzten Abrechnungsvarianten sind die jährliche Abrechnung (01.01. bis 31.12.) sowie die Abrechnung vom 01.07. bis zum 30.06. des Folgejahres im Bereich der Heizkostenabrechnung.

[zB]

Halbjährliche Abrechnung

Beginnt der Gültigkeitszeitraum der Abrechnungseinheit am 01.01.2008 und wurde – wie in Abbildung 9.5 – die Abrechnungsvariante A003 (1/2 JÄHRLICH, 1.1.-30.6. UND 1.7.-31.12) gewählt, so werden ab dem 01.01.2008 jeweils halbjährliche Abrechnungszeiträume generiert, das heißt 01.01.2008 bis 30.06.2008, 01.07.2008 bis 31.12.2008 usw.

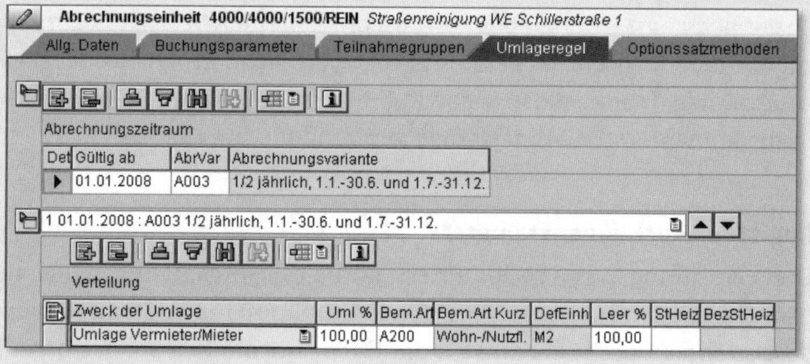

Abbildung 9.5 Abrechnungseinheit – Register »Umlageregel«

Abrechnungsvarianten sind in der Regel jahresunabhängig. Bei einer unterjährigen Einführung von SAP RE können Sie eine *Rumpfabrechnung* mit einer speziellen jahresabhängigen Abrechnungsvariante durchführen und anschließend zu den regulären Abrechnungszeiträumen wechseln. Gehen Sie dazu folgendermaßen vor:

In der Feldgruppe ABRECHNUNGSZEITRAUM des Registers UMLAGEREGEL erfassen Sie zunächst eine jahresabhängige Abrechnungsvariante für die Rumpfabrechnung. Anschließend erfassen Sie in einer zweiten Zeile eine weitere Abrechnungsvariante, die für die weiteren Abrechnungszeiträume gilt.

Umlagefähige Bemessung

In der Feldgruppe VERTEILUNG des Registers UMLAGEREGEL erfassen Sie im Feld BEMESSUNGSART eine *umlagefähige Bemessung* wie zum Beispiel die Wohn-/Nutzfläche, die Heizfläche oder den Wasserverbrauch. Diese Bemessungsart bildet die Umlageregel, nach der die Kosten auf die teilnehmenden Verträge und Mietobjekte umgelegt werden. Der ZWECK DER UMLAGE bestimmt, ob die Kosten innerhalb der Nebenkostenabrechnung für Mieter oder innerhalb der Eigentümerabrechnung einer WEG geltend gemacht werden.

Wählen Sie für die Nebenkostenabrechnung den Zweck UMLAGE VERMIETER/MIETER. Die Umlage muss nicht vollständig nach Wohn-/Nutzfläche oder Heizfläche erfolgen. Sie können für Heizkosten beispielsweise auch eine Umlageregel definieren, bei der 50 % der Kosten nach der Heizfläche und 50 % nach Verbrauch abgerechnet werden. Wichtig ist dagegen, dass die Summe der Prozentsätze 100 % ergibt.

[+]

Vorbelegung mit Default-Werten

Viele der besprochenen Einstellungen können Sie im Customizing bereits mit Default-Werten vorbelegen. So müssen Sie nur bei Ausnahmen von diesen Vorbelegungen die Daten der Abrechnungseinheit ändern.

Register »Kostensammler«

Kostensammler

Das Kontierungsobjekt für die umlagefähigen Betriebs- und Heizkosten ist nicht die Abrechnungseinheit selbst, sondern der sogenannte KOSTENSAMMLER. Für jeden Abrechnungszeitraum wird ein separater Kostensammler generiert.

[zB]

Pro Abrechnungszeitraum ein Kostensammler

Im Beispiel der Abrechnungsvariante A003 aus Abbildung 9.5 werden Kostensammler für die folgenden Zeiträume generiert: 01.01.2008 bis 30.06.2008, 01.07.2008 bis 31.12.2008, 01.01.2009 bis 30.06.2009 usw.

Abbildung 9.6 zeigt die im Register KOSTENSAMMLER aufgeführten Kostensammler einer Abrechnungseinheit. Kostensammler sind Kontierungsobjekte im Sinne des Controllings. Sie tragen zudem Statusinformationen. Nur Kostensammler mit dem Status FREIGEGEBEN können zur Buchung umlagefähiger Kosten genutzt werden. Deshalb müssen die Kostensammler für eine neue Abrechnungsperiode rechtzeitig vor deren Beginn generiert werden. Zur Generierung von Kostensammlern können Sie die Transaktion RESCCC (Kostensammler generieren) verwenden.

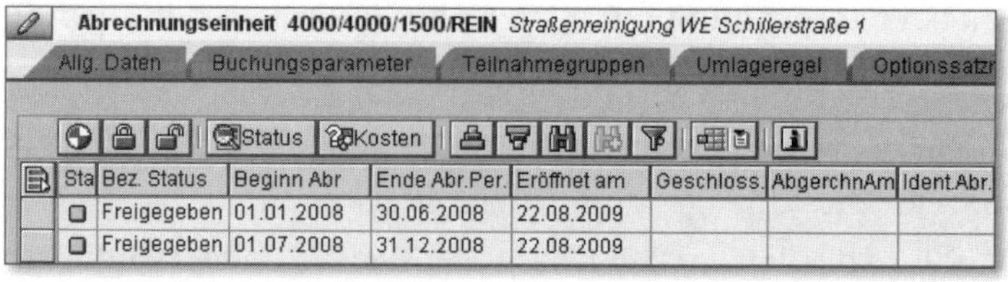

Abbildung 9.6 Abrechnungseinheit – Register »Kostensammler«

Zusammenfassend kann eine *Abrechnungseinheit* somit durch die folgenden Attribute charakterisiert werden:

- Der *Nebenkostenschlüssel* bestimmt, welche Kosten umgelegt werden.
- Die *Abrechnungszeiträume* werden durch die Abrechnungsvariante im Zusammenhang mit den Gültigkeitsdaten der Abrechnungseinheit definiert.
- Die *Teilnahmegruppe* bestimmt, welche Objekte an der Umlage beteiligt sind.
- Die *Umlageregel* bestimmt die Umlagekriterien.

Nützliche Funktionen

Im Anwendungsmenü von SAP RE finden Sie unter Nebenkostenabrechnung • Stammdaten • Abrechnungseinheit weitere Transaktionen zur Bearbeitung von Abrechnungseinheiten wie zum Beispiel die Transaktion RESCSUBYBE (AEs gesammelt anlegen, AE = Abrechnungseinheit). Mit Hilfe dieser Transaktion können Sie mehrere Abrechnungseinheiten am Beispiel einer Muster-Wirtschaftseinheit gemeinsam anlegen.

Nachdem Sie nun die »normalen« Abrechnungseinheiten kennengelernt haben, werden wir uns einigen Besonderheiten im Bereich der Abrechnungseinheiten zuwenden.

Vorverteilungs-Abrechnungseinheit

Vorverteilungs-AE

Vorverteilungs-Abrechnungseinheiten (Vorverteilungs-AE) können Sie nutzen, um Rechnungen, die Sie gesammelt für mehrere Nebenkostenschlüssel oder Empfänger-Abrechnungseinheiten erhalten, zunächst in einem Betrag zu buchen, um sie in Vorbereitung der Nebenkostenabrechnung auf die eigentlich betroffenen Abrechnungseinheiten zu verteilen.

[zB]

Gemeinsame Rechnungen

Die Stadtreinigungsbetriebe stellen eine gemeinsame Rechnung für die Müllbeseitigung und die Straßenreinigung. Sie buchen diese Rechnung mit Bezug zu einer Vorverteilungs-AE (siehe Abbildung 9.7), um sie später prozentual in die einzelnen Anteile für Müllbeseitigung und Straßenreinigung aufzuteilen.

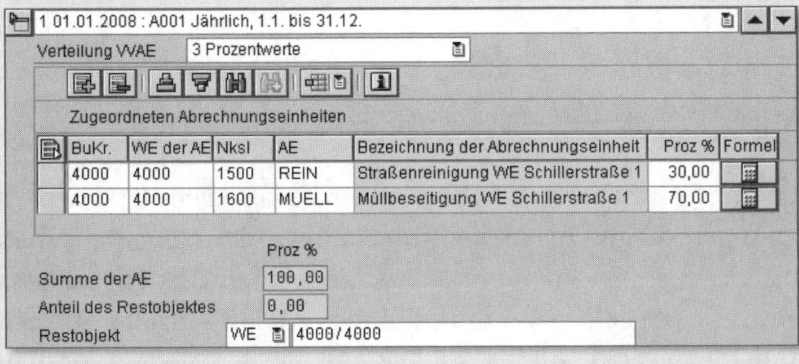

Abbildung 9.7 Vorverteilungs-AE – Umlageregel

Die Umlageregel einer Vorverteilungs-Abrechnungseinheit unterscheidet sich von der einer »normalen« Abrechnungseinheit. Die Umlage auf einzelne Abrechnungseinheiten kann nach Prozentwerten, nach Äquivalenzziffern, nach Bemessungen oder nach Zählerständen erfolgen.

Umlageregel

Abbildung 9.7 zeigt die Umlage nach Prozentwerten. Sollte die Summe der Prozentwerte kleiner als 100 % sein, kann der Restanteil auf ein separates Immobilienobjekt wie zum Beispiel die Wirtschaftseinheit gebucht werden.

Die Umlageregel kann vor dem Beginn der Nebenkostenabrechnung geändert werden, d.h., Sie können Vorverteilungs-Abrechnungseinheiten auch zum »Parken« von Buchungen nutzen, bei denen die tatsächliche Aufteilung auf die einzelnen Abrechnungseinheiten erst zu einem späteren Zeitpunkt bekannt sein wird.

Heizkostenverordnung

Als Umlageregel einer Vorverteilungs-Abrechnungseinheit können ebenso die in der *Heizkostenverordnung* (HeizkostenV) getroffenen Regelungen für die Berechnung des Brennstoffverbrauchs bzw. der Wärmemenge bei verbundenen Anlagen und zentralen Warmwasserversorgungsanlagen genutzt werden. Ein Beispiel für die Nutzung der in § 9 HeizkostenV hinterlegten Formeln zeigt Abbildung 9.8.

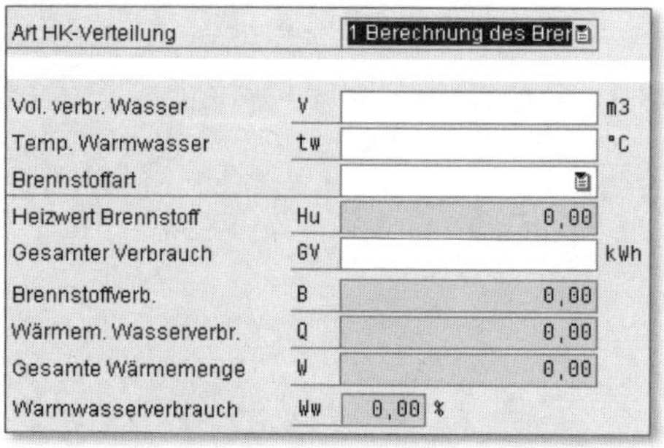

Abbildung 9.8 Berechnung des Brennstoffverbrauchs nach § 9 HeizkostenV

Vorverteilungs-Abrechnungseinheiten werden also genutzt, um Sammelrechnungen darauf zu buchen. Im Rahmen der Nebenkostenabrechnung werden die auf diese Weise gebuchten Kosten zunächst nach den Umlageregeln der Vorverteilungs-AE auf einzelne Abrechnungseinheiten verteilt und anschließend bei der Nebenkostenabrechnung auf die Mieter umgelegt.

Kostenträger-Abrechnungseinheit

Kostenträger-AE

Die Vorgehensweise bei *Kostenträger-Abrechnungseinheiten* (Kostenträger-AE) ist in gewissem Sinne entgegengesetzt zu Vorverteilungs-Abrechnungseinheiten: Hier werden die Rechnungen mit Bezug auf die sogenannten Kostenträger-Abrechnungseinheiten erfasst. Bei der Nebenkostenabrechnung werden diese Kosten dann auf der Ebene einer Abrechnungseinheit zusammengefasst. Dabei können die Kostenträger-Abrechnungseinheiten zwar einzeln bebucht, aber nicht einzeln abgerechnet werden.

[zB]

Einzelne Buchungen, gemeinsame Abrechnung

Die Heizkosten sollen in der Nebenkostenabrechnung in einer Position dargestellt werden. Sie erhalten aber einzelne Rechnungen für die Energielieferungen und für die Wartung der Heizung und wollen diese Rechnungen auch einzeln buchen.

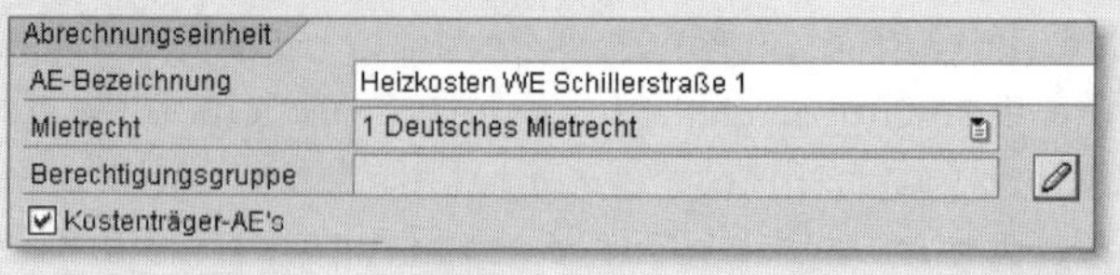

Abbildung 9.9 Abrechnungseinheit mit Checkbox »Kostenträger-AE's«

In diesem Fall können Sie eine Abrechnungseinheit für Heizkosten anlegen (siehe Abbildung 9.9) und zu dieser Kostenträger-Abrechnungseinheiten für Energielieferungen und Wartung der Heizung (siehe Abbildung 9.10).

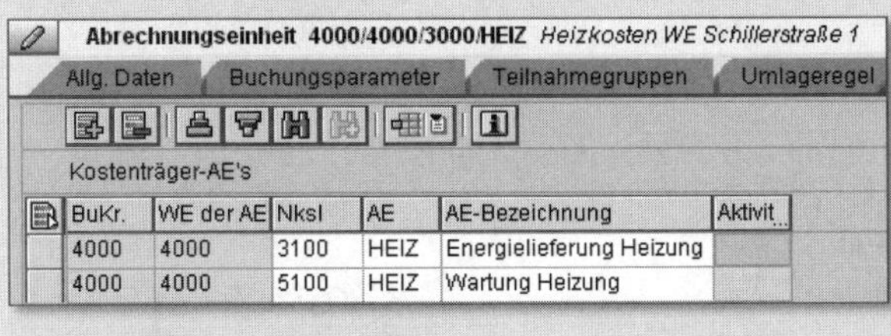

Abbildung 9.10 Kostenträger zu einer Abrechnungseinheit

9.1.3 Zähler und Zählerhierarchie

Die Abrechnung von Heizkosten und Kosten für Warm- bzw. Kaltwasser erfolgt im Allgemeinen in Abhängigkeit vom Verbrauch der einzelnen Mieter. Um die Verbrauchswerte erfassen zu können, benötigen Sie Heizkostenzähler und Wasserzähler. SAP RE nutzt hierfür die aus der SAP-Komponente Instandhaltung (PM) stammende Funktionalität von Messpunkten und Messbelegen.

Register »Zähler«

Über das Register ZÄHLER des jeweiligen Immobilienobjekts können Sie Zähler zu folgenden Objektarten anlegen:

- Abrechnungseinheiten
  (Vorverteilungs-Abrechnungseinheiten, Abrechnungseinheiten, Kostenträger-Abrechnungseinheiten)
- Mietobjekte
  (Mieteinheiten, Flächenpools, Mietflächen)

Abbildung 9.11 zeigt das Beispiel einer mehrstufigen Zählerhierarchie, die Zähler zu Abrechnungseinheiten und Mietobjekten enthält.

Wir greifen nun einen Zähler heraus, den wir genauer betrachten: In Abbildung 9.12 sehen Sie die Zähler zu einem Flächenpool und den zugehörigen Mietflächen.

Ausgehend vom Register ZÄHLER des Flächenpools wurden ein Wasserzähler für jede Mietfläche des Flächenpools sowie ein separater Zähler für den Restverbrauch angelegt.

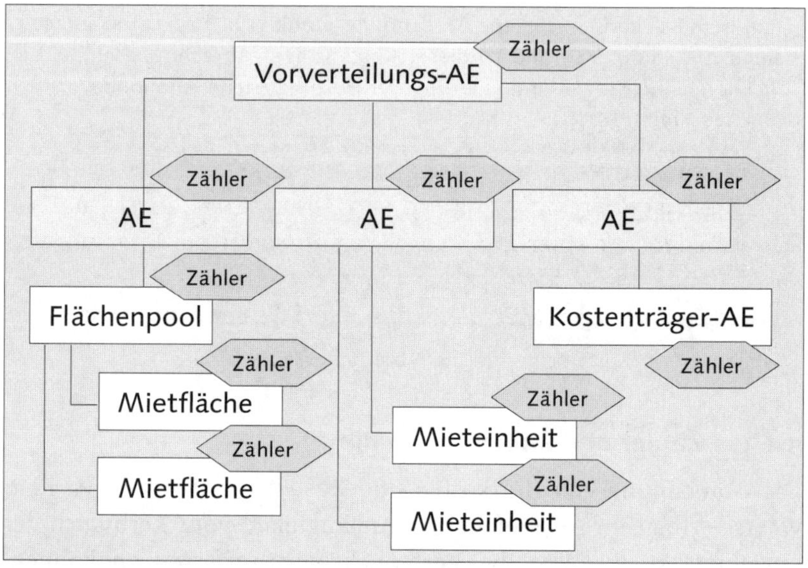

Abbildung 9.11 Abbildung einer mehrstufigen Zählerhierarchie

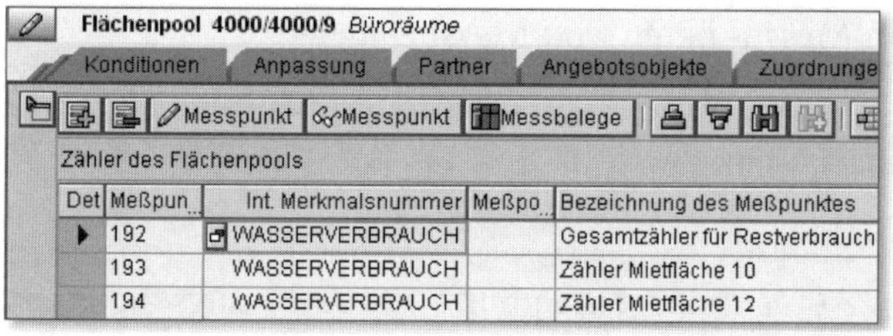

Abbildung 9.12 Zähler eines Flächenpools und der zugehörigen Mietflächen

Zur Abbildung in SAP RE wird für jede Mietfläche ein eigener Zähler angelegt. Für diese Zähler wird im Feld VERTEILUNG VERBRAUCH der Wert VERTEILUNG ÜBER MIETFLÄCHE ausgewählt (siehe Abbildung 9.13). Im Register MIETFLÄCHEN wählen Sie die jeweils zugehörige Mietfläche aus.

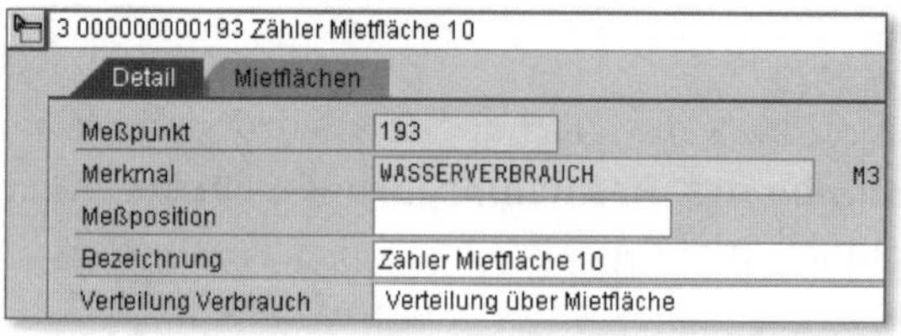

Abbildung 9.13 Zähler zu einer Mietfläche innerhalb eines Flächenpools

Vom Ablesewert des Gesamtzählers werden die Verbrauchswerte der Einzelzähler subtrahiert. Die verbleibende Differenz, der *Restverbrauch*, wird nach einer festgelegten Bemessungsart auf alle Mietflächen des Flächenpools aufgeteilt.

Restverbrauch

Zur *Messwerterfassung* können Sie die Transaktionen des Menüpunkts NEBENKOSTENABRECHNUNG • STAMMDATEN • ZÄHLER nutzen. Das Arbeiten mit einer *Erfassungsliste* erleichtert die Erfassung der Zählerstände. In solch einer Liste können Sie mehrere Zähler zusammenfassen und deren Messwerte anschließend gemeinsam erfassen.

Messwerterfassung

9.2 Abrechnungsprozess

Nachdem wir die Stammdaten betrachtet haben, werden wir nun näher auf den Abrechnungsprozess eingehen. Dabei werden wir in chronologischer Reihenfolge vorgehen, d.h., wir werden die Tätigkeiten nachvollziehen, die Ihnen im Laufe einer Abrechnungsperiode begegnen.

9.2.1 Laufende Arbeiten

Während des gesamten Abrechnungszeitraumes erhalten Sie Kreditorenrechnungen für Betriebskosten wie Straßenreinigung und Gartenpflege, und es sind Abschlagszahlungen für Heizung oder Wasser zu leisten. Sie buchen diese Rechnungen mit Kontierung auf die jeweils betroffene Abrechnungseinheit. Die monatliche periodische Buchung wie auch der Mieteinzug sind weitere Aktivitäten, die letztendlich auch für die Nebenkostenabrechnung von Bedeutung sind.

Buchung umlagefähiger Kosten

In der Nebenkostenabrechnung werden die folgenden Kosten berücksichtigt:

- Kosten mit Kontierung auf Abrechnungseinheit und Bezugsdatum
- direkt kontierte Kosten

Umlagefähige Kosten können Sie sowohl mit der Transaktion RERAOP (Mit Buchungsvorfall buchen) als auch mit Transaktionen des Finanzwesens wie FB60 (Kreditorenrechnung erfassen) buchen. Auch reine CO-Belege aus dem Bereich der internen Leistungsverrechnung u.Ä. werden berücksichtigt. Nähere Informationen zu

Kontierung auf AE

Buchungen mit Immobilienbezug erhalten Sie in Kapitel 7, »Rechnungswesen«, und in Abschnitt 13.1, »Controlling«.

Maßgeblich dafür, dass ein Beleg in der Nebenkostenabrechnung Berücksichtigung findet, ist die Angabe der Abrechnungseinheit sowie des Bezugsdatums in der Immobilienkontierung. Über das Bezugsdatum wird die Zuordnung zu einem Abrechnungszeitraum getroffen und so der für die Rechnung relevante Kostensammler ermittelt.

Abbildung 9.14 zeigt eine Kreditorenrechnung mit Kontierung auf eine ABRECHNUNGSEINHEIT mit dem BEZUGSDATUM 01.01.2009. Dieses Bezugsdatum bewirkt, dass die Rechnung in der Nebenkostenabrechnung für 2009, also für den Kostensammler vom 01.01.2009 bis 31.12.2009, berücksichtigt wird.

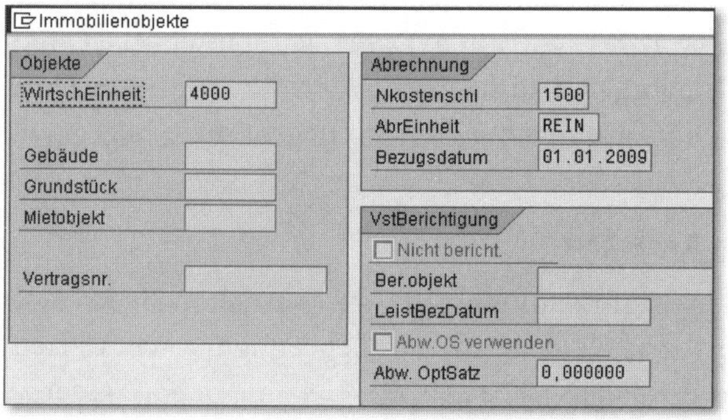

Abbildung 9.14 Umlagefähige Kosten – Immobilienkontierung

[!]

Bezugsdatum und Kostensammler

Allein das Bezugsdatum ist für die Ermittlung des Kostensammlers verantwortlich. Das Buchungsdatum bzw. das Belegdatum haben dagegen keinen Einfluss auf die Ermittlung des Kostensammlers.

Voraussetzung für die Buchung von umlagefähigen Kosten ist die Generierung der Kostensammler für die jeweilige Abrechnungsperiode. Denken Sie deshalb daran, die Kostensammler rechtzeitig vor Beginn einer neuen Abrechnungsperiode zu generieren.

Direkt kontierte Kosten

Neben den Kosten, die auf Abrechnungseinheiten bzw. Kostensammler gebucht und auf die beteiligten Mieter umgelegt werden, gibt es auch Kostenpositionen, die einerseits sofort bei der Buchung einem Mieter zugeordnet werden sollen, mit denen der Mieter aber andererseits erst im Rahmen der Nebenkostenabrechnung belastet werden soll. Solche Kosten werden als *direkt kontierte Kosten* gebucht. Die Kontierung der Rechnung erfolgt dabei auf MIETOBJEKT UND BEZUGSDATUM bzw. auf MIETOBJEKT, VERTRAG UND BEZUGSDATUM. Kontieren Sie auf Mietobjekt und Bezugsdatum, entscheidet das verwendete Konto, ob die Kosten entweder auf die Verträge zum Mietobjekt aufgeteilt werden (Konten für direkte Kontierung auf Mietobjekte) oder direkt dem zum Bezugsdatum gültigen Vertrag zugerechnet werden (Konten für direkt kontierte Mietverträge). Möchten Sie einen Mieter nach Beendigung seines Vertrages noch mit Kosten belasten, müssen Sie ein Bezugsdatum wählen, das innerhalb der Vertragslaufzeit und der Abrechnungsperiode liegt.

Direkte Kosten in der Nebenkostenabrechnung

Wie funktioniert die Berücksichtigung direkter Kosten in der Nebenkostenabrechnung? Im Customizing von SAP RE können Sie Nebenkostenschlüssel mit dem Kennzeichen VTR/MO – DIREKT KONTIERBAR bzw. MO – DIREKT KONTIERBAR definieren. Die zu diesen Nebenkostenschlüsseln angelegten Abrechnungseinheiten können aber nicht zur Buchung von Kosten genutzt werden. Eine solche Abrechnungseinheit und ihre Teilnahmegruppe dienen lediglich als »Platzhalter«. Über diese Platzhalter werden die direkt kontierten Kosten der zugeordneten Mietobjekte und der entsprechenden Mietverträge für den jeweiligen Abrechnungszeitraum »eingesammelt«.

Periodische Buchungen

Eine weitere Voraussetzung für die Nebenkostenabrechnung bildet die regelmäßige Durchführung der periodischen Buchungen für die Mietverträge. Dabei werden die Vorauszahlungen bzw. Pauschalen für Betriebs- und Heizkosten (siehe auch Kapitel 7, »Rechnungswesen«) gebucht.

Sondervereinbarungen zur Abrechnungsteilnahme

Art der Teilnahme

Im Register ABRECHNUNGSTEILNAHME der Mietverträge erhalten Sie eine Übersicht über die Abrechnungseinheiten, an denen der betreffende Vertrag beteiligt ist. Dabei wird für jede Abrechnungseinheit die *Art der Abrechnungsteilnahme* angezeigt. Für die meisten Nebenkostenschlüssel erfolgt bei der Nebenkostenabrechnung eine Verrechnung der Kostenanteile gegen die geleisteten Vorauszahlungen bzw. Pauschalen. Die Teilnahmeart VORAUSZAHLUNG wird somit für Verträge automatisch generiert. Wollen Sie jedoch für einzelne Nebenkostenschlüssel Sondervereinbarungen bezüglich der Abrechnungsteilnahme treffen, können Sie diese im Register ABRECHNUNGSTEILNAHME erfassen. Die Teilnahmearten KEINE TEILNAHME bzw. ENDABRECHNUNG stellen solche Sondervereinbarungen dar:

- **Endabrechnung**
  Bei der Endabrechnung wird für den jeweiligen Nebenkostenschlüssel zwar keine monatliche Vorauszahlung geleistet, dem Mieter wird aber im Rahmen der Nebenkostenabrechnung der auf diesen Nebenkostenschlüssel entfallende Kostenanteil in Rechnung gestellt.
- **Keine Teilnahme**
  Bei dieser Teilnahmeart nimmt der Mieter an der Umlage der Kosten für diesen Nebenkostenschlüssel nicht teil.

9.2.2 Vorbereitung der Abrechnung

Bevor Sie die Nebenkostenabrechnung durchführen können, sind einige vorbereitende Arbeiten erforderlich. Diese umfassen neben der Prüfung der gebuchten umlagefähigen Kosten sowie der Vorauszahlungen auch den Datenträgeraustausch mit externen Abrechnungsunternehmen in Vorbereitung der Heizkostenabrechnung.

Datenträgeraustausch mit Abrechnungsunternehmen

DTA-AE anlegen

Für den Datenträgeraustausch müssen Sie zunächst *Datenträgeraustausch-Abrechnungseinheiten* (DTA-AE) im System anlegen. Dazu markieren Sie im Register ALLGEMEINE DATEN das Kennzeichen DATENAUSTAUSCH. Im Pflegedialog zur Abrechnungseinheit wird dadurch ein neues Feld ABRECHNUNGSFIRMA aktiviert. In diesem Feld (siehe Abbildung 9.15) wählen Sie das für den Datenaustausch zuständige Abrechnungsunternehmen aus und legen die Modalitäten der Abrechnung fest.

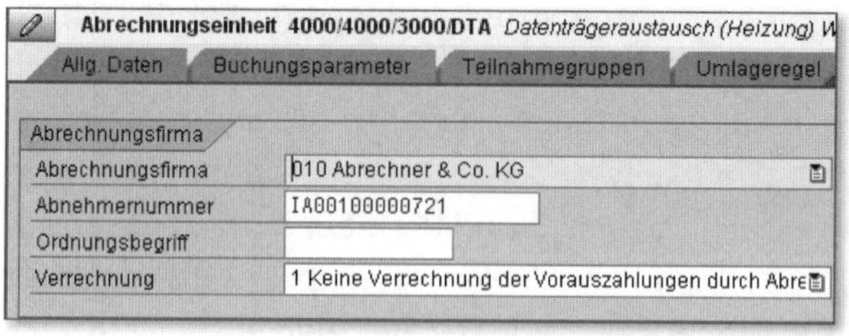

Abbildung 9.15 DTA-AE – Feld »Abrechnungsfirma«

Der Datenträgeraustausch erfolgt in drei Schritten. Die in den einzelnen Schritten erzeugten Dateien entsprechen einem in der Wohnungswirtschaft in Deutschland verwendeten standardisierten Dateiformat.

1. **A-Band (Austausch von Ordnungsbegriffen)**
   Nachdem Sie dem Abrechnungsunternehmen eine Übersicht über die abzurechnenden Objekte und Verträge zur Verfügung gestellt haben, erhalten Sie vom Abrechnungsunternehmen ein sogenanntes *A-Band*. Dieses enthält die Ordnungsbegriffe, unter denen die Objekte Ihres Immobilienbestandes im DV-System des Abrechnungsunternehmens geführt werden.

   Sie lesen die erhaltenen Daten in SAP RE ein und ordnen den Immobilienobjekten auf diese Weise die Ordnungsbegriffe des Abrechnungsunternehmens zu.
2. **M/L-Band (Mieter-/Liegenschafts-Band)**
   In Vorbereitung der Nebenkostenabrechnung senden Sie dem Abrechnungsunternehmen das sogenannte *M/L-Band (Mieter-Liegenschafts-Band)*.

   Mit dem M/L-Band teilen Sie dem Abrechnungsunternehmen Mieterwechsel bzw. Änderungen der genutzten Mietflächen innerhalb des Abrechnungszeitraumes mit.
3. **D-Band (Abrechnungsergebnisse)**
   Mit den vorhandenen Informationen kann das Abrechnungsunternehmen die Heizkostenabrechnung durchführen. Die Abrechnungsergebnisse werden Ihnen in Form eines *D-Bandes* übermittelt.

   Sie spielen das D-Band wiederum in SAP RE ein und können somit die Ergebnisse der externen Heizkostenabrechnung im weiteren Ablauf der Nebenkostenabrechnung nutzen.

9.2.3 Ablauf der Abrechnung

Nachdem die vorbereitenden Arbeiten abgeschlossen sind, können Sie die Nebenkostenabrechnung durchführen. Diese erfolgt in SAP RE schrittweise, d.h., Sie können die Abrechnung beispielsweise zunächst bis zur Prüfung der abzurechnenden Kosten durchführen und anschließend auf diesem Abrechnungsschritt aufsetzen. Sie können dazu die folgenden Transaktionen aus dem Menüpunkt NEBEN-

KOSTENABRECHNUNG • ABRECHNUNG im Anwendungsmenü von SAP RE nutzen:

- Abrechnung durchführen (Transaktion RESCSE)
- Abrechnung fortsetzen (Transaktion RESCCH)
- Abrechnung festschreiben (Transaktion RESCFIX)
- Abrechnung buchen (Transaktion RESCBC)

Abrechnungsmodi

Beim Start der Nebenkostenabrechnung selektieren Sie zunächst die abzurechnenden Objekte. Als Abrechnungsmodus können Sie zwischen Simulation, Simulation (mit späterer Echtabrechnung) und Echtabrechnung wählen.

- **Nur Simulation (ohne spätere Echtabrechnung)**
  Bei einer Simulation können Sie zum Beispiel die Abrechnungsergebnisse für ausgewählte Nebenkostenschlüssel ermitteln.
- **Echtabrechnung**
  Bei einer Echtabrechnung ist eine solche separate Ermittlung nicht möglich; hier müssen alle zusammengehörigen Objekte auch gemeinsam abgerechnet werden.
- **Simulation (mit späterer Echtabrechnung)**
  Bei einer Simulation mit späterer Echtabrechnung wird bereits eine Abrechnungs-Id generiert, was bei einer einfachen Simulation nicht der Fall ist.

Wenn eine im Modus SIMULATION (MIT SPÄTERER ECHTABRECHNUNG) – siehe Abbildung 9.16 – erstellte Abrechnung fehlerhaft ist (z. B. wegen fehlender Kosten oder falscher Umlegungseinheiten), müssen Sie diese stornieren, bevor Sie erneut eine Abrechnung durchführen können.

Die Abrechnungsschritte der verschiedenen Abrechnungsmodi unterscheiden sich voneinander: In der Echtabrechnung sind zusätzliche Schritte wie zum Beispiel das Buchen von Belegen in der Finanzbuchhaltung erforderlich.

Abrechnungsart

Sie können zwischen den folgenden Abrechnungsarten wählen:

- externe Nebenkostenabrechnung
- interne Nebenkostenabrechnung

- Nebenkostenabrechnung (intern und extern)
- nur Vorverteilungs-Abrechnungseinheiten abrechnen

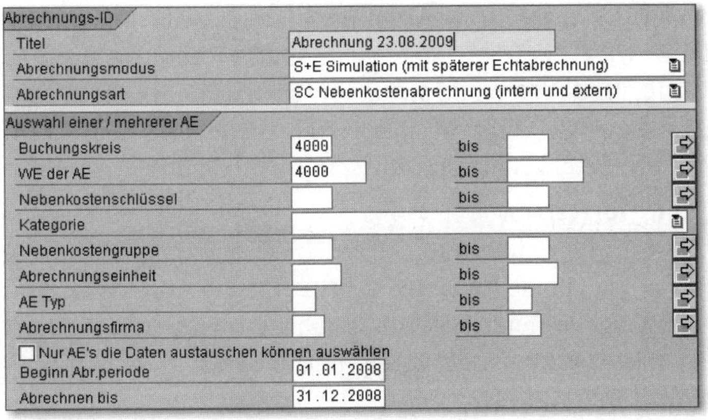

Abbildung 9.16 Nebenkostenabrechnung durchführen – Selektionsbild

Die *externe Nebenkostenabrechnung* erfolgt, wie in Abschnitt 9.2.2, »Vorbereitung der Abrechnung«, beschrieben, über ein externes Abrechnungsunternehmen. Bei der *internen Abrechnung* können aber auch DTA-Abrechnungseinheiten berücksichtigt werden, die als intern abzurechnen gekennzeichnet sind.

Abrechnungsschritte

Eine Übersicht über die Abrechnungsschritte bei einer Abrechnungssimulation gibt Abbildung 9.17.

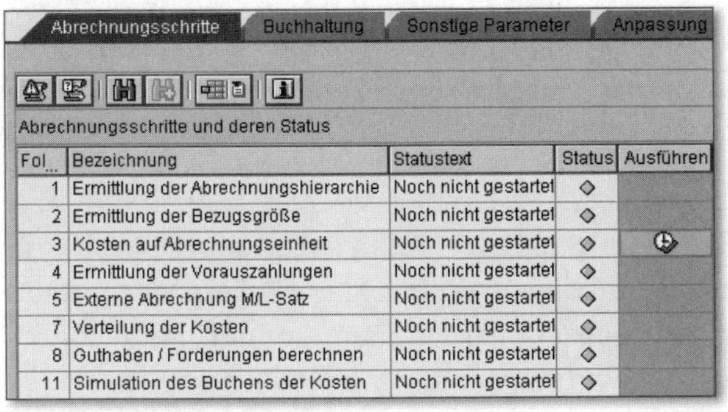

Fol...	Bezeichnung	Statustext	Status	Ausführen
1	Ermittlung der Abrechnungshierarchie	Noch nicht gestartet	◇	
2	Ermittlung der Bezugsgröße	Noch nicht gestartet	◇	
3	Kosten auf Abrechnungseinheit	Noch nicht gestartet	◇	⊕
4	Ermittlung der Vorauszahlungen	Noch nicht gestartet	◇	
5	Externe Abrechnung M/L-Satz	Noch nicht gestartet	◇	
7	Verteilung der Kosten	Noch nicht gestartet	◇	
8	Guthaben / Forderungen berechnen	Noch nicht gestartet	◇	
11	Simulation des Buchens der Kosten	Noch nicht gestartet	◇	

Abbildung 9.17 Nebenkostenabrechnung – Abrechnungsschritte

Nehmen wir folgendes Beispiel: Sie möchten die Abrechnungssimulation mit späterer Echtabrechnung zunächst bis zum dritten Schritt durchführen und anschließend fortsetzen – wie gehen Sie vor?

1. **Abrechnung durchführen**
   Wählen Sie als Abrechnungsmodus SIMULATION (MIT SPÄTERER ECHTABRECHNUNG). Markieren Sie in der Tabelle im unteren Bildbereich Schritt 3 in der Spalte AUSFÜHREN. Die Tabelle mit der Auswahl der Schritte erscheint nur, wenn Sie die Teilfunktion SC01 »Erweiterungen der Nebenkostenabrechnung« (ab EhP 602) aktivieren. Ist diese Teilfunktion nicht aktiv, wählen Sie den Schritt über das Eingabefeld ABRECHNUNGSSCHRITT direkt aus.
2. **Abrechnung fortsetzen**
   Rufen Sie nun die Transaktion RESCCH (Abrechnung fortsetzen) auf, und wählen Sie die im ersten Schritt erstellte Abrechnungs-Id aus. In der Tabelle der Abrechnungsschritte markieren Sie jetzt Schritt 11 (SIMULATION DES BUCHENS DER KOSTEN).
3. **Abrechnung festschreiben**
   Wenn Sie die Abrechnungssimulation erfolgreich durchgeführt haben, können Sie die Ergebnisse der Simulation *festschreiben*. Voraussetzung für das Festschreiben einer simulierten Abrechnung ist die Auswahl des Abrechnungsmodus SIMULATION (MIT SPÄTERER ECHTABRECHNUNG).
4. **Abrechnung buchen**
   Nachdem Sie die Ergebnisse einer Abrechnungssimulation festgeschrieben haben, können Sie diese in einem separaten Schritt buchen.

Abrechnung stornieren

Auch die Stornierung einer Abrechnung kann schrittweise erfolgen. Stornieren Sie die Abrechnung jeweils bis zum letzten korrekten Abrechnungsschritt – natürlich in umgekehrter Reihenfolge der Abrechnungsschritte.

Protokoll

Die einzelnen Schritte der Abrechnung werden sowohl für eine Abrechnungssimulation mit späterer Echtabrechnung als auch für eine Echtabrechnung protokolliert. Wollen Sie sich das Abrechnungsprotokoll nachträglich noch einmal ansehen, können Sie dazu die Transaktion RESCIS (Auswertungen zur Abrechnung) nutzen.

Geben Sie dazu die Abrechnungs-Id an, und schränken Sie den anzuzeigenden Bericht nicht ein. Im oberen Teil der Auswertung sehen Sie das Protokoll der Abrechnung, im unteren Teil die Auswertungen zu den einzelnen Abrechnungsschritten. Mit einem Doppelklick können Sie entweder in das detaillierte Protokoll eines Abrechnungsschrittes oder in eine detaillierte Auswertung zu einem Abrechnungsschritt verzweigen.

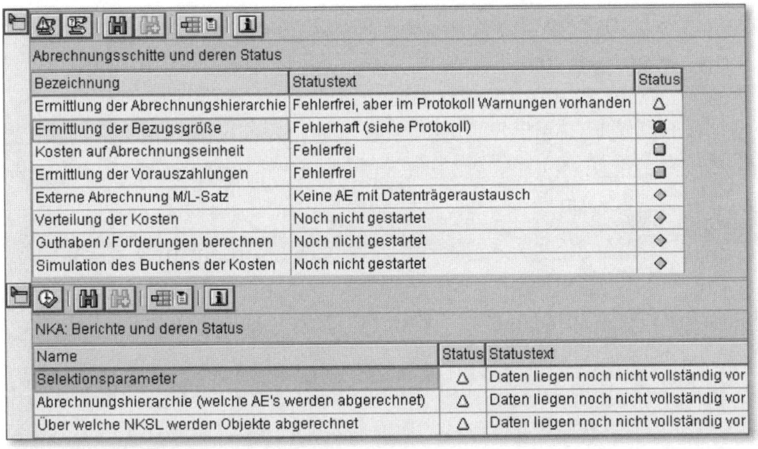

Abbildung 9.18 Protokoll der Nebenkostenabrechnung

Abbildung 9.18 zeigt ein Protokoll einer Nebenkostenabrechnung. Im Schritt ERMITTLUNG DER BEZUGSGRÖSSE ist ein Fehler aufgetreten. Die genaue Fehlerursache finden Sie im detaillierten Protokoll zu diesem Abrechnungsschritt (siehe Abbildung 9.19). Daraus geht hervor, dass die Müllkosten nach der Bemessungsart M050 (Anzahl Personen) umgelegt werden sollen. Diese Bemessungsart ist jedoch nicht für alle Verträge gepflegt. In diesem Fall müssten Sie nun die Anzahl der Personen erfassen und könnten dann die Abrechnung fortsetzen.

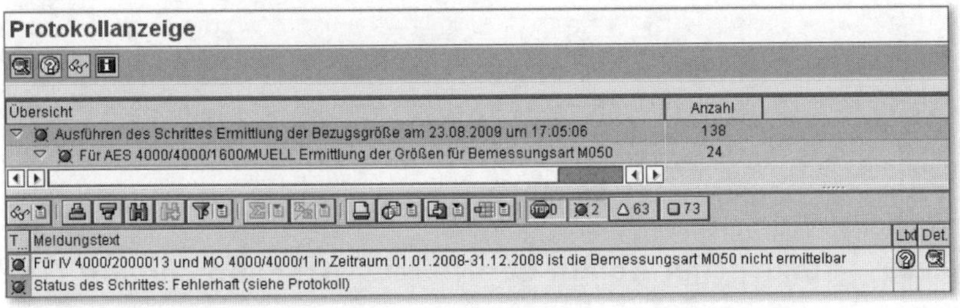

Abbildung 9.19 Fehlerprotokoll zum Abrechnungsschritt »Ermittlung der Bezugsgröße«

Abrechnung auswerten

Zur Auswertung der Abrechnungsergebnisse können Sie zwischen einer Vielzahl von Auswertungen wählen. Die einzelnen Auswertungen gehen jeweils auf verschiedene Aspekte der Abrechnung ein. So können Sie sich über die Abrechnungsergebnisse zum Beispiel aus

Sicht der Abrechnungseinheiten, aber auch aus Sicht der beteiligten Mietobjekte bzw. Mietverträge informieren. Alle Auswertungen wurden mit der Technik des *SAP List Viewers* erstellt, so dass Sie Summen und Zwischensummen bilden und die gewünschte Liststruktur in einem Layout sichern können.

Ebene	Kostenkonto	Art	Objektnummer	Währg	Nettobetrg	Objektbeschreibung	Art	Objektart	Objektidentifikation
SU	0000470400	I1	IA000000000000000029914	EUR	2.000,00	Müllbeseitigung WE Schillerstraße 1	AES	Abrechnungseinheit	4000/4000/1600/MUELL
SU	0000470400	I1	IA000000000000000029934	EUR	4.000,00	Beleuchtung WE Schillerstraße 1	AES	Abrechnungseinheit	4000/4000/1700/LICHT
SU	0000470400	I1	IA000000000000000029936	EUR	6.000,00	Gartenpflege WE Schillerstraße 1	AES	Abrechnungseinheit	4000/4000/1900/GART
SU	0000470400	I1	IA000000000000000029942	EUR	3.845,00	Hausreinigung WE Schillerstraße 1	AES	Abrechnungseinheit	4000/4000/2300/HAUS
SU	0000470400	I1	IA000000000000000029940	EUR	8.500,00	Hauswart WE Schillerstraße 1	AES	Abrechnungseinheit	4000/4000/2000/HAUSW
				EUR	• 24.345,00				

Abbildung 9.20 Nebenkostenabrechnung – Kostenübersicht

ALV und Grid-Control

Abbildung 9.20 und Abbildung 9.21 zeigen zwei Auswertungen: die aus der Finanzbuchhaltung gelesenen Kosten in Form einer einfachen ALV-Liste sowie die Abrechnungsergebnisse pro Mietvertrag in Form eines Grid-Controls.

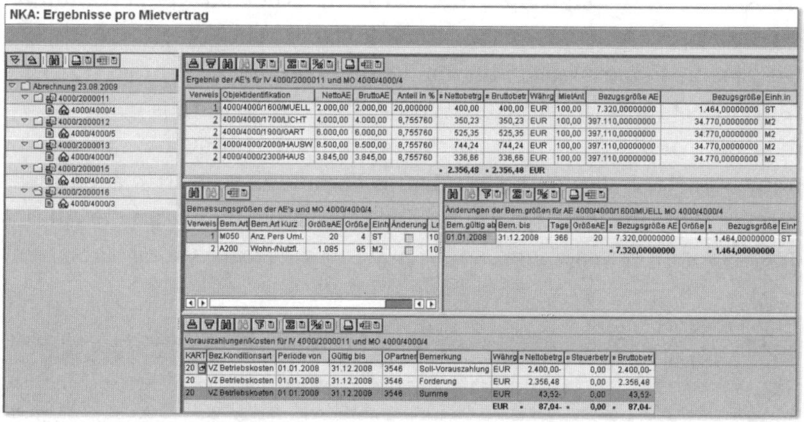

Abbildung 9.21 Nebenkostenabrechnung – Ergebnisse pro Mietvertrag

9.2.4 Inhaltlicher Ablauf der Nebenkostenabrechnung

Nachdem wir nun den Prozess und den zeitlichen Ablauf betrachtet haben, kommen wir zum nächsten Schritt: Wie erfolgt die Nebenkostenabrechnung inhaltlich?

Schauen wir uns die Vorgehensweise an einem einfachen Beispiel an, und gehen wir dabei von einer Abrechnungseinheit mit zugeordneter Teilnahmegruppe aus. Auf diese Abrechnungseinheit seien insgesamt

Kosten von 3.287,25 EUR gebucht. Die Kosten sollen nach der Wohn-/Nutzfläche auf die Mieter umgelegt werden (siehe Tabelle 9.1).

Mietobjekt	Fläche	Mietzeitraum	Tage	Bezug	Kostenanteil
1	80 m²	01.01.–31.12. Fam. Amsel	365	29200	867,00 EUR
2	60 m²	01.01.–31.12. Fam. Drossel	365	21900	657,00 EUR
3	75 m²	01.01.–31.07. Fam. Fink	212	15900	477,00 EUR
3	75 m²	01.08.–30.09. Leerstand	61	4650	139,50 EUR
3	75 m²	01.10.–31.12. Fam. Star	92	6900	207,00 EUR
4	45 m²	01.01.–31.12. Leerstand	365	16425	492,75 EUR
5	40 m²	01.10.–31.12. Büro	365	14600	438,00 EUR

Tabelle 9.1 Beispiel für die Kostenaufteilung

Die Wohnungen 1 und 2 sind ganzjährig vermietet. Zwischen den beiden Mietverträgen für Wohnung 3 gibt es einen Leerstandszeitraum von zwei Monaten. Wohnung 4 steht aufgrund von Sanierungsmaßnahmen das ganze Jahr über leer. Wohnung 5 wird als Baubüro genutzt.

Die Gesamtfläche aller Wohnungen beträgt 300 m². Sehen wir uns nun an, wie die Abrechnungsergebnisse konkret ermittelt werden:

1. Zunächst werden die Bezugsgrößen der einzelnen Vermietungszeiträume ermittelt:

   Bezugsgröße = Fläche × Anzahl Tage

2. Aus der Summe aller Bezugsgrößen wird die Gesamtbezugsgröße gebildet. Diese beträgt in unserem Fall 109.575.
3. Dividiert man jetzt die Gesamtkosten durch die Gesamtbezugsgröße, erhält man einen Kostenanteil von 0,03 EUR pro Tag und Quadratmeter.
4. Diesen Kostenanteil multipliziert man wiederum mit den Bezugsgrößen für die einzelnen Wohnungen.

Im Ergebnis erhalten Sie die Kostenanteile für die einzelnen Vermietungszeiträume (letzte Spalte der Tabelle 9.1). Die Kostenanteile können wir in drei Gruppen gliedern:

- auf externe Mieter umzulegende Kosten
- Kosten, die auf Leerstandszeiträume entfallen
- Kostenanteile für interne Vermietung

[zB]

Ergebnisse aus Tabelle 9.1

In unserem Beispiel beträgt der Anteil der extern umzulegenden Kosten 2.217,00 EUR, der Kostenanteil für interne Vermietung 438,00 EUR und der auf Leerstand entfallende Anteil 632,25 EUR. Insgesamt ergeben sich daraus wieder die Gesamtkosten in Höhe von 3.287,25 EUR.

9.2.5 Buchung von Vorauszahlungen

Die Vorauszahlungen für Betriebs- und Heizkosten können entweder als Anzahlungen oder als Ertrag gebucht werden.

Anzahlung

Bei der Buchung der Vorauszahlungen in Form von Anzahlungen verwenden Sie *Sonderhauptbuchkennzeichen* (SHB-Kennzeichen) vom Typ Anzahlung. Der Buchungssatz für die Buchung der Vorauszahlungen im Rahmen der periodischen Buchung lautet dann folgendermaßen:

per Anzahlung Debitor (SHB J) an geleistete Vorauszahlung Debitor (SHB K)

Die Sonderhauptbuchkennzeichen können frei definiert werden; *J* und *K* sind als Beispiele zu verstehen.

Es handelt sich somit um eine rein debitorische Buchung. Die mit Sonderhauptbuchkennzeichen *J* gebuchten Posten sind zahl- und mahnbar, während die mit Sonderhauptbuchkennzeichen *K* gebuchten Posten als Merkposten bestehen bleiben und erst zum Zeitpunkt der Nebenkostenabrechnung verrechnet werden.

Ertrag

Alternativ können Sie die Vorauszahlungen auch als Ertrag buchen. Dazu setzen Sie bei der Definition der Konditionsart das Kennzeichen ERTRAG (siehe Abbildung 9.22).

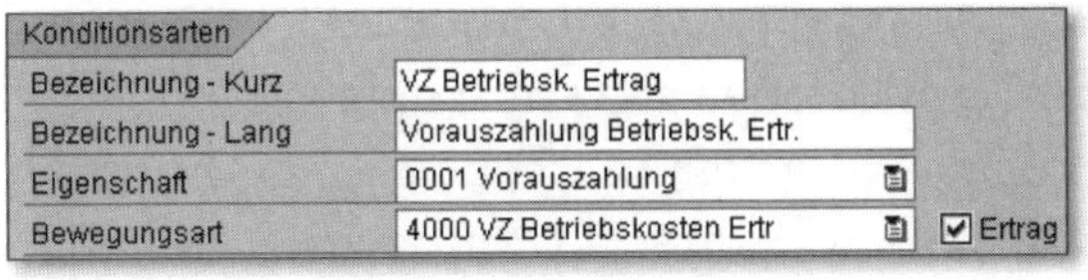

Abbildung 9.22 Konditionsart »Vorauszahlung Betriebskosten« (gebucht als Ertrag)

Bei der Buchung der Vorauszahlungen als Ertrag lautet der Buchungssatz

per Debitor an Ertrag

Soll-Prinzip

Wird die Nebenkostenabrechnung nach dem *Soll-Prinzip* durchgeführt, werden alle innerhalb der Abrechnungsperiode gebuchten Vorauszahlungen berücksichtigt. Sie werden dabei so gewertet, als hätte sie der Mieter gezahlt, d.h., nicht gezahlte Beträge werden nicht in der Nebenkostenabrechnung ausgewiesen. Die entsprechenden Forderungsbuchungen bleiben aber weiterhin offen.

Ist-Prinzip

Rechnen Sie dagegen nach dem *Ist-Prinzip* ab, werden bei der Abrechnung nicht nur die geleisteten Vorauszahlungen (Sonderhauptbuchkennzeichen *K*) berücksichtigt, sondern auch die noch offenen Anzahlungsanforderungen (Sonderhauptbuchkennzeichen *J*). Das heißt, dem Mieter werden nur die tatsächlich gezahlten Vorauszahlungsbeträge angerechnet.

[!]

Abrechnung nach dem Ist-Prinzip

Eine Abrechnung nach dem Ist-Prinzip ist nur möglich, wenn Sie die Vorauszahlungen als Anzahlungen, d.h. mit Sonderhauptbuchkennzeichen, buchen.

Bitte beachten Sie bei der Entscheidung zwischen Soll- und Ist-Prinzip die Erläuterungen im SAP-Hinweis 937724 (NKA: Istprinzip vs. Sollprinzip).

9.2.6 Anpassung von Vorauszahlungen

Anpassungsverfahren

Im Ergebnis der Nebenkostenabrechnung haben Sie die Möglichkeit, die von den Mietern zu leistenden Vorauszahlungen anzupassen. Sie nutzen dazu die Anpassungsregel SCSE (Nebenkostenabrechnung). Die Anpassung erfolgt im direkten Zusammenhang mit der Nebenkostenabrechnung.

Im Einstiegsbild der Nebenkostenabrechnung können Sie im Register Anpassung die Modalitäten der Anpassung festlegen (siehe Abbildung 9.23). Die Anpassungs-Id entspricht der Abrechnungs-Id der

Nebenkostenabrechnung. Mit der Transaktion RESCAJ (Anpassung berechnen) und mit den Transaktionen zur Anpassung von Konditionen können Sie die Anpassung weiter bearbeiten. Der Ablauf der Anpassung erfolgt analog dem aus Kapitel 8, »Anpassung von Konditionen«, bekannten Verfahren: Nach der Simulation der Anpassungsergebnisse werden diese gesichert und können anschließend aktiviert werden.

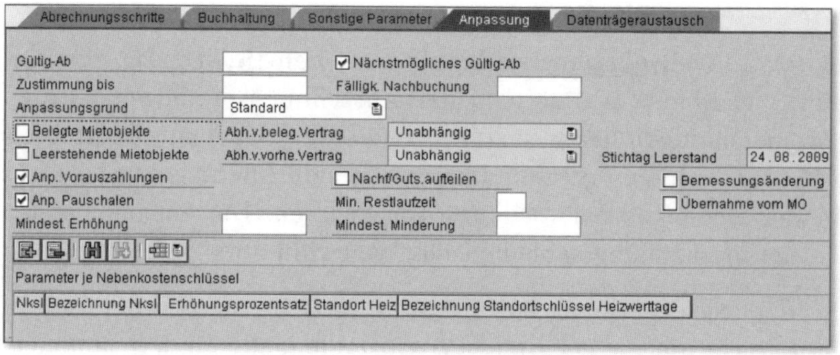

Abbildung 9.23 Nebenkostenabrechnung – Anpassung der Vorauszahlungen

Abweichende Berechnung

Insbesondere bei verbrauchsabhängigen Abrechnungen für Heizung oder Wasser kann es vorkommen, dass der bei der Anpassung berechnete Wert nicht repräsentativ ist. Das kann beispielsweise passieren, wenn ein Mieter seine Wohnung im Dezember, also mitten in der Heizperiode bezieht, und die Heizkostenvorauszahlungen für das gesamte Jahr auf Grundlage des Dezemberwertes hochgerechnet werden. In solchen Fällen kann die Berechnung der Vorauszahlungen für bestimmte Nebenkostenschlüssel auf Basis von Bemessungen oder Heizgradtagen anstelle der Verbrauchswerte erfolgen.

9.2.7 Abgrenzung umlagefähiger Kosten

Teilfunktion SCAL

Ab SAP ERP 6.0 Enhancement Package 2 steht Ihnen mit der Teilfunktion SCAL (Abgrenzung der Nebenkosten) eine Funktionalität zur Abgrenzung noch nicht abgerechneter Nebenkosten zur Verfügung.

Abgrenzung

Umlagefähige Kosten werden mit Kontierung auf Abrechnungseinheiten gebucht. Die Verrechnung dieser Kosten mit den Vorauszahlungen der Mieter erfolgt jedoch erst zu einem späteren Zeitpunkt. Im Rahmen des Jahresabschlusses müssen die Kosten und Vorauszahlungen entsprechend den gültigen Bilanzierungsvorschriften abgegrenzt werden. Dabei wird auf der Ebene von Wirtschaftseinheiten und Nebenkostengruppen eine Simulation der späteren Nebenkostenabrechnung durchgeführt. Diese entspricht natürlich nicht im Detail dem Ergebnis der späteren Nebenkostenabrechnung, bietet aber bereits einen groben Überblick über den Anteil der umlagefähigen Kosten, die Kosten für Leerstand und interne Vermietung sowie die geleisteten Vorauszahlungen.

9.3 Wichtige Customizing-Einstellungen

In diesem Abschnitt beschreiben wir einige wichtige Customizing-Einstellungen für die Nebenkostenabrechnung. Sie finden sie im Customizing von SAP RE unter dem Menüpunkt NEBENKOSTENABRECHNUNG. Die Nebenkostenabrechnung ist ein sehr komplexer Geschäftsprozess, der von vielen Daten und Customizing-Einstellungen sowohl aus dem Bereich der Stammdaten und Verträge als auch aus dem Bereich der Buchhaltung beeinflusst wird. Bitte testen Sie die von Ihnen vorgenommenen Customizing-Einstellungen für die Nebenkostenabrechnung deshalb sehr detailliert.

Nebenkostenschlüssel

Die Definition der Nebenkostenschlüssel wirkt sich sehr stark darauf aus, wie die Abrechnungsergebnisse in der Korrespondenz an den Mieter dargestellt werden bzw. welche Auswertungsmöglichkeiten Ihnen später zur Verfügung stehen.

[+]

Nebenkostenschlüssel definieren

Definieren Sie die Nebenkostenschlüssel sehr detailliert, können leicht einhundert oder mehr Nebenkostenschlüssel im System vorhanden sein. Bedenken Sie in diesem Fall, wie die Abrechnungsergebnisse später dem Mieter mitgeteilt werden sollen. Sollen dort alle Nebenkostenschlüssel einzeln aufgeführt werden, oder wollen Sie eine aggregierte Darstellung über Kostenträger-Abrechnungseinheiten nutzen?

Bedenken Sie bei der Definition der Nebenkostenschlüssel auch die gewünschten Auswertungen: Wollen Sie separate Sachkonten für einzelne Nebenkostenschlüssel nutzen, oder sollen die umlagefähigen Kosten auf sehr wenigen Sachkonten erfolgen?

Heizgradtage

Sofern Sie bei Mieterwechsel keine Zwischenablesung der Zählerstände für die Heizung vornehmen, können Sie eine Berechnung der Verbrauchswerte auf der Grundlage der sogenannten *Gradtagszahlen* oder *Heizgradtage* vornehmen. Aufgrund statistischer Erhebungen werden dabei die monatlichen Temperaturen gewichtet dargestellt. Bezogen auf ein Jahr entfallen zum Beispiel auf den Januar 170 ‰, auf den Mai dagegen nur 40 ‰. Demzufolge ist der Anteil an den Heizkosten für einen Mieter, der im April aus seiner Wohnung auszieht, nicht wesentlich geringer als für einen Mieter, der erst im August aus seiner Wohnung auszieht.

Einstellungen für Mietobjekte und -verträge

Im Customizing von SAP RE legen Sie im Menüpunkt NEBENKOSTENABRECHNUNG • EINSTELLUNGEN FÜR MIETOBJEKTE UND -VERTRÄGE, DIE AN DER ABRECHNUNG TEILNEHMEN fest, welche Nutzungsarten an der Nebenkostenabrechnung teilnehmen bzw. welche Vorauszahlungen und Pauschalen berücksichtigt werden. Daneben legen Sie hier auch fest, wie die Abrechnungsteilnahme für Verträge generiert wird und welche Nebenkostenschlüssel bei der Abrechnung mit welcher Vorauszahlung verrechnet werden.

Abrechnungsschema

Das *Abrechnungsschema* fasst die Parameter für die Durchführung einer Nebenkostenabrechnung zusammen. Innerhalb des Abrechnungsschemas legen Sie unter anderem fest, ob die Abrechnung nach dem *Soll-* oder *Ist-Prinzip* erfolgt und ob ein Zuschlag wie zum Beispiel das *Umlageausfallwagnis* (UAW) auf das Abrechnungsergebnis aufgeschlagen wird. Sie können mehrere Abrechnungsschemata anlegen und eines von ihnen als Standardschema kennzeichnen. Dieses wird dann als Default-Wert für die Nebenkostenabrechnung verwendet, kann aber beim Start der Abrechnung überschrieben werden.

Kontenfindung

Die bei der Nebenkostenabrechnung umzulegenden Kosten werden mit Kontierung auf Abrechnungseinheiten auf Kostenartenkonten gebucht. Für jedes dieser Kostenartenkonten wird im Customizing von SAP RE unter dem Menüpunkt NEBENKOSTENABRECHNUNG • ABRECHNUNGSPROZESS • BUCHHALTUNG: KONTENFINDUNG UND KONTEN FÜR UMLAGEFÄHIGE KOSTEN ein Set von Verrechnungskonten definiert (siehe Abbildung 9.24). Dieses definiert die Sachkonten bzw. Kostenarten, die für die Entlastung des ursprünglichen Kostenartenkontos und die Aufteilung der Kosten benutzt werden.

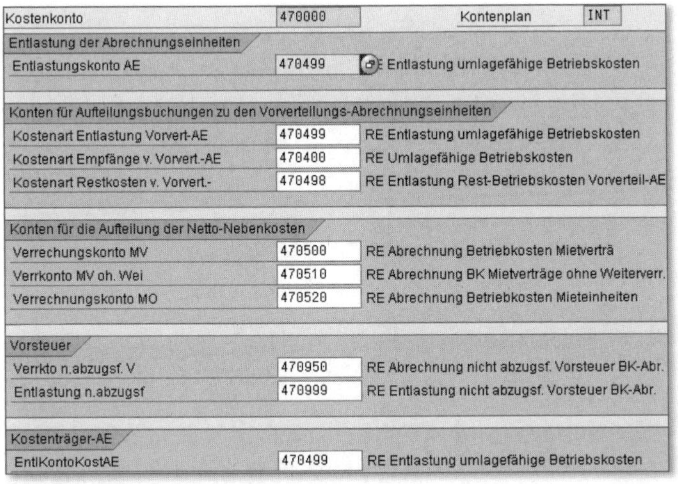

Abbildung 9.24 Kostenkonten – Zuordnung von Verrechnungskonten

[zB]

Aufteilung der Kosten

In der Feldgruppe KONTEN FÜR DIE AUFTEILUNG DER NETTO-NEBENKOSTEN sehen Sie die Konten für die Aufteilung der Kosten auf die folgenden Bereiche (siehe Abbildung 9.24):

- auf externe Mieter umzulegende Kosten (VERRECHNUNGSKONTO MV)
- Kostenanteile, die nicht an den Mieter verrechnet werden können, da Pauschalen o.Ä. vereinbart wurden (VERRECHNUNGSKONTO MV OHNE WEITERVERRECHNUNG)
- Kosten, die auf Leerstandszeiträume entfallen (VERRECHNUNGSKONTO MO)

9.4 Zusammenfassung

Wir haben uns in diesem Kapitel zunächst mit den für die Nebenkostenabrechnung notwendigen Stammdaten beschäftigt. Dazu gehören neben Teilnahmegruppen und Abrechnungseinheiten auch Zähler und Zählerhierarchien. Anschließend haben Sie den gesamten Abrechnungsprozess sowie den Unterschied zwischen den verschiedenen Abrechnungsmodi – Simulation, Simulation mit späterer Echtabrechnung und Echtabrechnung – kennengelernt. Die bei der Nebenkostenabrechnung erzeugten Buchungen sowie die Anpassung der Vorauszahlungen und die Abgrenzung der umlagefähigen Kosten vervollständigen den Geschäftsprozess der Nebenkostenabrechnung.

Auch im Rahmen der Immobilienverwaltung müssen steuerliche Aspekte berücksichtigt werden. Dabei ist vor allem im Umfeld gewerblicher Vermietung die Behandlung der Vorsteuer von großer Bedeutung.

10 Steuerliche Aspekte der Immobilienverwaltung

In diesem Kapitel werden die Möglichkeiten der Vorsteuerbehandlung innerhalb von SAP RE aufgezeigt. Dazu werden die gesetzlichen Grundlagen, die zur Verfügung stehenden Funktionen und die möglichen Einstellungen vorgestellt.

10.1 Gesetzliche Grundlagen

Steuerbare Umsätze

In der deutschen Steuergesetzgebung ist bestimmt, dass Umsätze von Unternehmen grundsätzlich der *Umsatzsteuer* unterliegen – § 1 Umsatzsteuergesetz (UStG).

Vereinfacht ausgedrückt bedeutet das, dass ein Unternehmen beim Verkauf von Waren oder Leistungen zusätzlich zum eigentlichen Preis eine Umsatzsteuer vom Käufer erheben muss, die sogenannte *Ausgangssteuer*.

Beim Einkauf von Waren und Dienstleistungen hingegen muss zusätzlich zum eigentlichen Preis eine Umsatzsteuer gezahlt werden, die sogenannte *Vorsteuer*.

Vorsteuerabzug

Die Ausgangssteuer stellt gegenüber dem Finanzamt eine Steuerschuld dar, die Vorsteuer eine Steuerforderung. Diese Steuerforderung kann unter den folgenden Voraussetzungen gegenüber dem Finanzamt geltend gemacht und von der Ausgangssteuer abgezogen werden (§ 15 UStG):

- Ihr Unternehmen ist umsatzsteuerpflichtig.
- Es liegt eine Rechnung über die erhaltene Lieferung oder Leistung vor, die die Vorsteuer ausweist.
- Diese Rechnung bezieht sich auf Lieferungen und Leistungen durch ein anderes umsatzsteuerpflichtiges Unternehmen.

Daraus ergeben sich in einem betrachteten Zeitraum Forderungen oder Verbindlichkeiten gegenüber dem jeweils zuständigen Finanzamt.

Es ergibt sich eine Forderung, wenn für den betrachteten Zeitraum die gezahlte Vorsteuer höher als die erhaltene Ausgangssteuer ist. Eine Verbindlichkeit ergibt sich dagegen, wenn die gezahlte Vorsteuer geringer als die erhaltene Ausgangssteuer ist.

Steuerbefreiung von Immobilien

Die Vermietung und Verpachtung von Immobilien ist grundsätzlich steuerfrei, d.h., für Umsätze aus diesen Vertragsverhältnissen ist keine Umsatzsteuer zu entrichten oder zu erheben (§ 4 Nr. 12a UStG).

Damit besteht zunächst grundsätzlich keine Möglichkeit, Vorsteuer, die im Rahmen der Vermietung und Verpachtung gezahlt wurde, in Abzug zu bringen. Diese wäre somit als Bestandteil der Kosten zu betrachten.

Verzicht auf Steuerbefreiung

Gemäß § 9 (1) UStG kann ein Unternehmen jedoch auf die Steuerbefreiung, die nach § 4 Nr. 12 UStG gewährt wird, verzichten. Dies gilt unter anderem für Umsätze, die zumindest anteilig im Zusammenhang mit gewerblicher Vermietung stehen, d.h. bei Mietverhältnissen, bei denen der Mieter ein umsatzsteuerpflichtiges Unternehmen ist.

Berichtigung des Vorsteuerabzugs

Nachdem für Lieferungen oder Leistungen Vorsteuer auf diese Art und Weise abgezogen wurde, muss über einen Zeitraum von fünf Jahren (für Grundstücke und Gebäude zehn Jahre) geprüft werden, ob sich die Verhältnisse, die dem Vorsteuerabzug zugrunde lagen in der Weise verändert haben, dass nun die Vorsteuer nicht mehr abgezogen werden dürfte.

In diesem Fall muss der Vorsteuerabzug so berichtigt werden, dass er den tatsächlichen Verhältnissen entspricht. Die Vorschriften finden Sie in § 15a UStG.

10.2 Vorsteuerbehandlung in SAP RE

Nachdem wir die gesetzlichen Grundlagen betrachtet haben, werden wir Ihnen nun erläutern, unter welchen Voraussetzungen Sie die Vorsteuerbehandlung in SAP RE einsetzen können und durch welche grundlegenden Schritte sich das Verfahren auszeichnet.

Die Vorsteuerbehandlung in SAP RE beruht auf den gesetzlichen Grundlagen, insbesondere auf dem deutschen Umsatzsteuerrecht. In anderen Ländern können die im Folgenden vorgestellten Funktionen nur bedingt und mit Einschränkungen eingesetzt werden.

10.2.1 Voraussetzung

Um einen Vorsteuerabzug mit Hilfe der automatischen Vorsteueraufteilung von SAP RE durchführen zu können, muss für die betroffenen Buchungskreise im Customizing die Optierung aktiv geschaltet sein (siehe Abbildung 10.1, Checkbox BUCHUNGSKREIS OPTIERT). Ist diese Einstellung für einen Buchungskreis aktiv geschaltet, sagt man auch »der Buchungskreis optiert zur Vorsteuer«.

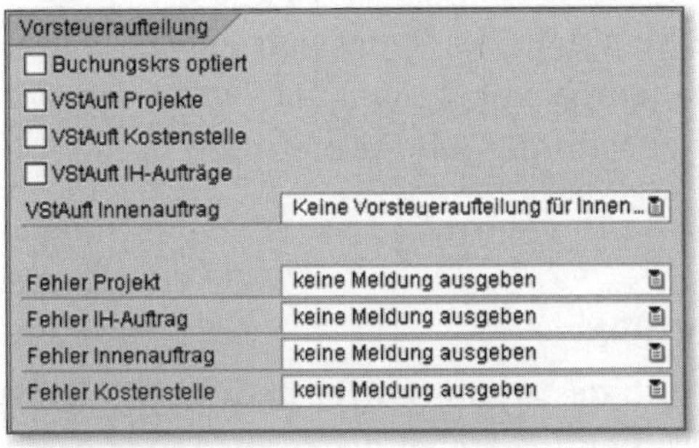

Abbildung 10.1 Vorsteuer-Customizing in SAP RE

10.2.2 Vorgehen

Das grundsätzliche Vorgehen zur Vorsteuerbehandlung gliedert sich in einzelne Schritte, die je nach Ausprägung des Systems unterschiedlich zu betrachten sind:

1. **Buchen von Belegen in der Finanzbuchhaltung**
   Wenn Sie Belege, die Vorsteuer enthalten, in einem optierenden Buchungskreis buchen, wird die Vorsteuer zunächst zu 100 % in Abzug gebracht, d.h. auf ein entsprechendes Konto gebucht.

2. **Ermittlung des Optionssatzes**
   Sie können monatlich für alle relevanten Objekte den Optionssatz ermitteln.
3. **Aufteilung der Vorsteuer**
   Sie können monatlich eine Aufteilung der bisher als abzugsfähig gebuchten Vorsteuer in einen abzugsfähigen und einen nicht abzugsfähigen Betrag vornehmen.
4. **Anlegen von Berichtigungsobjekten**
   Sie können Berichtigungsobjekte anlegen, wenn ein relevanter Sachverhalt für eine Vorsteuerberichtigung gemäß § 15a vorliegt, oder auch bereits vorher.
5. **Berichtigung des Vorsteuerabzugs**
   Wenn relevante Sachverhalte für eine Vorsteuerberichtigung gemäß § 15a vorliegen, können Sie monatlich die Berichtigungsbasis ermitteln und die Berichtigung berechnen und buchen.

10.3 Der Optionssatz

Als Basis für jegliche Funktionalität zur Behandlung der Vorsteuer durch Anwendungen in SAP RE nimmt der *Optionssatz* eine ganz zentrale Stellung bei der Vorsteuerbehandlung ein. Daher werden wir Ihnen den Optionssatz, seine Definition und die Ermittlung im folgenden Abschnitt detailliert erläutern.

10.3.1 Begriff und Bedeutung

Zunächst wollen wir den Begriff des Optionssatzes definieren, damit im weiteren Verlauf dieses Kapitels ein einheitliches Verständnis von dessen Bedeutung vorausgesetzt werden kann.

[+]

Definition des Optionssatzes

Der Optionssatz ist das Verhältnis von gewerblicher Nutzung, also umsatzsteuerpflichtiger Vermietung, zur Gesamtnutzung von Objekten und Maßnahmen. Er wird in % angegeben.

Der Optionssatz lässt sich mit Hilfe der folgenden Formel errechnen:

Optionssatz = umsatzsteuerpflichtige Vermietung / Gesamtvermietung

In SAP RE kann zu den folgenden Objekten ein Optionssatz ermittelt und gespeichert werden:

- Wirtschaftseinheit
- Gebäude
- Grundstück
- Mietobjekt
- Immobilienvertrag
- Abrechnungseinheit
- Berichtigungsobjekt
- Beleg der Finanzbuchhaltung

Gültigkeit

Da sich der Optionssatz eines Objekts im Laufe der Zeit analog zu den realen Verhältnissen ändern kann, kann er auf monatlicher Basis neu ermittelt und gespeichert werden, d.h., die Gültigkeit eines Optionssatzes ist ein Kalendermonat.

Der Optionssatz kann auch in Buchungskreisen, in denen die Optierung nicht aktiv ist, ermittelt und gespeichert werden.

10.3.2 Methoden zur Optionssatzermittlung

Die Methoden zur Ermittlung des Optionssatzes werden im Customizing von SAP RE festgelegt. Dabei wird grundsätzlich zwischen manuellen und automatischen Methoden unterschieden.

Manuelle Methoden

Bei den manuellen Methoden wird der Optionssatz durch die Angabe eines konkreten Prozentsatzes festgelegt. Es handelt sich also nicht um eine Ermittlung im eigentlichen Sinne (siehe Abbildung 10.2). Dabei wird unterschieden, ob Sie den Optionssatz direkt im jeweiligen Immobilienobjekt pflegen oder im Customizing fest vorgeben. Im letzteren Fall kann der Optionssatz dann auf dem jeweiligen Objekt, für das die Methode verwendet wird, nicht geändert werden.

[zB]

Vereinbaren des Optionssatzes mit dem Finanzamt

Diese Methode kommt beispielsweise zur Anwendung, wenn für ein Unternehmen ein bestimmter Optionssatz mit dem zuständigen Finanzamt vereinbart wurde.

Automatische Methoden

Bei der automatischen Ermittlung entspricht der Optionssatz in der Regel dem gewerblich vermieteten Anteil eines Objekts, wobei dieser zum Beispiel nach dem Flächenverhältnis oder nach dem umbauten Raum bestimmt werden kann. Der Optionssatz ist also 100 %, wenn das Objekt komplett gewerblich genutzt wird.

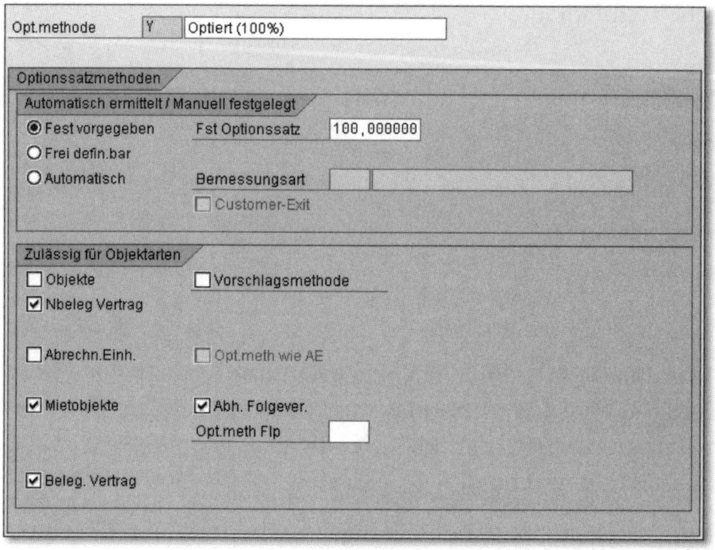

Abbildung 10.2 Beispiel für eine manuelle Optionssatzmethode

Der Optionssatz wird als gewichteter Durchschnitt der Optionssätze der Unterobjekte gebildet. Dabei werden Mietobjekte selbst nur als Unterobjekte berücksichtigt, wenn sie nicht belegt sind; andernfalls wird der Optionssatz des belegenden Vertrags verwendet.

[zB]

Berechnung eines Optionssatzes

Wir wollen die Optionssatzermittlung anhand eines konkreten Beispiels für ein Gebäude mit drei Mieteinheiten betrachten. Als Gewichtung wird dabei die Fläche verwendet.

Angaben zu den Mieteinheiten:

- Mieteinheit 1: 100 % gewerblich, 200 m^2 Fläche
- Mieteinheit 2: 0 % gewerblich, 100 m^2 Fläche
- Mieteinheit 3: 0 % gewerblich, 100 m^2 Fläche

Berechnung des Optionssatzes:

$(100\,\% \times 200\ m^2) + (0\,\% \times 100\ m^2) + (0\,\% \times 100\ m^2)\ /$
$(200\ m^2 + 100\ m^2 + 100\ m^2)$
$= 200\,\%\ m^2\ /\ 400\ m^2$
$= 50\,\%$

Die Methode, die zur Ermittlung des Optionssatzes für ein Objekt verwendet werden soll, wird direkt auf diesem Objekt gepflegt. Dabei können Sie die Methoden zeitabhängig hinterlegen, jedoch nur eine Methode pro Objekt und Zeitraum.

Im Customizing können Sie pro Methode die Objekte, für die diese Methode verwendet werden kann, einschränken.

Im Anschluss stellen wir Ihnen einige automatische Methoden exemplarisch vor.

Flächenverhältnis

Der Optionssatz wird im Verhältnis zu einer Flächenbemessungsart – z. B. der A200 WOHNFLÄCHE – ermittelt (siehe Abbildung 10.3). Dabei geht der Optionssatz eines Unterobjekts nur dann in die Ermittlung ein, wenn die entsprechende Bemessungsart für das Unterobjekt zum Zeitpunkt der Optionssatzermittlung gepflegt ist.

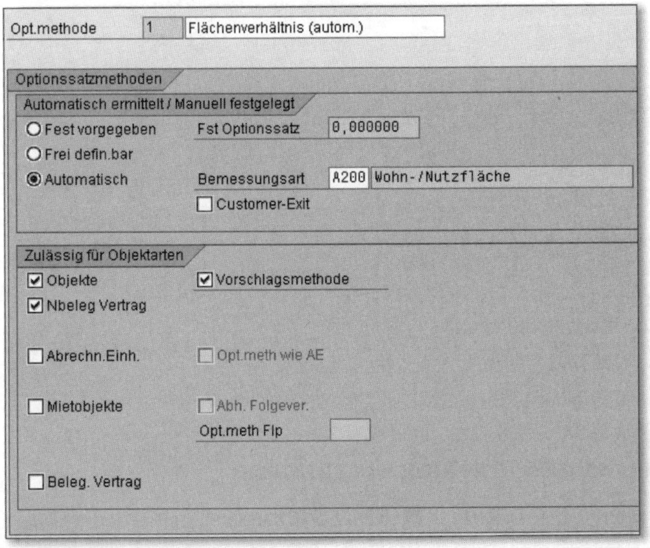

Abbildung 10.3 Automatische Optionssatzermittlung nach Flächenverhältnis

Für das Objekt, für das der Optionssatz mit dieser Methode ermittelt wird, muss diese Bemessungsart nicht gepflegt werden.

Kubatur

Die Ermittlung des Optionssatzes erfolgt bei dieser Methode analog zur Ermittlung nach dem Flächenverhältnis. Als Ermittlungsgröße wird allerdings statt einer Flächenbemessungsart eine Bemessungsart für das Raumvolumen verwendet.

Bemessung

Die Ermittlung erfolgt bei dieser Methode analog zur Ermittlung nach dem Flächenverhältnis. Als Ermittlungsgröße wird allerdings statt einer Flächenbemessungsart eine beliebige andere Bemessungsart verwendet.

Checkbox »Customer-Exit«

Wenn die angebotenen Verfahren für die von Ihnen benötigten Zwecke nicht ausreichen, können Sie mit Hilfe des BAdI `BADI_REIT_OPTION_RATE` ein beliebig komplexes Ermittlungsverfahren implementieren. Damit dieses BAdI durchlaufen wird, muss die Checkbox CUSTOMER-EXIT in der Optionssatzmethode markiert werden.

Vorschlags-Optionssatzmethode zum Vertrag pro Vertragsart

VArt	Vertragsart	Kein.Opt.Ermi.	Met...	Bez. Meth.	Optsatz
C001	Vermietung Gewerbe	☐	Y	Optiert (100%)	100,000000
C002	Vermietung Wohnung	☐	N	Optiert nicht (0%)	0,000000
C003	Servicevertrag (debit.)	☐	Y	Optiert (100%)	100,000000
C004	Vermietung intern	☐	Y	Optiert (100%)	100,000000
C020	Vermietung Garage	☐			0,000000

Abbildung 10.4 Vorschlags-Optionssatzmethode pro Vertragsart

Vorschlagswerte

Im Customizing von SAP RE können Sie pro Vertragsart und pro Nutzungsart Vorschlagswerte für die einzusetzenden Optionssatzmethoden hinterlegen (siehe Abbildung 10.4). Beim Anlegen eines neuen Objekts werden diese Vorschlagswerte verwendet, können aber im Objekt geändert werden.

10.3.3 Optionssatzermittlung durchführen

Mit Hilfe der Transaktion REITORCALC (Optionssatzermittlung) können die Optionssätze für Immobilienobjekte ermittelt werden (siehe Abbildung 10.5). Diese kann auch nach der Buchung der Vorsteuer durchgeführt werden.

[!]

Optionssatzermittlung beliebig oft möglich

Die Optionssatzermittlung kann beliebig oft für den gleichen Monat wiederholt werden. Dabei werden die bestehenden Sätze überschrieben.

Sie können auf dem Selektionsbild der Transaktion die Art der Immobilienobjekte auswählen, für die Optionssätze ermittelt werden sollen. Haken Sie dazu in der Feldgruppe OPTIONSSÄTZE ERMITTELN FÜR die entsprechenden Checkboxen an.

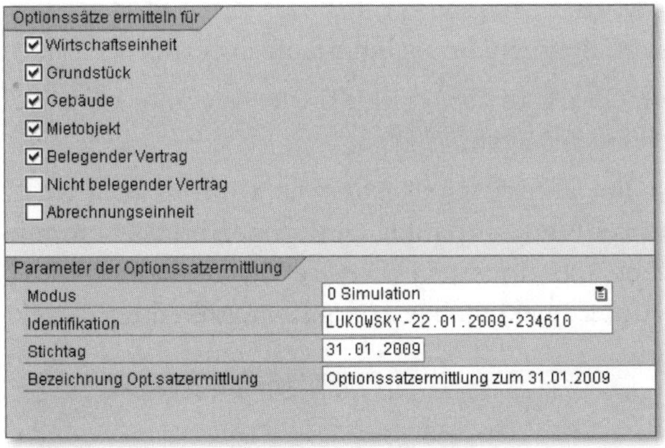

Abbildung 10.5 Optionssätze ermitteln – Transaktion REITORCALC

Stichtag

Da der Optionssatz nur auf monatlicher Basis fortgeschrieben werden kann, kann als Stichtag der Ermittlung nur der jeweils letzte Tag eines Monats gewählt werden. In Abbildung 10.5 ist der 31.01.2009 als Stichtag angegeben.

Modus der Ermittlung

Bei der Durchführung der Ermittlung können Sie zwischen zwei Modi wählen: Simulation oder Echtlauf.

[+]

Simulation zur Fehlersuche

Es empfiehlt sich, die Entwicklung zunächst zu simulieren. Dadurch kann vor dem Echtlauf geprüft werden, ob Fehler vorliegen, um diese noch zu korrigieren.

Ergebnis

Als Ergebnis erhalten Sie in beiden Fällen – also sowohl bei der Simulation als auch beim Echtlauf – eine Übersicht über die Objekte, für die eine Optionssatzermittlung durchgeführt werden sollte. Anhand des Status zum Objekt können Sie erkennen, ob die Ermittlung erfolgreich war. Andernfalls wird ein Fehlerprotokoll zum Objekt erzeugt, das genaue Auskunft über die Ursachen der fehlgeschlagenen Ermittlung gibt. Außerdem können für jedes Objekt die relevanten Unterobjekte eingeblendet werden.

Optionssätze anzeigen

Um sich die ermittelten Optionssätze später noch einmal anzeigen zu lassen, haben Sie folgende Möglichkeiten:

- Lassen Sie sich mit der Transaktion REITORSHOW die Optionssätze aller Objekte eines Ermittlungslaufs anzeigen.

- Lassen Sie sich mit der Transaktion REISITORCALC die Optionssätze aller Objekte mehrerer Ermittlungsläufe anzeigen.
- Lassen Sie sich mit der Transaktion REISITOR alle Optionssätze der selektierten Objekte anzeigen.
- Lassen Sie sich im Unterregister ERGEBNIS OPTIONSSATZERMITTLUNG des Registers OPTIONSSÄTZE alle Optionssätze eines bestimmten Objekts anzeigen. Hier werden ebenfalls Details zur Ermittlung (beispielsweise Unterobjekte) angezeigt – siehe Abbildung 10.6.

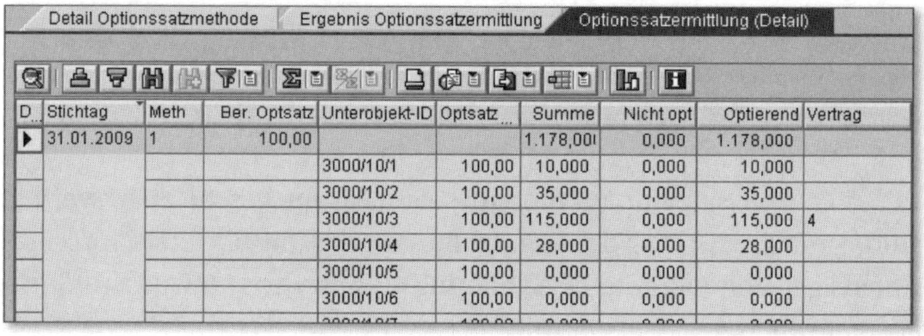

D	Stichtag	Meth	Ber. Optsatz	Unterobjekt-ID	Optsatz	Summe	Nicht opt	Optierend	Vertrag
▶	31.01.2009	1	100,00			1.178,00	0,000	1.178,000	
				3000/10/1	100,00	10,000	0,000	10,000	
				3000/10/2	100,00	35,000	0,000	35,000	
				3000/10/3	100,00	115,000	0,000	115,000	4
				3000/10/4	100,00	28,000	0,000	28,000	
				3000/10/5	100,00	0,000	0,000	0,000	
				3000/10/6	100,00	0,000	0,000	0,000	

Abbildung 10.6 Details der Optionssatzermittlung auf einem Gebäude

10.4 Vorsteueraufteilung

Die im Folgenden dargestellte Funktion der Vorsteueraufteilung sorgt dafür, dass die Vorsteuer mit Hilfe des Optionssatzes in einen abzugsfähigen und einen nicht abzugsfähigen Vorsteueranteil aufgeteilt wird. Die dazugehörigen Buchungen werden anhand der von Ihnen im Customizing definierten Kontenfindung automatisch erzeugt.

10.4.1 Vorgehen

Bei der Vorsteueraufteilung wird die ursprünglich gebuchte Vorsteuer in einen abzugsfähigen und einen nicht abzugsfähigen Anteil aufgeteilt.

Als Grundlage dazu wird der Optionssatz des Objekts genutzt, das der Belegposition zugeordnet ist, oder der Optionssatz der Belegposition selbst (siehe Tabelle 10.1).

Kontierungsobjekt	Optionssatz stammt aus
Immobilienobjekt (Wirtschaftseinheit, Gebäude, Grundstück, Mietobjekt, Vertrag, Abrechnungseinheit)	Immobilienobjekt oder Berichtigungsobjekt oder Beleg
Kostenstelle Auftrag PSP-Element	zugeordnetem Immobilienobjekt oder Berichtigungsobjekt oder Beleg
Anlage	Berichtigungsobjekt oder Beleg

Tabelle 10.1 Herkunft von Optionssätzen

Da beim ursprünglichen Buchen des Beleges in der Finanzbuchhaltung die Vorsteuer zu 100 % abzugsfähig gebucht wurde, muss nun der nicht abzugsfähige Anteil umgebucht werden.

10.4.2 Vorsteueraufteilung für Belege ohne Immobilienobjekt

Im Customizing von SAP RE kann eingestellt werden, ob die Vorsteueraufteilung auch für die folgenden Elemente der Kostenrechnung möglich sein soll, die keinem Immobilienobjekt zugeordnet sind (siehe Abbildung 10.1).

- Kostenstellen
- Aufträge
- Projekte

Diese Kostenrechnungselemente müssen dazu einem Immobilienobjekt zugeordnet sein und erben dessen Optionssatz zum Zeitpunkt der Aufteilung.

Falls diese Zuordnung zum Zeitpunkt der Aufteilung nicht vorliegt, kann eine Fehlermeldung bei der Aufteilung ausgegeben werden.

10.4.3 Kontenfindung

Das Sachkonto, auf das der nicht abzugsfähige Anteil der Vorsteuer umgebucht werden soll, kann in Abhängigkeit vom Ursprungskonto ermittelt werden. Dabei handelt es sich um das Konto, auf das die Vorsteuer ursprünglich gebucht wurde.

Zielkonto ermitteln

Sie haben im Customizing von SAP RE drei Möglichkeiten, ein Zielkonto anzugeben:

- **Ein Zielkonto pro Ursprungskonto**
  Sie tragen für ein Ursprungskonto explizit das Konto ein, auf das die nicht abzugsfähige Vorsteuer umgebucht werden soll.
- **Ein Zielkonto für alle restlichen Ursprungskonten**
  Sie legen fest, dass für alle Ursprungskonten, für die kein explizites Sachkonto angegeben ist, ein bestimmtes festes Sachkonto für die nicht abzugsfähige Vorsteuer verwendet werden soll. Legen Sie dazu einen Eintrag mit dem festen Sachkonto an, bei dem für das Ursprungskonto kein Wert hinterlegt ist.
- **Ursprungskonto selbst als Zielkonto**
  Sie legen fest, dass die nicht abzugsfähige Vorsteuer immer auf das jeweilige Ursprungskonto gebucht werden soll. Lassen Sie in diesem Fall die Tabelle leer.

Fehlermeldung

Bei der Vorsteueraufteilung wird versucht, das Zielkonto in der angegebenen Reihenfolge der Möglichkeiten zu ermitteln. Es wird eine Fehlermeldung erzeugt, wenn kein Zielkonto gefunden wird.

10.4.4 Mehrstufige Steuerkennzeichen

Mehrstufige Steuerkennzeichen werden in der Finanzbuchhaltung verwendet, um beim Buchen eines Beleges einen Steuerbetrag auf verschiedene Steuerkonten aufzuteilen.

Belegpositionen mit Immobilienkontierung, die mit einem *mehrstufigen Steuerkennzeichen* gebucht werden, werden bei der Vorsteueraufteilung normalerweise nicht berücksichtigt.

Wenn der abzugsfähige Vorsteueranteil dieser Buchung dennoch vom System in der Vorsteueraufteilung berücksichtigt werden soll, müssen das mehrstufige Steuerzeichen und die Aufteilung im Customizing je Umsatzsteuerschema angegeben werden.

Voraussetzung

Voraussetzung ist jedoch, dass das mehrstufige Steuerkennzeichen nur einen Vorsteuerkontoschlüssel besitzt. Jedem mehrstufigen Steuerkennzeichen wird ein anderes Vorsteuerkennzeichen zugeordnet. Bei der Vorsteueraufteilung wird das mehrstufige Steuerkennzeichen durch das zugeordnete Vorsteuerkennzeichen ersetzt und die Belegposition danach aufgeteilt.

Bei der Zuordnung muss der abzugsfähige Anteil des mehrstufigen Steuerkennzeichens dem Steuersatz des zugewiesenen Vorsteuerkennzeichens entsprechen.

10.4.5 Vorsteueraufteilung durchführen

Objektselektion

Mit Hilfe der Transaktion REITDS (Vorsteueraufteilung) kann die Vorsteueraufteilung durchgeführt werden. Sie können auf dem Selektionsbild die aufzuteilenden Belege unter anderem über die Art der zugeordneten Objekte der Immobilienverwaltung und der Kostenrechnung einschränken oder konkrete Objekte angeben (siehe Abbildung 10.7).

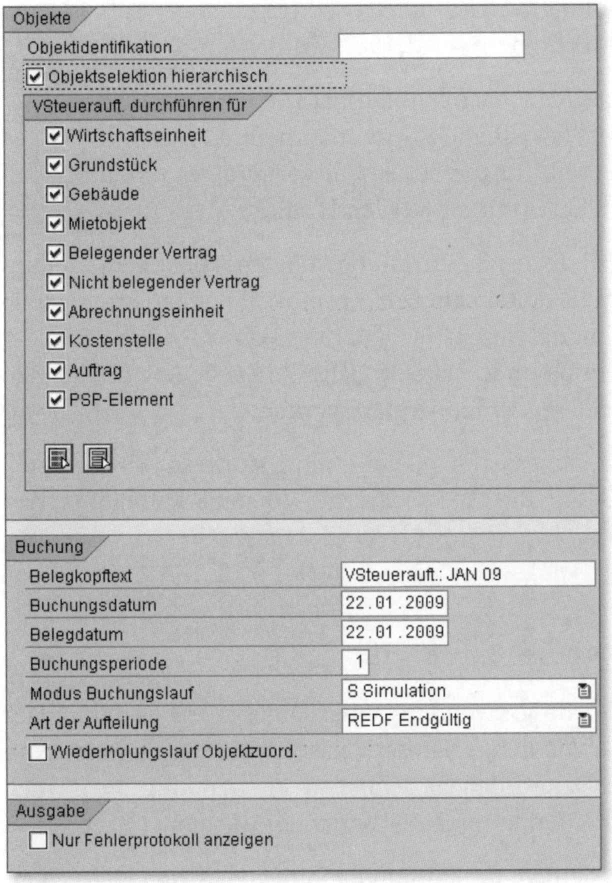

Abbildung 10.7 Vorsteueraufteilung – Transaktion REITDS

Modus

Die Aufteilung kann zunächst simuliert werden, um vor dem Echtlauf zu prüfen, ob Fehler vorliegen, und diese zu korrigieren. Bei einem Echtlauf können Sie anhand der Art der Aufteilung festlegen, ob die Aufteilung durch spätere Aufteilungsläufe noch einmal verändert werden kann.

Art der Aufteilung

Die Art der Vorsteueraufteilung bestimmt, ob die Aufteilung endgültig oder vorläufig durchgeführt wird. Vorläufige Aufteilungen können mit einem anderen Optionssatz wiederholt werden. Die vorhergehenden Aufteilungen werden hierbei nicht zurückgenommen, sondern das System erstellt Differenzsätze. Dieser Prozess kann wiederholt werden, bis der endgültige Optionssatz feststeht und eine endgültige Aufteilung durchgeführt wird. Endgültige Aufteilungen dagegen können nicht mehr wiederholt werden.

Über das Kennzeichen WIEDERHOLUNGSLAUF OBJEKTZUORD. in der Feldgruppe BUCHUNG kann die Vorsteueraufteilung gezielt für Belege durchgeführt werden, für die bei einem vorherigen Aufteilungslauf der Optionssatz nicht ermittelt werden konnte.

Protokoll

Das Ergebnis wird als Liste der durchgeführten Vorsteueraufteilungen dargestellt. Man kann in ein Fehlerprotokoll und in verschiedene Belege des Rechnungswesens navigieren. Das Buchungsprotokoll kann mit der Transaktion REITDSOBJSHOW (Vorsteueraufteilung zu Objekten) jederzeit wieder aufgerufen werden.

Storno

Ein Vorsteueraufteilungslauf kann vollständig storniert werden. Dazu wird die Transaktion REITDSRV (Storno Vorsteueraufteilung) verwendet.

10.5 Vorsteuerberichtigung

Wenn die tatsächliche Verwendung eines Objekts, für das Vorsteuer abgezogen wurde, von der geplanten Verwendung abweicht, muss ab dem erstmaligen Datum der tatsächlichen Verwendung über einen bestimmten Zeitraum die Vorsteuer berichtigt werden.

Dieser Zeitraum beträgt für Immobilienobjekte in der Regel zehn Jahre (siehe Abbildung 10.8).

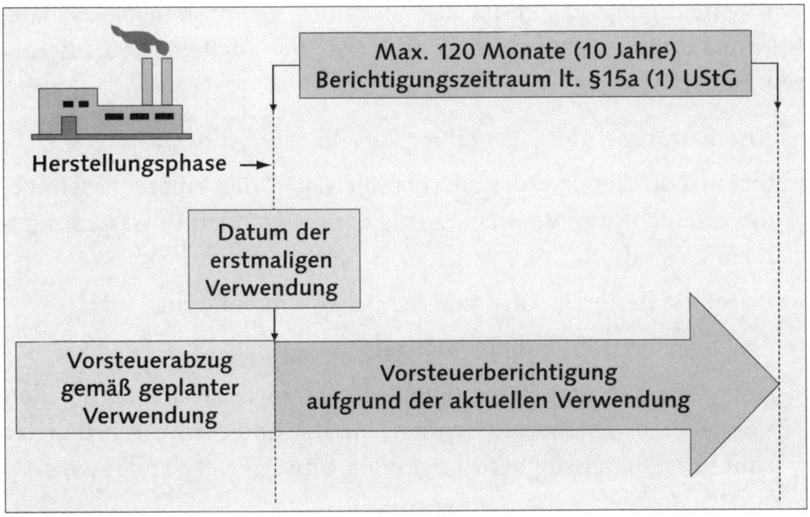

Abbildung 10.8 Prozess der Vorsteuerberichtigung

Allerdings kann dies in SAP RE nur für Belegpositionen durchgeführt werden, für die auch eine Vorsteueraufteilung durchgeführt wurde.

10.5.1 Berichtigungsobjekte

Für die Vorsteuerberichtigung müssen laut Umsatzsteuergesetz alle Leistungen und Gegenstände, die im Rahmen einer Maßnahme in ein Wirtschaftsgut eingehen, zu Berichtigungsobjekten zusammengefasst werden.

Herleitung des Begriffs »Berichtigungsobjekt« [+]

Unter dem Begriff *Berichtigungsobjekt* wird danach Folgendes verstanden:

- Wirtschaftsgüter, die nicht nur einmalig zur Ausführung von Umsätzen verwendet werden ~ Anlagevermögen – § 15a (1) UStG
- Wirtschaftsgüter, die nur einmalig zur Ausführung von Umsätzen verwendet werden ~ Umlaufvermögen – § 15a (2) UStG
- nachträglich in ein Wirtschaftsgut eingehende Gegenstände, wenn diese dabei ihre körperliche und wirtschaftliche Eigenart endgültig verlieren – § 15a (3) UStG
- sonstige Leistungen an einem Wirtschaftsgut – § 15a (3) UStG
- nachträgliche Anschaffungs- oder Herstellungskosten – § 15a (6) UStG

Näher erläutert wird der Begriff *Berichtigungsobjekt* in der Durchführungsbestimmung (GZ IV A 5 – S 7316 – 25/05) vom 6. Dezember 2005 zur Neufassung des § 15a UStG in I.1 2.

Relevante Informationen für die Vorsteuerberichtigung

Ein Berichtigungsobjekt ist also ein Informationsobjekt, das alle Informationen enthalten muss, die für die Vorsteuerberichtigung relevant sind:

- Anschaffungs- oder Herstellungskosten bzw. Aufwendungen
- darauf entfallende Vorsteuerbeträge (auch die Vorsteuerbeträge, die den nicht zum Vorsteuerabzug berechtigenden Umsätzen zuzurechnen sind)
- Zeitpunkt der erstmaligen tatsächlichen Verwendung
- maßgeblicher Berichtigungszeitraum
- Anteil, zu dem das Berichtigungsobjekt zur Ausführung der den Vorsteuerabzug ausschließenden Umsätze und zur Ausführung der zum Vorsteuerabzug berechtigenden Umsätze verwendet wird

Berichtigungsobjekte werden in SAP RE mit der Transaktion REITTC als Stammdaten angelegt. Dabei ist es unerheblich, ob die Berichtigungsobjekte vor oder nach dem Buchen des Ursprungsbeleges angelegt werden.

Art des Berichtigungsobjekts

Zunächst muss nun fachlich entschieden werden, um welche Art von Berichtigungsobjekt es sich handelt.

Man kann die möglichen Werte im Rahmen des Customizings zur Vorsteuerberichtigung definieren (siehe Abbildung 10.9). Dabei wird entweder ein Berichtigungszeitraum oder die einmalige Verwendung hinterlegt. Zusätzlich werden Nummernkreis und Bewegungsarten für die Forderungen und Verbindlichkeiten aus der Berichtigungsbuchung zugeordnet.

Art des Berichtigungsobjekt

Art	Art BerichtObjekt	BerZeitraum	Einmalige Ber.	Nr	Deb BewegArt	Kred. BewegArt
5	5 Jahre Laufzeit	60	☐	01	TC01	TC02
10	10 Jahre Laufzeit	120	☐	01	TC01	TC02
E	Einmalige Berichtigung		☑	01	TC01	TC02

Abbildung 10.9 Customizing der Art des Berichtigungsobjekts

Datumsfelder

Im Register ALLGEMEINE DATEN können verschiedene Datumsfelder gefüllt werden.

Aus den Einträgen in den Feldern DATUM DER ERSTMALIGEN VERWENDUNG oder BERICHTIGUNG-VON DATUM und aus der Länge des Berichtigungszeitraums, die sich aus der Art des Berichtigungsobjekts ergibt, wird das Feld BERICHTIGUNG-BIS DATUM automatisch ermittelt. Zusätzlich wird der Status des Berichtigungsobjekts von ANGELEGT auf ZUR BERICHTIGUNG gesetzt, sobald das DATUM DER ERSTMALIGEN VERWENDUNG gefüllt ist.

Erstmalige Verwendung

Das DATUM DER ERSTEN BERICHTIGUNG wird für Berichtigungsobjekte verwendet, die im Rahmen einer Datenübernahme aus Vorsystemen innerhalb des Berichtigungszeitraums übernommen wurden, um rückwirkende Berichtigungsbuchungen zu vermeiden.

Erste Berichtigung

Mit dem LEISTUNGSBEZUGSZEITRAUM wird festgelegt, in welchem Zeitraum das Leistungsbezugsdatum zugeordneter Belegpositionen liegen darf.

Register »Objekte«

Dem Berichtigungsobjekt werden im Register OBJEKTE zu drei verschiedenen Zwecken Objekte zugeordnet.

Objektzuordnungen

- **Kontierung für Korrekturbuchungen**
  Dem Berichtigungsobjekt kann genau ein Objekt für die Buchung der Berichtigung für die Kosten und Erlöse der Berichtigungsbuchung zugeordnet werden.
- **Zulässige Ursprungskontierungen**
  Dem Berichtigungsobjekt können beliebig viele Objekte als zulässige Ursprungskontierung zugeordnet werden, über die die Zuordnung von Belegzeilen aus der Finanzbuchhaltung zum Berichtigungsobjekt erfolgen kann.

Im Customizing kann festgelegt werden, welche Arten von Objekten aus SAP RE, dem Controlling und der Anlagenbuchhaltung dazu verwendet werden können. Abrechnungseinheiten können jedoch grundsätzlich nicht in Berichtigungsobjekten verwendet werden.

Dem Berichtigungsobjekt können mehrere Immobilienobjekte zur Optionssatzermittlung zugeordnet werden. Diese werden für die automatische Ermittlung des Optionssatzes des Berichtigungsobjekts verwendet. Hier können lediglich Wirtschaftseinheiten, Gebäude, Grundstücke und Mietobjekte angegeben werden.

Objekt für Optionssatzermittlung

Register »Berichtigungsbasis«

Im Register BERICHTIGUNGSBASIS werden mit Hilfe von Basissätzen sämtliche Informationen abgebildet, die zur Ermittlung des Betrages der Vorsteuerberichtigung dienen:

- Steuerkennzeichen
- Netto-Betrag der Anschaffungs- und Herstellkosten
- auf diesen Betrag entfallender Steuerbetrag
- tatsächlich abgezogener Anteil (nach Vorsteueraufteilung)
- nicht abzugsfähiger Anteil

Basissätze

Basissätze können auf verschiedene Arten entstehen:

- **Automatisch ermittelte Basissätze**
  Das System ermittelt pro Steuerkennzeichen einen Berichtigungssatz aus den zugeordneten Belegpositionen, die bereits aufgeteilt wurden. Diese Basissätze sind nicht manuell änderbar.
- **Manuell erfasste Basissätze**
  Man kann Basissätze manuell erfassen, um Altdaten zu übernehmen oder Daten zu erfassen, zu denen keine Vorsteuerbelege oder Buchhaltungsbelege im System vorhanden sind. Diese Basissätze sind auch bei Anlagenzu- und -abgängen von Bedeutung.

Eine Übersicht über die im System angelegten Berichtigungsobjekte erhalten Sie mit der Transaktion REITISTC (Infosystem: Berichtigungsobjekte).

10.5.2 Belegpositionen berücksichtigen

Die Entscheidung, ob eine Belegposition für die Vorsteuerberichtigung relevant ist oder nicht und welchem Berichtigungsobjekt diese zugeordnet werden soll, kann das System nicht selbst treffen, da es sich letztlich um eine fachliche Einzelfallentscheidung handelt. Diese Entscheidung muss vom Anwender getroffen werden.

Zuordnungskriterien

Allerdings unterstützt das System den Anwender bei seiner Entscheidung mit Hilfe von Kriterien, die im Customizing und im Berichtigungsobjekt festgelegt werden.

Im Customizing können Sachkonten und Belegarten definiert werden, die für die Vorsteuerberichtigung relevant sind, um die möglichen Belege für die Zuordnung einzuschränken. Wird hier kein Eintrag vorgenommen, werden alle Belege ungeachtet des Sachkontos oder der Belegart zur Zuordnung angeboten.

Im Berichtigungsobjekt selbst kann ein Leistungsbezugszeitraum bestimmt werden, und es müssen Ursprungskontierungen vorgegeben werden.

Zuordnungsmöglichkeiten

Die Zuordnung kann entweder direkt in der Belegposition – beim Buchen oder später – erfolgen oder nachträglich über die Transaktion REITTCASSIGN (Ursprungsbelege zuordnen). Die Zuordnung direkt in der Belegposition erfolgt über den Kontierungsblock der Immobilienkontierung (siehe Abbildung 10.10) oder in der Detailsicht der Position. Dort können neben der eigentlichen Immobilienkontierung auch das Berichtigungsobjekt und das Leistungsbezugsdatum angegeben werden, oder die Position kann bewusst von der Berichtigung ausgeschlossen werden.

Zusätzlich erfolgt hier eine Prüfung, ob die Position die Kriterien für die Zuordnung erfüllt. Das Kennzeichen NICHT BERICHTIGEN wird entsprechend gesetzt.

Abweichender Optionssatz

Auf dem Kontierungsblock kann außerdem ein nur für diese Position gültiger Optionssatz angegeben werden. Dieser ersetzt bei der späteren Berechnung den Optionssatz, der sich aus dem zugeordneten Objekt ergibt. Somit ist ein Objekt, aus dem ein Optionssatz abgeleitet werden kann, nicht zwingend erforderlich.

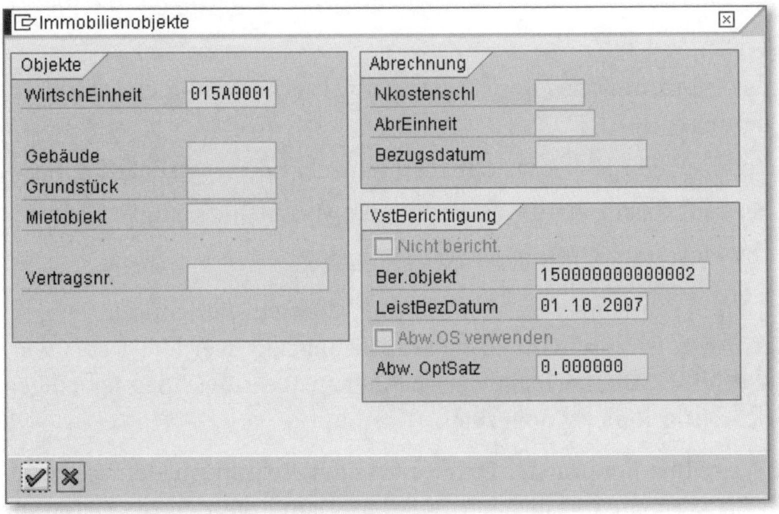

Abbildung 10.10 Angaben zur Vorsteuerberichtigung im Kontierungsblock

Transaktion REITTCASSIGN

Die Transaktion REITTCASSIGN (Ursprungsbelege zuordnen) bietet die Möglichkeit, Belegpositionen nachträglich und als Massenverarbeitung zu verschiedenen Berichtigungsobjekten zuzuordnen.

Die Transaktion selektiert zunächst alle Belegpositionen, die den angegebenen Kriterien des Selektionsbildes entsprechen. Dabei können auch bereits zugeordnete Positionen bearbeitet werden. Für die selektierten Belegpositionen kann hierbei automatisch ein Vorschlag zur Zuordnung von Berichtigungsobjekten ermittelt werden, wenn diese nicht das Kennzeichen NICHT BERICHTIGEN tragen.

Übereinstimmungskriterien

Dazu sucht das System pro Belegposition Übereinstimmungen innerhalb der Berichtigungsobjekte des Buchungskreises gemäß folgenden Kriterien:

- Das Kontierungsobjekt der Belegzeile ist als zulässige Ursprungskontierung auf dem Berichtigungsobjekt hinterlegt.
- Das in der Belegzeile angegebene Leistungsbezugsdatum liegt innerhalb des auf dem Berichtigungsobjekt definierten Intervalls.

Ergebnis

Das Ergebnis der Zuordnung ist eine Liste aller Belegpositionen mit den zugeordneten Berichtigungsobjekten. Fehler werden angezeigt, wenn entweder kein oder mehr als ein passendes Berichtigungsobjekt für die Belegposition gefunden wurde.

Bearbeitung

In der Liste können verschiedene Daten einzeln oder über eine Massenänderung bearbeitet werden. Diese wird mit dem Button  MASSENÄNDERUNG aufgerufen und bietet die Möglichkeit, die folgenden Daten zu ändern:

- die Zuordnung des Berichtigungsobjekts (einzeln oder Massenänderung)
- Kennzeichen NICHT BERICHTIGEN (einzeln oder Massenänderung)
- Leistungsbezugsdatum (einzeln oder Massenänderung)
- abweichender Optionssatz (nur einzeln)

Manueller Basissatz

Des Weiteren kann zu einem Eintrag, dem ein Berichtigungsobjekt zugeordnet ist, ein manueller Basissatz angelegt werden. Dabei werden in einer Übersicht alle vorhandenen Basissätze des jeweiligen Berichtigungsobjekts angezeigt.

Nach der Bearbeitung der Daten können diese inklusive der getroffenen Zuordnungen gespeichert werden. Damit werden die Daten für die Ermittlung der Berichtigungsbasis zur Verfügung gestellt.

10.5.3 Berichtigungsbasis ermitteln

Die Berichtigungsbasis setzt sich für ein Berichtigungsobjekt aus der Summe der manuellen und automatischen Basissätze zusammen und wird im Berichtigungsobjekt angezeigt.

Damit aus zugeordneten Belegpositionen automatische Basissätze generiert werden können, muss die Vorsteuer für die Positionen mindestens vorläufig aufgeteilt worden. Eine Übersicht über die Berichtigungsbasis verschiedener Berichtigungsobjekte liefert die Transaktion REITTCBASE.

10.5.4 Vorsteuer berichtigen

Arten des Laufs

Die Vorsteuerberichtigung als unterjährige Berechnung oder Jahresabschluss wird mit der Transaktion REITTCCALC ausgeführt.

- **Unterjährige Berechnung**
  Der Stichtag der Berechnung ist der Letzte des angegebenen Monats. Das System berechnet dann den anteilig auf das angegebene Berichtigungsjahr entfallenden Berichtigungsbetrag und saldiert diesen mit den bereits für dieses Kalenderjahr gebuchten Berichtigungen.
  Dadurch erfolgt automatisch auch eine Korrektur von falschen oder fehlenden Berichtigungsbuchungen aus den Vormonaten des laufenden Kalenderjahres.
- **Jahresabschluss**
  Der Stichtag der Berechnung ist der letzte Tag des Kalenderjahres. Die Berechnung der Berichtigung erfolgt im Wesentlichen analog zum unterjährigen Berichtigungslauf, allerdings unterscheiden sich die beiden Läufe in der Behandlung von Bagatellgrenzen.

Vorheriger Jahresabschluss

Für beide Arten von Läufen führt das System grundsätzlich neben der Berechnung für das eingegebene Jahr die Jahresabschlussläufe für die davor liegenden Kalenderjahre des Berichtigungszeitraums durch. Damit wird gewährleistet, dass Nachholungen für rückwirkende Änderungen korrekt durchgeführt werden. Die Ergebnisse dieser Nachberechnungen können Sie sich im Ergebnisprotokoll anzeigen lassen.

Modus

Analog zur Vorsteueraufteilung kann auch bei der Vorsteuerberichtigung entweder eine Simulation oder ein Echtlauf gestartet werden.

Berechnung

Das System berücksichtigt bei der Berechnung alle selektierten Berichtigungsobjekte mit dem Status ZUR BERICHTIGUNG. Dann werden hinsichtlich der tatsächlichen Verwendung die aktuellen Verhältnisse mit den bei der Vorsteueraufteilung zugrunde gelegten Verhältnissen verglichen. Dazu verwendet das System jeweils die zugrunde liegenden Optionssätze.

Die Differenz der Optionssätze ergibt zusammen mit der Summe der Vorsteuerbeträge aller Belege des Berichtigungsobjekts den Berichtigungsbetrag. Dieser wird auf die Jahre oder Monate des Berichtigungszeitraums gleichmäßig verteilt.

Berechnungsformeln

Es stehen Ihnen die folgenden Berechnungsformeln zur Verfügung:

- Berichtigungsbetrag
  $\Sigma\,Vorsteuer \times (Optionssatz_{Ursprung} - Optionssatz_{aktuell})$
- Jahresbetrag
  Berichtigungsbetrag / Berichtigungszeitraum [in Jahren]
- Monatsbetrag
  Berichtigungsbetrag / Berichtigungszeitraum [in Monaten]

[zB]

Berechnungsbeispiel

Im Jahr 2007 wurde ein Gebäude durch ein Unternehmen errichtet, das ausschließlich gewerblich vermietet werden sollte. Die Vorsteuer, die auf den Rechnungen der beauftragten Bauunternehmen ausgewiesen war, wurde demnach zu 100 % in Abzug gebracht.

Ab dem 01.01.2008 wurde das Gebäude erstmalig vermietet. Ab dem 01.01.2009 wurden einige Mieteinheiten an Ärzte vermietet. Der gewerbliche Anteil sank damit auf 64 %. Es ist also eine Vorsteuerberichtigung ab dem Jahr 2009 bis zum Jahr 2017 erforderlich.

Beispieldaten:

- Vorsteuerabzug: 100.000 EUR
- Optionssatz (Ursprung): 100 %
- Optionssatz (aktuell): 64 %
- Berichtigungszeitraum: 10 Jahre

Berechnungen für das Jahr 2009:

- Berichtigungsbetrag gesamt:
  100.000 EUR × (100 % – 64 %) = 100.000 EUR × 36 % = 36.000 EUR
- Jahresbetrag 2009:
  36.000 EUR / 10 Jahre = 3.600 EUR/Jahr
- Monatsbetrag in 2009:
  36.000 EUR / 120 Monate = 300,00 EUR/Monat

Ergebnis

Das Ergebnis der Berichtigung wird als Liste dargestellt, wobei pro Berichtigungsobjekt die folgenden Daten angezeigt werden:

- Berichtigungsobjekt
- Stichtag der Berichtigung und Art des Laufs (im Echtlauf)
- Berichtigungszeitraum
- Basisbetrag (= Summe der Belegbeträge)
- auf den Basisbetrag entfallende Vorsteuer
- ursprünglicher Optionssatz (aus der Vorsteueraufteilung)
- aktuell gültiger Optionssatz (aus dem Berichtigungsobjekt)
- abgezogene Vorsteuer (aus der Vorsteueraufteilung)
- abzugsfähige Vorsteuer gemäß aktuellem Optionssatz
- Berichtigungsbetrag für das laufende Kalenderjahr
- Berichtigungsbetrag für den aktuellen Lauf (z. B. für einen Monat) vor Berücksichtigung der Bagatellgrenzen
- Berichtigungsbetrag für den aktuellen Lauf (z. B. für einen Monat) nach Berücksichtigung der Bagatellgrenzen

Von jedem Eintrag aus kann zu den Belegen des Rechnungswesens navigiert werden.

Storno

Sie können eine unterjährige Berechnung oder einen Jahresabschluss für bestimmte Berichtigungsobjekte oder einen gesamten Berichtigungslauf mit der Transaktion REITTCCALCRV wieder stornieren. Dabei gibt es die Möglichkeit einer Simulation.

Bagatellgrenzen

Vor der tatsächlichen Buchung der Berichtigungsbeträge kommen die gesetzlichen Bagatellgrenzen des § 44 (1) bis (4) der Umsatzsteuerdurchführungsverordnung (UStDV) zur Vereinfachung der Berichtigung zum Tragen (siehe Abbildung 10.11).

Die Berichtigungsbuchung erfolgt nur dann, wenn sämtliche Bagatellgrenzen überschritten werden.

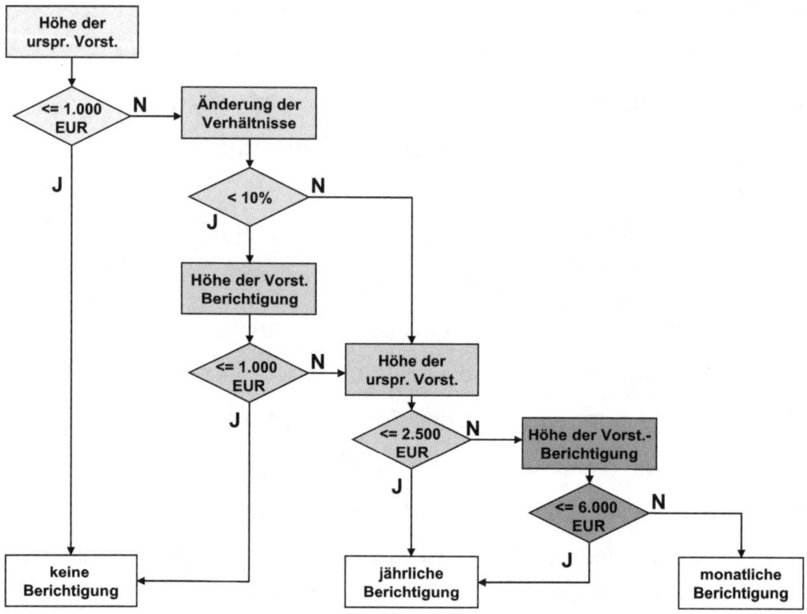

Abbildung 10.11 Bagatellgrenzen bei der Vorsteuerberichtigung

10.5.5 Kontierung von Bestellungen auf Immobilienobjekte

Es ist möglich, die Materialwirtschaft des SAP-Systems in den Prozess der Vorsteuerberichtigung zu integrieren.

Dazu können bei der Anlage einer Bestellung in einer Positionskontierung die Daten für die Vorsteuerberichtigung hinterlegt werden. Dabei wird der gleiche Kontierungsblock verwendet wie bei der Buchung von Belegen in der Finanzbuchhaltung (siehe Abbildung 10.10). Dort wird allerdings das Leistungsbezugsdatum unterdrückt, da eine Eingabe zum Zeitpunkt der Bestellerzeugung nicht sinnvoll wäre.

Im Wareneingang zu der betreffenden Position werden diese Informationen aus technischen Gründen allerdings nicht angezeigt.

Bei der Rechnungsprüfung zur Bestellposition wird das Leistungsbezugsdatum aus den vorhandenen Daten abgeleitet.

Die hier beschriebene Funktionalität wird vor dem Enhancement Package 4 mit dem SAP-Hinweis 964834 (Vorsteuerberichtigung für RE-FX) ausgeliefert.

10.5.6 Zu- und Abgang von Anlagen

Der Ablauf der Vorsteuerberichtigung für Anlagen unterscheidet sich nicht vom Standardablauf, wenn es sich um Zugangsbuchungen mit aufgezeichneter Vorsteuer handelt.

Sonderfall – keine Vorsteuer

In einigen Sonderfällen kann jedoch keine Vorsteuer aufgezeichnet werden, d.h., diese werden ohne Vorsteuer gebucht. Daher müssen manuelle Basissätze erfasst werden, wenn eine Vorsteuerberichtigung durchgeführt werden soll. Eine Vorsteueraufteilung ist keinesfalls möglich.

Folgende Basissätze können in diesem Zusammenhang verwendet werden:

- **Abgang ohne Berichtigung**
  Bei Geschäftsveräußerungen ist es grundsätzlich möglich, dass die Berichtigung beim Erwerber fortgesetzt wird. In diesen Fällen wird die Vorsteuerberichtigung für den abgehenden Teil ab dem Datum des Abgangs nicht mehr in Ihrem System fortgesetzt.
- **Anlagenabgang mit Berichtigung**
  Bei Anlagenabgängen, bei denen die Berichtigung durch den Veräußerer durchgeführt werden soll, wird die Berichtigung in einem Betrag im Monat des Abgangs durchgeführt. Der dabei angegebene Abgangsoptionssatz enthält Information dazu, in welchem Maße der abgehende Teil beim Erwerber in Zukunft vorsteuerabzugsfähig verwendet wird, und wird als konstant angenommen.
- **Anlagenzugang per Umbuchung**
  Für den zugehenden Teil der Anlage beginnt die Berichtigung mit dem Stichtag des Zugangs bzw. des Abgangs und erstreckt sich auf den restlichen Berichtigungszeitraum.

Das weitere Vorgehen ist dann analog zur »normalen« Vorsteuerberichtigung.

10.5.7 Vorsteuerberichtigung ohne RE-Objekte

Die Vorsteuerberichtigung kann auch verwendet werden, wenn keine Immobilienverwaltung mit SAP RE eingesetzt wird. Dazu muss der Buchungskreis im Customizing entsprechend gekennzeichnet werden.

Als zulässige Ursprungskontierungen werden dann nur Objekte des Controllings und der Anlagenbuchhaltung verwendet.

Da Optionssätze zur Darstellung der ursprünglichen und der geänderten Verhältnisse auch hierbei erforderlich sind, müssen diese zum einen direkt in den Belegpositionen hinterlegt werden und zum anderen mit Hilfe einer Optionssatzmethode zum Berichtigungsobjekt selbst ermittelt werden.

Das weitere Vorgehen verläuft dann anlog zur Vorsteuerberichtigung mit Objekten von SAP RE.

10.6 Zusammenfassung

Sie haben in diesem Kapitel einen Überblick über sämtliche Möglichkeiten, Funktionen und Anwendungen erhalten, die SAP RE bietet, um im Rahmen der Immobilienverwaltung vorsteuerbehaftete Lieferungen und Leistungen buchhalterisch korrekt zu behandeln. Dabei haben wir sowohl die Verfahren zur Optionssatzermittlung und zur Vorsteueraufteilung als auch zur Vorsteuerberichtigung erläutert. Sie haben zusätzlich die Möglichkeiten kennengelernt, diese Verfahren mit Hilfe des Customizings innerhalb bestimmter Grenzen zu beeinflussen.

Akropolis, Schloss Sanssouci, Empire State Building, Kremltürme, Chinesische Mauer, Bauhaus, Eiffelturm, Taj Mahal, die Oper in Sydney – Bilder, die uns einfallen, wenn wir das Wort »Architektur« hören. Etwas profaner geht es in SAP RE zu: Architektur meint hier die Sicht auf die Baulichkeit, unabhängig von der Nutzung der Objekte.

11 Architektur

Dieses Kapitel macht Sie mit einer weiteren Möglichkeit bekannt, Immobilienstammdaten im System zu hinterlegen – mit den architektonischen Daten. Wir erläutern, wann es sinnvoll und nützlich ist, architektonische Daten anzulegen, wie diese hierarchisch strukturiert werden können und wie die Beziehungen zu den Daten der Nutzungssicht gepflegt werden können.

11.1 Architektonische Objekte

Weitere Stammdaten

Architektonische Objekte sind weitere Stammdaten in SAP RE, die es Ihnen erlauben, unabhängig von der Sicht der Nutzung – und damit unabhängig vom Buchungskreis – Informationen zu den baulichen Gegebenheiten Ihrer Immobilien im System abzulegen.

11.1.1 Architektonische Objekte bearbeiten

Transaktion REBDAO

Sie können architektonische Objekte über die Transaktion REBDAO oder über den RE-Navigator (RE80) pflegen. Folgende Register stehen Ihnen zur Verfügung:

- ALLGEMEINE DATEN, mit den untergeordneten Registern IDENTIFIKATION, ADRESSE, GÜLTIGKEIT und FUNKTION
- PARTNER
- BEMESSUNGEN
- AUSSTATTUNGSMERKMALE

- Zuordnungen
- Nutzung: Hier können Sie das architektonische Objekt Nutzungsobjekten zuordnen.
- Zusatzdaten für die Raumbelegung und Reservierung: Näheres hierzu erfahren Sie in Kapitel 12, »Unternehmensinterne Nutzung«.
- CAD: für die Anbindung von grafischen Systemen
- Wiedervorlage
- Übersichten

Die meisten der genannten Register haben Sie bereits im Zusammenhang mit den Nutzungsobjekten kennengelernt. Sie enthalten die analogen Daten zu den entsprechenden Registern bei den Nutzungsobjekten. Warum ist es also sinnvoll, diese Daten nun auch noch in den architektonischen Objekten zu führen? Wir werden Ihnen auf den nächsten Seiten die Informationen geben, die Sie benötigen, um sich diese Frage selbst zu beantworten.

11.1.2 Warum architektonische Objekte pflegen?

Möglichkeiten in SAP RE

In den Kapiteln zu den Nutzungsobjekten (Wirtschaftseinheit, Gebäude, Grundstück, Mietobjekt) und Verträgen haben Sie gesehen, dass in SAP RE sehr flexible Möglichkeiten für die Definition von Nutzungsobjekten und Verträgen zur Verfügung stehen, z. B. die folgenden:

- Die Zuordnung von mehreren Nutzungsobjekten zu Verträgen ist möglich.
- Die Zuordnung von Nutzungsobjekten zu Verträgen ist zeitabhängig.
- Nutzungsobjekte können selbst zeitlich befristet werden.
- Bemessungen von Nutzungsobjekten können zeitabhängig gepflegt werden.
- Auf Verträgen können Sie Bemessungen abweichend von den Objektbemessungen pflegen.
- Sie können Mietflächen aus Flächenpools schneiden.

Warum also nun auch noch architektonische Objekte? Braucht man diese wirklich? Um es kurz zu machen: Nein.

Notwendigkeit versus Sinnhaftigkeit

Sie brauchen architektonische Objekte nicht unbedingt, um die Prozesse der Vermietung und Anmietung abzubilden. Alle bisher beschriebenen Anwendungen kommen auch gut ohne Architektur aus. Dennoch kann es nützlich oder gar notwendig sein, architektonische Daten im System zu halten. Die architektonischen Objekte stellen die architektonische Sicht auf Ihre Nutzungsobjekte dar und sind somit eine parallele Stammdatensicht zur Nutzungssicht. Für die Anbindung an Verträge ist jedoch immer die Nutzungssicht maßgeblich.

[zB]

Vermietung von Räumen

Sie wollen in Ihrem Unternehmen die Räume einzeln an Kostenstellen oder an externe Mieter vermieten. Da Ihr Unternehmen schnell wächst und somit häufig interne Umzüge stattfinden, wechseln die von einer Kostenstelle belegten Räume sowohl hinsichtlich ihrer Lage als auch hinsichtlich Anzahl und Größe.

Abbildung über Verträge

Bleiben wir bei diesem Beispiel aus der Praxis. In Kapitel 12, »Unternehmensinterne Nutzung«, werden wir Möglichkeiten kennenlernen, auf der Architektur basierend die interne Vermietung ohne die Verwendung von Verträgen abzubilden. Will man jedoch Verträge benutzen, legen die Möglichkeiten, die wir bisher kennengelernt haben, folgende Lösung nahe:

- Wir legen pro Raum ein Mietobjekt an.
- Wir ordnen die Mietobjekte einem Vertrag zu.
- Bei einem internen Umzug ändern wir jeweils die Zuordnung der Mietobjekte zum Vertrag.

Nachteile der Abbildung über Verträge

Problematisch an diesem Vorgehen ist die Anzahl der Objekte. Je mehr Objekte Sie einem Vertrag zuordnen, umso träger und weniger performant wird der Vertragsdialog. Die Bildgrößen reichen nicht mehr aus, um alle Objekte auf einen Blick zu sehen, man muss ständig blättern. Es fällt schwer, die Übersicht zu behalten. Sie werden Mühe haben festzustellen, wo die vermieteten Räume eigentlich liegen und welche Räume in welcher Etage belegt und welche frei sind. Die Nebenkostenabrechnung muss mit einer enormen Menge an (kleinen) Mietobjekten fertigwerden, was weder zur Übersicht beiträgt noch der Performance der Abrechnung dienlich ist.

In solchen Fällen kann es eine gute Lösung sein, architektonische Daten zu verwenden.

Nutzungsszenarien

Grundsätzlich sollten oder müssen Sie in folgenden Situationen über die Nutzung von architektonischen Objekten nachdenken:

Sie *müssen* architektonische Objekte nutzen, wenn Sie die Funktionen der Raumreservierung oder der permanenten Raumbelegung mit Umzugsmanagement einsetzen wollen, die in Kapitel 12, »Unternehmensinterne Nutzung«, vorgestellt werden.

Sie *können* architektonische Objekte in den folgenden Fällen benutzen:

- Wenn Sie die Instandhaltung über die Architektur abbilden möchten.
- Wenn Sie grafische Systeme (CAD- oder CAFM-Systeme) anbinden möchten.
- Wenn Sie zu Mietobjekten die zugehörigen Räume mit Detailinformationen pflegen möchten.
- Wenn Sie detaillierte Informationen aus architektonischer Sicht benötigen, wie zum Beispiel Bemessungen pro Stockwerk, pro Gebäudeteil, pro Raum, auf die Sie aus der Nutzungssicht zugreifen möchten.
- Wenn sich die Nutzung Ihrer Objekte häufig ändert, die Architektur aber als stabiles Element die Objekte dauerhaft abbilden soll.
- Wenn Sie die physisch gleichen Objekte in verschiedenen Buchungskreisen (z. B. in einem Konzernunternehmen) als Nutzungsobjekte darstellen möchten.

  (Buchungskreis A mietet ein Gebäude von Buchungskreis B an und vermietet die Räume weiter an Buchungskreis C, Buchungskreis B vermietet das Gebäude an Buchungskreis A.)

Architektur – unabhängig vom Buchungskreis

Architektonische Objekte stellen eine relativ stabile Sicht dar. Sie sind zudem unabhängig vom Buchungskreis. Sie haben die Möglichkeit, auf den architektonischen Objekten die Flächendaten mit Hilfe der Bemessungsstruktur nach Normvorschriften zu hinterlegen (z. B. DIN 277). Die Bemessungen werden zwischen den einzelnen Hierarchieebenen abgeglichen und plausibilisiert. Sie können die architektonischen Objekte mit Nutzungsobjekten – auch aus verschiedenen Buchungskreisen – verknüpfen und auf diese Weise auf die Bemessungen und andere Eigenschaften der Architektur, wie beispielsweise Ausstattungsmerkmale, zurückgreifen. Somit werden Sie in der Nutzungssicht flexibel – die stabile Datenbasis ist in der architektonischen Sicht vorhanden.

11.1.3 Architektonische Hierarchie

Die architektonischen Objekte in SAP RE sind hierarchisch organisiert. Sie können architektonische Objekttypen auf verschiedenen Hierarchiestufen festlegen und sind somit in der Lage, die Struktur Ihrer Liegenschaften realitätsnah abzubilden.

[zB]

Verschiedene architektonische Objekthierarchien

SAP besitzt an ihrem Hauptsitz in Walldorf/Baden diverse Gebäude, die sich in ihren Grundrissen deutlich unterscheiden, da sie den jeweiligen Vorgaben durch die zur Verfügung stehenden Grundstücke angepasst wurden. Das Hauptgebäude, Gebäude 1, ist ein relativ kompakter Bau mit zwei kleinen Innenhöfen. Der diesem Gebäude gegenüberliegende Bau – nennen wir ihn hier Gebäude 2 – wurde dagegen in mehrere parallele Flügel aufgeteilt, die durch Gänge miteinander verbunden sind. Plant man nun einen Umzug innerhalb von Gebäude 1, ist es sinnvoll, die Räume so an die einzelnen Abteilungen zu vergeben, dass eine Kostenstelle nur Räume in einer Etage belegt. In Gebäude 2 sollte man aber zusätzlich in Betracht ziehen, dass die Flügel der gleichen Etage relativ weit voneinander entfernt liegen. Eine Kostenstelle sollte somit auf der gleichen Etage, aber auch im gleichen Flügel ihre Räume zugewiesen bekommen.

Hierarchien in architektonischen Objekten

An dem Beispiel wird deutlich, dass es je nach konkretem Objekt sinnvoll oder notwendig sein kann, verschiedene Ebenen in einer architektonischen Sicht zu erfassen: Im Fall des Hauptgebäudes reicht es aus, Etagen zu betrachten, bei Gebäude 2 sollten auch die Gebäudeteile eine Rolle spielen.

In SAP RE gibt es daher die Möglichkeit, verschiedene Hierarchiestufen für eine Gliederung von architektonischen Objekten zu definieren, so dass wie in Abbildung 11.1 dargestellt, auch pro Objekt unterschiedliche Hierarchieebenen benutzt werden können, um die realen Gegebenheiten darzustellen: Ein Gebäude wird nur nach Geschossen unterteilt ❶, ein anderes zunächst nach Gebäudeteilen, die schließlich wiederum nach Geschossen unterteilt werden ❷.

Die im Bild dargestellten Ebenen Areal, Gebäude, Gebäudeteil, Geschoss, Raum, Grundstück, Parkfläche, Grünfläche und Stellplatz werden im Customizing als architektonische Objekttypen angelegt.

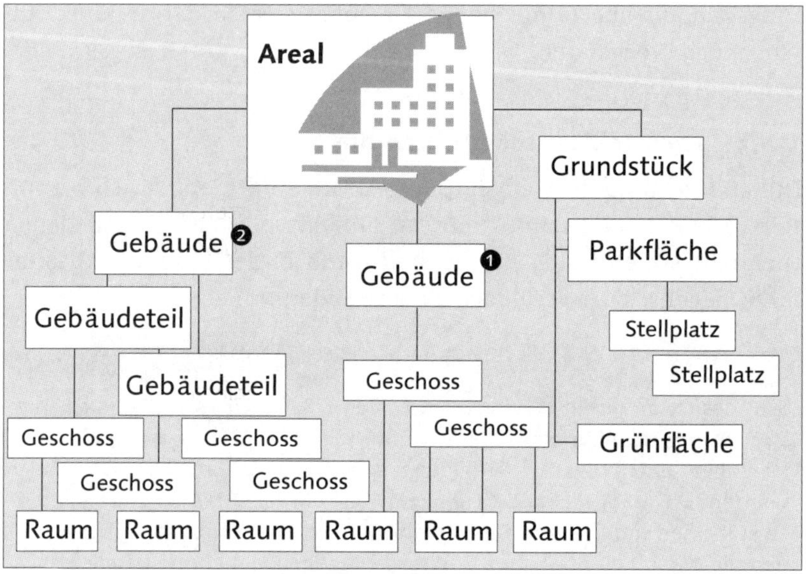

Abbildung 11.1 Verschiedene architektonische Hierarchien

Ein konkretes architektonisches Objekt wie das Hauptgebäude in Walldorf wird als architektonisches Objekt eines entsprechenden Typs (hier: Typ »Gebäude«) im System geführt.

Die Einstellungen zu den architektonischen Objekten finden Sie im Customizing von SAP RE unter STAMMDATEN • ARCHITEKTONISCHE SICHT. Im Menüpunkt ARCHITEKTONISCHE OBJEKTTYPEN ANLEGEN legen Sie zunächst fest, welche Hierarchiestufen Sie in der architektonischen Sicht zulassen wollen und in welcher Weise diese mit der Nutzungssicht verknüpft werden können.

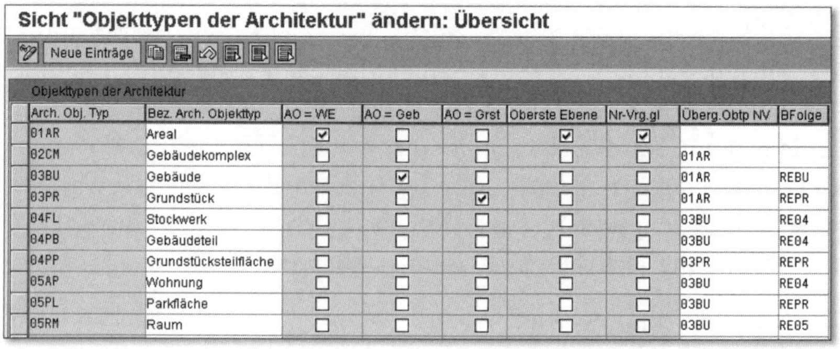

Sicht "Objekttypen der Architektur" ändern: Übersicht

Neue Einträge

Objekttypen der Architektur

Arch. Obj. Typ	Bez. Arch. Objekttyp	AO = WE	AO = Geb	AO = Grst	Oberste Ebene	Nr-Vrg.gl	Überg.Obtp NV	BFolge
01AR	Areal	☑	☐	☐	☑	☑		
02CM	Gebäudekomplex	☐	☐	☐	☐	☐	01AR	
03BU	Gebäude	☐	☑	☐	☐	☐	01AR	REBU
03PR	Grundstück	☐	☐	☑	☐	☐	01AR	REPR
04FL	Stockwerk	☐	☐	☐	☐	☐	03BU	RE04
04PB	Gebäudeteil	☐	☐	☐	☐	☐	03BU	RE04
04PP	Grundstücksteilfläche	☐	☐	☐	☐	☐	03PR	REPR
05AP	Wohnung	☐	☐	☐	☐	☐	03BU	RE04
05PL	Parkfläche	☐	☐	☐	☐	☐	03BU	REPR
05RM	Raum	☐	☐	☐	☐	☐	03BU	RE05

Abbildung 11.2 Architektonische Objekttypen

In Abbildung 11.2 sehen Sie verschiedene Parameter der Objekttypen, die relevant sind:

Parameter

- **Oberste Hierarchieebene**
  Legen Sie fest, welche architektonischen Objekttypen Sie verwenden wollen und welcher Objekttyp die oberste Hierarchiestufe darstellt. In Abbildung 11.2 sehen Sie, dass die Bezeichnung AREAL für die oberste Hierarchiestufe gewählt wurde (Markierung in der Spalte OBERSTE EBENE).

[zB]

»Areal« als oberste Hierarchieebene

Im Falle von SAP könnte man beispielsweise die Areale »Walldorf« für den Hauptsitz und »St. Leon-Rot« für den Sitz des Development Supports und einiger anderer Abteilungen anlegen. St. Leon-Rot ist 6 km von Walldorf entfernt und besteht aus den Ortsteilen St. Leon und Rot. Die Gebäude von SAP liegen im Ortsteil Rot, wir werden sie daher mit dem Kürzel »Rot« bezeichnen.

- **Weitere Ebenen**
  Weitere Ebenen können eingeführt werden, wie etwa Gebäudekomplexe, Gebäude, Grundstücke, Gebäudeteile, Stockwerke und Räume. Da für alle Objekttypen der gleiche Stammdatendialog verwendet wird (Transaktion REBDAO), können Sie hier pro Objekttyp die Bildfolge für den Stammdatendialog bestimmen.
- **Ableitung der Nutzung**
  Die Nutzungssicht kann aus der Architektur abgeleitet werden. Legen Sie zu diesem Zweck fest, aus welchen architektonischen Objekttypen die Objekte der Nutzungssicht (Wirtschaftseinheiten, Gebäude bzw. Grundstücke) abgeleitet werden können:
  - Spalte AO = WE (AO = Architektonisches Objekt, WE = Wirtschaftseinheit)
  - Spalte AO = GEB (Geb = Gebäude)
  - Spalte AO = GRST (Grst = Grundstück)
- **Nummernvergabe**
  In diesem Dialog wird noch nicht festgelegt, wie die hierarchischen Beziehungen für die Objekttypen sein sollen. Andererseits treffen Sie innerhalb der beschriebenen Hierarchie aber bereits Entscheidungen über die Nummernvergabe.

  In Abbildung 11.2 sehen Sie in der Spalte ÜBERG.OBTP NV (Übergeordneter Objekttyp Nummernvergabe), dass die Nummern der

Gebäude innerhalb des übergeordneten Objekttyps 01AR, also des Areals, eindeutig sein *müssen*, während die Nummerierung der Grundstücksteilflächen innerhalb eines Grundstücks eindeutig sein *soll* (Eintrag 03PR). Für das Areal findet sich eine Checkbox in der Spalte NR-VRG.GL (Nummernvergabe global). Hierdurch wird festgelegt, dass die Nummerierung der Areale insgesamt eindeutig sein muss (pro Mandant).

Funktionen

Sie sollten sich bei der Festlegung der Objekttypen auf die wesentlichen architektonischen Objekttypen beschränken. Es ist beispielsweise nicht zweckmäßig, für unterschiedliche Raumarten verschiedene architektonische Objekttypen anzulegen. Für derartige Unterscheidungen bietet sich die Möglichkeit der Differenzierung über die sogenannte *Funktion* des architektonischen Objekts an. So kann man beispielsweise Räume mit den Funktionen Büro, Meetingraum oder Kantine unterscheiden.

Hierarchie

Weiter oben haben wir angekündigt, dass es möglich ist, je nach tatsächlichen architektonischen Gegebenheiten verschiedene Hierarchiestufen in der Abbildung einer konkreten architektonischen Situation zu benutzen oder auch wegzulassen.

In Abbildung 11.3 sehen Sie den Customizing-Dialog zum Ändern der Sicht ZULÄSSIGE ÜBERGEORDNETE OBJEKTTYPEN PRO ARCH. OBJEKTTYP. Über diesen Dialog legen Sie die erlaubten hierarchischen Beziehungen zwischen den architektonischen Objekttypen fest. Im Bild sieht man zunächst, dass jeweils das Areal die oberste Hierarchiestufe bildet (Checkbox in der Spalte OBERSTE EBENE). Dem Areal kann ein Gebäudekomplex untergeordnet sein ❶, ein Gebäude ❷ oder ein Grundstück ❸.

In Zeile 2 wird zugelassen, einen Gebäudekomplex unterhalb eines Grundstücks anzulegen; Zeile 4 erlaubt die Anlage eines Gebäudes unterhalb eines Gebäudekomplexes. Somit haben wir nun für ein Gebäude die Wahl, es direkt unterhalb eines Areals anzulegen (Zeile 3) oder noch einen Gebäudekomplex als Ebene dazwischenzuschieben (Zeilen 1 und 4).

In gleicher Weise können Sie bestimmen, dass innerhalb eines Gebäudes eine Gliederung nach Gebäudeteilen und Stockwerken oder nur nach Stockwerken erfolgen kann. So ließe sich unser Beispiel für die Gebäude 1 und 2 in Walldorf entsprechend unseren Wünschen abbilden.

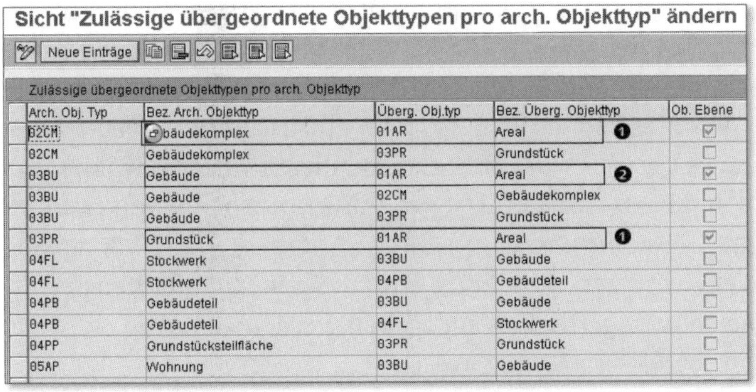

Sicht "Zulässige übergeordnete Objekttypen pro arch. Objekttyp" ändern

Zulässige übergeordnete Objekttypen pro arch. Objekttyp

Arch. Obj. Typ	Bez. Arch. Objekttyp	Überg. Obj.typ	Bez. Überg. Objekttyp	Ob. Ebene
02CM	Gebäudekomplex	01AR	Areal ❶	☑
02CM	Gebäudekomplex	03PR	Grundstück	☐
03BU	Gebäude	01AR	Areal ❷	☑
03BU	Gebäude	02CM	Gebäudekomplex	☐
03BU	Gebäude	03PR	Grundstück	☐
03PR	Grundstück	01AR	Areal ❶	☑
04FL	Stockwerk	03BU	Gebäude	☐
04FL	Stockwerk	04PB	Gebäudeteil	☐
04PB	Gebäudeteil	03BU	Gebäude	☐
04PB	Gebäudeteil	04FL	Stockwerk	☐
04PP	Grundstücksteilfläche	03PR	Grundstück	☐
05AP	Wohnung	03BU	Gebäude	☐

Abbildung 11.3 Zulässige Objekttyphierarchien definieren

Architektonische Objekte werden in SAP RE über die sogenannte AOID bezeichnet, die *ID des architektonischen Objekts*. Sie sehen dieses Kürzel in Abbildung 11.4 im Feld IDENTIFIKATION AO. Die ID des architektonischen Objekts wird automatisch erstellt und kann Identifikationen der übergeordneten Objekte enthalten. Im Beispiel handelt es sich um einen Raum im 1. Stock des Gebäudes 03 im Areal St. Leon-Rot. Im Customizing bestimmen Sie im Menüpunkt REGEL ZUR ERMITTLUNG DER OBJEKT-ID FESTLEGEN, welche übergeordneten Objekte bei der Festlegung der ID berücksichtigt werden sollen. Sie können Trennzeichen festlegen, durch die die Bestandteile der ID voneinander zu separieren sind. Die Trennzeichen (Schrägstrich, Bindestrich, Punkt etc.) werden als Vorschlagswerte benutzt und können im Stammdatendialog überschrieben werden (siehe Abbildung 11.4).

Identifikation

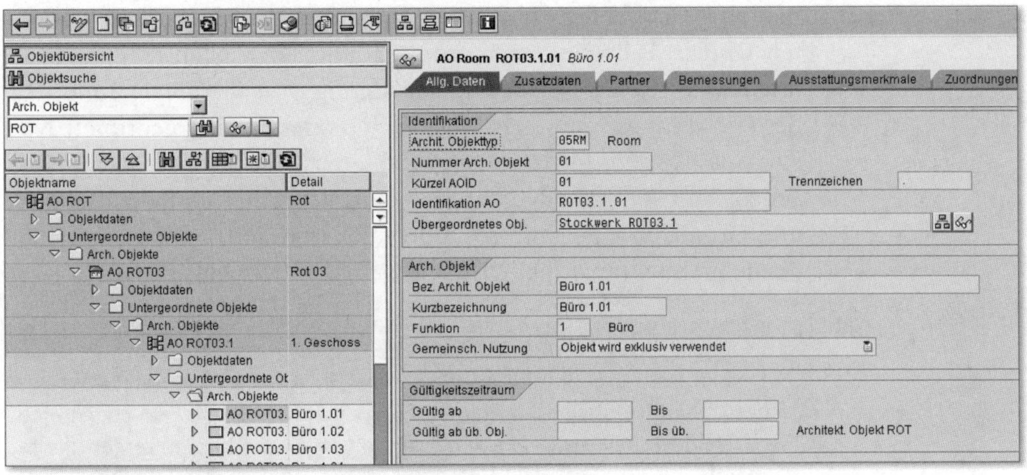

Abbildung 11.4 Architektonisches Objekt »Raum«

Bemessungen

Die für architektonische Objekte grundsätzlich zulässigen Bemessungen legen Sie im Customizing von SAP RE unter STAMMDATEN • GRUNDEINSTELLUNGEN • BEMESSUNGEN fest. Um für spezielle architektonische Objekttypen den Einsatz von Bemessungen einzuschränken, verwenden Sie die Dialoge BEMESSUNGSARTEN PRO ARCHITEKTONISCHEM OBJEKTTYP FESTLEGEN und BEMESSUNGSARTEN PRO FUNKTION EINSCHRÄNKEN unter STAMMDATEN • ARCHITEKTONISCHE SICHT. Auf diese Weise können Sie beispielsweise verfügen, dass für Lagerräume keine Büroflächen und für Büroräume keine Lagerflächen angegeben werden können.

11.2 Architektur und Nutzung

Architektonische Objekte können mit Nutzungsobjekten verknüpft werden. Die Nutzungsobjekte können aufgrund dieser Verknüpfungen die Eigenschaften der architektonischen Objekte übernehmen – insbesondere deren Bemessungen. Die Zuordnung kann komplett oder teilweise erfolgen.

Teilweise Zuordnung

Eine teilweise Zuordnung bedeutet, dass einem Nutzungsobjekt nur ein Teil eines architektonischen Objekts zugeordnet ist, d.h., dass auch nur ein Teil der Bemessungen übernommen wird. Andere Teile des architektonischen Objekts können dann anderen Nutzungsobjekten zugeordnet werden. Ein Beispiel werden wir uns weiter unten ansehen.

11.2.1 Nutzungsobjekte zuordnen – Hierarchie

Regeln

Beginnen Sie bei der Zuordnung immer mit dem hierarchisch obersten Objekt. Falls Sie die Zuordnung auflösen wollen, beginnen Sie mit dem untersten Objekt. Die Zuordnung ist zeitabhängig. Innerhalb des Zuordnungszeitraumes muss auch immer das übergeordnete Nutzungsobjekt dem jeweils übergeordneten Objekt in der Architektur zugeordnet sein. Die Nutzungsobjekte Wirtschaftseinheit, Gebäude und Grundstück dürfen pro Zuordnungszeitraum immer nur genau einem architektonischen Objekt zugeordnet werden.

[zB]

Hierarchie der Zuordnung

Sie haben in der architektonischen Sicht ein Areal und ein architektonisches Gebäude angelegt. In der Nutzungssicht müssen Sie nun zuerst eine Wirtschaftseinheit dem Areal zuordnen, bevor Sie das untergeordnete Gebäude mit dem architektonischen Gebäude verknüpfen können.

Zuordnung herstellen

Die Zuordnung von architektonischen Objekten zu Nutzungsobjekten kann auf verschiedene Weise erfolgen:

- Einzelbearbeitung: im Stammdatendialog
- Massenbearbeitung: Belegungsplanung mit Hilfe der Transaktionen REBDDEFPS und REBDOCC

Wie gewohnt betrachten wir beide Möglichkeiten.

11.2.2 Einzelbearbeitung im Stammdatendialog

Beginnen wir mit der Einzelverarbeitung. Hier haben Sie die Wahl, das Nutzungsobjekt direkt aus dem architektonischen Objekt anzulegen oder es später zuzuordnen.

Anlegen eines Nutzungsobjekts aus der Architektur

Wenn Sie ein Nutzungsobjekt aus einem architektonischen Objekt anlegen möchten, wählen Sie in der entsprechenden Transaktion (RE80 bzw. REBDxx) die Funktion Anlegen. Es öffnet sich ein Popup (siehe Abbildung 11.5).

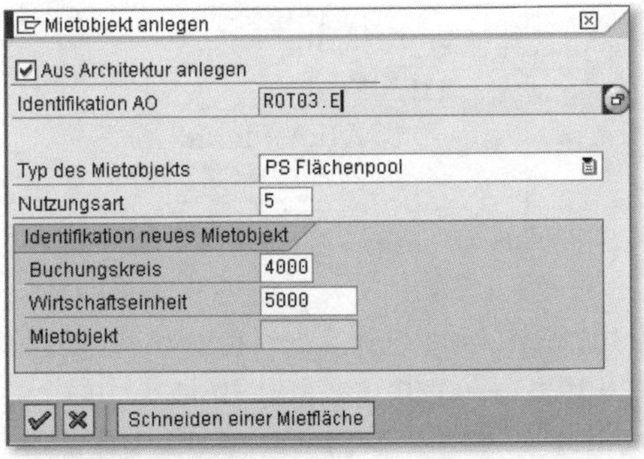

Abbildung 11.5 Mietobjekt aus Architektur anlegen

Aus Architektur anlegen

Im Beispiel in Abbildung 11.5 sehen Sie das Bild, das nach dem Aufruf der Transaktion zum Anlegen von Mietobjekten erscheint. Um die Architektur zu kopieren, markieren Sie das Kennzeichen Aus Architektur anlegen und wählen ein entsprechendes architektonisches Objekt aus. Alle relevanten Daten aus der Architektur, einschließlich der Bemessungen, werden übernommen. Das architektonische Objekt wird mit dem Nutzungsobjekt verknüpft.

Verknüpfen vorhandener Nutzungsobjekte mit vorhandenen architektonischen Objekten

Die architektonischen Objekte können auch nachträglich mit vorhandenen Nutzungsobjekten verknüpft werden.

Nachträglich zuordnen

Wir wollen das Vorgehen bei der Zuordnung der architektonischen Objekte zu Nutzungsobjekten an einem Beispiel erläutern, das wir der Übersicht halber in Abbildung 11.6 dargestellt haben.

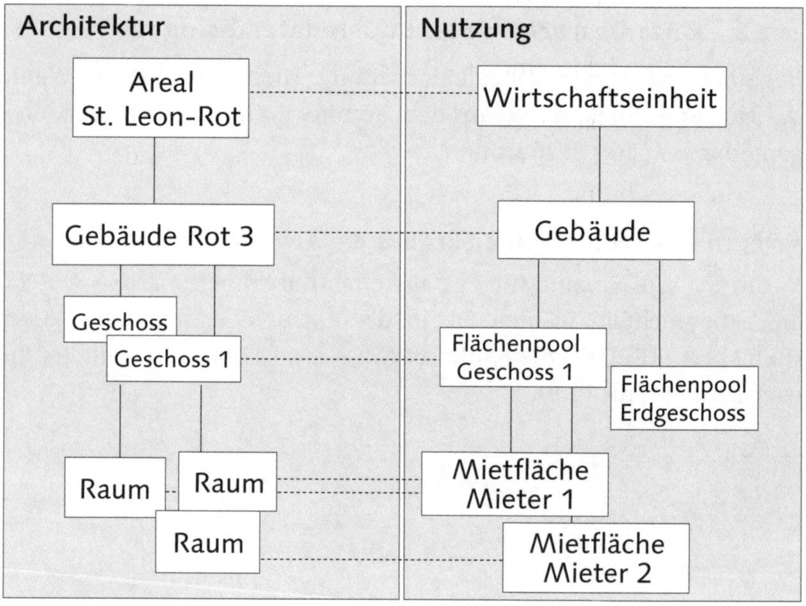

Abbildung 11.6 Beispiel für Verknüpfung von Architektur und Nutzung

In der architektonischen Sicht zum Areal »St. Leon-Rot« haben wir mehrere Gebäude angelegt, unter anderem das Gebäude 3, in dem sich auch die Büros des Development Supports befinden. Das Gebäude besteht aus einem Untergeschoss mit Büros und Meetingräumen, einem Erdgeschoss mit Büros, Meetingräumen, der Kantine und dem Audimax sowie dem ersten Geschoss mit Büros und einer Kaffee-Ecke. In der architektonischen Sicht haben wir unterhalb des Gebäudes die Geschosse angelegt und innerhalb der Geschosse die Räume mit verschiedenen Funktionen. Wir haben das Areal St. Leon-Rot mit der Wirtschaftseinheit St. Leon-Rot verknüpft und das architektonische Gebäude mit dem Gebäude der Nutzungssicht. In der Nutzungssicht wollen wir nun die Büroräume zu Flächenpools – je ein Pool pro Geschoss – zusammenfassen.

Jede Kostenstelle, so z. B. der Development Support für SAP RE, belegt einen oder mehrere Räume, die fast immer auf der gleichen Etage liegen. Wir können also für die Vermietung jeweils Mietflächen aus den Flächenpools (die den Etagen entsprechen) anlegen und je nachdem, welche Räume die Kostenstelle gerade belegt, die Räume der jeweiligen Mietfläche zuordnen.

Die Zuordnung der architektonischen Sicht zur Nutzungssicht kann entweder aus Sicht der Nutzung oder aus Sicht der Architektur erfolgen. In Abbildung 11.6 sehen Sie, wie man ausgehend von der Nutzungssicht die Architektur zuordnen kann.

Im Stammdatendialog zum Flächenpool für die Büroflächen im Untergeschoss des Gebäudes Rot 3 werden die Büros aus dem Untergeschoss zugeordnet. Die Auswahl der entsprechenden Objekte erfolgte im Beispiel über die Hierarchie der architektonischen Sicht (siehe Abbildung 11.7).

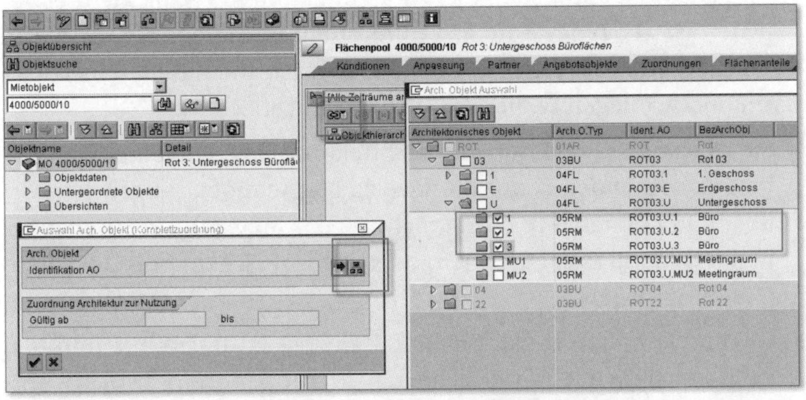

Abbildung 11.7 Nutzungssicht – Zuordnen der architektonischen Sicht

Später können Sie Mietflächen zu den Flächenpools anlegen und diesen jeweils die von einer Kostenstelle benutzten Räume aus dem Flächenpool zuweisen.

In unserem Beispiel waren die Flächenpools und Mietflächen bereits vorhanden. Wenn man sich aber wirklich die Arbeit erleichtern will, legt man Flächenpools und Mietflächen am besten per Massenbearbeitung (halb-)automatisch auf Basis der Architektur an.

11.2.3 Massenbearbeitung

Wenden wir uns nun den Möglichkeiten der Massenbearbeitung zu, und schauen wir uns an, wie man mehrere Flächenpools und mehrere Mietflächen auf einmal anlegen kann.

Flächenpools definieren

Kehren wir zu unserem Beispiel Gebäude 3 in St. Leon-Rot zurück, und nehmen wir an, Sie hätten bisher nur die Architektur angelegt sowie auf der Nutzungsebene die Wirtschaftseinheit und das Gebäude definiert und der Architektur zugeordnet. Sie wollen nun Flächenpools für die einzelnen Flächenarten pro Etage anlegen.

Flächenpools planen

Gehen Sie folgendermaßen vor:

1. Verwenden Sie die Transaktion REBDDEFPS (Planung Flächenpools).
2. Im Selektionsbild geben Sie als architektonische Objekte die Objekte des Gebäudes 3 in St. Leon-Rot ein (z. B. über die maskierte Eingabe »ROT3*«) und die Bemessungsart, für die Sie einen Flächenpool anlegen wollen (z. B. »A101 Bürofläche«).

   Sie erhalten eine Liste mit architektonischen Objekten, in der bereits vorhandene Zuordnungen zu Flächenpools aufgelistet werden, und können nun bisher nicht zugeordnete Objekte vorhandenen Flächenpools zuordnen oder neue Flächenpools für diese Objekte anlegen.
3. Geben Sie hierzu in der Spalte GEPLANTER FLÄCHENPOOL und – je nach Bedarf – in GÜLTIG AB sowie UNTERGEORDNETE OBJEKTE entsprechende Daten ein.
   - Falls Sie das Objekt einem vorhandenen Flächenpool zuordnen wollen, geben Sie dessen Nummer ein.
   - Wollen Sie einen neuen Flächenpool anlegen, geben Sie die Nummer, die der neue Flächenpool erhalten soll, ein. In dem Fall, dass die Nummer des Flächenpools intern vergeben wird, müssen Sie irgendeine (noch nicht vorhandene) Nummer eingeben, um anzuzeigen, welche architektonischen Objekte zum gleichen Pool zusammengefügt werden sollen. Die Nummer wird später nicht mehr verwendet.

4. Über den Button Daten des Flächenpools gelangen Sie in eine weitere Liste, in der Sie einen Text und die Nutzungsart des neuen Flächenpools eingeben können.
5. Kehren Sie anschließend in die ursprüngliche Liste zurück. Prüfen Sie Ihre Planung, und überführen Sie sie mit Hilfe der entsprechenden Buttons ins Ist, d.h., die Flächenpools werden angelegt.

Belegungsplanung Architektur

Die Transaktion REBDOCC (Belegungsplanung Architektur) erlaubt es Ihnen, Mietflächen aus einem Flächenpool mit Bezug zur Architektur zu schneiden.

Räume zu Mietflächen zuordnen

Sie haben architektonische Objekte angelegt. Die Räume, die zur Planung der Mietflächen herangezogen werden sollen, sind wie im obigen Beispiel bereits Flächenpools zugeordnet.

Nehmen wir nun an, Sie wollen am 1.9.2009 zwei unserer Büros aus dem Untergeschoss von ROT03 an eine Kostenstelle vermieten und zu diesem Zweck eine Mietfläche anlegen, die später einem Vertrag zugeordnet werden soll.

1. Rufen Sie die Transaktion REBDOCC auf.
2. Geben Sie im Selektionsbild eine Abgrenzung nach den Räumen aus dem Untergeschoss (siehe Abbildung 11.8) und nach der gewünschten Bemessungsart ein.

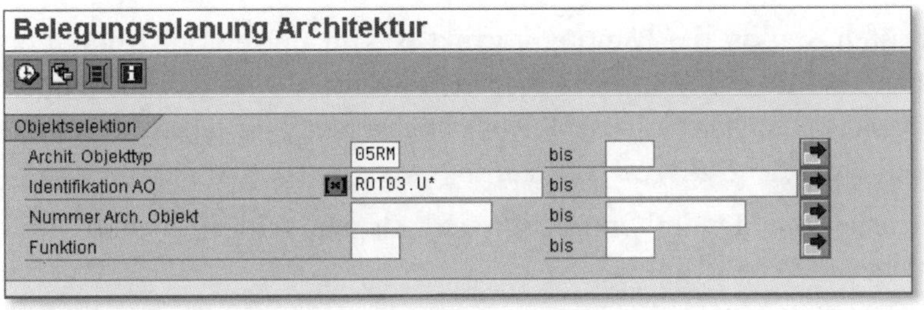

Abbildung 11.8 Abgrenzung Belegungsplanung nach Räumen im Untergeschoss

3. Geben Sie als Datum für den Beginn des Zeitraumes den 1.9.2009 ein. Sie erhalten eine Liste aller Räume, die Ihren Selektionskriterien entsprechen (siehe Abbildung 11.9).
4. Markieren Sie die Räume, die dem neuen Flächenpool zugeordnet werden sollen, und klicken Sie den Button Belegung ändern an.

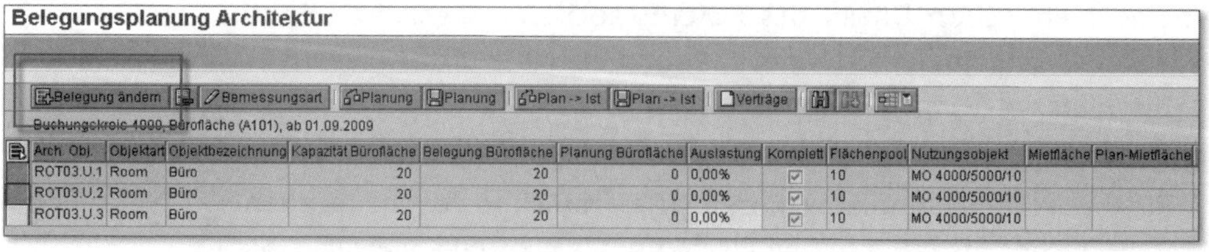

Arch. Obj.	Objektart	Objektbezeichnung	Kapazität Bürofläche	Belegung Bürofläche	Planung Bürofläche	Auslastung	Komplett	Flächenpool	Nutzungsobjekt	Mietfläche	Plan-Mietfläche
ROT03.U.1	Room	Büro	20	20	0	0,00%	☑	10	MO 4000/5000/10		
ROT03.U.2	Room	Büro	20	20	0	0,00%	☑	10	MO 4000/5000/10		
ROT03.U.3	Room	Büro	20	20	0	0,00%	☑	10	MO 4000/5000/10		

Abbildung 11.9 Liste Belegungsplanung

Sie erhalten unterhalb der jeweils ausgewählten Zeile eine weitere analoge Zeile mit eingabebereiten Feldern (siehe Abbildung 11.10).

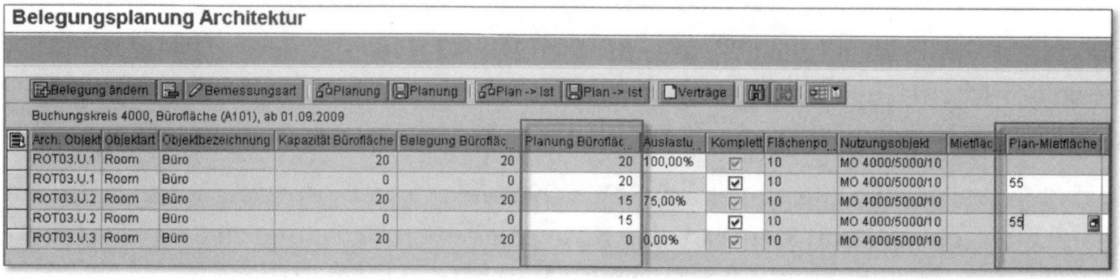

Arch. Objekt	Objektart	Objektbezeichnung	Kapazität Bürofläche	Belegung Büroffläc	Planung Büroffläc	Auslastu	Komplett	Flächenpo	Nutzungsobjekt	Mietfläc	Plan-Mietfläche
ROT03.U.1	Room	Büro	20	20	20	100,00%	☑	10	MO 4000/5000/10		
ROT03.U.1	Room	Büro	0	0	20		☑	10	MO 4000/5000/10		55
ROT03.U.2	Room	Büro	20	20	15	75,00%	☑	10	MO 4000/5000/10		
ROT03.U.2	Room	Büro	0	0	15		☑	10	MO 4000/5000/10		55
ROT03.U.3	Room	Büro	20	20	0	0,00%	☑	10	MO 4000/5000/10		

Abbildung 11.10 Belegungsplanung durchführen

5. Tragen Sie die jeweils gewünschten Bemessungsanteile ein, die von dem jeweiligen architektonischen Objekt in die anzulegende Mietfläche zu übertragen sind. Im Beispiel soll das Büro ROT03.U.1 komplett, das Büro ROT03.U.2 nur unvollständig übernommen werden (15 von 20 m²).
6. Prüfen Sie, ob die Planung korrekt ist. Im Beispiel in Abbildung 11.9 würde ein Fehler ausgegeben werden, weil die Checkbox KOMPLETTZUORDNUNG für Büro 2 noch gesetzt ist, obwohl nur ein Teil der Fläche ausgewählt wurde.
7. Bearbeiten Sie die Einträge nach, bis sie fehlerfrei sind, und sichern Sie die Planung.

Anschließend kann die Planung in die Ist-Daten übernommen werden. Das bedeutet: Es werden Mietflächen zu den jeweiligen Flächenpools angelegt, und diesen Mietflächen werden die ausgewählten architektonischen Objekte – hier also die Büros – zugeordnet.

Mehrere Mietflächen gleichzeitig anlegen

Um mehrere Mietflächen gleichzeitig anlegen zu können, müssen Sie für jedes der Büros festlegen, zu welcher der neu anzulegenden Mietflächen es gehören soll. Geben Sie hierzu in der Spalte MIETFLÄCHE jeweils den gleichen Wert ein, wenn die Büros zur gleichen Mietfläche gehören sollen.

[+]

Externe und interne Nummernvergabe

Die Nummer der von Ihnen eingegebenen Mietfläche darf noch nicht im System vorhanden sein, denn sie wird beim Anlegen der Mietfläche als Nummer der Mietfläche verwendet (externe Nummernvergabe).

Ist für Mietflächen die interne Nummernvergabe vereinbart, so wird die Nummer ignoriert – sie dient einzig und allein dazu, zu kennzeichnen, welche der Büros zur gleichen Mietfläche gehören sollen.

In unserem Beispiel hat die neue Mietfläche, für die wir die Nummer 55 (siehe Spalte PLAN-MIETFLÄCHE in Abbildung 11.10) eingegeben hatten, die Nummer 11 erhalten, weil im System interne Nummernvergabe vereinbart war und 11 die nächste freie Nummer war (siehe Spalte MIETFLÄCHE in Abbildung 11.11).

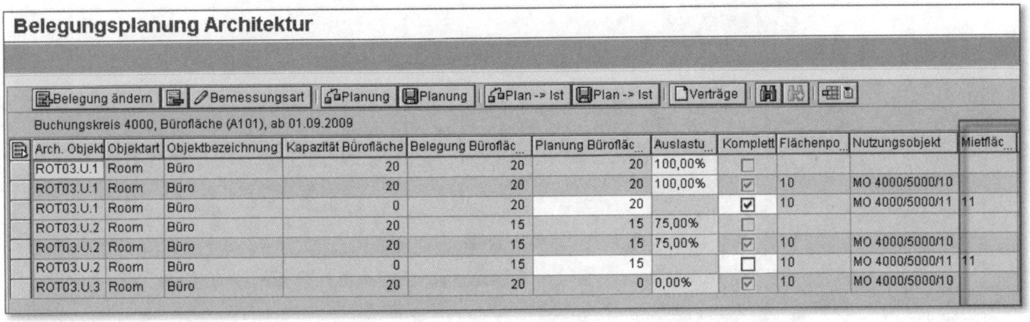

Arch. Objekt	Objektart	Objektbezeichnung	Kapazität Bürofläche	Belegung Büroflä...	Planung Büroflä...	Auslastu...	Komplett	Flächenpo...	Nutzungsobjekt	Mietfläc...
ROT03.U.1	Room	Büro	20	20	20	100,00%	☐			
ROT03.U.1	Room	Büro	20	20	20	100,00%	☑	10	MO 4000/5000/10	
ROT03.U.1	Room	Büro	0	20	20		☑	10	MO 4000/5000/11	11
ROT03.U.2	Room	Büro	20	15	15	75,00%	☐			
ROT03.U.2	Room	Büro	20	15	15	75,00%	☑	10	MO 4000/5000/10	
ROT03.U.2	Room	Büro	0	15	15		☐	10	MO 4000/5000/11	11
ROT03.U.3	Room	Büro	20	20	0	0,00%	☑	10	MO 4000/5000/10	

Abbildung 11.11 Angelegte Mietfläche 11

Vertrag aus dem Dialog anlegen

Sie können aus dem Dialog direkt einen Vertrag anlegen. Hierzu geben Sie für die Objekte, die zum gleichen Vertrag gehören sollen, in der Spalte PLANVERTRAG jeweils die gleiche (noch nicht existierende) Vertragsnummer an und klicken auf den Button VERTRAG ANLEGEN.

11.2.4 Aktualisierung von Mietflächen und Verträgen

Die Zuordnung der architektonischen Objekte zu den Nutzungsobjekten erlaubt es Ihnen, die Bemessungen auf den Nutzungsobjekten automatisch aus der Architektur zu aktualisieren.

Bemessungen aktualisieren

Kommen wir noch einmal auf unser Beispiel zurück: Nehmen wir an, das Team des Development Supports hat personellen Zuwachs bekommen und die ihm zugewiesenen Räume reichen nicht mehr aus. In diesem Fall würden Sie der Mietfläche, die für das Team reserviert und in deren Vertrag eingebunden ist, weitere Räume zuordnen. Durch die Zuordnung weiterer Räume können die Flächen, auf deren Basis die Konditionen im Vertrag berechnet wurden, aktualisiert werden und mit ihnen die Konditionen (siehe Abbildung 11.12).

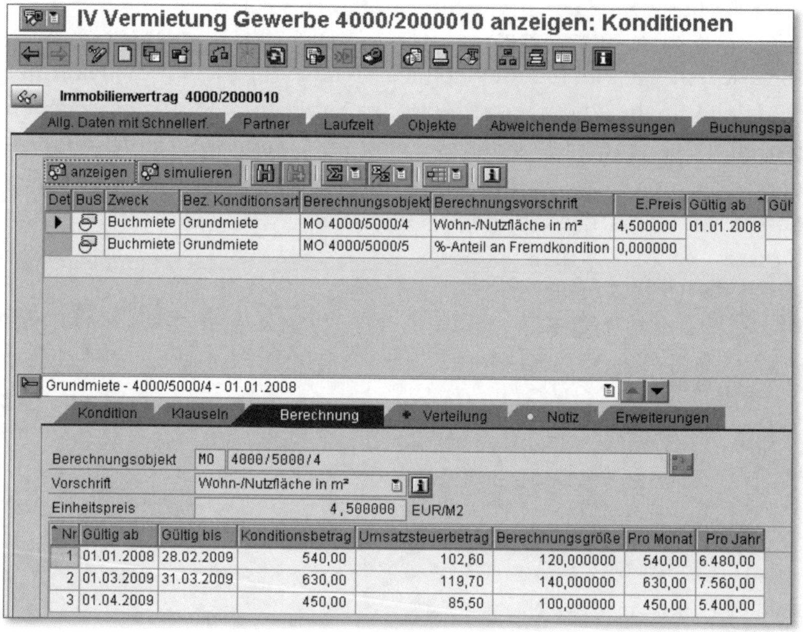

Abbildung 11.12 Änderung der Konditionen nach Änderung von Raumzuordnungen zur Mietfläche des Vertrages

11.3 Zusammenfassung

Der Einsatz architektonischer Objekte erweist sich insbesondere im Zusammenhang mit der unternehmensinternen Nutzung als sinnvoll, wie wir am Beispiel der internen Belegung gesehen haben.

In unserem Beispiel haben wir noch mit einem (internen) Vertrag gearbeitet. Wir gehen nun noch einen Schritt weiter und zeigen, wie man die unternehmensinterne Nutzung über eine Belegungsplanung abbilden kann, die eine direkte Verrechnung an die Kostenstellen der Belegenden erlaubt.

Neben der externen Vermietung ist auch die unternehmensinterne Nutzung von Immobilien ein Aspekt von SAP RE. Mit der Raumreservierung und der Umzugsplanung können Sie eigene Immobilien effektiv nutzen.

12 Unternehmensinterne Nutzung

In den bisherigen Kapiteln dieses Buches ging es meist um die Vermietung von Wohn- und Gewerbeimmobilien an externe Geschäftspartner. Doch auch innerhalb des eigenen Unternehmens können die Funktionen von SAP RE genutzt werden, um die vorhandenen Gebäude oder Räume effektiv und kostensparend zu nutzen und zu bewirtschaften. Dazu dienen die Funktionen der Raumreservierung und der permanenten Raumbelegung sowie der Umzugsplanung.

12.1 Überblick über Raumreservierung, permanente Raumbelegung und Umzugsplanung

Raumreservierung

Konferenz- oder *Meetingräume* werden meist nicht ständig von ein und derselben Kostenstelle oder Abteilung genutzt, sondern je nach Bedarf für einzelne Termine oder Terminserien reserviert und vermietet. Für die Durchführung der Veranstaltungen werden unterschiedliche technische Geräte wie z. B. Beamer oder Netzwerkanschlüsse benötigt. Neben dem Raum selbst inklusive ausreichender Bestuhlung will man möglicherweise Kaffee und kalte Getränke oder Sandwiches bestellen.

Raumbelegung

Büroräume dagegen werden langfristig, zumindest aber für die Dauer von Projekten von Mitarbeitern einer Abteilung genutzt. Auch bei der permanenten Raumbelegung spielt die technische Ausstattung der Räume eine wichtige Rolle. So müssen z. B. ausreichend Netzwerk- und Telefonanschlüsse vorhanden sein. Die Kosten der Raumbelegung werden der nutzenden Kostenstelle in Rechnung gestellt.

Umzugsplanung

Durch den Neubau eines Bürogebäudes, durch Umstrukturierungen oder durch die Einstellung neuer Mitarbeiter kann der Umzug einzelner Mitarbeiter, kompletter Abteilungen oder einer ganzen Firma in neue Büroräume erforderlich werden. Dabei soll eine Raumbelegung gefunden werden, bei der die vorhandenen Räumlichkeiten optimal genutzt werden können.

Buchung von Kosten

Für alle genannten Bereiche fallen Kosten an, die den verursachenden Kostenstellen bzw. Abteilungen in Rechnung gestellt werden sollen.

12.2 Voraussetzungen

Teilfunktionen aktivieren

Die genannten Funktionen werden mit dem Enhancement Package 2 zu SAP ERP 6.0 ausgeliefert. Wenn Sie die Funktionen nutzen wollen, müssen Sie zunächst die Teilfunktionen RAUMBELEGUNG/UMZUGSPLANUNG (ORPO) bzw. RESERVIERUNG VON RÄUMEN (ORRS) aktivieren. Dazu markieren Sie im Customizing von SAP RE unter GRUNDEINSTELLUNGEN • TEILFUNKTIONEN AKTIVIEREN die gewünschten Teilfunktionen. Die Aktivierung kann für jede Teilfunktion separat vorgenommen werden, so dass Sie den genutzten Funktionsumfang von SAP RE schrittweise erweitern können. Nachdem Sie die Teilfunktionen – wie in Abbildung 12.1 gezeigt – aktiviert haben, werden vom System zusätzliche Einträge im Menübaum generiert.

Applikat.	Bez. Applikation	aktiv
ORPO	Raumbelegung / Umzugsplanung	☑
ORRS	Reservierung von Räumen	☑

Abbildung 12.1 Teilfunktionen aktivieren

[!]

Teilfunktionen deaktivieren

Sie können die Aktivierung von Teilfunktionen zwar zurücknehmen, die generierten Menüeinträge bleiben jedoch weiterhin erhalten. Wählen Sie eine Funktion aus dem Menü aus, so erhalten Sie eine Fehlermeldung mit der Information, dass die gewünschte Funktion nicht aktiv ist. Aktivieren Sie deshalb – zumindest im Produktivsystem – nur die Teilfunktionen, die Sie tatsächlich nutzen wollen.

12.3 Stammdaten und Geschäftspartner

Reservierungsobjekt

Für die Abbildung der Raumreservierung und -belegung werden *Reservierungsobjekte* genutzt, die aus architektonischen Objekten generiert werden. Hinter einem Reservierungsobjekt verbirgt sich aus technischer Sicht ein *Angebotsobjekt*, wie wir es bereits aus der Interessentenverwaltung kennen. Bei der Suche von passenden Reservierungsobjekten für eine Reservierung werden wir weitere Gemeinsamkeiten mit der Interessentenverwaltung feststellen.

Reservierungsobjekte generieren

Die Generierung der Reservierungsobjekte kann in Abhängigkeit vom architektonischen Objekttyp erfolgen, d.h., Sie können im Customizing festlegen, dass für bestimmte architektonische Objekttypen Reservierungsobjekte angelegt werden, für andere dagegen nicht. Mit der Transaktion REORRSOBJCREATEUPD (Reservierungsobjekte erzeugen bzw. aktualisieren) können Sie in diesem Fall die Reservierungsobjekte erstmalig anlegen.

Geschäftspartner

In den Bereichen Raumreservierung, permanente Raumbelegung und Umzugsplanung werden Geschäftspartner der folgenden Rollen genutzt:

- TR0813 Belegender bzw. Belegungsberechtigter
- TR0814 Belegungsplaner
- TR0817 Reservierungsverantwortlicher

Beim Anlegen einer Raumreservierung wird neben dem *Reservierungsverantwortlichen* auch der Mitarbeiter (*Belegender*) erfasst, der den Termin tatsächlich durchführt und dessen Kostenstelle die für die Reservierung entstehenden Kosten trägt. Bei der Belegungsplanung bzw. Umzugsplanung übernimmt der *Belegungsplaner* die Erstellung der Umzugspläne und die Planung und Optimierung der Raumbelegung.

Organisationsmanagement

Den Geschäftspartnern können über die Funktionalität des *Organisationsmanagements* Stammkostenstellen zugeordnet werden. Sie können dazu die Transaktionen des Organisationsmanagements im Anwendungsmenü PERSONAL • ORGANISATIONSMANAGEMENT • AUFBAUORGANISATION • ORGANISATION UND BESETZUNG nutzen (siehe Abbildung 12.2).

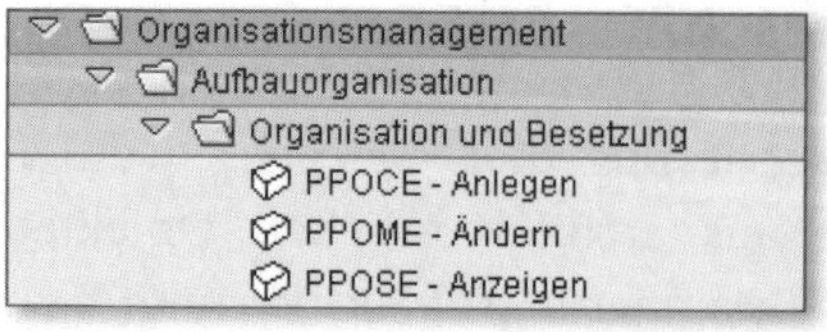

Abbildung 12.2 Organisationsmanagement – Anwendungsmenü

12.4 Raumreservierung und permanente Raumbelegung

Raumreservierungen können Sie entweder über den RE-Navigator (RE80) oder über die Transaktionen REORRRS (Reservierung bearbeiten) bzw. RORRSREC (Serienreservierung bearbeiten) erfassen.

Dazu geben Sie zunächst den gewünschten Termin, den Reservierungsverantwortlichen und den Belegenden an. Abbildung 12.3 zeigt die Raumreservierung für ein Projektmeeting. Die gewünschte Ausstattung und Größe des Raumes werden über den Button AUSSTATTUNG/GRÖSSE erfasst.

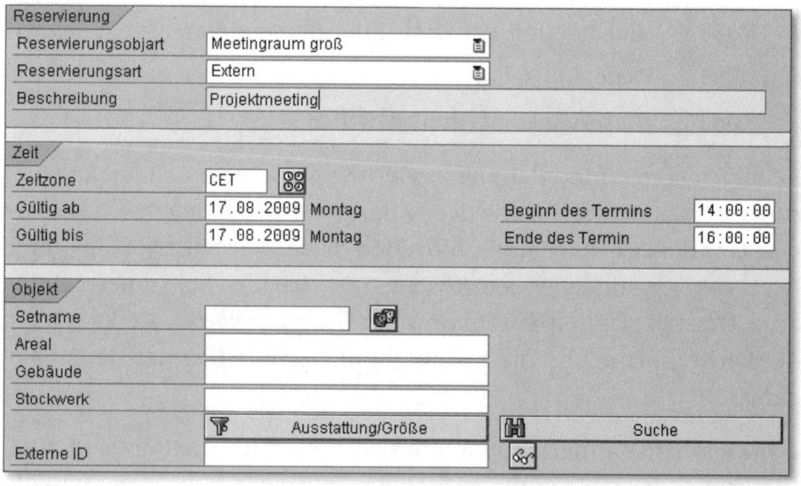

Abbildung 12.3 Raumreservierung für ein Projektmeeting

Betrachten wir zum Beispiel die Serienreservierung.

[zB]

Serienreservierung

Die Mitarbeiter des Projekts wollen sich jeweils dienstags zwischen 10.30 Uhr und 11.30 Uhr zu einem Jour fixe treffen. Das erste Meeting findet am 11. August statt. Die Reservierung gilt bis zum Jahresende – mit Ausnahme von Feiertagen im Bundesland Bayern (siehe Abbildung 12.4).

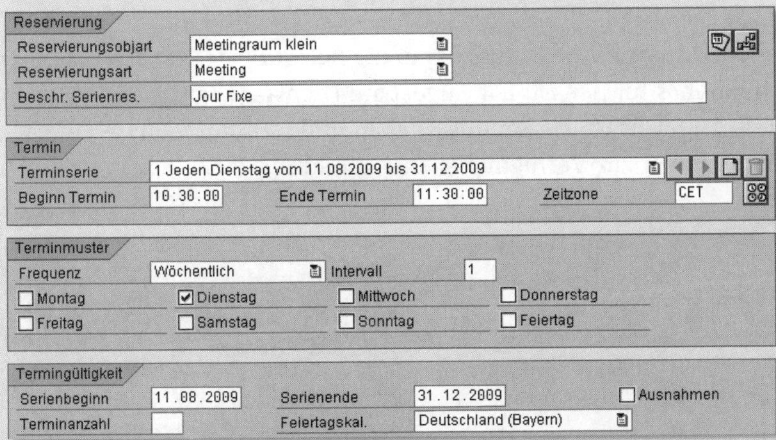

Abbildung 12.4 Serienreservierung für einen wöchentlichen Jour fixe

Die Teilnehmerliste einer Veranstaltung (siehe Abbildung 12.5) können Sie separat erfassen, indem Sie auf den Button TEILNEHMER rechts neben der Anzahl der Teilnehmer klicken.

Vorname	Nachname	E-Mail-Adresse	Telefonnr.	Bemerkung	Ikone
Manuela	Möwe	manuelea.möwe@beispielfirma.de			
Peter	Pirol	peter.pirol@beispielfirma.de			
Robert	Rotkehlchen	robert.rotkehlchen@beispielfirma.de		nimmt ab 10.45 Uhr teil	
Martin	Mauersegler	martin.mauersegler@beispielfirma.de			
Susanne	Sperber	susanne.sperber@beispielfirma.de			

Abbildung 12.5 Liste der Teilnehmer zu einer Raumreservierung

Wenn Sie nach einem Meetingraum für die wöchentliche Besprechung aus Abbildung 12.4 suchen, werden ausgehend von der Reservierung nach Betätigen des Buttons SUCHE die zum angegebenen Zeitpunkt zur Verfügung stehenden Räume ermittelt. Das Suchergebnis zeigt Abbildung 12.6.

Da für unser Beispiel ein Raum mit einer Raumkapazität von mindesten fünf Personen benötigt wird, kommen mehrere Räume in Frage. Wir wählen den markierten Raum aus und reservieren ihn.

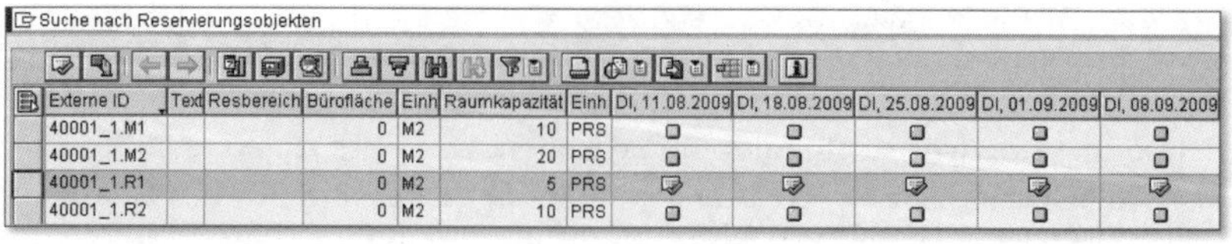

Suche nach Reservierungsobjekten

Externe ID	Text	Resbereich	Bürofläche	Einh	Raumkapazität	Einh	DI, 11.08.2009	DI, 18.08.2009	DI, 25.08.2009	DI, 01.09.2009	DI, 08.09.2009
40001_1.M1			0	M2	10	PRS					
40001_1.M2			0	M2	20	PRS					
40001_1.R1			0	M2	5	PRS					
40001_1.R2			0	M2	10	PRS					

Abbildung 12.6 Raumreservierung – Suchergebnis für Serienreservierung

Belegung des Reservierungsobjekts

Sehen wir uns im Anschluss daran die Belegung des soeben reservierten Raumes für den Monat August an: Dienstags zwischen 10.30 Uhr und 11.30 Uhr ist der Raum vergeben und steht für weitere Reservierungen nicht zur Verfügung (siehe Abbildung 12.7).

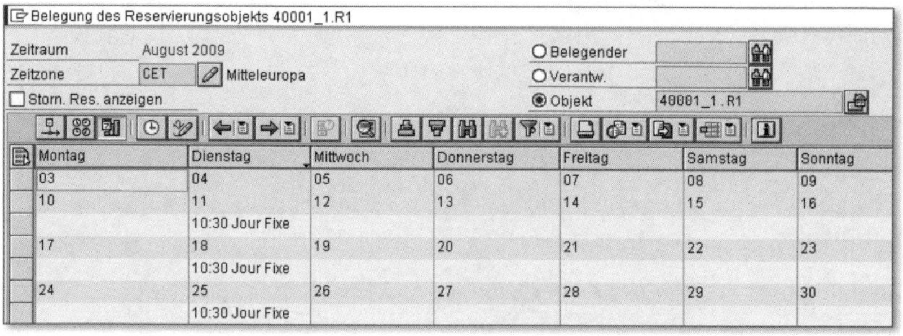

Belegung des Reservierungsobjekts 40001_1.R1

Zeitraum: August 2009
Zeitzone: CET Mitteleuropa
Storn. Res. anzeigen
Belegender
Verantw.
Objekt: 40001_1.R1

Montag	Dienstag	Mittwoch	Donnerstag	Freitag	Samstag	Sonntag
03	04	05	06	07	08	09
10	11	12	13	14	15	16
	10:30 Jour Fixe					
17	18	19	20	21	22	23
	10:30 Jour Fixe					
24	25	26	27	28	29	30
	10:30 Jour Fixe					

Abbildung 12.7 Belegung des Meetingraumes im Monat August

Dienstleistungen

Zusammen mit der Raumreservierung können zum Beispiel auch Speisen und Getränke bestellt werden.

[+]

Bestellung von Dienstleistungen

Die Auswahl der möglichen Dienstleistungen zu einer Reservierung kann erst erfolgen, wenn das konkrete Reservierungsobjekt ausgewählt wurde.

Abbildung 12.8 zeigt die Bestellung von Kaffee und belegten Brötchen für eine Veranstaltung, zu der ca. 20 Teilnehmer erwartet werden.

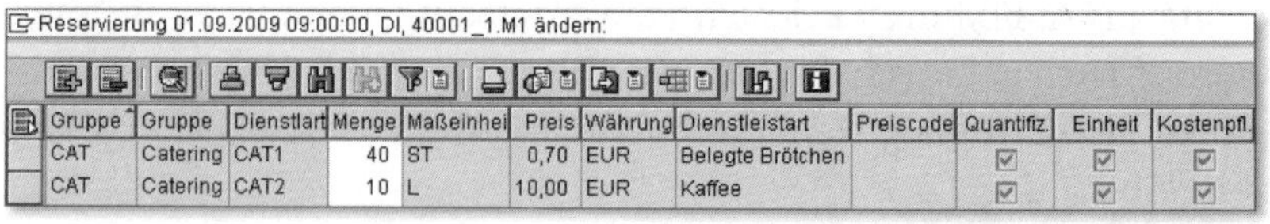

Reservierung 01.09.2009 09:00:00, DI, 40001_1.M1 ändern:

Gruppe	Gruppe	Dienstlart	Menge	Maßeinhei	Preis	Währung	Dienstleistart	Preiscode	Quantifiz.	Einheit	Kostenpfl.
CAT	Catering	CAT1	40	ST	0,70	EUR	Belegte Brötchen		☑	☑	☑
CAT	Catering	CAT2	10	L	10,00	EUR	Kaffee		☑	☑	☑

Abbildung 12.8 Bestellung von Kaffee und belegten Brötchen zu einer Raumreservierung

Die Bestätigung der angeforderten bzw. erbrachten Dienstleistungen erfolgt durch separate Transaktionen:

- REORSRVPROV (Dienstleistungen bestätigen [Erbringer])
- REORSRVRECV (Dienstleistungen bestätigen [Empfänger])

Erst im Anschluss an diese Bestätigungen kann die Buchung der Kosten für die Dienstleistungen erfolgen.

Kosten für Raumreservierung

Die für Raumreservierungen und permanente Raumbelegungen anfallenden Kosten sollen verursachergerecht gebucht werden. Dabei kann auf eine Kostenstelle, einen Auftrag oder ein PSP-Element kontiert werden. Dieses Kontierungsobjekt wird im Register KONTIERUNGSDATEN des Reservierungsobjekts erfasst und später zur Buchung herangezogen. Die Buchung der entstandenen Kosten erfolgt im Rahmen einer *periodischen Buchung* (Transaktion REORCOSTPOSTRS, Buchen der Reservierung) oder aber – im Falle von externen Reservierungen – über spezielle *Buchungsvorfälle* der einmaligen Buchungen (Transaktion RERAOP).

Diese Buchungsvorfälle werden genutzt, wenn ein Rahmenvertrag für Raumreservierungen besteht. Gibt es keinen Rahmenvertrag und wurde für den Nutzer des Raumes kein separates Debitorenkonto angelegt, wird ein Buchungsvorfall für *CpD-Buchungen* (CpD = *Conto pro Diverse)* genutzt.

Stornierung

Soll eine Raumreservierung storniert werden, können Stornokosten berechnet werden. Diese können vom Zeitpunkt der Stornierung abhängen, d.h., bei einer rechtzeitigen Stornierung fallen geringere Stornokosten an als bei Stornierung unmittelbar vor Veranstaltungsbeginn.

12.5 Permanente Raumbelegung und Umzugsplanung

Permanente Raumbelegung und Umzugsplanung

Neben der optimalen Nutzung von Besprechungs- und Konferenzräumen ist es für ein Unternehmen von großer Bedeutung, die vorhandenen Büro-, Werkstatt- und Produktionsräume effektiv zu nutzen. Monatlich fallen dafür hohe Miet- bzw. Mietnebenkosten an, die den verursachenden Kostenstellen in Rechnung gestellt werden. Mit Hilfe der permanenten Raumbelegung kann der Bereich der internen Vermietung abgebildet werden, ohne dafür interne Mietverträge anzulegen.

Der in Abbildung 12.9 gezeigte Büroraum wird derzeit von Max Mitarbeiter und Simone Sekretärin genutzt.

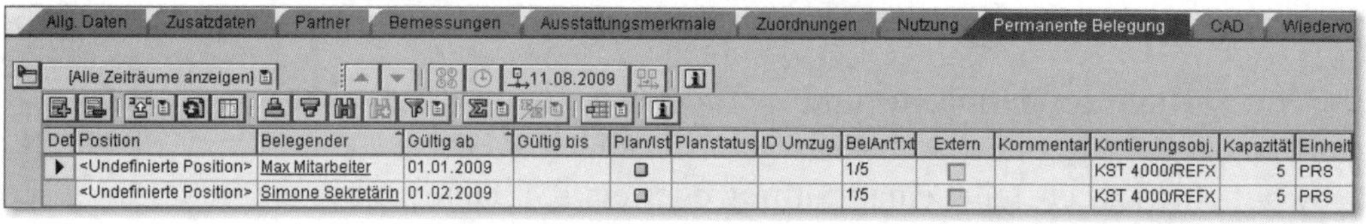

Abbildung 12.9 Architektonisches Objekt – Belegung (vor dem Umzug)

Diese Informationen werden im Register PERMANENTE BELEGUNG des zugehörigen architektonischen Objekts gepflegt und in das Reservierungsobjekt übernommen. Insgesamt verfügt das Büro über eine Kapazität von fünf Büroarbeitsplätzen. Somit ist der Raum momentan zu 40 % belegt, wie aus der Belegungsübersicht in Abbildung 12.10 hervorgeht.

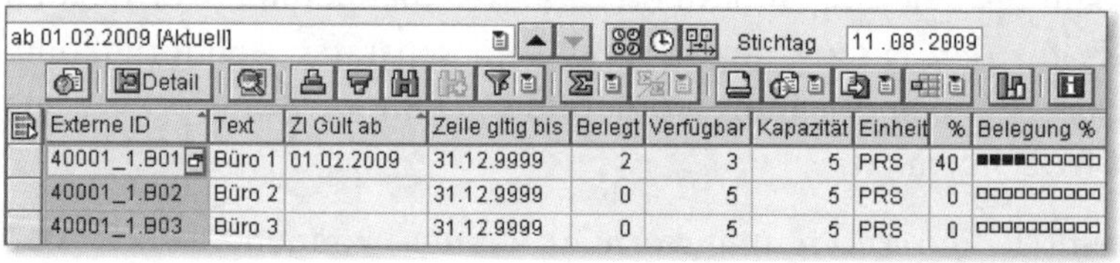

Abbildung 12.10 Permanente Raumbelegung – Belegungsübersicht (vor dem Umzug)

Da diese Auslastung nicht optimal ist und personeller Zuwachs in der nächsten Zeit nicht zu erwarten ist, ziehen Max Mustermann und Simone Sekretärin innerhalb des Gebäudes um.

Umzugsplanung

Schauen wir uns nun die Planung und Durchführung eines Umzugs an. Die Umzugsplanung kann über den RE-Navigator (RE80) oder über die Transaktion REORMP (Umzugsplanung) erfolgen. Zunächst werden die am Umzug Beteiligten sowie der verantwortliche Belegungsplaner ausgewählt. Die Auswahl der am Umzug beteiligten Mitarbeiter können Sie beispielsweise über den derzeitigen Raum, über die architektonische Objekthierarchie oder über die Organisationseinheit, der diese Mitarbeiter angehören, vornehmen (siehe Abbildung 12.11).

1. Die im linken Teil der Abbildung aufgeführten Mitarbeiter können dazu per Drag & Drop ausgewählt und in die Liste der am Umzug beteiligten Mitarbeiter aufgenommen werden.

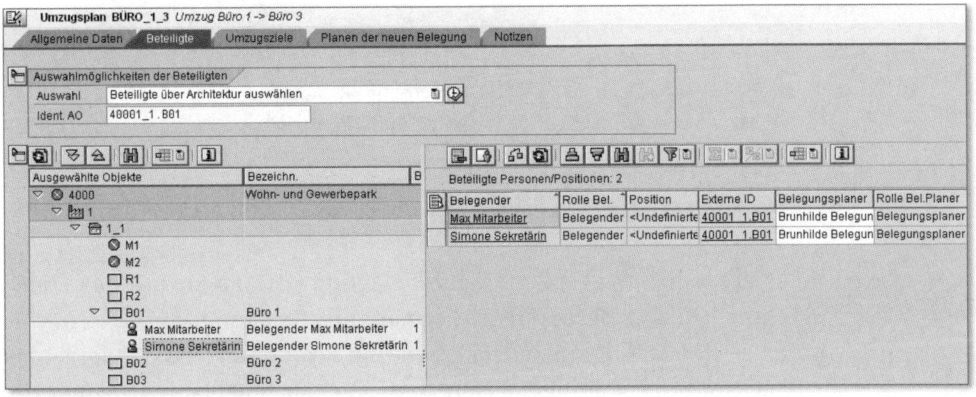

Abbildung 12.11 Umzugsplanung – beteiligte Personen

2. Anschließend planen Sie die neue Belegung. Dazu wählen Sie zunächst das Umzugsziel aus. Anschließend ordnen Sie den im vorigen Schritt ausgewählten Mitarbeitern ihren neuen Arbeitsplatz zu (siehe Abbildung 12.12). Auch hier können Sie mit Drag & Drop arbeiten.

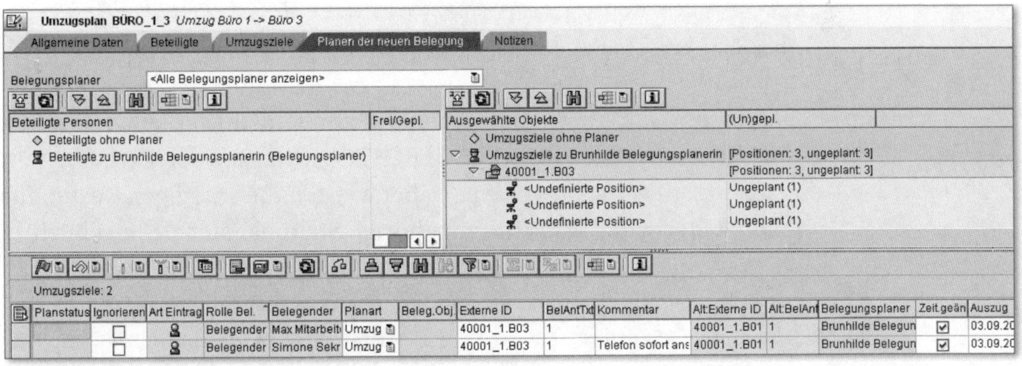

Abbildung 12.12 Umzugsplanung – Planen der neuen Belegung

3. Die Umzugsplanung wird nun entweder für alle oder nur für ausgewählte Mitarbeiter freigegeben und aktiviert.

Ergebnis des Umzugs

Im Ergebnis hat sich die Belegung der Büroräume geändert: Max Mitarbeiter und Simone Sekretärin haben nun einen neuen Arbeitsplatz in Büro 3 (siehe Abbildung 12.13). Die ehemaligen Arbeitsplätze der beiden Mitarbeiter in Büro 1 stehen nun wieder zur Verfügung und können als Umzugsziel für weitere Mitarbeiter genutzt werden.

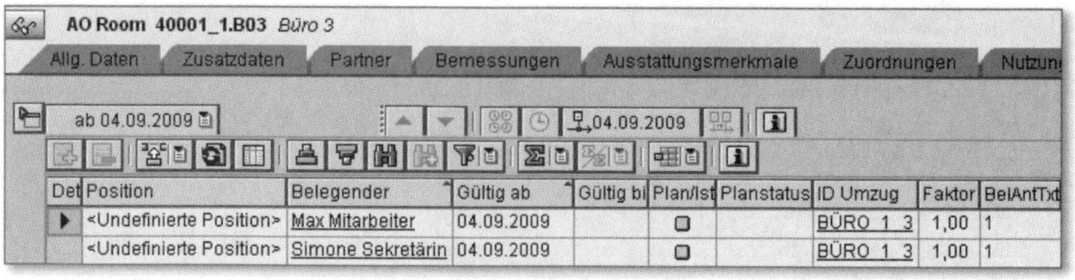

Abbildung 12.13 Architektonisches Objekt – Belegung (nach dem Umzug)

Infosystem zur Raumbelegung

Die aktuelle bzw. geplante Raumbelegung können Sie mit der Transaktion REISPO (Infosystem: Permanente Belegung) auswerten. Die *Auswertung* erfolgt in Zeitscheiben und zeigt einerseits die derzeitige Belegung eines Raumes, andererseits aber auch geplante Umzüge, die daran Beteiligten und die Status der Umzüge (siehe Abbildung 12.14).

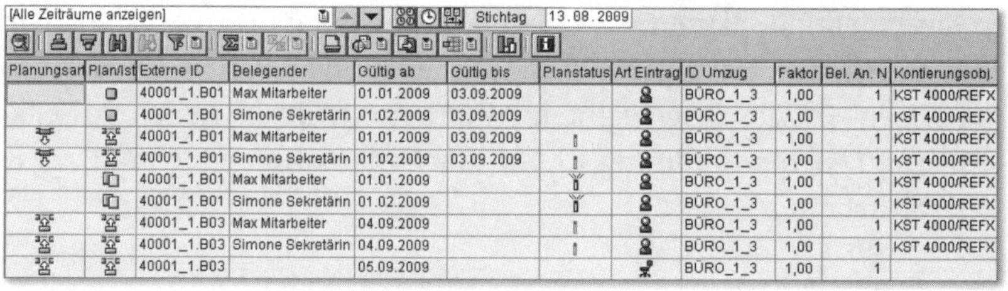

Abbildung 12.14 Transaktion REISPO (Infosystem: Permanente Belegung)

Kosten für Raumbelegung

Die Kosten, die für die permanente Raumbelegung anfallen, können mit der Transaktion REORCOSTPOSTPO (Buchen der Permanenten Belegungen) gebucht werden. Dabei werden die anteiligen Kosten für jeden Mitarbeiter auf seine zugehörige Stammkostenstelle gebucht.

[zB]

Kosten für die Raumbelegung buchen

Bis zum 3. September werden die Kosten für die Belegung von Büro 1 gebucht. Ab 4. September haben Max Mitarbeiter und Simone Sekretärin ihre Arbeitsplätze in Büro 3. Deshalb werden ab diesem Tag die anteiligen Kosten für die Nutzung von Büro 3 in Rechnung gestellt. Sender- und Empfängerobjekt sind in diesem Falle Kostenstellen (siehe Abbildung 12.15).

Auch bei der permanenten Raumbelegung kann statt einer Kostenstelle auch ein Auftrag oder ein PSP-Element als Kontierungsobjekt genutzt werden.

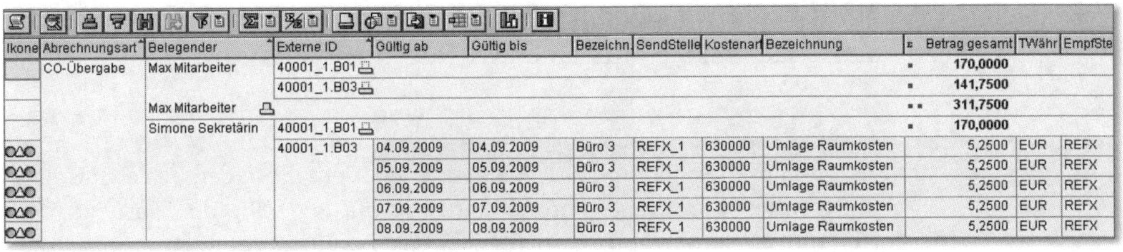

Ikone	Abrechnungsart	Belegender	Externe ID	Gültig ab	Gültig bis	Bezeichn.	SendStelle	Kostenart	Bezeichnung	Betrag gesamt	TWähr	EmpfSte
	CO-Übergabe	Max Mitarbeiter	40001_1.B01							170,0000		
			40001_1.B03							141,7500		
		Max Mitarbeiter								311,7500		
		Simone Sekretärin	40001_1.B01							170,0000		
			40001_1.B03	04.09.2009	04.09.2009	Büro 3	REFX_1	630000	Umlage Raumkosten	5,2500	EUR	REFX
				05.09.2009	05.09.2009	Büro 3	REFX_1	630000	Umlage Raumkosten	5,2500	EUR	REFX
				06.09.2009	06.09.2009	Büro 3	REFX_1	630000	Umlage Raumkosten	5,2500	EUR	REFX
				07.09.2009	07.09.2009	Büro 3	REFX_1	630000	Umlage Raumkosten	5,2500	EUR	REFX
				08.09.2009	08.09.2009	Büro 3	REFX_1	630000	Umlage Raumkosten	5,2500	EUR	REFX

Abbildung 12.15 Buchen der permanenten Belegung

12.6 Wichtige Customizing-Einstellungen

Einige Customizing-Einstellungen, die sich auch auf die Raumreservierung, die permanente Raumbelegung und die Umzugsplanung auswirken, werden im Customizing von SAP RE in den Bereichen Geschäftspartner und Stammdaten (architektonische Objekte) vorgenommen. Sie haben diese Einstellungen bereits in den Kapiteln 4, »Geschäftspartner«, und 11, »Architektur«, kennengelernt. Wir gehen deshalb auf Einstellungen wie z. B. die Definition der Geschäftspartnerrollen TR0813 (Belegender), TR0814 (Belegungsplaner) und TR0817 (Reservierungsverantwortlicher) in diesem Kapitel nicht gesondert ein.

Sie lernen nun stattdessen die spezifischen Einstellungen für die Raumreservierung und -belegung sowie die Umzugsplanung kennen. Diese Customizing-Einstellungen nehmen Sie im Customizing von SAP RE unter Raumreservierung und permanente Raumbelegung vor.

12.6.1 Raumreservierung und Raumbelegung

Abbildung 12.16 zeigt die verschiedenen Einstellungen für den Bereich der Raumreservierung: angefangen bei Gesuchsart und Reservierungsobjektart bis hin zur Preisfindung für die Reservierung.

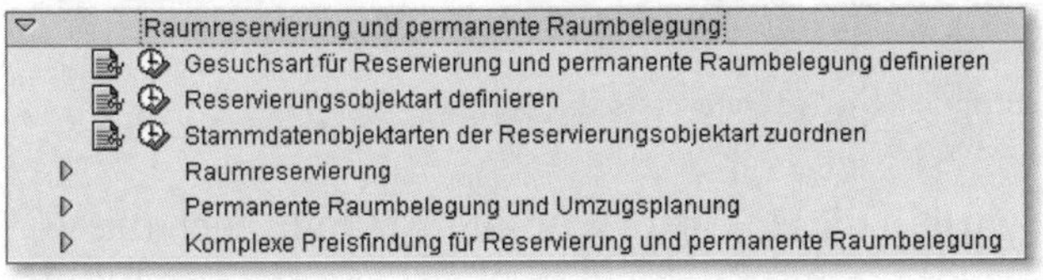

Abbildung 12.16 Customizing-Einstellungen zur Raumreservierung und -belegung

Bevor Sie die Customizing-Einstellungen im Einzelnen kennenlernen, beachten Sie bitte einen wichtigen Hinweis:

[!]

Benennung von Gesuchsart und Reservierungsobjektart

Für Raumreservierung und -belegung werden dieselben Mechanismen verwendet wie in der Interessentenverwaltung. Um die Gesuche der Raumreservierung und der Interessentenverwaltung dennoch voneinander unterscheiden zu können, müssen die *Immobiliengesuchsart* und die *Reservierungsobjektart* unbedingt gleich benannt werden, d.h., zur Gesuchsart R1 muss auch die Reservierungsobjektart R1 existieren.

Allgemeine Einstellungen zur Raumreservierung

Reservierungsobjektart

Sehen wir uns nun einige Customizing-Einstellungen genauer an, und beginnen wir mit den Einstellungen zur *Reservierungsobjektart*.

Lage

Abbildung 12.17 zeigt die Definition der Reservierungsobjektart für einen Meetingraum. Zunächst wird hier die *Lage* des Reservierungsobjekts definiert. Die Lage kann in drei Ebenen angegeben werden. Sie können dazu entweder architektonische Objekttypen – wie in Abbildung 12.17 – hinterlegen oder auch frei gewählte Bezeichnungen für die Lage der Objekte. Das können beispielsweise die Stadt oder der Stadtteil als erste bzw. zweite Ebene und das Gebäude als dritte Ebene sein. Wenn Ihr Unternehmen über Meetingräume an verschiedenen Standorten verfügt, können Sie auf diese Weise beim Anlegen der Reservierung festlegen, dass Sie einen Raum in Berlin oder München benötigen.

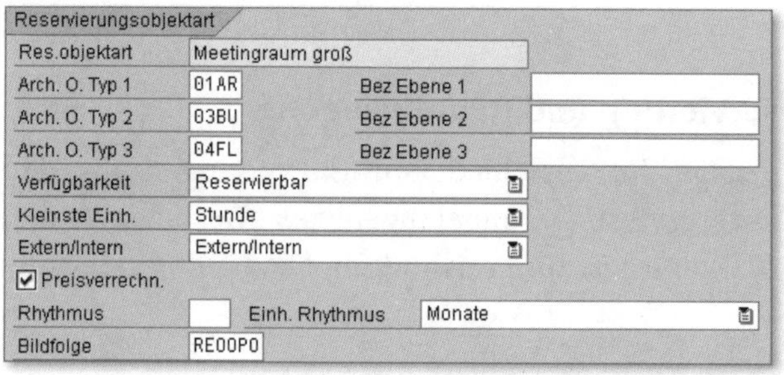

Abbildung 12.17 Customizing – Reservierungsobjektart

Verfügbarkeit

Neben der Lage wird in dieser Customizing-Einstellung auch die Verfügbarkeit des Reservierungsobjekts festgelegt. Sie können bei der Verfügbarkeit zwischen folgenden Werten entscheiden:

- reservierbar
- extern anbietbar
- intern permanent belegbar

Auf diese Weise erfolgt auch die Differenzierung zwischen einer *Raumreservierung* für Einzel- oder Serientermine und einer *permanenten Raumbelegung*.

Zuordnung zu architektonischen Objekttypen

Anschließend können Sie die definierten Reservierungsobjektarten den architektonischen Objekttypen zuordnen. Damit erreichen Sie, dass für die angegebenen architektonischen Objekttypen Reservierungsobjekte angelegt werden. Dabei haben Sie zusätzlich die Möglichkeit, Reservierungsobjekte nur für architektonische Objekte einer festgelegten *Funktion* zu erstellen (siehe Abbildung 12.18).

Die Erstellung der Reservierungsobjekte erfolgt initial über den Report REORRSOBJCREATEUPD (Reservierungsobjekte erzeugen bzw. aktualisieren). Legen Sie später weitere architektonische Objekte an, werden die zugehörigen Reservierungsobjekte automatisch erzeugt. Die Erzeugung der Reservierungsobjekte kann auch unabhängig von der Architektur erfolgen. In diesem Fall ist die in Abbildung 12.18 gezeigte Customizing-Einstellung nicht erforderlich.

Arch. Obj. T...	Fu...	Bez. Arch. Funktion	Res.o...	Reservierungsobjart
05RM	BX	Großraumbüro	BX	Großraumbüro
05RM	BY	Standardbüro	BY	Standardbüro
05RM	CX	Großraumbüro	CX	Großraumbüro
05RM	S1	Meetingraum klein	S1	Meetingraum klein

Abbildung 12.18 Customizing – Stammdatenobjektarten der Reservierungsobjektart zuordnen

Gesuchsart

Weiterhin benötigen Sie Gesuchsarten für die Raumreservierung und die permanente Raumbelegung. Beachten Sie hierbei die erwähnte Namensgleichheit zwischen Gesuchsart und Reservierungsobjektart.

Bei der Definition der Gesuchsart geben Sie neben den *Bemessungen*, nach denen die Suche passender Räumlichkeiten erfolgen soll, auch die möglichen *Ausstattungsmerkmale* und die preislichen *Konditionen* für die Nutzung der Räume an.

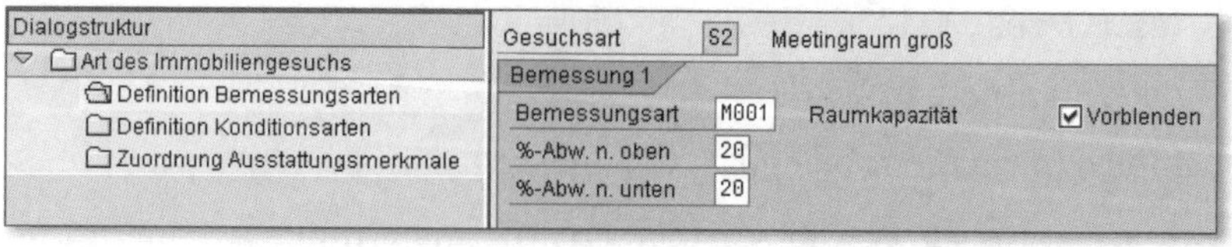

Abbildung 12.19 Customizing »Gesuchsart« – Definition der Bemessungen

Erste angegebene Bemessungsart

Wie in Abbildung 12.19 gezeigt, wird zunächst festgelegt, nach welchen *Bemessungsarten* die Suche nach Räumen zu einer Reservierung erfolgen soll. Dabei können mehrere Bemessungen, verbunden über Und- bzw. Oder-Verknüpfungen verwendet werden. Die erste angegebene Bemessungsart spielt eine besondere Rolle, da sie für die Suche nach geeigneten Räumen und für die Erstellung der Raumvorschlagsliste maßgeblich ist. In der Regel werden Sie deshalb als erste Bemessungsart und damit als wichtigstes Suchkriterium die *Raumkapazität* definieren. Als weitere Bemessungsart kann beispielsweise die Fläche des Raumes angegeben werden. Anschließend legen Sie die Konditionen für die Nutzung der Räume fest (siehe Abbildung 12.20). Dabei unterscheidet sich insbesondere der Zahlungsrhythmus von den aus der Mietenbuchhaltung bekannten Zahlungsrhythmen: Die Preise für Raumreservierungen werden meist tages- oder stundenweise berechnet.

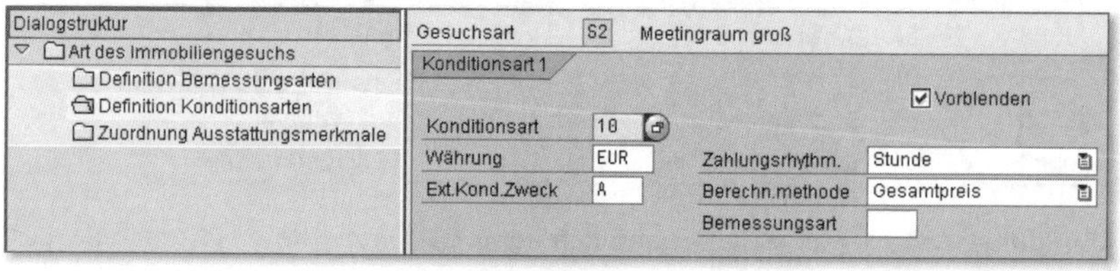

Abbildung 12.20 Customizing »Gesuchsart« – Konditionen

Weiterhin definieren Sie die Ausstattungsmerkmale für die Gesuchsart. Hierbei kann es sich beispielsweise um technische Ausstattungsmerkmale wie Beamer, PC oder eine Klimaanlage handeln.

Reservierungsbereich

Reservierungsbereiche fassen Einstellungen zu Reservierungsobjekten zusammen. Über den Reservierungsbereich können Sie in Zusammenhang mit der Reservierungsobjektart und einer Reservierungsart festlegen,

- wie Kosten und Stornokosten berechnet und gebucht werden sollen,
- zu welchen Zeiten ein Objekt gebucht werden kann,
- welche Dienstleistungen gebucht werden können und
- wer berechtigt ist, Buchungen vorzunehmen.

[+]

Reservierungsbereich, Reservierungsobjektart und Reservierungsart

Reservierungsbereich und Reservierungsobjektart sind Eigenschaften des Reservierungsobjekts:

- **Reservierungsbereich**
  Der Reservierungsbereich ist dazu gedacht, örtliche Unterschiede (Standorte), mögliche Reservierungszeiten und Dienstleistungen zur Reservierung zu beschreiben.
- **Reservierungsobjektart**
  Reservierungsobjektarten unterscheiden die Räume z.B. nach deren vorgesehener Nutzung (Schulungsraum, Meetingraum, Konferenzraum). Sie bestimmen, ob ein Raum intern oder extern reserviert werden kann. Zu jeder Gesuchsart definieren Sie die zugehörige(n) Reservierungsobjektart(en).

Bei der Reservierungsart dagegen handelt es sich um eine Eigenschaft der Reservierung.

- **Reservierungsart**
  Über Reservierungsarten könnte man zum Beispiel zwischen internen und externen Reservierungen unterscheiden oder danach, ob es sich bei demjenigen, der die Reservierung bucht, um einen Mitarbeiter handelt oder aber um die Vorstandsekretärin, die weitergehende Berechtigungen z. B. bei der Bestellung von Dienstleistungen haben soll oder Räume auch außerhalb bestimmter Zeiten buchen darf.

Buchungsvorfälle

Die Buchungen der Kosten zu Raumreservierungen werden durch Angaben zu Buchungsvorfällen gesteuert. Es handelt sich hier um zwei verschiedene Buchungsvorfälle für einmalige Buchungen (Transaktion RERAOP): einen Buchungsvorfall für die Buchung von Raumreservierungen bei bestehenden Rahmenverträgen und einen Buchungsvorfall für CpD-Buchungen (CpD = Conto pro Diverse), d.h. einen Buchungsvorfall für Kunden, die nur einmalig bzw. sehr selten einen Raum reservieren und für die deshalb kein separates Debitorenkonto im System angelegt wird. Für den Storno können je nach interner oder externer Buchung Schemata für die Berechnung der Stornokosten angegeben werden.

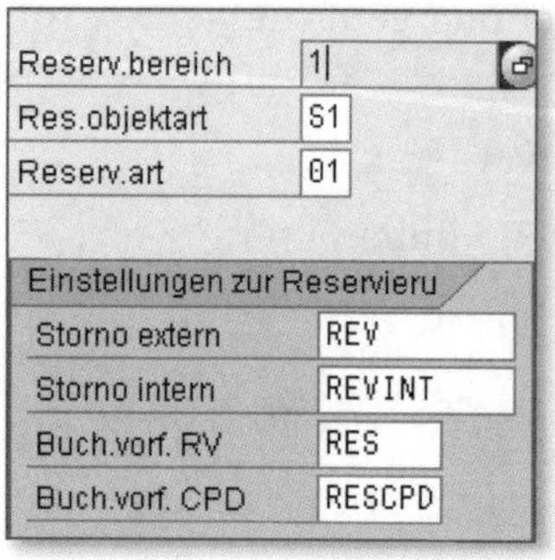

Abbildung 12.21 Customizing – Einstellungen zum Reservierungsbereich

Reservierungszeiten

Terminserienregel

Um festzulegen, zu welchen Zeitpunkten die Reservierung von Objekten möglich ist, können Sie im Customizing *Terminserienregeln* anlegen und diese den Reservierungsobjektarten, dem Reservierungsbereich und der Reservierungsart zuordnen. Auf diese Weise können Sie zum Beispiel festlegen, dass bestimmte Räume nur an bestimmten Wochentagen reserviert werden können.

Ein Beispiel für eine Terminserienregel zeigt Abbildung 12.22. Bestimmte Räume können hier nur freitags zwischen 9.00 Uhr und 17.00 Uhr genutzt werden. Denkbar ist eine solche Einschränkung beispielsweise, wenn sich Räume in Einkaufszentren mit eingeschränkten Öffnungszeiten befinden.

Terminserienregel

Terminre	Zeile	Beginn	Serienende	Anzahl	Beginn	Ende	Frequenz	Interv	Mont	Dien	Mittw	Don	Freit
2	1	01.01.2007	31.12.2010		06:00:00	24:00:00	Täglich	1	☐	☐	☐	☐	☐
5	3	01.01.2007	31.12.2010		08:00:00	24:00:00	Täglich	1	☐	☐	☐	☐	☐
6	1	01.07.2007	31.12.2010		09:00:00	17:00:00	Wöchentlich	1	☐	☐	☐	☐	☑

Abbildung 12.22 Customizing – Definition einer Terminserienregel

Dienstleistungen zur Raumreservierung

Dienstleistungsarten und -gruppen

Die zu einer Raumreservierung möglichen *Dienstleistungsarten* (siehe Abbildung 12.23) werden im Customizing von SAP RE definiert und zu *Dienstleistungsgruppen* zusammengefasst. Dienstleistungsgruppen können somit beispielsweise das Catering oder aber die technische Ausstattung und Betreuung einer Veranstaltung enthalten.

Dienstleistart	Dienstleistungsart	Defaultpreis	Währ.
BEAM	Beamer	40,00	EUR
BEAP	Tragbarer Beamer	30,00	EUR
CAT1	Belegte Brötchen	0,70	EUR
CAT2	Kaffee	10,00	EUR
FRUI	Obst	1,00	EUR

Abbildung 12.23 Customizing – Dienstleistungen zur Raumreservierung

Die *Dienstleistungsgruppen* können anschließend Reservierungsbereichen, Reservierungsobjektarten und Reservierungsarten zugeordnet werden (siehe Abbildung 12.24). Auf diese Weise können Sie beispielsweise festlegen, dass für Veranstaltungen mit der Reservierungsart EXTERN Cateringleistungen gebucht werden können, während dies für interne Veranstaltungen nicht möglich ist. Wenn Sie die Felder RESERVIERUNGSBEREICH, RESERVIERUNGSOBJEKTART und/oder RESERVIERUNGSART nicht ausfüllen, gelten die Einstellungen für alle Reservierungen, unabhängig von deren Reservierungsbereich, Reservierungsobjektart und Reservierungsart.

Reserv.	Bez. Reserv.bereich	Res.obj.	Reservierungsobjart	Reserv.	Bez. Reserv.art	Gruppe	Dienstleistungsgr.
1	Reservierungsbereich 1	S1	Meetingraum klein	01	Intern	CAT	Catering
1	Reservierungsbereich 1	S1	Meetingraum klein	01	Intern	SERV	Dienstleistungen
1	Reservierungsbereich 1	S1	Meetingraum klein	02	Extern	CAT	Catering
1	Reservierungsbereich 1	S1	Meetingraum klein	02	Extern	CATE	Catering Casino
1	Reservierungsbereich 1	S1	Meetingraum klein	02	Extern	SERV	Dienstleistungen
1	Reservierungsbereich 1	S1	Meetingraum klein	IK	Konferenzraum	CAT	Catering
1	Reservierungsbereich 1	S1	Meetingraum klein	IK	Konferenzraum	CATE	Catering Casino

Abbildung 12.24 Dienstleistungsgruppen zur Reservierung – Customizing

12.6.2 Preisfindung

Die Preise für Raumreservierungen, für Catering im Zusammenhang mit Veranstaltungen usw. können entweder unternehmensintern im Controlling gebucht werden oder aber – bei externen Reservierungen – dem jeweiligen externen Geschäftspartner in Rechnung gestellt werden.

Betrag pro Zeiteinheit

Grundlage für die Preisfindung für Raumreservierungen und Raumbelegungen sind die in den Reservierungsobjekten hinterlegten *Beträge pro Zeiteinheit*. Auf den Reservierungsobjekten können verschiedene Konditionen wie z. B. Grundmiete und Nebenkosten hinterlegt werden. Die für ein Reservierungsobjekt zulässigen Konditionsarten resultieren aus den Konditionsarten, die der zur Reservierungsobjektart zugehörigen Gesuchsart zugeordnet sind (siehe Abbildung 12.20).

Preiscodes Eine weitere Möglichkeit zur Preisfindung bietet die Nutzung von *Preiscodes*. Die Preisermittlung über Preiscodes können Sie nutzen, wenn in Ihrem Unternehmen keine festen Preise für Reservierungen oder Dienstleistungen bestehen, sondern wenn die Preisfindung von verschiedenen Kriterien beeinflusst wird. Es erfolgt eine *mehrstufige Ableitung* des Preises in Abhängigkeit von Werten wie der Dauer des Termins, dem Wochentag, an dem der Termin stattfindet, der Reservierungsart o.Ä. Einige der möglichen Felder sind in Abbildung 12.25 aufgeführt.

DAYS	Dauer des Termins in Tagen
HOURS	Dauer des Termins in Stunden
ISALLDAY	Es handelt sich um einen Ganztagstermin
ISHOLIDAY	Der Termin findet (ganz oder teilweise) an einem Feiertag statt
ISWEEKEND	Der Termin findet (ganz oder teilweise) an einem Sonntag statt
NEIGHBORH1	1. Lagefeld des Reservierungsobjektes
NEIGHBORH2	2. Lagefeld des Reservierungsobjektes
NEIGHBORH3	3. Lagefeld des Reservierungsobjektes
PRICECODE	. Preiscode
RECURCOUNT	Anzahl der Termine (bei Serientermin)

Abbildung 12.25 Variablen für die Definition von Preiscodes – Customizing

Auf diese Weise können zum Beispiel Staffelpreise in Abhängigkeit von der Dauer der Veranstaltung definiert werden.

[zB]

Preisstaffel

Ein Beispiel für eine solche Preisstaffel zeigt Abbildung 12.26. Der Preiscode kann neben der Dauer des Termins auch von der konkreten Lage und Ausstattung des Reservierungsobjekts abhängen oder davon, ob die Veranstaltung an einem Wochentag, am Wochenende oder an einem Feiertag stattfindet.

Ableitungsregel Staffelpreis bis 10 Tage
kein Wertfilter aktiv

Konditionsart	Dauer des Termins i	bis Dauer des Termins in Tag	Re	zu	Bew	Einheitspreis	Währung
10	0,00	10,00	BX	=	1008	200,000000	EUR
10	10,01	9.999,00	BX	=	1008	100,000000	EUR

Abbildung 12.26 Customizing von Preiscodes – Preisstaffel

Die Ableitung des Preises über einen Preiscode ist sowohl für Raumreservierungen und die permanente Raumbelegung als auch für Dienstleistungen, die im Zusammenhang mit einer Raumreservierung erbracht werden, möglich.

Stornokosten Wenn Sie eine Raumreservierung vorgenommen haben, die geplante Veranstaltung aber doch nicht zum vereinbarten Termin stattfindet, können Sie für die Stornierung der Raumreservierung *Stornokosten*

berechnen. Die Berechnung der Stornokosten hängt vom Zeitraum zwischen der Stornierung und dem geplanten Veranstaltungsbeginn ab: Je länger dieser Zeitraum ist, desto niedriger sind im Allgemeinen die Stornokosten. Die Berechnung der Stornokosten kann als Prozentsatz der ursprünglichen Kosten, als Festbetrag oder aber als Betrag pro Zeiteinheit erfolgen. Sie haben außerdem die Möglichkeit, einen Mindest- oder einen Maximalbetrag für die Stornokosten anzugeben.

Stornokosten [zB]

Die in Abbildung 12.27 gezeigten Stornokosten betragen 10 % der Raumkosten, mindestens aber 50 EUR bei einer Reservierung bis zu sieben Tage vor dem Beginn der Veranstaltung. Storniert der Auftraggeber die Reservierung bis zu einem Tag vor Beginn der Veranstaltung, muss er 50 % der Raumkosten, mindestens aber 50 EUR zahlen. Wird die Reservierung erst am Tag der Veranstaltung storniert, so fallen die vollen Kosten an.

Regel zur Berechnung der Stornokosten

Laufende Nummer	Regel	Zeit...	Ma...	Pr...	Stornobetrag	Zeit...	Mindestbetrag
1	Prozentsatz ursprüngliche Kosten	1	TAG	50	50,00		50,00
2	Prozentsatz ursprüngliche Kosten		TAG	100			50,00
3	Prozentsatz ursprüngliche Kosten	7	TAG	10	50,00		

Abbildung 12.27 Stornokosten für Raumreservierung – Customizing

12.6.3 Umzugsplanung

Positionen zur Reservierungsobjektart

In einem Raum befinden sich mehrere Arbeitsplätze, die sogenannten *Positionen*. Die Anzahl der Positionen wird beim Anlegen und Aktualisieren des Reservierungsobjekts aus dem architektonischen Objekt übernommen. Die Positionen können nummeriert werden, um die einzelnen Arbeitsplätze voneinander unterscheiden zu können. Außerdem können Sie einer Kombination aus *Reservierungsobjektart* und *architektonischem Objekttyp* eine *architektonische Funktion* zuweisen (siehe Abbildung 12.28). Dadurch können die tatsächlichen Arbeitsplätze bzw. Positionen separat dargestellt werden.

Platzdefinition: Arch. Objektarten

Res.objart	Res.objektart	Arch.O.Typ	Bez.Arch.ObjTyp	Funktion	Bez.Arch.Funk.
BX	BX Großraumbüro	06WP	Arbeitsplatz 1	WP1	Arbeitsplatz 1
BY	BY Standardbüro	06WP	Arbeitsplatz 1	WP1	Arbeitsplatz 1
F1		05RM	Room	F1	Einzelbüro

Abbildung 12.28 Positionen zur Reservierungsobjektart zuweisen – Customizing

Sperrgründe

Möglicherweise können Räume im Verlauf von Umbauarbeiten o.Ä. nicht oder nicht vollständig genutzt werden. Während solcher Maßnahmen können den betroffenen Reservierungsobjekten *Sperrgründe* zugeordnet werden. Während ein Reservierungsobjekt gesperrt ist, kann es nicht in einer Umzugsplanung berücksichtigt werden. Weiterhin kann für gesperrte Objekte die Berechnung von Preisen für die permanente Raumbelegung unterbunden werden. Beispiele für Sperrgründe zeigt Abbildung 12.29.

Sperrgründe von Reservierungsobjekten

Sperrgrund	Sperrgrundtext
RES1	wird umgebaut
RES2	neue Belegung offen
RES3	reserviert

Abbildung 12.29 Sperrgründe für die Belegung – Customizing

Umzugsarten

Um Umzüge einzelner Mitarbeiter und Umzüge kompletter Büros oder Gebäude im Informationssystem voneinander unterscheiden zu können, werden *Umzugsarten* definiert. Diese haben rein informativen Charakter, können aber neben den schon erwähnten Kriterien beispielsweise auch dazu dienen, interne Umzüge und Umzüge, mit deren Durchführung ein externes Umzugsunternehmen beauftragt wurde, separat auszuwerten.

12.7 Zusammenfassung

Nachdem wir uns in den vorherigen Kapiteln hauptsächlich mit der externen Vermietung von Wohn- und Gewerbeimmobilien beschäftigt haben, haben Sie in diesem Kapitel einen Überblick über die Nutzung von SAP RE für die unternehmensinterne Verwaltung von Räumen erhalten. Neben der Reservierung von Besprechungs- und Konferenzräumen sind wir auf die Abbildung der Raumbelegung durch Mitarbeiter Ihres Unternehmens sowie auf die Planung und Durchführung von Umzügen innerhalb des Unternehmens eingegangen.

SAP RE greift für einige zentrale Prozesse – wie etwa die Nebenkostenabrechnung und das Buchen – auf die Möglichkeiten anderer Applikationen und Komponenten von SAP ERP zurück. Das Kapitel stellt die Beziehungen von SAP RE zu weiteren ERP-Komponenten dar.

13 Integration

Im vorliegenden Kapitel lernen Sie die engen Verbindungen zwischen den Immobilienobjekten von SAP RE und den Stamm- und Bewegungsdaten anderer SAP-Komponenten kennen. Neben dem Immobilien-Controlling wollen wir Sie mit den Integrationsmöglichkeiten von SAP RE zum Projektsystem, zum Haushaltsmanagement, zur Anlagenbuchhaltung und zur Instandhaltung vertraut machen.

13.1 Controlling

Zentrale Aufgabe

Immobilien-Controlling ist angesichts der großen Werte, die Immobilien im Unternehmen darstellen, eine zentrale Aufgabe. Wie bekommt man die Kosten, die Immobilien verursachen, unter Kontrolle? Wie ermittelt man, welchen wirtschaftlichen Nutzen eine Immobilie erbringt? In SAP RE stehen vielfältige Möglichkeiten zur Verfügung, die Ihnen einen Überblick darüber verschaffen, wie effizient eine Immobilie bewirtschaftet wird.

In Abbildung 13.1 sehen Sie beispielsweise eine Gegenüberstellung von Plan- und Ist-Werten für die Kosten und Erlöse einer Immobilie (hier einer Wirtschaftseinheit). Im Folgenden erfahren Sie, wie Immobilienobjekte in CO eingebettet sind und welche Möglichkeiten sich hieraus für Sie ergeben.

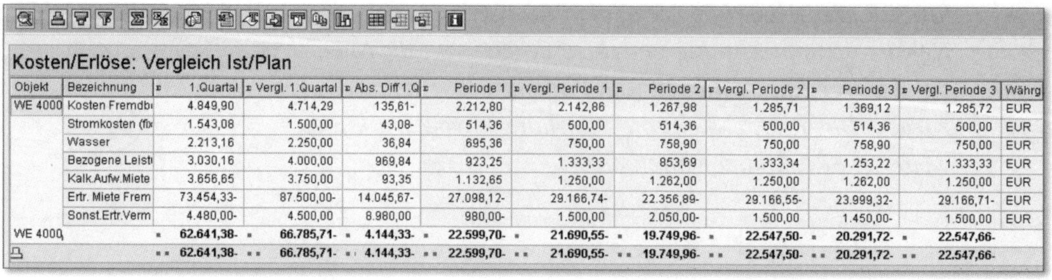

Kosten/Erlöse: Vergleich Ist/Plan

Objekt	Bezeichnung	1.Quartal	Vergl. 1.Quartal	Abs. Diff 1.Q	Periode 1	Vergl. Periode 1	Periode 2	Vergl. Periode 2	Periode 3	Vergl. Periode 3	Währg
WE 4000	Kosten Fremdb	4.849,90	4.714,29	135,61-	2.212,80	2.142,86	1.267,98	1.285,71	1.369,12	1.285,72	EUR
	Stromkosten (fix	1.543,08	1.500,00	43,08-	514,36	500,00	514,36	500,00	514,36	500,00	EUR
	Wasser	2.213,16	2.250,00	36,84	695,36	750,00	758,90	750,00	758,90	750,00	EUR
	Bezogene Leist	3.030,16	4.000,00	969,84	923,25	1.333,33	853,69	1.333,34	1.253,22	1.333,33	EUR
	Kalk.Aufw.Miete	3.656,65	3.750,00	93,35	1.132,65	1.250,00	1.262,00	1.250,00	1.262,00	1.250,00	EUR
	Ertr. Miete Frem	73.454,33-	87.500,00-	14.045,67-	27.098,12-	29.166,74-	22.356,89-	29.166,55-	23.999,32-	29.166,71-	EUR
	Sonst.Ertr.Verm	4.480,00-	4.500,00	8.980,00	980,00-	1.500,00	2.050,00-	1.500,00	1.450,00-	1.500,00	EUR
WE 4000		**62.641,38-**	**66.785,71-**	**4.144,33-**	**22.599,70-**	**21.690,55-**	**19.749,96-**	**22.547,50-**	**20.291,72-**	**22.547,66-**	
		62.641,38-	**66.785,71-**	**4.144,33-**	**22.599,70-**	**21.690,55-**	**19.749,96-**	**22.547,50-**	**20.291,72-**	**22.547,66-**	

Abbildung 13.1 Gegenüberstellung der Plan- und Ist-Werte für Kosten und Erlöse einer Immobilie

13.1.1 Kostenrechnungsbelege

Voraussetzung dafür, Analysen von Kosten und Erlösen zu einer Immobilie erstellen zu können, ist, die Kosten und Erlöse zunächst möglichst verursachergerecht zuzuordnen. Ein Beispiel für die verursachergerechte Zuordnung haben Sie bereits in Kapitel 7, »Rechnungswesen«, gesehen: die periodischen Buchungen zum Vertrag.

Immobilien als Kontierungsobjekte

Wenn Sie sich die Belege einmal genau ansehen, werden Sie feststellen, dass Kosten und Erlöse zwar auf Kostenartenkonten gebucht sind, aber keine der sonst üblichen Nebenkontierungen wie Kostenstelle, Auftrag oder PSP-Element aufweisen. Die Kontierung erfolgt stattdessen auf Immobilienobjekte.

[zB]

Periodische Buchung: Kosten verursachergerecht zuordnen

Sie haben einen Vertrag mit einem Wachschutzunternehmen abgeschlossen und es beauftragt, zwei Ihrer Gebäude zu bewachen. Die Verbindlichkeiten und die anfallenden Kosten werden über einen kreditorischen Vertrag gebucht. Die gebuchten Kosten sollen im Verhältnis der Flächen der Gebäude diesen Gebäuden zugeordnet werden.

Dieses Beispiel haben wir in Abschnitt 7.2, »Periodische Buchungen«, bereits besprochen und festgestellt, dass die notwendigen Buchungen über die Verteilungsregeln zu den Konditionen und den Objektfinanzstrom ausgeführt werden können.

In Abbildung 13.2 sehen Sie die Liste der Belege, die durch die periodische Buchung zu diesem Vertrag entstanden sind. Der erste Beleg enthält die Buchung der Verbindlichkeit (Buchung über den Zahlungsfinanzstrom), der zweite die Verteilungsbuchung (Buchung über den Objektfinanzstrom).

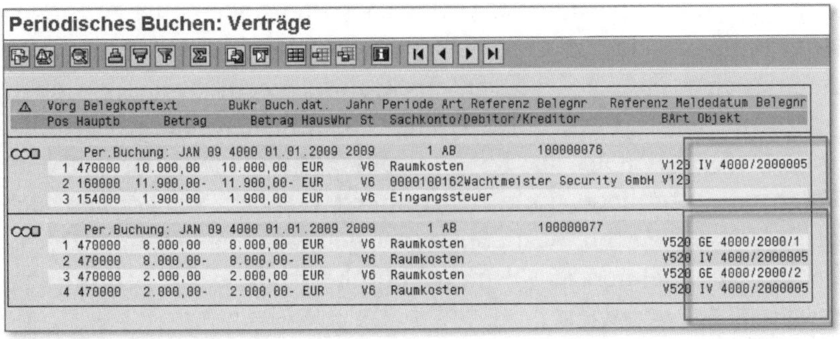

Abbildung 13.2 Belege der periodischen Buchung mit Verteilung auf Gebäude

Erste Buchung

Die erste Buchung bucht die Kosten zunächst auf den Vertrag 4000/2000005 (Buchungszeile 1 des Beleges, Spalte OBJEKT). Diese Buchung stellt aus Controlling-Sicht dar, dass der eigentliche Verursacher der Kosten der Vertrag ist. Nun ist der Vertrag aber kein Selbstzweck; er wurde geschlossen, um die Bewachung der Gebäude sicherzustellen, somit sind die eigentlichen Verursacher der Kosten die betroffenen Gebäude. Will man eine saubere Darstellung im Controlling haben, sollte man die Kosten auf die Gebäude umbuchen. Die Kosten werden daher in diesem Beispiel nach Regeln, die im Vertrag hinterlegt sind, im Zuge der periodischen Buchung auf die betroffenen Gebäude verteilt. Verantwortlich hierfür sind die Verteilungsregeln zur Kondition.

Zweite Buchung

Die Verteilungsbuchung der periodischen Buchung (zweiter Beleg in Abbildung 13.2) entlastet aus Sicht des Controllings den Vertrag 4000/2000005 (Buchungszeilen 2 und 4 des zweiten Beleges in der Abbildung, Abkürzung IV = Immobilienvertrag) und belastet stattdessen die Gebäude 4000/2000/1 und 4000/2000/2 mit den anteiligen Kosten (Buchungszeilen 1 und 3 des zweiten Beleges, Abkürzung GE = Gebäude).

Immobilienkontierung

In unserem Beispiel wurde die Kostenbuchung auf die Gebäude maschinell über eine periodische Buchung erzeugt. Derartige Buchungen kann man nicht nur maschinell über die periodischen Buchungen für Verträge, sondern auch manuell über die Standardbuchungstransaktionen der Finanzbuchhaltung FB01, FB50, FB60 usw. vornehmen – das wird sogar der häufigere Fall sein. In Kapitel 7, »Rechnungswesen«, finden Sie Erläuterungen zum Buchen.

Rechnungswesenbelege

Immobilienobjekte sind also analog zu Kostenstellen oder Aufträgen Kontierungsobjekte im Controlling der ERP-Komponente Financials. Beim Buchen eines Beleges auf ein Konto, das eine Primärkostenart oder eine Erlösart ist, wird parallel ein *Kostenrechnungsbeleg* (CO-Beleg), also ein Beleg in der Controlling-Komponente in SAP ERP Financials, für dieses Immobilienobjekt erzeugt. Sie können sich diese Belege ansehen, wenn Sie in der Beleganzeige der Finanzbuchhaltung (Transaktion FB03) im Menü über Umfeld auf RECHNUNGSWESENBELEGE verzweigen.

Über den Menüeintrag RECHNUNGSWESENBELEGE erhalten Sie eine Übersicht über Belege in anderen Komponenten von SAP ERP, die in Folge einer Buchung in der Finanzbuchhaltung erzeugt wurden – so auch unser Kostenrechnungsbeleg, der die Gebäude belastet.

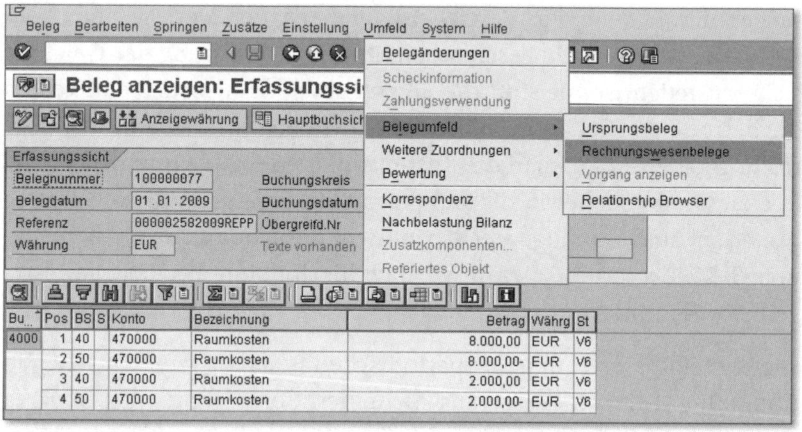

Abbildung 13.3 Verknüpfte Rechnungswesenbelege anzeigen

Kostenrechnungsbeleg und Vorsteuerbeleg

In Abbildung 13.3 sehen Sie, dass zum Buchhaltungsbeleg ein Kostenrechnungsbeleg und ein Vorsteuerbeleg erzeugt wurden (siehe auch Abbildung 13.4). Letzterer ist die Grundlage für die in Kapitel 10, »Steuerliche Aspekte der Immobilienverwaltung«, besprochene Vorsteueraufteilung.

Kostenrechnungsbeleg

Aus der Liste der verknüpften Rechnungswesenbelege können Sie per Doppelklick in den Kostenrechnungsbeleg abspringen und die im Controlling fortgeschriebenen Detaildaten ansehen (siehe Abbildung 13.5).

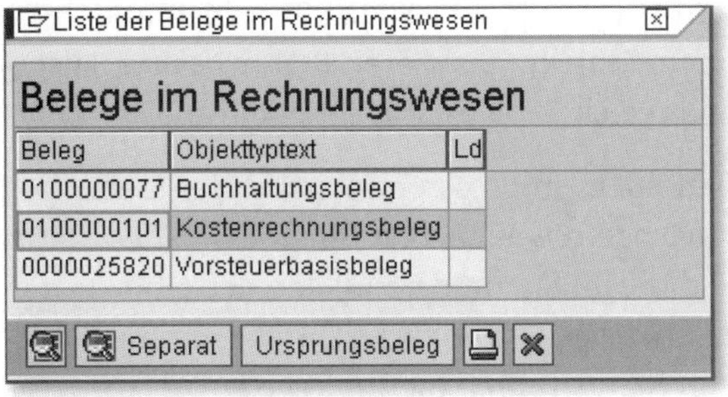

Abbildung 13.4 Liste der verknüpften Rechnungswesenbelege

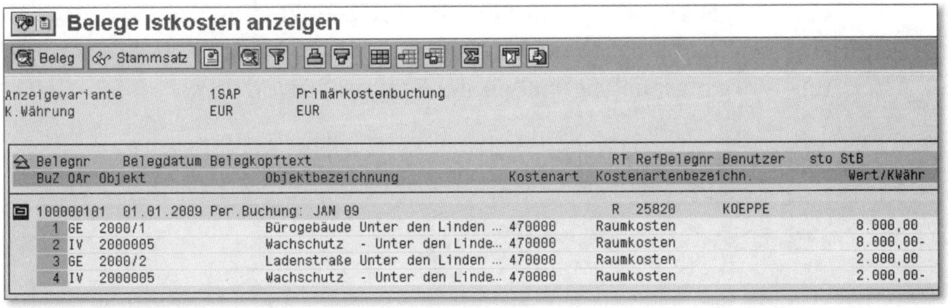

Abbildung 13.5 Kostenrechnungsbeleg

CO-Status

Sie können auf der Ebene eines Immobilienobjekts steuern, ob auf dieses kontiert werden kann oder nicht. Die Steuerung erfolgt über den *CO-Status*. Jedes Controlling-Objekt – Kostenstellen, Aufträge, Immobilienobjekte – ist an die sogenannte CO-Status-Verwaltung angeschlossen. Hierdurch ist es möglich, automatisch durch das System oder manuell durch den Benutzer ein oder mehrere Status auf dem Objekt zu setzen.

[zB]

CO-Status

Beispielsweise erhält jedes Objekt automatisch durch das System den Status ANGL (angelegt), sobald es gesichert ist.

Das CO-Objekt kann mehrere weitere Status haben, z.B.:

- FREI (zum Buchen freigegeben)
- PLEP (Planeinzelposten schreiben erlaubt)

Regeln zu Status

Diese Status können teilweise auch gleichzeitig gelten; andere Status schließen sich gegenseitig aus: So kann ein Objekt nicht gleichzeitig die Status FREI (zum Buchen freigegeben) und KTSP (Kontierungssperre) haben. Im System sind zu jedem Status Regeln hinterlegt – welche Aktionen mit einem Objekt, das diesen Status besitzt, ausgeführt werden können und welche Folgestatus möglich sind.

Kontierungsfreigabe

Wenn Sie ein Immobilienobjekt mit Kosten oder Erlösen bebuchen wollen, müssen Sie es zunächst freigeben, d.h., Sie müssen den Status FREI setzen. Wählen Sie dazu im Stammdatendialog des Objekts den Pfad Bearbeiten • Status ändern • Freigeben. Die für ein Immobilienobjekt aktuell gesetzten Status finden Sie im Register Allgemeine Daten. In Abbildung 13.6 sehen Sie, dass das Immobilienobjekt nach der Freigabe den Status FREI besitzt. Einen Überblick darüber, welche Vorgänge oder Aktionen für ein Objekt dieses Status möglich sind, können Sie sich durch Anklicken des Buttons Status (Übersicht und Vorgangsanalyse) neben der Statusanzeige verschaffen.

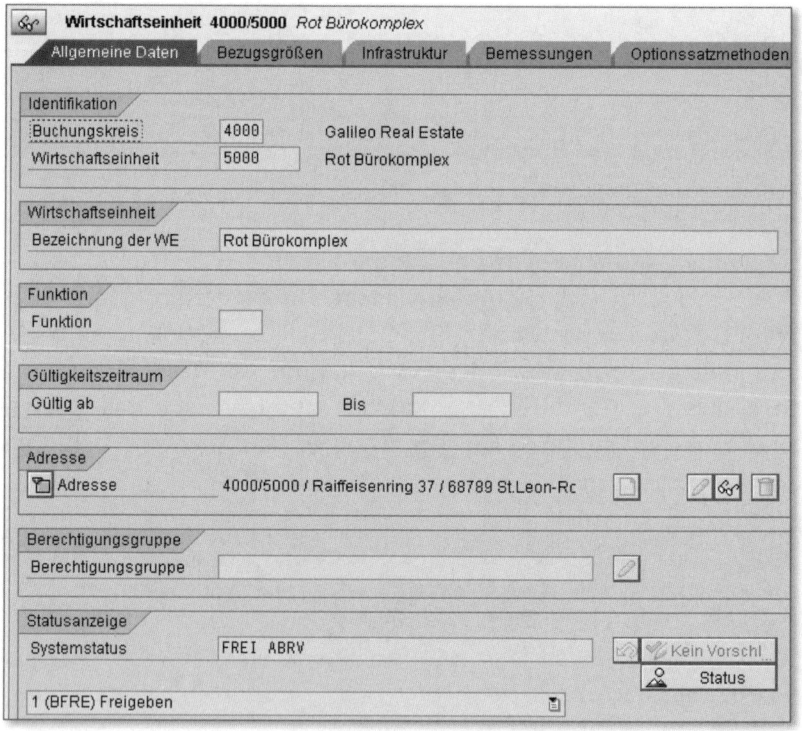

Abbildung 13.6 Status der Wirtschaftseinheit nach Freigabe

Sonderfälle

Nur Immobilienobjekte, die freigegeben sind, können Sie als Kontierungsobjekte beim Buchen benutzen. Folgende Besonderheiten sind zu beachten:

- Mietobjekte erhalten, sobald sie angelegt wurden, automatisch den Status FREIGEGEBEN.
- Verträge sind zum Buchen freigegeben, sobald sie aktiviert sind.
- Abrechnungseinheiten werden nicht bebucht, sondern hier werden die jeweils zugehörigen Kostensammler bebucht. Deren Freigabe erfolgt während ihrer Generierung. Näheres hierzu finden Sie in Kapitel 9, »Nebenkostenabrechnung«.

Echte und unechte Kontierungen

Im Controlling des SAP-Systems unterscheidet man echte und unechte, also statistische Kontierungen. Eine Belegzeile, die auf eine Kostenart bucht, erzeugt immer genau eine echte Buchung im CO, d.h. eine CO-Belegzeile für genau ein Kontierungsobjekt. Man kann außerdem zusätzliche Kontierungsinformationen mitgeben, die allerdings im Controlling nicht zu einer echten Buchung führen – die Kosten sind in diesem Fall einem weiteren CO-Objekt informativ zugeordnet.

[!]

Immobilienkontierung = echte Kontierung

Für Immobilienobjekte gilt: Eine Buchung auf ein Immobilienobjekt ist *immer* eine echte Kontierung; Immobilienobjekte können nicht statistisch kontiert werden.

Immobilienobjekte können als echte CO-Kontierungsobjekte nicht nur Ist-Werte (aus Primärbuchungen oder CO-Buchungen), sondern auch Obligo-Werte (aus Bestellungen) und Planwerte tragen.

13.1.2 Planung auf Immobilienobjekte

Kosten und Leistungsaufnahme

Für Immobilienobjekte besteht – wie auch für andere CO-Objekte – die Möglichkeit, Kosten und Erlöse zu planen. Die entsprechenden Transaktionen – RECOPLCST02 (Kostenarten und Leistungsaufnahme planen) und RECOPLREV02 (Erlöse planen) – finden Sie im Anwendungsmenü unter RECHNUNGSWESEN • FLEXIBLES IMMOBILIENMANAGEMENT • CONTROLLING • TRANSAKTIONEN.

Die Planung der Kosten schließt auch die Planung der Leistungsaufnahme ein. Hierbei geht es um Leistungen, die z. B. eine Kostenstelle wie etwa die Hausmeisterkostenstelle für ein Immobilienobjekt erbringen soll und die über eine Sekundärkostenart an das Immobilienobjekt verrechnet werden sollen.

Im Standard von SAP RE können Sie auf Wirtschaftseinheiten, Gebäude und Grundstücke planen. Die Planung auf der Ebene von Mietobjekten ist aus betriebswirtschaftlicher Sicht nur in wenigen Fällen sinnvoll, da sie im Allgemeinen zu detailliert ist.

Planung auf Mieteinheiten Sollte in Ihrem Hause die Notwendigkeit der Planung auf Mieteinheiten bestehen, so kann die Planungsfunktion auch für Mietobjekte aktiviert werden. Sie sollten hier jedoch bedenken, dass bei der Planung auf niedrigster Hierarchieebene unter Umständen sehr große Datenmengen entstehen, die möglicherweise zu negativen Folgen für die Performance der Programme führen können.

Abrechnungseinheiten Das Planen auf Abrechnungseinheiten ist nur im Zusammenhang mit Wirtschaftsplänen (Hausgeldanpassung) in der Verwaltung von Wohnungseigentümergemeinschaften vorgesehen. Details hierzu finden Sie in Abschnitt 16.2, »WEG- und Fremdverwaltung«.

Planungsvoraussetzungen Voraussetzung für die Planung ist die Freigabe jedes der zu beplanenden Immobilienobjekte (Kontierungsfreigabe, Status FREI setzen). Möchten Sie nicht nur Summensätze, sondern auch Einzelposten planen, muss auf den zu beplanenden Immobilienobjekten der entsprechende Status gesetzt sein, der Einzelpostenplanung zulässt. Um dies zu erreichen, müssen Sie den betroffenen Immobilienobjekten im Stammdatendialog ein Statusschema zuordnen, das einen entsprechenden Status, der meist PLEP (Planeinzelposten) genannt wird, enthält. Entsprechende Einstellungen finden Sie im Customizing von SAP RE unter ÜBERGREIFENDE EINSTELLUNGEN ZU STAMMDATEN UND VERTRAG • ANWENDERSTATUS UND VORGANGSSTEUERUNG.

Sie müssen außerdem im Customizing ein *Planungslayout* (gegebenenfalls auch für Excel-Planung) anlegen, das die Immobilienobjektarten enthält. Sie finden diese Einstellungen im Customizing des SAP RE unter CONTROLLING • PLANUNG.

Finanzstrom in CO-Planung überführen Im Anwendungsmenü von SAP RE stehen Ihnen unter CONTROLLING • PLANUNG • PLANUNGSHILFEN Transaktionen zur Verfügung, die Ihre Planung unterstützen. Neben den aus dem Controlling im SAP-System bekannten Möglichkeiten, Ist-Werte als Kopiervorlage für die Planung zu benutzen oder Planwerte einer Version in eine andere Planversion zu übernehmen, ist hier eine spezifische Möglichkeit von

SAP RE hervorzuheben: Die Möglichkeit, die Daten aus dem Finanzstrom von Verträgen direkt in die CO-Planung zu überführen (Transaktion RECOPLCFCOPY, Kopie Finanzstrom in CO-Planung).

[!]

Immobilienobjekte sind nicht planintegriert

Immobilienobjekte sind nicht planintegriert, es werden insbesondere auf Immobilienobjekten geplante Leistungsaufnahmen nicht als Leistungsabgaben auf die entsprechenden leistenden Objekte (z. B. Kostenstellen) übernommen.

Sie können hingegen Plandaten mit Hilfe der Transaktion 1KEO (Plandatenübernahme in die Profit-Center-Rechnung) auf Profit-Center manuell übernehmen. Voraussetzung hierfür ist, dass auf Einzelpostenebene geplant wurde (Status PLEP).

13.1.3 Abrechnung

Die CO-Abrechnung dient dazu, auf CO-Objekten angefallene Kosten und Erlöse ganz oder teilweise an andere CO-Objekte weiterzuverrechnen und hierbei die ursprünglichen Objekte zu entlasten. Gehen Sie bei der CO-Abrechnung folgendermaßen vor:

1. Hinterlegen Sie zunächst die Regel für die Aufteilung der Kosten und Erlöse im Stammdatendialog des zu entlastenden Immobilienobjekts in Form einer CO-Abrechnungsvorschrift (Pfad im jeweiligen Stammdatendialog BEARBEITEN • CO-ABRECHNUNGSVORSCHRIFT).
2. Für die Durchführung der CO-Abrechnung verwenden Sie eine der Transaktionen, die Sie im Anwendungsmenü von SAP RE unter CONTROLLING • PERIODENABSCHLUSS • ABRECHNUNG finden (Transaktionen RECOSESNG für die Einzelverarbeitung oder RECOSEVAR für die Sammelverarbeitung).

[+]

Voraussetzungen für die Abrechnung

Voraussetzung für die Abrechnung sind entsprechende Einstellungen, die Sie im Customizing von SAP RE unter dem Menüpunkt CONTROLLING • CO-ABRECHNUNG vornehmen können.

Infosystem: Stammdaten Einzelposten Ist

Beleg Stammsatz

Belegnr	Kostenart	Kostenartenbezeichn.	OAr	Objekt	Wert/KWähr	PAr	Partnerobjekt
100000380	415000	Kosten Fremdbezug	WE	5000	2.000,00		
100000381	415000	Kosten Fremdbezug	WE	5000	200,00		
*	415000	Kosten Fremdbezug			2.200,00		
100000382	417000	Bezogene Leistungen	WE	5000	800,00		
*	417000	Bezogene Leistungen			800,00		
300000000	600100	Interne Abr. Mat.ko.	WE	5000	1.540,00-	GE	5000/1
300000000	600100	Interne Abr. Mat.ko.	WE	5000	660,00-	GR	5000/1
*	600100	Interne Abr. Mat.ko.			2.200,00-		
300000000	600300	Interne Abr.sonstige	WE	5000	16.940,00	GE	5000/1
300000000	600300	Interne Abr.sonstige	WE	5000	7.260,00	GR	5000/1
*	600300	Interne Abr.sonstige			24.200,00		
100000383	841000	Ertr. Miete Fremdnu.	WE	5000	25.000,00-		
*	841000	Ertr. Miete Fremdnu.			25.000,00-		
**					0,00		

Abbildung 13.7 CO-Einzelposten nach erfolgter Abrechnung

Nach der Abrechnung

Das Ergebnis einer CO-Abrechnung sehen Sie in Abbildung 13.7. Nach erfolgter Abrechnung ist das Senderobjekt (die Wirtschaftseinheit) komplett entlastet – die Summe der Einzelposten ist null.

Die *Entlastung* wurde über einen CO-Beleg gebucht (Belegnummer 300000000). Die *Buchung* wurde jeweils über Sekundärkostenarten 600100 bzw. 600300 ausgeführt. Die *Empfänger* der Kosten und Erlöse sind in den Buchungszeilen als Partnerobjekte vermerkt – es sind das Gebäude 5000/1 (Abkürzung GE = Gebäude) und das Grundstück 5000/1 (Abkürzung GR = Grundstück) aus unserer CO-Abrechnungsvorschrift.

[!]

CO-Abrechnung im Plan

Die CO-Abrechnung im Plan ist für Immobilienobjekte nicht möglich.

13.1.4 Weitere CO-Funktionen für Immobilienobjekte

Manuelle Buchungen

Es ist möglich, manuelle Buchungen (Ist-Buchungen und Umbuchungen) zwischen CO-Objekten, also auch Immobilienobjekten, durchzuführen. Die Immobilienkontierungen sind in die Standard-CO-Transaktionen integriert. Sie finden diese Transaktionen im Anwendungsmenü von SAP RE unter CONTROLLING • ISTBUCHUNGEN.

Innerbetriebliche Leistungsverrechnung

Wie schon im Zusammenhang mit der Planung erwähnt wurde, können innerbetrieblich Leistungen verrechnet werden. Möchten Sie beispielsweise Leistungen einer Hausmeisterkostenstelle an ein Gebäude verrechnen, ist dies möglich. Immobilienobjekte können dabei *Empfänger* innerhalb der Leistungsverrechnung sein. Im Unterschied hierzu ist es nicht möglich, Immobilienobjekte als Sender einer Leistung zu verwenden.

Umlage und Verteilung

Die CO-Umlage und die CO-Verteilung sind Verfahren zur Verrechnung von Kosten auf andere CO-Objekte. Immobilienobjekte können in der Umlage und in der Verteilung sowohl als Sender als auch als Empfänger benutzt werden. Sie finden die entsprechenden Transaktionen im Anwendungsmenü von SAP RE unter CONTROLLING • PERIODENABSCHLUSS.

Statistische Kennzahlen

Umlage und Verteilung werden mit Hilfe sogenannter Zyklen durchgeführt. In diesen können Sie neben anderen Kriterien auch *statistische Kennzahlen* als Basis für die Umlage und die Verteilung benutzen. Statistische Kennzahlen können über entsprechende CO-Standard-Transaktionen manuell gepflegt werden. Darüber hinaus bietet SAP RE eine Besonderheit an: die Erzeugung von statistischen Kennzahlen aus Bemessungen der Immobilienobjekte. Sie verwenden hierfür die Transaktion RECOSTKFBD (Übernahme Bemessungen in statistische Kennzahlen). Stellen Sie zuvor im Customizing ein, welche Bemessungsarten aus welchen Ebenen der Immobilienobjekthierarchie für die Ermittlung bestimmter statistischer Kennzahlen heranzuziehen sind.

[!]

Keine Übermittlung von Vorsteuerinformationen

Bitte beachten Sie, dass bei CO-Buchungen generell die Vorsteuerinformationen nicht transportiert werden. Vorsteuerinformationen können nur bei Primärbuchungen fortgeschrieben werden.

13.1.5 Reporting

CO-bezogene Berichte

Im Infosystem von SAP RE steht Ihnen eine Reihe von Berichten zu CO-Daten zur Verfügung:

- Periodenübersichten
  - Ist-Werte, Ist statistische Kennzahlen
  - Planwerte, Plan statistische Kennzahlen
  - Obligo
- Periodenvergleiche
  - Ist/Plan: Kosten/Erlöse, statistische Kennzahlen
  - Ist Vorjahr: Kosten/Erlöse, statistische Kennzahlen

- Einzelpostenberichte (Ist und Obligo)
  - zu Immobilienobjekten (ohne Verträge)
  - zu Verträgen

Weitere Informationen zum Reporting erhalten Sie in Kapitel 14, »Infosystem«.

13.1.6 Profit-Center-Rechnung

Die Profit-Center-Rechnung erlaubt es Ihnen, Ihre betriebswirtschaftliche Erfolgsrechnung ergebnisorientiert nach Verantwortungsbereichen zu gliedern, z. B.:

- nach Regionen
- nach Produkten (Wohnungen, Büros, Einkaufscenter)

Im Unterschied zum bisher betrachteten Berichtswesen auf der Ebene der CO-Objekte – der Immobilien – können Sie die Daten auf der Ebene der Profit-Center verdichten und auf diese Weise die Ergebnisse mehrerer Objekte zusammenfassen und deren Rentabilität gemeinsam bewerten.

Stammdatenpflege Ist in Ihrem System die Profit-Center-Rechnung aktiv, kann jedes Immobilienobjekt einem Profit-Center zugeordnet werden. Die Zuordnung nehmen Sie im jeweiligen Stammdatendialog im Register BUCHUNGSPARAMETER, vor, wobei bei Mietobjekt und Vertrag in diesem Register der Eintrag ORGANISATORISCHE ZUORDNUNG zu wählen ist. Besitzt ein Immobilienobjekt kein eigenes Profit-Center, so »erbt« es das Profit-Center des ihm übergeordneten Objekts. Im Fall von Verträgen ist dies nur dann eindeutig möglich, wenn dem Vertrag ausschließlich Objekte des gleichen Profit-Centers zugeordnet sind.

AfA-Planung Sie können Planwerte für die in der Anlagenbuchhaltung periodisch ermittelten Abschreibungen einer Anlage in die Primärkostenplanung übernehmen (Programm RAKOLP02).

13.2 Projektsystem

PS Die SAP-Komponente Projektsystem (SAP PS) kann genutzt werden, um Neubauprojekte oder große Instandhaltungsmaßnahmen zu steuern und zu begleiten. Ziel ist es, Projekte kosten- und termingerecht abzuschließen. Um die Funktionen von SAP PS für die Immobilienverwaltung nutzen zu können, müssen Sie die Immobilienstammdaten der Komponente SAP RE mit den für die Projektsteuerung notwendigen Stammdaten des Projektsystems verknüpfen.

IM, FI-AA

In die Abbildung von Bauprojekten im SAP-System können außerdem die Komponenten Investitionsmanagement (IM) sowie die Anlagenbuchhaltung (FI-AA) eingebunden sein: Während die Planung und Finanzierung des Projekts im Investitionsmanagement abgebildet wird, erfolgt nach Beendigung des Bauprojekts der Zugang des Gebäudes in der Anlagenbuchhaltung.

Projektstrukturplan

In der SAP-Komponente PS wird die Aufbauplanung von Projekten mit Hilfe von *Projektstrukturplänen* realisiert. Der Projektstrukturplan gliedert das Projekt hierarchisch. Die Gliederung kann dabei nach einzelnen Projektphasen oder -funktionen, aber auch auf Basis der beteiligten Objekte erfolgen.

PSP-Element

Bestandteile des Projektstrukturplans sind die sogenannten *PSP-Elemente* (PSP = Projektstrukturplan). Diese sind hierarchisch angeordnet und bilden konkrete Vorhaben bzw. Maßnahmen innerhalb eines Projekts ab.

Bei der Integration zwischen SAP RE und SAP PS können Immobilienobjekten PSP-Elemente zugeordnet werden.

Dazu gehen Sie im RE-Navigator oder in der Pflegetransaktion des jeweiligen Immobilienobjekts ins Register ZUORDNUNGEN. Hier können neben technischen Plätzen oder CO-Innenaufträgen auch PSP-Elemente mit Immobilienobjekten verknüpft werden. Ein entsprechendes Beispiel zeigt Abbildung 13.9.

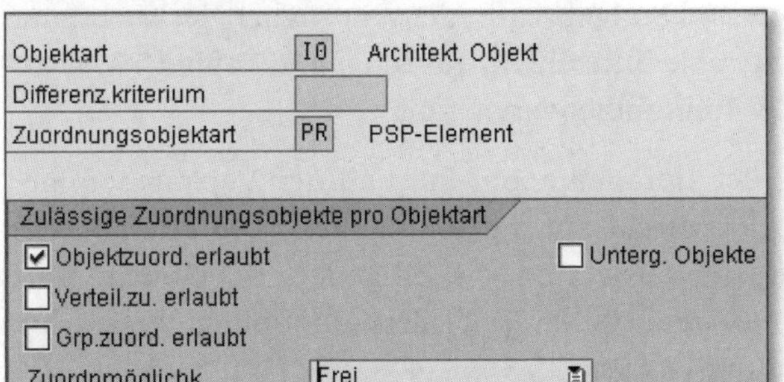

Abbildung 13.8 Zuordnung eines PSP-Elementes zu einer Wirtschaftseinheit

Customizing

Pflegen Sie im Customizing von SAP RE unter Übergreifende Einstellungen zu Stammdaten und Vertrag • Zuordnung von Projekten anderer Komponenten • technische Plätze/Anlagen/Projekte/CO-Aufträge zuordnen die Immobilienobjektarten, denen PSP-Elemente zugeordnet werden dürfen. Die Definition der Zuordnung zwischen architektonischen Objekten und PSP-Elementen zeigt Abbildung 13.9.

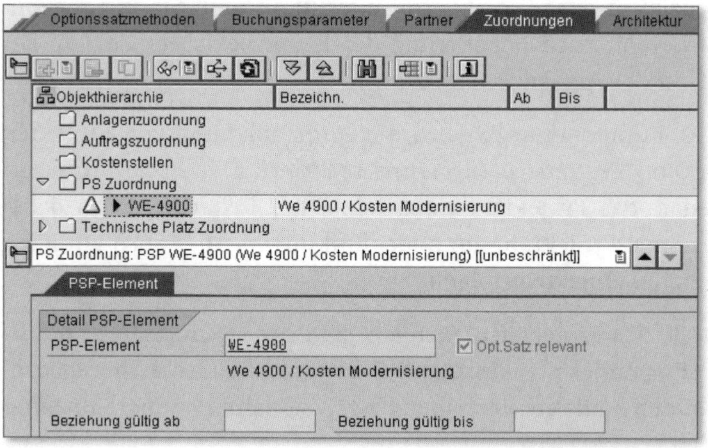

Abbildung 13.9 Zuordnung von PSP-Elementen zu architektonischen Objekten – Customizing

Sie können nun die Funktionen des Projektsystems für die Steuerung von Neubau- oder Instandhaltungsprojekten nutzen. Dazu ordnen Sie die im Projekt hierarchisch strukturierten PSP-Elemente dem jeweils relevanten Immobilienobjekt zu. Dadurch ist es möglich, die für einzelne Objekte anfallenden Plan- und Ist-Kosten und die zur Verfügung stehenden Ressourcen zu überwachen sowie die Einhaltung von Terminen und Budgets zu steuern. Bezüglich der Vorsteuerbehandlung beachten Sie bitte die Ausführungen in Kapitel 10, »Steuerliche Aspekte der Immobilienverwaltung«.

Integration CO-Reporting

Im CO-Reporting der Immobilienobjekte und der Verträge können Sie zusätzlich zu den direkt auf die Immobilien kontierten Kosten auch diejenigen Kosten auswerten, die auf andere CO-Objekte (Aufträge, PSP-Elemente) gebucht sind, die den Immobilien zugeordnet sind (siehe Abbildung 13.10).

Abbildung 13.10 Auswahl zusätzlich zu selektierender Objekte im CO-Reporting von SAP RE

13.3 Haushaltsmanagement

Die Komponente Public Sector Management (PSM) wird in der öffentlichen Verwaltung genutzt und enthält unter anderem Funktionen des Haushaltsmanagements (HHM). Ziel des Haushaltsmanagements ist eine detaillierte Budgetplanung und -kontrolle.

Finanz-, Buchungs- und Kostenrechnungskreis

Die oberste Hierarchiestufe innerhalb der Organisationseinheiten des Haushaltsmanagements bildet der *Finanzkreis*. Soll das Haushaltsmanagement in Verbindung mit anderen SAP-Komponenten genutzt werden, so wird der *Finanzkreis* einem *Buchungskreis* zugeordnet. Dadurch, dass der Buchungskreis seinerseits einem *Kostenrechnungskreis* zugeordnet ist, wird auf indirektem Wege auch eine Zuordnung des Finanzkreises zu einem Kostenrechnungskreis und somit die Integration ins Controlling erreicht.

[!]

Buchungs- und Finanzkreis – keine 1:1-Zuordnung

Es besteht jedoch keine 1:1-Zuordnung zwischen Buchungskreis und Finanzkreis, d.h., ein und derselbe Finanzkreis kann mehreren Buchungskreisen zugeordnet werden.

Kontierungen von HHM

Mögliche Kontierungen im Rahmen des Haushaltsmanagements, die Sie im Zusammenhang mit der Immobilienverwaltung benutzen können, sind Fond, Budgetperiode, Finanzposition, Finanzstelle, Funktionsbereich, Grant und Haushaltsmanagement-Programm.

Die Zuordnung eines Vertrages oder eines Immobilienobjekts zu den Kontierungselementen des Haushaltsmanagements nehmen Sie im Register BUCHUNGSPARAMETER vor. Im Vertrag und im Mietobjekt müssen Sie zusätzlich die Zeile für die Klauselart ORGANISATORISCHE ZUORDNUNGEN auswählen.

[!]

Sichtbare und unsichtbare Felder

Es sind jeweils nur die Felder sichtbar, die durch entsprechende Einstellungen im Customizing der Komponenten des Haushaltsmanagement-Systems vorgegeben werden.

Betrachten wir die Kontierungsmöglichkeiten etwas genauer:

- **Finanzpositionen und -stellen**
  Finanzpositionen bilden die sachliche Gliederung der Einnahmen und Ausgabenstruktur einer Organisation ab, während *Finanzstellen* die organisatorische Gliederung einer Organisation in Abteilungen, Projekte o.Ä. abbilden.
- **Funktionsbereiche und Haushaltsprogramme**
  Funktionsbereiche dagegen beschreiben die Struktur der Ausgaben in der öffentlichen Verwaltung und bilden somit die Mittelverwendung ab. Mit *Haushaltsprogrammen* können neben dem Funktionsbereich weitere funktionale Gliederungen von Ausgaben abgebildet werden.
- **Fonds, Budgetperiode, Grant**
  Über die Zuordnung zu *Fonds* können Sie einen detaillierten Herkunftsnachweis bezüglich Ihrer Finanzmittel durchführen. Die *Budgetperiode* erlaubt eine zeitliche Zuordnung der eingesetzten Mittel. Über den *Grant* wird das Verhältnis zwischen Fördermittelgeber und Fördermittelempfänger abgebildet.

Beim Buchen von Belegen mit Immobilienkontierungen werden aufgrund der Zuordnung des Immobilienobjekts zu den HHM-Kontierungen gleichzeitig auch Belege im Haushaltsmanagement erzeugt.

Mittelvormerkung

Die Business Function RE_FM_EARMARKED_FUND ermöglicht im Zusammenhang mit der Teilfunktion EXCA (*PSM Mittelvormerkung*) die Nutzung von *Vertragsgenehmigungen* mit Integration in die *Mittelvormerkung* des Haushaltsmanagements. Mittelvormerkungen können sowohl Einnahmen als auch Ausgaben in Verbindung mit den zugehörigen Haushaltsmitteln betreffen.

Durch die Nutzung der Mittelvormerkung in Verbindung mit SAP RE können Sie erreichen, dass beim Anlegen debitorischer bzw. kreditorischer Verträge in SAP RE eine Mittelvormerkung in Form einer Einnahme (bei debitorischen Verträgen) bzw. einer Ausgabe (bei kreditorischen Verträgen) gebucht wird. Dabei wird pro Geschäftsjahr ein Mittelvormerkungsbeleg erstellt. Die Höhe der Mittelvormerkung entspricht der Summe aller im Geschäftsjahr fälligen Finanzstrompositionen mit genehmigungsrelevanten Bewegungsarten. Durch die periodischen Buchungen zu den Verträgen werden die Mittelvormerkungen schrittweise abgebaut.

Customizing Mittelvormerkung

Um die Funktion der Mittelvormerkung nutzen zu können, müssen Sie im Customizing von SAP RE unter GRUNDEINSTELLUNGEN • GRUNDEINSTELLUNGEN IM BUCHUNGSKREIS VORNEHMEN die Genehmigungen aktivieren und das Datum bestimmen, ab dem der Genehmigungsworkflow genutzt werden soll.

Alle weiteren Einstellungen nehmen Sie unter GRUNDEINSTELLUNGEN • VERTRAG • MITTELVORMERKUNG UND GENEHMIGUNGSPFLICHT FÜR VERTRAGSÄNDERUNGEN vor (siehe Abbildung 13.11).

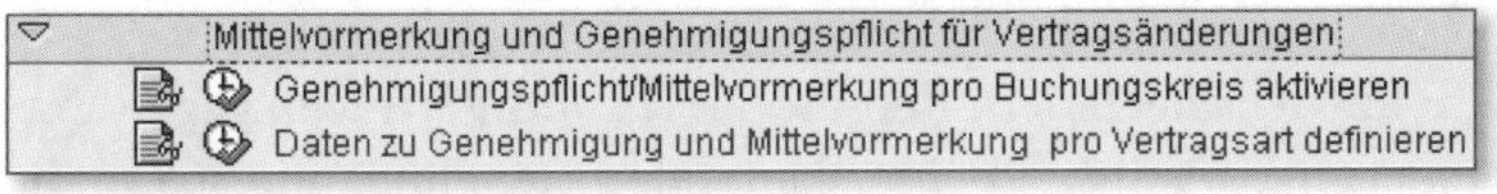

Abbildung 13.11 Customizing-Einstellungen zur Mittelvormerkung

Abbildung 12.12 zeigt am Beispiel eines Anmietvertrages die notwendigen Einstellungen. Sie legen hier zunächst fest, welches GENEHMIGUNGSVERFAHREN angewandt werden soll. Dabei können Sie wählen, ob der Genehmigungsworkflow auf Basis der Workflow-Ereignisse von SAP RE oder auf Basis der Workflow-Ereignisse des Haushaltsmanagements angestoßen wird. Wenn Sie den Workflow von SAP RE verwenden, können Sie außerdem zwischen einem Workflow mit bzw. ohne Mittelvormerkung wählen.

[!]

Genehmigungsworkflow

Der Genehmigungsworkflow ist nur im Zusammenhang mit dem Haushaltsmanagement einsetzbar.

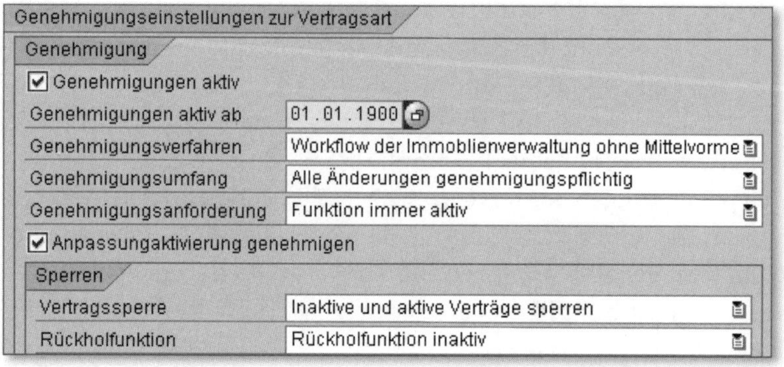

Abbildung 13.12 Vertrag – Genehmigung und Mittelvormerkung

Feld »Genehmigungsumfang«

Der GENEHMIGUNGSUMFANG legt fest, ob alle, keine oder nur initiale Vertragsänderungen einer Genehmigung bedürfen. Sind nur initiale Änderungen genehmigungspflichtig, so kann der Vertrag erst aktiviert werden und somit an periodischen Buchungen teilnehmen, wenn eine Genehmigung vorliegt. Sind dagegen alle Änderungen genehmigungspflichtig, so bedeutet dies, dass jede finanzstromrelevante Änderung, d.h. beispielsweise die Änderung von Konditionen, erst nach der Genehmigung wirksam wird.

Weitere Einstellungen betreffen die Sperre von Verträgen gegen Vertragsänderungen während einer laufenden Genehmigung sowie die für die Erstellung von Mittelbindungsbelegen erforderlichen Definitionen. Bewegungsarten, die in die Mittelvormerkung eingehen sollen, sind als GENEHMIGUNGSRELEVANT zu kennzeichnen (siehe Abbildung 13.13).

BArt	Bez.Bewegungsart	S/H	Genehmigungsrelevant
1000	Grundmiete	Sollbuchung	☑
1001	Nachforderung Grundmiete	Sollbuchung	☑
1002	Nachbuch. Grundmiete Guthaben	Habenbuchung	☑

Abbildung 13.13 Bewegungsarten – Genehmigungsrelevanz

13.4 Anlagenbuchhaltung

Die Behandlung des Immobilienvermögens aus der Sicht der bilanziellen Bewertung und das Buchen von Abschreibungen für diese Anlagegüter obliegen im SAP-System der Komponente *Anlagenbuchhal-*

tung. Immobilienobjekte wie Grundstücke, Gebäude oder Flurstücke können daher in der Anlagenbuchhaltung durch entsprechende Anlagenstammsätze dargestellt werden.

Buchhalterische Sicht

Die Sicht auf eine Immobilie aus der Anlagenbuchhaltung ist eine buchhalterische, d.h., Anlagenstammsätze werden nach buchhalterischen Gesichtspunkten strukturiert, wobei die Art und Dauer der Abschreibung maßgeblich sind.

[zB]

Unterschiedliche Sichten auf die Immobilie

Sie haben einen Altbau umfassend saniert und in diesem Zuge einen Anbau vorgenommen, in dem sich mehrere Wohnungen befinden. Der Anbau ist aus bilanziellen und steuerlichen Gründen separat abzuschreiben. Daher wird neben dem Anlagenstammsatz für das ursprüngliche Gebäude ein weiterer Anlagenstammsatz für den Anbau angelegt. Für die Vermietung ist es jedoch unpraktisch, ein weiteres Gebäude anzulegen. Sie entscheiden sich, neue Mietobjekte im bereits bestehenden Gebäude zu benutzen und kein neues Gebäude anzulegen.

Sicht der Immobilienverwaltung

Aus Sicht der Verwaltung spielt es keine Rolle, ob etwa der nachträglich errichtete Teil eines Gebäudes anderen Abschreibungsvorschriften unterliegt als der ursprüngliche Teil. Die Sicht der Immobilienverwaltung ist eine aus den pragmatischen Gründen der Verwaltung geprägte Sicht. Es ist daher durchaus möglich, aus Verwaltungssicht nur ein einziges Gebäude zu führen, in der Anlagenbuchhaltung aber mehrere Anlagen. Umgekehrt kann es sinnvoll sein, mehrere Gebäude als eine Anlage anzulegen.

Die Verknüpfung von Immobilien in SAP RE zu Anlagenstammsätzen in der Anlagenbuchhaltung ist eine *n:m-Beziehung*: Einem Gebäude können mehrere Anlagen zugeordnet sein, eine Anlage kann sich auch auf mehrere Gebäude beziehen. Man kann allerdings im Customizing auch festlegen, dass die Zuordnung eindeutig ist.

Zuordnung von Anlagen zu Immobilienobjekten

Im Customizing von SAP RE legen Sie unter ÜBERGREIFENDE EINSTELLUNGEN ZU STAMMDATEN UND VERTRAG • ZUORDNUNG VON OBJEKTEN ANDERER KOMPONENTEN • TECHNISCHE PLÄTZE/ANLAGEN/PROJEKTE/CO-AUFTRÄGE fest, welchen Immobilienobjekten grundsätzlich Anlagen zugeordnet werden dürfen. In den GRUNDEINSTELLUNGEN • GRUNDEINSTELLUNGEN FÜR DEN BUCHUNGSKREIS können Sie bestimmen, ob Anlagenzuordnungen obligatorisch sind und ob Anlagen mehreren verschiedenen Immobilien gleichzeitig zugeordnet sein können.

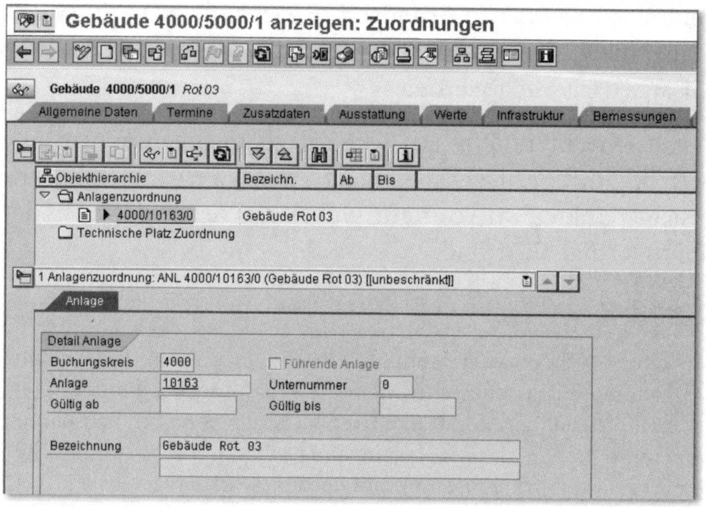

Abbildung 13.14 Anlagenzuordnung in einem Gebäude

Wie Sie in Abbildung 13.14 sehen, können Sie in den Stammdatendialogen der Objekte im Register ZUORDNUNGEN Anlagen zuordnen oder auch neue Anlagen anlegen. Die Zuordnung hat rein informativen Charakter.

Abschreibungen

Unabhängig von der Zuordnung der Anlage zu einer Immobilie können Sie in der Anlagenbuchhaltung Immobilienobjekte als Kontierungsobjekte für die Abschreibung (AfA) benutzen. Hierzu müssen Sie das Immobilienobjekt, auf das die Abschreibungen gebucht werden sollen, unter den zeitabhängigen Daten im Anlagenstammsatz eintragen (siehe Abbildung 13.15).

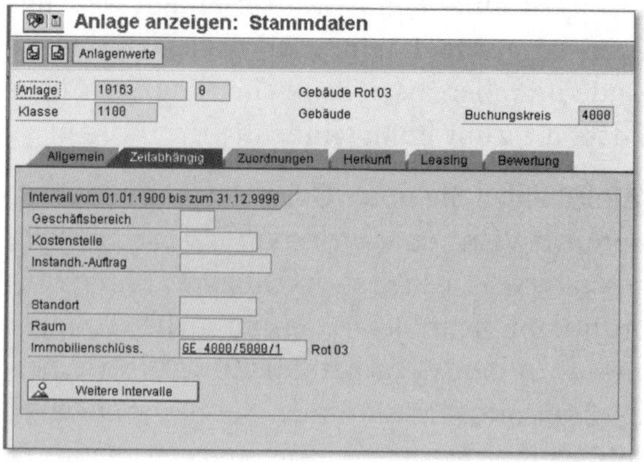

Abbildung 13.15 Anlagenstammsatz – Gebäude als Kontierungsobjekt für die AfA-Buchung

Als Kontierungsobjekte für Abschreibungen können Sie Wirtschaftseinheiten, Gebäude, Grundstücke und Mietobjekte verwenden. Das Immobilienobjekt muss zum Buchen freigegeben sein (Kontierungsfreigabe).

13.5 Instandhaltung

Die Sicht der Instandhaltung auf ein Gebäude unterscheidet sich im Allgemeinen von der Sicht der Verwaltung, in einigen Teilen aber sind die Sichten ähnlich. So wird auch die Instandhaltung eine Wohnung als Objekt sehen, darin aber die Sanitäranlagen und die Heizungsanlage separat betrachten. Dass es in einem Gebäude einen Lift gibt, interessiert den für die Vermietung zuständigen Kollegen eher als Tatsache zur Beurteilung der Wohnqualität, den für die Instandhaltung zuständigen Techniker aus Sicht der Wartungszyklen und der Reparaturanfälligkeit.

Technische Plätze und Equipments

Die für die Instandhaltung notwendigen Informationen werden in SAP ERP in der Komponente Instandhaltung (PM bzw. EAM) in Form der technischen Plätze gehalten. Technische Plätze sind hierarchisch organisiert und können mit Equipments, also technischen Anlagen, verknüpft sein. Technische Plätze sind – wie der Name schon sagt – ortsfest, während Equipments ein- und ausgebaut werden können (z. B. Motor eines Liftes).

Stammdatenpflege

Technische Plätze können mit Immobilienobjekten verknüpft werden. Sie finden die entsprechende Möglichkeit der Zuordnung im Register ZUORDNUNGEN des jeweiligen Stammdatendialogs. Die Zuordnung kann aufgrund der verschiedenen Sichten auf die Objekte grundsätzlich eine m:n-Beziehung sein. Sie können im Customizing aber auch entsprechende Einschränkungen vornehmen.

Zuordnungen – Customizing

Legen Sie zunächst unter ÜBERGREIFENDE EINSTELLUNGEN ZU STAMMDATEN UND VERTRAG • ZUORDNUNG VON OBJEKTEN ANDERER KOMPONENTEN • TECHNISCHE PLÄTZE/ANLAGEN/PROJEKTE/CO-AUFTRÄGE fest, welchen Immobilienobjekten grundsätzlich technische Plätze (einer oder mehrere) zugeordnet werden dürfen. Über GRUNDEINSTELLUNGEN • GRUNDEINSTELLUNGEN FÜR DEN BUCHUNGSKREIS können Sie bestimmen, ob technische Plätze mehreren verschiedenen Immobilien gleichzeitig zugeordnet sein können.

Automatisches Anlegen

Da die Hierarchie der Verwaltung und die der Instandhaltung in einigen Punkten ähnlich sind – ein Gebäude ist ein Gebäude aus Sicht der Verwaltung und auch aus Sicht der Instandhaltung – besteht die Möglichkeit, beim Anlegen von Immobilienobjekten automatisch auch einen technischen Platz anzulegen und diesen bei Änderungen an den Immobilienobjekten automatisch anzupassen. Im Customizing von SAP RE legen Sie hierzu unter ÜBERGREIFENDE EINSTELLUNGEN ZU STAMMDATEN UND VERTRAG • ZUORDNUNG VON OBJEKTEN ANDERER KOMPONENTEN • PM-ANBINDUNG • PM ANBINDUNG: EINSTELLUNGEN PRO OBJEKTART DEFINIEREN fest, ob und wie ein technischer Platz angelegt wird.

Die Festlegung erfolgt pro Objekttyp. Für architektonische Objekte können Sie nach dem architektonischen Objekttyp differenzieren: ARCHITEKTONISCHE SICHT • PM-ANBINDUNG • EINSTELLUNGEN PRO ARCHITEKTONISCHEM OBJEKTTYP DEFINIEREN.

[!]

Keine parallele Zuordnung auf Nutzungs- und Architekturebene

Es ist nicht sinnvoll, sowohl auf der Ebene der Nutzung als auch auf der Ebene der Architektur eine Zuordnung zu treffen. Falls Sie die Architektur einsetzen, sollten Sie die technischen Plätze auf der Ebene der Architektur verknüpfen und nicht auf der Ebene der Nutzung.

Instandhaltungsmeldungen

In Abbildung 13.16 sehen Sie ein Gebäude mit mehreren technischen Plätzen. Sie sehen hier auch, dass sich Ihnen die Möglichkeit bietet, direkt aus dem Dialog des Immobilienobjekts heraus Instandhaltungsmeldungen und Aufträge zu den jeweiligen technischen Plätzen anzulegen und zu verfolgen.

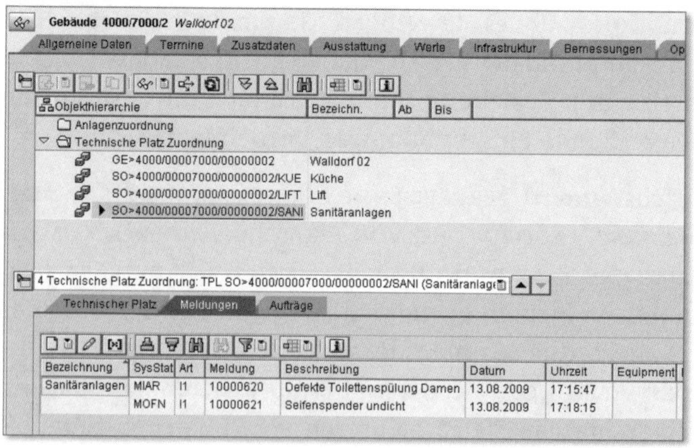

Abbildung 13.16 Gebäude mit mehreren technischen Plätzen und Instandhaltungsmeldungen

Im Customizing von SAP RE können Sie unter Übergreifende Einstellungen zu Stammdaten und Vertrag • Zuordnung von Objekten anderer Komponenten • PM-Anbindung • PM-Meldungen pro Objektart definieren steuern, wie diese Meldungen angelegt werden sollen.

13.6 Zusammenfassung

Sie haben sich in diesem Kapitel mit der engen Einbindung von SAP RE in die Komponenten des internen Rechnungswesens vertraut gemacht. Sie haben erfahren, dass die Strukturen der Anlagenbuchhaltung relativ unabhängig von denen der Immobilienverwaltung aufgebaut werden können.

Das technische Immobilienmanagement basiert auf der Komponente PM (SAP EAM), der wir an dieser Stelle leider nur einen kleinen Ausflug widmen konnten. Für detaillierte Informationen verweisen wir Sie auf weiterführende Literatur.

Die Geschäftsführung benötigt Informationen zur Leerstandsquote; für eine geplante Privatisierung sollen die Kosten und Erlöse zu einem Gebäude ausgewertet werden; ein Sachbearbeiter braucht eine aktuelle Mieterliste – solche und weitere Anforderungen werden an das Informationssystem von SAP RE gestellt.

14 Infosystem

Bei der kaufmännischen und technischen Bewirtschaftung von Immobilien entstehen große Mengen an Stamm- und Bewegungsdaten. In regelmäßigen Abständen werden zu diesen Daten Auswertungen erstellt. Ebenso werden Auswertungen benötigt, um schnell wichtige Informationen zu einem Immobilienobjekt zu erhalten. Auswertungen sind eine wichtige Grundlage, um Entscheidungen zur Steuerung Ihres Unternehmens zu treffen.

In diesem Kapitel lernen Sie das Informationssystem von SAP RE kennen. Wir erheben dabei nicht den Anspruch, Sie mit allen in SAP RE vorhandenen Auswertungen vertraut zu machen. Unser Ziel ist vielmehr, Ihnen am Beispiel ausgewählter Reports die Techniken nahezubringen, die Sie brauchen, um Auswertungsergebnisse in genau der Form zu erhalten, in der Sie diese benötigen.

14.1 Überblick über das Infosystem von SAP RE

ERP und BW

Auswertungen für die Immobilienverwaltung mit SAP RE stehen sowohl im ERP-System als auch in Form von Business Content für SAP NetWeaver BW zur Verfügung. In diesem Abschnitt betrachten wir ausschließlich das Informationssystem von SAP RE in SAP ERP.

Sie finden das Infosystem von SAP RE einerseits unter dem Menüpunkt INFOSYSTEM in den Untermenüs des Anwendungsmenüs von SAP RE, andererseits aber auch direkt unter dem Menüpunkt INFOSYSTEM im Anwendungsmenü von SAP RE (siehe Abbildung 14.1).

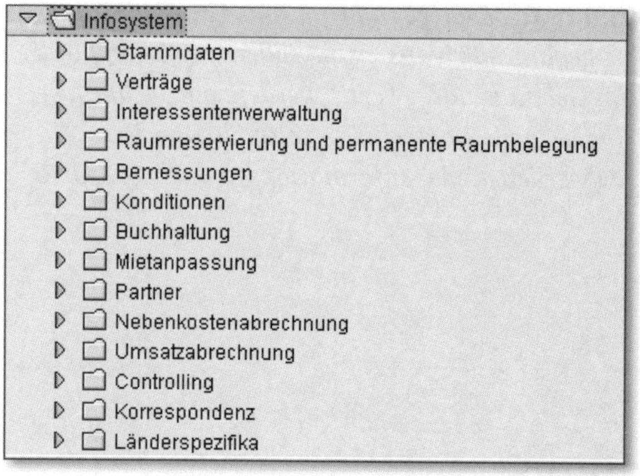

Abbildung 14.1 Infosystem von SAP RE

[zB]

Infosystem aufrufen

Suchen Sie beispielsweise nach Auswertungen zu Verträgen, so können Sie entweder den Menüpfad VERTRÄGE • INFOSYSTEM oder aber den Pfad INFOSYSTEM • VERTRÄGE im Anwendungsmenü von SAP RE wählen. Alternativ können Sie die Auswertungen auch aus dem Infosystem des RE-Navigators aufrufen.

Die Auswertungen wurden mit der Technik des *SAP List Viewers* (ALV) erstellt. Dadurch stehen Ihnen einheitliche Oberflächen für die Selektion der auszuwertenden Daten, aber auch eine einheitliche Darstellung der Auswertungsergebnisse zur Verfügung.

14.2 Selektionen

Sehen wir uns zunächst die wichtigsten in Auswertungen genutzten Selektionskriterien an. Als Beispiel nutzen wir das Infosystem zu Mietobjekten (Transaktion REISRO). Das Selektionsbild ist – wie Abbildung 14.2 zeigt – in folgende Feldgruppen unterteilt:

- OBJEKTSELEKTION
- ZEITRAUM/STICHTAG
- FILTER
- AUSGABEOPTIONEN

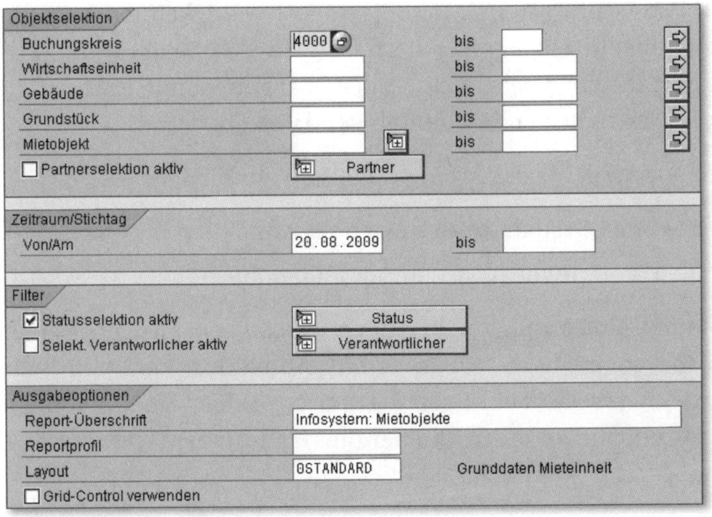

Abbildung 14.2 Infosystem Mietobjekte – Selektionsbild

Feldgruppe »Objektselektion«

In der Feldgruppe OBJEKTSELEKTION des Selektionsbildes wählen Sie die Stammdatenobjekte aus, die in der Auswertung berücksichtigt werden sollen. Der Begriff *Objektselektion* steht hier stellvertretend für die auszuwertenden Daten, denn natürlich können Sie auch Auswertungen für Verträge, für die Infrastruktur zur Nebenkostenabrechnung, für Zähler zu Mietobjekten o.Ä. vornehmen. Die Auswahl der auszuwertenden Daten können Sie entweder über die Immobilienhierarchie oder aber über die zugeordneten Geschäftspartner vornehmen. Den Details zu diesen Selektionsmöglichkeiten sind die Abschnitte 14.2.1, »Zugriffe über die Hierarchie«, und 14.2.2, »Zugriffe über Partner«, gewidmet.

[+]

Performance

Bedenken Sie jedoch bei der Eingabe der Selektionskriterien immer, dass die Performance der Auswertung stets davon abhängt, welche Eingaben Sie im Selektionsbild eines Reports getätigt haben. So sollten Sie beispielsweise immer den bzw. die auszuwertenden Buchungskreise eingeben, damit die Selektion der Daten schnell und performant erfolgen kann.

Feldgruppe »Zeitraum/Stichtag«

In der Feldgruppe ZEITRAUM/STICHTAG können Sie die Auswahl der auszuwertenden Daten zeitlich einschränken. Bei der Auswertung von Verträgen über die Transaktion REISCN (Infosystem: Verträge) erfolgt hier beispielsweise eine Einschränkung des Vertragsbeginns, während bei der Auswertung von Mietobjekten mit Hilfe der Transaktion REISRO (Infosystem: Mietobjekte) die Gültigkeit der betrachteten Mietobjekte eingegrenzt wird. Die in der Feldgruppe ZEITRAUM/STICHTAG einzugebenden Daten hängen somit stark vom Kontext der auszuwertenden Immobiliendaten ab.

Feldgruppe »Filter«

Sie können zwischen zwei Arten von Filtern auswählen:

- Filter über den System- bzw. Anwenderstatus
- Filter über Verantwortliche zu Immobilienobjekten

Statusselektion

Wenn Sie den Button STATUS betätigen, erscheinen mehrere Felder zur Eingabe sogenannter *Selektions-Ids*. Abbildung 14.3 zeigt die detaillierte Eingabesicht zur STATUSSELEKTION. Selektions-Ids können Sie im Customizing von SAP RE über den Pfad INFORMATIONSSYSTEM • STATUSSELEKTION definieren.

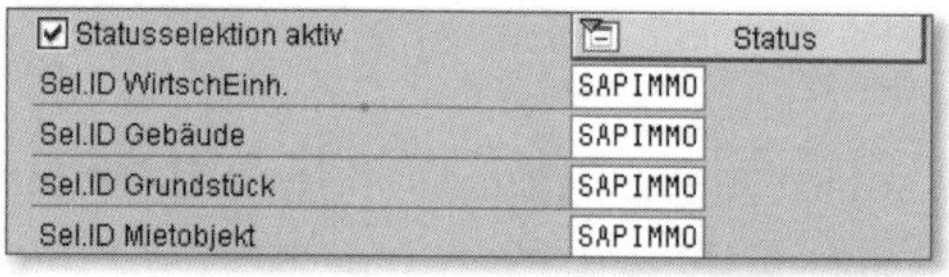

Abbildung 14.3 Infosystem – »Statusselektion«

Jede Selektions-Id enthält einen oder mehrere System- bzw. Anwendungsstatus, verbunden durch eine Und- bzw. Oder-Verknüpfung. Für jeden einzelnen Status können Sie wählen, ob er für das jeweilige Immobilienobjekt aktiv oder nicht aktiv sein soll.

[zB]

Selektions-Id SAPIMMO

Abbildung 14.4 zeigt die Definition der Selektions-Id SAPIMMO. Erfolgt in einem Report die Statusselektion über diese Selektions-Id, werden Objekte mit Löschkennzeichen bzw. Löschvormerkung bei der Auswertung nicht berücksichtigt.

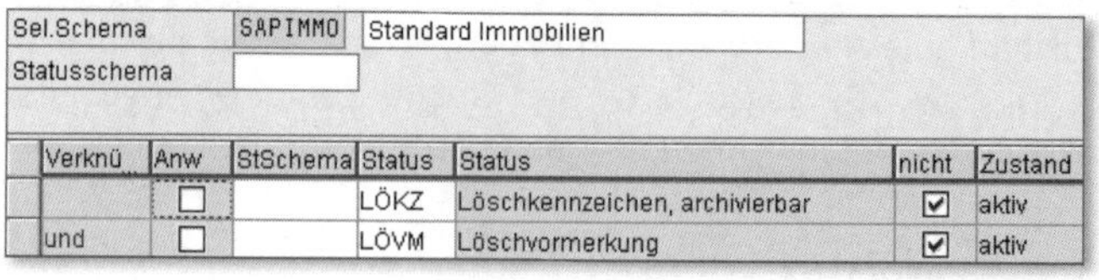

Abbildung 14.4 Beispiel einer Selektions-Id

Filter für Verantwortliche

Die zweite Selektionsmöglichkeit in der Feldgruppe FILTER betrifft die Auswahl der Immobilienobjekte über die jeweils zugeordneten

Verantwortlichen. Unter dem Verantwortlichen verstehen wir hier den Verantwortlichen im Sinne des RE-Navigators, also den Benutzer, der das Immobilienobjekt angelegt hat bzw. dem es über die Transaktionen in den Menüpunkten Werkzeuge • Verantwortlichen ändern im Anwendungsmenü von SAP RE zugeordnet wurde. Näheres hierzu haben Sie bereits in Kapitel 6, »Übergreifende Funktionen«, erfahren.

Wenn Sie den Button Verantwortlicher anklicken, können Sie die jeweils verantwortlichen Benutzer für die Objekte innerhalb der Immobilienhierarchie eingeben (siehe Abbildung 14.5).

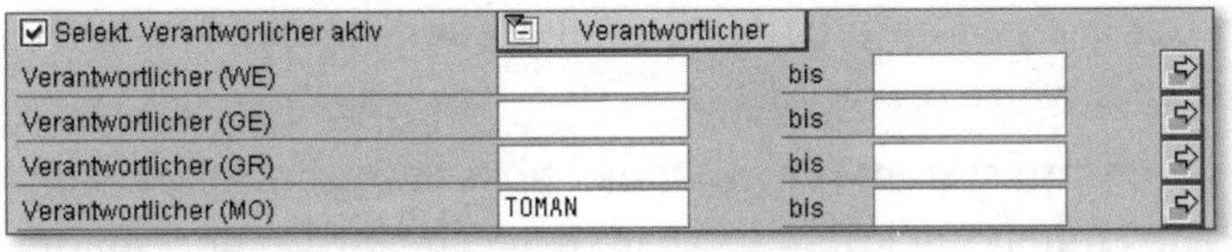

Abbildung 14.5 Infosystem – Selektion über Verantwortliche zu Immobilienobjekten

Als Ergebnis werden nur die Immobilienobjekte angezeigt, die tatsächlich dem ausgewählten Verantwortlichen zugeordnet sind.

Feldgruppe »Ausgabeoptionen«

Die Daten in der Feldgruppe Ausgabeoptionen sind sehr eng mit der Funktionalität des SAP List Viewers verbunden. Neben einer Überschrift für die zu erstellende Liste können Sie hier bereits auswählen, in welchem Layout die Liste dargestellt werden soll (siehe Abbildung 14.6).

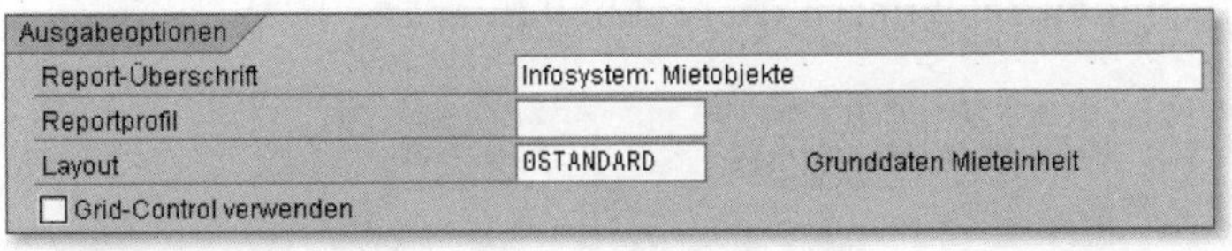

Abbildung 14.6 Infosystem – »Ausgabeoptionen«

Über die Checkbox Grid-Control verwenden können Sie steuern, ob Sie die Ergebnisse der Auswertung in Form einer klassischer ALV-Liste oder eines sogenannten Grid-Controls erhalten wollen. Nähere Informationen zur Gestaltung der Listen finden Sie in Abschnitt 14.3, »Arbeit mit den Listen«. Über Reportprofile, die ebenfalls als Ausgabeoption ausgewählt werden können, informieren wir Sie in Abschnitt 14.3.3, »Reportprofile«.

14.2.1 Zugriffe über die Hierarchie

Objektselektion

Wenn Sie Informationen zu Stammdaten der Nutzungssicht benötigen, ist die Selektion der auszuwertenden Daten recht einfach:

1. Sie erfassen Angaben zum Buchungskreis, zu den auszuwertenden Wirtschaftseinheiten sowie gegebenenfalls zu Gebäuden oder Mietobjekten.
2. Über den hierarchischen Aufbau der Stammdaten können die Auswertungsergebnisse schnell ermittelt werden. Dabei sind natürlich auch Mehrfachselektionen möglich.
3. Der Zugriff auf die Stammdaten erfolgt meist über logische Datenbanken, die Sie in Kapitel 17, »Spezielle Kundenanforderungen«, kennenlernen werden.
4. Wenn Sie im Infosystem für Mietobjekte nach Buchungskreis und Wirtschaftseinheit selektieren, erhalten Sie eine Liste aller Mietobjekte, die zur angegebenen Wirtschaftseinheit gehören.

Vertragsselektion

Schwieriger ist es, bei der Selektion von Verträgen auf die Objekthierarchie zurückzugreifen. Selektieren Sie hier wiederum nach Buchungskreis und Wirtschaftseinheit, wird als Ergebnis ein Anmietvertrag angezeigt, dem die ausgewählte Wirtschaftseinheit direkt zugeordnet ist. Sie erhalten aber zunächst keine Liste der Mietverträge zu Mietobjekten der ausgewählten Wirtschaftseinheit. Diese werden Ihnen dagegen angezeigt, wenn Sie im Selektionsbild unterhalb der Checkbox OBJEKTSELEKTION AKTIV auch die Checkbox OBJEKTSELEKTION HIERARCHISCH ❶ anhaken und die gewünschte Wirtschaftseinheit selektieren (siehe Abbildung 14.7).

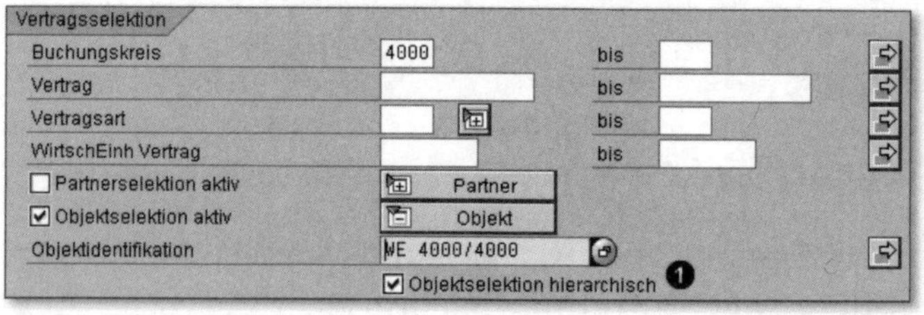

Abbildung 14.7 Infosystem Verträge – Feldgruppe »Vertragsselektion«

Wirtschaftseinheit Vertrag

Eine weitere Option zur Auswahl der Immobilienobjekte haben Sie über das Selektionskriterium WIRTSCHEINH VERTRAG. Hierunter versteht man die Wirtschaftseinheit, zu der der Vertrag aus logischer Sicht gehört. Ist einem Vertrag nur ein Objekt zugeordnet oder gehören alle Objekte des Vertrages der gleichen Wirtschaftseinheit an, ist die Wirtschaftseinheit für einen Vertrag also eindeutig zu bestimmen, wird das Feld WIRTSCHEINH VERTRAG mit dieser Wirtschaftseinheit gefüllt. Über dieses Feld können Sie einerseits selektieren, andererseits können Sie dieses Feld in der ausgegebenen Liste auch zur Gruppierung der Verträge nach Wirtschaftseinheiten nutzen.

14.2.2 Zugriffe über Partner

Immobilienobjekten können Geschäftspartner in den verschiedensten Rollen zugeordnet werden. Das können zum Beispiel Sachbearbeiter zur Wirtschaftseinheit oder Hausmeister zum Gebäude sein. Auch über diese Geschäftspartner können Sie selektieren, um die Immobilienobjekte auszuwerten, denen der jeweilige Geschäftspartner zugeordnet ist. Sie können also beispielsweise eine Übersicht aller Gebäude erstellen, die durch Hausmeister Müller betreut werden.

Selektion über Geschäftspartner

Die Selektion über Geschäftspartner kann nicht direkt über die Objekthierarchie erfolgen. Es kann nur indirekt über die Zuordnung zwischen Geschäftspartnern und Immobilienobjekten selektiert werden. Das bedeutet, dass die Selektion über Geschäftspartner nicht so performant sein kann wie die direkte Selektion über die Hierarchie der Immobilienobjekte. Zudem steht nicht in jedem Fall eine Selektionsmöglichkeit für die zeitliche Zuordnung zwischen Geschäftspartnern und Immobilienobjekten zur Verfügung.

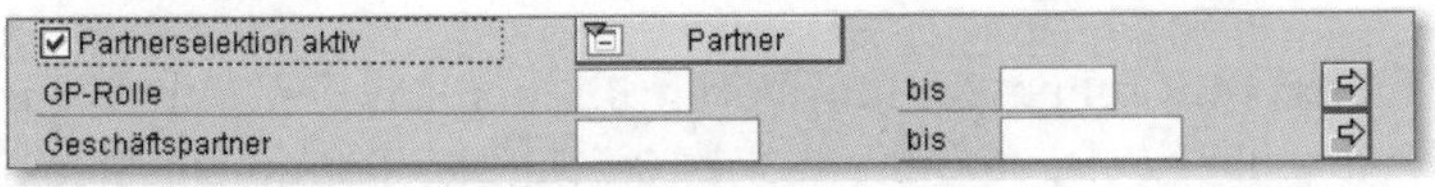

Abbildung 14.8 Infosystem Verträge – Partnerselektion

Abbildung 14.8 zeigt die zusätzlichen Selektionskriterien bei aktivierter Partnerselektion.

[!]

Ausschließlich Selektion über den Geschäftspartner

Beachten Sie bitte, dass bei der eben beschriebenen Möglichkeit der Partnerselektion die Selektion über Geschäftspartner gemeint ist, die im Register PARTNER der Immobilienobjekte oder -verträge zugeordnet sind. Es ist ausdrücklich *nicht* die Selektion über den *Verantwortlichen*, wie sie in Abbildung 14.5 gezeigt wird, gemeint.

14.2.3 Nutzung von Sets

Abgrenzung Ruft man einen Report in SAP RE auf, steht üblicherweise eine Abgrenzung nach Objekten der jeweiligen Objektart, zu der der Report Daten auflisten soll, zur Verfügung. So kann man beispielsweise im Falle von Vertragslisten nach Vertragsnummern, Vertragsarten oder – bei Verwendung der dynamischen Selektion – über weitere Attribute des Vertrages selektieren. Man hat zudem die Möglichkeit, indirekt über die den Verträgen zugeordneten Objekte oder Partner vorzugehen, um die gewünschten Verträge zu finden.

Set-Selektion Einige dieser Selektionen sind nicht sehr performant, weil sie indirekt sind und daher über mehrere Schritte ausgeführt werden müssen. Hierbei sind meist mehrere, teilweise sehr große Datenbanktabellen zu lesen. Andererseits werden womöglich akkurat die gleichen Abgrenzungen für weitere Auswertungen benötigt. In diesen Fällen kann es ratsam sein, auf die Set-Selektion auszuweichen.

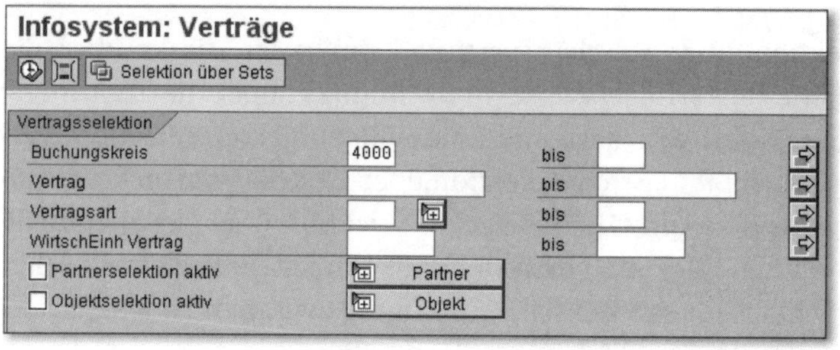

Abbildung 14.9 Typisches Selektionsbild mit Möglichkeit der Set-Selektion

In Abbildung 14.9 sehen Sie im oberen Bildbereich den Button für die Selektion über Sets, Abbildung 14.10 zeigt das Popup zur Selektion eines Sets von Verträgen, das nach Anklicken dieses Buttons erscheint.

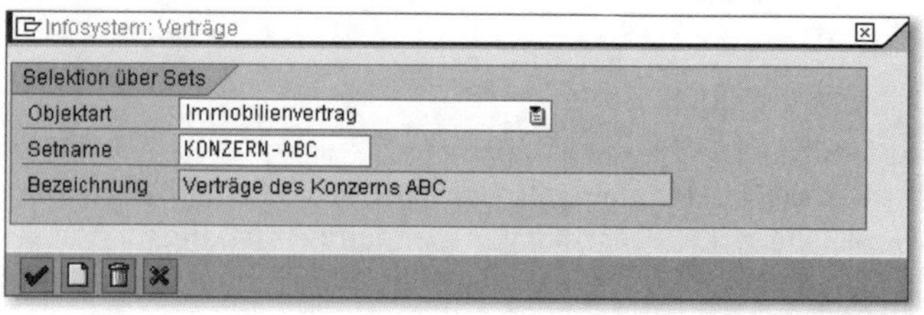

Abbildung 14.10 Popup zur Set-Selektion beim Aufruf eines Reports

Sets

Sets sind Aufzählungen von gleichartigen Objekten – es gibt Sets von Wirtschaftseinheiten, Sets von Gebäuden, Sets von Verträgen usw. Eine Mischung von Objektarten in Sets ist nicht möglich. Sie können Sets innerhalb einer Objektart beliebig bilden und einen sprechenden Namen für das Set vergeben.

[zB]

Set aus Verträgen

Sie betreuen einen Konzernkunden mit mehreren Tochterunternehmen, die eine größere Anzahl von Verträgen mit Ihrem Haus geschlossen haben. Sie wollen verschiedene Auswertungen zu diesen Verträgen fahren, z. B. die Konditionen und die Erlöse der Verträge, die Kündigungsfristen und die Verlängerungsmöglichkeiten auswerten. Eine Selektion über die Partnerzuordnung wäre möglich, ist aber nicht performant.

In unserem Beispiel können Sie die benötigten Reports jeweils mit den gleichen Abgrenzungen starten. Jeder Report würde aufs Neue die Selektion durchführen, indem zunächst die Verträge zu den abgegrenzten Partnern gesucht würden. Es ist daher sinnvoll, den Schritt des Auffindens der Verträge auszulagern: Man bildet einmalig ein Set aus den Verträgen, die diese Partner betreffen, und benutzt dieses dann beim Start der jeweiligen Reports.

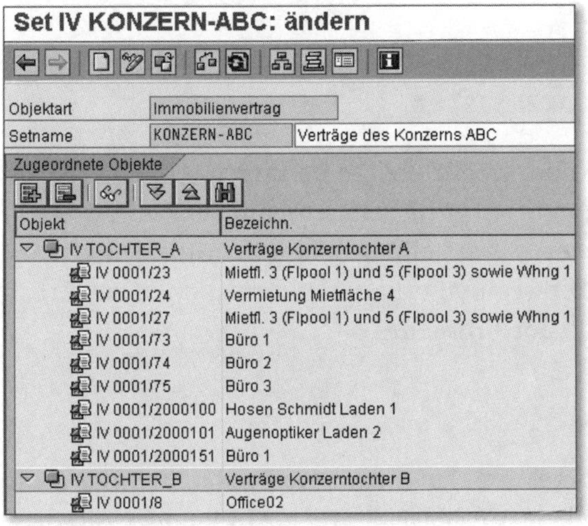

Abbildung 14.11 Beispiel für ein Set aus Verträgen

Generierung von Sets

Für die *Setpflege* steht die Transaktion REEXSETGENCN (Setgenerierung Verträge) zur Verfügung. Mit deren Hilfe werden die passenden Verträge gesucht und hieraus ein Set gebildet. Sets für Nutzungsobjekte können Sie mit der Transaktion REEXSETGENBD (Setgenerierung Nutzungsobjekte) bilden. Diese und weitere Transaktionen zur

Generierung und Bearbeitung von Sets finden Sie im Anwendungsmenü von SAP RE unter WERKZEUGE • IMMOBILIENSETS. Sie können Immobiliensets aber auch mit dem RE-Navigator (RE80) bearbeiten.

Sets in Sets

Ein weiterer Vorteil ergibt sich aus der Möglichkeit, Sets in Sets aufzunehmen. Will man etwa getrennte Auswertungen über die Tochterfirmen A, B und C des Konzerns ABC fahren, so legt man Sets für jede der Tochterfirmen an und gliedert diese in ein Set für die Konzernmutter ein (siehe Abbildung 14.11).

[+]

Auswertungen über Profit-Center oder Geschäftsbereiche

Eine weitere Anwendungsmöglichkeit für die Selektion über Sets sind Auswertungen von Immobilienobjekten, die einem bestimmten Profit-Center bzw. Geschäftsbereich zugeordnet sind. Da die organisatorische Zuordnung innerhalb eines Immobilienobjekts zeitabhängig ist, kann hier keine einfache Selektion über die Objekthierarchie erfolgen.

Generieren Sie stattdessen ein Set der Wirtschaftseinheiten zum ausgewählten Geschäftsbereich, indem Sie als Gruppierungsfeld den Geschäftsbereich auswählen. Geben Sie innerhalb des Setnamens den Platzhalter % an. Dieser wird bei der Setgenerierung durch die konkrete Ausprägung des Gruppierungsfeldes, also z. B. durch den Geschäftsbereich 0001, ersetzt.

14.3 Arbeit mit den Listen

Nachdem Sie die Selektionsmöglichkeiten im Infosystem von SAP RE kennengelernt haben, geht es in diesem Abschnitt um die Auswertungsergebnisse und deren Darstellung. Sie lernen die Funktionen des SAP List Viewers kennen und erhalten Informationen zur Arbeit mit Zeitscheiben und Reportprofilen.

14.3.1 ALV-Listen

Wie bereits erwähnt, bedienen sich die Auswertungen im Infosystem von SAP RE der Technik des SAP List Viewers (ALV). Einige Möglichkeiten, die Ihnen diese Technik bietet, wollen wir in diesem Abschnitt erläutern.

Klassische ALV-Liste oder Grid-Control

Die Auswertungsergebnisse können in Form einer klassischen ALV-Liste (siehe Abbildung 14.12) oder aber in Form eines Grid-Controls (siehe Abbildung 14.13) ausgegeben werden.

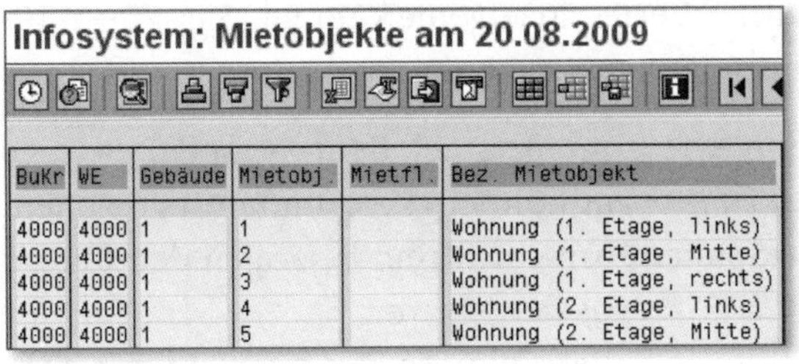

Abbildung 14.12 Infosystem Mietobjekte (klassische ALV-Liste)

Abbildung 14.13 Infosystem Mietobjekte (Grid-Control)

Feldkatalog

Über den Button LAYOUT ÄNDERN ❶ gelangen Sie in die Anzeige des Feldkatalogs (siehe Abbildung 14.14). Hier können Sie auswählen, welche Felder Sie in der Liste anzeigen möchten und in welcher Reihenfolge und Feldlänge die Felder angezeigt werden sollen.

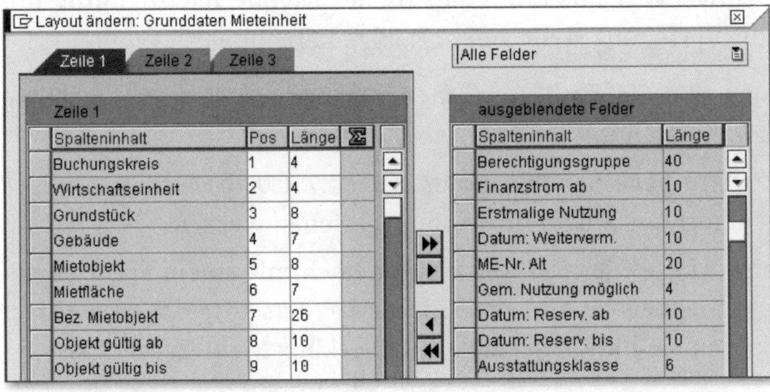

Abbildung 14.14 Infosystem Mietobjekte – Feldkatalog

Sortierung und Filter

Um die Auswertungsergebnisse in strukturierter Form bearbeiten zu können, müssen diese zunächst sortiert werden. Markieren Sie dazu eine oder mehrere Spaltenüberschriften. Anschließend betätigen Sie den Button SORTIEREN AUFSTEIGEND bzw. SORTIEREN ABSTEIGEND. Wollen Sie nur ausgewählte Werte anzeigen, können Sie Filter für bestimmte Merkmalsausprägungen setzen.

Summen und Zwischensummen

Für quantitative Größen wie zum Beispiel Bemessungen, Beträge o.Ä., die sogenannten *Kennzahlen*, können Sie Summen berechnen. Dazu markieren Sie die Spaltenüberschrift und betätigen den Button SUMME.

[+]

Button »Summe«

Dieser Button ist nur dann sichtbar, wenn die Liste summierbare Felder enthält.

Anschließend können Sie über weitere Merkmale *Zwischensummen* bilden. So können Sie zum Beispiel Zwischensummen über die Wohnfläche einer Wirtschaftseinheit o.Ä. erzeugen. Voraussetzung für die Bildung von Zwischensummen ist die Sortierung nach den entsprechenden Merkmalen. Das heißt, wenn Sie eine Zwischensumme pro Wirtschaftseinheit innerhalb eines Buchungskreises bilden wollen, sollte die Liste zunächst nach Buchungskreis und Wirtschaftseinheit sortiert werden.

Layout

Nachdem Sie aus dem Feldkatalog die anzuzeigenden Daten ausgewählt sowie Sortierkriterien, Summen und Zwischensummen festgelegt haben, können Sie das erstellte Layout speichern. Sichern Sie das Layout entweder als benutzerspezifisches Layout, das zukünftig nur Ihnen zur Verfügung steht, oder als allgemeingültiges Layout.

- Layouts, die Sie auch anderen Benutzern zur Verfügung stellen wollen, müssen mit einem Slash (/) beginnen.
- Mit Ziffern beginnende Layouts wie 0STANDARD werden von SAP ausgeliefert und sollten nicht überschrieben werden.
- Layouts, die weder mit einer Ziffer noch mit einem Slash beginnen, können als benutzerspezifische Layouts gespeichert werden. Markieren Sie bitte zusätzlich die Checkbox BENUTZERSPEZIFISCH.

Darstellung der Auswertungsergebnisse

Im Selektionsbild der Auswertungen zu Immobilienobjekten und -verträgen können Sie ein Layout zur Darstellung der Auswertungsergebnisse angeben. Dies ist insbesondere dann von Bedeutung, wenn Sie Auswertungen über größere Datenbestände im Hintergrund starten: Die erzeugte Spooldatei hat durch die Angabe des Layouts bereits den gewünschten Aufbau inklusive der Sortierung der Daten sowie der Bildung von Summen und Zwischensummen. Sie erstellen ein

Layout am besten, indem Sie einen kleineren Datenbestand auswerten und die erstellte Liste Ihren Anforderungen entsprechend gestalten.

[+]

Liste zeigt nicht die gewünschten Ergebnisse

Sortier- und Filterkriterien können im Layout gespeichert werden. Zeigt eine Liste nicht die gewünschten Ergebnisse an, obwohl Sie die richtigen Selektionskriterien gewählt haben, prüfen Sie bitte, ob im verwendeten Layout Filter gesetzt sind, durch die in der Liste nur bestimmte Werte angezeigt werden.

Zeilenanzahl

Im Feldkatalog der RE-Auswertungen finden Sie das Feld ZEILENANZAHL. In diesem Feld steht für jede ausgegebene Zeile die Zahl 1. Wenn Sie die Summen bzw. Zwischensummen über die Zeilenanzahl bilden, können Sie die Gesamtzahl der ausgewerteten Immobilienobjekte, die Anzahl der Mietobjekte pro Wirtschaftseinheit o.Ä. ermitteln (siehe Abbildung 14.15).

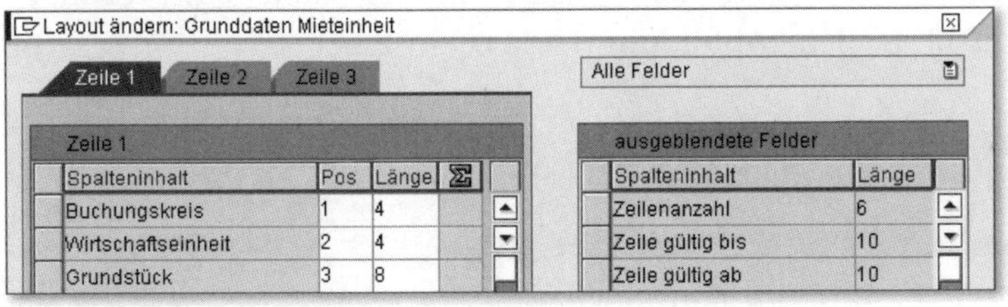

Abbildung 14.15 Feldkatalog – Feld »Zeilenanzahl«

Zusätzliche Funktionen

Die Bereiche des Infosystems in SAP RE bieten neben der eigentlichen Liste oft zusätzliche Funktionen. So können Sie zum Beispiel aus der Liste der Kündigungen (Transaktion REISCNNT) Kündigungen aktivieren bzw. stornieren oder aus der Liste der Verlängerungen (Transaktion REISCNRN) Verlängerungen zustimmen oder ablehnen.

14.3.2 Zeitscheibenverwaltung

Darstellung über Zeitscheiben

Einige Reports bieten zusätzliche Darstellungsmöglichkeiten auf der Basis von *Zeitscheiben*. Sie können einzelne Zeitscheiben auswählen oder einen Filter über ausgewählte Zeitintervalle anlegen.

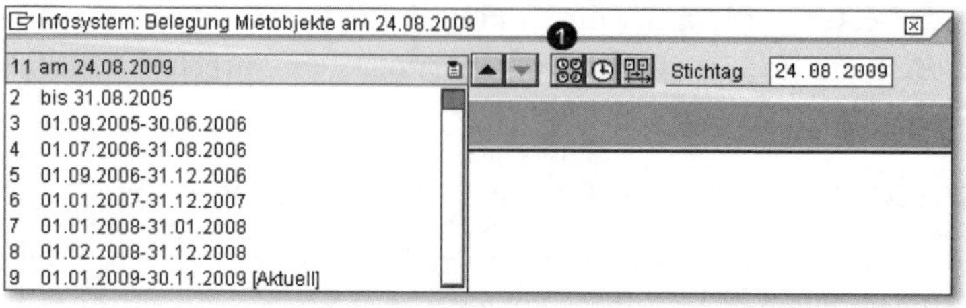

Abbildung 14.16 Infosystem – Zeitscheibenverwaltung

Abbildung 14.16 zeigt die möglichen Zeitscheiben in der Belegungsübersicht für Mietobjekte (Transaktion REISROOC). Zur Anzeige der Zeitscheiben geben Sie zunächst die Selektionskriterien ein und starten den Report. Sie erhalten das Auswertungsergebnis in Form einer Liste. Betätigen Sie anschließend aus dieser Liste heraus zunächst das Icon ZEITSCHEIBEN. Anschließend können Sie im linken Bildbereich die gewünschte Zeitscheibe auswählen oder über den Button KOMPLETTER ZEITRAUM (siehe ❶ Abbildung 14.16) einen Überblick über alle Zeiträume, in denen ein Mietobjekt leer stand bzw. vermietet war, aufrufen (siehe Abbildung 14.17).

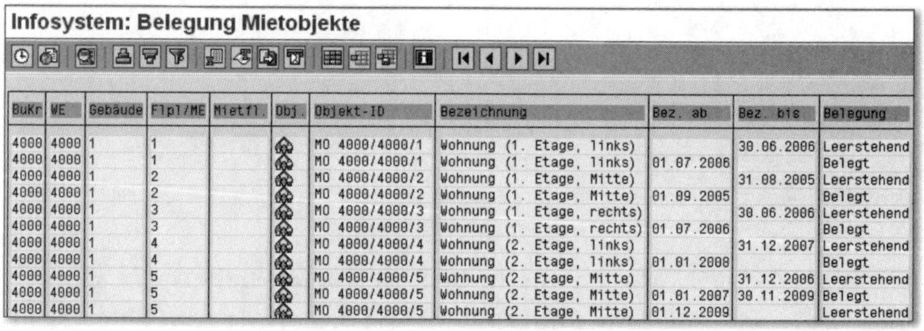

Infosystem: Belegung Mietobjekte

BuKr	WE	Gebäude	Flpl/ME	Mietfl.	Obj.	Objekt-ID	Bezeichnung	Bez. ab	Bez. bis	Belegung
4000	4000	1	1			MO 4000/4000/1	Wohnung (1. Etage, links)		30.06.2006	Leerstehend
4000	4000	1	1			MO 4000/4000/1	Wohnung (1. Etage, links)	01.07.2006		Belegt
4000	4000	1	2			MO 4000/4000/2	Wohnung (1. Etage, Mitte)		31.08.2005	Leerstehend
4000	4000	1	2			MO 4000/4000/2	Wohnung (1. Etage, Mitte)	01.09.2005		Belegt
4000	4000	1	3			MO 4000/4000/3	Wohnung (1. Etage, rechts)		30.06.2006	Leerstehend
4000	4000	1	3			MO 4000/4000/3	Wohnung (1. Etage, rechts)	01.07.2006		Belegt
4000	4000	1	4			MO 4000/4000/4	Wohnung (2. Etage, links)		31.12.2007	Leerstehend
4000	4000	1	4			MO 4000/4000/4	Wohnung (2. Etage, links)	01.01.2008		Belegt
4000	4000	1	5			MO 4000/4000/5	Wohnung (2. Etage, Mitte)		31.12.2006	Leerstehend
4000	4000	1	5			MO 4000/4000/5	Wohnung (2. Etage, Mitte)	01.01.2007	30.11.2009	Belegt
4000	4000	1	5			MO 4000/4000/5	Wohnung (2. Etage, Mitte)	01.12.2009		Leerstehend

Abbildung 14.17 Belegung Mietobjekte – kompletter Zeitraum

14.3.3 Reportprofile

Eine Besonderheit im Reporting von SAP RE stellen die sogenannten Reportprofile dar, die bei einigen Reports – insbesondere solchen, die Konditionen und Bemessungen auswerten – als Parameter im Selektionsbild mitgegeben werden können.

[+]

Warum Reportprofile?

Sie haben Verträge mit einer Vielzahl von Konditionen verschiedenster Konditionsarten. Die Konditionen sollen in Spalten in einem Report dargestellt werden.

> Dabei soll die Spalte GRUNDMIETE sowohl die Grundmieten für Wohnungen (Konditionsart A) als auch die Grundmieten für Büros (Konditionsart B) ausweisen. Die Spalte NEBENKOSTEN soll die Nebenkosten darstellen, unabhängig davon, ob diese als Pauschale oder als Vorauszahlung entrichtet werden.
>
> Das Problem ist also, dass Konditionen verschiedener Art in speziellen Spalten zusammengefasst werden sollen. Die Lösung für dieses Problem sind die Reportprofile.

Reportprofil

Reportprofile werden im Customizing von SAP RE unter INFORMATIONSSYSTEM • REPORTPROFIL ANLEGEN eingerichtet. Sie bestehen aus einem sogenannten Konditionsprofil und aus einem *Bemessungsprofil*.

Konditionsprofil

Mit Hilfe eines Konditionsprofils können Sie Konditionen in einer Berichtsspalte zusammenfassen. Hierzu legen Sie eine entsprechende Konditionsgruppe an. Im Customizing hinterlegen Sie wie in Abbildung 14.18 dargestellt, welche Konditionsgruppe in welcher Spalte erscheinen soll. Es ist auch möglich, einzelne Konditionsarten einer Spalte zuzuweisen, wie das im Beispiel mit der Konditionsart MIETMINDERUNG gemacht wurde.

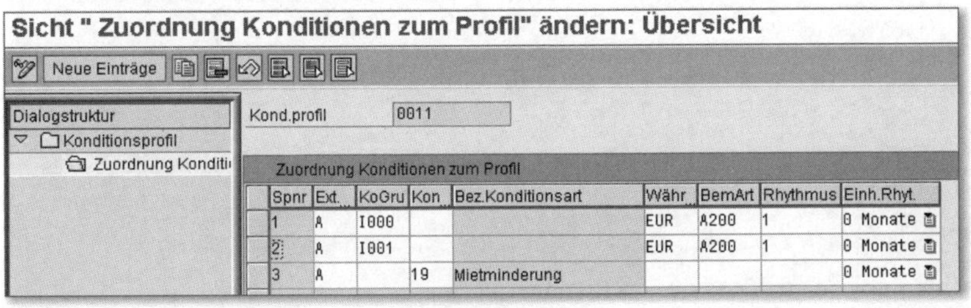

Abbildung 14.18 Konditionsprofil einrichten

Bemessungsprofil

Analog können Sie Bemessungsprofile anlegen, indem Sie für die Berichtsspalten im Customizing festlegen, welche Bemessungen in diesen Spalten angezeigt werden sollen. Ein Reportprofil wird schließlich festgelegt, indem ihm ein *Konditionsprofil* und ein Bemessungsprofil zugeordnet werden (siehe Abbildung 14.19).

Schauen wir uns nun die Wirkung dieser Festlegung an. In Abbildung 14.20 sehen Sie die Konditionen zu einem Vertrag (0001/4), in Abbildung 14.21 die Aufbereitung der Konditionen in einer Liste mit Reportprofil.

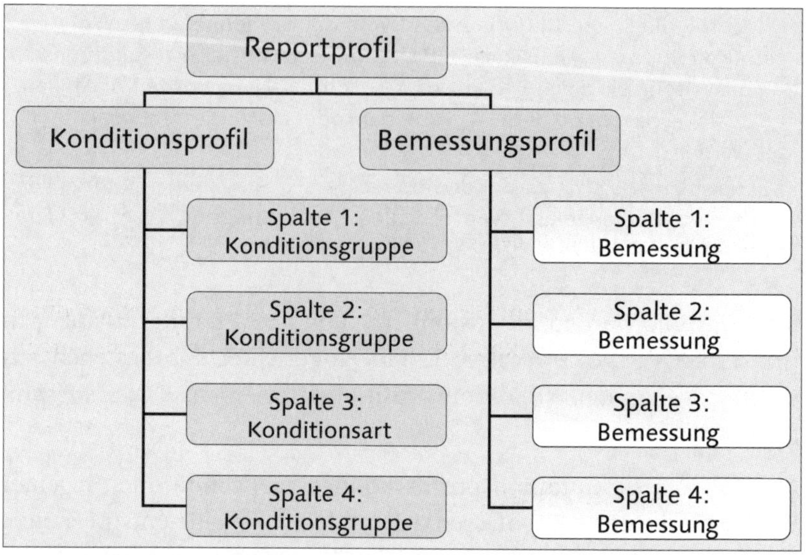

Abbildung 14.19 Überblick über Reportprofile

Abbildung 14.20 Konditionen zu einem Vertrag

In einer Spalte wird die Grundmiete (BUC MIETKO) ausgewiesen, in einer weiteren die Nebenkosten als Summe aus Vorauszahlungen für Nebenkosten und Heizkosten (BUC NEBENK).

Eine dritte Spalte enthält die Mietminderung (BUC MIETMI). Außerdem sehen Sie, dass die Spalte WEITERE KONDITIONEN mit dem Betrag aus der Konditionsart MODERNISIERUNG gefüllt wurde. Diese Spalte haben wir in unserem Konditionsprofil in Abbildung 14.18 nicht angelegt – sie wird automatisch erzeugt und enthält alle Konditionen, die sonst keiner Spalte zugeordnet wurden.

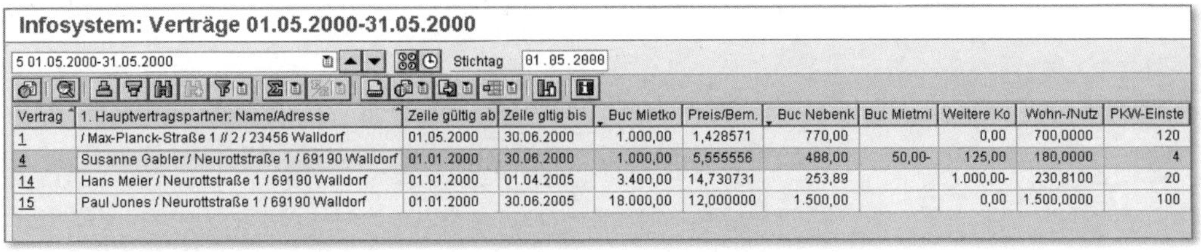

Vertrag	1. Hauptvertragspartner: Name/Adresse	Zeile gültig ab	Zeile gltig bis	Buc Mietko	Preis/Bem.	Buc Nebenk	Buc Mietmi	Weitere Ko	Wohn-/Nutz	PKW-Einste
1	/ Max-Planck-Straße 1 // 2 / 23456 Walldorf	01.05.2000	30.06.2000	1.000,00	1,428571	770,00		0,00	700,0000	120
4	Susanne Gabler / Neurottstraße 1 / 69190 Walldorf	01.01.2000	30.06.2000	1.000,00	5,555556	488,00	50,00-	125,00	180,0000	4
14	Hans Meier / Neurottstraße 1 / 69190 Walldorf	01.01.2000	01.04.2005	3.400,00	14,730731	253,89		1.000,00-	230,8100	20
15	Paul Jones / Neurottstraße 1 / 69190 Walldorf	01.01.2000	30.06.2005	18.000,00	12,000000	1.500,00		0,00	1.500,0000	100

Abbildung 14.21 Darstellung der Konditionen in einer Liste mit Reportprofil

Auf diese Weise können Sie mit ein und demselben Report durch Auswahl verschiedener Reportprofile unterschiedliche Listen erzeugen.

14.4 Zusammenfassung

Sie haben in diesem Kapitel das Informationssystem von SAP RE kennengelernt. Dabei ging es uns nicht um eine Aufzählung aller zur Verfügung stehenden Berichte, sondern darum, Sie mit den grundlegenden Prinzipien und Techniken des Informationssystems vertraut zu machen.

Dabei sind wir auf Selektionstechniken – wie die Selektion über Geschäftspartner, über die Objekthierarchie oder über Sets von Immobilienobjekten – eingegangen.

Möglichkeiten der Darstellung von Konditionen und Bemessungen über Reportprofile haben wir in einem weiteren Abschnitt aufgezeigt.

Die Auswertungen innerhalb von SAP RE wurden mit der Technik des SAP List Viewers erstellt. Diese Technik bietet Ihnen die Möglichkeit, die Auswertungsergebnisse in der von Ihnen gewünschten Form – unter Berücksichtigung von Summen, Zwischensummen und Filterkriterien – darzustellen.

Für die kaufmännische und technische Bewirtschaftung von Immobilien werden neben SAP RE auch Funktionen aus anderen SAP-Komponenten genutzt. Zusätzlich vervollständigt ein breites Spektrum an Werkzeugen und technischen Hilfsmitteln den Funktionsumfang von SAP RE.

15 Werkzeuge und technische Integrationsaspekte

Die tägliche Arbeit einer Immobilienverwaltung ist zu einem guten Teil Kommunikation. Mit Mietern, Eigentümern, Technikern und anderen Geschäftspartnern werden dabei Dokumente verschiedenster Art wie Briefe, Angebote, Lage- und Baupläne ausgetauscht, die aufbewahrt, in elektronischer Form gespeichert und wiederaufgefunden werden müssen.

Im Abschnitt zur *Korrespondenz* beschreiben wir, auf welche Art und Weise Schriftstücke wie Briefe an Mieter und Geschäftspartner aus SAP RE heraus erzeugt und verarbeitet werden können. Wie diese und weitere Unterlagen aufbewahrt werden können, wird in den Abschnitten zum *Dokumentenmanagement* und zur *elektronischen Immobilienakte* behandelt. Eine große Arbeitserleichterung kann die Einbindung *grafischer Systeme* sein, die wir in einem weiteren Abschnitt erläutern.

In der Folge widmen wir uns der *Archivierung* von Daten, die für die aktuellen Aufgaben der Bewirtschaftung nicht mehr benötigt werden. Ein weiteres Thema dieses Kapitels ist das *Data Retention Tool* (DART). Dieses Tool erlaubt es Ihnen, steuerrelevante Daten aus dem SAP-System für Betriebsprüfungen im Rahmen der GDPdU (*Grundsätze zum Datenzugriff und zur Prüfung digitaler Unterlagen*) zur Verfügung zu stellen.

Der letzte Abschnitt dieses Kapitels beschreibt die Möglichkeiten der *Migration* von der SAP-Immobilienlösung RE Classic zu SAP RE (SAP RE-FX).

15.1 Korrespondenz

Sie wollen einen Mietvertrag verschicken, die Daten einer Wohnung ausdrucken oder die Ergebnisse der jährlichen Nebenkostenabrechnung eines Verwaltungsobjekts an die Mieter versenden? All diese Fälle sind Beispiele für Anforderungen an eine leistungsfähige Korrespondenzlösung für die Immobilienverwaltung. Im Folgenden zeigen wir Ihnen, dass die Korrespondenz von SAP RE in der Lage ist, diese und weitere Anforderungen zu erfüllen.

[+]

Verwendung der Bezeichnung »Ausgabe«

Wir werden im Folgenden der Einfachheit halber immer wieder von *Ausgabe* sprechen. Damit ist aber die Korrespondenz mit allen verfügbaren Ausgabemedien gemeint, also sowohl Druck als auch E-Mail und Fax.

Techniken

Bevor wir uns jedoch mit den Details beschäftigen, wollen wir Ihnen die Grundlagen der im SAP-System verfügbaren Techniken aufzeigen. Aktuell stehen in SAP ERP vier mögliche Techniken zur Ausgabe von Dokumenten zur Verfügung:

- **SAPscript**
  Obwohl diese Technik in einigen Bereichen von SAP ERP noch verwendet wird, wird sie in SAP RE nicht unterstützt.
- **Smart Forms**
  Bis zum Release ERP 2004 wurde in SAP RE diese Technik empfohlen. Sie können die Ausgabe mit Smart Forms zwar auch weiterhin nutzen, es findet jedoch keine Weiterentwicklung der ausgelieferten Musterformulare statt.
- **PDF-basierte Formulare**
  Seit dem Release SAP ERP 6.0 wird diese Technik empfohlen. Ausgelieferte Musterformulare werden ausschließlich als PDF-basierte Formulare weiterentwickelt.
- **Office-Anwendung**
  Es ist auch eine Ausgabe über die Anbindung von Office-Produkten möglich. Aktuell werden Microsoft Word und Lotus Ami Pro unterstützt.

Massendruck versus Einzeldruck

Sie werden bei der Betrachtung der Korrespondenz in SAP RE immer wieder auf die Unterscheidung zwischen Massen- und Einzeldruck stoßen. Dabei kann der falsche Eindruck entstehen, dass damit auch zwingend eine Unterscheidung der Techniken gemeint ist. Um diesem Missverständnis vorzubeugen, wollen wir kurz die Zusammenhänge verdeutlichen.

Ein Einzeldruck liegt vor, wenn Sie zu genau einem Immobilienobjekt eine Ausgabe erzeugen wollen. Hierzu können Sie sowohl Formulare – also Smart Forms oder PDF-basierte Formulare – als auch Office-Anwendungen nutzen. Beim Massendruck sollen gleichartige Dokumente zu mehreren Immobilienobjekten der gleichen Objektart ausgegeben werden. Dies ist nur mit Formularen möglich.

Bei der Betrachtung, wie Sie die in SAP RE verfügbaren Techniken einrichten, anwenden und erweitern können, werden wir daher vor allem zwischen Formularen und Office-Anwendung unterscheiden.

15.1.1 Ausgabe mit Formularen

Unter der Ausgabe mit Formularen fassen wir die beiden Techniken Smart Forms und PDF-basierte Formulare zusammen. Zwar sind die Techniken selbst in vielen Punkten unterschiedlich, die Einrichtung und Anwendung im Rahmen der Korrespondenz von SAP RE unterscheidet sich jedoch grundsätzlich nicht.

Wir werden uns hier nicht mit der Gestaltung des Layouts oder der Datenbeschaffung bei diesen beiden Techniken beschäftigen; dies würde zu weit führen. Hier verweisen wir Sie auf die umfangreich verfügbare Fachliteratur zur Formularentwicklung.

Sie können zum Testen der Funktionen zunächst die im Standard ausgelieferten Formulare verwenden. Sie werden jeweils ca. 50 Smart Forms und PDF-basierte Formulare vorfinden. **Test**

[+]

Namenskonvention der ausgelieferten Formulare

Alle ausgelieferten Formulare beginnen mit den beiden Buchstaben RE, gefolgt von zwei Buchstaben für die betroffene Objektart der Immobilienverwaltung, beispielsweise CN für Verträge. Die letzten drei Stellen enthalten eine Nummerierung.

Beispiele:

- RE_CN_010 – Stammdatenblatt für Verträge
- RE_BE_010 – Stammdatenblatt für Wirtschaftseinheiten

Einrichten

Um Formulare im Rahmen der Korrespondenz von SAP RE einsetzen zu können, sind einige Einstellungen erforderlich. Sie finden diese Einstellungen im Customizing von SAP RE unter Korrespondenz • PDF-basierte Formulare (Massen- und Einzeldruck).

Grundeinstellungen

In den Grundeinstellungen legen Sie fest, wie die Sprache des Formulars ermittelt werden soll – zum Beispiel anhand der Sprache, in der der Anwender im System angemeldet ist, oder anhand der Korrespondenzsprache des Empfängers. Weiterhin können Sie festlegen, welche Ausgabemedien zusätzlich zum Druck verwendet werden können.

Logisches Formularobjekt

In der Aktivität Korrespondenz • PDF-basierte Formulare (Massen- und Einzeldruck) • Formulare • Formulare definieren ordnen Sie den echten Formularen logische Formularobjekte zu, mit denen alle weiteren Einstellungen getroffen werden. Dabei entscheiden Sie für jedes logische Formularobjekt, ob Smart Forms oder PDF-basierte Formulare verwendet werden sollen (siehe Abbildung 15.1).

Formulare

Formular	Bez. Formular	Formulartyp	Formularobjekt
RE_AO_000	Allg. Schreiben (Arch. Objekt)	Smart Forms	RE_AO_000
RE_AO_010	Stammdatenblatt (Arch. Objekt)	Smart Forms	RE_AO_010
RE_BE_000	Allg. Schreiben (WirtschEinh)	Smart Forms	RE_BE_000

Abbildung 15.1 Zuordnung von echten zu logischen Formularobjekten

[+]

Umstellen der Formulartechnik

Wenn Sie sich entscheiden, die verwendete Formulartechnik ganz oder teilweise umzustellen, reicht es, dies in der Zuordnung der logischen Formularobjekte – also nur an einer Stelle – anzupassen. Der Umstieg wird so erheblich erleichtert.

Über den Pfad Korrespondenz • PDF-basierte Formulare (Massen- und Einzeldruck) • Korrespondenzvorfälle und -anwendungen finden Sie die Aktivitäten zum Einstellen der sogenannten *Korrespondenzvorfälle* und *Korrespondenzanwendungen*.

Korrespondenzvorfall

In einem Korrespondenzvorfall legen Sie das logische Formularobjekt und die Auswahl des Empfängers (Feld Ausw. Empfänger) für die Ausgabe eines Dokumentes fest (siehe Abbildung 15.2).

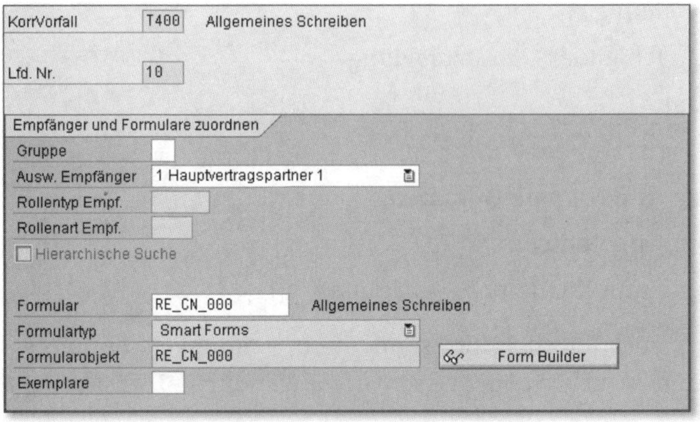

Abbildung 15.2 Details zum Korrespondenzvorfall

[+]

Mehrere Dokumente pro Ausgabe

Indem Sie einem Korrespondenzvorfall mehrere logische Formularobjekte und Empfänger zuordnen, können Sie in einer Ausgabe für ein Immobilienobjekt mehrere Dokumente gleichzeitig ausgeben.

Korrespondenzanwendung

Korrespondenzanwendungen sind vom System vorgegeben und mit Korrespondenz-Transaktionen starr verknüpft. Für die Stammdatenobjekte von SAP RE stehen folgende Korrespondenzanwendungen zur Verfügung:

- Allgemeines Schreiben
- Stammdatenblatt

Für die Verträge und die Interessentenverwaltung von SAP RE stehen folgende Korrespondenzanwendungen zur Verfügung:

- Allgemeines Schreiben
- Stammdatenblatt
- Vertragsangebot
- Exposé
- Vertragsformular
- Vertragskontenblatt
- Rechnung
- Nebenkostenabrechnung
- Umsatzmietabrechnung

- Umsatzmeldung
- Mahnung fehlender Umsatzmeldung
- Anpassung
- Anpassung zustimmen
- Mahnung Anpassungszustimmung
- Anpassung ankündigen
- Kündigung und Kündigungsbestätigung

Sie können auch eigene Korrespondenzanwendungen definieren. Um diese nutzen zu können, müssen Sie Anwendungs-Transaktionen erstellen.

Bei der Datenbeschaffung der ausgelieferten Formulare werden automatisch die Geschäftspartnerdaten des Empfängers an das jeweilige Dokument übergeben. Den Empfänger haben Sie bereits im Korrespondenzvorfall festgelegt. In der Korrespondenzanwendung können Sie nun weitere Geschäftspartner festlegen, deren Daten zusätzlich an das Dokument übergeben werden sollen. Dazu können Sie sowohl den Rollentyp als auch die Rollenart für die in Frage kommenden Geschäftspartner festlegen (siehe Abbildung 15.3).

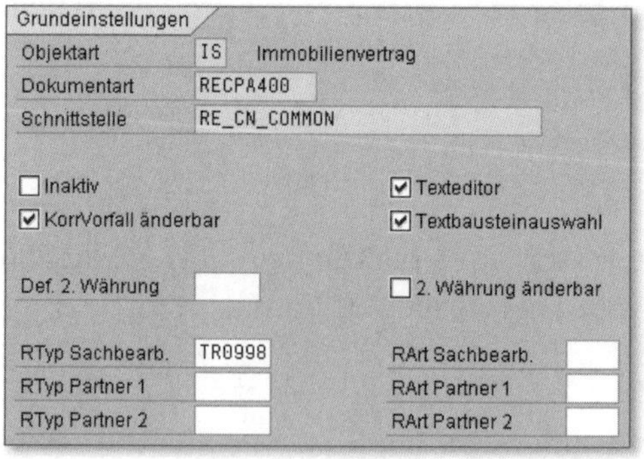

Abbildung 15.3 Details zur Korrespondenzanwendung

Zuordnung Korrespondenzvorfälle

Sie können einer Korrespondenzanwendung einen oder mehrere Korrespondenzvorfälle zuordnen. Bei der Ausgabe im Standard wird jedoch immer nur genau ein Korrespondenzvorfall verwendet. Wenn Sie in den Grundeinstellungen einer Korrespondenzanwendung die Checkbox KORRVORFALL ÄNDERBAR markiert haben, kann in der Anwendung zwischen den hier zugeordneten Korrespondenzvorfällen gewählt werden. Ist dieses Kennzeichen nicht gesetzt, wird bei der Ausgabe der als *Default* gekennzeichnete Korrespondenzvorfall verwendet.

Zuordnung Textbausteine

Wenn Sie in den Grundeinstellungen einer Korrespondenzanwendung die Checkbox TEXTBAUSTEINAUSWAHL markiert haben, kann in der Anwendung zwischen verschiedenen hier hinterlegten Textbausteinen gewählt werden. Ist dieses Kennzeichen nicht gesetzt, wird bei der Ausgabe ebenfalls der als *Default* gekennzeichnete Textbaustein verwendet.

[!]

Mahnschreiben

Die Mahnkorrespondenz bildet eine Ausnahme, da sie mit Hilfe der Korrespondenz der Komponente Finanzbuchhaltung realisiert wird. Innerhalb von SAP RE wird zwar die Smart Forms-Variante des Mahnformulars verwendet, die Einstellungen und den Aufruf der Mahnkorrespondenz müssen Sie jedoch in der Finanzbuchhaltung durchführen.

Anwenden

Nachdem wir Ihnen die erforderlichen Einstellungen zur Nutzung von Formularen für die Ausgabe von Dokumenten in SAP RE gezeigt haben, wenden wir uns nun der Anwendung selbst zu.

Für die Korrespondenz mit Formularen gibt es zwei mögliche Szenarios in der Anwendung:

- Massenkorrespondenz (auch Massendruck genannt)
- Einzelkorrespondenz (auch Einzeldruck genannt)

Da sich die Vorgehensweisen bei den beiden Szenarien deutlich voneinander unterscheiden, wollen wir diese nacheinander betrachten.

Massenkorrespondenz

Bei der Massenkorrespondenz sollen die gleichen Dokumente für eine Reihe von Immobilienobjekten derselben Objektart ausgegeben werden. Dafür stehen in SAP RE spezielle Transaktionen zur Verfügung, die generell mit genau einer Korrespondenzanwendung verknüpft sind.

[+]

Benennung der Korrespondenz-Transaktionen

Die Namen der Transaktionen für die Massenkorrespondenz sind folgendermaßen aufgebaut: RECP <Korrespondenzanwendung>

Beispiele:

- RECPA400 – Allgemeines Schreiben Vertrag
- RECPA130 – Stammdatenblatt Wirtschaftseinheit

Abbildung 15.4 soll Ihnen einen Überblick über den im weiteren Text beschriebenen Ablauf der Massenkorrespondenz geben.

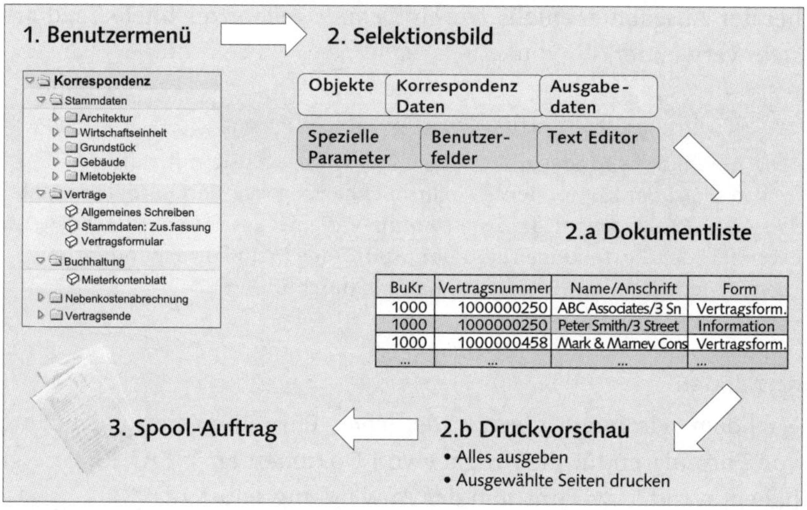

Abbildung 15.4 Prozessübersicht zur Massenkorrespondenz

Der Aufbau der Korrespondenz-Transaktionen ist in allen Fällen identisch. Nach dem Aufruf gelangen Sie in ein Selektionsbild, das in mehrere Register unterteilt ist.

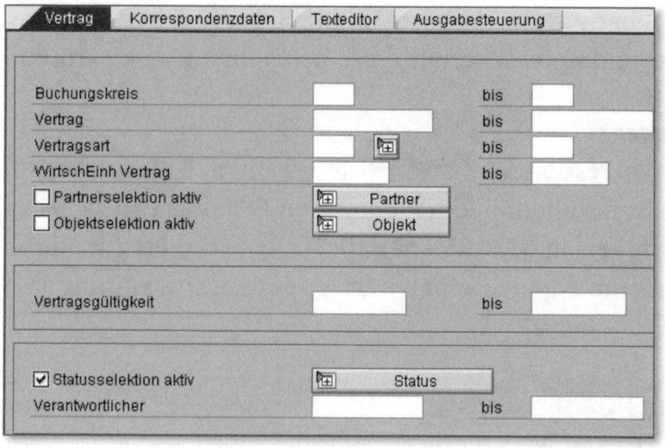

Abbildung 15.5 Objektspezifisches Register in einer Korrespondenz-Transaktion

Das erste Register der Transaktion dient der Selektion der Objekte, zu denen Dokumente ausgegeben werden sollen. Die Selektionsparameter sind dabei objektspezifisch. Sie hängen also von der Objektart der Korrespondenzanwendung ab. In Abbildung 15.5 sehen Sie als Beispiel das Selektionsregister für Verträge.

Register zur Selektion

Das nächste Register in der Transaktion dient der Erfassung der Parameter für die betroffene Korrespondenzanwendung (siehe Abbildung 15.6). Diese hängen von den Einstellungen im Customizing zur Korrespondenzanwendung ab. So ist die Auswahl des Korrespondenzvorfalls nur dann verfügbar, wenn die Checkbox KORRVORFALL ÄNDERBAR markiert ist.

Register »Korrespondenzdaten«

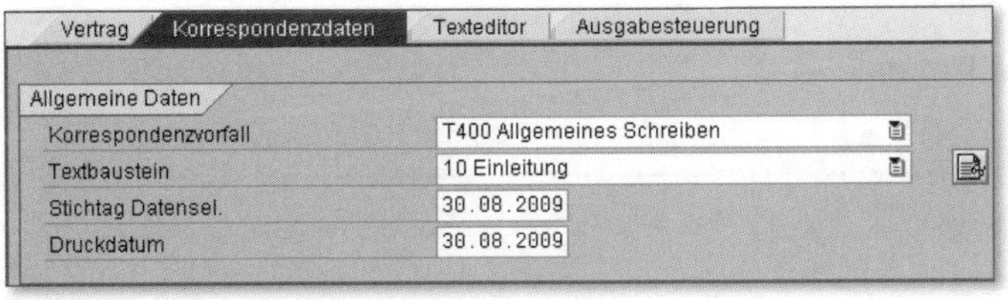

Abbildung 15.6 Korrespondenz-Transaktion – Register »Korrespondenzdaten«

Im Register TEXTEDITOR können Sie für alle Dokumente einen zusätzlichen Text eingeben. Dieser wird an einer bereits bei der Layoutgestaltung des Formulars definierten Stelle ausgegeben. Das Register ist nur dann verfügbar, wenn Sie in den Einstellungen zum Korrespondenzvorfall die Checkbox TEXTEDITOR markiert haben.

Register »Texteditor«

Das Register AUSGABESTEUERUNG bietet Ihnen die Möglichkeit, spezifische Daten zur Ausgabe anzugeben, wie das Ausgabegerät, den Ausgabezeitpunkt und die Anzahl der Exemplare (siehe Abbildung 15.7).

Register »Ausgabesteuerung«

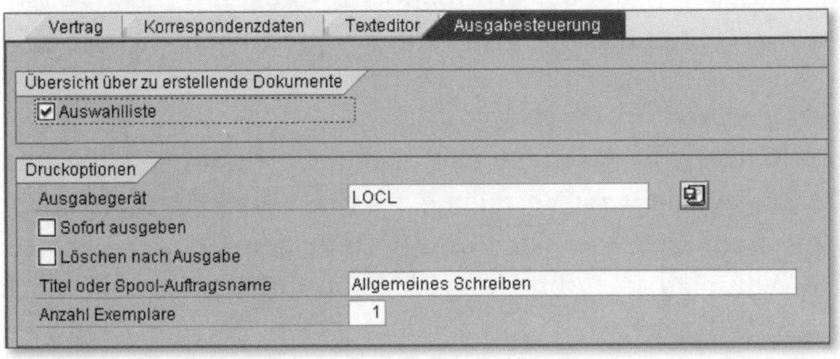

Abbildung 15.7 Korrespondenz-Transaktion – Register »Ausgabesteuerung«

Wenn Sie die Checkbox AUSWAHLLISTE in diesem Register markiert haben, wird Ihnen vor der Ausgabe eine Liste der Dokumente angezeigt, die ausgegeben werden sollen. Wenn Sie die Checkbox nicht angehakt haben, erfolgt die Ausgabe sofort.

Dokumentliste In dieser Dokument- oder Auswahlliste können Sie sich für einzelne oder alle Dokumente eine Druckvorschau (siehe Abbildung 15.8) anzeigen lassen, die Dokumente selektiv ausgeben oder in die Stammdaten des Objekts/Vertrages oder des Partners verzweigen, wenn ein Empfänger gepflegt wurde.

Druckansicht für LOCL Seite 00001 von 00002

Archivieren | Ausgeben und Archivieren

Vertrag 1000/1002 — 30.08.2009

Vermietung Gewerbe — Seite 1

Umsatzmiete, Übung 2 / Sales based rent, Exercise 2 — 30.08.2009 13:07:44 / LUKOWSKY

Allgemeine Daten

Metrecht:	Deutsches Metrecht	Vertragswährung:	EUR
Umsatzrelevant:	X		

Geschäftspartner

Rolle	Partner	Name/Adresse	Zeitraum
Debitorischer Hauptmieter	496	Umsatzmiete, Übung 2 / strasse 1 / 12345 Ort	[unbeschränkt]

Laufzeit

Vertragsbeginn:	01.01.2005	Finanzstrom ab:	01.01.2005
Laufzeitende:		Laufzeit in Monaten:	
Aktueller Status:	Unbefristet		

Kündigungsklausel

Kündigungsart:	Keine Kündigungsfrist
Kündigungsschema:	<Keine Kündigungsfrist>

Vertragsgegenstand

Art	Objekt	Objektbeschreibung	Inf.	Zuordnungszeitraum
Metfläche	1000/400/14	Umsatzmiete, Übung 2 / Sales based rent,		ab 01.01.2005

Abbildung 15.8 Beispiel einer Druckansicht

Nach der Ausgabe wird ein Korrespondenzprotokoll für jede Ausgabeaktivität erstellt und als SAP-Anwendungsprotokoll gesichert.

Einzelkorrespondenz

Die Einzelkorrespondenz steht nur in der Objektbearbeitung und somit im RE-Navigator zur Verfügung. Sie rufen die Einzelkorrespondenz mit Formularen über das Icon DRUCKEN oder den entsprechenden Menüpfad auf. Abbildung 15.9 soll Ihnen einen Überblick über den Ablauf der Einzelkorrespondenz geben.

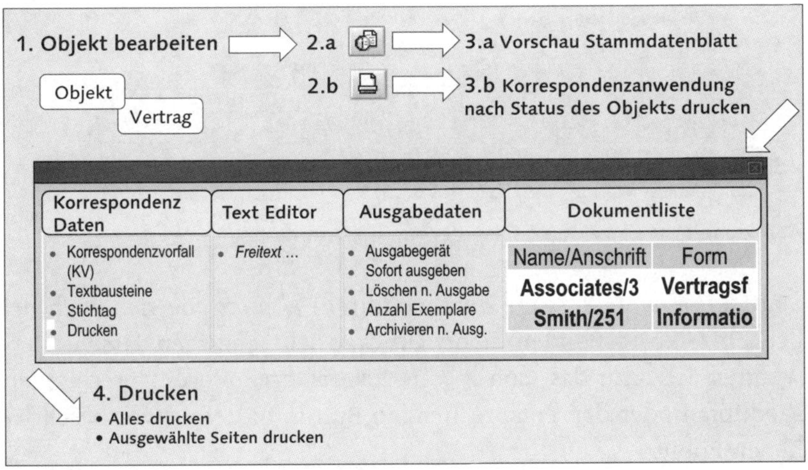

Abbildung 15.9 Prozessübersicht zur Einzelkorrespondenz

Nach dem Aufruf der Einzelkorrespondenz erscheint ein Fenster, in dem Sie die Daten eingeben, die für die Ausgabe erforderlich sind. Wie bei der Massenkorrespondenz sind dafür die Register KORRESPONDENZDATEN, TEXTEDITOR und AUSGABESTEUERUNG vorhanden (siehe Abbildung 15.10). Die Funktionen dieser Register stimmen ebenfalls mit den Registerfunktionen der Massenkorrespondenz überein.

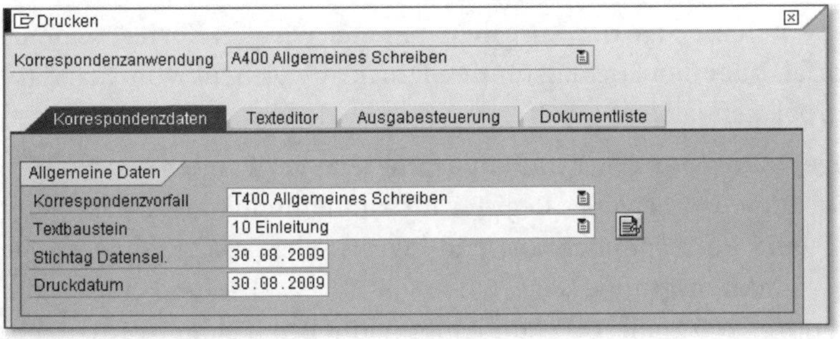

Abbildung 15.10 Popup zum Ausgeben von Dokumenten mit Formularen

Register »Dokumentliste«

Zusätzlich gibt es allerdings das Register DOKUMENTLISTE. Hier werden wie bei der Massenkorrespondenz alle Dokumente angezeigt, die ausgegeben werden sollen (siehe Abbildung 15.11).

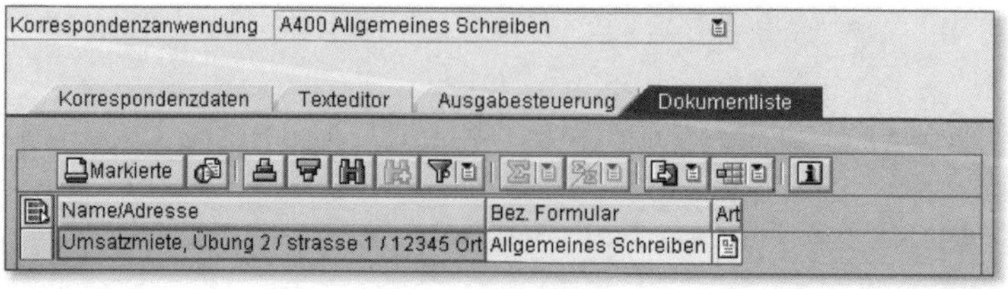

Abbildung 15.11 Einzeldruck – Register »Dokumentliste«

Statt sofort eine Ausgabe durchzuführen, können Sie sich auch bei der Einzelkorrespondenz eine Druckansicht anzeigen lassen. Verwenden Sie dazu das Icon DRUCKANSICHT, den entsprechenden Menüpfad oder den entsprechenden Button in dem zuvor beschriebenen Popup.

Erweitern

BAdI »BADI_RECP_SF«

In den beiden vorhergehenden Abschnitten haben wir Ihnen gezeigt, wie Sie die Korrespondenz mit Formularen einrichten und anwenden können. Dabei sind Ihnen vielleicht schon Ideen gekommen, wie man den Ablauf auf Ihre speziellen Bedürfnisse anpassen könnte. Zu diesem Zweck steht Ihnen das BAdI `BADI_RECP_SF` zur Verfügung. Es bietet Ihnen folgende Möglichkeiten:

- **Vorbelegung von Parametern**
  Sie können einige der Ausgabeparameter wie den Korrespondenzvorfall oder den Stichtag für den Druck abweichend vom Standard vorbelegen lassen.
- **Eigene Register mit Kundenparametern verwenden**
  Sie können ein eigenes Register für kundenindividuelle Parameter für eine Korrespondenzanwendung erstellen. Dazu kopieren Sie die Funktionsgruppe `RECP_GUI_SF_BADI_EXAMPLE` und passen das Dynpro 1000 an. Die kundenindividuellen Felder werden per Append der Struktur `RECP_SF_OPTIONS_BADI` hinzugefügt.
- **Auswahl des Korrespondenzvorfalls pro Immobilienobjekt im Massendruck**
  Sie können beim Massendruck pro Immobilienobjekt dynamisch ermitteln lassen, welcher Korrespondenzvorfall verwendet werden soll. Dazu vergeben Sie bei der Zuordnung der Korrespondenzvorfälle zur Korrespondenzanwendung Differenzierungskriterien als beliebigen Text. In der Anwendung ordnen Sie Werten

aus dem jeweiligen Objekt die zu verwendenden Differenzierungskriterien zu.

- **Anpassen der Dokumentliste**
  Sie können die Sortierung der Dokumente in der Dokumentliste beeinflussen oder die Relevanz der selektierten Objekte ändern.
- **Anpassen oder Ersetzen der standardmäßigen Formularausgabe**

Mit den hier im Überblick dargestellten Möglichkeiten des BAdI BADI_RECP_SF sind Sie in der Lage, nahezu alle Ihre Anforderungen an die Korrespondenz mit Formularen in SAP RE umzusetzen.

15.1.2 Ausgabe mit Office-Anwendungen

Wir wenden uns nun der Ausgabe mit Office-Anwendungen zu und beziehen uns bei der Erläuterung in diesem Abschnitt auf Microsoft Word als Beispiel für eine Office-Anwendung.

Verwendung

Die Korrespondenz mit Office-Anwendungen steht für die folgenden Objekte zur Verfügung:

- Architektonisches Objekt
- Wirtschaftseinheit
- Gebäude
- Grundstück
- Mietobjekt
- Immobiliengesuch
- Angebotsobjekt
- Vertragsangebot
- Immobilienvertrag
- Anpassungsmaßnahme
- Einheitswertbescheid
- Fortführung
- Grundbuch
- Flurstück
- Grundstücksverzeichnisse
- Mandat

Wie bei der Korrespondenz mit Formularen werden wir Ihnen zunächst die notwendigen Einstellungen zeigen, um Dokumente mit einer Office-Anwendung auszugeben, bevor wir Ihnen die Anwendung selbst vorstellen.

Einrichten

Sie finden die notwendigen Einstellungen für die Korrespondenz mit Office-Anwendungen im Customizing von SAP RE unter Korrespondenz • Office-Anwendung (Einzeldruck).

Grundeinstellung pro Objektart

In der Feldgruppe Grundeinstellungen und Dokumentvorlagen nehmen Sie pro Objektart alle erforderlichen Einstellungen vor (siehe Abbildung 15.12). Sie legen zunächst Rollentyp und -art für drei Geschäftspartnerrollen fest, deren Daten zusätzlich zum Empfänger bei der Ausgabe verwendet werden sollen.

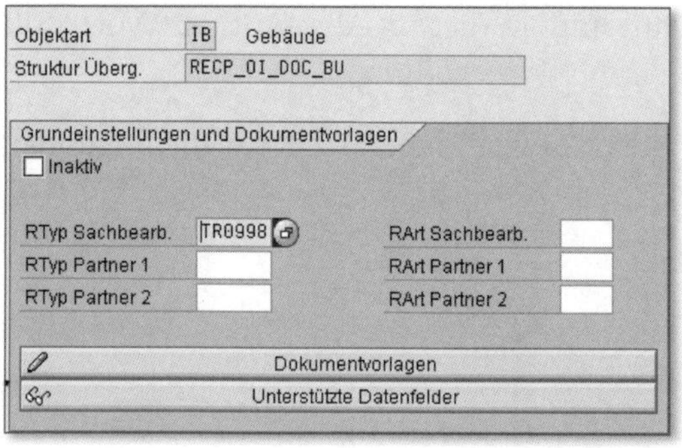

Abbildung 15.12 Grundeinstellungen zur Ausgabe mit Office-Anwendungen

[!]

Inaktiv

Wenn Sie die Checkbox Inaktiv für eine Objektart anhaken, wird der Button zum Aufruf der Korrespondenz mit Office-Anwendungen für diese Objektart ausgeblendet.

Unterstützte Datenfelder

Über den Button Unterstützte Datenfelder gelangen Sie in die technische Sicht der für die Ausgabe zur Verfügung stehenden Felder. Diese Strukturen sind objektartenspezifisch, folgen aber alle der Namenskonvention RECP_OI_DOC_<Objektart>, zum Beispiel:

- Immobilienvertrag: RECP_OI_DOC_CN
- Wirtschaftseinheit: RECP_OI_DOC_BE

Business Document Navigator

Über den Button Dokumentvorlagen gelangen Sie in den Business Document Navigator. Dort können Sie Dokumentvorlagen ablegen und ändern.

Der Business Document Navigator besteht aus drei wesentlichen Bereichen (siehe Abbildung 15.13):

❶ Hier werden Ihre Vorlagen abgelegt.

❷ Hier werden technische Details zum gewählten Dokument angezeigt. Zusätzlich können Sie über das Register ANLEGEN neue Dokumentvorlagen anlegen.

❸ In diesem Bereich wird die Office-Anwendung geöffnet, und Sie können Ihre Vorlagen direkt bearbeiten.

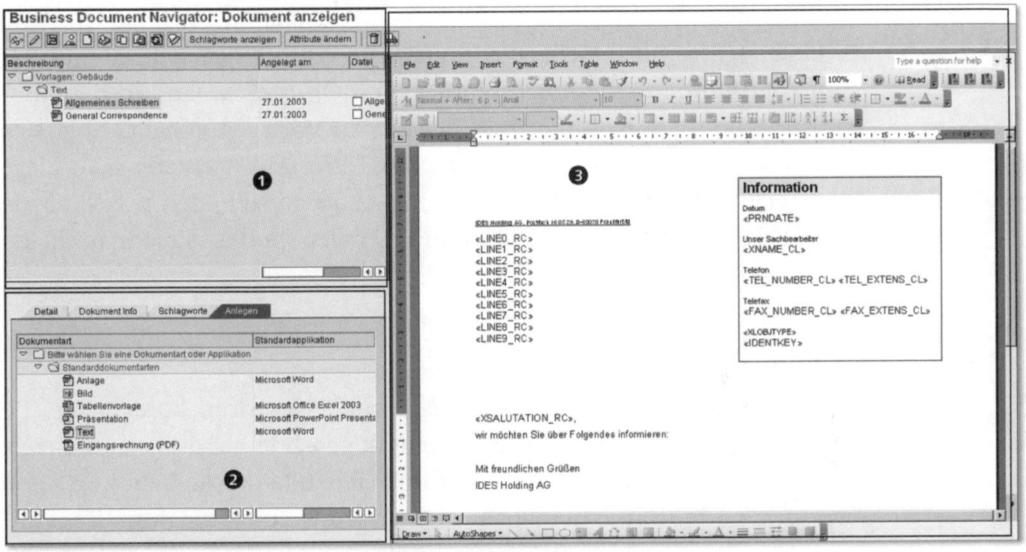

Abbildung 15.13 Business Document Navigator

Die Nutzung des Business Document Navigators und das Zusammenspiel seiner drei Bereiche wollen wir Ihnen anhand eines Beispiels verdeutlichen.

[zB]

Vorlage mit dem Business Document Navigator erstellen

Sie können Ihre bisher verwendeten Dokumente im Business Document Navigator mit minimalem Aufwand in eine Dokumentvorlage überführen:

1. Wechseln Sie dazu in den Business Document Navigator für die gewünschte Objektart.
2. Wählen Sie im unteren Bereich des Business Document Navigators das Register ANLEGEN, und klicken Sie anschließend zweimal unter STANDARDDOKUMENTARTEN auf den Eintrag TEXT. Daraufhin erscheint der Dialog DATEI ÖFFNEN zum Importieren des Dokuments, in dem Sie Ihr

lokal gespeichertes Dokument auswählen können. Das Dokument wird im oberen Bereich des Business Document Navigators abgelegt.

3. Öffnen Sie das Dokument mit dem Button DOKUMENT BEARBEITEN.
4. Ersetzen Sie die variablen Bestandteile des Dokuments, wie z. B. Name, Adresse, Vertragsnummer, durch Serienbrieffelder. Dazu wählen Sie im Menü EINFÜGEN • FELD und anschließend im Dialog KATEGORIE: SERIENDRUCK • FELDNAME: SERIENDRUCKFELD. Geben Sie als Feldnamen das Feld aus der Struktur der unterstützten Datenfelder ein, und bestätigen Sie dies.
5. Nachdem Sie alle gewünschten Serienbrieffelder ergänzt haben, sichern Sie das Dokument.

Sie haben nun gesehen, wie man die erforderlichen Einstellungen vornimmt, um die Korrespondenz mit Office-Anwendungen zu nutzen, und wie man die dazu benötigten Vorlagen erstellt. Aber wie sieht es nun in der Anwendung aus? Wo und wie kann man diese Technik für die Korrespondenz in SAP RE nutzen, und was kann sie leisten? Die Antworten auf diese Fragen finden Sie im nächsten Abschnitt.

Anwenden

Aufruf aus dem RE-Navigator

Im Gegensatz zur Korrespondenz mit Formularen können Sie die Korrespondenz mit Office-Anwendungen nur für die Einzelkorrespondenz nutzen. Aus diesem Grund stehen in der Anwendung keine speziellen Transaktionen für diese Technik zur Verfügung. Der Aufruf erfolgt stattdessen immer direkt aus der Objektbearbeitung im RE-Navigator.

Zum Aufruf verwenden Sie das Icon DRUCKEN MIT OFFICE-ANWENDUNG oder den entsprechenden Menüpfad. Sollte das Icon nicht verfügbar sein, ist im Customizing der Korrespondenz mit Office-Anwendungen die Checkbox INAKTIV für die Objektart angehakt.

Nach dem Aufruf erscheint ein Fenster, in dem Sie zunächst eine der Vorlagen auswählen, die Sie für die Objektart im Business Document Navigator zuvor erstellt haben. Danach können Sie den Empfänger auswählen, der verwendet werden soll (siehe Abbildung 15.14).

Erstellung und Bearbeitung

Nachdem Sie die Details festgelegt haben, wird das Dokument erstellt. Dazu wird die entsprechende Office-Anwendung innerhalb von SAP geöffnet. Sie haben nun alle Möglichkeiten zum Bearbeiten des Dokumentes, die Ihnen auch in der Office-Anwendung selbst zur Verfügung stehen würden (siehe Abbildung 15.15).

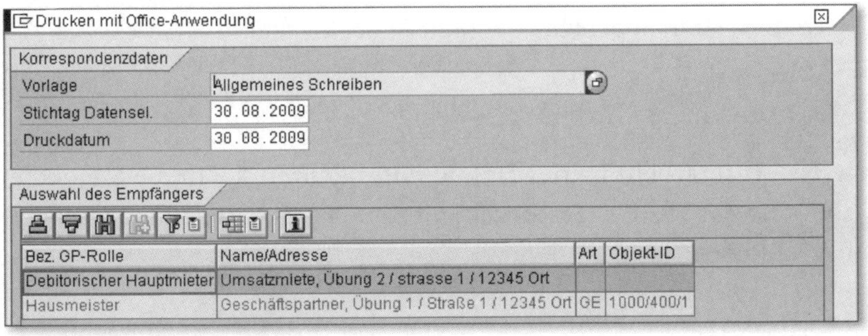

Abbildung 15.14 Popup zum Ausgeben von Dokumenten mit einer Office-Anwendung

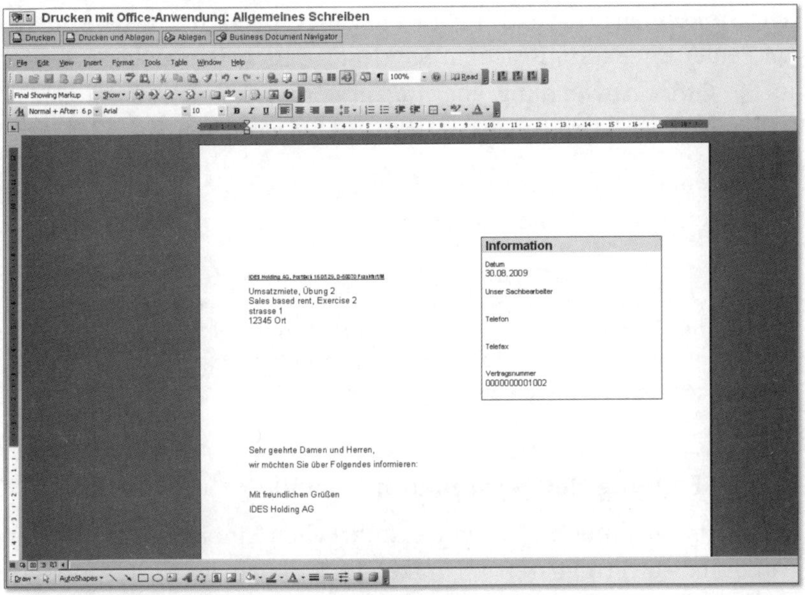

Abbildung 15.15 Bearbeiten eines Dokumentes vor der Ausgabe mit einer Office-Anwendung

Weiterverarbeitung

Nachdem Sie alle gewünschten Änderungen im Dokument vorgenommen haben, haben Sie folgende Möglichkeiten zur Weiterverarbeitung innerhalb von SAP RE:

- **Drucken**
  Das Dokument wird ausgegeben. Sie können das Ausgabegerät und den Zeitpunkt vorher festlegen.

- **Drucken und Ablegen**
  Zusätzlich zum Ausdruck wird das Dokument in der Datenbank des SAP-Systems, auf dem Content Server oder in einem externen Archivsystem abgelegt.
- **Ablegen**
  Das Dokument wird nur abgelegt.

Nach der Verarbeitung des Dokumentes kehren Sie in die Objektbearbeitung zurück. Der Ausdruck mit der Office-Anwendung ist damit abgeschlossen.

Erweitern

Um Ihre Vorlagen mit den notwendigen Daten zu versorgen, müssen diese als Felder in der Datenstruktur zur jeweiligen Objektart enthalten sein. Sie können die Struktur mit Hilfe von Appends um die gewünschten Felder erweitern. Beachten Sie dabei, dass maximal 4.096 Felder an die Office-Anwendung übertragen werden können. Dazu zählen auch die im Standard bereits in der Struktur enthaltenen Felder.

Die Datenbeschaffung für Ihre Felder müssen Sie ebenfalls implementieren. Dazu können Sie das BAdI `BADI_RECP_OI` verwenden.

[!]

Tabellen in der Korrespondenz mit Office-Anwendungen

Durch die Begrenzung der Anzahl verwendbarer Felder sind Tabellen, deren Zeilenzahl dynamisch zur Laufzeit festgelegt wird, nicht für die Korrespondenz mit Office-Anwendungen geeignet.

15.1.3 Eignung der verfügbaren Techniken

Nachdem wir Ihnen nun einen ausführlichen Einblick in die beiden grundsätzlich verfügbaren Techniken im Rahmen der Korrespondenz mit SAP RE gegeben haben, wollen wir diese gegenüberstellen und ihre Eignung prüfen.

Da die Korrespondenz mit Office-Anwendungen nicht für den Massendruck verwendet werden kann, ist in diesem Fall die Korrespondenz mit Formularen Ihre einzige Option. Folglich betrachten wir also nur noch die relevanten Merkmale der Eignung für den Einzeldruck.

SAP Smart Forms und PDF-basierte Formulare

Beginnen wir mit *SAP Smart Forms* und *PDF-basierten Formularen*, die die folgenden Merkmale haben:

- Ausgabemöglichkeit für alle Arten von Anwendungsdaten
- Auswahlmöglichkeit vor dem Ausdruck, welche Dokumente an welche Empfänger gehen sollen
- keine Änderungsmöglichkeit für Dokumente vor dem Ausdruck, lediglich ein individueller Text kann ergänzt werden
- automatische Ablage der Dokumente mit Verknüpfung zum Objekt/Vertrag
- Programmierkenntnisse zur Erweiterung erforderlich
- spezielle Kenntnisse für die Formulargestaltung erforderlich

Vor- und Nachteile

Die Vorteile der Formulare im Einzeldruck liegen vor allem darin, dass Sie sowohl das Layout als auch die Datenbeschaffung exakt nach Ihren Vorstellungen gestalten können. Somit sind beliebig komplexe Korrespondenzen möglich. In der Anwendung sind die Formulare aber extrem starr, d.h., manuelle Anpassungen sind nicht möglich. Sie eignen sich somit für Standarddokumente, wie zum Beispiel eine Hausordnung oder ein Begrüßungsschreiben für neue Mieter.

Office-Anwendungen

Und nun zu den Merkmalen der Office-Anwendung:

- Ausgabemöglichkeit für bestimmte Objektarten
- einfache Empfängerauswahl
- Änderungsmöglichkeit für Dokumente vor dem Ausdruck direkt in der Office-Anwendung
- manuelle Ablage der Dokumente mit Verknüpfung zum Objekt/Vertrag
- einfache Definition der Vorlagen ohne Programmierkenntnisse
- maximal 4.096 Felder pro Objektart möglich
- keine dynamischen Tabellen

Vor- und Nachteile

Die Vorteile der Korrespondenz mit Office-Anwendungen liegen in der hohen Flexibilität der Anwendung. Da die erzeugten Dokumente in dem Format der gewählten Office-Anwendung vorliegen, können Sie diese vollständig an den Einzelfall anpassen. Damit eignet sich die Korrespondenz mit Office-Anwendung besonders, um eine Reihe von Geschäftsvorfällen gemeinsam abzudecken, die einzeln in geringer Frequenz auftreten. Ein Beispiel wäre ein Schreiben an einen Mieter, in dem lediglich der formale Rahmen mit Anschrift, Sachbearbeiter und Aktenzeichen vorgegeben ist, der Inhalt aber vom Anwender vor dem Ausdruck von Fall zu Fall ergänzt wird.

15.2 Records Management

Anfallende Dokumente

In der Immobilienverwaltung wird eine Vielzahl von Dokumenten erzeugt, bearbeitet und versandt:

- Beim Neubau von Gebäuden müssen Bauzeichnungen und technische Dokumente berücksichtigt werden.
- Zu Beginn eines neuen Mietverhältnisses wird ein Mietvertrag erstellt. Später erhält der Mieter regelmäßig Schreiben zur Nebenkostenabrechnung bzw. zur Mietanpassung.
- Handwerker erstellen Rechnungen für die Reparatur von Wasserhähnen oder Haustüren. Wartungsverträge für technische Anlagen werden abgeschlossen.

Die genannten Dokumente müssen strukturiert abgelegt werden, damit sie jederzeit schnell und gezielt auffindbar sind, und sie müssen dem jeweiligen Immobilienobjekt oder -vertrag zugeordnet sein: Bauzeichnungen gehören zum Gebäude, Nebenkostenabrechnungen zum zugehörigen Mietvertrag.

Elektronische Immobilienakte

Mit der SAP-Komponente *Records Management* (BC-SRV-RM) können Sie elektronische Akten erstellen und verwalten. Durch die Integration zwischen SAP RE und Records Management kann die Funktionalität der elektronischen Aktenverwaltung auch für die Immobilienverwaltung genutzt werden.

15.2.1 Dokumentenmanagement in SAP RE

Tools für das Dokumentenmanagement

Das *Dokumentenmanagement* in SAP RE kann grundsätzlich mit den folgenden drei Werkzeugen erfolgen:

- SAP Records Management
- Dokumentenverwaltung (DVS)
- Business Document Navigator

Das bedeutet aber nicht, dass Sie sich für das gesamte Gebiet der Immobilienverwaltung für eines der genannten Werkzeuge entscheiden müssen. Die Nutzung der Tools zur Dokumentenverwaltung kann für jede Objektart separat definiert werden. Dadurch ist es möglich, für Verträge oder Gebäude die elektronische Aktenverwaltung des Records Managements zu nutzen, während für Wirtschaftseinheiten und Grundstücke die Dokumentenverwaltung oder der Business Document Navigator genutzt wird.

DVS versus Records Management

Die genannten Tools unterscheiden sich hinsichtlich ihrer Sicht auf die zu bearbeitenden Dokumente. Während bei der Dokumentenverwaltung (DVS) das Dokument selbst im Vordergrund steht, ist das Records Management prozessorientiert. Sie haben hier die Möglichkeit, Akten in strukturierter Form zu erstellen und zu bearbeiten. Über Umlaufmappen können Sie die in den Akten enthaltenen Informationen mehreren Mitarbeitern zugänglich machen. Das bedeutet, dass die benötigten Dokumente jederzeit von jedem dafür berechtigten Mitarbeiter von einem beliebigen Arbeitsplatz aus eingesehen und ergänzt werden können, unabhängig vom realen Aufbewahrungsort des (Papier-)Dokuments.

[+]

SAP-Hinweis zur DVS-Integration

Weitere Hinweise zur Nutzung und Konfiguration der Werkzeuge für das Dokumentenmanagement können Sie dem SAP-Hinweis 860779 (Neue Funktionalität: DVS-Integration) entnehmen.

15.2.2 Elektronische Akten in der Immobilienverwaltung

Abbildung 15.16 zeigt das Beispiel einer *Gebäudeakte*. Die Akte ist in verschiedene Bereiche für die Ablage allgemeiner Korrespondenz, technischer Dokumente o.Ä. unterteilt. Wird nun ein Schreiben mit Bezug zum Gebäude erstellt, kann dieses automatisch in die Gebäudeakte eingefügt werden. Gehen Rechnungen mit Bezug zum Gebäude ein, können diese eingescannt und der Gebäudeakte zugeordnet werden.

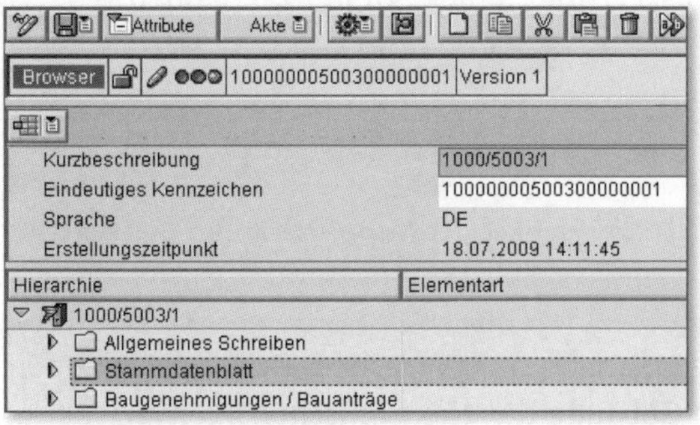

Abbildung 15.16 Beispiel einer elektronischen Gebäudeakte

Sie erreichen die Gebäudeakte aus dem RE-Navigator oder aus der Transaktion REBDBU (Gebäude bearbeiten) über den Button DOKUMENTENVERWALTUNG. Voraussetzung dafür ist, dass das Records Management für die Objektart Gebäude aktiviert wurde.

15.2.3 Aktenmodell

Eine Vertragsakte hat naturgemäß einen anderen Aufbau als eine Gebäudeakte. Sie enthält beispielsweise separate Bereiche für Vertragsdokumente, für Korrespondenz zur Mietanpassung, zur Nebenkostenabrechnung und zu Mahnungen, während die Gebäudeakte Dokumente zum Baufortschritt und technische Dokumente enthält. Diesem Umstand können Sie Rechnung tragen, indem Sie für jede Immobilienobjektart ein separates *Aktenmodell* anlegen.

Dokumentenmanagement – Customizing

Die vorbereitenden Einstellungen für das Dokumentenmanagement nehmen Sie im Customizing von SAP RE unter ÜBERGREIFENDE EINSTELLUNGEN ZU STAMMDATEN UND VERTRAG • DOKUMENTENMANAGEMENT vor (siehe auch Abbildung 15.17).

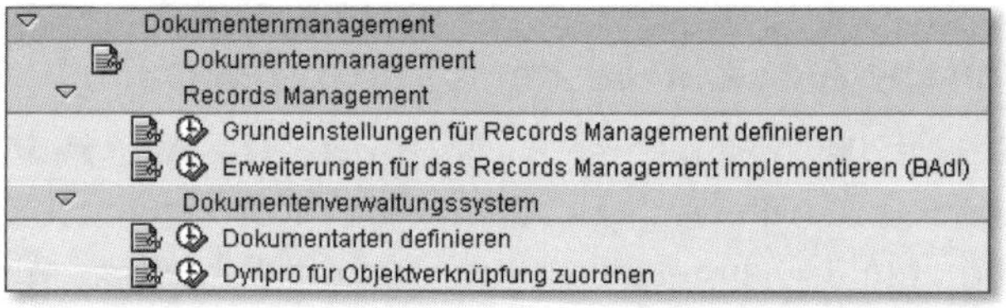

Abbildung 15.17 Customizing-Einstellungen für das Dokumentenmanagement

Hier definieren Sie zunächst – wie aus Abbildung 15.18 ersichtlich – die Anbindung an das Records Management für die Objektarten, bei denen Sie eine elektronische Immobilienakte nutzen wollen.

Grundeinstellungen pro Objektart

OA	Objektart	Aktiv	Autom.anl.	RMS-ID	Elementart-ID der Akte	Elementart-ID des Aktenmodells
IM	Mietobjekt	☐	☑	REAL_ESTATE	RE_RENTAL_OBJECT_RECORD	RE_RENTAL_OBJECT_MODEL
IS	Immobilienvertrag	☑	☑	REAL_ESTATE	RE_CONTRACT_RECORD	RE_CONTRACT_MODEL

Abbildung 15.18 Grundeinstellungen des Records Managements pro Objektart

[+]

RMS-ID REAL_ESTATE

Als Beispiel einer Identifikation für das Records Management (RMS-ID) ist die Identifikation REAL_ESTATE im Auslieferungs-Customizing von SAP RE enthalten.

Sie können diese kopieren und Ihren Anforderungen entsprechend anpassen. Verwenden Sie bitte nicht die Identifikation REAL_ESTATE selbst, da diese in zukünftigen Auslieferungen gegebenenfalls geändert werden könnte.

Aktenmodell definieren

Die Struktur der einzelnen Aktenmodelle wird in den Customizing-Einstellungen der Komponente Records Management definiert. Sie finden diese im Customizing über den Menüpfad SAP NetWeaver • Application Server • Basis-Services • Records Management (siehe Abbildung 15.19).

Abbildung 15.19 Records Management – Definition von Aktenmodellen

Dokumente einfügen und ablegen

Um zu erreichen, dass in SAP RE erstellte Briefe oder andere Dokumente automatisch an der richtigen Stelle der jeweiligen Immobilienakte eingefügt werden, können Sie das im Customizing-Menü in Abbildung 15.17 – Erweiterungen für das Records Management implementieren (BAdI) – gezeigte Business Add-In (BAdI) Ihren konkreten Anforderungen entsprechend ausprogrammieren.

Für die aus der Immobilienverwaltung heraus erzeugten Dokumente (SAP-Formulare bzw. Individualkorrespondenz mit Microsoft Office) gibt es verschiedene Möglichkeiten der Ablage (z. B. den Business Document Navigator bzw. optische Archive). Der Einsatz des Records Managements ist von diesen Ablageorten unabhängig.

[+]

Einsatz des Records Managements

Die Unabhängigkeit von den verwendeten Korrespondenztools und Ablagestrategien bedeutet auch, dass Sie die Funktionalität des Records Managements in einer späteren Projektphase nach Einführung von SAP RE nutzen können, auch wenn Sie bereits ein optisches Archiv o.Ä. nutzen.

15.3 Grafikintegration

Teilfunktion GI01

Durch die Aktivierung der *Teilfunktion GI01* (Grafikintegration) erscheint in den Stammdatendialogen ein zusätzliches Register mit der Bezeichnung CAD. In diesem Register können grafische Informationen aus CAD-Systemen bzw. GIS-Systemen (CAD = *Computer Aided Design*, GIS = *Geographic Information Systems*) mit Bezug zum jeweiligen Immobilienobjekt angezeigt werden. Abbildung 15.20 zeigt ein Beispiel für die Anbindung eines grafischen Systems. Im Register CAD eines architektonischen Objekts wird der Lageplan für ein Stockwerk eines Gebäudes angezeigt.

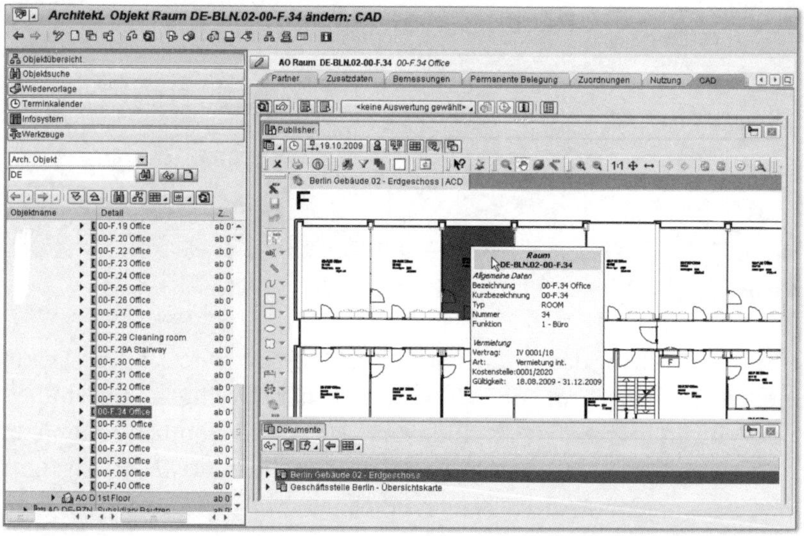

Abbildung 15.20 Architektonisches Objekt – Grafikintegration (CAD) (Quelle: Cideon Software GmbH, Görlitz, http://www.cideon-software.com)

CAD-Provider

Voraussetzung für die Anzeige der grafischen Informationen zu einem Objekt ist die Aktivierung eines CAD-Providers im System.

Dazu werden eigene Implementierungen des Interfaces `if_reca_cad_provider` erstellt. Eine genaue Anleitung für die Implementierung finden Sie in der Dokumentation zur Teilfunktion GI01 im Customizing von SAP RE unter GRUNDEINSTELLUNGEN • TEILFUNKTIONEN AKTIVIEREN.

[+]

SAP-Hinweis zur Beispielimplementierung des CAD-Providers

Das Beispielcoding für die Implementierung des Interfaces für einen CAD-Provider finden Sie im SAP-Hinweis 1335715 (CAD Provider Interface. Beispielimplementierung).

15.4 Archivierung

Daten in SAP RE veralten: Verträge laufen aus, Immobilien werden verkauft. Diese Daten werden in der täglichen Arbeit nicht mehr benötigt und können daher in Archivdateien ausgelagert, also archiviert werden.

15.4.1 Löschen ohne Archivieren

Im Unterschied zu den meisten anderen SAP-Applikationen haben Sie in SAP RE die Möglichkeit, Objekte zu löschen, ohne sie zu archivieren. Diese Funktion ist dazu gedacht, versehentlich angelegte Immobilienobjekte ohne weiteren Aufwand zu löschen. Sie können die Funktion innerhalb des RE-Navigators RE80 ausführen. Die Nummern der gelöschten Objekte können Sie anschließend wieder verwenden, wenn Sie die externe Nummernvergabe eingestellt haben. Bei interner Nummernvergabe ist dies nicht möglich.

[!]

Keine Sicherung – Funktion »Löschen von Immobilienobjekten ohne Archivierung« ausschalten

Wenn Sie Immobilienobjekte löschen, »verschwinden« diese unwiderruflich von der Datenbank. Das System stellt allerdings durch einige Prüfungen sicher, dass das Löschen nur unter bestimmten Voraussetzungen möglich ist. Dennoch sollten Sie sich darüber im Klaren sein, dass das Löschen eine unwiderrufliche Aktion ist und die Prüfungen möglicherweise nicht vollständig sein könnten. Daher empfiehlt SAP, diese Funktion in produktiven Mandanten zu deaktivieren.

Sie können das Löschen pro Objektart im Mandanten verbieten, indem Sie das entsprechende Kennzeichen im Customizing von SAP RE setzen: Werkzeuge • Löschen von Immobilienobjekten ohne Archivierung.

Vom System wird vor dem Löschen eine Berechtigungsprüfung pro Objekt und Benutzer durchgeführt. Der Benutzer muss die Berechtigung für die Aktivität Löschen (06) besitzen. Für das Objekt wird geprüft, ob der Vorgang RE: OBJEKT LÖSCHEN aus der Statusverwaltung zulässig ist.

Für das Entfernen tatsächlich verwendeter, also »produktiver« bzw. »ehemals produktiver« Objekte aus der Datenbank ist die Funktion ARCHIVIEREN vorgesehen.

15.4.2 Stammdaten archivieren

Die Datenarchivierung ist dazu geeignet, Ihr Produktivsystem von Daten zu entlasten, die Sie für den laufenden Betrieb nicht mehr benötigen, die aber zu Recherchezwecken verfügbar sein sollen. Die Archivierung wird schrittweise durchgeführt:

Schritt 1: Löschvormerkung setzen

Voraussetzungen der Archivierung

Der Archivierung eines Immobilienobjekts oder eines Vertrages geht die Entscheidung voraus, dass dieses Objekt im produktiven Betrieb nicht mehr benötigt wird. Man kann einen Vertrag archivieren, wenn alle mit ihm zusammenhängenden Prozesse in SAP RE abgeschlossen sind, d.h., es finden keine periodischen Buchungen mehr statt, alle Nebenkosten wurden abgerechnet usw.

Ist die Entscheidung, dass beispielsweise der Vertrag nicht mehr gebraucht wird, getroffen, setzt man manuell im Stammdatendialog eine Löschvormerkung: BEARBEITEN • STATUS ÄNDERN • ARCHIVIEREN • LÖSCHVORMERKUNG SETZEN. Bei Verträgen ist dies nur möglich, wenn die Vertragslaufzeit bereits verstrichen ist, bei Objekten nur, wenn sie nicht mehr in Verträgen verwendet werden und keine Unterobjekte besitzen.

Schritt 2: Löschkennzeichen setzen (Vorlauf)

Transaktion SARA

Die eigentliche Archivierung beginnt mit dem Vorlauf, der anstelle der Lösch*vormerkung* ein Lösch*kennzeichen* setzt. Rufen Sie hierzu im Anwendungsmenü WERKZEUGE • ARCHIVIERUNG • DATEN ARCHIVIEREN (Transaktion *SARA*) auf. Wählen Sie das Archivierungsobjekt und die Aktion VORLAUF. Die für SAP RE vorhandenen Archivierungsobjekte finden Sie mit dem Suchmuster »REFX*« (siehe Abbildung 15.21).

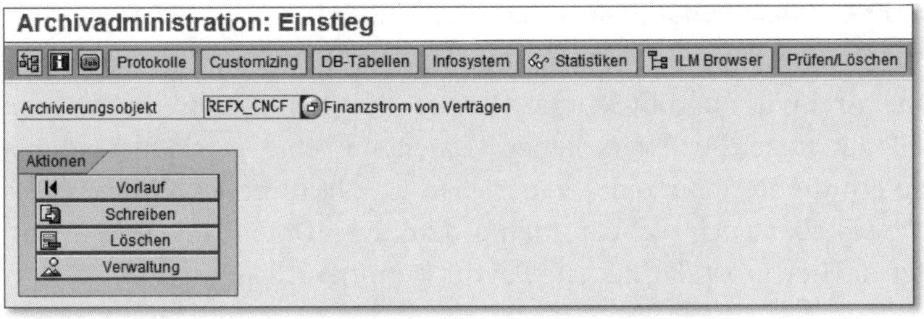

Abbildung 15.21 Transaktion SARA für das Archivierungsobjekt »Finanzstrom von Verträgen«

Für Objekte, die eine Löschvormerkung haben, wird nun ausführlich geprüft, ob sie tatsächlich zum Löschen bereit sind. Trifft dies zu, wird die Löschvormerkung in ein Löschkennzeichen umgewandelt. Neben den sachlichen Prüfungen wird vorausgesetzt, dass die Residenzzeit 1 verstrichen ist.

[+]

Residenzzeiten

Für jedes Archivierungsobjekt sind im Customizing (Werkzeuge • Archivierung • Residenzzeiten bei der Archivierung definieren) Residenzzeiten festgelegt.

- **Residenzzeit 1**
  Die Residenzzeit 1 bestimmt, wie viele Tage zwischen der letzten Änderung des zu archivierenden Datenobjekts (Setzen der Löschvormerkung LÖVM) und dem Setzen des Löschkennzeichens (LÖKZ) vergangen sein müssen.
- **Residenzzeit 2**
  Die Residenzzeit 2 bestimmt, wie viele Tage zwischen dem Setzen des Löschkennzeichens und dem Schreiben der Daten in die Archivdatenbank vergangen sein müssen.

Wurde der Vorlauf für die Archivierung ausgeführt und hat sich ein Objekt für die Archivierung qualifiziert, weil alle Bedingungen erfüllt sind und auch die Residenzzeit 1 verstrichen ist, erhält das Objekt ein Löschkennzeichen, wie in Abbildung 15.22 dargestellt.

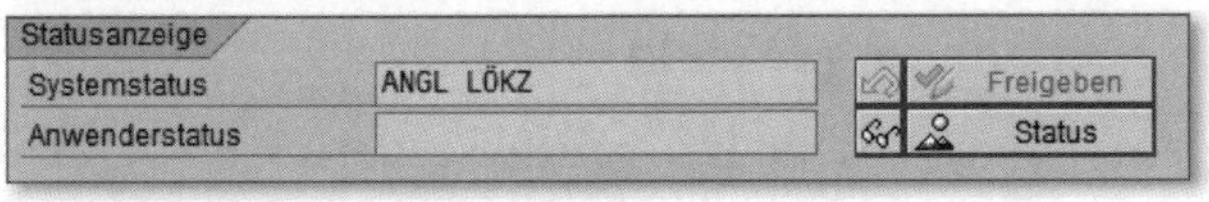

Abbildung 15.22 Objekt mit Löschkennzeichen

Schritt 3: Archivdaten schreiben (Schreiben)

Wählen Sie nun in der Transaktion SARA die Aktion SCHREIBEN für Ihr Archivierungsobjekt aus. Dieses Programm schreibt die mit Löschkennzeichen versehenen Daten in eine Archivdatenbank, sofern die Residenzzeit 2 verstrichen ist. Nach dieser Aktion ist das Objekt aber noch nicht aus den produktiven Datenbanktabellen entfernt. Hierfür ist der nächste Schritt verantwortlich.

Schritt 4: Archivierte Daten löschen (Löschen)

Wählen Sie nun in der Transaktion SARA die Aktion LÖSCHEN für Ihr Archivierungsobjekt aus. Das Programm sorgt dafür, dass die Daten wirklich aus den produktiven Datenbanktabellen entfernt werden. Voraussetzung hierfür ist, dass die Daten im Archiv gefunden werden.

Zugriff auf archivierte Objekte

Wenn Sie im Anschluss an den Löschvorgang einen Stammdatendialog für ein archiviertes Objekt aufrufen, kann es Ihnen gehen, wie in Abbildung 15.23 dargestellt: Sie erhalten keinen Zugriff. Sie können den (lesenden) Zugriff auf archivierte Objekte gestatten, indem Sie die entsprechenden Archivstrukturen im Customizing von SAP RE aktivieren: WERKZEUGE • ARCHIVIERUNG • ARCHIVINFOSTRUKTUREN AKTIVIEREN.

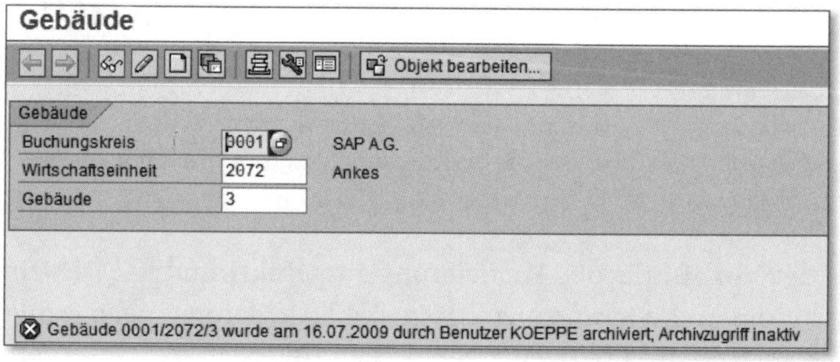

Abbildung 15.23 Kein Zugriff auf archiviertes Objekt bei inaktivem Archivzugriff

15.4.3 Spezielle Archivierungsobjekte

Finanzstrom archivieren

Wir haben oben gesehen, dass es nicht möglich ist, Verträge zu archivieren, die noch aktiv sind. Laufen diese Verträge schon sehr lange und sind Sie mit Ihrem System schon lange produktiv, entstehen viele Finanzstromsätze. *Finanzstromsätze* werden indes nur so weit in die Vergangenheit hinein benötigt, wie man noch rückwirkende Änderungen durchführen will bzw. wie noch Nebenkostenabrechnungen und Umsatzmietabrechnungen zu erledigen sind. Alte Finanzstromdaten früherer Jahre sind unnötiger Ballast. Daher kann man diese archivieren, ohne dass der Vertrag archiviert wird.

Bei der Archivierung von Finanzstromsätzen werden stets nur Ist-Positionen und keine Plan-Positionen berücksichtigt. Eine Ist-Position kann aber nur dann archiviert werden, wenn alle verknüpften Belege archiviert wurden. Die Finanzstromarchivierung setzt also folgende Archivierungsreihenfolge voraus:

1. Archivierung der Belege in der Finanzbuchhaltung
2. Archivierung der RE-Belege

[+]

RE-Belege

RE-Belege stellen eine technische Brücke zwischen den Belegen in der Finanzbuchhaltung und den Finanzstromsätzen dar. Sie sind für den Anwender nicht sichtbar.

3. Archivierung der Finanzstromsätze

Keine Löschvormerkung beim Finanzstrom

Im Unterschied zu den sonstigen Archivierungsobjekten hat man für den Finanzstrom nicht die Möglichkeit, eine Löschvormerkung zu setzen. Man beginnt daher direkt mit dem Setzen des Löschkennzeichens.

Wurde die Archivierung erfolgreich ausgeführt, gilt der Finanzstrom bis zu dem bei der Archivierung vorgegebenen Termin als festgeschrieben; die vor diesem Termin liegenden Ist-Sätze sind archiviert (siehe Feld FEST BIS in Abbildung 15.24).

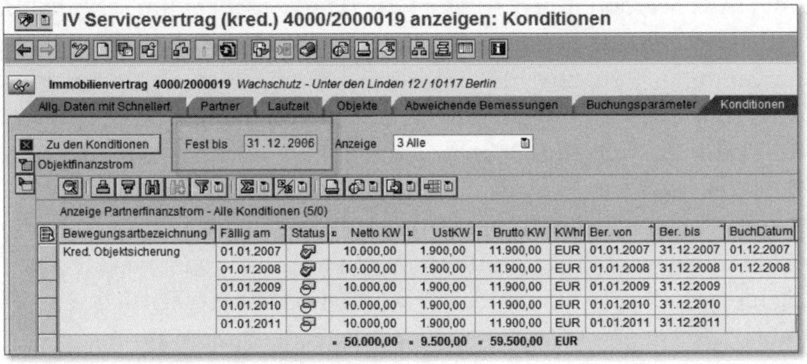

Abbildung 15.24 Vertrag, dessen Finanzstrom bis zum 31.12.2006 archiviert wurde

Beendete Verträge archivieren

Die Finanzstromarchivierung ist vorgesehen für laufende Verträge. Um beendete Verträge zu archivieren, verwenden Sie das Archivierungsobjekt für Verträge. Bei der Archivierung eines Vertrages wird immer auch dessen Finanzstrom archiviert. Die Finanzstromarchivierung ist keine Voraussetzung für die Archivierung beendeter Verträge.

Die Archivierung von Finanzströmen von Mietobjekten ist analog auszuführen.

Detaildaten Optionssätze

Weitere Tabellen, die recht groß werden können, sind die Tabellen, die die *Detaildaten zur Optionssatzermittlung* enthalten (Tabellen VIITORCOBJ und VIITORCSUBOBJ). Diese können über das Archivierungsobjekt REFX_OR archiviert werden. Die Optionssätze der Immobilienobjekte werden hierbei nicht berührt – sie werden erst archiviert, wenn das Immobilienobjekt archiviert wird.

15.5 Data Retention Tool (DART)

Gesetzliche Vorgaben

In vielen Ländern wird steuerpflichtigen Unternehmen vom Gesetzgeber die Pflicht auferlegt, den Finanzbehörden steuerlich relevante Daten zu Prüfungszwecken zu überlassen. Die Überlassung dieser Daten muss in einer Form erfolgen, die einen Wirtschaftsprüfer auch ohne Kenntnis der benutzten Software befähigt, die Plausibilität der Daten zu prüfen. SAP stellt seinen Anwendern für diesen Zweck das Data Retention Tool (DART) zur Verfügung. Die entsprechenden Transaktionen finden Sie im Anwendungsmenü unter WERKZEUGE • ADMINISTRATION• VERWALTUNG• DATA RETENTION TOOL.

Daten extrahieren und aufbewahren

Mit DART werden Ihnen Tools an die Hand gegeben, um regelmäßig steuerlich relevante Daten aus den in Ihrem Hause aktiven ERP-Anwendungen zu extrahieren und so für Prüfungszwecke aufzubewahren. Daten aus vergangenen Perioden können nach der Archivierung oder im Falle eines Wechsels des Softwaresystems oder der Version des Softwaresystems nur noch schwer zugänglich gemacht werden. Daher bietet sich mit diesem Tool eine Möglichkeit an, die prüfungsrelevanten Daten regelmäßig und in einheitlichem Format abzulegen. Sie bestimmen hierbei unternehmensspezifisch – nach einer Analyse der Anforderungen an die Datenaufbewahrung und in

Absprache mit den zuständigen Fachabteilungen – Umfang und Häufigkeit der Extraktionen.

Regelmäßige DART-Extraktionen

DART-Extraktionen sollten regelmäßig, am besten im Zusammenhang mit Periodenabschlüssen, durchgeführt werden – spätestens aber vor einer Datenarchivierung. Die Extraktion erfolgt immer pro Buchungsperiode und umfasst in erster Linie den Buchungsstoff der Periode, aber auch Daten, die den Buchungsstoff erklären.

Die Datenextraktion erzeugt durch das Lesen und Zusammenführen von Daten aus verschiedenen Datenbanktabellen Datensätze, die in Tabellenform abgelegt werden. Die Datenstrukturen, die gelesen und extrahiert werden, sind über sogenannte *Datensegmente* festgelegt, deren Aufbau auf Strukturen im ABAP Dictionary basiert. In Abbildung 15.25 sehen Sie DART-Segmente, die für das SAP RE verfügbar sind.

DART 2.6 Segmentkatalog von Buchungskreis 0001 (ALL)

S...	Set	Segmentname	Segmentbeschreibung	Referenztabelle	An
MD	DE	TXW_TIVBDMEAS	DART RE-FX: Bemessungsarten	TIVBDMEAS	RE
	DE	TXW_TIVBDOBJASSTYPE		TIVBDOBJASSTYPE	RE
	DE	TXW_TIVCDCONDTYPE	DART RE-FX: Konditionsarten	TIVCDCONDTYPE	RE
	DE	TXW_TIVCDFLOWTYPE	DART RE-FX: Bewegungsarten	TIVCDFLOWTYPE	RE
	DE	TXW_TIVEXFITAXMAP	DART RE-FX: Steuerkennzeichenzuordnung	TIVEXFITAXMAP	RE
	DE	TXW_TIVITOPTMETH	DART RE-FX: Methode für die Bestimmung des Optionssatzes	TIVITOPTMETH	RE
	DE	TXW_TIVITTCTYPE		TIVITTCTYPE	RE
	DE	TXW_TIVSCSCKEY	DART RE-FX: Nebenkostenschlüssel	TIVSCSCKEY	RE
	DE	TXW_VIBDBE	DART RE-FX: Wirtschaftseinheit	VIBDBE	RE
	DE	TXW_VIBDBU	DART RE-FX: Gebäude	VIBDBU	RE
	DE	TXW_VIBDMEAS	DART RE-FX: Bemessung	VIBDMEAS	RE
	DE	TXW_VIBDOBJASS	DART RE-FX: Objektzuordnung	VIBDOBJASS	RE
	DE	TXW_VIBDPR	DART RE-FX: Grundstücke	VIBDPR	RE
	DE	TXW_VIBDRO	DART RE-FX: Mietobjekt	VIBDRO	RE
	DE	TXW_VIBPOBJREL	DART RE-FX: Partner	VIBPOBJREL	RE
	DE	TXW_VICNCN	DART RE-FX: Immobilienvertrag	VICNCN	RE
	DE	TXW_VIITOPTRATE	DART RE-FX: Optionssatz pro Objekt und Periode	VIITOPTRATE	RE
	DE	TXW_VIITTC		VIITTC	RE
	DE	TXW_VISCCC	DART RE-FX: Kostensammler für AE (je Abrechnungsperiode)	VISCCC	RE
	DE	TXW_VISCCC	DART RE-FX: Kostensammler für AE (je Abrechnungsperiode)	VISCSU	RE
TD	DE	TXW_VICDCFPAY	DART RE-FX: Cashflow	VICDCFPAY	RE
	DE	TXW_VIITTAXDSBASE	DART RE-FX: Steuerbelegpositionen auflösen	VIITTAXDSBASE	RE
	DE	TXW_VIITTAXDSITEM	DART RE-FX: Verteilte Steuerbelegpositionen	VIITTAXDSITEM	RE
	DE	TXW_VIITTCCALCRES		VIITTCCALCRES	RE

Abbildung 15.25 DART-Segmente für SAP RE

Die Datensegmente enthalten häufig nicht alle Felder einer Tabelle. Man hat sich hier bewusst auf Felder beschränkt, die für die Prüfung relevant sind. Sie können zu Datensegmenten eigene Felder hinzufügen. Darüber hinaus können Sie Datenextrakt-Views erstellen, die Daten aus einem oder mehreren Segmenten zu einer neuen Sicht zusammenführen. Die Views dienen dazu, die extrahierten Daten in einer auditierfähigen Sicht abzuspeichern, in einer Form also, die man an einen Betriebsprüfer oder Steuerprüfer übergeben kann.

Prüfungs-grundlage: Buchhaltungsbeleg

Ausgangspunkt einer Prüfung ist immer der Buchhaltungsbeleg. Die alte Regel »keine Buchung ohne Beleg« hat weiter Gültigkeit. Wenn das früher bedeutete, dass ein Papierbeleg vorliegen musste, kann das in Zeiten der Benutzung von Buchhaltungssoftware auch heißen: Jeder Beleg im System muss – auch wenn für ihn keine direkte Papierform vorliegt – eine Begründung haben, die seine Existenz rechtfertigt.

[zB]

Informationen, die einen Beleg begründen können

Der Prüfer hat eine Frage zu einem Beleg aus einer periodischen Buchung. Die Begründung für den Beleg findet sich in einem Vertrag. In der Extraktion muss also eine Information zu dem Vertrag, seinen Konditionen und dem Vertragspartner enthalten sein.

Der Prüfer findet einen Beleg aus der Vorsteueraufteilung oder aus der Vorsteuerberichtigung. In diesem Fall wird eine direkte Buchung auf ein Steuerkonto vorgenommen – also in den Augen eines Prüfers ein besonders kritischer Vorgang. Die Begründung für die Buchung liefert der Optionssatz des bebuchten Objekts. Dieser wiederum erklärt sich aus der Belegung des Objekts, insbesondere aus dem Anteil der optierenden Verträge und den Daten der Objekte, die durch diese Verträge belegt werden (z. B. Bemessungen).

Erklärung für Belege: Daten zu Immobilien-objekten

Diese Beispiele zeigen, dass eine Reihe von Daten aus SAP RE extrahiert werden muss, um schlüssige Begründungen für Buchhaltungsbelege zu finden, die aus SAP RE erzeugt wurden. So finden Sie beispielsweise in Abbildung 15.25 DART-Segmente für Immobilienobjekte, die Verträge, deren Konditionen und Finanzströme. Als erklärende Komponente können außerdem die Inhalte von Customizing-Tabellen extrahiert werden.

Die verschiedenen Transaktionen zum Extrahieren und Anzeigen der Daten in DART finden Sie im Anwendungsmenü unter Werkzeuge • Administration • Verwaltung • Data Retention Tool.

15.6 Datenmigration von RE Classic nach SAP RE

Für die Immobilienverwaltung stehen im SAP-System zwei Komponenten zur Verfügung: Classic Real Estate (RE Classic) und SAP Real Estate Management (SAP RE, oft als RE-FX bezeichnet).

Migrationstool

Haben Sie bisher mit der SAP-Komponente RE Classic gearbeitet und wollen nun die Funktionalität von SAP RE einführen, steht Ihnen dafür ein Migrationstool zur Verfügung, das weitgehend automatisch die Umsetzung der Datenstrukturen von RE Classic in die Datenstrukturen von SAP RE ermöglicht. In diesem Abschnitt wollen wir Sie mit möglichen Einführungsstrategien von SAP RE vertraut machen. Sie lernen außerdem den Ablauf der Migration von RE Classic nach SAP RE unter Nutzung des Migrationstools kennen.

RE Classic

Die Funktionalität von RE Classic wurde ausgehend von den Anforderungen der Wohnungswirtschaft entwickelt. RE Classic enthält u.a. die Bereiche Stammdaten und Mietverträge, Anmietverträge (Allgemeine Verträge), Mietenbuchhaltung, Mietanpassung und Nebenkostenabrechnung. Zusätzlich wurden einige Add-ons, wie zum Beispiel Corporate Real Estate (CRE) sowie die Add-ons zur Mandats- und WEG-Verwaltung und zur Liegenschaftsverwaltung (Land Use Management, LUM), zur Verfügung gestellt.

SAP RE

Mit dem Releasestand R/3 Enterprise Financials Extension Set 2.00 wurde erstmals die Komponente SAP RE ausgeliefert. Die Funktionalität wurde gegenüber der in RE Classic vorhandenen Funktionalität erweitert und flexibler gestaltet.

Releasestrategie

Die im Releasestand 4.6C vorhandene Funktionalität kann bis zum Wartungsende des SAP-Releases SAP ERP 6.0 weiter genutzt werden. Zu diesem Zeitpunkt endet die Verfügbarkeit der SAP-Komponente RE Classic. Die Funktionalität von RE Classic wird allerdings nicht mehr weiterentwickelt und steht seit der allgemeinen Verfügbarkeit des Releases SAP ERP 6.0 auch nicht mehr für Neukunden zur Verfügung.

Releasewechsel

Ein Releasewechsel auf ein höheres SAP-Release wie z. B. SAP ERP 6.0 unter weiterer Nutzung von RE Classic ist möglich. Dabei steht der mit Release 4.6C ausgelieferte Funktionsumfang von RE Classic zur Verfügung.

[!]

Nutzung von RE Classic auf einem höheren SAP-Release – Voraussetzungen

Die beschriebene Nutzung von RE Classic in einem höheren SAP-Release ist nur möglich, wenn keine Add-ons (CRE, Mandats- und WEG-Verwaltung, LUM) genutzt werden.

Nähere Informationen zur Releasestrategie im Bereich des Immobilienmanagements entnehmen Sie bitte dem SAP-Hinweis 44331 (Enterprise Extension SAP Real Estate: Technische Grundlagen) sowie den in diesem Hinweis aufgeführten verwandten Hinweisen.

15.6.1 Aktivierung von SAP RE

SAP RE pro Mandant aktivieren

Die Aktivierung der Komponente SAP RE erfolgt mandantenweise, d.h., Sie können in einem Mandanten des SAP-Systems die Funktionen des flexiblen Immobilienmanagements (SAP RE) nutzen, während in einem anderen Mandanten des Systems zunächst weiterhin mit RE Classic gearbeitet wird.

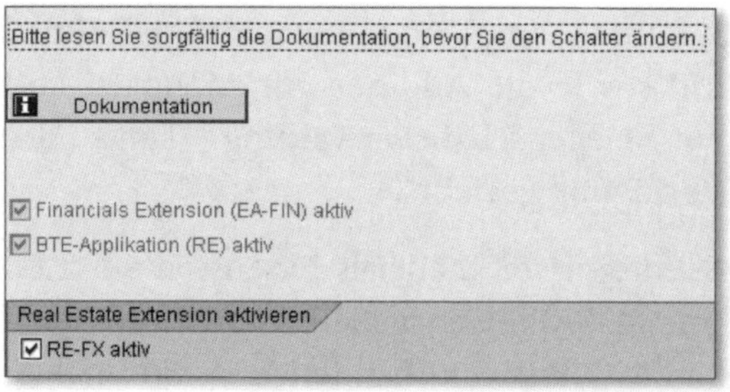

Abbildung 15.26 Aktivierung von SAP RE-FX

Die Aktivierung erfolgt im Customizing von SAP RE unter GRUNDEINSTELLUNGEN • REAL ESTATE EXTENSION AKTIVIEREN (siehe Abbildung 15.26). Voraussetzung ist die Aktivierung der Financials Enterprise Extension (EA-FIN) sowie der BTE-Applikation Real Estate.

[!]

Dokumentation und SAP-Hinweise beachten

Lesen Sie vor der Aktivierung von SAP RE die zugehörige Dokumentation und die entsprechenden SAP-Hinweise.

Nachdem Sie SAP RE in einem Mandanten des SAP-Systems aktiviert haben, finden Sie im SAP-Menü zusätzlich zum Menüpunkt IMMOBILIENMANAGEMENT (SAP RE CLASSIC) den Menüpunkt FLEXIBLES IMMOBILIENMANAGEMENT (SAP RE-FX).

Sie können nach der Aktivierung von SAP RE die Funktionen von RE Classic nicht mehr nutzen. Rufen Sie dennoch eine Transaktion von RE Classic auf, wird die in Abbildung 15.27 gezeigte Fehlermeldung ausgegeben.

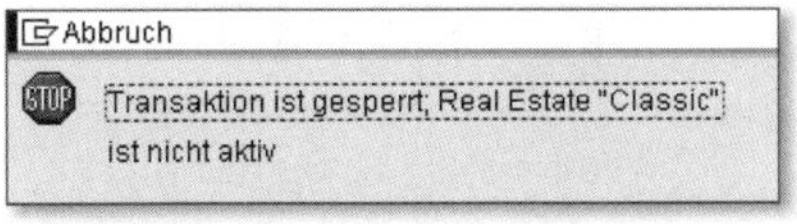

Abbildung 15.27 Fehlermeldung beim Aufruf einer Transaktion aus RE Classic

15.6.2 Einführungsstrategien für SAP RE

Haben Sie bisher die Immobilienverwaltung mit SAP RE Classic genutzt und möchten nun aber die Funktionalität von SAP RE (RE-FX) nutzen, haben Sie die folgenden Alternativen für die Einführung von SAP RE:

- Einführung von SAP RE mit Datenübernahme aus SAP RE Classic
- Einführung von SAP RE mit automatischer Migration der Daten aus SAP RE Classic

[+]

SAP-Hinweis zur Migration

Ausführliche Informationen zu den möglichen Einführungsstrategien von SAP RE erhalten Sie im SAP-Hinweis 828160 (Migration von RE Classic nach RE-FX).

Einführung mit Datenübernahme

Bei der Einführung von SAP RE mit Datenübernahme aus SAP RE Classic wird ein neues SAP-System aufgebaut, und die bisher genutzten Stamm- und Bewegungsdaten sowohl von SAP RE Classic als auch der anderen genutzten SAP-Komponenten werden in dieses System übergeleitet. Diese Einführungsstrategie entspricht einer *Neueinführung* von SAP RE. Dabei wird zunächst festgelegt, welche Funktionalität genutzt werden soll, die dafür notwendigen Customizing-Einstellungen werden vorgenommen. Für die Übernahme der Immobilienstammdaten und -verträge können die in SAP RE vorhandenen BAPI- bzw. API-Funktionsbausteine verwendet werden. Abbildung 15.28 zeigt den möglichen Projektverlauf bei einer Einführung von SAP RE per Datenübernahme.

Automatische Migration

Mit dem Release SAP ERP 6.0 stehen Migrationsprogramme zur Verfügung, die eine weitgehend automatische Migration von SAP RE Classic nach SAP RE ermöglichen. Dabei werden sowohl die in RE Classic vorhandenen Customizing-Einstellungen als auch die Anwendungsdaten in die Datenstrukturen von SAP RE übernommen.

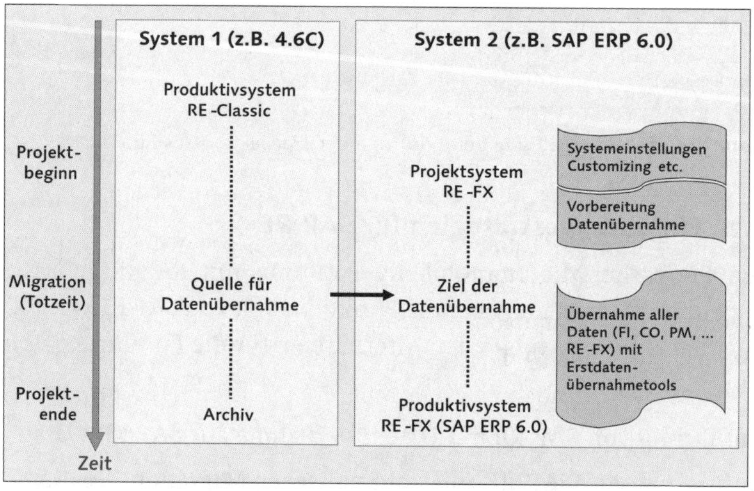

Abbildung 15.28 Einführung von SAP RE (RE-FX) per Datenübernahme

[!]

Migration ist komplex, mehrstufig und muss geplant werden

Da sich – insbesondere aufgrund der höheren Flexibilität von SAP RE – die Datenstrukturen der beiden Immobilienlösungen stark voneinander unterscheiden, ist die Migration ein sehr komplexer, mehrstufiger Prozess, der einer sorgfältigen Vorbereitung und Durchführung bedarf.

Den grundsätzlichen Ablauf eines Migrationsprojekts zeigt Abbildung 15.29.

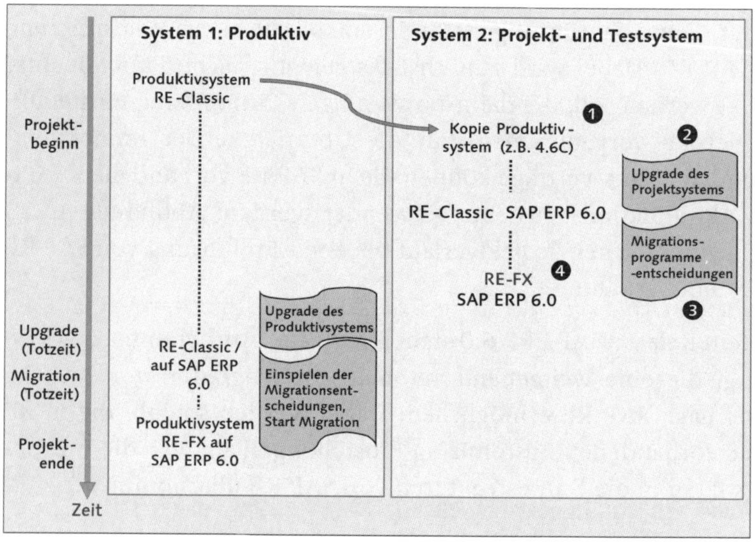

Abbildung 15.29 Einführung von SAP RE per Migration

Erste Testmigration

Dabei wird zunächst eine Kopie ❶ des Produktivsystems als Grundlage für die erste Testmigration erstellt (rechte Seite in Abbildung 15.29, Projekt- und Testsystem). Für das so entstandene neue SAP-System wird der technische Releasewechsel (Upgrade ❷) auf das Release SAP ERP 6.0 durchgeführt. Alternativ kann die Systemkopie auch nach dem technischen Releasewechsel erzeugt werden.

Zu diesem Zeitpunkt ist das Immobilienmanagement mit SAP RE Classic im Projektsystem aktiv. Mit Hilfe der Migrationsprogramme werden nun die Stammdaten von SAP RE Classic in die Tabellen von SAP RE übernommen ❸. Die Daten von SAP RE Classic bleiben dabei erhalten, so dass sie auch zu einem späteren Zeitpunkt zu Informationszwecken zur Verfügung stehen.

Aktivierung von SAP RE

Im Rahmen des mehrstufigen Migrationsprozesses wird auch die SAP-Komponente SAP RE aktiviert ❹. Ab diesem Zeitpunkt ist die Funktionalität von SAP RE Classic nicht mehr zur Bearbeitung von Daten verfügbar. Eine Ausnahme bilden dabei die Anzeige-Transaktionen für die Immobiliendaten. Solche Transaktionen wie beispielsweise FO23 (Wirtschaftseinheit anzeigen), FOE3 (Mieteinheit anzeigen) oder FOV3 (Mietvertrag anzeigen) können nach erfolgreicher Migration weiterhin zur Anzeige der Daten aus SAP RE Classic verwendet werden.

Weitere Testmigrationen

Das Migrationsprojekt sollte mehrere Testmigrationen enthalten. Die konkrete Anzahl der notwendigen Testmigrationen hängt von der Komplexität der vorhandenen Daten, von der in SAP RE Classic genutzten Funktionalität und von der Anzahl und Komplexität der verwendeten kundenspezifischen Zusatzprogramme ab.

- Die *erste Testmigration* dient dazu, sich mit dem grundsätzlichen Ablauf einer solchen Migration vertraut zu machen und die einzelnen Migrationsschritte sowie die dabei gegebenenfalls auftretenden Fehler kennenzulernen.
- *Spätere Testmigrationen* dienen dazu, die Laufzeit der Migrationsprogramme einschätzen zu können und so eine verlässliche Grundlage für die Zeitplanung der Echtmigration zu haben.

Insbesondere sollte vor der Echtmigration (linke Seite in Abbildung 15.29) eine »Generalprobe« unter möglichst produktionsnahen Bedingungen durchgeführt werden.

[!]

Beseitigung fehlerhafter Daten

Treten im Rahmen einer Testmigration Fehler auf, die auf ungenügend gepflegte Daten zurückzuführen sind, sollten solche fehlerhaften Daten auch im Produktivsystem korrigiert werden, damit der Aufbau des Systems für die nächste Testmigration bereits auf Basis der bereinigten Daten erfolgen kann.

Separate Systemlandschaft für die Testmigrationen

Zusätzlich zum Migrationssystem wird ein weiteres SAP-System bzw. gegebenenfalls ein Mandant angelegt, in dem die zusätzlich zur Migration notwendigen Customizing-Einstellungen, Validierungen, Substitutionen und gegebenenfalls Eigenentwicklungen erstellt werden können. Diese separate Systemlandschaft für die Migration ist erforderlich, um den laufenden Produktivbetrieb zu gewährleisten, für den gegebenenfalls weitere Entwicklungen sowie Customizing-Einstellungen erforderlich sind. Solche Einstellungen und die damit verbundenen Transporte wären nicht möglich, wenn das Entwicklungssystem bereits zu einem frühen Zeitpunkt im Projekt einem Upgrade auf SAP ERP 6.0 unterzogen würde.

Zeitpunkt der Migration

Die Migration von RE Classic nach RE-FX kann grundsätzlich zu jedem Zeitpunkt innerhalb des Geschäftsjahres erfolgen. Sie sollten jedoch beachten, dass vor der Migration keine Nebenkostenabrechnungen oder Mietanpassungen in RE Classic »angefangen« werden, ohne diese auch in RE Classic zu beenden. So sollten keine Ankündigungsschreiben für Mietanpassungen in RE Classic gedruckt und versandt werden, wenn die Anpassung selbst erst in RE-FX erfolgen kann. In einem solchen Fall könnten Rundungsdifferenzen zwischen den Anpassungsergebnissen von RE Classic und RE-FX auftreten.

15.6.3 Migration von RE Classic nach SAP RE

Der bereits erwähnte SAP-Hinweis 828160 (Migration von RE Classic nach RE-FX) enthält als Anlage eine ausführliche Dokumentation der einzelnen Migrationsschritte sowie der Fehler, die bei der Migration gegebenenfalls auftreten können.

[!]

Aktuelles Migrationsprogramm verwenden

Die Migration sollte stets mit dem aktuellsten Stand der Migrationsprogramme erfolgen. Das erreichen Sie, indem Sie das aktuellste Support Package einspielen und zusätzlich die im eingespielten Support Package noch nicht enthaltenen aktuellen SAP-Hinweise zur Migration (Themenkreis RE-FX-MI) berücksichtigen.

Die Migration selbst erfolgt schrittweise, wobei die erfolgreiche Ausführung eines Schrittes Voraussetzung für den Start des Folgeschrittes ist. In der Abfolge der einzelnen Schritte werden Sie durch das Migrationsprogramm (Transaktionen REMICL bzw. REMICLBATCH) unterstützt. Einen Überblick über die nacheinander zu bearbeitenden Migrationsschritte zeigt Abbildung 15.30.

Abfolge der Schritte

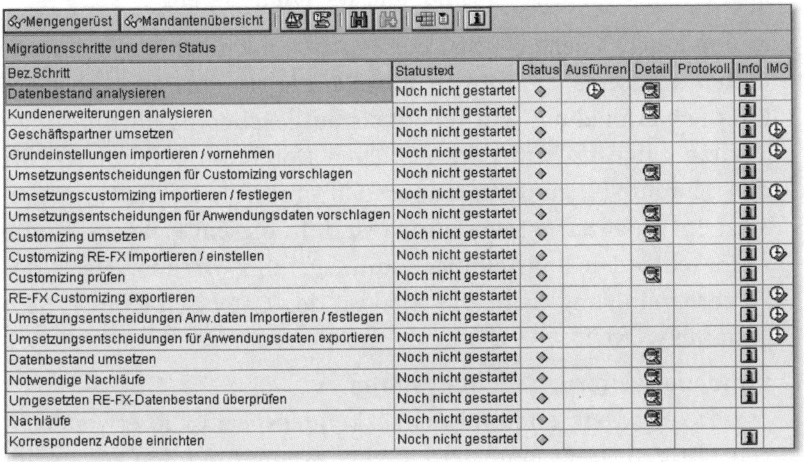
Mengengerüst | Mandantenübersicht

Migrationsschritte und deren Status

Bez.Schritt	Statustext	Status	Ausführen	Detail	Protokoll	Info	IMG
Datenbestand analysieren	Noch nicht gestartet						
Kundenerweiterungen analysieren	Noch nicht gestartet						
Geschäftspartner umsetzen	Noch nicht gestartet						
Grundeinstellungen importieren / vornehmen	Noch nicht gestartet						
Umsetzungsentscheidungen für Customizing vorschlagen	Noch nicht gestartet						
Umsetzungscustomizing importieren / festlegen	Noch nicht gestartet						
Umsetzungsentscheidungen für Anwendungsdaten vorschlagen	Noch nicht gestartet						
Customizing umsetzen	Noch nicht gestartet						
Customizing RE-FX importieren / einstellen	Noch nicht gestartet						
Customizing prüfen	Noch nicht gestartet						
RE-FX Customizing exportieren	Noch nicht gestartet						
Umsetzungsentscheidungen Anw.daten importieren / festlegen	Noch nicht gestartet						
Umsetzungsentscheidungen für Anwendungsdaten exportieren	Noch nicht gestartet						
Datenbestand umsetzen	Noch nicht gestartet						
Notwendige Nachläufe	Noch nicht gestartet						
Umgesetzten RE-FX-Datenbestand überprüfen	Noch nicht gestartet						
Nachläufe	Noch nicht gestartet						
Korrespondenz Adobe einrichten	Noch nicht gestartet						

Abbildung 15.30 Übersicht über Migrationsschritte – Transaktion REMICL

In den einzelnen Migrationsschritten können Fehlermeldungen, aber auch Warnungen auftreten. Oft ist es so, dass in einem Migrationsschritt auftretende Warnungen zwar zunächst ignoriert werden können, aber in einem späteren Migrationsschritt zu Fehlermeldungen führen können. Aus diesem Grund sollten nicht nur Fehlermeldungen, sondern auch Warnungen ernst genommen und deren Ursachen nach Möglichkeit beseitigt werden.

Fehlermeldungen und Warnungen

Migrationsschritte

Betrachten wir nun die einzelnen Migrationsschritte näher:

Vorarbeiten

1. **Datenbestand analysieren**
   Vor Beginn der Migration werden die im System vorhandenen Immobiliendaten sowie die Customizing-Einstellungen von RE Classic analysiert. Insbesondere wird geprüft, ob alle in den Immobiliendaten verwendeten Attribute auch in der zugehörigen Customizing-Tabelle enthalten sind. Wurden beispielsweise nicht mehr zu verwendende Mietspiegel gelöscht, ohne dass im Einzelnen

überprüft wurde, ob es noch Wirtschaftseinheiten gibt, die diesen Mietspiegel nutzen, wird eine Fehlermeldung ausgegeben.

Weiterhin werden inkonsistente Customizing-Einstellungen aufgezeigt, die z. B. dadurch entstanden sein können, dass ein Customizing-Eintrag gelöscht wurde, während zugehörige abhängige Einträge weiterhin vorhanden sind (z. B. wurde der Mietspiegel gelöscht; die Lageklassen sind aber noch vorhanden).

In den beschriebenen Fällen müssen die fehlenden oder inkonsistenten Customizing-Einträge aus RE Classic korrigiert werden. Eine Fehlermeldung wird ebenfalls ausgegeben, wenn für einen Vertrag aufgrund von nachträglichen Konditionsänderungen für den Zeitraum bis zum Migrationsstichtag sowohl Ist- als auch Plan-Sätze im Finanzstrom vorhanden sind. In diesem Fall müssen die noch fehlenden Sollstellungen durchgeführt werden. Nach der Fehlerbereinigung kann die Analyse des Datenbestandes erneut gestartet werden.

2. **Kundenerweiterungen analysieren**
   Es wird ermittelt, ob in RE Classic kundenspezifische Erweiterungen wie z. B. freie Benutzerfelder verwendet wurden. Auch der Einsatz der vordefinierten Benutzerfelder wird geprüft. Die gefundenen Erweiterungen müssen gegebenenfalls in SAP RE wieder erstellt werden.
3. **Geschäftspartner umsetzen**
   Wie in Kapitel 4, »Geschäftspartner«, beschrieben, wird in SAP RE (RE-FX) der SAP-Geschäftspartner genutzt, während in RE Classic der Treasury-Geschäftspartner verwendet wurde. Im Rahmen der Migration müssen demzufolge auch die Geschäftspartnerdaten umgesetzt werden. Die Geschäftspartnerumsetzung besteht aus zwei Phasen, in denen jeweils mehrere Umsetzungsprogramme ausgeführt werden müssen. Bitte beachten Sie hierzu die aktuellen SAP-Hinweise zur Geschäftspartnerumsetzung.
4. **Grundeinstellungen importieren/vornehmen**
   In diesem Migrationsschritt erfolgen die ersten allgemeinen Einstellungen für die Umsetzung der Immobiliendaten. Hier legen Sie unter anderem fest, welches Mietrecht bei der Migration als Default-Wert verwendet wird und wie viele Mietobjekte einem Immobilienvertrag maximal zugeordnet werden dürfen (siehe Abbildung 15.31).

Sie definieren weiterhin die Bemessungsart, die für die Abbildung der halben und ganzen Zimmer genutzt werden soll.

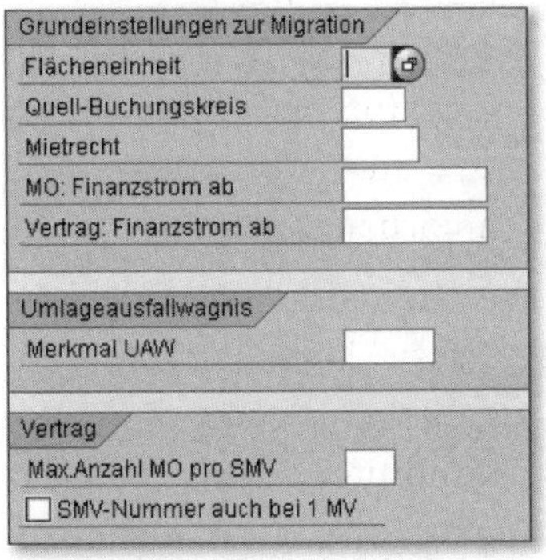

Abbildung 15.31 Grundeinstellungen zur Migration (Ausschnitt)

5. **Umsetzungsentscheidungen für Customizing vorschlagen**
   Aus den im System vorhandenen Customizing-Einstellungen und Anwendungsdaten von RE Classic werden die für die Migration notwendigen Umsetzungsentscheidungen abgeleitet. Diese können Sie entsprechend den kundenspezifischen Anforderungen ergänzen.
6. **Umsetzungs-Customizing importieren/festlegen**
   Im Umsetzungs-Customizing wird unter anderem festgelegt, welche Bemessungen von SAP RE zur Abbildung der Flächenarten und Umlegungseinheiten verwendet werden.
   - In RE Classic werden Flächenarten und Umlegungseinheiten in separaten Customizing-Tabellen abgelegt. Dadurch ist es möglich, sowohl eine *Flächenart* als auch eine *Umlegungseinheit* mit dem gleichen Schlüssel (z. B. 1) zu definieren.
   - In SAP RE dagegen werden beide Attribute in Form von *Bemessungen* abgebildet. Somit muss eine Umsetzung der zulässigen Werte erfolgen, um Duplikate zu vermeiden.

   Auch die Umsetzung der in RE Classic verwendeten *Objektmerkmale* und Einstellungen zur *Belegungsbindung* in *Ausstattungsmerkmale von SAP RE* wird festgelegt. Die *Fremdnutzung* bzw. *Eigennutzung* von Immobilien ist in RE Classic ein Attribut innerhalb des Vertrages. In SAP RE werden dafür separate Vertragsarten mit dem Vertragstyp EXTERNER VERTRAG bzw. INTERNER VERTRAG benötigt. Abbildung 15.32 zeigt die Einstellungen zum Umsetzungs-Customizing.

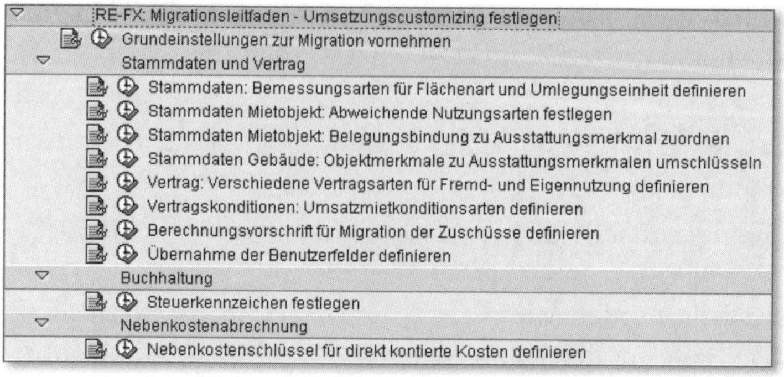

Abbildung 15.32 Migration – Umsetzungs-Customizing festlegen

7. **Umsetzungsentscheidungen für Anwendungsdaten vorschlagen**
Nachdem Sie nun festgelegt haben, wie die Umsetzung der Customizing-Einstellungen erfolgen soll, wird in diesem Schritt geprüft, ob die Anwendungsdaten mit den vorgeschlagenen Einstellungen umgesetzt werden können. Werden hierbei Fehler festgestellt, so müssen Sie die Umsetzungsentscheidungen entsprechend ergänzen.

Umsetzung des Customizings

8. **Customizing umsetzen**
Nachdem die Vorarbeiten erledigt sind, werden nun die ersten Tabellen von SAP RE gefüllt. Aus den Customizing-Einstellungen von RE Classic, den Grundeinstellungen zur Migration und den Umsetzungsentscheidungen werden die migrationsrelevanten Customizing-Einstellungen von SAP RE aufgebaut.

9. **Customizing RE-FX importieren/einstellen**
Sie können nun die im vorherigen Schritt erstellten Customizing-Einstellungen ergänzen. Nachdem Sie sich bisher mit der Definition der migrationsrelevanten Einstellungen beschäftigt haben, können Sie in diesem Schritt auch die übrigen Einstellungen für SAP RE manuell vornehmen bzw. einen vorher erzeugten Transportauftrag einspielen.

10. **Customizing prüfen**
Sowohl die manuellen als auch die durch das Migrationsprogramm erzeugten Einstellungen werden in diesem Schritt überprüft. Sind die Einstellungen unvollständig oder passen bestimmte Einstellungen nicht zueinander, werden Warnungen bzw. Fehlermeldungen ausgegeben.

11. **RE-FX Customizing exportieren**
Aus den zu diesem Zeitpunkt im System vorhandenen Customizing-Einstellungen wird jetzt ein Transportauftrag erzeugt. Dieser kann später für den Aufbau des Customizing-Mandanten weiterverwendet werden.

12. **Umsetzungsentscheidungen für Anwendungsdaten importieren/festlegen**
In RE Classic wurden Mietverträge und allgemeine Verträge in separaten Tabellen abgelegt. Dadurch war es möglich, sowohl einen Mietvertrag als auch einen allgemeinen Vertrag mit der Vertragsnummer 0001-0001-001 anzulegen. Tritt ein solcher Fall auf, können Sie nun festlegen, welcher Vertrag unter welcher Vertragsnummer weitergeführt werden soll. Weiterhin können Sie jetzt definieren, wie die Sammelmietverträge von RE Classic in SAP RE abgebildet werden sollen. Sie haben die Möglichkeit, Verträge mit mehreren Mietobjekten anzulegen oder die bisher genutzten Sammelmietverträge aufzulösen und an deren Stelle einzelne Verträge pro Mietobjekt anzulegen.

13. **Umsetzungsentscheidungen für Anwendungsdaten exportieren**
Wie bereits im Schritt *RE-FX Customizing exportieren* kann auch in diesem Schritt ein Transportauftrag erzeugt werden, der bei der nächsten Testmigration verwendet werden kann. Alternativ können Sie die Umsetzungsentscheidungen aber auch bei jeder Testmigration manuell pflegen.

Alle Vorarbeiten beendet – Datenbestand wird umgesetzt

14. **Datenbestand umsetzen**
Zu diesem Zeitpunkt sind sämtliche Vorarbeiten erledigt, und es beginnt der Aufbau der Anwendungsdaten in SAP RE. Die Datenumsetzung erfolgt nicht auf der Ebene von Anwendungen, sondern tabellenweise. Das heißt, dass die Inhalte der Datenbanktabellen von RE Classic sukzessive in die Datenbanktabellen von RE-FX übertragen werden. Auch bei diesem Migrationsschritt können Fehler auftreten. Diese werden in einem Fehlerprotokoll ausgegeben. Bitte beheben Sie die im Protokoll beschriebenen Fehler.

Anschließend können Sie die Transaktion REMICL neu aufrufen, um mit der Datenumsetzung fortzufahren. Meist beruhen die in diesem Schritt auftretenden Fehler auf fehlenden Customizing-Einstellungen. Spätestens bei der Generalprobe der Migration sollten die Customizing-Einstellungen aber vollständig vorhanden sein, so dass bei der Produktivmigration keine Fehler bei der Datenumsetzung auftreten sollten.

Nacharbeiten

15. **Notwendige Nachläufe**

    Nachdem die Anwendungsdaten auf die beschriebene Art und Weise aufgebaut wurden, werden sie in diesem Schritt weiter vervollständigt. So werden zum Beispiel die Partner- und Objektfinanzströme sowie Informationen zur Abrechnungsteilnahme aufgebaut. Um die notwendigen Nachläufe erfolgreich ausführen zu können, muss SAP Real Estate Management (RE-FX) aktiv sein. Aktivieren Sie deshalb bitte zunächst SAP RE (siehe Abbildung 15.26), verlassen Sie die Transaktion REMICL, und starten Sie erst anschließend diesen Migrationsschritt.

16. **Umgesetzten RE-FX-Datenbestand überprüfen**

    Die eigentliche Datenumsetzung ist nun abgeschlossen – der richtige Zeitpunkt, um den umgesetzten Datenbestand insgesamt einer Prüfung zu unterziehen. Dabei werden für die einzelnen Stammdaten und Verträge diejenigen Prüfungen durchgeführt, die Sie auch im Anwendungsmenü unter Werkzeuge • Immobilienobjekte prüfen oder über die Funktion Prüfen in der jeweiligen Pflege-Transaktion finden.

    Hierbei können verschiedene Arten von Fehlern auftreten: Fehlerhafte Stammdaten aufgrund unzulänglich gepflegter Daten in RE Classic sind ebenso möglich wie Fehler, die aus noch fehlenden Customizing-Einstellungen resultieren.

[!]

Fehler vollständig beseitigen

Die Beseitigung der gefundenen Fehler ist unbedingt erforderlich, da diese Fehler unweigerlich auch bei der späteren Bearbeitung des Stammdatenobjekts auftreten würden.

Die aufgetretenen Fehler können Sie auch mit Hilfe des Programms RFREMILOGVIEW auswerten. Hier haben Sie die Möglichkeit, die Fehler zu sortieren und zu gruppieren, so dass Sie auch einen Überblick über die Anzahl der Fehlermeldungen und Warnungen zu den einzelnen Objektarten erhalten.

17. **Nachläufe**

    Jetzt befinden sich die umgesetzten Immobiliendaten in einem fehlerfreien Zustand. Sie können aber beispielsweise noch keine

Nebenkostenabrechnung durchführen, da zunächst noch die geleisteten Vorauszahlungen sowie die direkt kontierten Kosten aus RE Classic übernommen werden müssen. Das geschieht im Schritt *Nachläufe*. Außerdem werden in diesem Schritt auch die Notizen zu Stammdaten und Verträgen übernommen.

18. **Korrespondenz Adobe einrichten**
Dieser Schritt ist für die erfolgreiche Umsetzung der Immobiliendaten selbst eigentlich nicht erforderlich. Er weist Sie aber darauf hin, dass die in RE Classic verwendeten Briefe und Korrespondenzvorfälle nach der Migration nicht weiter genutzt werden können. Das hat einerseits mit geänderten Datenbanktabellen und -strukturen zu tun, andererseits auch mit der Nutzung von Adobe bzw. Smart Forms anstelle des in RE Classic hauptsächlich verwendeten SAPscripts. Deshalb müssen Sie die Korrespondenzvorfälle, die Sie zukünftig nutzen wollen, neu aufbauen.

15.6.4 Nicht zu migrierende Daten

Welche Daten werden nicht migriert?

Nicht alle Stammdaten, die Sie im Laufe der Zeit in RE Classic angelegt haben, benötigen Sie auch noch nach der Migration. So sind zum Beispiel mehrere Jahre alte Mietgesuche für die Neuvermietung nicht mehr interessant. Auch abgeschlossene Nebenkostenabrechnungen, Mietanpassungen, Modernisierungsmaßnahmen oder Gutachten werden nicht mehr benötigt, zumal Sie sich die diesbezüglichen Daten von RE Classic auch nach der Migration jederzeit ansehen können.

Daten von der Migration ausschließen

Zusätzlich haben Sie die Möglichkeit, weitere Immobiliendaten explizit von der Migration auszuschließen. So können Sie verhindern, dass fehlerhaft angelegte Daten oder die Daten längst verkaufter Objekte übernommen werden. Die Schlüsselfelder der nicht zu übernehmenden Daten werden in den View V_TIVMIBODEL eingetragen. Zunächst werden auch diese Daten bei der tabellenweisen Umsetzung des Datenbestandes berücksichtigt. In einem späteren Programmschritt werden die nicht gewünschten Daten jedoch wieder gelöscht. Auch diese Daten sind natürlich in RE Classic nach wie vor vorhanden und können dort jederzeit angezeigt und ausgewertet werden. Bitte beachten Sie, dass in diesem Schritt keine Konsistenzprüfungen stattfinden. Sie müssen selbst sicherstellen, dass nur solche Objekte von der Migration ausgeschlossen werden, die nicht mehr verwendet werden.

15.7 Zusammenfassung

In diesem Kapitel haben Sie eine Vielzahl von Werkzeugen und technischen Hilfsmitteln kennengelernt, die Sie bei der täglichen Arbeit in der Immobilienverwaltung nutzen können. In der Kommunikation mit Mietern und Geschäftspartnern benötigen Sie Anwendungen zur Erstellung von Massen- oder Individualkorrespondenz. Als Massenkorrespondenz werden im Allgemeinen die Ergebnisse der Nebenkostenabrechnung oder der Mietanpassung versandt. Anschreiben an einzelne Mieter können Sie mit Hilfe der Individualkorrespondenz mit Microsoft Word erstellen. In einem weiteren Abschnitt dieses Kapitels haben wir uns mit der Verwaltung und Verarbeitung von Dokumenten sowie mit der Integration grafischer Systeme beschäftigt.

Anschließend haben wir Ihnen aufgezeigt, wie Sie nicht mehr benötigte Daten archivieren können bzw. wie Sie mit Hilfe der DART-Extraktion Daten aus dem SAP-System auslesen und einem Wirtschaftsprüfer zur Verfügung stellen können.

Die Leser, die bisher die Funktionen der Immobilienverwaltung mit RE Classic genutzt haben, haben im letzten Abschnitt dieses Kapitels erfahren, wie die Migration von RE Classic nach SAP RE erfolgt und welche Migrationsschritte dabei durchlaufen werden.

Gesetzliche Regelungen, insbesondere wenn sie die Steuergesetzgebung oder andere politisch sensible Themen wie das Mieterrecht betreffen, unterscheiden sich in verschiedenen Ländern zum Teil erheblich. Daher sind für einzelne Länder Sonderfunktionen verfügbar.

16 Länderspezifische Themen

Das vorliegende Kapitel gibt einen Überblick über die länderspezifische Funktionalität in der SAP-Komponente SAP RE. In den folgenden Abschnitten werden Themen wie die *Liegenschaftsverwaltung* sowie die *WEG- und Fremdverwaltung* auf der Grundlage der in Deutschland gültigen Gesetze behandelt. Im Anschluss daran erhalten Sie einen Überblick über weitere *länderspezifische Funktionalitäten*, die beispielsweise in Großbritannien, den USA, Österreich, der Schweiz und Italien eingesetzt werden.

16.1 Liegenschaftsverwaltung

Um große Immobilienportfolios vollständig zu verwalten, ist es unerlässlich, auch die Daten der eigenen Liegenschaften und der damit verbundenen Prozesse zu erfassen. Nur die auf diese Weise gewonnene Transparenz hinsichtlich der Eigentums- bzw. Rechtsverhältnisse und Nutzungseinschränkungen an Grund und Boden kann eine optimale Nutzung und damit auch den aus Vermietungen und Verpachtungen erzielbaren Erlös gewährleisten.

LUM

Eine Möglichkeit, dies in Übereinstimmung mit dem öffentlichen Liegenschafts- und Katasterwesen in Deutschland abzubilden, bietet die Liegenschaftsverwaltung in SAP RE. Diese werden wir im weiteren Verlauf der Darstellungen auch als *LUM* – abgeleitet aus dem englischen Namen der Liegenschaftsverwaltung (*Land Use Management*) – bezeichnen.

16.1.1 Stammdaten der Liegenschaftsverwaltung

Um die unternehmensinterne mit der öffentlich-rechtlichen Sicht auf Grundstücke und Liegenschaften zu integrieren, stehen in der Liegenschaftsverwaltung von SAP RE verschiedene Stammdatenobjekte zur Verfügung.

Zentrales Objekt – Flurstück

Das zentrale Objekt ist das Flurstück, mit dem die Möglichkeit besteht, die Informationen des Liegenschaftskatasters im System abzubilden. Im Grundbuch werden die dazugehörigen Angaben zu den Eigentums- und Rechtsverhältnissen von Grund- bzw. Flurstücken verzeichnet. Für darüber hinaus bestehende Nutzungseinschränkungen können die weiteren Grundstücksverzeichnisse verwendet werden.

Die Historie der Flurstücke aus Sicht des Unternehmens wird schließlich in den Fortführungen dokumentiert.

Flurstück

Ein Flurstück ist ein eindeutig begrenzter Teil der Erdoberfläche, der durch das amtliche Vermessungswesen geometrisch festgelegt ist und in einem amtlichen Verzeichnis – dem Liegenschaftskataster – unter einer eigenen Bezeichnung geführt wird.

ALB-Hierarchie

In diesem Sinne ist in der Liegenschaftsverwaltung von SAP RE beim Anlegen eines Flurstücks die Eingabe des Lageschlüssels in der Hierarchie des *automatisierten Liegenschaftsbuchs* (ALB) erforderlich (siehe Abbildung 16.1). Dieser Schlüssel setzt sich aus den folgenden Hierarchiestufen zusammen:

1. Ebene: Land
2. Ebene: Region bzw. Bundesland
3. Ebene: Gemarkung
4. Ebene: Flurnummer
5. Ebene: Flurstücknummer

Zusätzlich zu dieser Bezeichnung können weitere Hierarchien und Zuordnungen zur ALB-Hierarchie im Customizing definiert werden, zum Beispiel die Verwaltungshierarchie.

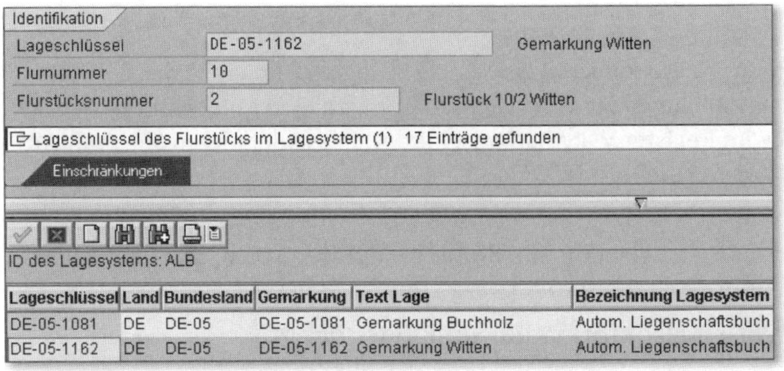

Abbildung 16.1 Beispiel für einen Lageschlüssel des ALB

Flurstück – Stammdaten

In den Stammdaten des Flurstücks können Sie sowohl Daten aus dem Liegenschaftskataster als auch unternehmensinterne Daten verwalten. Der Gültigkeitszeitraum des Flurstücks bezieht sich dabei auf die Gültigkeit aus Sicht des erfassenden Unternehmens.

Wie in jedem anderen Objekt der Immobilienverwaltung von SAP RE können zum Flurstück unter anderem mehrere Adressen, zugeordnete Objekte, Infrastruktur- und Erschließungsmerkmale sowie Partner erfasst werden. Erschließungsmerkmale entsprechen den Ausstattungsmerkmalen anderer SAP RE-Objekte.

Register »Partner«

Im Register PARTNER sollten Sie mindestens einen Eigentümer und das zuständige Katasteramt hinterlegen. Darüber hinaus können Sie dort weitere Partner zuordnen, soweit sie bekannt sind.

Katasteramt

Sie können den Partner in der Rolle KATASTERAMT direkt im Register VERWALTUNG pflegen (siehe Abbildung 16.2). Der Partner wird dann automatisch als Partner mit der Partnerrolle TR0820 im Register PARTNER zugeordnet.

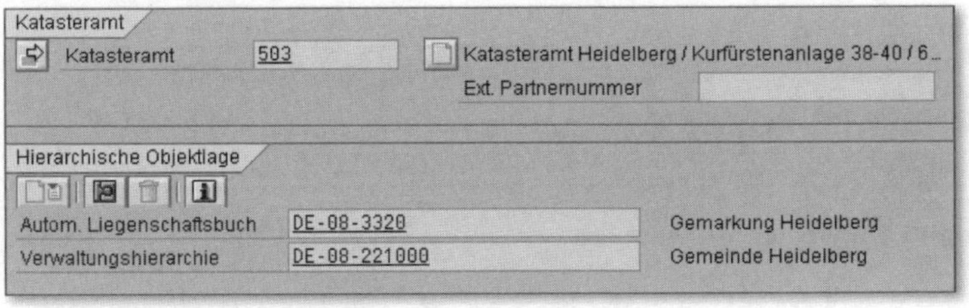

Abbildung 16.2 Verwaltungsdaten im Flurstück

[+]

Suchstrategie zum Katasteramt

Sie können im Customizing eine Suchstrategie definieren, die das Katasteramt in Abhängigkeit vom Lageschlüssel ableitet und automatisch im Flurstück im Register VERWALTUNG einträgt. Diese definieren Sie im Customizing zum Suchfeld PARCOFF.

Register »Verwaltung«

Des Weiteren tragen Sie im Register VERWALTUNG die *Lageschlüssel* der von Ihnen verwendeten Lagesysteme ein und ordnen die relevanten Flurkarten als Information zum Flurstück zu.

[+]

Suchstrategie zur hierarchischen Lage

Den Lageschlüssel der Verwaltungshierarchie können Sie über eine Suchstrategie aus dem von Ihnen angegebenen Lageschlüssel des automatischen Liegenschaftsbuchs ableiten lassen. Diese definieren Sie im Customizing zum Suchfeld LOCHIER.

Register »Flächen«

Im Register FLÄCHEN müssen Sie die Katasterfläche als Bemessungsart und auch den dazugehörigen Vermessungszustand eingeben.

[!]

Bemessungsart für die Katasterfläche festlegen

Welche Bemessungsart das System als Katasterfläche verwenden soll, ist von entscheidender Bedeutung in diversen Bereichen der Liegenschaftsverwaltung in SAP RE. Diese Bemessungsart legen Sie im Customizing von SAP RE in den allgemeinen Einstellungen zur Liegenschaftsverwaltung zusammen mit anderen zentralen Vorgaben fest.

Sie können die Katasterfläche durch die Eingabe von Folien und der dazugehörigen katasterlichen Klassifizierungen bzw. Nutzungen gemäß Deckungsfolienprinzip weiter strukturieren (siehe Abbildung 16.3). Dabei darf die Summe der Flächengrößen pro Folie die gesamte Katasterfläche nicht überschreiten.

Abbildung 16.3 Folien im Flurstück

Register »Nutzung«

Eine weitere Möglichkeit, die Katasterfläche zu unterteilen, stellt die Pflege von tatsächlichen bzw. internen und geplanten Nutzungsarten im Register NUTZUNG dar, auf dem die *Nutzungsarten* zeit- und eigentümerabhängig gepflegt werden können (siehe Abbildung 16.4). Zur weiteren Unterteilung können pro Nutzungsart zusätzlich noch Unternutzungsarten eingetragen werden.

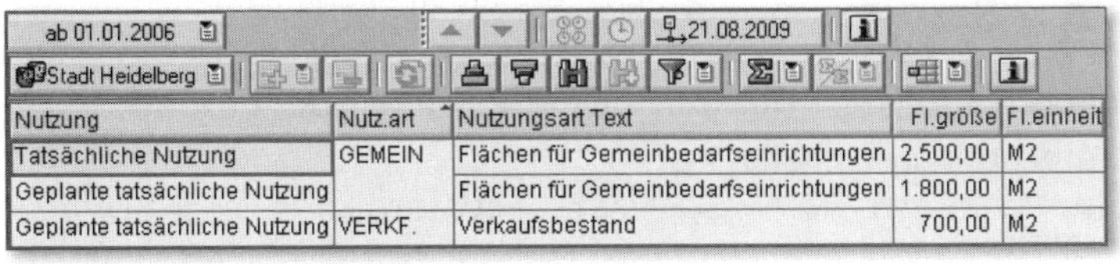

Nutzung	Nutz.art	Nutzungsart Text	Fl.größe	Fl.einheit
Tatsächliche Nutzung	GEMEIN	Flächen für Gemeinbedarfseinrichtungen	2.500,00	M2
Geplante tatsächliche Nutzung		Flächen für Gemeinbedarfseinrichtungen	1.800,00	M2
Geplante tatsächliche Nutzung	VERKF.	Verkaufsbestand	700,00	M2

Abbildung 16.4 Nutzungsarten im Flurstück

Die hierbei verwendeten Flächen werden wieder insgesamt gegen die Katasterfläche verprobt, so dass eine Überschreitung nicht möglich ist.

[!]

Kein Automatismus »Plan – Ist«

Eine automatische Überleitung der geplanten in tatsächliche Nutzungsarten wird nicht zur Verfügung gestellt, so dass Sie diesen Übergang entsprechend der zeitlichen Vorgaben manuell vollziehen müssen.

Customizing

Flurkarten, Folien sowie deren Klassifizierung und Nutzungsarten können gemäß den tatsächlichen Bedürfnissen im Customizing definiert werden. Dort können auch weitere Einstellungen wie zum Beispiel Erschließungsmerkmale, Boden- und Bodenentstehungsarten für Folien oder weitere Hierarchien gepflegt werden.

Übersichten im Flurstück

Register »Übersichten«

Wie die meisten anderen Objekte von SAP RE besitzt auch das Flurstück ein Register Übersichten. Es würde zu weit führen, alle der im Standard zum Flurstück verfügbaren Übersichten ausführlich erklären zu wollen. Da die Funktionsweise der meisten Übersichten selbsterklärend ist und diese jeweils über eine eigene Dokumentation verfügen, beschränken wir uns auf die Darstellung der zentralsten Übersicht – der Flächenbilanz.

Flächenbilanz

Die Flächenbilanz gibt einen detaillierten Überblick über die Eigentums- und Besitzverhältnisse der Katasterfläche des Flurstücks. Bitte beachten Sie, dass diese Darstellung zum einen zeitabhängig ist und zum anderen vom ausgewählten Partner abhängt.

[!] **Partner einschränken**

Ein Verzicht auf eine Einschränkung des Partners führt zu mangelnder Transparenz der Darstellung und sollte vermieden werden.

Die Flächenbilanz weist die im Folgenden dargestellten und detailliert erläuterten *Flächenarten* aus:

- **Katasterfläche**
  Der Wert der Katasterfläche wird aus der im Customizing festgelegten Bemessungsart ermittelt. Für diese Bemessungsart muss im Flurstück selbst ein Wert mit einem entsprechenden Zeitraum gepflegt sein.
- **Vertragsfläche**
  Die Vertragsfläche wird aus der in einem bestandsändernden Vertrag gebundenen Fläche ermittelt. Dazu muss das Flurstück im Vertrag als Objekt zugeordnet sein und für die Zuordnung eine Fläche angegeben werden. Als Zeitraum werden dabei Beginn und Ende des Vertrages berücksichtigt.
- **Besitzfläche**
  Der Wert der Besitzfläche wird ebenfalls aus der in einem bestandsändernden Vertrag gebundenen Fläche ermittelt. Dies geschieht allerdings in Abhängigkeit vom Datum des wirtschaftlichen Übergangs bzw. Abgangs im Vertrag.
- **Eigentumsfläche**
  Der Wert der Eigentumsfläche ergibt sich aus der im Bestandsverzeichnis des Grundbuchs angegebenen Fläche. Dazu muss das Flurstück im Bestandsverzeichnis eines Grundbuchs eingetragen worden sein.

Grundbuch

Grundbücher sind öffentliche Bücher, die die Bestands-, Eigentums- und Belastungsverhältnisse an Grund und Boden ausweisen. Sie werden beim Grundbuchamt des Amtsgerichts geführt.

Der Aufbau des entsprechenden Stammsatzes in SAP RE lehnt sich weitestgehend an die in Deutschland historisch gewachsenen und bekannten Strukturen an.

Der Einstieg in die Pflege eines Grundbuchs erfolgt analog zur Realität über die Angabe des Grundbuchbezirks und der Blattnummer als eines eindeutigen Schlüssels, den Sie den Angaben des Grundbuchamtes entnehmen können.

Strukturelemente eines Grundbuchs	Grundbuch-Register in SAP RE
Titel	ALLGEMEINE DATEN
Bestandsverzeichnis	BESTANDSVERZEICHNIS (BV) ZU- UND ABSCHREIBUNGEN
Abteilung I	ABTEILUNG I
Abteilung II	ABTEILUNG II VERÄNDERUNGEN/LÖSCHUNGEN
Abteilung III	ABTEILUNG III VERÄNDERUNGEN/LÖSCHUNGEN
	PARTNER
	WIEDERVORLAGE

Tabelle 16.1 Aufbau eines Grundbuchs in SAP RE/LUM

Die wichtigsten der aufgeführten Register und deren Funktion sollen nachfolgend erklärt werden.

Register »Allgemeine Daten«

Im Register ALLGEMEINE DATEN pflegen Sie die Identifikation des Grundbuchs und das zuständige Grundbuchamt, das als Partner der Rolle TR0800 automatisch im Register PARTNER erscheint, sobald Sie es hier zugeordnet haben.

[+]

Suchstrategie zum Grundbuchamt

Sie können im Customizing eine Suchstrategie definieren, die das Grundbuchamt in Abhängigkeit vom Grundbuchbezirk ableitet und automatisch im Register ALLGEMEINE DATEN einträgt. Diese definieren Sie im Customizing zum Suchfeld LROFFICE.

Zusätzlich treffen Sie hier die Entscheidung, ob es sich um ein Eigentumsgrundbuch oder ein Erbbaugrundbuch handelt, indem Sie die entsprechende Grundbuchart auswählen.

Register »Bestandsverzeichnis«

Im Register BESTANDSVERZEICHNIS tragen Sie die zum Grundbuchblatt gehörenden Grundstücke und die mit den Grundstücken verbundenen Rechte ein (siehe Abbildung 16.5). Sie können *Zu- und Abschreibungen* von Flurstücken und Rechten und die dazugehörige Historie im Register ZU-/ABSCHR. IM BV pflegen.

Det	G...	BV-Nr.	Verb.R...	Flurstück ID	Größe	Einh	Belastungsart	Eintragung	Röt.-Datum
		700	☑				Erbbaurecht	03.01.2006	
		1	☐	DE-08-3327/0/36	600,00	M2		01.01.2005	13.04.2006
		2	☐	DE-08-3327/0/37	1.750,00	M2		07.04.2005	13.04.2006
		3	☐	DE-08-3327/0/1012	650,00	M2		12.08.2005	13.04.2006
		4	☐	DE-08-3327/0/13	400,00	M2		15.11.2005	13.04.2006
		5	☐	DE-08-3327/0/14	550,00	M2		12.02.2006	13.04.2006
		6	☐	DE-08-3327/0/1013	650,00	M2		06.04.2006	13.04.2006
		7	☐	DE-08-3327/0/1015	4.600,00	M2		13.04.2006	13.04.2006
		8	☐	DE-08-3327/0/1016	400,00	M2		13.04.2006	
		9	☐	DE-08-3327/0/1017	320,00	M2		13.04.2006	

Abbildung 16.5 Grundstücke und verbundene Rechte – Register »Bestandsverzeichnis«

Register »Abteilung I«

Im Register Abteilung I werden die Eigentumsverhältnisse dargestellt. Sie können hier einen oder mehrere Eigentümer oder Erbbauberechtigte eintragen. Dazu werden Geschäftspartnerstammsätze in speziellen Rollen verwendet, zum Beispiel die Rolle TR0800 für Eigentümer.

Register »Abteilung II«

Im Register Abteilung II können Sie Lasten und Beschränkungen, die nicht in Abteilung III zu pflegen sind, wie Grunddienstbarkeiten und Auflassungsvormerkungen eintragen (siehe Abbildung 16.6).

Det	G...	Nr. A...	Eintragung	Belastungsart	Antrag	Bew.Datum	Rangnr.	Abt. Rang
		1	02.01.2006	Durchfahrtsrecht	12.12.2005	12.12.2005	2	2
		2	02.01.2006	Dauernutzungsrecht	12.12.2005	12.12.2005	2	2

Abbildung 16.6 Lasten und Beschränkungen – Register »Abteilung II«

[+]

Verträge für Lasten und Beschränkungen

Wenn Sie die hier angegebenen Lasten und Beschränkungen zusätzlich als Verträge in SAP RE abgebildet haben, können Sie diese in einem untergeordneten Register zuordnen. Das dafür verwendete Unterregister Immobilienverträge können Sie im Customizing ein- und ausblenden.

Register »Abteilung III«

Im Register Abteilung III tragen Sie alle Grundpfandrechte zugunsten Dritter ein, zum Beispiel Hypotheken, Grundschulden und Rentenschulden (siehe Abbildung 16.7).

Nr. A...	Eintragung	Belast.art	GsZinssatz	Betrag	Währung	Rangnr.	Abt. Rang
1	01.02.2006	Grundschuld	7,2500000	2.750.000,00	EUR	1	2

Abbildung 16.7 Grundschuld – Register »Abteilung III«

Darlehen für Belastungen [+]

Jeder Belastung, die Sie in ABTEILUNG III hinterlegen, können Darlehensverträge zugeordnet werden. Das dafür verwendete Unterregister DARLEHEN können Sie im Customizing ein- und ausblenden.

Rangfolge

Die Eintragungen in ABTEILUNG II und III sind in einer gemeinsamen Rangfolge geordnet. Die zunächst vom System nach Datum berechnete Rangfolge können Sie manuell anpassen, um die realen Verhältnisse abzubilden (siehe Abbildung 16.8).

Übersicht über die Rangfolge der Rechte und Dienstbarkeiten

Rangnummer	Eintragung	Belastungsart	Abteilung	Nr. Abt.	Untereintr
1	01.02.2006	Grundschuld	3	1	2
2	02.01.2006	Durchfahrtsrecht	2	1	1
	02.01.2006	Dauernutzungsrecht	2	2	1

Abbildung 16.8 Beispiel einer Rangübersicht mit manuellen Anpassungen

Veränderungen und Löschungen

Veränderungen und Löschungen in ABTEILUNG II und III werden jeweils in einem eigenen Register abgebildet.

Die Register PARTNER und WIEDERVORLAGE werden im Stammsatz Grundbuch analog zu allen anderen Objektarten von SAP RE verwendet.

Mithaftung

Es kann vorkommen, dass für Grundpfandrechte mehrere nicht zusammenhängende Flurstücke gemeinsam haften, die jedoch nicht gemeinsam in einem Grundbuch geführt werden. Um hierbei eine erweiterte Transparenz zu schaffen, können Sie diese Grundstücke über das Stammdatenobjekt Mithaftung miteinander verknüpfen.

Mithaft direkt anlegen [+]

Sie können eine solche Mithaftung auch direkt aus der ABTEILUNG III eines Grundbuchs anlegen (siehe Abbildung 16.9).

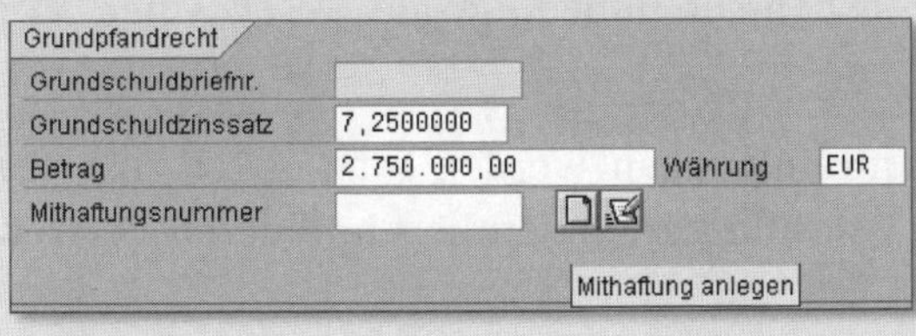

Abbildung 16.9 Mithaft aus Grundschuld direkt anlegen

Weitere Grundstücksverzeichnisse

Neben dem Grundbuch können Sie in der Liegenschaftsverwaltung von SAP RE noch weitere öffentliche und privatrechtliche Verzeichnisse abbilden, die für die Bewertung von Immobilienbeständen relevant sind, da sie in der Regel unterschiedlich starke Beeinträchtigungen bei der Nutzung von Grundstücken und Immobilien darstellen.

Beim Anlegen vergeben Sie für jedes Grundstücksverzeichnis manuell eine Identifikation (ID). Zusätzlich nummeriert das System die Verzeichnisse. Wie allen anderen Objekten in SAP RE können Sie auch den hier in der Folge vorgestellten Grundstücksverzeichnissen Wiedervorlagen und Partner gemäß den Definitionen im Customizing in SAP RE zuordnen.

Altlast

Altlasten dienen dazu, die Art und die genaue Ausprägung von Bodenbelastungen zu beschreiben. Dabei handelt es sich um gesundheitsgefährdende Belastungen, die die Nutzungsmöglichkeiten eines Grundstücks erheblich beeinträchtigen oder sogar unmöglich machen.

[zB]

Altlast

Ein Beispiel für eine Altlast ist die Bodenverunreinigung auf dem Gelände einer ehemaligen Munitionsfabrik.

Die Grundlagen der Altlasten finden sich im Bundesbodenschutzgesetz, aus dem sich auch die allgemeine Pflicht zur Beseitigung dieser Belastungen ableitet.

Verunreinigung

Im Unterschied zu den Altlasten besteht für eine *Verunreinigung* keine Beseitigungspflicht. Es handelt sich vielmehr um eine unwesentliche Belastung von Grundstücken oder Gebäuden.

[zB]

Verunreinigung

Die Lagerung von ungiftigem Müll ist ein Beispiel für eine Verunreinigung.

Verunreinigung leiten sich nicht unbedingt aus gesetzlichen Vorschriften ab.

Für Altlasten und Verunreinigungen werden im Customizing von SAP RE gemeinsam die Belastungsarten definiert und deren Verwendung spezifiziert.

Schutzstellung

Gleich mehrere gesetzliche Grundlagen gibt es im Fall der *Schutzstellung*, zum Beispiel das Denkmalschutzgesetz, das Wasserschutzgesetz oder das Naturschutzgesetz.

Schutzstellungen sind öffentlich-rechtliche Vorschriften, die der Grundstückseigentümer im Umgang mit dem unter Schutz stehenden Grund und Boden, dem Gebäude, dessen Bestandteilen und dessen Zubehör zu beachten hat, und stellen somit eine Nutzungsbeschränkung dar.

Im Customizing von SAP RE können Sie festlegen, welche Schutzstellungsarten Sie in Ihrem System benötigen.

Verzeichnisse mit Bezug zum Lagesystem

Die Besonderheit der beiden folgenden Grundstücksverzeichnisse ist ihr direkter Bezug zum Lagesystem.

- **Baulastenverzeichnisse**
  Dabei sind die in den Baulastenverzeichnissen der Bauaufsichtsämter geführten *Baulasten* in der Regel freiwillig übernommene Pflichten eines Grundstückseigentümers zur Herstellung oder Duldung bestimmter Verhältnisse, die die Rechtmäßigkeit seines Bauvorhabens betreffen.

  Sie können die Blattnummer, unter der die Baulast geführt wird, beim Anlegen im System eingeben und die Art der Baulast aus einem zuvor im Customizing definierten Katalog auswählen.

  Da Baulasten meist aus vertraglichen Regelungen rühren, ist eine Objektzuordnung von Verträgen in der Baulast vorgesehen.

[zB]

Baulast

Ein Beispiel für eine Baulast ist zum Beispiel die Verpflichtung, auf dem Grundstück eine vorgegebene Anzahl von Parkplätzen zu errichten.

- **Bebauungspläne**
  Bebauungspläne beschreiben die öffentlich-rechtlich geplante oder vorgeschriebene Nutzungsmöglichkeit oder Verwertung eines Grundstücks gemäß Raumordnungs- oder Flächennutzungsplänen. Sie werden von Städten und Gemeinden nach den Vorschriften des Baugesetzbuchs eigenverantwortlich aufgestellt.

Objektzuordnung

Allen Grundstücksverzeichnissen können andere Objekte der Liegenschafts- und der Immobilienverwaltung zugeordnet werden. Die typischen Zuordnungsmöglichkeiten sind in Tabelle 16.2 je Grundstücksverzeichnis aufgelistet.

Grundstücksverzeichnis	Mögliche Objektzuordnungen
Altlast	Flurstück
Verunreinigung	Flurstück, Gebäude, Mieteinheit
Schutzstellung	Flurstück, Gebäude
Baulast	Flurstück, Vertrag
Bebauungsplan	Flurstück

Tabelle 16.2 Objekte für die weiteren Grundstücksverzeichnisse

Fortführung

Liegenschaftskataster sind permanenten Aktualisierungen unterworfen, um sich ändernde Realitäten abbilden zu können. Um diese Historie darzustellen, werden sogenannte *Fortführungen* verwendet. Diese Möglichkeit zur Abbildung der Flurstückhistorie darf daher auch in SAP RE nicht fehlen und wird im Rahmen einer eigenständigen Objektart für Stammdatenobjekte abgebildet. Diese wird aber noch nach verschiedenen Typen unterschieden, vor allem, um die Besonderheiten der Raumordnungsverfahren zu verdeutlichen. Beim Anlegen einer Fortführung wählen Sie einen der zur Verfügung stehenden Typen aus. In Abbildung 16.10 wurde der Typ VERÄNDERUNGSNACHWEIS gewählt.

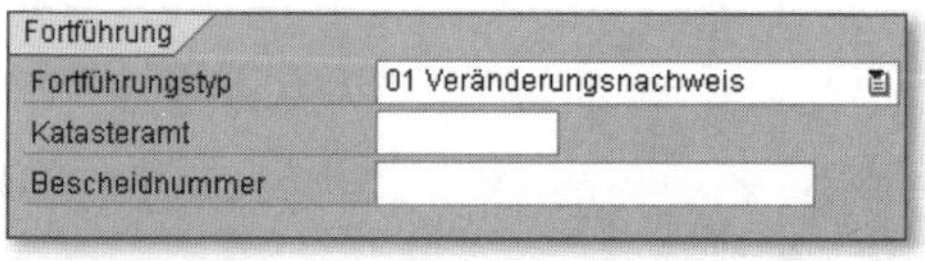

Abbildung 16.10 Anlegen einer Fortführung

Veränderungsnachweis

Allgemeine Veränderungen werden unter dem Typ *Veränderungsnachweis* subsumiert. Die Ursachen für diese Veränderungen sind vielfältig, wobei zwischen Veränderungen mit lokaler Vermessung und solchen ohne unterschieden wird.

- Beispiele für Veränderungen mit lokaler Vermessung
  - Flurstückteilung
  - Eintragung eines Flurstücks
  - Berichtigung der Flurstückfläche

- Beispiele für Veränderungen ohne lokale Vermessung
  - Sonderung
  - Flurstückverschmelzung

Fortführungsarten

Die verschiedenen Ursachen für Veränderungen können im Customizing von SAP RE frei als Fortführungsarten definiert und in der Anwendung einem Veränderungsnachweis zugeordnet werden. In Abbildung 16.11 sehen Sie ein Beispiel für das Customizing solcher Fortführungsarten.

Fortführunsart

Fortf.-Art	Fortführungsart
10	Flurstückszerlegung im Rahmen eines Verkaufs einer Teilfl.
11	Flurstückszerlegung aufgrund einer Vermessung
15	Flurstücksverschmelzung
16	Flurstücksverschmelzung und Flurstückszerlegung
20	Veränderungen am Flurstück
41	Eintragung eines Flurstücks
42	Löschung eines Flurstücks
54	Veränderung der tatsächlichen Nutzung

Abbildung 16.11 Beispiele für Fortführungsarten

Raumordnungsverfahren

Darüber hinaus existieren zwei Arten von Raumordnungsverfahren, die ebenfalls als Fortführung von Liegenschaften betrachtet werden: die Flurbereinigung und das Umlegungsverfahren.

- **Flurbereinigung**
  Flurbereinigungen nennt man Bodenordnungsverfahren, bei denen zersplitterter oder unwirtschaftlich geformter land- und forstwirtschaftlicher Grundbesitz nach neuen betriebswirtschaftlichen Gesichtspunkten zusammengelegt und wirtschaftlich gestaltet wird. Die Regelungen hierzu sind im Flurbereinigungsgesetz (FlurbG) niedergelegt.
- **Umlegungsverfahren**
  Die *Umlegung* ist eine Strukturmaßnahme von Städten und Gemeinden zur Änderung von Eigentumsverhältnissen an Grund und Boden (z. B. Eigentumsgrenzen). Bei einer Umlegung sollen Grundstücke geschaffen werden, die nach Lage, Form und Größe für eine bauliche oder sonstige Nutzung geeignet sind. Die Regelungen hierzu sind im Baugesetzbuch (BauGB) niedergelegt.

Wir möchten Ihnen nun einige Details zu den wichtigsten Registern einer Fortführung erläutern. Wir werden uns dabei auf den Fortführungstyp VERÄNDERUNGSNACHWEIS beschränken, da dieser in der Praxis am häufigsten zum Einsatz kommt.

Register »Allgemeine Daten«

Wenn Sie eine Fortführung pflegen wollen, müssen Sie auf dem Einstiegsbild zur Auswahl der Fortführung einige Daten angeben, die diese eindeutig kennzeichnen. Dies sind:

- der Fortführungstyp, also Veränderungsnachweis, Flurbereinigung oder Umlegungsverfahren
- das zuständige Katasteramt
- die vom Katasteramt übermittelte Bescheidnummer

Diese Daten werden Ihnen im Register ALLGEMEINE DATEN angezeigt, das Katasteramt wird zusätzlich als Partner im Register PARTNER eingetragen. Sie können zudem eine Bezeichnung für die Fortführung pflegen und das Ausstellungsdatum des Bescheids hinterlegen.

Register »Bestandsänderung«

Im Register BESTANDSÄNDERUNG pflegen Sie die Details der Veränderung, insbesondere über die Fortführungsart, welche Art von Veränderung vorliegt. Sie können dabei auch mehrere Veränderungen bzw. Fortführungsarten innerhalb einer Fortführung berücksichtigen.

Für die beiden Fortführungstypen UMLEGUNGSVERFAHREN und FLURBEREINIGUNG wird keine Fortführungsart angegeben. Diese ist durch die speziellen Fortführungstypen sozusagen bereits vorgegeben.

Um zu beschreiben, welchen Einfluss die Veränderung auf bestehende Flurstücke hat, geben Sie jeweils an, welche Flurstücke vor einer Veränderung vorlagen und welche Flurstücke aus dieser Veränderung resultierten.

[+]

Flurstücke direkt anlegen

Sie können die benötigten Flurstücke auch direkt aus den Unterregistern FLURSTÜCK VOR und FLURSTÜCK NACH heraus anlegen.

Ist eines der Flurstücke, die im Unterregister FLURSTÜCKE VOR enthalten sind, in der Liste der Flurstücke nach der Fortführung nicht mehr enthalten, geht das System davon aus, dass es untergegangen ist. In diesem Fall wird das GÜLTIG-BIS-DATUM des untergegangenen Flurstücks auf das GÜLTIG-AB-DATUM eines neuen Flurstücks minus einem Tag gesetzt.

Im Register BEMESSUNGEN wird die Differenz der Katasterflächen der Flurstücke vor und nach der Fortführung ermittelt. Dies dient Ihnen zu Kontrollzwecken. Etwaige Vermessungsdifferenzen können Sie dabei ebenfalls berücksichtigen lassen.

Register »Bemessungen«

Die katasterlichen Änderungen an Flurstücken, die Sie in einer Fortführung dokumentieren, haben potentiellen Einfluss auf alle Stammdatenobjekte, denen die betroffenen Flurstücke zugeordnet sind. Im Register TO-DO-LISTE stellt Ihnen das System eine Liste der manuell anzupassenden Stammdatenobjekte zur Verfügung und hat somit eine Art Cockpit-Funktion (siehe Abbildung 16.12).

Register »To-do-Liste«

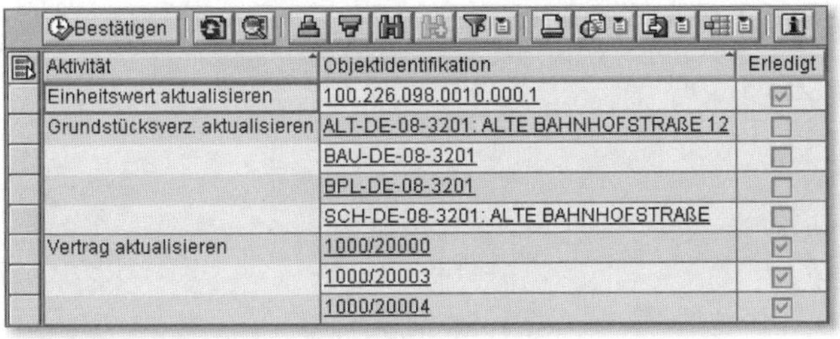

Aktivität	Objektidentifikation	Erledigt
Einheitswert aktualisieren	100.226.098.0010.000.1	☑
Grundstücksverz. aktualisieren	ALT-DE-08-3201: ALTE BAHNHOFSTRAßE 12	☐
	BAU-DE-08-3201	☐
	BPL-DE-08-3201	☐
	SCH-DE-08-3201: ALTE BAHNHOFSTRAßE	☐
Vertrag aktualisieren	1000/20000	☑
	1000/20003	☑
	1000/20004	☑

Abbildung 16.12 Beispiel einer To-do-Liste

Beachten Sie aber, dass zum einen alle Anpassungen manuell erfolgen müssen und zum anderen das System keine Überprüfung durchführt, wenn Sie für einen Eintrag bestätigen, dass Sie die Änderungen durchgeführt haben.

[+]

To-do-Liste auch im Arbeitsvorrat

Die Aktivitäten der To-do-Liste werden auch im Arbeitsvorrat angezeigt, so dass eine Bearbeitung auch im RE-Navigator oder in der Sammeltransaktion RECARG möglich ist.

Die übrigen Register (PARTNER, WIEDERVORLAGE, NOTIZ) entsprechen den bereits an anderer Stelle besprochenen Registern.

16.1.2 Prozesse in der Liegenschaftsverwaltung

Neben der Möglichkeit, die relevanten Informationen der Liegenschaften in Form von Stammdaten im System anzulegen, unterstützt Sie die Liegenschaftsverwaltung auch bei der Abwicklung der liegenschaftsbezogenen Prozesse. Dabei wird im Folgenden zwischen Prozessen unterschieden, bei denen der Liegenschaftsbestand verändert wird, und solchen, bei denen der Bestand lediglich genutzt wird. Alle Prozesse beziehen sich dabei natürlich auf Flurstücke oder zumindest Teile davon.

Bestandsänderung

Änderungen des Eigentumsverhältnisses

Unter bestandsverändernden Prozessen werden alle Prozesse verstanden, bei denen sich der im Eigentum befindliche Liegenschaftsbestand verändert, d.h. aus Sicht des Systems, Flurstücke dem Eigentum zu- oder abgehen.

Folgende Prozesse stellen Beispiele für den Zugang oder Abgang eines Flurstücks oder Flurstückteils dar:

- kreditorisch (Zugang)
  - Kauf
  - Erbschaft
  - Schenkung
  - Tausch
- debitorisch (Abgang)
  - Verkauf
  - Enteignung
  - Tausch

Bestandsnutzung

Änderungen des Besitzverhältnisses

Unter bestandsnutzenden Prozessen werden alle Prozesse verstanden, bei denen sich lediglich die Besitzverhältnisse des Liegenschaftsbestandes, nicht jedoch die Eigentumsverhältnisse ändern.

Folgende debitorische und kreditorische Prozesse sind beispielsweise denkbar:

- kreditorisch
  - Anmietung von Flurstücken oder Flurstückteilen
  - Anpachtung von Flurstücken oder Flurstückteilen
- debitorisch
  - Vermietung von Flurstücken oder Flurstückteilen
  - Verpachtung von Flurstücken oder Flurstückteilen

Da sich diese Prozesse nicht wesentlich von der Abbildung der Ver- und Anmietungsprozesse der Immobilienverwaltung unterscheiden, wird an dieser Stelle auf eine detaillierte Betrachtung verzichtet.

16.1.3 Öffentliche Lasten

Im folgenden Kapitel wollen wir Ihnen die Möglichkeiten aufzeigen, im Rahmen der Liegenschaftsverwaltung von SAP RE öffentliche Lasten abzubilden. Doch zuvor wollen wir die zugrunde liegenden Begrifflichkeiten erläutern.

Grundbesitzabgaben

Als öffentliche Last wird die Belastung eines Grundstücks mit öffentlich-rechtlichen Abgaben bezeichnet, das sind insbesondere die Grundbesitzabgaben. Diese werden in der Regel jährlich mit einem *Abgabenbescheid* erhoben, der von Städten und Gemeinden für die Grundstückseigentümer erstellt wird.

Bei den Grundbesitzabgaben unterscheiden wir zwischen *Grundsteuern* und *Benutzungsgebühren* und wollen Ihnen diese nun ein wenig ausführlicher darstellen.

Grundsteuer

Grundsteuern ergeben sich ohne eine konkrete Gegenleistung für jeden Eigentümer eines Grundstücks.

Einheitswert

Für die Berechnung der Grundsteuer wird zunächst der sogenannte *Einheitswert* benötigt, der zur Bewertung des Grundvermögens durch das zuständige Finanzamt nach fest definierten Verfahren errechnet wird. Der Einheitswert wird Grundstückseigentümern durch einen *Einheitswertbescheid* mitgeteilt.

Grundsteuermessbetrag

Zusammen mit der Steuermesszahl, die von der Art eines Grundstücks abhängt, kann nach folgender Formel nun der *Grundsteuermessbetrag* berechnet werden:

Grundsteuermessbetrag = Einheitswert x Steuermesszahl

[zB]

Beispiel für die Berechnung des Grundsteuermessbetrages

Für ein unbebautes Grundstück stellt das Finanzamt nach dem Sachwertverfahren einen Einheitswert von 100.000 EUR fest. Die Steuermesszahl beträgt 3,5 ‰.

Der Grundsteuermessbetrag lässt sich nun berechnen:
Grundsteuermessbetrag = 100.000 EUR × 3,5 ‰ = 350 EUR

Grundsteuer

Die Grundsteuer selbst ergibt sich nun aus dem Grundsteuermessbetrag und dem durch die zuständige Gemeinde festgelegten Hebesatz nach folgender Formel:

Grundsteuer = Grundsteuermessbetrag x Hebesatz

[zB]

Beispiel für die Berechnung der Grundsteuer

Die Gemeinde, in der das obige Grundstück liegt, hat einen Hebesatz von 300 % festgelegt.

Die Grundsteuer lässt sich nun berechnen:
Grundsteuer = 350 EUR x 300 % = 1.050 EUR

Benutzungsgebühren

Die Benutzungsgebühren werden als Gegenleistung für die Inanspruchnahme öffentlicher Einrichtungen und Dienstleistungen (z. B. Abfallentsorgung, Straßenreinigung) erhoben. Die Berechnung der Benutzungsgebühren ist je nach Gemeinde und Gebührenart so unterschiedlich, dass eine detaillierte Erklärung an dieser Stelle nicht sinnvoll ist und wir bewusst darauf verzichten.

Öffentliche Lasten in der Liegenschaftsverwaltung abbilden

Nun wollen wir Ihnen die Instrumente vorstellen, die die Liegenschaftsverwaltung bereitstellt, um die eben geschilderten Sachverhalte in SAP RE abbilden zu können.

Einheitswertbescheid

Wie wir Ihnen oben bereits erläutert haben, dient der Einheitswertbescheid dazu, einem Eigentümer den Einheitswert seines Grundstücks durch das Finanzamt mitzuteilen. Um diesen nach Erhalt im System abbilden zu können, stellt Ihnen die Liegenschaftsverwaltung eine eigene Objektart zur Verfügung – den Einheitswertbescheid.

Wie Sie es bereits von anderen Objektarten in SAP RE gewohnt sind, werden dabei die relevanten Daten in verschiedenen Registern abgebildet. Wir werden die wichtigsten nun darstellen.

Register »Allgemeine Daten«

Im Register ALLGEMEINE DATEN können Sie vor allem die vom Finanzamt vergebene Bescheidnummer und eine ausführliche Bezeichnung für den Einheitswertbescheid pflegen.

Register »Jahreswerte«

Im Register JAHRESWERTE können Sie pro Kalenderjahr Details zum Einheitswertbescheid angeben. Die wichtigsten Informationen sind im Folgenden aufgeführt (siehe Abbildung 16.13):

- das Datum des Bescheids
- der Einheitswert in Euro
- der Grundsteuermessbetrag
- die Fläche des bewerteten Grundstücks in Quadratmeter

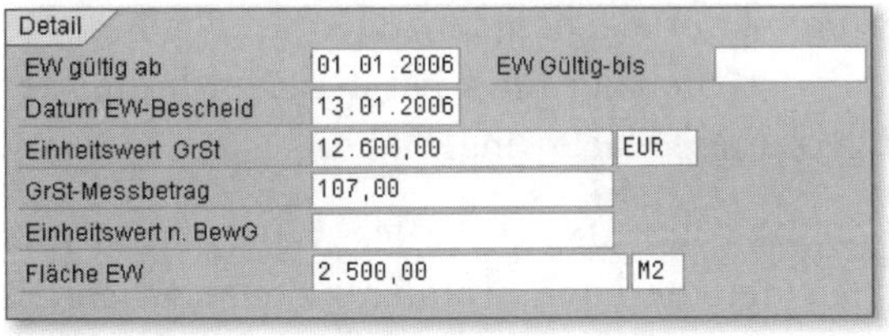

Abbildung 16.13 Jahreswerte im Einheitswertbescheid

Register »Feststellungsgrundlagen«

Im Register FESTSTELLUNGSGRUNDLAGEN können Sie die Basisdaten eingeben, die dem Einheitswertbescheid zugrunde liegen.

Sie können hier zunächst zwischen den folgenden systemseitig vordefinierten Verfahrensarten wählen:

- Sachwertverfahren (siehe Abbildung 16.14)
- Ertragswertverfahren (siehe Abbildung 16.15)
- Land- und Forstwirtschaftliche Bewertungsverfahren

Je nachdem, welche Verfahrensart Sie wählen, wird ein neues Unterregister eingeblendet, in dem Sie die typischen Daten der Verfahrensart eingeben können. Eine Kalkulation der Werte erfolgt hier nicht.

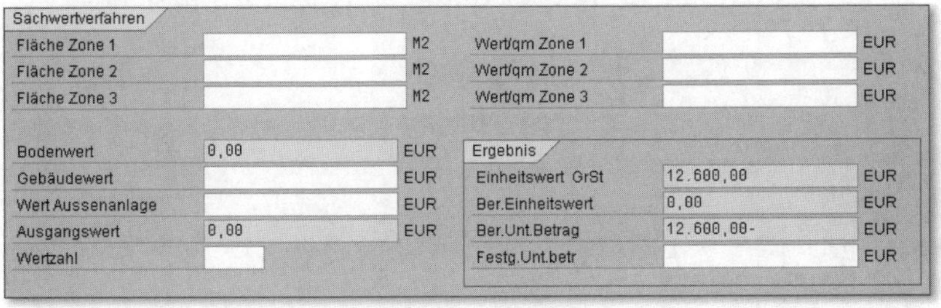

Abbildung 16.14 Daten zum Sachwertverfahren

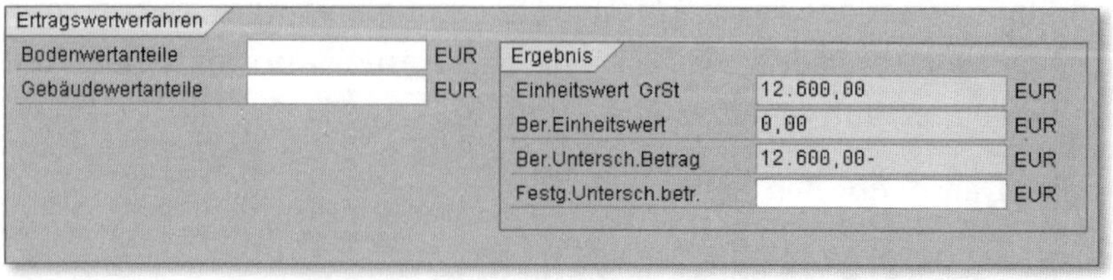

Abbildung 16.15 Daten zum Ertragswertverfahren

Register »Flächenvergleich«

Im Register Flächenvergleich können Sie die Fläche des Einheitswertbescheids mit der Summe der Flächen der zugeordneten Flurstücke vergleichen. Dazu müssen Sie allerdings bei der Zuordnung der Flurstücke auch eine zugeordnete Fläche angeben.

Die übrigen Register (Objektzuordnung, Partner, Wiedervorlage, Übersichten) entsprechen den bereits an anderer Stelle gezeigten Registern.

Abgabenbescheid

Zur Abbildung des Abgabenbescheids verwendet die Liegenschaftsverwaltung von SAP RE keine eigene Objektart, sondern den Immobilienvertrag, da sich die an einen Abgabenbescheid geknüpften Prozesse durchaus mit anderen kreditorischen Prozessen vergleichen lassen.

Bei der Ausprägung einer hierfür geeigneten Vertragsart im Customizing sind folgende Attribute zu setzen:

- Feld Vertragstyp: »Externer Vertrag«
- Feld Anbieter/Nutzer: »Nutzer«
- Feld Vertragsbezug: »Sonstiger Bezug«
- Feld Einfluss auf Bestand: »Kein Einfluss auf den Bestand«

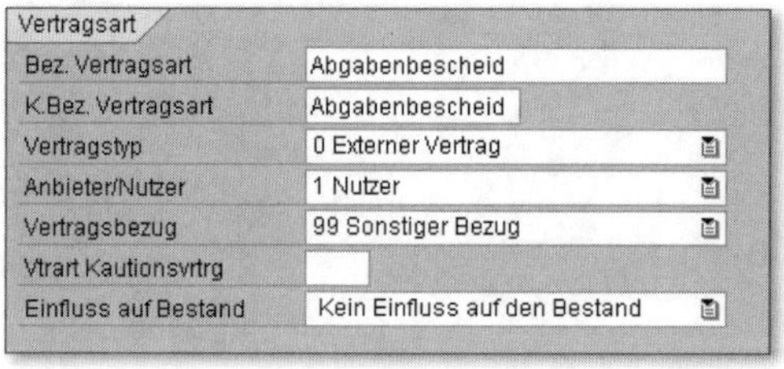

Abbildung 16.16 Vertragsart »Abgabenbescheid« – Customizing

Zusätzlich sollten Sie im Customizing der Objektzuordnung für die Vertragsart des Abgabenbescheids mindestens die Zuordnung von Einheitswertbescheiden und Gebäuden zulassen. Darüber hinaus können Sie natürlich auch weitere Objektzuordnungen zulassen.

Zur Abbildung der Grundsteuer und der Benutzungsgebühren empfehlen wir Ihnen, geeignete Konditionsarten anzulegen.

[!]

Grundsteuer als Kondition

Obwohl Sie den Einheitswertbescheid als Objekt in der Vertragsart ABGABENBESCHEID zuordnen können, erfolgt keine automatische Berechnung der Grundsteuer aus den darin enthaltenen Daten. Sie können den Konditionsbetrag für die Grundsteuer also nur manuell erfassen.

Fazit

Auf den zurückliegenden Seiten haben wir Ihnen die Möglichkeiten aufgezeigt, die Ihnen die Liegenschaftsverwaltung von SAP RE bietet. Sie haben die einzelnen Objektarten der Liegenschaftsstammdaten kennengelernt und einen Überblick über die grundlegenden Prozesse erhalten. Abschließend haben wir Ihnen das Thema der öffentlichen Lasten und seine Behandlung in der Liegenschaftsverwaltung vorgestellt.

Die Liegenschaftsverwaltung ist in ihrer aktuellen Ausprägung auf die Verhältnisse in Deutschland zugeschnitten und kann daher nur bedingt und mit Einschränkungen in anderen Ländern eingesetzt werden. Gleiches gilt für die im Folgenden besprochene Wohnungseigentumsverwaltung.

16.2 WEG- und Fremdverwaltung

Wohnungseigentum

Wohnungseigentum spielt eine wichtige Rolle sowohl als Vermögensanlage als auch in der Altersvorsorge. Neben dem Eigentum an Grundstücken und Einfamilienhäusern gibt es auch die Möglichkeit, eine Eigentumswohnung innerhalb einer Wohnungseigentümergemeinschaft (WEG) zu erwerben.

[+]

Wohnungseigentumsgesetz (WEG-Gesetz)

In Deutschland regelt das Wohnungseigentumsgesetz (Gesetz über das Wohnungseigentum und das Dauerwohnrecht vom 15.03.1951, zuletzt geändert am 26.03.2007, kurz WEG-Gesetz) die Begründung von Wohnungseigentum, die Rechte und Pflichten der Wohnungseigentümer sowie die Verwaltung des Wohnungseigentums.

Die Eigentümer der einzelnen Eigentumswohnungen bilden die *Wohnungseigentümergemeinschaft* (WEG). Die mit der Verwaltung ihres Wohnungseigentums verbundenen Aufgaben (Hausgeldinkasso, Instandhaltung) werden im Allgemeinen von einem *WEG-Verwalter* wahrgenommen.

Die *Wohnungseigentumsverwaltung* (WEG-Verwaltung) enthält alle Geschäftsprozesse, die zwischen den einzelnen Wohnungseigentümern, der Wohnungseigentümergemeinschaft sowie dem Verwalter auftreten.

WEG-Verwaltung – Eigentumsarten

Betrachten wir zunächst die im Zusammenhang mit der WEG-Verwaltung auftretenden Eigentumsarten kurz genauer:

- **Wohnungseigentum**
  Unter *Wohnungseigentum* versteht man das Eigentum an einer abgeschlossenen Wohnung (Eigentumswohnung) innerhalb einer Wohnungseigentümergemeinschaft sowie einen Miteigentumsanteil am gemeinschaftlichen Eigentum der WEG.
- **Teileigentum**
  Handelt es sich nicht um eine Wohnung, sondern um Räume, die nicht zu Wohnzwecken dienen, spricht man vom *Teileigentum*. Auch das Teileigentum ist mit einem Miteigentumsanteil am gemeinschaftlichen Eigentum der WEG verbunden.
- **Sondereigentum**
  Wohnungseigentum und Teileigentum bilden gemeinsam das *Sondereigentum*.
- **Gemeinschaftseigentum**
  Unter *Gemeinschaftseigentum* versteht man das Grundstück, auf dem sich das Gebäude befindet, die Wände, die Fenster und das Dach sowie die gemeinschaftlich genutzten Teile des Gebäudes (Treppenhaus, Eingangsbereich). Hierzu gehört beispielsweise auch eine Hausmeisterwohnung, die sich im Eigentum der gesamten WEG befindet und an den Hausmeister vermietet wurde.

Wohnungseigentum und *Teileigentum* entstehen entweder durch die vertragliche Einräumung von Sondereigentum oder durch Teilung eines Grundstücks durch den ursprünglichen Eigentümer.

SE-Verwaltung

Bewohnt der Eigentümer seine Wohnung nicht selbst, sondern vermietet er sie an einen Dritten, so spricht man von *vermietetem Sondereigentum*. Auch mit den hierbei anfallenden Aufgaben, wie z. B.

Mieteinzug, Erstellung der Nebenkostenabrechnung und Mietanpassung kann ein Verwalter beauftragt werden. Man spricht in diesem Fall von der *Sondereigentumsverwaltung* (SE-Verwaltung).

Fremdverwaltung

Neben den Sonderformen der *WEG-Verwaltung* und der *Sondereigentumsverwaltung* gibt es die *Fremdverwaltung*, auch *Drittverwaltung* genannt, bei der die mit der Verwaltung fremden Grund- bzw. Immobilienbesitzes verbundenen Aufgaben nicht durch den Eigentümer, sondern durch einen Verwalter wahrgenommen werden.

16.2.1 Stammdaten der WEG- und Sondereigentumsverwaltung

WEG-Mandat

Durch die *Teilungserklärung* wird ein Grundstück in Sondereigentum an Wohnungen unterteilt. Mit jeder Wohnung ist ein entsprechender Miteigentumsanteil am Gemeinschaftseigentum verbunden.

[zB]

Beispiel: WEG »Musterstraße 1«

Betrachten wir die Stammdaten einer Wohnungseigentümergemeinschaft im SAP-System am Beispiel der WEG Musterstraße 1 aus 12345 Musterstadt (siehe Abbildung 16.17). Das Wohnhaus mit vier Wohnungen gehörte der Wohnungsbaugesellschaft »Unsere Heimat GmbH«. Im Zuge der Privatisierung von Wohnungen wurde das Haus zum 1. Januar 2008 verkauft und in eine Wohnungseigentümergemeinschaft umgewandelt.

Wohnung 1 hat Karl Kapitalanleger erworben. Er bewohnt die Wohnung aber nicht selbst, sondern hat sie an Maria Mieterin vermietet. Die zweite Wohnung gehört zum Gemeinschaftseigentum der WEG und wurde an Hans Hausmeister vermietet. Emil Eigentümer hat Wohnung 3 erworben. Er bewohnt diese gemeinsam mit seiner Ehefrau Emilia. Die vierte Wohnung befindet sich nach wie vor im Eigentum der Wohnungsbaugesellschaft »Unsere Heimat GmbH«. Max Mieter hat die Wohnung seit vielen Jahren gemietet, konnte sich aber noch nicht zum Kauf der Wohnung entschließen.

Mit der *Teilungserklärung* wird das Sonder- und Teileigentum – und damit die Wohnungseigentümergemeinschaft – begründet.

Stammdatenobjekt »WEG-Mandat«

Im SAP-System wird die WEG durch das *WEG-Mandat* repräsentiert. Hierbei handelt es sich um ein Stammdatenobjekt der Immobilienverwaltung (siehe Abbildung 16.18), das sich auf der Ebene des Buchungskreises befindet. Das heißt, dass für jedes WEG-Mandat ein separater Buchungskreis angelegt wird.

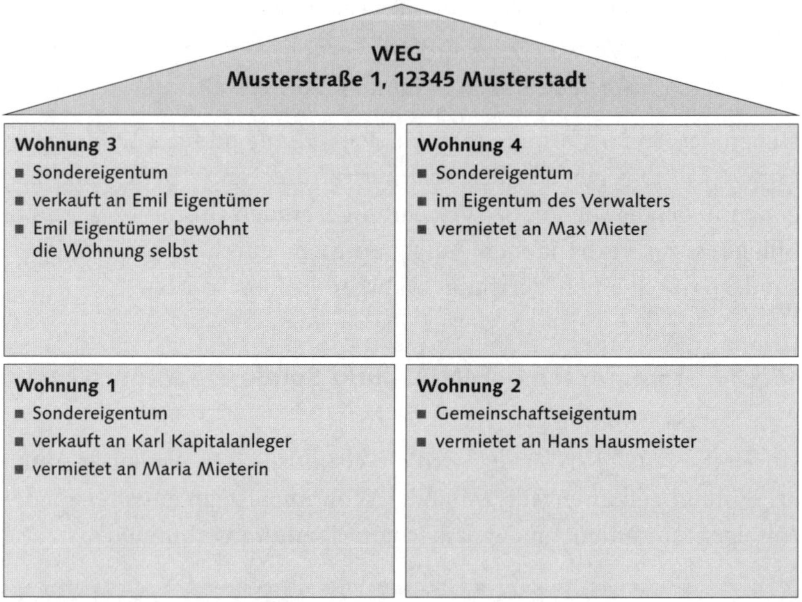

Abbildung 16.17 Aufbau der WEG »Musterstraße 1«

Das bedeutet aber nicht, dass alle für die Anlage eines Buchungskreises notwendigen Einstellungen manuell vorgenommen werden müssen. Im Gegenteil, der zum WEG-Mandat zugehörige Buchungskreis wird beim Aktivieren des Mandats automatisch angelegt. Sie können das WEG-Mandat entweder mit den Transaktionen REMMMN (Mandat bearbeiten) bzw. REMMMN1 (WEG-Mandat bearbeiten) anlegen oder aber die Transaktion RE80 (RE-Navigator) benutzen.

Referenzbuchungskreis

Die notwendigen Vorgaben für den neuen Buchungskreis liefert der sogenannte *Referenzbuchungskreis*, der in den Stammdaten des Mandats (Feldgruppe BUCHUNGSKREISE) anzugeben ist. Beim Aktivieren eines Mandats wird automatisch ein neuer Buchungskreis als Kopie des Referenzbuchungskreises erzeugt.

[!]

Identische Nummerierung

Der Buchungskreis erhält immer dieselbe Nummerierung wie das zugehörige Mandat, d.h., zum WEG-Mandat 1963 wird auch der WEG-Buchungskreis 1963 angelegt.

WEG- und Referenzbuchungskreis synchronisieren

Der oben erwähnte Referenzbuchungskreis spielt nicht nur beim Anlegen des Mandats eine wichtige Rolle, sondern immer dann, wenn die Customizing-Einstellungen von Mandatsbuchungskreisen ergänzt oder verändert werden müssen. In einem solchen Fall nehmen Sie alle notwendigen Customizing-Einstellungen für den Referenzbuchungskreis vor und starten anschließend die Transaktion REMMBAMN (Abgleich Mandate – Referenzbuchungskreise). Mit Hilfe dieser Transaktion werden die buchungskreisabhängigen Customizing-Einstellungen der WEG-Mandate mit denen des Referenzbuchungskreises synchronisiert.

[zB]

WEG-Mandat, Referenzbuchungskreis und Mandatsbuchungskreis

Betrachten wir erneut die WEG Musterstraße 1. Das WEG-Mandat 1963 wurde im SAP-System angelegt. Zugeordneter Referenzbuchungskreis ist der Buchungskreis RERF. Im Zuge der Aktivierung des WEG-Mandats wurde der WEG-Buchungskreis 1963 angelegt.

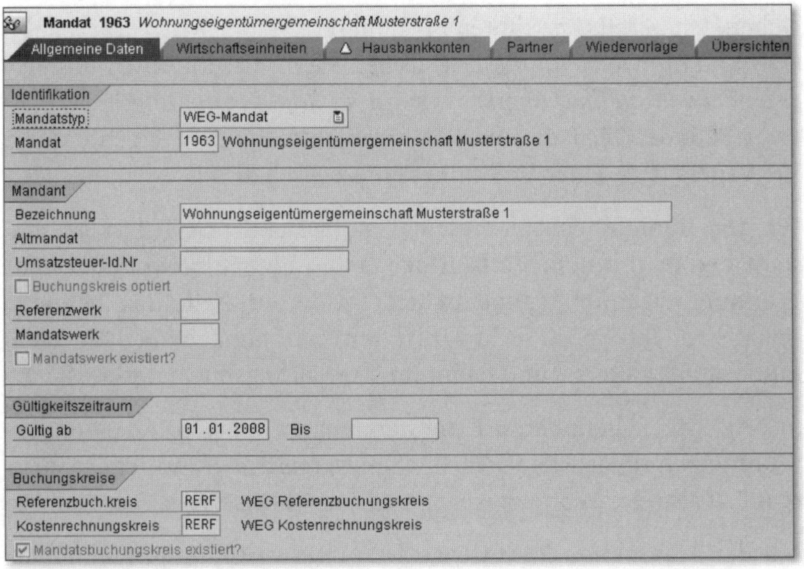

Abbildung 16.18 Stammdaten des WEG-Mandats 1963 (WEG, Musterstraße 1)

Mandatsbuchungskreis

Der auf diese Weise angelegte Buchungskreis wird im Customizing automatisch als *Mandatsbuchungskreis* gekennzeichnet. Sie finden diese Einstellungen im Customizing unter Flexibles Immobilienmanagement (RE-FX) • Grundeinstellungen • Grundeinstellungen im Buchungskreis vornehmen (siehe Abbildung 16.19).

[!]

WEG-Mandat und WEG-Buchungskreis

Für jedes WEG-Mandat wird ein separater Mandatsbuchungskreis angelegt. Dieser ist analog zum Mandat nummeriert. Der Mandatsbuchungskreis bzw. das Mandat übernimmt damit die Rolle eines Stammdatenobjekts in der Immobilienverwaltung. Die Kennzeichnung des Buchungskreises als Mandatsbuchungskreis erfolgt automatisch bei der Aktivierung des WEG-Mandats. Die Nummernvergabe für Mandate kann intern oder extern erfolgen.

Abbildung 16.19 Buchungskreisabhängige Einstellungen

Buchungskreistyp

Der Buchungskreistyp nimmt eine wichtige Rolle in der WEG-Verwaltung ein. Wir unterscheiden den Verwaltungsbuchungskreis, den Mandatsbuchungskreis und den Referenzbuchungskreis.

Verwaltungsbuchungskreis

Neben den bereits erwähnten Buchungskreistypen *Referenzbuchungskreis* und *Mandatsbuchungskreis* lernen Sie in diesem Abschnitt noch den *Verwaltungsbuchungskreis* kennen. Im Verwaltungsbuchungskreis befinden sich die Immobilienobjekte aus dem Eigentum des Verwalters (z. B. einer Wohnungsbaugesellschaft).

Privatisierung

Werden Immobilien aus diesem Eigenbestand privatisiert, so entsteht bereits mit dem Verkauf der ersten Eigentumswohnung eine Wohnungseigentümergemeinschaft. Zu diesem Zeitpunkt befinden sich die anderen (noch nicht verkauften) Wohnungen noch im Eigentum des Verwalters – und damit im Verwaltungsbuchungskreis.

Im SAP-System befinden sich die Stammdaten der zu privatisierenden Wohnungen zunächst noch im Buchungskreis des Verwalters, in unserem Fall also der Wohnungsbaugesellschaft »Unsere Heimat GmbH«.

Mit der Transaktion REMMOBJADOPT (Privatisierung) können Sie ein neues WEG-Mandat anlegen oder neue Immobilienobjekte aus dem Verwaltungsbuchungskreis einem bereits angelegten WEG-Mandat hinzufügen. Dabei werden alle ausgewählten Immobilienobjekte aus dem Verwaltungsbuchungskreis kopiert und im WEG-Buchungskreis neu angelegt. Die Immobilienobjekte im Verwaltungsbuchungskreis und die Immobilienobjekte im WEG-Buchungskreis sind miteinander verbunden.

[!]

Mit Privatisierung ist WEG-Buchungskreis führendes Objekt

Beginnend mit dem Zeitpunkt der Privatisierung ist stets das Immobilienobjekt im WEG-Buchungskreis das Original bzw. das führende Objekt. Das zugehörige Immobilienobjekt im Verwaltungsbuchungskreis stellt lediglich eine Kopie dieses Immobilienobjekts dar.

Das bedeutet, dass die wichtigsten Geschäftsprozesse sowohl der WEG- als auch der Sondereigentumsverwaltung ausgehend vom WEG-Buchungskreis ausgeführt werden und über die Verknüpfung zwischen den Objekten im WEG- und im Verwaltungsbuchungskreis die notwendigen Kontierungsobjekte für Buchungen im Verwaltungsbuchungskreis ermittelt werden.

Stammdaten in der WEG-Verwaltung

Für die WEG- und Sondereigentumsverwaltung nutzen Sie neben dem Mandat die schon bekannten Immobilienobjekte der SAP-Komponente RE – Wirtschaftseinheit, Gebäude, Grundstück und Mietobjekt. Befindet sich ein Mietobjekt in einem WEG-Buchungskreis, wird angenommen, dass es sich um ein Objekt im Sondereigentum handelt. Objekte im Gemeinschaftseigentum kennzeichnen Sie durch Ankreuzen der Checkbox GEMEINSCHAFTSEIGENTUM im Register ALLGEMEINE DATEN (siehe Abbildung 16.20).

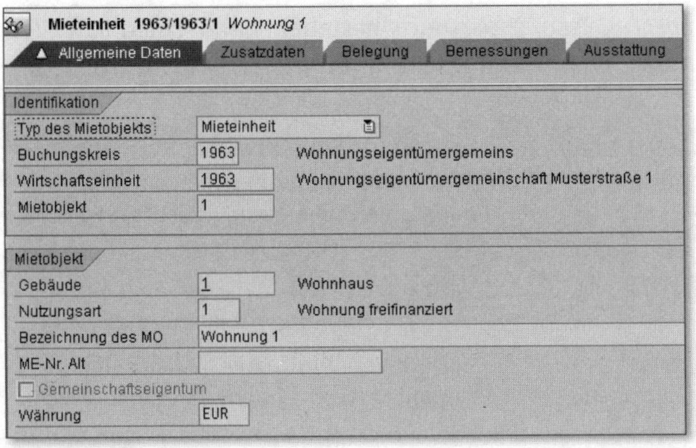

Abbildung 16.20 Kennzeichnung von Sondereigentum und Gemeinschaftseigentum

Miteigentumsanteil

Im Register BEMESSUNGEN pflegen Sie die *Miteigentumsanteile* der einzelnen Wohnungen (siehe Abbildung 16.21). Hierzu definieren Sie im Customizing genau eine umlagerelevante Bemessungsart mit dem Kennzeichen EIGENTUMSANTEIL.

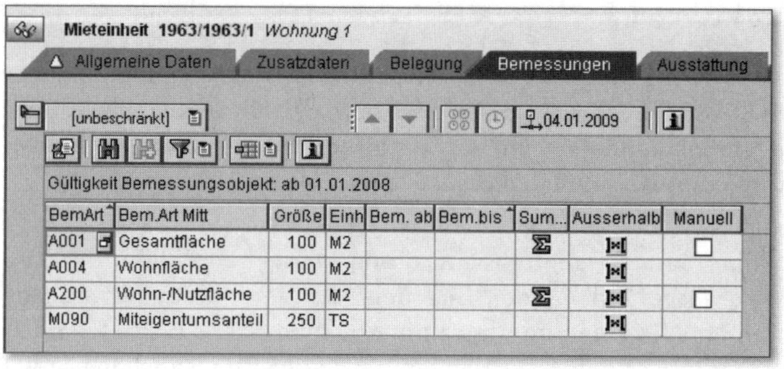

Abbildung 16.21 Abbildung von Miteigentumsanteilen als Bemessung

16.2.2 Verträge in der WEG- und SE-Verwaltung

Geschäftspartner

In der WEG- und der Sondereigentumsverwaltung treten die folgenden Geschäftspartner auf:

- Wohnungseigentümergemeinschaft (WEG)
- Eigentümer der einzelnen Wohnungen
- Verwalter
- Mieter des Sondereigentums bzw. des Gemeinschaftseigentums

Vertragsverhältnisse

Zwischen diesen Geschäftspartnern bestehen unterschiedliche Vertragsverhältnisse. Diese Vertragsverhältnisse stellt Tabelle 16.3 dar.

Vertragsverhältnis	Vertragspartner
WEG-Verwaltungsvertrag	Vertragsverhältnis zwischen der Wohnungseigentümergemeinschaft (WEG) und dem bestellten Verwalter
Hausgeldvereinbarung	Vertragsverhältnis zwischen dem einzelnen Wohnungseigentümer und der WEG
Sondereigentumsverwaltungsvertrag	Vertragsverhältnis zwischen einzelnen Wohnungseigentümern und dem Verwalter
Mietvertrag (Sondereigentum)	Vertragsverhältnis zwischen dem Wohnungseigentümer und dem Mieter des Sondereigentums
Mietvertrag (Gemeinschaftseigentum)	Vertragsverhältnis zwischen der WEG als Eigentümer des Gemeinschaftseigentums und dem Mieter

Tabelle 16.3 Vertragsverhältnisse in der WEG- und SE-Verwaltung

Betrachten wir die einzelnen Vertragsverhältnisse näher, erkennen wir, dass es sich sowohl um debitorische als auch um kreditorische Vertragsverhältnisse handelt.

WEG-Verwaltungsvertrag

Der *WEG-Verwaltungsvertrag* kann sowohl kreditorisch im WEG-Buchungskreis angelegt werden (der Verwalter ist in diesem Fall der Kreditor) als auch debitorisch im Verwaltungsbuchungskreis. Dieser Vertrag enthält das mit dem Verwalter vereinbarte Verwalterhonorar als Vertragskondition.

[+]

Kreditorische Form des WEG-Verwaltungsvertrages

Nutzt man die kreditorische Form des WEG-Verwaltungsvertrages, kann das Verwalterhonorar bereits im Rahmen der periodischen Buchung abrechnungsrelevant (d.h. mit Kontierung auf eine Abrechnungseinheit) gebucht werden.

Hausgeldvereinbarung

Für jede Wohnung im Sondereigentum müssen Sie eine *Hausgeldvereinbarung* im WEG-Buchungskreis anlegen. Wird eine Eigentumswohnung an einen neuen Eigentümer verkauft, wird für diesen eine neue Hausgeldvereinbarung angelegt. Zwischen aufeinanderfolgenden Hausgeldvereinbarungen zu einem Objekt darf es keine zeitlichen Lücken geben. Sollte es dennoch Lücken zwischen einzelnen Hausgeldvereinbarungen geben, weist Sie die Fehlermeldung REBDRO 048 (KEINE LÜCKENLOSEN HAUSGELDVEREINBARUNGEN FÜR MO ... VORHANDEN) darauf hin.

Die Hausgeldvereinbarung ist eine debitorische Vertragsart, bei der der Eigentümer als debitorischer Vertragspartner fungiert. Als Kondition pflegen Sie hier die monatlich zu zahlenden Hausgelder.

[!]

SE-Wohnung – Hausgeldvereinbarung

Zu jeder Wohnung im Sondereigentum ist zwingend eine Hausgeldvereinbarung anzulegen. Beim Eigentümerwechsel dürfen zwischen den Hausgeldvereinbarungen des alten und des neuen Eigentümers keine zeitlichen Lücken entstehen.

Vermietetes Sondereigentum

Nicht jeder Eigentümer bewohnt seine Eigentumswohnung selbst. Oft werden Eigentumswohnungen zum Zwecke der Kapitalanlage (in unserem Beispiel Wohnung 1) erworben und an Dritte vermietet. Nimmt der Eigentümer die mit der Vermietung seiner Eigentumswohnung verbundenen Aufgaben (wie z. B. Mieteinzug, Nebenkostenabrechnung) nicht selbst wahr, sondern beauftragt damit einen Verwalter, so wird zwischen dem Eigentümer und dem Verwalter ein *Sondereigentumsverwaltungsvertrag* (auch SE-Verwaltungsvertrag oder SE-Vertrag) abgeschlossen. Im Falle der Sondereigentumsverwaltung wird zusätzlich zur Hausgeldvereinbarung des Eigentümers (in diesem Fall des Kapitalanlegers) ein *Mietvertrag* zwischen dem Eigentümer und dem Mieter angelegt.

Sondereigentumsverwaltungsvertrag

Der Sondereigentumsverwaltungsvertrag muss zwingend als kreditorischer Vertrag in einem speziellen Buchungskreis, dem *Sondereigentumsbuchungskreis* (SE-Buchungskreis) abgebildet werden. Alle Sondereigentumsverwaltungsverträge werden in einem SE-Buchungskreis angelegt, d.h., hier wird nicht – wie im Falle der WEG-Mandate – ein separater Buchungskreis pro Verwaltungsauftrag angelegt.

Dennoch muss natürlich die im WEG-Gesetz geforderte *Vermögenstrennung* gewährleistet sein. Dies geschieht, indem für jeden Sondereigentumsverwaltungsauftrag ein Profit-Center angelegt wird, das als Kontierungsobjekt für die Buchungen zu diesem SE-Verwaltungsvertrag genutzt wird.

Sondereigentum – Mietvertrag

Beim *Mietvertrag für Sondereigentum* handelt es sich um einen debitorischen belegenden Vertrag, der ebenfalls im Sondereigentumsbuchungskreis angelegt wird. Debitorischer Vertragspartner ist der Mieter.

Sonderfall: zum Verkauf stehende Wohnungen

Eine Sonderrolle nehmen Mietverträge für Wohnungen ein, die zwar verkauft werden sollen, sich aber noch im Eigentum des Verwalters befinden. Diese Mietverträge bestehen im Verwaltungsbuchungskreis so lange weiter, bis die Wohnung an einen Dritten verkauft wird. Das bedeutet, dass es sich hier um einen Sonderfall des vermieteten Sondereigentums handelt. Die Mietsollstellung und die Mietanpassung für die Mieter der noch nicht verkauften Wohnungen werden nach wie vor im *Verwaltungsbuchungskreis* durchgeführt.

Sonderfall: Verträge im Objektmandatsbuchungskreis abbilden

Ein weiterer Sonderfall für Mietverträge mit Bezug auf Sondereigentum ist die Abbildung dieser Verträge im Buchungskreis eines Objektmandats. Diese Möglichkeit können Sie nutzen, wenn für einen Eigentümer bereits ein *Objektmandat* (siehe Abschnitt 16.2.6, »Fremdverwaltung im Auftrag Dritter«) besteht.

Mietverträge für Sondereigentum können somit im SE-Buchungskreis, aber auch im Verwaltungsbuchungskreis oder im Buchungskreis eines Objektmandats angelegt werden.

Gemeinschaftseigentum – Mietvertrag

Mietverträge für *Gemeinschaftseigentum* (in unserem Beispiel die Vermietung der Hausmeisterwohnung an Hans Hausmeister) werden im WEG-Buchungskreis angelegt. Voraussetzung hierfür ist die Kennzeichnung des Mietobjekts als Gemeinschaftseigentum.

[!]

Konklusion – Mietverträge anlegen und verwalten

Beachten Sie bitte die folgenden Regeln beim Anlegen von Mietverträgen:

- Mietverträge für Sondereigentum legen Sie im Allgemeinen im Sondereigentumsbuchungskreis an.
- Für Wohnungen, die zum Verkauf stehen, verbleiben die Mietverträge im Verwaltungsbuchungskreis.
- Mietverträge für Gemeinschaftseigentum legen Sie im WEG-Buchungskreis an.

Abbildung 16.22 stellt die Verträge in der WEG- und Sondereigentumsverwaltung zusammenfassend dar.

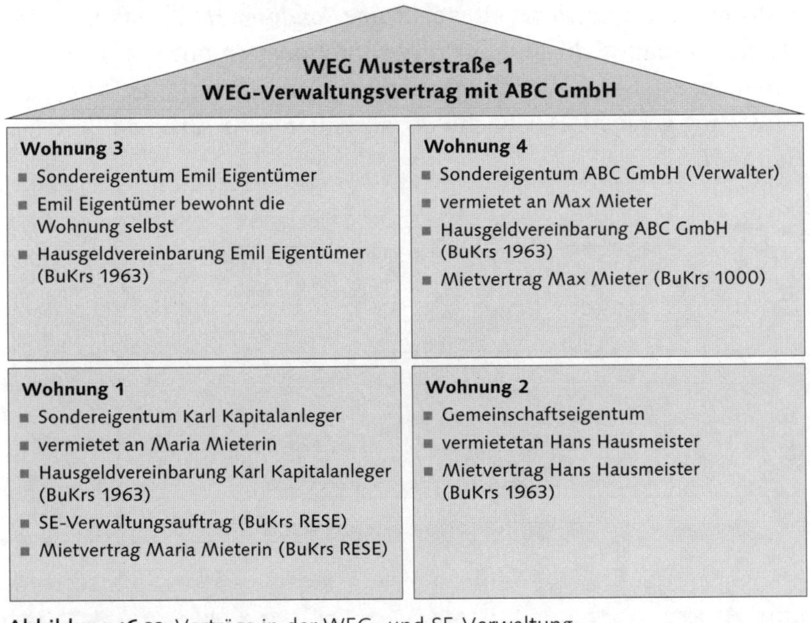

Abbildung 16.22 Verträge in der WEG- und SE-Verwaltung

16.2.3 Buchhaltung der Mandate

Vermögenstrennung

Die WEG- und Sondereigentumsverwaltung beruht auf dem Grundprinzip der *Vermögenstrennung*. Das bedeutet, dass die Gelder verschiedener Wohnungseigentümergemeinschaften einerseits voneinander, andererseits von den Geldern des Verwalters getrennt gehalten werden müssen. Das Prinzip der Vermögenstrennung wird im SAP-System durch die Abbildung von WEG- und Objektmandaten in separaten Buchungskreisen gewährleistet. Somit sind alle in einem Mandatsbuchungskreis durchgeführten Buchungen dem jeweiligen Mandat zuzuordnen.

Im Bereich der Sondereigentumsverwaltung wird die Vermögenstrennung über die automatische Zuordnung eines Profit-Centers pro SE-Verwaltungsvertrag abgebildet. Über Profit-Center-Berichte können die Buchungen zu den einzelnen Sondereigentumsverwaltungsverträgen, also pro Eigentümer, ausgewertet werden.

Hausgeld

Die in der WEG- und Sondereigentumsverwaltung genutzten Verträge enthalten je nach Art des Vertrages verschiedene Konditionsarten (siehe Abbildung 16.23). In der Hausgeldvereinbarung können Sie entweder *einzelne Konditionspositionen* für *Hausgeld* sowie den Anteil des Wohnungseigentümers an der *Instandhaltungsrücklage* und am *Verwalterhonorar* oder aber *eine Kondition Hausgeld* (inklusive Instandhaltungsrücklage und Verwaltungskosten) pflegen. Die hierdurch angestoßenen Buchungen sind debitorisch, d.h., es wird eine Forderung gebucht. Der Buchungssatz lautet: *per Debitor an Erlös aus Hausgeld*.

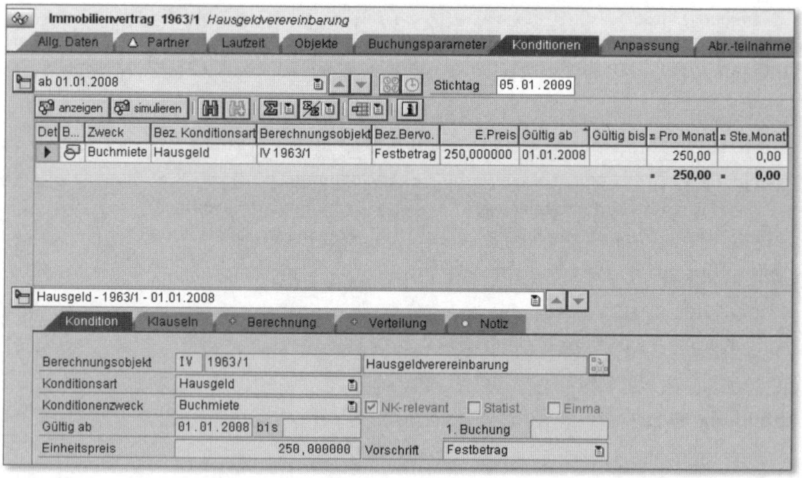

Abbildung 16.23 Hausgeld als Kondition des Hausgeldvertrages

Sonderumlage

Als weitere Kondition können Sie in der Hausgeldvereinbarung die *Sonderumlage* pflegen (siehe Abbildung 16.24). Hierbei handelt es sich um den Anteil eines einzelnen Eigentümers an der Finanzierung einer von der Eigentümerversammlung beschlossenen Instandhaltungsmaßnahme. Im Gegensatz zum Hausgeld ist die Sonderumlage keine periodische, d.h. monatlich zu entrichtende Kondition, sondern ein einmalig pro Maßnahme zu zahlender Betrag.

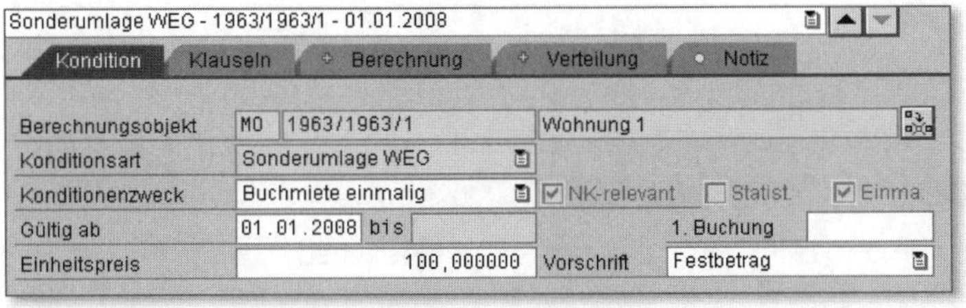

Abbildung 16.24 Hausgeldvereinbarung mit Sonderumlage

Grundlage für den Anteil des einzelnen Eigentümers an der Sonderumlage sind die für die geplante Instandhaltungsmaßnahme voraussichtlich entstehenden Kosten. Es handelt sich bei der Kondition also zunächst um einen Plan-Wert. Der – meist auf Basis der Miteigentumsanteile – errechnete Betrag wird in der monatlichen Hausgeldsollstellung berücksichtigt und durch den Eigentümer gezahlt. Die tatsächlich entstandenen Kosten sind erst nach Abschluss der Instandhaltungsmaßnahme bekannt. Diese Kosten werden mit Kontierung auf eine Abrechnungseinheit gebucht und somit in der WEG-Abrechnung wiederum auf die einzelnen Eigentümer verteilt. Aus der Gegenüberstellung der Plan-Werte und der tatsächlich entstandenen Kosten ergibt sich für den einzelnen Eigentümer ein Guthaben bzw. eine Nachforderung.

Verwalterhonorar

Die Verwaltungsverträge (WEG-Verwaltungsvertrag im WEG-Buchungskreis sowie SE-Verwaltungsvertrag im Sondereigentumsbuchungskreis) enthalten eine kreditorische Kondition, das *Verwalterhonorar*. Hier lautet der Buchungssatz:

per Aufwand an Kreditor.

[+]

Abrechnungseinheit einer Kondition zuordnen

Wenn Sie der Kondition als Verteilungsobjekt für das Verwalterhonorar eine Abrechnungseinheit mit dem für das Verwalterhonorar gültigen Nebenkostenschlüssel zuordnen, können Sie das Verwalterhonorar bereits bei der monatlichen periodischen Buchung mit einer Kontierung auf die genannte Abrechnungseinheit versehen. Somit wird das Verwalterhonorar in der WEG-Abrechnung für die einzelnen Eigentümer berücksichtigt, ohne dass zusätzliche Umbuchungen notwendig werden (siehe Abbildung 16.25).

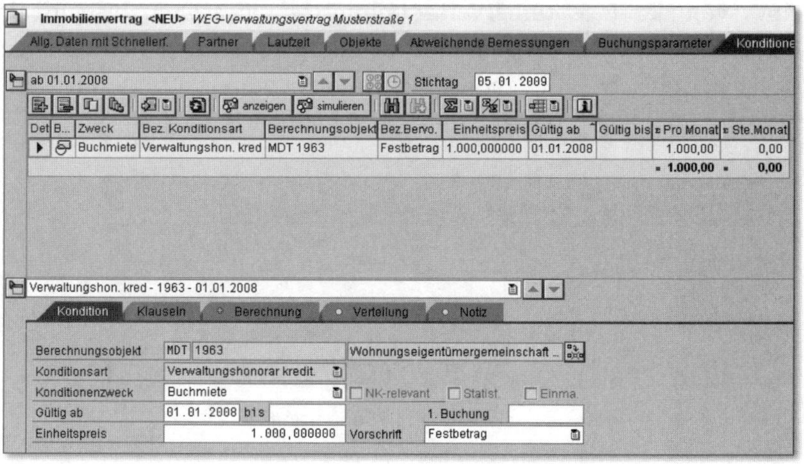

Abbildung 16.25 Konditionen des WEG-Verwaltungsvertrages

Debitorische Abbildung

Die Möglichkeit der Kontierung auf die Abrechnungseinheit (bzw. den Kostensammler) besteht allerdings nur bei der Nutzung eines kreditorischen WEG-Verwaltungsvertrages, der im WEG-Buchungskreis angelegt wird. Wenn Sie die Möglichkeit der debitorischen Abbildung nutzen möchten, d.h., den WEG-Verwaltungsvertrag als debitorischen Vertrag im Buchungskreis des Verwalters anlegen möchten, müssen Sie zusätzlich zur periodischen Buchung (die in diesem Fall im Verwalterbuchungskreis stattfindet) die Buchung auf die Abrechnungseinheit für das Verwalterhonorar (im WEG-Buchungskreis) durchführen.

Neben dem WEG-Verwaltungsvertrag (Vertrag zwischen der WEG und dem Verwalter) enthält auch der Sondereigentumsverwaltungsvertrag (Vertrag zwischen einem einzelnen Eigentümer und dem Verwalter) ein Verwalterhonorar als kreditorische Konditionsposition.

Bei der kreditorischen Abbildung der Verwaltungsverträge (für Sondereigentumsverwaltungsverträge zwingend) legen Sie das Verwalterhonorar als kreditorische Kondition an.

Periodische Buchungen

Mit Hilfe der periodischen Buchungen (Transaktion RERAPP) werden die aus den Plan-Sätzen des Finanzstroms (siehe Abbildung 16.26) resultierenden Buchungen durchgeführt. Die Kontenfindung für die einzelnen Konditionsarten basiert auf den in Kapitel 7, »Rechnungswesen«, beschriebenen Customizing-Einstellungen.

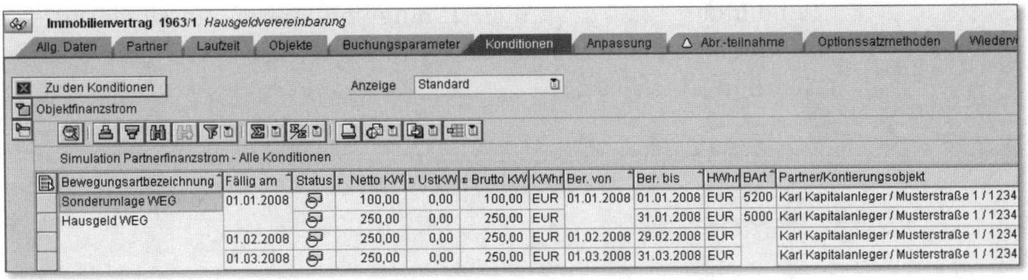

Abbildung 16.26 Finanzstromsätze einer Hausgeldvereinbarung (Hausgeld und Sonderumlage)

Bei der periodischen Buchung werden sowohl debitorische als auch kreditorische Verträge berücksichtigt. Sie können also einen gemeinsamen Buchungslauf für WEG-Verwaltungsverträge und Hausgeldvereinbarungen durchführen.

Einmalige Buchungen

Neben den monatlich anfallenden Buchungen wie z. B. der Sollstellung des Hausgeldes treten in der Buchhaltung einer Wohnungseigentümergemeinschaft Buchungsvorfälle auf, die sich in bestimmten Abständen wiederholen. Beispiele dafür sind die quartalsweise Buchung der Kontoführungsgebühren für das Girokonto der WEG oder die jährliche Buchung der Zinserträge. Für solche wiederkehrenden (und hinreichend komplexen) Buchungen können Sie sogenannte *Buchungsvorfälle* anlegen. Starten Sie dann die Transaktion RERAOP (Einmalige Buchungen), und wählen Sie den gewünschten Buchungsvorfall aus. Das System ermittelt anschließend automatisch alle für den Buchungsvorfall bereits bekannten Detailinformationen.

[zB]

Anwendungsfälle für einmalige Buchungen

So können Sie zum Beispiel für die Buchung von Kreditorenrechnungen die notwendigen Nebenkostenschlüssel vorbelegen.

Vordefinierte Buchungsvorfälle nutzen

Das System überprüft, ob es genau eine Abrechnungseinheit zum angegebenen WEG-Mandat für den vorbelegten Nebenkostenschlüssel gibt. Ist dies der Fall, wird die ermittelte Abrechnungseinheit automatisch in die Buchungsdaten übernommen. Durch die Nutzung solcher vordefinierten Buchungsvorfälle können Sie gewährleisten, dass gleichartige Buchungen auch im SAP-System nach dem gleichen Buchungsmuster erfasst werden. Auf diese Weise wird auch die Fehlerhäufigkeit bei Buchungen, die in größeren Abständen immer wieder auftreten, minimiert.

Abbildung 16.27 zeigt die Buchung von Zinsen, Zinsabschlagsteuer und Solidaritätszuschlag unter Anwendung eines vordefinierten Buchungsvorfalls.

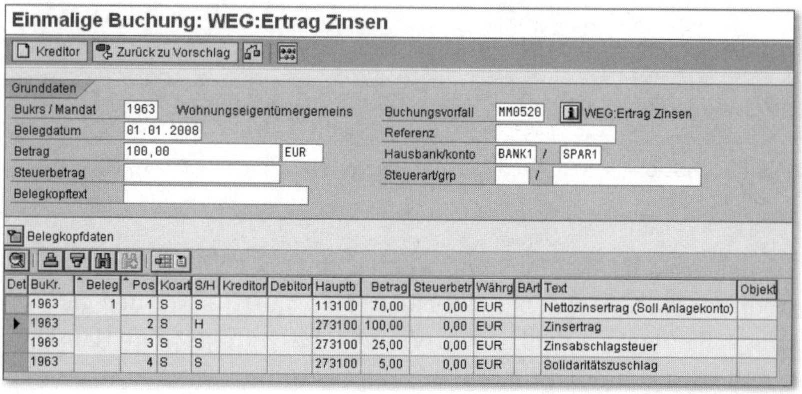

Abbildung 16.27 Buchung von Zinsen, Zinsabschlagsteuer und Solidaritätszuschlag

16.2.4 WEG-Abrechnung, Wirtschaftsplan und Hausgeldanpassung

Nach § 28 des WEG-Gesetzes ist der Verwalter verpflichtet, für jeweils ein Kalenderjahr einen *Wirtschaftsplan* sowie nach Ablauf eines Kalenderjahres eine *Abrechnung* aufzustellen. Die dafür notwendige Funktionalität lernen Sie in den folgenden Abschnitten kennen. Grundlage für die WEG-Abrechnung (auch Eigentümerabrechnung) sind Abrechnungseinheiten und Teilnahmegruppen. Mit diesen sind Sie bereits aus Kapitel 9, »Nebenkostenabrechnung«, vertraut. Deshalb werden wir in den folgenden Abschnitten ausschließlich auf die Besonderheiten eingehen, mit denen die Verwendung der Abrechnungsinfrastruktur im WEG-Bereich verbunden ist.

WEG-Abrechnung

Abrechnungseinheit

Für die WEG-Abrechnung werden zunächst Teilnahmegruppen und Abrechnungseinheiten angelegt. In der WEG-Abrechnung werden alle Nebenkostenschlüssel berücksichtigt, die im Customizing von SAP RE unter Nebenkostenabrechnung • Stammdaten Abrechnungseinheit • Nebenkostenschlüssel definieren eine der folgenden Einstellungen haben (siehe Abbildung 16.28):

- Wird bei allen Abrechnungen berücksichtigt
- Wird nur für WEG-Abrechnung für Eigentümer berücksichtigt

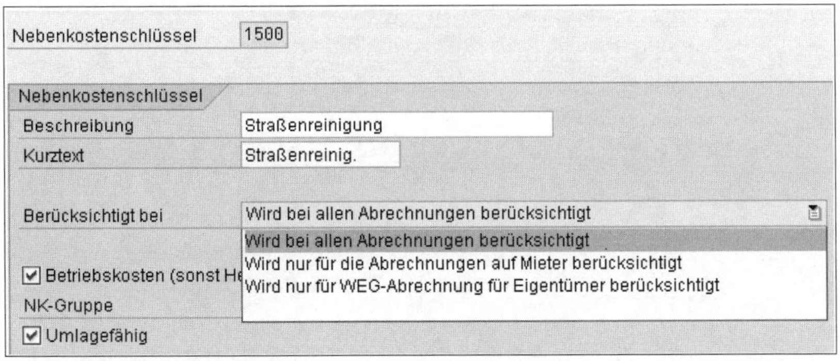

Abbildung 16.28 Berücksichtigung von Nebenkostenschlüsseln bei verschiedenen Abrechnungsarten

Umlagefähigkeit eines Nebenkostenschlüssels

Ist ein Nebenkostenschlüssel, wie in Abbildung 16.28 dargestellt, als *umlagefähig* definiert, ist damit die Umlagefähigkeit in der Mieterabrechnung gemeint. Für den Bereich der WEG-Abrechnung sind grundsätzlich alle Nebenkostenschlüssel umlagefähig.

[!]

Nebenkostenschlüssel – Customizing

Im Customizing ist für jeden Nebenkostenschlüssel zu definieren, an welcher Art von Abrechnungen (WEG-Abrechnung und/oder Mieterabrechnung) er teilnimmt. Weiterhin wird festgelegt, ob der Nebenkostenschlüssel umlagefähig (im Sinne der Mieterabrechnung) ist oder nicht.

Register »Umlageregel«

Im Register Umlageregel der Abrechnungseinheit werden die Umlageregeln sowohl für die WEG-Abrechnung als auch für die Mieterabrechnung gepflegt. Diese können sich voneinander unterscheiden: Während die Umlage in der WEG-Abrechnung in der Regel nach Miteigentumsanteilen erfolgt, können die für die Mieterabrechnung relevanten Kosten nach Quadratmetern umgelegt werden (siehe Abbildung 16.29). Weiterhin kann eine Umlageregel mit dem Zweck wenn keine Ermittlung der Bemessung möglich ist hinterlegt werden. Auf diesen Umlagezweck werden wir bei der Betrachtung des Wirtschaftsplanes näher eingehen.

Als Abrechnungsvariante wird in der WEG-Verwaltung im Allgemeinen die Abrechnungsvariante A001 (Jährlich, 1.1. bis 31.12.) gewählt, da der Abrechnungszeitraum laut WEG-Gesetz mit dem Kalenderjahr übereinstimmen muss.

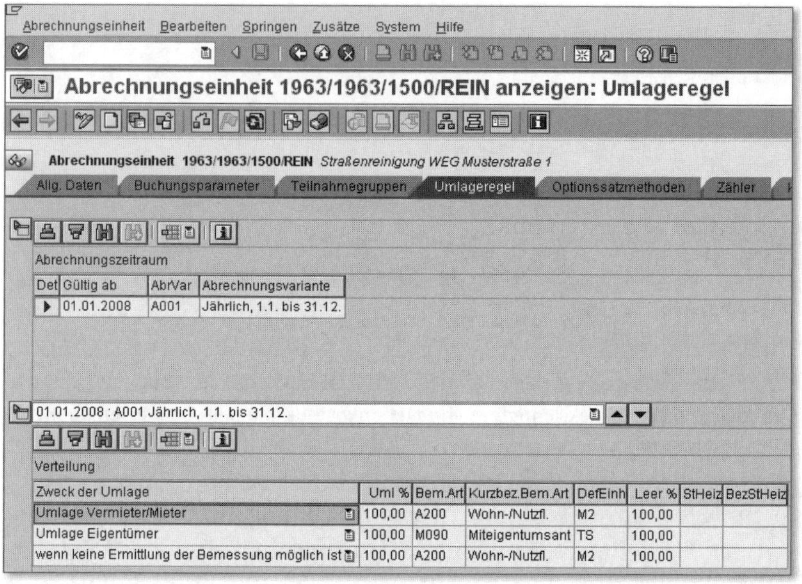

Abbildung 16.29 Umlageregeln für WEG- und Mieterabrechnung

[+]

Abrechnungseinheiten gesammelt anlegen

Mit der Transaktion RESCSUBYBE (AEs gesammelt anlegen) können Sie die gesamte Abrechnungsstruktur einer WEG in einem Zug anlegen. Wählen Sie als Vorlage eine »Muster-WEG« aus, deren Abrechnungsstruktur repräsentativ für mehrere Wohnungseigentümergemeinschaften ist. Wählen Sie aus, ob die Abrechnungseinheiten mit einer leeren Teilnahmegruppe angelegt werden oder ob die komplette Wirtschaftseinheit der Teilnahmegruppe zugeordnet wird.

WEG-Abrechnung

Die WEG-Abrechnung starten Sie mit der Transaktion RESCSECO (WEG-Abrechnung durchführen). Wie die Nebenkostenabrechnung können Sie auch die WEG-Abrechnung schrittweise durchführen. Mit der Transaktion RESCCHCO (WEG-Abrechnung fortsetzen) können Sie eine bereits begonnene Abrechnung fortsetzen. Abbildung 16.30 zeigt alle Transaktionen, die Sie für die Erstellung einer WEG-Abrechnung verwenden können.

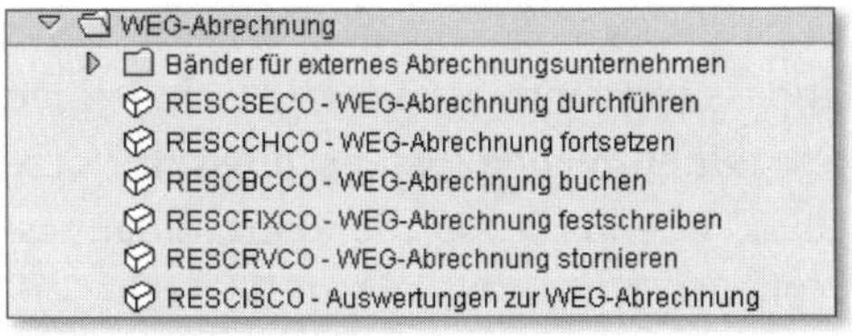

Abbildung 16.30 Menü »WEG-Abrechnung« – Transaktionen

Festschreiben einer Abrechnung

Entsprechend dem WEG-Gesetz muss die WEG-Abrechnung durch die Eigentümerversammlung bestätigt werden, bevor die Abrechnungsergebnisse rechtsgültig werden. Führen Sie dazu die WEG-Abrechnung zunächst im Simulationsmodus durch, und schreiben Sie sie anschließend fest. Auf Basis der simulierten und festgeschriebenen Abrechnung wird die Korrespondenz zur Abrechnung erstellt und an die Eigentümer verschickt. Nach der Beschlussfassung durch die Eigentümerversammlung buchen Sie das Abrechnungsergebnis mit der Transaktion RESCBCCO (WEG-Abrechnung buchen).

Wirtschaftsplan

Wirtschaftsplan erstellen

Der Wirtschaftsplan enthält die für ein Wirtschaftsjahr zu erwartenden *Einnahmen und Ausgaben* einer Wohnungseigentümergemeinschaft. Weiterhin werden die Zuführungen zur *Instandhaltungsrücklage* geplant. Die Planung erfolgt sowohl für umlagefähige Nebenkostenschlüssel (Betriebskosten) als auch für nicht auf den Mieter umlagefähige Nebenkostenschlüssel, die aber im Rahmen der Verwaltung und Instandhaltung des Gemeinschaftseigentums entstehen (z. B. Verwalterhonorar, Instandhaltungsrücklage). Somit ist der Wirtschaftsplan eine Planung auf der Ebene von Abrechnungseinheiten bzw. Kostensammlern.

[+]

Transaktion REMMBUDGET

Legen Sie die Plan-Werte für die einzelnen Abrechnungseinheiten mit der Transaktion REMMBUDGET (Wirtschaftsplan bearbeiten) an. Voraussetzung ist die Generierung der Kostensammler für den Abrechnungszeitraum des Wirtschaftsplanes. Sie können bei der Erfassung der Plan-Werte auch Vergleichswerte (z. B. Plan-Werte des Vorjahres, Abrechnungsergebnis des Vorjahres) heranziehen und diese mit einem Umrechnungsfaktor (z. B. 1,1) an zu erwartende Preiserhöhungen anpassen.

Hausgeldanpassung

Hausgeldanpassung durchführen

Grundlage für die Hausgeldanpassung sind die im Wirtschaftsplan erfassten Plan-Werte für die einzelnen Nebenkostenschlüssel. Nachdem die Plan-Werte erfasst sind, beginnen Sie die Hausgeldanpassung auf Basis des Wirtschaftsplanes. Nutzen Sie dazu die Transaktionen RESCSEAA (Hausgeldanpassung gemäß Wirtschaftsplan) und RESCCHAA (Hausgeldanpassung fortsetzen).

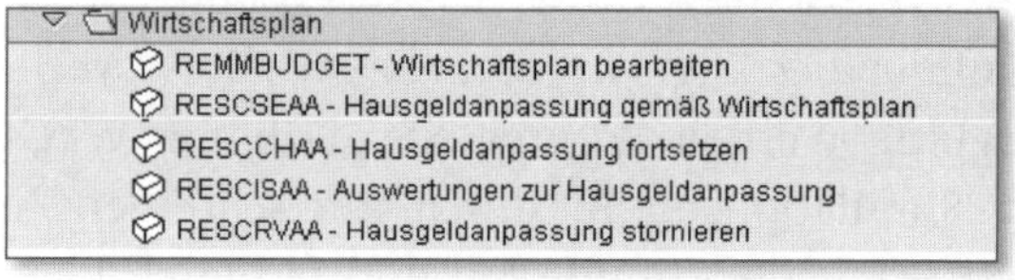

Abbildung 16.31 Hausgeldanpassung nach Wirtschaftsplan – Transaktionen

In den Anpassungsparametern legen Sie das Anpassungsdatum, die Anpassungsrichtung (nur Erhöhung oder auch Minderung) sowie die Mindesterhöhung u.Ä. fest (siehe Abbildung 16.32).

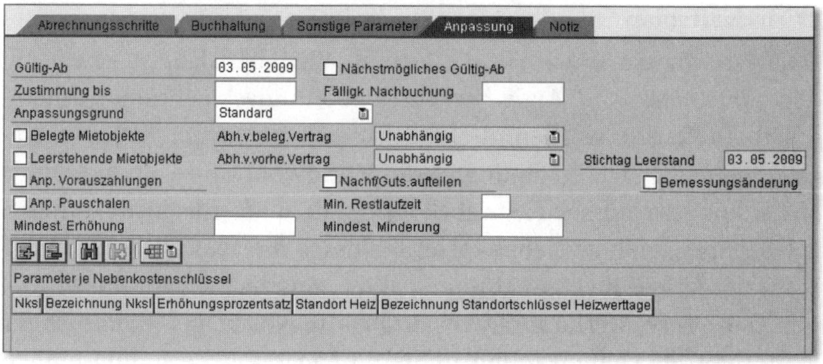

Abbildung 16.32 Parameter für die Hausgeldanpassung nach Wirtschaftsplan

Hausgeldanpassung bearbeiten und aktivieren

Im Anschluss an die Hausgeldanpassung gemäß Wirtschaftsplan können Sie die berechneten Anpassungen mit den Transaktionen aus dem Menü ANPASSUNG VON KONDITIONEN weiter bearbeiten.

Nutzen Sie für die Bearbeitung und Aktivierung der Hausgeldanpassung die Transaktionen REAJPR (Anpassungen bestimmen) und REAJCH (Anpassungen bearbeiten). Sie finden die Hausgeldanpassung für die Wohnungseigentümergemeinschaften unter der Abrechnungs-Id, die im Rahmen der Hausgeldanpassung gemäß Wirtschaftsplan erzeugt wurde (siehe Abbildung 16.32).

[+]

Hausgeldanpassung für Abrechnungseinheiten mit verbrauchsabhängiger Umlage

Nehmen wir an, dass bei der Hausgeldanpassung auch Abrechnungseinheiten mit verbrauchsabhängiger Umlage (z. B. Wasserverbrauch) berücksichtigt werden sollen. Da der Wirtschaftsplan am Anfang des Jahres für das laufende Kalenderjahr erstellt wird, können die Verbrauchswerte für diese Abrechnungseinheiten noch nicht vorliegen. Was ist in diesem Fall zu tun? Im Falle noch nicht vorhandener Verbrauchswerte kann die alternative Umlageregel (wenn keine Ermittlung der Bemessung möglich ist, siehe auch Abbildung 16.29) genutzt werden. Die Umlage erfolgt dann beispielsweise nach Quadratmetern oder Mieteigentumsanteilen.

16.2.5 Nebenkostenabrechnung für die Mieter des Sondereigentums (Mieterabrechnung)

Infrastruktur der Mieterabrechnung

Wie bereits in Abschnitt 16.2.1, »Stammdaten der WEG- und Sondereigentumsverwaltung«, beschrieben, werden Stammdaten und Verträge für die Sondereigentumsverwaltung zum Teil auch im Verwaltungsbuchungskreis, im Sondereigentumsbuchungskreis oder im Objektmandatsbuchungskreis angelegt. Dennoch ist der WEG-Buchungskreis immer das führende Objekt.

Das bedeutet, dass neben den für die WEG-Abrechnung (auch Eigentümerabrechnung) und den Wirtschaftsplan der WEG notwendigen Daten auch die Infrastruktur für die Nebenkostenabrechnung der Mieter (*Mieterabrechnung*) im WEG-Buchungskreis angelegt wird. Für die Mieterabrechnung sind alle Abrechnungseinheiten relevant, für die der Nebenkostenschlüssel als umlagefähig definiert wurde und die nicht explizit von der Mieterabrechnung ausgeschlossen wurden (siehe auch Abbildung 16.28).

Mieterabrechnung durchführen

Auch die Mieterabrechnung wird im WEG-Buchungskreis gestartet. Nutzen Sie dazu die in Abbildung 16.33 aufgeführten Transaktionen.

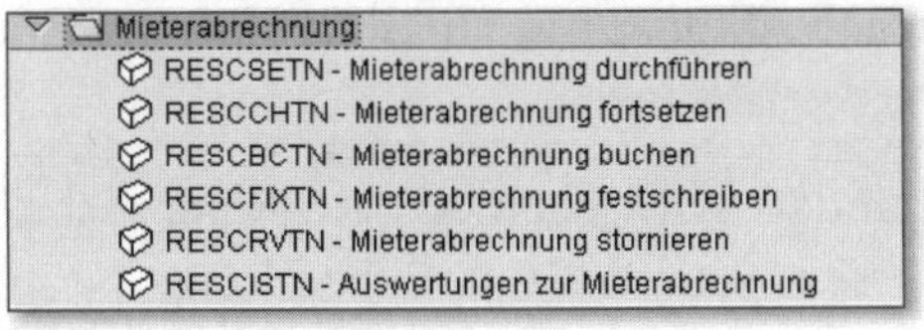

Abbildung 16.33 Menü »Mieterabrechnung« – Transaktionen

Auch die für die Mieterabrechnung relevanten Kosten werden im WEG-Buchungskreis gebucht.

[+]

Ausnahme: Nicht im WEG-Buchungskreis gebuchte Kosten

Eine Ausnahme bilden Kosten wie die Grundsteuer, die sich direkt auf Mietverträge beziehen und für die Buchhaltung der WEG nicht relevant sind. Beachten Sie hierzu bitte den SAP-Hinweis 1057734 (FAQ: Wohnungseigentümerverwaltung).

Über die Verknüpfung zwischen den Immobilienobjekten des WEG-Buchungskreises und des Verwaltungsbuchungskreises bzw. des SE-Buchungskreises wird der zugehörige Mietvertrag ermittelt. Im Zuge der Mieterabrechnung werden die Betriebskostenvorauszahlungen des Mieters dem auf seinen Mietvertrag entfallenden Kostenanteil gegenübergestellt. Das Ergebnis der Mieterabrechnung kann für den einzelnen Mieter entweder ein Guthaben aus der Abrechnung oder aber eine Nachforderung sein. Das *Abrechnungsergebnis* (Guthaben bzw. Nachforderung) wird im Buchungskreis des Mietvertrages, d.h. im *SE-Buchungskreis* oder im *Verwaltungsbuchungskreis*, gebucht.

16.2.6 Fremdverwaltung im Auftrag Dritter

Unter Fremdverwaltung oder Drittverwaltung verstehen wir die Verwaltung von Immobilien im Auftrag eines Eigentümers oder einer Eigentümergemeinschaft. Die verwalteten Objekte – in der Regel Gebäude – sind nicht per Teilungserklärung in Eigentumswohnungen aufgeteilt, d.h., sie unterliegen nicht den gesetzlichen Regelungen des WEG-Gesetzes.

Objektmandat

Für die Abbildung solcher Verwaltungsaufträge können Sie das *Objektmandat* nutzen. Ein Objektmandat können Sie mit der Transaktion REMMMN2 (Objektmandat bearbeiten) anlegen. Wie beim WEG-Mandat wird auch bei der Aktivierung eines Objektmandats ein separater Mandatsbuchungskreis angelegt.

Abgleich der Customizing-Einstellungen

Beim Anlegen eines Objektmandats wird ebenfalls ein Referenzbuchungskreis angegeben, dessen Customizing-Einstellungen als Kopiervorlage für den neu zu erstellenden Mandatsbuchungskreis dienen. Der Abgleich der buchungskreisabhängigen Einstellungen kann mit der Transaktion REMMBAMN (Abgleich Referenzbuchungskreis / Mandate) vorgenommen werden.

Geschäftsprozesse im Objektmandatsbuchungskreis

Durch die Nutzung eines separaten Buchungskreises wird die Vermögenstrennung zwischen dem Eigentum des Verwalters und dem Eigentum Dritter realisiert. Ansonsten unterscheiden sich die Geschäftsprozesse in Objektmandatsbuchungskreisen grundsätzlich nicht von den Geschäftsprozessen für die Verwaltung eigener Immobilien. Das bedeutet auch, dass für die Fremdverwaltung im Auftrag Dritter keine speziellen Transaktionen verwendet werden, wie wir sie beispielsweise im Bereich der WEG- und Mieterabrechnung kennengelernt haben.

16.2.7 Zusammenfassung

In der WEG- und Sondereigentumsverwaltung arbeiten Sie in den folgenden Buchungskreisen:

- **WEG-Buchungskreis**
  Im WEG-Buchungskreis befinden sich die Stammdaten der Wohnungseigentümergemeinschaft, die Hausgeldvereinbarungen sowie die Infrastruktur für die WEG-Abrechnung und die Mieterabrechnung. Der WEG-Buchungskreis ist somit das führende Objekt bei der Abbildung der Geschäftsprozesse der WEG- und SE-Verwaltung in SAP RE. Im WEG-Buchungskreis werden alle abrechnungsrelevanten Kosten für die WEG-Abrechnung und die Mieterabrechnung gebucht.
- **Verwalterbuchungskreis**
  Für zum Verkauf stehende, aber noch nicht verkaufte Wohnungen bleiben die im Verwaltungsbuchungskreis vorhandenen Stammdaten und Mietverträge bestehen. Bei den Stammdaten handelt es sich aber ab dem Zeitpunkt der WEG-Gründung lediglich um Kopien, deren Originale sich im WEG-Buchungskreis befinden. Über die Verknüpfung zwischen den Immobilienobjekten im WEG- und im Verwaltungsbuchungskreis werden im Zuge der Mieterabrechnung die Abrechnungsergebnisse der Mieter (Guthaben bzw. Nachforderung) gebucht. Diese Buchung erfolgt im Verwaltungsbuchungskreis.
- **SE-Buchungskreis**
  Im Sondereigentumsbuchungskreis werden alle Sondereigentumsverwaltungsverträge abgebildet. Die Vermögenstrennung erfolgt über separate Profit-Center je Sondereigentumsverwaltungsvertrag. Analog zum Verwalterbuchungskreis befinden sich im SE-

Buchungskreis die Mietverträge für bereits verkaufte und weitervermietete Wohnungen. Das Abrechnungsergebnis aus der Mieterabrechnung für das vermietete Sondereigentum wird im SE-Buchungskreis gebucht.

Im Rahmen der WEG- und Sondereigentumsverwaltung arbeiten Sie in verschiedenen Buchungskreisen. Durch die Anlage eines Buchungskreises pro WEG-Mandat können Sie die für den Buchungskreis vorhandenen Funktionen wie z. B. die Berechtigungsprüfung oder die fortlaufende Belegnummernvergabe pro Buchungskreis nutzen.

[!]

Konzept für die Nummernvergabe entwickeln

Bevor Sie die Stammdaten der Mandate im SAP-System anlegen, sollten Sie ein detailliertes Konzept für die Nummernvergabe der einzelnen Buchungskreise, aber auch der Stammdaten innerhalb der verschiedenen Buchungskreise erstellen. Somit gewährleisten Sie, dass der Bearbeiter sofort erkennt, ob er sich in einem WEG-, SE- oder Objektmandatsbuchungskreis oder aber im Verwaltungsbuchungskreis befindet.

16.3 Überblick über weitere länderspezifische Themen

Nachdem wir mit der Liegenschaftsverwaltung und der WEG- und Fremdverwaltung zwei Bereiche betrachtet haben, die speziell der deutschen Gesetzgebung unterliegen, werden wir uns in den nächsten Abschnitten mit einigen landesspezifischen Anforderungen für die USA, für Großbritannien, Italien, Österreich und die Schweiz beschäftigen.

16.3.1 Lokalisierung

Insbesondere das kaufmännische Immobilienmanagement ist sehr eng mit den gesetzlichen Bestimmungen des jeweiligen Landes verbunden. Neben den Bestimmungen des Mietrechts, die sich in verschiedenen Ländern unterscheiden, sind beispielsweise auch die Bestimmungen des Steuerrechts einzuhalten. Zusätzlich zu übergreifenden Funktionen, die grundsätzlich für alle Länder gelten, werden auch Länderversionen von SAP RE ausgeliefert. Diese Lokalisierungen enthalten eine Funktionalität, die die gesetzlichen Anforderungen des jeweiligen Landes abbildet.

[+]

SAP-Hinweise zu Länderversionen

Nähere Informationen zu vorhandenen Länderversionen und zur Verfügbarkeit von SAP RE in verschiedenen Sprachen sowie zum Lokalisierungsprozess selbst finden Sie im SAP-Hinweis 771098 (Länder: Freigabeeinschränkung RE-FX). Weitere SAP-Hinweise zu Lokalisierungen und landesspezifischen Funktionen finden Sie, wenn Sie in der SAP-Hinweissuche das Suchmuster RE-FX-LC-* benutzen.

16.3.2 USA

Jurisdiction Code

Der *Jurisdiction Code* beschreibt den Steuerstandort einer Immobilie und somit die Steuerbehörde, an die Umsatzsteuer zu zahlen ist. Voraussetzung für die Nutzung des Jurisdiction Codes ist die Aktivierung der standortabhängigen Steuerberechnung. Da es sich beim Jurisdiction Code um eine buchungsrelevante Information handelt, erfolgt dessen Pflege in den Buchungsparametern des Immobilienobjekts bzw. des Immobilienvertrages.

FASB 13

Bilanziert eine börsennotierte Immobiliengesellschaft nach *US-GAAP* (United States Generally Accepted Accounting Principles), ist damit die Einhaltung bestimmter Rechnungslegungsvorschriften verbunden. Diese Vorschriften werden vom *Financial Accounting Standards Board (FASB)* festgelegt. Die Abbildung der Anforderungen kann mit Hilfe eines Business Add-In (BAdI) zum Immobilienvertrag erfolgen. Dazu wird von SAP eine Beispielimplementierung bereitgestellt, die FASB 13-konforme Buchungen, d.h. Buchungen, die dem Statement of Financial Accountig Standards No. 13 des FASB entsprechen, gewährleistet.

[+]

SAP-Hinweise zur FASB 13-Konformität von SAP RE

Nähere Informationen zur FASB 13-Konformität von SAP RE finden Sie in den SAP-Hinweisen 920772 (FASB 13-Konformität beim Flexiblen Immobilienmanagement), 907742 (Beispielimplementierung für Anforderungen des FAS 13 v. US-GAAP) und 952432 (FAS 13: 2nd Edition).

16.3.3 Vereinigtes Königreich Großbritannien und Nordirland

Quarterdays

Eine in Großbritannien übliche Regelung sieht vor, dass Jahresmieten in gleiche Teilbeträge aufgeteilt werden, die zu festen Terminen, den sogenannten *Quarterdays*, fällig werden. Die in den einzelnen Landesteilen gültigen Termine unterscheiden sich voneinander. So liegen die Quarterdays in England, Irland und Wales am 25. März, am 24. Juni, am 29. September und am 25. Dezember. In Schottland liegen die Quarterdays nach der traditionellen Regelung am 2. Februar, 15. Mai, 1. August und 11. November, nach aktueller Gesetzgebung jedoch jeweils am 28. der Monate Februar, Mai, August und November.

Berechnung der Teilbeträge

Aus der Definition der Quarterdays ergeben sich unterschiedlich lange Perioden, für die jeweils der gleiche Teilbetrag der Jahresmiete anfällt. Der jeweils zu zahlende Teilbetrag wird ermittelt, indem man die Jahresmiete durch die Anzahl der im Customizing definierten Perioden, im Allgemeinen also durch vier dividiert.

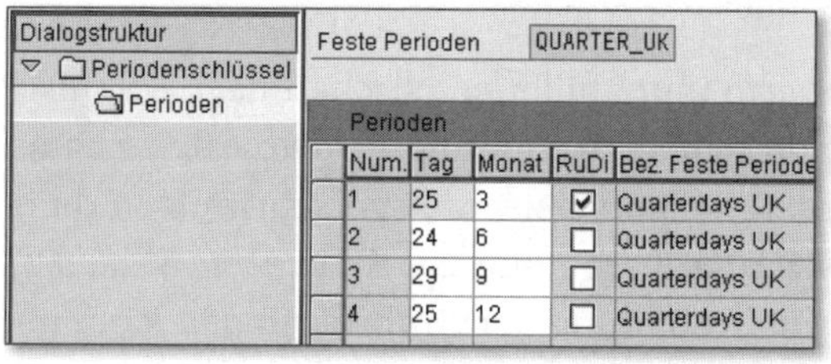

Abbildung 16.34 Definition von Quarterdays

Abbildung 16.34 zeigt die Definition von Quarterdays: Sie finden diese Einstellung im Customizing von SAP RE unter Konditionen und Bewegungen • Periodenberechnung und Fälligkeit • Feste Perioden definieren (z. B. Quarterdays). Da die Rundungsdifferenz, Spalte RuDi, für die erste Periode markiert ist, werden eventuell auftretende Rundungsdifferenzen dieser Periode zugeordnet.

Die auf diese Weise definierten Customizing-Einstellungen können Sie nun in Immobilienverträgen und Mietobjekten verwenden. Wählen Sie dazu in der Rhythmusklausel der Buchungsparameter die gewünschte feste Periode aus. Im Finanzstrom sehen Sie, dass die Fälligkeitstermine für die Mietzahlungen den im Customizing definierten Quarterdays entsprechen.

16.3.4 Italien

In der kaufmännischen Immobilienverwaltung in Italien sind die kommunale Immobiliensteuer (*imposta communale sugli immobili, ICI*), die Registrierungssteuer (*imposta di registro, IRE*) sowie die Stempelsteuer (*imposta di bollo, IBO*) zu berücksichtigen.

Kommunale Immobiliensteuer

Der Steuersatz der *kommunalen Immobiliensteuer* wird in Abhängigkeit vom Mietstatus (z. B. vermietet, nicht vermietet) und der Berechnungsart (z. B. Gebäude, land- und forstwirtschaftlich genutztes Grundstück) ermittelt. Die ICI-pflichtigen Katasterobjekte werden durch architektonische Objekte abgebildet. Weiterhin besteht die Möglichkeit der automatischen oder manuellen ICI-Steuerfindung, der Berechnung von Ratendaten und -beträgen sowie des Drucks der ICI-Steuerformulare per ICI-Sammler.

Registrierungs- und Stempelsteuer

Auch die *Registrierungssteuer* wird in Abhängigkeit vom Status eines Immobilienvertrages (z. B. angelegt, gekündigt) berechnet. Es erfolgt eine automatische Steuerfindung für den steuerpflichtigen Betrag. Zusätzlich zu diesem Betrag können Registrierungsgebühren berechnet werden.

Die Berechnung der *Stempelsteuer* kann in Abhängigkeit von Vertragsarten und Bewegungsarten eingestellt werden. In den Buchungszeilen des aus dem Immobilienmanagement heraus erzeugten Beleges sind separate Steuerzeilen für die Stempelsteuer enthalten.

Steuerzeilenverdichtung

Bei gleichen Steuerkennzeichen können die in einem Beleg enthaltenen Steuerzeilen verdichtet werden, d.h., pro Steuerkennzeichen wird eine Steuerzeile erzeugt. Diese Funktionalität ist zwar nicht landesspezifisch, wird aber insbesondere auch in der Länderversion für Italien genutzt.

[+]

SAP-Hinweis zur SAP RE-Version für Italien

Nähere Informationen zu den landesspezifischen Funktionen für Italien finden Sie im SAP-Hinweis 872301 (RE-FX-Länderversion für Italien).

16.3.5 Österreich

Raumschuldnerprinzip

Das österreichische Mietrecht sieht im Bereich der Nebenkostenabrechnung die Berechnung des Abrechnungsergebnisses nach dem *Raumschuldnerprinzip* vor. Dieses ist bei Mieterwechseln innerhalb des Abrechnungszeitraumes relevant und bedeutet, dass ein Stichtag für die Ermittlung des Abrechnungsempfängers vorgegeben werden kann. Der Mieter, dessen Mietverhältnis zu diesem Stichtag besteht, ist Abrechnungsempfänger. Er erhält somit eventuelle Gutschriften aus der Abrechnung bzw. muss eventuelle Nachforderungen leisten. Wenn das Mietobjekt zum festgelegten Stichtag leer steht, wird das gesamte Abrechnungsergebnis als Leerstand gebucht.

Hauptmietzinsabrechnung

Die *Hauptmietzinsabrechnung* gemäß österreichischem Mietrecht enthält eine Gegenüberstellung der Einnahmen und Ausgaben des vergangenen Abrechnungszeitraums. Im Abrechnungsschema der Nebenkostenabrechnung ist die Gliederung der Hauptmietzinsabrechnung enthalten. Die Hauptmietzinsabrechnung beruht auf Werten, die im Controlling festgeschrieben wurden. Durch die Simulation der Hauptmietzinsabrechnung mit verschiedenen Abrechnungsschemata können unterschiedliche Szenarien für die Bewertung einzelner Kostenblöcke durchgespielt werden. Ziel der Gegenüberstellung von Einnahmen und Ausgaben und somit der Hauptmietzinsabrechnung ist letztendlich die Bildung einer Geldreserve für die Instandhaltung und Modernisierung von Immobilien.

Fünfzehntelanpassung

Ein spezielles Mietanpassungsverfahren des österreichischen Mietrechts ist die *Fünfzehntelanpassung*. Dieses Anpassungsverfahren gilt für Gewerbemieten und besagt, dass eine Mietanpassung auf einen Zeitraum von fünfzehn Jahren aufgeteilt werden muss, wenn eine sofortige Anpassung gemäß geltendem Mietrecht nicht erlaubt ist.

[+]

SAP-Hinweis zur SAP RE-Version für Österreich

Aktuelle Informationen zum Lokalisierungsumfang von SAP Real Estate Management für Österreich erhalten Sie im SAP-Hinweis 890267 (Österreich: Lokalisierungsumfang RE-FX).

16.3.6 Schweiz

Heizkostenabrechnung

Die *Heizkostenabrechnung* wird in der Schweiz nicht, wie beispielsweise in Deutschland üblich, durch ein externes Abrechnungsunternehmen durchgeführt, sondern durch den Vermieter selbst. Um diese Anforderung in SAP RE abbilden zu können, wurden die Spezifikationen für den Datenträgeraustausch um den Datenträgeraustausch auf der Basis von Messbelegen erweitert.

Brennstoffverbrauchsabrechnung

Die *Abrechnung der Brennstoffkosten* im Rahmen der Betriebskostenabrechnung erfolgt nach Schweizer Recht nach dem jeweiligen Verbrauch an Brennstoffen. Zur Bewertung der Brennstoffkosten wird das *FIFO-Verfahren* (First in – First out) genutzt. Das bedeutet, dass man annimmt, dass die zuerst gekauften Brennstoffe auch zuerst verbraucht wurden. Der Preis dieser Brennstofflieferungen wird zur Ermittlung der Brennstoffkosten herangezogen.

Anmietung mit ESR

Eine weitere Besonderheit nach schweizerischem Mietrecht ist der *Einzahlungsschein mit Referenznummern* (ESR). Dabei wird dem Mietvertrag eine ESR-Nummer zugeordnet, die in die bei der periodischen Buchung entstehenden offenen Posten übernommen wird. Diese Referenz bildet die Grundlage für die maschinelle Zuordnung des Zahlungseingangs und den Ausgleich der offenen Posten. Neben der Vermietung können Sie die ESR-Nummer auch im Bereich der Anmietung nutzen.

[+]

SAP-Hinweis zur SAP RE-Version für die Schweiz

Ausführliche Informationen zur Lokalisierung von SAP Real Estate Management für die Schweiz finden Sie im SAP-Hinweis 912290 (Schweiz: Lokalisierungsumfang RE-FX).

16.4 Zusammenfassung

Sie haben in diesem Kapitel spezifische Funktionen kennengelernt, die jeweils nur in bestimmten Ländern genutzt werden. Diese Funktionen beruhen auf landesspezifischen gesetzlichen Regelungen.

In den beiden ersten Abschnitten dieses Kapitels haben wir die Liegenschaftsverwaltung sowie die WEG- und Sondereigentumsverwaltung erläutert. Diese Funktionalität wird insbesondere in Deutschland eingesetzt. In einem weiteren Abschnitt haben wir Ihnen einen Überblick über länderspezifische Funktionen gegeben, die in den USA, in Großbritannien, Italien, Österreich und der Schweiz genutzt werden.

Die Vielfalt der Anforderungen in der Praxis – je nach Branche, Land oder Unternehmen – im Standard einer Software abzubilden ist unmöglich, und so sind oft kundenspezifische Erweiterungen erforderlich. Das Kapitel zeigt, dass SAP RE auf modifikationsfreie Erweiterungen gut vorbereitet ist.

17 Spezielle Kundenanforderungen

Der Dialog zur Gebäudepflege ist unübersichtlich? Die Vertragserfassung ist für diese Vertragsart ungeeignet? Auf dem Grundstück fehlt ein Feld aus dem Altsystem, das dringend benötigt wird? Die Suchhilfe enthält ein wichtiges Feld nicht? Der Report XY fehlt? Die Wiedervorlage von Verträgen nach der Regel YZ ist nicht möglich? Die Kappung der Mietanpassung entspricht nicht Ihren Vorstellungen? Die Berechtigungsgruppe im Vertrag soll automatisch anhand von Vertragsart und Wirtschaftseinheit bestimmt werden?

Hier hilft Ihnen der Standard nicht mehr weiter. Diese und viele andere Anforderungen lassen sich im Kundenprojekt mehr oder weniger aufwendig, aber so gut wie immer modifikationsfrei lösen.

17.1 Dialogsteuerung über Business Data Toolset

Das *Business Data Toolset*, kurz BDT, wird in SAP ERP und anderen Komponenten als Implementierungswerkzeug für die Pflege von Stammdatendialogen und einfachen Bewegungsdaten benutzt. In SAP RE wird das BDT genutzt, um die Darstellung sämtlicher Immobilienobjekte umzusetzen.

Die Technik des BDT erlaubt es Ihnen, die Bildschirmdialoge nach eigenem Ermessen umzugestalten, ohne dass Sie das System modifizieren.

Sie können die Dialoge durch Änderungen des Customizings gestalten und zudem durch eigene Programmerweiterungen Einfluss auf das Dialogverhalten nehmen. Eine grafische Übersicht der Zusammenhänge sehen Sie in Abbildung 17.1.

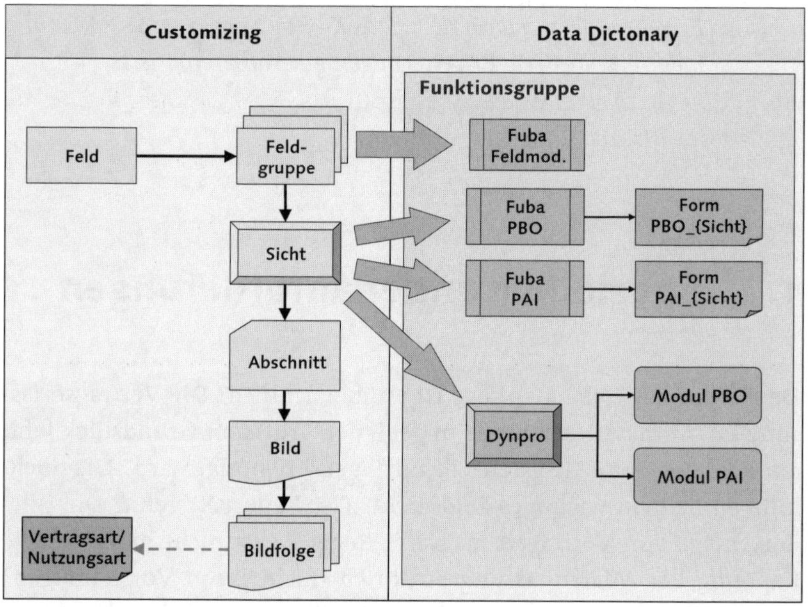

Abbildung 17.1 Zusammenhänge in der Dialogsteuerung des BDT

Wir möchten in diesem Kapitel keinen Einstieg in das BDT geben, wie es herkömmlich in SAP-Systemen verwendet wird, sondern die Besonderheiten im Rahmen von SAP RE praxisnah aufzeigen. Für das Studium der Grundtechniken des BDT verweisen wir Sie auf die einschlägige Fachliteratur.

Besonderheiten in SAP RE

Einige Bereiche des BDT werden in SAP RE durch spezielle Funktionen, die sich aus der objektorientierten Programmierung von SAP RE ergeben, ergänzt oder sogar vollständig abgelöst. Dies hat Konsequenzen für die individuelle Umgestaltung von BDT-Dialogen mit Mitteln, die über das Customizing hinausgehen.

17.1.1 Customizing der BDT-Dialoge

Die einfachsten Möglichkeiten, Dialoge mit Hilfe des BDT an Ihre Belange anzupassen, finden Sie im Customizing des jeweiligen Immobilienobjekts. Diese Möglichkeiten wollen wir Ihnen nun in der Reihenfolge erläutern, in der Sie diese im Customizing finden.

[+]

BDT-Customizing

Die Einstellungen zu den BDT-Dialogen sind als echtes Customizing mandantenabhängig und müssen daher in alle relevanten Mandanten transportiert werden.

Abbildung 17.2 zeigt einen Ausschnitt der Transaktionen im Customizing des BDT für eine Immobilienobjektart.

Abbildung 17.2 Transaktionen des BDT-Customizings

Anwendung

Das Kernstück des BDT ist die Anwendung, die in der Steuerungstabelle TBZ1 definiert wird. Eine Anwendung basiert technisch auf einer Funktionsgruppe, in der die Bildschirmbilder, Funktionsbausteine und Datenstrukturen dieser Anwendung liegen. In SAP RE sind zum Beispiel die folgenden Anwendungen definiert:

- REAO Architektonisches Objekt
- REBE Wirtschaftseinheit
- RERO Mietobjekt
- RECN Immobilienvertrag

Feldgruppen und Felder

Tabelle oder Struktur

Eine Feldgruppe enthält eines oder mehrere Bildschirmfelder. Bei der Angabe der Felder muss entweder eine Tabelle oder eine Struktur aus dem Data Dictionary angegeben werden.

[+]

Strukturen von SAP RE

In SAP RE werden für jede Objektart der Immobilienverwaltung Strukturen zur Verfügung gestellt, die Sie für die Definition von Feldern innerhalb von Feldgruppen verwenden können.

Diese Strukturen beginnen jeweils mit RE, zum Beispiel REBD_RENTAL_OBJECT für Mietobjekte oder RECN_CONTRACT für Immobilienverträge.

Feldstatus

Anzeigeverhalten

Das Anzeigeverhalten der Felder auf dem Bildschirm kann entweder durch den Feldstatus im BDT-Customizing oder über einen Funktionsbaustein aus der Funktionsgruppe der Anwendung gesteuert werden. Den Funktionsbaustein selbst geben Sie in der Feldgruppe an, wie in Abbildung 17.3 gezeigt. Die dazugehörige Funktionsgruppe müssen Sie jedoch auf allen Sichten angeben, der Sie die Feldgruppe zuordnen.

Abbildung 17.3 Verknüpfung von Feldgruppe und Funktionsgruppe der Anwendung

Sicht

Subscreen

Der Sicht werden die Feldgruppen zugeordnet, die die Felder enthalten, die Sie später in der Anwendung verwenden wollen. Die Sicht entspricht technisch einem Teil des sichtbaren Bildes in der Anwendung und wird als *Subscreen* bezeichnet. In der Sicht werden die Funktionsgruppe der Anwendung selbst und weitere wichtige Elemente daraus eingetragen. Dazu gehören, wie Abbildung 17.4 zeigt, die Nummer des Dynpros als Bildnummer und die obligatorischen Funktionsbausteine der Funktionsgruppe.

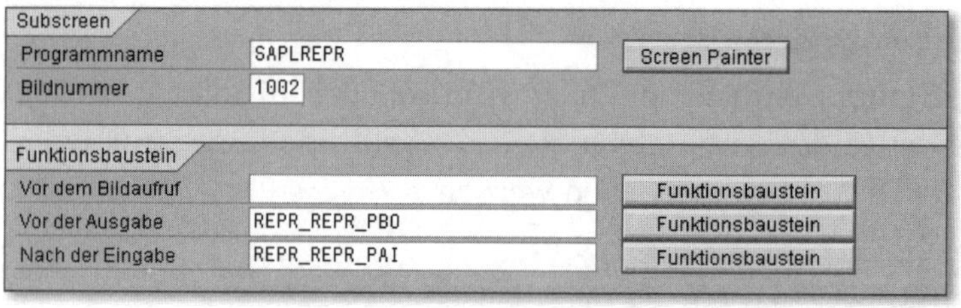

Abbildung 17.4 Verknüpfung von Sicht und Funktionsgruppe der Anwendung

Abschnitt

Ein Abschnitt enthält eine oder mehrere Sichten. Er wird im Dialog mit einem Rahmen und einer eigenen Überschrift, die Sie über das Feld TITEL festlegen, in einem Register dargestellt.

Bild

Ein Bild enthält einen oder mehrere Abschnitte. Es wird im Dialog als Register dargestellt. Die in der Anwendung sichtbare Bezeichnung des Registers wird im Feld BILDTITEL festgelegt.

[!]

Braucht ein Bild einen leeren Abschnitt?

Aus technischen Gründen muss jedes Bild den leeren Abschnitt `REXX9X` als ersten Eintrag enthalten. Das Kürzel `xx` steht hier für die jeweilige BDT-Anwendung, also zum Beispiel `REBE9X` für Wirtschaftseinheiten.

Bildfolge

Eine Bildfolge enthält eines oder mehrere Bilder. Bei den meisten Objektarten von SAP RE wird genau eine Bildfolge als Standard festgelegt, die dann im Dialog verwendet wird. Bei Immobilienverträgen kann allerdings pro Vertragsart eine eigene Bildfolge zugeordnet werden.

Tabelle 17.1 zeigt Ihnen am Beispiel des Vertrages einen Überblick über die Zusammensetzung eines BDT-Dialoges:

BDT-Begriff	Beispiel – bezogen auf den Vertragsdialog
Bildfolge (Abfolge der Register)	Standardbildfolge
Bild (Register)	ALLGEMEINE DATEN
Abschnitte (eingerahmter Bereich)	OBJEKT / PARTNER, LAUFZEIT / ORG. ZUORDNUNG / KONDITIONEN, VERTRAG, BERECHTIGUNGSGRUPPE, STATUSANZEIGE
Sichten (Subscreen)	Der Abschnitt OBJEKT/PARTNER enthält die Sichten OBJEKT und PARTNER.

Tabelle 17.1 Elemente eines BDT-Dialoges

BDT-Begriff	Beispiel – bezogen auf den Vertragsdialog
Feldgruppen	Die Sicht LAUFZEIT/ORGANISATORISCHE DATEN enthält die Feldgruppen LAUFZEIT und ORGANISATORISCHE DATEN.
Felder	Die Feldgruppe LAUFZEIT enthält die Felder MIETBEGINN und ERSTES VERTRAGSENDE.

Tabelle 17.1 Elemente eines BDT-Dialoges (Forts.)

Im folgenden Praxisbeispiel zeigen wir Ihnen, wie man die Darstellung der Anwendung mit den Mitteln des BDT auf einfache Weise verändern kann, ohne dass Programmierkenntnisse erforderlich sind.

17.1.2 Praxisbeispiel I: Register »Optionssatzmethoden« ausblenden

Falls in Ihrem Unternehmen die gewerbliche Vermietung keine Rolle spielt, können Sie auch auf das gesamte Register zur Optionssatzermittlung verzichten. Wir wollen nun beispielhaft für die Objektart Gebäude zeigen, wie dieses Register ausgeblendet werden kann.

1. **Legen Sie eine neue Bildfolge als Kopie einer vorhandenen Bildfolge an**
   Gehen Sie hierzu folgendermaßen vor:
   - Wählen Sie folgenden Customizing-Pfad in SAP RE: STAMMDATEN • NUTZUNGSSICHT • GEBÄUDE • DIALOG • BILDFOLGEN.
   - Markieren Sie die Standardbildfolge REBU, und wählen Sie den Button KOPIEREN ALS.
   - Kopieren Sie die Bildfolge mit allen abhängigen Einträgen unter dem Namen »ZNEU«.
2. **Löschen Sie das Bild »Optionssatzmethoden« in der neuen Bildfolge**
   Gehen Sie hierzu folgendermaßen vor:
   - Markieren Sie Ihre Bildfolge ZNEU, und verzweigen Sie per Doppelklick auf BILDFOLGE --> BILDER in den Unterdialog zur Pflege der in der Bildfolge enthaltenen Bilder.
   - Löschen Sie den Eintrag REBU 082 OPTIONSSATZMETHODEN.

3. **Definieren Sie die neue Bildfolge als Standard für Gebäude**

   Gehen Sie hierzu folgendermaßen vor:

   - Verzweigen Sie per Doppelklick auf BILDFOLGETYPEN in den Dialog zur Pflege der Bildfolgetypen.
   - Markieren Sie den leeren Eintrag mit der Bezeichnung STANDARD, und verzweigen Sie per Doppelklick auf BILDFOLGETYP --> BILDFOLGEN in den Unterdialog zur Festlegung der Standardbildfolge.
   - Setzen Sie für Ihre Bildfolge `ZNEU` das Kennzeichen STANDARD.

17.1.3 Funktionsgruppe der Anwendung

Die Funktionsgruppe, die einer Anwendung zugeordnet wird, enthält verschiedene obligatorische und optionale Elemente, von denen wir hier die wichtigsten beschreiben werden.

TOP-Include

Im sogenannten *Top-Include* werden die global in der gesamten Funktionsgruppe benötigten Daten definiert.

[!]

Datendefinition der Funktionsgruppe

Die globale Definition der Strukturen, die bei Dynpro-Elementen verwendet werden, erfolgt im Top-Include der Funktionsgruppe mit der Anweisung `TABLES`.

Funktionsbausteine

Die Funktionsgruppe einer BDT-Anwendung muss zwei Funktionsbausteine enthalten, die der Verarbeitung eines Dynpros, vereinfacht gesprochen eines Bildschirmdialogs, dienen. Diese Funktionsbausteine werden, wie bereits erwähnt, in jeder relevanten Sicht hinterlegt (siehe Abbildung 17.4). Es handelt sich um die folgenden Funktionsbausteine:

- **PBO-Baustein**

  Vor dem Aufruf des Dynpros wird der PBO-Baustein aufgerufen. PBO steht hierbei für *Process before Output*, womit also die Abläufe gemeint sind, die vor der Ausgabe von Daten auf Dynpros prozessiert werden sollen. Hier werden zum Beispiel für die aktuelle

Objektinstanz die Daten für kundenindividuelle Felder ermittelt und an das Dynpro zur Ausgabe übergeben.

- **PAI-Baustein**
  Nach einer Eingabe auf einem Dynpro wird der PAI-Baustein aufgerufen. PAI steht hierbei für *Process after Input*, womit also die Abläufe gemeint sind, die nach einer Benutzeraktion prozessiert werden sollen. Hier werden zum Beispiel die Änderungen an den Daten in kundenindividuellen Feldern ermittelt und in der aktuellen Objektinstanz fortgeschrieben.

Feldmodifikation Optional kann die Funktionsgruppe noch einen dritten Funktionsbaustein enthalten, der die Feldsteuerung abweichend von den Einstellungen im Customizing realisiert. Diesen oft mit der Endung `FMOD2` versehenen Funktionsbaustein können Sie nutzen, um den Feldstatus dynamisch und in Abhängigkeit von beliebig komplexen Kriterien steuern zu können. Dazu wird er, wie weiter oben dargestellt, in jeder betroffenen Feldgruppe hinterlegt (siehe Abbildung 17.3).

Dynpros

Alle Bildschirmteile, die im Rahmen einer BDT-Anwendung genutzt werden, werden zuvor als Dynpros definiert. Dabei wird vor allem das Layout der Bildschirmdarstellung festgelegt, also das Aussehen und die Positionen von Feldern, Buttons und anderen Elementen.

Darüber hinaus erfolgt über die zu einem Dynpro vorhandenen Module eine weitere Umsetzung von Abläufen der Zeitpunkte PBO und PAI.

17.1.4 Verwendung eigener Funktionsgruppen

Obwohl auch Anpassungen innerhalb der bereits vorhandenen Funktionsgruppen der in SAP RE definierten BDT-Anwendungen möglich sind, ist es meist erheblich einfacher, eigene Funktionsgruppen zu erstellen.

Namenskonventionen Wenn Sie sich entschließen, eigene Funktionsgruppen zu verwenden, sollten Sie gewisse Namenskonventionen berücksichtigen. Die Funktionsgruppe selbst sollte mit `ZZZ_RExx` beginnen, wobei `ZZZ` das Zeichen für den Kundennamensraum und `xx` wiederum der Platzhalter für das jeweilige Objektkürzel ist.

[+]

Kopiervorlagen für eigene Funktionsgruppen

SAP RE stellt Ihnen Funktionsgruppen als Kopiervorlage zur Verfügung. Diese Funktionsgruppen enthalten bereits alle für die Anwendung typischen Elemente in einer rudimentären, aber funktionsfähigen Ausprägung.

Diese Funktionsgruppen sind alle mit `RExx_EXT_EXAMPLE` bezeichnet, wobei `xx` der Platzhalter für das jeweilige Objektkürzel in SAP RE ist.

Benennung der Funktionsbausteine

Auch die Namen der Funktionsbausteine innerhalb der Funktionsgruppe folgen einer Namenskonvention. Sie müssen mit dem Namen der Funktionsgruppe beginnen. Nachfolgend ist dies am Beispiel der typischen Funktionsbausteine einer Funktionsgruppe zur BDT-Anwendung dargestellt:

- Funktionsbaustein nach der Eingabe: `ZZZ_REBE_EXT_PAI`
- Funktionsbaustein vor der Ausgabe: `ZZZ_REBE_EXT_PBO`
- Funktionsbaustein Feldmodifikation: `ZZZ_REBE_EXT_FMOD2`

Nachdem Sie eine eigene Funktionsgruppe durch Kopieren angelegt haben, können Sie nun Ihre Anpassungen vornehmen. Sie können beispielsweise eigene Dynpros anlegen oder die Abläufe zu den Zeitpunkten PBO und PAI verändern, erweitern oder ersetzen.

[!]

Steuerung von PBO und PAI

Sie sollten bei der Anpassung der Verarbeitung der Zeitpunkte PAI und PBO möglichst nur eine der verfügbaren Techniken verwenden. Passen Sie also entweder die entsprechenden Funktionsbausteine oder die Module des Dynpros an.

Die Erfahrungen aus der Praxis zeigen, dass sich die Anpassung der Funktionsbausteine meist leichter umsetzen lässt.

Wir führen Ihnen nun im anschließenden Praxisbeispiel vor, wie man mit eigenen Funktionsgruppen arbeitet.

17.1.5 Praxisbeispiel II: Kundenindividuelles Feld hinzufügen

Für ein Unternehmen kann das genaue Datum des wirtschaftlichen Übergangs von Immobilienobjekten von besonderem Interesse sein. Das Feld Gültig ab sollte hierfür nicht genutzt werden, sondern ein neues, kundenindividuelles Feld, das im Register Allgemeine Daten erscheinen soll.

Wir wollen nun beispielhaft für die Objektart Wirtschaftseinheit zeigen, wie dieses Feld hinzugefügt werden kann.

1. **Legen Sie ein Datenelement an**
   Gehen Sie hierzu folgendermaßen vor:
   - Legen Sie mit Hilfe der Transaktion SE11 ein Datenelement mit dem Namen »Z_UEBERGANG« an.
   - Verwenden Sie eine vorhandene Domäne als elementaren Typ, zum Beispiel die Domäne `DATUM`.
2. **Erweitern Sie die Stammdatentabelle für Wirtschaftseinheiten**
   Gehen Sie hierzu folgendermaßen vor:
   - Rufen Sie die Tabelle VIBDBE mit der Transaktion SE11 auf.
   - Verzweigen Sie durch einen Doppelklick in die Bearbeitung des Includes `CI_VIBDBE`, das für die Erweiterung der Stammdatentabelle durch kundenindividuelle Felder vorgesehen ist.
   - Legen Sie im Include `CI_VIBDBE` ein neues Feld mit dem Namen »ZZ_UEBERGANG« an.
   - Verwenden Sie dabei das zuvor angelegte Datenelement `Z_UEBERGANG` als Komponententyp.

[!]

Namenskonvention für Tabellenfelder

Feldnamen in den Includes zur Kundenerweiterung von Stammdatentabellen müssen mit `YY` oder `ZZ` beginnen.

3. **Legen Sie eine neue Funktionsgruppe an, und passen Sie den Screen an**
   Gehen Sie hierzu folgendermaßen vor:
   - Wählen Sie in der Objektlistenauswahl die Transaktion SE80 (Funktionsgruppen), und lassen Sie sich die Funktionsgruppe `REBE_EXT_EXAMPLE` anzeigen.
   - Kopieren Sie diese Funktionsgruppe, indem Sie das Kontextmenü zum Objektnamen mit der rechten Maustaste aufrufen und KOPIEREN wählen.
   - Speichern Sie die kopierte Funktionsgruppe unter einem neuen Namen aus dem Kundennamensraum, zum Beispiel »ZZZ_REBE_EXT«.

- Kopieren Sie auch die zur Auswahl angebotenen Funktionsbausteine, indem Sie diese im erscheinenden Popup markieren, einen neuen Namen vergeben und auf KOPIEREN klicken.
- Passen Sie das mitkopierte Dynpro 901 in Ihrer neuen Funktionsgruppe an, indem Sie ein Textfeld und ein Ein-/Ausgabefeld mit dem Layouteditor für das neue Feld anlegen und jeweils die Bezeichnung `REBD_BUSINESS_ENTITY-ZZ_UEBERGANG` verwenden, um einen direkten Bezug zum Data Dictionary herzustellen und alle Eigenschaften daraus automatisch zu übernehmen.

4. **Legen Sie eine neue Feldgruppe an**
   Gehen Sie hierzu folgendermaßen vor:
   - Wählen Sie im Customizing von SAP RE den Pfad STAMMDATEN • NUTZUNGSSICHT • WIRTSCHAFTSEINHEIT • DIALOG • BILDAUFBAU • FELDGRUPPEN • FELDGRUPPEN.
   - Wählen Sie NEUE EINTRÄGE, und vergeben Sie eine Nummer aus dem Kundennamensraum für die neue Feldgruppe, zum Beispiel »700«.
   - Vergeben Sie eine erklärende Bezeichnung für die Feldgruppe, zum Beispiel »Wirtschaftlicher Übergang«.
   - Geben Sie im Feld FUBAU FELDMODIFIKAT. den Funktionsbaustein zur Feldmodifikation aus Ihrer Funktionsgruppe an, also zum Beispiel »ZZZ_REBE_EXT_FMOD2«.
   - Wechseln Sie durch Doppelklick auf FELDGRUPPE --> FELDER in den Unterdialog zur Zuordnung der Felder, und wählen Sie NEUE EINTRÄGE.
   - Geben Sie als Tabelle »REBD_BUSINESS_ENTITY« an und als Feldname »ZZ_UEBERGANG«.
   - Vergeben Sie in dieser hinzugefügten Zeile das Kennzeichen EINGABEFELD.
   - Sichern Sie Ihre Eingaben.

Kundennamensraum ermitteln [+]

Mit dem Report RDDKOR54 können Sie für Tabellen des Customizings erfahren, welche Namensbereiche für Kunden reserviert sind. So vermeiden Sie Überschneidungen mit den von der SAP-Entwicklung vergebenen Namen.

5. **Legen Sie eine neue Sicht an**
   Gehen Sie hierzu folgendermaßen vor:
   - Wählen Sie hierzu im Customizing von SAP RE den Pfad STAMMDATEN • NUTZUNGSSICHT • WIRTSCHAFTSEINHEIT • DIALOG • BILDAUFBAU • SICHTEN.
   - Wählen Sie NEUE EINTRÄGE, und vergeben Sie eine Bezeichnung aus dem Kundennamensraum für die neue Sicht, zum Beispiel »ZNEU01«.
   - Vergeben Sie eine erklärende Bezeichnung für die Sicht, zum Beispiel »Wirtschaftlicher Übergang«.
   - Geben Sie als Anwendung »REBE« an und als Differenzierungstyp »0 (Allgemeine Daten)«.
   - Tragen Sie im Bereich SUBSCREEN als PROGRAMMNAME den technischen Namen Ihrer Funktionsgruppe und das angepasste Dynpro an, also zum Beispiel »SAPLZZZ_REBE_EXT« und »901«.
   - Tragen Sie im Bereich FUNKTIONSBAUSTEIN die entsprechenden Funktionsbausteine aus Ihrer Funktionsgruppe in die Felder VOR DER AUSGABE und NACH DER EINGABE ein.
   - Verzweigen Sie durch einen Doppelklick auf SICHT --> FELDGRUPPEN auf den Unterdialog zur Zuordnung der Feldgruppen, und wählen Sie NEUE EINTRÄGE.
   - Ordnen Sie Ihre Feldgruppe zu, also zum Beispiel 700.
   - Sichern Sie Ihre Eingaben.
6. **Legen Sie einen neuen Abschnitt an**
   Gehen Sie hierzu folgendermaßen vor:
   - Wählen Sie folgenden Pfad im Customizing von SAP RE: STAMMDATEN • NUTZUNGSSICHT • WIRTSCHAFTSEINHEIT • DIALOG • BILDAUFBAU • ABSCHNITTE.
   - Wählen Sie NEUE EINTRÄGE, und vergeben Sie eine Bezeichnung aus dem Kundennamensraum für den neuen Abschnitt, zum Beispiel »ZNEU01«.
   - Vergeben Sie eine erklärende Bezeichnung für den Abschnitt, zum Beispiel »Wirtschaftlicher Übergang«.
   - Vergeben Sie einen Titel für den Abschnitt, zum Beispiel jeweils »Wirtschaftlicher Übergang«; dieser wird in der Anwendung als Bezeichnung des Abschnitts angezeigt.

- Verzweigen Sie durch einen Doppelklick auf ABSCHNITT --> SICHTEN auf den Unterdialog zur Zuordnung der Sichten, und wählen Sie NEUE EINTRÄGE.
- Ordnen Sie Ihre Sicht zu, also zum Beispiel ZNEU01.
- Sichern Sie Ihre Eingaben.

7. **Legen Sie ein neues Bild an**
   Gehen Sie hierzu folgendermaßen vor:
   - Wählen Sie im Customizing von SAP RE den Pfad STAMMDATEN • NUTZUNGSSICHT • WIRTSCHAFTSEINHEIT • DIALOG • BILDAUFBAU • BILDER.
   - Wählen Sie NEUE EINTRÄGE, und vergeben Sie eine Bezeichnung aus dem Kundennamensraum für das neue Bild, zum Beispiel »ZNEU01«.
   - Vergeben Sie eine erklärende Bezeichnung für das Bild, zum Beispiel »Allgemeine Daten (Kunde)«.
   - Vergeben Sie einen Titel für das Bild, zum Beispiel »Allgemeine Daten«; dieser wird in der Anwendung als Bezeichnung des Registers angezeigt.
   - Verzweigen Sie durch einen Doppelklick auf BILD --> ABSCHNITTE auf den Unterdialog zur Zuordnung der Abschnitte, und wählen Sie NEUE EINTRÄGE.
   - Geben Sie den technisch erforderlichen leeren Abschnitt `REBE9X` mit Positionsnummer 10 und den neuen Abschnitt, also zum Beispiel ZNEU01, mit Positionsnummer 20 an.
   - Sichern Sie Ihre Eingaben.
8. **Legen Sie eine neue Bildfolge an, und passen Sie diese an**
   Gehen Sie hierzu folgendermaßen vor:
   - Wählen Sie im Customizing von SAP RE den Pfad STAMMDATEN • NUTZUNGSSICHT • WIRTSCHAFTSEINHEIT • DIALOG • BILDAUFBAU • BILDFOLGEN.
   - Markieren Sie die Standardbildfolge REBE, und wählen Sie den Button KOPIEREN ALS.
   - Kopieren Sie die Bildfolge mit allen abhängigen Einträgen unter dem Namen ZNEU.

- Verzweigen Sie durch einen Doppelklick auf Bildfolge --> Bilder in den Unterdialog zur Pflege der in der Bildfolge enthaltenen Bilder.
- Ersetzen Sie den Eintrag REBE02 durch ZNEU01.
- Verzweigen Sie per Doppelklick auf Bildfolgetypen in den Dialog zur Pflege der Bildfolgetypen.
- Markieren Sie den leeren Eintrag mit der Bezeichnung Standard, und verzweigen Sie per Doppelklick auf Bildfolgetyp --> Bildfolgen in den Unterdialog zur Festlegung der Standardbildfolge.
- Setzen Sie für Ihre Bildfolge ZNEU das Kennzeichen Standard.
- Sichern Sie Ihre Eingaben.

17.1.6 Zeitpunktsteuerung

Sie haben nun gesehen, dass man für die Dialogsteuerung auch eigene, kundenindividuelle Funktionsgruppen benutzen kann. Eine andere Möglichkeit zur Verwendung eigener Funktionsgruppen bzw. von deren Funktionsbausteinen können Sie im Rahmen der Zeitpunktsteuerung des BDT realisieren.

Zeitpunkte

Das Verhalten der Anwendungen wird vom BDT nämlich zusätzlich über Zeitpunkte gesteuert. Die Anwendung kann für verschiedene Zeitpunkte Funktionsbausteine verwenden, die vom BDT aufgerufen werden. Dazu müssen diese Funktionsbausteine im Customizing zu den jeweiligen Zeitpunkten hinterlegt werden. Dies wird in der Abbildung 17.5 beispielhaft für den Zeitpunkt DSAVE für die Anwendung Gebäude dargestellt.

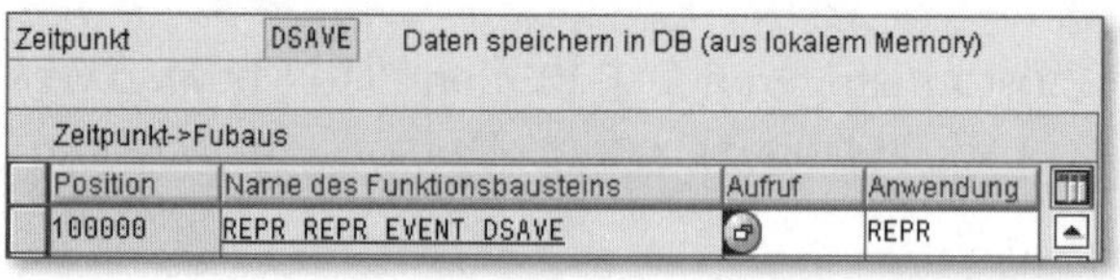

Abbildung 17.5 Zeitpunktbaustein am Beispiel des Zeitpunkts DSAVE

Werden mehrere Funktionsbausteine zu einem Zeitpunkt hinterlegt, werden sie in der Reihenfolge des Customizings durchlaufen.

Sie können also zu jedem Zeitpunkt des BDT eigene Funktionsbausteine aus beliebigen Funktionsgruppen verwenden, die Sie zusätzlich zu den bereits vorhandenen Funktionsbausteinen oder an deren Stelle hinterlegen.

[!]

Auf Änderungen an Objekten reagieren

Im Rahmen von SAP RE wird der Zeitpunkt XCHNG nicht durchlaufen. Dessen Aufgabe, nämlich zu prüfen, ob das aktuelle Objekt verändert wurde, wird in SAP RE durch ein Event in der Objektinstanz ersetzt, siehe hierzu Abschnitt 17.2.4, »Praxisbeispiel IV: Daten prüfen (Validierung)«.

17.2 Beeinflussen der Programmlogik über BAdIs

Nachdem wir uns vorrangig mit der Gestaltung der Dialoge befasst haben, soll es nun darum gehen, welche Möglichkeiten sich bieten, die Programmlogik zu beeinflussen. Es geht also zum Beispiel um die Frage, wie man Felder mit Inhalten vorbelegt, um dem Anwender Eingaben zu ersparen, oder wie man prüft, ob die Eingaben des Anwenders plausibel sind oder wie man gar die Berechnung einer Mietanpassung verändern kann.

17.2.1 BAdIs in SAP RE

Business Add-In

Ein leistungsstarkes Werkzeug zum Eingriff in die Programme steht in Form der BAdIs zur Verfügung. Die Abkürzung BAdI steht für *Business Add-In* und meint eine moderne Erweiterungstechnik, die es SAP-Partnern und Kunden erlaubt, an vordefinierten Programmstellen eigenes Coding einzubringen, um den Programmablauf zu beeinflussen.

Im letzten Satz stecken drei wichtige Informationen über diese Erweiterungstechnik:

- Die Technik ist mächtig, das bedeutet: Man kann sehr viel erreichen und schwierige Problemstellungen lösen – das heißt aber auch, man kann sehr viel kaputtmachen, wenn die kundeneigene Programmlogik fehlerhaft ist.
- Die Programmstellen sind vordefiniert, d.h., Eingriffe sind nicht überall möglich.
- Man muss eigenes Coding einbringen, d.h., man benötigt Programmierkenntnisse (ABAP-OO), um BAdIs zu implementieren.

Ehe man BAdIs einsetzt, sollte man sich zunächst vergewissern, ob die Anforderung den Aufwand rechtfertigt und ob nicht andere Möglichkeiten im System oder außerhalb des Systems bestehen, um die entsprechende Anforderung abzubilden.

Hat man sich einmal entschlossen, ein BAdI zu implementieren, ist dieser releasefest, sofern man sich an die Regeln der Programmierung gehalten hat – beachten Sie hierzu die Informationen in Abschnitt 17.2.3, »Tipps und Tricks I«.

BAdIs finden

Um sich eine Übersicht darüber zu verschaffen, welche BAdIs in SAP RE zur Verfügung stehen, verwenden Sie das Erweiterungsinfosystem im Objekt-Navigator der Entwicklungsumgebung (Transaktion SE80); über EINSTELLUNGEN kann die entsprechende Funktion eingeblendet werden. Wählen Sie ZUSAMMENGESETZTER ERWEITERUNGSSPOT aus, und geben Sie »RE« ein. Abbildung 17.6 stellt die Organisation der Erweiterungsimplementierungen in SAP RE dar.

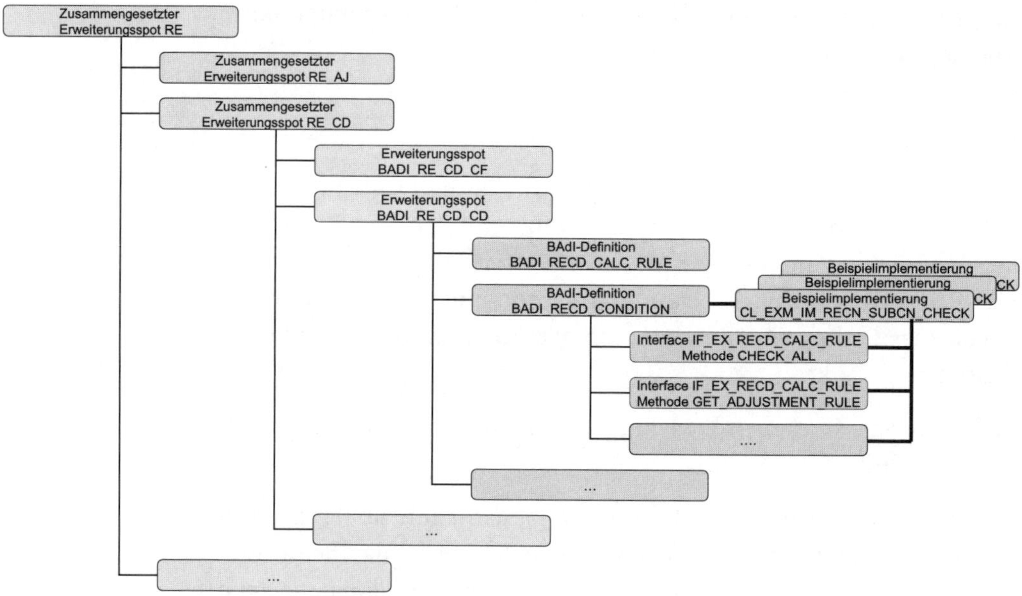

Abbildung 17.6 BAdIs in SAP RE

Erweiterungsspots

Der *zusammengesetzte Erweiterungsspot* RE enthält alle verfügbaren zusammengesetzten Erweiterungsspots von SAP RE. Diese genügen der Namenskonvention RE_xx, wobei xx ein Kürzel für den Anwendungsbereich ist.

Über die zusammengesetzten Erweiterungsspots sind die Erweiterungsspots BADI_RE xx_yy für die einzelnen Anwendungsgebiete zusammengefasst. Hierbei bedeutet yy eine weitere Detaillierung zum Anwendungsgebiet. In Abbildung 17.6 ist beispielsweise zu sehen, dass der zusammengesetzte Erweiterungsspot RE_CD die Erweiterungsspots BADI_RE_CD_CD für die Konditionen und BADI_RE_CD_CF für den Finanzstrom enthält. Erweiterungsspots BADI_RE_xx_yy fassen BAdI-Definitionen BADI_RExx_* zusammen. Im Beispiel aus Abbildung 17.6 sind dies für den Erweiterungsspot BADI_RE_CD_CD die folgenden BAdI-Definitionen:

- BADI_RECD_CALC_RULE – Berechnungsvorschrift für Konditionen
- BADI_RECD_CONDITION – Kondition
- BADI_RECD_DIST_RULE – Verteilungsvorschrift für die Kondition (nicht im Bild)

In Tabelle 17.2 sind die verwendeten Applikationskürzel dargestellt.

Kürzel xx Anwendungsbereich	Bedeutung
AJ	Mietanpassung (**Adj**ustment)
BD	Stammdaten (**B**asis **D**ata)
BP	Geschäftspartner (**B**usiness **P**artner)
CA	Allgemeine Funktionen (**C**ross **A**pplication)
CD	Konditionen (**C**on**d**itions)
CN	Immobilienvertrag (**C**o**n**tract)
CP	Korrespondenz (**C**orres**p**ondence)
EX	Integration (**Ex**ternal)
SR	Umsatzmiete (**S**ales Based **B**ent)
SC	Nebenkostenabrechnung (**S**ervice **C**harge Settlement)
RA	Mietenbuchhaltung (**R**ental **A**ccounting)
OR	Interessentenverwaltung (**O**ffer and Search **R**equest)
MM	Mandatsverwaltung (**M**andat **M**anagement)
LM	Liegenschaftsverwaltung (**L**and Use **M**anagement)
IT	Vorsteueraufteilung/-berichtigung (**I**nput **T**ax)
IS	Informationssystem (**I**nformation **S**ystem)

Tabelle 17.2 Anwendungskürzel in SAP RE

BAdI-Interfaces

Jede BAdI-Definition weist ein Interface aus, das die Methoden enthält, die das BAdI zur Verfügung stellt. Diese Methoden werden – sofern Sie sie implementieren – an entsprechenden Stellen im Programm aufgerufen. Für das Interface IF_EX_RECD_CONDITION zum BAdI BADI_RECD_CONDITION aus unserer Abbildung stehen Ihnen folgende Methoden zur Verfügung:

- CHECK_ALL – führt zusätzliche Prüfungen für die Konditionen durch (Validierung).
- GET_ADJUSTMENT_RULE – ermöglicht das Vorbelegen einer Anpassungsregel.
- GET_LOCK_CONTEXT – ermöglicht das Sperren von Konditionen gegen Änderung.
- GET_TAKE_ADJUSTMENT_RULE – steuert das Vorbelegen der Anpassungsregelübernahme.

Will man nun z. B. kundenspezifische Konsistenzprüfungen für Konditionen programmieren, kann man die Methode CHECK_ALL benutzen.

[+]

Häufig verwendete BAdIs in Stammdatendialogen

In allen Stammdatendialogen – auch in denen des Vertrages – stehen Ihnen BAdI-Interfaces mit Standardmethoden für zusätzliche Prüfungen (CHECK_ALL), Vorbelegungen oder die automatische Versorgung von Feldern (SUBSTITUTE) und eine kundendefinierte Vergabe der Schlüsselnummern (GET_NUMBER) zur Verfügung.

Beispielimplementierungen

In vielen Fällen enthalten die BAdI-Definitionen Beispielimplementierungen, an denen man sich bei seiner eigenen Implementierung orientieren sollte. Im Falle des BAdI BADI_RECD_DIST_RULE finden Sie u.a. die Beispielimplementierung CL_EXM_IM_RECD_DIST_RULE (Namenskonvention CL_EXM_IM_REXX_*).

Beachten Sie bitte auch folgende Eigenschaften von BAdIs, auf die man während der Programmierung der Implementierung Rücksicht nehmen sollte:

- **Mehrfachimplementierungen**
  BAdI-Definitionen können Mehrfachimplementierungen erlauben. In diesem Fall werden die verschiedenen Implementierungen nacheinander durchlaufen, wobei man allerdings nicht von einer festen Reihenfolge ausgehen kann. Es könnte beispielsweise sein,

dass für bestimmte Länder bereits eine länderspezifische Sonderabwicklung aktiv ist und außerdem eine kundenspezifische Implementierung erstellt wurde.

- **BAdI-Filter**
  BAdI-Definitionen können Filterwerte enthalten, d.h., sie werden kontextabhängig aufgerufen. Sie finden solche Filterwerte u.a. beim BAdI `BADI_REIS_LIST`. Wie Sie in Abbildung 17.7 sehen, wird hier als Filter der Name des jeweils ausgeführten Reports verwendet. Wenn Sie in Ihrer BAdI-Implementierung eine entsprechende Einschränkung auf den Reportnamen vornehmen, wird die Implementierung nur für den festgelegten Report durchlaufen.

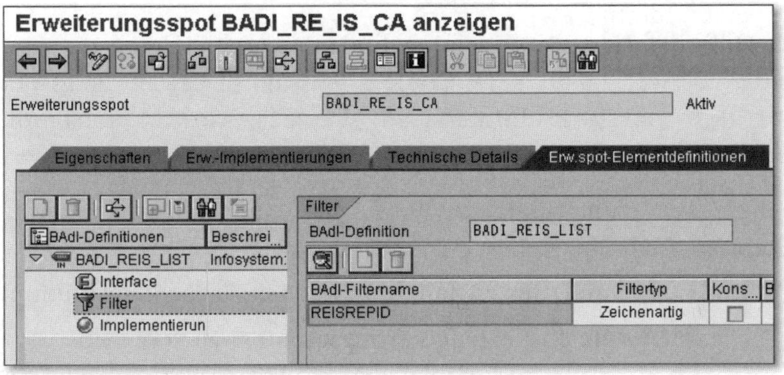

Abbildung 17.7 BAdI mit Filter über den Reportnamen

- **BAdI-Implementierungen, die im Customizing zu schalten sind**
  Einige BAdI-Implementierungen können so eingerichtet werden, dass sie über eine Checkbox im Customizing ausschaltbar sind.

[+]

Weiterführende Informationen zu BAdIs

Weitere Informationen zu BAdIs finden Sie in der SAP-Bibliothek (*help.sap.com*) unter SAP NetWeaver • Enhancement Framework • Business Add-Ins (BAdIs).

Wir wollen nun an Beispielen zeigen, wie im Rahmen einer BAdI-Implementierung folgende Kundenanforderungen umgesetzt werden:

- **Feld »Berechtigungsgruppe« füllen (Substitution)**
  Wir zeigen am Beispiel des Vertrages, wie man Felder automatisch mit Werten versorgen oder vorbelegen kann – siehe Abschnitt 17.2.2, »Praxisbeispiel III: Vorbelegen eines Feldes (Substitution)«.

- **Daten der zugeordneten Objekte prüfen (Validierung)**
  Um manuelle Fehleingaben zu verhindern, soll vor dem Sichern eines Vertrages geprüft werden, ob nur Mietobjekte gleicher Nutzungsart aus ein und derselben Wirtschaftseinheit zugeordnet wurden. Im Bedarfsfall soll eine Fehlermeldung ausgegeben werden – siehe Abschnitt 17.2.4, »Praxisbeispiel IV: Daten prüfen (Validierung)«.
- **Kundenspezifische Nummernvergabe**
  Beim Anlegen eines Vertrages der Vertragsart XYZ soll die Nummer nach einer kundenspezifischen Systematik vergeben werden – siehe Abschnitt 17.2.6, »Praxisbeispiel V: Nummernvergabe von Verträgen«.

Mit Hilfe der Namenskonvention finden Sie sehr schnell das passende BAdI `BADI_RECN_CONTRACT` zum Erweiterungsspot `BADI_RE_CN_CN`. Das BAdI-Interface `IF_EX_RECN_CONTRACT` enthält folgende Methoden:

- `CHECK_ALL` – um zusätzliche Prüfungen durchzuführen (Validierung)
- `SUBSTITUTE` – um Daten zu ändern bzw. zu ergänzen (Substitution)
- `GET_NUMBER` – um eine eigene Vertragsnummer zu vergeben
- `AFTER_STORE` – um nach dem Sichern weitere Aktionen durchzuführen
- `BEFORE_DELETE` – um zusätzliche Prüfungen vor dem Löschen durchzuführen
- `AFTER_DELETE` – um Daten aus Zusatztabellen zu löschen
- `AFTER_OBJECT_REL_CHANGE` – um Daten nach der Änderung der Objektzuordnung zu ändern bzw. zu ergänzen

17.2.2 Praxisbeispiel III: Vorbelegen eines Feldes (Substitution)

Das Feld Berechtigungsgruppe wird bei vielen Unternehmen als zusätzliche Möglichkeit zur Einschränkung von Berechtigungen für Immobilienobjekte verwendet. Es soll in unserem Unternehmen automatisch beim Sichern eines Vertrages gefüllt werden und aus der Nummer der Wirtschaftseinheit, einem Punkt und der Vertragsart zusammengesetzt werden. Es wird vorausgesetzt, dass die Verträge nur Objekte einer Wirtschaftseinheit enthalten – siehe hierzu Abschnitt 17.2.4, »Praxisbeispiel IV: Daten prüfen (Validierung)«.

Für Vorbelegungen bzw. das Überschreiben von Feldern ist die Methode `SUBSTITUTE` vorgesehen. Um diese Methode zu implementieren, gehen Sie wie folgt vor:

Schritt 1 – Neue Implementierung des BAdI »BADI_RECN_CONTRACT« anlegen

Rufen Sie im Customizing von SAP RE den Pfad STAMMDATEN • NUTZUNGSSICHT • VERTRAG • ERWEITERUNGEN IMPLEMENTIEREN (BADI) auf. Alternativ können Sie auch die Transaktion RE80 (Object Navigator) oder eine der BAdI-Builder-Transaktionen SE18 oder SE19 verwenden und dort den Erweiterungsspot `BADI_RE_CN_CN` auswählen. Im Navigationsbaum wählen Sie für die BAdI-Definition `BADI_RECN_CONTRACT` den Eintrag IMPLEMENTIERUNG und drücken die rechte Maustaste. Wählen Sie anschließend ANLEGEN, und geben Sie im Folgebild einen Namen und eine Bezeichnung für Ihre Implementierung an.

BAdI-Implementierung anlegen

Eine Implementierung anzulegen bedeutet, eine Klasse im Kundennamensraum anzulegen, die das BAdI-Interface implementiert. Geben Sie den Namen der neu anzulegenden Klasse an. Diese Klasse wird das durch den BAdI vorgegebene Interface implementieren. Als Nächstes programmieren Sie die Methode aus, die Sie benutzen wollen. Methoden, die Sie nicht benutzen wollen, lassen Sie leer – Sie müssen diese aber trotzdem aktivieren.

Schritt 2 – Methode »SUBSTITUTE« implementieren

Wählen Sie in Ihrer Klasse die Methode `SUBSTITUTE` aus. Schauen Sie sich zunächst an, welche Parameter Ihnen in der Schnittstelle zur Verfügung stehen.

BAdI-Methode »Substitute«

Im Falle der `SUBSTITUTE`-Methode sind das folgende Informationen:

- die Objektinstanz des Vertrages `io_object`
- die Information, ob Sie beim Anlegen (01), Anzeigen (03) oder Ändern (03) des Objekts sind – `id_activity`
- eine Information, in welcher Phase des Dialoges Sie sich befinden – `id_event_type`:
  - I – beim Initialisieren eines neuen Objekts

- M – beim manuellen Aufruf der Funktion über die Oberfläche (Menüpunkt BEARBEITEN --> AKTUALISIEREN)
- S – vor dem Sichern des Objekts

Über die Objektinstanz können Sie auf alle Daten zugreifen, die im Dialog erfasst wurden (aktueller Zustand, noch nicht auf der Datenbank gesichert).

Die notwendigen Daten für die Berechtigungsgruppe (Wirtschaftseinheit, Vertragsart) beschaffen Sie zunächst über einen lesenden API-Baustein; Näheres hierzu finden Sie unter 17.2.3, »Tipps und Tricks I«. Die Übergabe an den Dialog erfolgt über einen ändernden API-Baustein.

Listing 17.1 zeigt Ihnen, wie das Coding Ihrer Implementierung aussehen könnte. Wir verwenden hier den Zeitpunkt »S« (vor dem Sichern), damit der Anwender die Daten nicht mehr manuell überschreiben kann.

Beispiel Substitution

```
METHOD if_ex_recn_contract~substitute.

DATA: ls_contract     TYPE bapi_re_contract_int,
   ls_contract_x    TYPE bapi_re_contract_intx.
* Beim Anlegen, direkt vor dem Sichern
  IF id_activity = '01' AND id_event_type = 'S'.
*  Vertragsdaten beschaffen
*  (aktuelle Daten aus dem Dialog)
   CALL FUNCTION 'API_RE_CN_GET_DETAIL'
    EXPORTING
     io_object = io_object
    IMPORTING
     es_contract = ls_contract
    EXCEPTIONS
     error    = 1
     OTHERS    = 2.
   IF sy-subrc = 0.
*   Zusammensetzen der Berechtigungsgruppe aus
*    - Nummer der Wirtschaftseinheit
*    - Punkt
*    - Vertragsart
    CONCATENATE
     ls_contract-benocn
     ls_contract-recntype
     INTO ls_contract-authgrp
     SEPARATED BY '.' .
```

```
*    Kennzeichen, welches Feld zu ändern ist
     ls_contract_x-authgrp = 'X'.
*    Feldänderung vornehmen
*    (Datenbank-Update erfolgt durch das rufende Programm)
     CALL FUNCTION 'API_RE_CN_CHANGE'
      EXPORTING
       io_object   = io_object
       is_contract = ls_contract
       is_contract_x = ls_contract_x
      EXCEPTIONS
       error    = 1
       OTHERS    = 2.
    ENDIF.
  ENDIF.
```

Listing 17.1 Beispiel für Vorbelegung der Berechtigungsgruppe

[!]

Aktivierung

Sowohl die implementierende Klasse als auch die Implementierung müssen aktiviert werden. Anschließend ist ein ausführlicher Test durchzuführen.

17.2.3 Tipps und Tricks I

Anwendungsdaten beschaffen

Wie Sie im Beispiel in Abschnitt 17.2.4, »Praxisbeispiel IV: Daten prüfen (Validierung)«, sehen, werden bei der Ausprogrammierung häufig Daten des sich gerade in Arbeit befindenden Objekts benötigt, also Daten, die noch nicht auf der Datenbank abgespeichert sind. Andererseits braucht man möglicherweise auch Daten von Objekten, die bereits gespeichert wurden (persistente Daten).

[+]

Lesen von Daten – API-Funktionsbausteine

Ungesicherte Daten können mit Hilfe der API-Bausteine über die Objektinstanz beschafft werden, gesicherte ebenfalls über API-Bausteine, allerdings unter Benutzung der entsprechenden Schlüsselfelder oder durch Markieren des Importparameters `IF_OLD_DATA`.

Benutzen Sie für Datenzugriffe niemals direkte `SELECT`-Befehle, sondern immer BAPI- oder API-Funktionsbausteine. Diese Funktionsbausteine sind über die Transaktion SE37 mit Hilfe der Namenskonvention BAPI_RE* bzw. API_RE* auffindbar und für die Nutzung durch Kunden freigegeben.

APIs und BAPIs

Die API bzw. BAPI genannten freigegebenen Funktionsbausteine finden Sie über die Transaktion SE37, wenn Sie als Suchmuster

»API_RE*« bzw. »BAPI_RE*« eingeben und die Suche auf die Pakete RE* einschränken. Für das Lesen von Daten verwenden Sie die Bausteine »*_GET_DETAIL« (einzelne Objekte) bzw. »*_GET_LIST« (mehrere Objekte).

Datendeklarationen

Datendeklarationen sollten immer mit Bezug auf Standardobjekte, insbesondere auf BAPI- und API-Strukturen erfolgen, so wie Sie sie in den Funktionsbaustein-Schnittstellen vorfinden.

[!]

Keine Datenbank-Updates in BAdIs

Strengstens gewarnt wird davor, direkte Inserts, Updates oder Deletes innerhalb von BAdI-Implementierungen vorzunehmen. Es ist außerdem verboten, innerhalb von BAdI-Implementierungen die Befehle `COMMIT WORK` oder `ROLLBACK WORK` zu verwenden. Der Einsatz dieser Befehle führt mit großer Wahrscheinlichkeit zu Dateninkonsistenzen. Daten der aktuellen Instanz ändern Sie über den entsprechenden Change-API, wie oben im Beispiel vorgeführt.

Falls Sie Daten sichern möchten, die nicht direkt zum behandelten Objekt gehören, rufen Sie die entsprechenden Verbuchungsbausteine mit dem Zusatz `in update task` auf. Die Datenfortschreibung erfolgt, sobald die rufende Anwendung einen `Commit` absetzt.

Testen

Testen Sie Ihre BAdI-Implementierung ausführlich. Sehr hilfreich kann es sein, in der Testphase das Coding so zu gestalten, dass es nur für bestimmte Testanwender durchlaufen wird und nicht alle Anwender behindert werden (siehe Listing 17.2):

```
CHECK sy-uname = '<Username des Entwicklers/Testers>'.
```

Listing 17.2 Einschränkung auf den Entwickler/Tester

Stellen Sie sicher, dass keine unerwarteten Nebeneffekte in anderen Anwendungen auftreten. Es kommt häufig vor, dass ein BAdI nicht nur im Stammdatendialog durchlaufen wird, sondern auch in anderen Anwendungen, z. B. in der Mietanpassung oder der periodischen Buchung. Hier ist es hilfreich, während der Tests Breakpoints in die BAdI-Implementierungen einzubauen, um festzustellen, wo das BAdI aufgerufen wird, und Seiteneffekte auszuschließen.

17.2.4 Praxisbeispiel IV: Daten prüfen (Validierung)

In unserem System sollen nur Mietverträge angelegt werden dürfen, die Mietobjekte aus der gleichen Wirtschaftseinheit aufweisen. Die

Mietobjekte sollen zudem alle die gleiche Nutzungsart haben. Verträge mit Objekten aus unterschiedlichen Wirtschaftseinheiten oder verschiedenen Nutzungsarten sollen nicht gesichert werden können.

BAdI-Methode »Check_All«

Die Methode CHECK_ALL des BAdI BADI_RECN_CONTRACT ist geeignet, um die notwendigen Prüfungen im Vertragsdialog auszuführen. Da wir bereits im Praxisbeispiel in Abschnitt 17.2.2, »Praxisbeispiel III: Vorbelegen eines Feldes (Substitution)«, eine Implementierung des BAdI angelegt haben, brauchen wir nun in dieser Implementierung nur noch die Methode SUBSTITUTE zu ergänzen (siehe Listing 17.3). Für die Prüfung der Einheitlichkeit der Wirtschaftseinheit finden Sie eine Beispielimplementierung im System, die Sie als Vorlage benutzen und – wie in Listing 17.3 vorgeführt – ergänzen können.

Beispiel Validierung

```
METHOD if_ex_recn_contract~check_all.
 DATA: ...
  LOOP AT lt_object_rel INTO ls_object_rel.
   CALL FUNCTION 'API_RE_BUSOBJ_GET_DETAIL'
    EXPORTING
     id_objnr    = ls_object_rel-objnrcn
    IMPORTING
     ed_objtype  = ls_objtype    <<<
     es_transp_keys = ls_transp_keys
    EXCEPTIONS
     error       = 1
     OTHERS      = 2.
   ...
   IF ls_objtype = 'IM'.
    CALL FUNCTION 'API_RE_RO_GET_DETAIL'
     EXPORTING
      id_objnr            = ls_object_rel-objnrcn
     IMPORTING
      es_rental_object       = ls_rental_object
     EXCEPTIONS
      error               = 1
      OTHERS               = 2.
    IF sy-subrc = 0.
     IF ld_usagetype IS INITIAL.
      ld_usagetype = ls_rental_object-snunr.
     ELSE.
      IF ld_usagetype <> ls_rental_object-snunr.
       lf_different_usage = abap_true.
       EXIT.
      ENDIF.
     ENDIF.
```

```
      ENDIF.
     ENDIF.
     ...
    IF 1 = 2. MESSAGE e002(zzrecn). endif.
  * Unterschiedliche Nutzungsarten
    IF lf_different_usage = abap_true.
     ls_error-msgty = 'E'.
     ls_error-msgid = 'ZZRECN'.
     ls_error-msgno = '002'.
     APPEND ls_error TO lt_error.
    ENDIF.
   ENDIF.
   ct_message = lt_error.
  ENDMETHOD.
```

Listing 17.3 Ausschnitt Beispielcoding für eine Validierung

17.2.5 Tipps und Tricks II

Beispielimplementierungen suchen

In unserem Beispiel hätte es sich gelohnt, zunächst eine Beispielimplementierung zu kopieren, da schon eine Vorlage für die Prüfungen der Einheitlichkeit der Wirtschaftseinheit in einem Vertrag vorhanden ist. Die meisten BAdIs enthalten Beispiele, die Sie sich ansehen sollten, um herauszufinden, wie die BAdIs arbeiten.

In unserem Beispiel haben wir eine Fehlermeldung abgesetzt – das wird man in CHECK-Methoden immer tun.

[+]

Fehlermeldungen

Um Fehlermeldungen oder andere Nachrichten zu senden, verwenden Sie in den BAdI-Implementierungen für SAP RE nie die Anweisung MESSAGE, sondern stellen wie in der oben benutzten Beispielimplementierung die Nachricht in eine Nachrichtentabelle ct_message, die im Allgemeinen in der Schnittstelle der BAdI-Methode angeboten wird.

Auf diese Weise wird die Nachricht zusammen mit den Standardnachrichten ausgegeben, wie Sie dies in Abbildung 17.8 sehen können. Zudem funktioniert dann die Nachrichtenausgabe nicht nur im Dialog. Sie wird auf diese Weise auch im Batch, also z. B. beim Anlegen von Daten über Schnittstellen, korrekt verarbeitet.

Die Anweisung (siehe Listing 17.4), die wir dem Beispielcoding (siehe Listing 17.3) entnommen haben, mag etwas ungewöhnlich erscheinen, weil sie nie erreicht wird.

```
IF 1 = 2. MESSAGE e002(zzrecn). endif.
```

Listing 17.4 Nachrichten für den Verwendungsnachweis sichtbar machen

Sie dient lediglich dazu, über den Verwendungsnachweis einer Nachricht die Stelle im Coding aufzufinden, von der aus sie gesendet wird, und erleichtert auf diese Weise die Fehleranalyse.

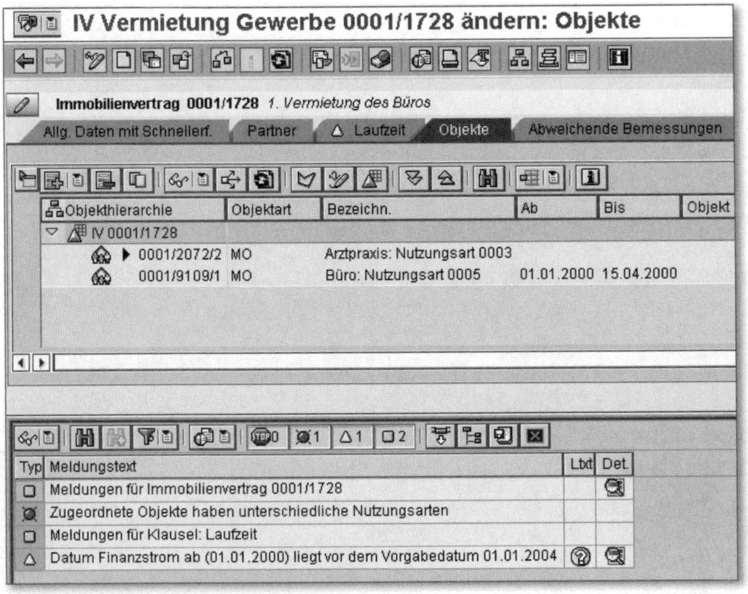

Abbildung 17.8 Nachricht aus der Beispielimplementierung

17.2.6 Praxisbeispiel V: Nummernvergabe von Verträgen

Die Vertragsnummern sollen in unserem System wie in der Form xaaaa-bbb-ccc vergeben werden, wobei x ein Kürzel für die Vertragsart ist, aaaa die Nummer der Wirtschaftseinheit, bbb die Nummer des Mietobjekts und ccc ein Zähler. Es wird vorausgesetzt, dass der Vertrag nur ein einziges Mietobjekt enthält.

BAdI-Methode »Get_Number«

Für die Nummernvergabe der Verträge steht in den BAdIs zu den Stammdatendialogen eine Methode `GET_NUMBER` zur Verfügung. Wir fügen in unsere BAdI-Implementierung zum BAdI `BADI_RECN_CONTRACT` eine Implementierung der Methode `GET_NUMBER` ein (siehe Listing 17.5).

Vergabe einer Vertragsnummer

```
METHOD if_ex_recn_contract~get_number.
DATA:
```

```
  ls_contract    TYPE bapi_re_contract_int,
  ls_cntype_detail TYPE recnc_contract_type_x,
  ld_prefix     TYPE c.
* Vertragsart beschaffen ls_contract-recntype
 CALL FUNCTION 'API_RE_CN_GET_DETAIL'
  EXPORTING
   io_object = io_object
  IMPORTING
   es_contract = ls_contract
  EXCEPTIONS
   error    = 1
   OTHERS   = 2.
 IF sy-subrc <> 0.
  RAISE cancel.
 ENDIF.

* Customizing der Vertragsarten lesen
 CALL METHOD cl_recnc_contract_type=>get_detail_x
  EXPORTING
   id_smvart = ls_contract-recntype
   id_langu  = sy-langu
   id_xsearch = '3'
   id_require = ' '
  RECEIVING
   rs_detail_x = ls_cntype_detail
  EXCEPTIONS
   not_found = 1
   OTHERS    = 2.
 IF sy-subrc <> 0.
  RAISE cancel.
 ENDIF.

* Präfix: 1. Buchstabe des Langtextes der Vertragsart
 ld_prefix = ls_cntype_detail-xmbez(1).
* Standardbaustein zur Generierung einer Vertragnummer
 CALL FUNCTION 'API_RE_CN_NUM_GENERATE_BY_OBJ'
  EXPORTING
   io_object   = io_object
   id_lenpart1 = 4
   id_separator1 = '-'
   id_lenpart2 = 2
   id_separator2 = '-'
   id_prefix   = ld_prefix
  IMPORTING
   ed_recnnr   = cd_recnnr
```

```
  EXCEPTIONS
   error    = 1
   OTHERS    = 2.
 IF sy-subrc <> 0.
  RAISE cancel.
 ENDIF.
ENDMETHOD.
```

Listing 17.5 Beispielcoding für die Vergabe einer Vertragsnummer

[!]

Interne Nummernvergabe

Die Nummernvergabe muss im Falle einer BAdI-Implementierung für GET_NUMBER auf *intern* eingestellt sein.

17.2.7 Tipps und Tricks III

Customizing lesen

In Abschnitt 17.2.6, »Praxisbeispiel V: Nummernvergabe von Verträgen«, haben wir Daten aus dem Customizing der Vertragsarten gelesen und den ersten Buchstaben aus dem Langtext der Vertragsart für die Bildung der Nummer benutzt. Immer, wenn Sie Daten aus dem Customizing benötigen, können Sie entsprechende Zugriffsklassen aus dem Standard benutzen. Sie finden diese über die Namenskonvention CL_RExxC_* , wobei xx für die Anwendung steht (siehe auch Tabelle 17.2). Sie haben den Vorteil, dass sie das gelesene Customizing puffern und so weitere Datenbankzugriffe vermieden werden (Performance!). Um die Vertragsartentabelle zu lesen, findet man unter Benutzung der Namenskonvention mit xx=CN die Klasse CL_RECNC_CONTRACT_TYPE. Diese liefert über die Methode GET_DETAIL_X die Details zur Vertragsart.

17.3 Konfigurierbare Nachrichten

Gelegentlich kommt es vor, dass eine Fehlermeldung oder – allgemeiner – eine Nachricht, die von den Dialogen oder Programmen gesendet wird, in Ihrem konkreten Geschäftsumfeld in dieser Form nicht sinnvoll ist. Es sind z. B. folgende Fälle denkbar:

- Eine Warnung ist aus Ihrer Sicht überflüssig.
- Eine Fehlermeldung soll nur eine Warnung sein.
- Eine Warnung sollte besser als Fehlermeldung gesendet werden.

In einigen Fällen ist es möglich, ohne Eingriff in die Programme, den Typ einer Nachricht per Customizing (Warnung oder Fehler) zu ändern oder die Nachricht ganz auszuschalten. Die entsprechenden Festlegungen können für alle oder für einzelne Benutzer getroffen werden. Sie finden diese Einstellung im Customizing unter WERKZEUGE • KONFIGURIERBARE NACHRICHTEN.

[!] Die Konfiguration von Nachrichten ist nur möglich, wenn der Programmierer diese Möglichkeit im Programm vorgesehen hat. Im Allgemeinen ist dies im Langtext der Nachricht vermerkt, wie Sie in Abbildung 17.9 sehen können.

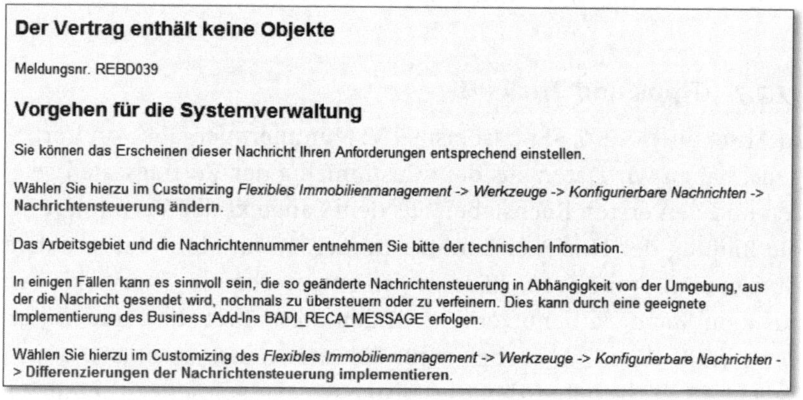

Der Vertrag enthält keine Objekte

Meldungsnr. REBD039

Vorgehen für die Systemverwaltung

Sie können das Erscheinen dieser Nachricht Ihren Anforderungen entsprechend einstellen.

Wählen Sie hierzu im Customizing *Flexibles Immobilienmanagement -> Werkzeuge -> Konfigurierbare Nachrichten ->* **Nachrichtensteuerung ändern.**

Das Arbeitsgebiet und die Nachrichtennummer entnehmen Sie bitte der technischen Information.

In einigen Fällen kann es sinnvoll sein, die so geänderte Nachrichtensteuerung in Abhängigkeit von der Umgebung, aus der die Nachricht gesendet wird, nochmals zu übersteuern oder zu verfeinern. Dies kann durch eine geeignete Implementierung des Business Add-Ins BADI_RECA_MESSAGE erfolgen.

Wählen Sie hierzu im Customizing des *Flexibles Immobilienmanagement -> Werkzeuge -> Konfigurierbare Nachrichten -* **> Differenzierungen der Nachrichtensteuerung implementieren.**

Abbildung 17.9 Langtext einer konfigurierbaren Nachricht

BAdI »BADI_RECA_MESSAGE«

Für konfigurierbare Nachrichten in SAP RE besteht über das Customizing hinaus in vielen Fällen die Möglichkeit, in Abhängigkeit vom konkreten Kontext differenzierte Entscheidungen über die Art der Nachricht zu treffen. Beispielsweise könnte man in Abhängigkeit von der Vertragsart eine Nachricht als Fehler senden oder sie ganz ausblenden. Die Differenzierungen sind über eine Implementierung des BAdI `BADI_RECA_MESSAGE` möglich.

17.4 Erweiterung im Reporting

Die Einführung neuer Software bietet immer die Chance, sich von »alten Stiefeln« zu trennen, Geschäftsprozesse zu überdenken und zu optimieren. Dabei sollten Sie auch Ihre bisherigen Reporting-Gewohnheiten kritisch prüfen und feststellen, ob sie noch den neuen

Gegebenheiten entsprechen. Entwickler von Standardsoftware wie SAP sind in der Regel bemüht, die »allgemein üblichen« Reporting-Anforderungen abzudecken, sie können aber nicht alle speziellen Kundenbedürfnisse voraussehen. Daher wird der Abgleich zwischen Ihren Reporting-Anforderungen und den Reporting-Möglichkeiten in SAP RE möglicherweise Lücken zutage befördern, die im Zuge des Einführungsprojekts geschlossen werden müssen. Das muss nicht immer heißen, dass neue, kundenspezifische Reports entstehen – mit allen Folgen für die zukünftige Pflege und Wartung. Das kann auch heißen, dass man die zur Verfügung stehenden Erweiterungsmöglichkeiten nutzt.

SAP List Viewer – ALV

In RE stehen eine Reihe von Reports im Business Information Warehouse (auf die wir hier nicht eingehen werden) zur Verfügung und darüber hinaus viele Reports direkt im System. Letztere basieren sämtlich auf dem SAP List Viewer, der auch als *ABAP List Viewer* (ALV) bekannt ist.

In den mit Hilfe des ALV erzeugten Listen haben Sie vielfältige Möglichkeiten zur Konfigurierung der Listen durch Anlegen eigener Layouts mit entsprechender Spaltenauswahl, Summierungen oder Filterung. Darüber hinaus bietet SAP RE einige spezielle Erweiterungsfunktionen an.

In Tabelle 17.3 sind einige typische Problemstellungen und Lösungsansätze aufgeführt.

Problemstellung	Lösungsansätze Standard	RE-spezifische Lösungsansätze
Vorbelegung von Parametern beim Starten von Reports	Verwendung eigener Transaktionen oder Transaktions-Varianten zum Report Benutzung der dynamischen Selektionen eigene Selektionsviews anlegen (für dynamische Selektionen)	Benutzung von Sets
spezielle Summierung in Spalten (Bemessungen, Konditionen)		Reportprofile und -layouts verwenden (Customizing)

Tabelle 17.3 Typische Reporting-Anforderungen

Problemstellung	Lösungsansätze Standard	RE-spezifische Lösungsansätze
Listausgabe verändern, z. B. Felder ausblenden in Abhängigkeit von speziellen Berechtigungen		Verwendung von BADI_REIS_LIST
zusätzliche Felder in Listen anzeigen	ALV-Layout	Verwendung von BADI_REIS_LIST
eigene Listen, die keine oder wenig Ähnlichkeit mit verfügbaren Standardlisten haben	Querys anlegen eigene Reports anlegen	logische Datenbanken in RE verwenden

Tabelle 17.3 Typische Reporting-Anforderungen (Forts.)

Kommen wir nun zu den RE-spezifischen Lösungsansätzen. Die Benutzung von Sets und Reportprofilen wurde bereits in Kapitel 14, »Infosystem«, besprochen. Wenden wir uns daher dem Einsatz des BAdI BADI_REIS_LIST zu.

BAdI »BADI_REIS_LIST«

Das Business Add-In BADI_REIS_LIST erlaubt es, die Ausgabetabelle, die ein Report des Infosystems an den SAP List Viewer übergibt, zu modifizieren. Es besteht die Möglichkeit, die Werte, die der Report ermittelt hat, Ihren Bedürfnissen anzupassen. Sie können beispielsweise folgende Veränderungen vornehmen:

- Felder hinzufügen, indem Sie die Ausgabestruktur modifikationsfrei per APPEND erweitern und die Felder im BAdI BADI_REIS_LIST mit Werten versorgen
- Feldinhalte löschen, für die der Benutzer keine Berechtigung hat
- das Layout der Ausgabe ändern

Als Filterkriterium für das BAdI wird die Report-ID verwendet. Sie identifiziert den gestarteten Report. Eine Übersicht über die Report-IDs finden Sie in der Tabelle TIVISREP, die auch eine Information über die Liststruktur des Reports enthält.

Logische Datenbanken

In SAP RE werden folgende logische Datenbanken verwendet:

- REAO Architektur
- REBD Immobilienobjekte (Nutzungssicht)

- REBP Partner (Real Estate)
- RECN Verträge
- REORRR Immobiliengesuche

Sie können auf Basis der logischen Datenbanken eigene Querys erzeugen oder gegebenenfalls auch eigene Reports schreiben.

Selektionsviews

Falls die vorhandenen Selektionsmöglichkeiten nicht ausreichen, können Sie zusätzliche eigene Felder in den Selektionsview einfügen:

1. Stellen Sie fest, mit welcher logischen Datenbank der Report arbeitet, und rufen Sie für diese Datenbank die Transaktion SE36 (Logical Database Builder) oder SE80 auf.
2. Wählen Sie im Menü ZUSÄTZE • SELEKTIONSVIEWS.
3. Kopieren Sie den Selektionsview SAP nach CUS.
4. Ändern Sie den View CUS. Gehen Sie in den Bereich TABELLEN, wählen Sie die richtige Tabelle, und ordnen Sie das gewünschte Feld einer Sachgruppe zu.

Der Selektionsview ist nun über die »Freien Abgrenzungen« aller Reports, die die entsprechende logische Datenbank benutzen, verfügbar und erlaubt Ihnen Abgrenzungen über die von Ihnen hinzugefügten Felder.

17.5 Zusammenfassung

Nachdem wir in den vorangegangenen Kapiteln ausführlich die Flexibilität von SAP RE aus der Sicht der Anwendung geschildert haben, haben Sie in diesem Kapitel die Flexibilität von SAP RE nun auch von der technischen Seite kennengelernt.

Sie haben gesehen, dass Ihnen SAP RE an vielen Stellen erlaubt, die Anwendung so flexibel zu erweitern oder auch einzuschränken, wie es Ihre Geschäftsprozesse erfordern. Durch diese individuelle Ausprägung des Systems wird die Standardsoftware SAP RE zu Ihrer individuellen Software.

Anhang

A Teilfunktionen in Enhancement Packages

Sie erhalten nun eine Übersicht über die Teilfunktionen von SAP RE, die mit Enhancement Packages ausgeliefert werden.

[+]

Anhang zum Ausdrucken

Um besser mit diesen Informationen arbeiten zu können, haben Sie auch die Möglichkeit, die Anhänge – Teilfunktionen in Enhancement Packages, SAP-Hinweise und periodische Arbeiten – unter *www.galileo-press.de* herunterzuladen.

Den Code, den Sie benötigen, um zum Zusatzangebot dieses Buches zu gelangen, finden Sie auf der ersten Seite im Buch (blaue Umschlagseite).

Im Folgenden sind die in den Enhancement Packages 602, 603 und 604 zur Verfügung stehenden Teilfunktionen aufgeführt.

A.1 Teilfunktionen in EhP 2 in SAP ERP 6.0

Enhancement Package 602 bietet Ihnen die folgenden Erweiterungen:

Automatisch aktive Funktionen – Real Estate (RE_GEN_CI_1)

Automatisch aktive Funktionen können Sie immer verwenden, wenn Sie die Business Function *Estate* (RE_GEN_CI_1) aktiviert haben. Die folgenden Funktionen finden Sie in diesem Fall im Customizing und im SAP-Easy-Access-Menü, ohne zusätzlich Teilfunktionen aktivieren zu müssen:

- **Abgrenzung**
  Sie können neben den Nettobeträgen auch die Steuerbeträge von Konditionen abgrenzen.
- **Reporting**
  Es steht ein neuer Bericht zur Postenübersicht für mehrere Verträge zur Verfügung.

- **Wohnungseigentümergemeinschaft**
  Es steht eine zusätzliche Transaktion zum Ausweis des Rücklagen- und Geldvermögens einer Wohnungseigentümergemeinschaft (WEG) zur Verfügung.
- **WEG – Österreich**
  Es steht die Umsatzsteuerberechnung für die Wohnungseigentümergemeinschaft nach österreichischem Recht zur Verfügung.

Nicht automatisch aktive Funktionen – Real Estate (RE_GEN_CI_1)

Die im Folgenden genannten Teilfunktionen der Business Function RE_GEN_CI_1 sind nicht automatisch aktiv, sondern müssen explizit angeschaltet werden.

- **Wirtschaftlichkeitsberechnung**
  Die *Wirtschaftlichkeitsberechnung* ist ein Anpassungsverfahren, das in Deutschland für öffentlich geförderte Wohnungen benutzt wird.
- **User Interface für rückwirkende Änderungen**
  Die Teilfunktion *UI für rückwirkende Änderungen* sorgt dafür, dass sich das Bild im Register KONDITIONEN in der Vertrags- und Mietobjektbearbeitung ändert. Man kann hiermit verhindern, dass der Anwender versehentlich Konditionen rückwirkend ändert. Er wird darauf hingewiesen, dass rückwirkende Änderungen zu Nachbuchungen führen, und auf die Möglichkeit aufmerksam gemacht, eine neue Zeitscheibe für Konditionen anlegen zu können.

  Diese UI-Funktion sollten Sie insbesondere aktiviert haben, wenn Sie auch die Teilfunktion *Konditionssplit* verwenden, da bei der Bearbeitung der Anteile für die Partner die Gefahr versehentlicher rückwirkender Änderungen besonders groß ist.
- **Konditionssplit**
  Die Teilfunktion *Konditionssplit* sorgt dafür, dass Sie bei der Vertragsbearbeitung in der Buchungsklausel statt eines Partners mehrere Partner zuordnen können. Auf diese Weise können Konditionen mit dieser Buchungsklausel auf mehrere Partner aufgeteilt werden.

- **Erweiterungen der CO-Integration**
  Die Teilfunktion zur Erweiterung der CO-Integration ermöglicht die Übernahme von Plan-Finanzströmen in die Kostenartenplanung und die Verwendung von Haushaltsmanagement-Kontierungen (HHM).
- **Grafikintegration**
  Diese Teilfunktion stellt Ihnen in der Stammdatenbearbeitung standardmäßig eine Registerkarte zur Verfügung, auf der eine Grafik (CAD/GIS) zum Objekt angezeigt werden kann. Zur Anbindung des Grafiksystems müssen Sie allerdings die entsprechenden Klassen implementierten.
- **Liegenschaftsverwaltung**
  Die Teilfunktion *Liegenschaftsverwaltung* stellt Ihnen die Stammdatenobjekte und Funktionen der Liegenschaftsverwaltung (LUM) zur Verfügung.
- **Permanente Raumbelegung und Umzugsplanung**
  Wenn Sie diese Teilfunktion aktivieren, können Sie die Funktionen zur Bearbeitung der permanenten Raumbelegung und der Umzugsplanung nutzen.
- **Reservierung**
  Diese Teilfunktion betrifft die Reservierung von Räumen und ermöglicht Ihnen, Räume und dazu benötigte Dienstleistungen zu reservieren und die Kosten auf die betroffenen Kostenstellen, Aufträge oder Projekte zu buchen.
- **Erweiterungen zur Nebenkostenabrechnung**
  Sie können nach Aktivierung dieser Funktion bei der Vorauszahlungskondition eines Vertrages eintragen, mit welcher Buchungsklausel das Abrechnungsergebnis gebucht werden soll. Außerdem wird das Einstiegsbild für die Nebenkostenabrechnung anwenderfreundlicher.
- **Abgrenzung von Nebenkosten**
  Diese Teilfunktion stellt Ihnen ein Programm zur Abgrenzung von Nebenkosten zur Verfügung.
- **Finanzdisposition**
  Mit dieser Teilfunktion aktivieren Sie die Anbindung an die Finanzdisposition.

- **Sonstige Erweiterungen**
  Diese Teilfunktion umfasst folgende kleinere Erweiterungen:
  - Sie können bei Verträgen und bei der Wirtschaftlichkeitsberechnung Objekte gleichzeitig mehreren *Objektgruppen* zuordnen.
  - Bei entsprechenden Einstellungen im Customizing der Stammdaten stehen Ihnen zusätzliche Felder zur Verfügung: das Feld FUNKTION für Wirtschaftseinheit, Gebäude und Grundstück; die Felder zur Bearbeitung der *hierarchischen Lage* beim Grundstück.
  - Sie können Konditionen für Verträge, Mietobjekte oder Vertragsangebote in einer *Fremdwährung* vereinbaren, also einer Währung, die von der Hauswährung des Buchungskreises abweicht, sofern Sie dies in den Grundeinstellungen des Buchungskreises zugelassen haben.
  - Bei *Einmalkonditionen* können Sie ein *Gültig-bis-Datum* und eine von der Rhythmusklausel abweichende Fälligkeit manuell angeben.
  - Wenn Sie *Vorlagekonditionen* auf Verträge übernehmen möchten, dann werden die den Konditionen zugeordneten Klauseln zur Anpassung ebenfalls übernommen (abschaltbar).
  - Sie können im Umsatzmietvertrag festlegen, dass die Ergebnisse der Umsatzmietabrechnung in den Finanzstrom eingestellt und somit über die periodische Buchung gebucht werden.

A.2 Teilfunktionen in EhP 3 in SAP ERP 6.0

Das Enhancement Package 3 umfasst die Business Function *RE FM Mittelvormerkung* (RE_FM_EARMARKED_FUND). In dieser ist nur eine Teilfunktion enthalten, die Sie bei Bedarf aktivieren müssen:

- **Vertragsgenehmigung und Mittelvormerkung**
  Die Teilfunktion stellt Ihnen die Funktion zur Vertragsgenehmigung mit Integration in die Mittelvormerkung des Haushaltsmanagements zur Verfügung.

A.3 Teilfunktionen in EhP 4 in SAP ERP 6.0

Das Enhancement Package 604 beinhaltet folgende Business Functions:

- *Corporate Real Estate* (RE_CRE_MISC)
- *Real Estate 2* (RE_GEN_CI_2)

Automatisch aktive Funktionen – Corporate Real Estate (RE_CRE_MISC)

Die Business Function *Corporate Real Estate* (RE_CRE_MISC) enthält nur automatisch aktive Funktionen.

Sofern Sie die Umzugsplanung einsetzen (Teilfunktion *Permanente Raumbelegung und Umzugsplanung* in RE_GEN_CI_1), haben Sie nun folgende Möglichkeiten:

- Neben der Eingabe des generellen Auszugs- bzw. Einzugsdatum für jede am Umzug beteiligte Person können Sie zusätzlich ein individuelles Aus- und Einzugsdatum angeben.
- Sie können Belegungsanteile hinterlegen.

Außerdem stehen neue Transaktionen zum Buchen und Stornieren sowie zur Auswertung zur Verfügung.

Automatisch aktive Funktionen – Real Estate 2 (RE_GEN_CI_2)

Die Business Function *Real Estate 2* (RE_GEN_CI_2) enthält folgende Teilfunktionen:

- **Wirtschaftlichkeitsberechnung**
  Es werden ein Massenänderungsdienst und zusätzliche Auswertungen zur Verfügung gestellt, sofern Sie die Wirtschaftlichkeitsberechnung aus RE_GEN_CI_1 aktiviert haben.
- **Business Intelligence bzw. SAP NetWeaver BW**
  Es stehen weitere DataSources zur Verfügung.
- **Liegenschaftsverwaltung**
  Sie können eine vereinfachte Nummernvergabe für Flurstücke benutzen. Zudem sind weitere Auswertungen verfügbar, wenn Sie die Liegenschaftsverwaltung aus RE_GEN_CI_1 aktiviert haben.

- **Wunschkündigungsdatum**
  Bei der Kündigung von Verträgen und Objekten können Sie ein Wunschkündigungsdatum angeben, das in der Interessentenverwaltung berücksichtigt wird.
- **Periodische Buchungen**
  Es stehen Ihnen zusätzliche Abgrenzungen zur Selektion zur Verfügung.
- **RE-Navigator**
  Es stehen Ihnen hier folgende Funktionen zur Verfügung:
  - Anzeigen von vorhandenen Registrierungen zu einem Immobilienobjekt
  - Kopieren von Objekten per Drag & Drop
- **Nebenkostenabrechnung**
  Ein neuer Statusmonitor zu Abrechnungseinheiten und abrechnungsübergreifende Auswertungen sind verfügbar.
- **Berichte zur Umsatzmietabrechnung**
  Die Berichte zur Umsatzmietabrechnung wurden an andere Berichte des Informationssystems angepasst und können nun mit Hilfe eines Business Add-Ins (BAdI) erweitert werden.
- **Laufzeitdefinition und Objektzuordnung**
  Bei der Laufzeitdefinition und der Objektzuordnung von Verträgen und Vertragsangeboten können Sie einen von der Vertragslaufzeit abweichenden Nutzungszeitraum angeben.

Nicht automatisch aktive Funktionen – Real Estate 2 (RE_GEN_CI_2)

Die Business Function *Real Estate 2* (RE_GEN_CI_2) enthält folgende separat zu aktivierende Teilfunktionen:

- **Funktion auf Flurstück**
  Die Aktivierung dieser Teilfunktion ermöglicht es, in den Stammdaten des Flurstücks eine *Funktion* zu hinterlegen (Attribuierung von Flurstücken mit frei definierbaren Ausprägungen).

  Wenn Sie die Business Function *Steuern- und Einnahmenmanagement einschl. Grundsteuer* (PSCD_TRM_&_PROPERTY_TAX) aus dem PSCD verwenden, benötigen Sie das Feld FUNKTION, um Prozesse zur Abbildung von Grundsteuern im System zu nutzen.

- **NKA: Rundung Forderungsbetrag**
  Durch die Aktivierung dieser Teilfunktion können Sie festlegen, ob und wie das Ergebnis für die Nebenkostenabrechnungen gerundet wird, bei denen Forderungen und Guthaben aus Vorauszahlungen saldiert in einem Betrag gebucht werden.
- **Vorsteuerberichtigung**
  Durch die Aktivierung dieser Teilfunktion stehen Ihnen die Funktionen zur *Vorsteuerberichtigung* gemäß §15a UStG zur Verfügung.
- **BI Content-Extraktion**
  Wenn Sie diese Teilfunktion aktivieren, ändert sich die Extraktion der Stammdaten zu SAP NetWeaver BW. Dabei gibt es folgende Änderungen für die Stammdaten von Wirtschaftseinheit, Gebäude, Grundstück, Mietobjekt und Immobilienvertrag:
  - Bisher wurden der Geschäftsbereich und das Profit-Center sowie die Belegung von Mietobjekten zum Stichtag extrahiert. Nun werden diese Attribute für den gesamten Zeitraum übergeben.
  - Es gibt zusätzliche Ausprägungen für das Attribut Belegung (*Reserviert* und *zur Vermietung vorgesehen*).
  - Die Stammdaten von Mietobjekten (DataSource *0RENTOBJECT_ATTR*) wurden um den Leerstandsgrund ergänzt.

B Wichtige SAP-Hinweise

Wir führen an dieser Stelle einige wichtige SAP-Hinweise auf, die Detailinformationen zu Spezialthemen bieten. Sie finden diese Hinweise auf dem SAP Service Marketplace (*http://service.sap.com*). Geben Sie zur Hinweissuche bitte den Themenkreis »RE-FX*« an.

Einige dieser Hinweise werden bei Bedarf aktualisiert. Wir empfehlen Ihnen deshalb, sich regelmäßig über aktuelle Hinweise zu informieren.

Allgemeine Informationen

443311	Enterprise Extension SAP RE: Technische Grundlagen
517673	Flexible Real Estate: Funktionsumfang, Einschränkungen
771098	Länder: Freigabeeinschränkung RE-FX
828160	Migration von RE Classic nach RE-FX
929407	Änderung im Customizing wirkt sich nicht sofort aus
1321759	RE-FX Währungsumstellung (Euro-Konversion)

Geschäftspartner

882801	Kurzdump beim Anlegen eines debitorischen Geschäftspartners
956054	P_CVI: Debitoren/Kreditoren-Integration ab ERP 6.00

Verträge

703047	Rundungsmöglichkeiten in RE-FX
802580	Änderung der Organisationsstruktur: Kostenstelle, PC
907742	Beispielimplementierung FAS13 US-GAAP
917843	Beratungshinweis: Finanzstromaktualisierung
931848	Beratungshinweis: Nachbuchungsrelevante Änderungen
926520	Beratungshinweis: Wechsel Vertragspartner
1342039	Integration Leasingbuchhaltung (FI-LA) und RE-FX

Rechnungswesen

775492	Beratungshinweis: Mahnen mit RE-FX
803178	Keine Übernahme der Zahlungsbedingung in FI-Beleg
829676	Beratungshinweis: Abgrenzung im RE-FX
842124	Zinsen berechnen für Posten zu Immobilienverträgen
884329	Buchen auf abweichende Abstimmkonten
912374	Zahlprogramm: Zahlwegsermittlung aus dem Vertrag
952495	RE-FX: Umsatzsteueränderung: Was ist zu tun?
1079514	Debitorisches Bankverfahren (BK01)
1273598	Mieterkontenblatt: Dispute Management (Klärungsfall)
151867	Vertragsnummern in Ausgleichspositionen

Vorsteuerbehandlung

1013725	FAQ Vorsteueraufteilung und Vorsteuerberichtigung

PSCD (Vertragskontokorrent)

1003497	Freigabehinweis Integration RE-FX/PSCD
1003258	RE-FX-Integration mit PSCD: Sinnvolle Einstellungen
896302	PS-CD: Vorbelegung von Feldern des Vertragskontos

Nebenkostenabrechnung

90723	Zählwerksaustausch
917848	Beratungshinweis: Abrechnungszeitraum verkürzen
937724	Ist-Prinzip versus Soll-Prinzip
998508	NKA: Buchung der Vorsteuer
1174242	Umgang der Nebenkostenabrechnung mit Mieterwechseln

Controlling

119114	Planung von Immobilienobjekten: Übernahme Profit-Center
1236276	Mietobjekt als Sender in CO-Funktionen
1234860	Mietobjekt als Empfänger in CO-Funktionen
1261722	RE-Plandaten nach NewGl überführen
1346996	RAKOLP02/RASIMU02: Immobilienschlüssel

Wohnungseigentümerverwaltung

1057734	FAQ Wohnungseigentümerverwaltung

Altdatenübernahme und Migration

825693	Übernahme Nebenkosten-Vorauszahlungen aus Altsystemen
977295	Migration LUM von RE Classic nach RE-FX
1266706	Umsatzmietenabrechnung: nicht buchen (Altdatenübernahme)

C Notwendige periodische Arbeiten

Damit die Daten von SAP RE stets einen aktuellen Stand haben, müssen Sie einige Aktivitäten in regelmäßigen Abständen durchführen. Hinweise dazu erhalten Sie auch im Customizing von SAP RE unter SONSTIGE EINSTELLUNGEN • HINWEISE ZU NOTWENDIGEN PERIODISCHEN ABLÄUFEN.

Die hier genannten Funktionen betreffen nicht die aus buchhalterischer Sicht regelmäßig zu startenden Programme wie periodische Buchungen oder Zahlläufe, sondern Programme, die aus technischen Gründen erforderlich sind. Diese Programme sollten in den empfohlenen Abständen im Batch-Betrieb gestartet werden.

Finanzstrom aktualisieren

Im Customizing von SAP RE haben Sie für jede Vertragsart einen Zeitraum für die Generierung der Finanzströme hinterlegt. Oft beträgt dieser Zeitraum zwei Jahre. In Folge dieser Customizing-Einstellung werden für Verträge Finanzstromsätze für das begonnene Halbjahr sowie für die nächsten zwei Jahre erzeugt. Wird der Vertrag innerhalb dieses Zeitraumes bearbeitet, so werden auch die Plan-Sätze des Finanzstroms aktualisiert. Besteht jedoch keine Notwendigkeit, den Vertrag zu bearbeiten, werden die erzeugten Plan-Sätze im Zuge der periodischen Buchungen »verbraucht«.

Zwar können Sie die Finanzstromsätze auch im Rahmen der periodischen Buchungen aktualisieren, diese Aktivität ist aber sehr performanceintensiv.

Aus diesem Grund empfehlen wir, mindestens halbjährlich die Finanzstromsätze mit Hilfe der Transaktion RECDCGOL (Generierung von Finanzströmen von Verträgen) zu aktualisieren.

Falls Sie SAP RE mit Mittelvormerkungen einsetzen (ab 603), müssen Sie für jedes neue Geschäftsjahr Mittelvormerkungen zu Immobilienverträgen erzeugen. Setzen Sie daher beim Lauf der Finanzstromgenerierung zum Jahreswechsel das Kennzeichen FOLGEGENEHMIGUNG ERZEUGEN.

Kostensammler generieren

Voraussetzung für die Buchung umlagefähiger Kosten mit Kontierung auf Kostensammler ist die Generierung der Kostensammler für die jeweilige Abrechnungsperiode. Nutzen Sie dazu die Transaktion RESCCC (Kostensammler generieren).

Jahresabhängige Nummernkreise nachpflegen

Im SAP RE können Sie Nummernkreise für bestimmte Vorgänge pro Kalenderjahr festlegen. Daher müssen Sie jeweils spätestens zum Kalenderjahresbeginn die entsprechenden Nummernkreise für das neue Kalenderjahr nachpflegen. Betroffen sind alle automatischen Buchungsvorgänge, z. B. periodisches Buchen Verträge, periodisches Buchen Leerstände, Vorsteueraufteilung, Vorsteuerberichtigung, einmalige Buchungen, Nebenkostenabrechnung, Umsatzabrechnung, Storno eines der vorgenannten Prozesse und die Mietrechnungen. Sie finden die entsprechenden Einstellungen im Customizing von SAP RE unter BUCHHALTUNG • AUTOMATISCH ERZEUGTE BUCHHALTUNGSBELEGE • NUMMERNKREIS FÜR AUTOMATISCH ERZEUGTE BUCHUNGSBELEGE EINRICHTEN und BUCHHALTUNG • MIETRECHNUNG • NUMMERNKREIS FÜR MIETRECHNUNG.

Wiedervorlagetermine generieren

Da die Wiedervorlagetermine immer nur fünf Jahre im Voraus generiert werden, sollten sie regelmäßig (etwa jährlich) mit Hilfe der Transaktion RECARSGEN nachgeneriert werden (Batchjob einplanen).

D Die Autoren

Sabine Toman arbeitet seit 1999 bei der SAP Deutschland AG & Co. KG und ist dort als Senior Consultant im Bereich SAP Real Estate Management beschäftigt. In einer Vielzahl von Einführungsprojekten konnte sie umfangreiche praktische Erfahrungen auf allen Gebieten des SAP Real Estate Management sammeln. Neben der Beratung bei der Produkteinführung befasst sie sich auch mit der Entwicklung kundenspezifischer Zusatzlösungen. Sie betreut seit vielen Jahren die SAP-Standardschulungen im Bereich Real Estate Management.

Dr. Anke Köppe arbeitet seit 1990 bei der SAP AG und leitet dort den Development Support für das Produkt SAP Real Estate Management. Ihren Einstieg bei SAP fand sie in den Bereichen Beratung und Vertrieb. 1995 wechselte sie in die Entwicklung und Wartung des Vorläuferproduktes von SAP Real Estate Management. Ihre Kundennähe – durch Vertriebsunterstützung, Schulungen und Produktwartung aufgebaut – gibt ihr die Möglichkeit, vielfältige Erfahrungen zu sammeln und in die Konzeption von SAP Real Estate Management einzubringen.

Jan Lukowsky arbeitet seit 2000 bei der SAP Deutschland AG & Co. KG und ist dort als Senior Consultant im Bereich Real Estate beschäftigt. Er ist bei Unternehmen aus vielen verschiedenen Branchen in Einführungsprojekten zur Abbildung des Managements von Immobilien mithilfe von SAP Real Estate tätig. Im Rahmen seiner Arbeit hat er zahlreiche Anforderungen im Umfeld der technischen und kaufmännischen Prozesse zur Immobilienverwaltung umgesetzt.

Index

A

G

H

I

M

N

O

P

Q

R

S

U

V